21世纪普通高等职业教育机械电子系列规划教材
21 SHIJI PUTONG GAODENG ZHIYE JIAOYU JIXIE DIANZI XILIE GUIHUA JIAOCAI

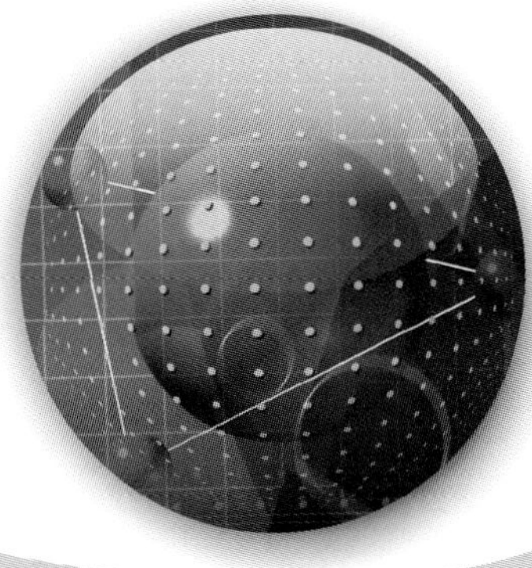

机械CAD/CAM应用技术——Pro/ENGINEER

Mechanical CAD/CAM—Pro/ENGINEER

主　编：蒋洪平　杜文忠
副主编：李绍鹏　赵伟阁
编　委：（以姓氏笔画为序）
孔祥林　朱　军　李绍鹏　杜文忠
赵伟阁　蒋昌华　蒋洪平　蒋素清

上海交通大学出版社

内容提要

全书共13章，分上、下两篇。第1章～第4章为上篇，主要介绍CAD/CAM概述、CAD/CAM系统的数据模型、CAD/CAM技术数据处理方法，以及现代机械设计与制造技术基础等内容。第5章～第13章为下篇。项目一以简单实例引导读者初识Pro/ENGINEER Wildfire 4.0(5.0)；项目二～项目九分别讲述草绘基础、建模基础、高级建模、曲面特征、装配基础、工程图、NC加工和注塑模设计等内容，通过基础知识链接、项目实例操作分析、项目总结、项目拓展和思考与练习等形式，读者可以熟练地掌握和运用Pro/ENGINEER Wildfire 4.0(5.0)的相关知识。

本书可作为高职高专院校机械、电子及工业设计类相关专业计算机辅助设计与制造课程的教材，也可作为工程技术人员及计算机爱好者的自学参考书。

图书在版编目(CIP)数据

机械CAD/CAM应用技术——Pro/ENGINEER/蒋洪平，杜文忠主编．—上海：上海交通大学出版社，2011
ISBN 978-7-313-07317-4

Ⅰ．①机… Ⅱ．①蒋… ②杜… Ⅲ．①机械设计：计算机辅助设计—应用软件，Pro/ENGINEER—高等职业教育—教材 Ⅳ．①TH122

中国版本图书馆CIP数据核字(2011)第086260号

机械CAD/CAM应用技术——Pro/ENGINEER
蒋洪平　杜文忠　主编
上海交通大学出版社出版发行
(上海市番禺路951号　邮政编码200030)
电话：64071208　出版人：韩建民
武汉武铁印刷厂　印刷　全国新华书店经销
开本：787mm×1092mm　1/16　印张：20.75　字数：511千字
2011年5月第1版　2011年5月第1次印刷
印数：1～3030
ISBN 978-7-313-07317-4/TH　定价：35.00元

21世纪普通高等职业教育机械电子系列规划教材

编审委员会

21世纪普通高等职业教育机械电子系列规划教材
参编院校名录

湖南工业职业技术学院(国家示范性高职院校)
湖南铁道职业技术学院(国家示范性高职院校)
芜湖职业技术学院(国家示范性高职院校)
平顶山工业职业技术学院(国家示范性高职院校)
辽宁交通高等专科学校(国家示范性高职院校)
兰州石化职业技术学院(国家示范性高职院校)
武汉职业技术学院(国家示范性高职院校)
淄博职业学院(国家示范性高职院校)
西安航空职业技术学院(国家示范性高职院校)
长春职业技术学院(国家示范性高职院校)
昆明冶金高等专科学校(国家示范性高职院校)
吉林工业职业技术学院(国家示范性高职院校)
大庆职业学院(国家示范性高职院校)
徐州建筑职业技术学院(国家示范性高职院校)
永州职业技术学院(国家示范性高职院校)
陕西工业职业技术学院(国家示范性高职院校)
黑龙江农业经济职业学院(国家示范性高职院校)
娄底职业技术学院
常州机电职业技术学院
常德职业技术学院
江西工业工程职业技术学院
六安职业技术学院
郑州职业技术学院
泰山职业技术学院
天津滨海职业学院
辽宁装备制造职业技术学院
武汉交通职业学院
襄樊职业技术学院
广东工贸职业技术学院
广东水利电力职业技术学院
滨州职业学院
随州职业技术学院
徐州工业职业技术学院
南充职业技术学院
内蒙古机电职业技术学院
宣城职业技术学院
成都电子机械高等专科学校
连云港职业技术学院
黑龙江信息技术职业学院
江西交通职业技术学院
江苏联合职业技术学院
漯河职业技术学院
江苏经贸职业技术学院
长治职业技术学院
济源职业技术学院
南京铁道职业技术学院
台州职业技术学院
辽宁信息职业技术学院
辽宁机电职业技术学院
德州科技职业学院
贵州电子信息职业技术学院
山东胜利职业学院
广州现代信息工程职业技术学院
济南工程职业技术学院
抚顺职业技术学院
咸阳职业技术学院
阜阳职业技术学院
苏州工业职业技术学院
重庆城市职业学院
安徽新华学院
平顶山工学院
重庆交通科技职业学院
济南职业学院
江西工程职业学院
盐城纺织职业技术学院
咸宁职业技术学院
贵州航天职业技术学院
青岛滨海学院
辽宁石油化工大学
商丘科技职业学院
浙江工商职业技术学院
郑州工业安全职业学院
黑龙江工商职业技术学院
永城职业学院
华南理工大学广州汽车学院
山西职业技术学院
安徽电子信息职业技术学院
黑龙江林业职业技术学院
渤海船舶职业学院
辽阳职业技术学院
四川科技职业学院
曲江广播电视大学
荆州职业技术学院
十堰职业技术学院
益阳职业技术学院
株州职业技术学院

Foreword 前　言

Pro/ENGINEER是美国参数技术公司(PTC)于1988年首创的参数化设计三维CAD/CAM软件包，是一个全方位的三维产品设计开发软件。Pro/ENGINEER Wildfire中文版是PTC公司2003年4月11日正式推出的第四代CAD产品，功能强大、操作简单、Web连接方便，在机械、模具、电子等行业得到广泛应用。

本书以Pro/ENGINEER Wildfire 4.0(5.0)为平台，根据21世纪工程设计和高职高专教育人才培养目标及规格的要求，并结合岗位实际和职业技能考核标准编写而成。

本书以就业为导向，紧紧围绕"三以一化"(以能力为本位、以项目课程为主体、以职业实践为主线的模块化课程体系)课程改革理念，在编写过程中回避了大量的命令、功能和窗口的介绍，而是通过典型实例训练，讲授初学者必需、够用的基本知识，使读者快速入门。

本书基于项目教学和案例教学法，通过18个循序渐进的实例，全面介绍三维CAD/CAM软件Pro/ENGINEER Wildfire 4.0(5.0)的功能模块，努力培养读者综合、独立完成设计工作的实际运用能力。

全书共13章，分上、下两篇。第1章～第4章为上篇，主要介绍CAD/CAM概述、CAD/CAM系统的数据模型、CAD/CAM技术数据处理方法以及现代机械设计与制造技术基础等内容。第5章～第13章为下篇，以九个项目组织教学内容。项目一以简单实例引导读者初识Pro/ENGINEER Wildfire 4.0(5.0)；项目二～项目九分别讲述草绘基础、建模基础、高级建模、曲面特征、装配基础、工程图、NC加工和注塑模设计等内容，通过基础知识链接、项目实例操作分析、项目总结、项目拓展和思考与练习等形式，读者可以熟练地掌握和运用Pro/ENGINEER Wildfire 4.0(5.0)的相关知识。

本书结构新颖、实例丰富、知识全面，适合作为高职高专院校机械、电子及工业设计类相关专业计算机辅助设计与制造课程的教材，也可作为工程技术人员及计算机爱好者的自学参考书。

本书由蒋洪平、杜文忠担任主编。参加编写的有江苏联合职业技术学院蒋洪平(第1、4、5、6章)、漯河职业技术学院李绍鹏(第2、7章)、徐州工业职业技术学院杜文忠(第3、11章)、漯河职业技术学院孔祥林(第8章)、江苏联合职业技术学院朱军(第9章)、江苏经贸职业技术学院蒋素清(第10章)、漯河职业技术学院赵伟阁(第12章)、江苏联合职业技术学院蒋昌华(第13章)。

本书在编写过程中,得到了有关学校的领导,行业、企业一线专家和湖北众邦文化传播有限公司的大力支持和帮助,在此谨向他们表示衷心的感谢。

由于时间仓促,编者水平有限,书中不当或错误之处,敬请广大读者批评指正。

编　者

2011年3月

Contents

目 录

上篇 机械 CAD/CAM 技术基础

上篇

机械CAD/CAM技术基础

SECTION 1

第1章 CAD/CAM概述

1.1 CAD/CAM的基本概念

计算机辅助设计(Computer Aided Design,CAD)和计算机辅助制造(Computer Aided Manufacturing,CAM),常称为CAD/CAM。CAD/CAM技术是产品设计人员和组织产品制造的工艺设计人员在CAD和CAM系统的辅助之下,根据产品的设计和制造程序进行设计和制造的一项新技术,是人的智慧和创造力与计算机系统功能的巧妙组合。设计人员通过人机交互操作的方式进行产品设计构思和论证,产品的总体设计、技术设计、零部件设计,有关零件的强度、刚度,热、电、磁的分析计算和零件加工信息(工程图纸或数控加工信息等)的输出以及技术文档和有关技术报告的编制。而工艺设计人员则可根据CAD过程提供的信息和CAM系统的功能,进行零件加工工艺路线的控制和加工状况的预显以及生成控制零件加工过程的信息,这种过程称为计算机辅助工艺过程设计(Computer Aided Process Planning,CAPP)。然而应该指出,CAD/CAM技术不能代替人的设计和制造行为,而只是实现这些行为的先进手段。人的设计制造行为,则由专业技术人员的创造能力和工作经验以及现代设计方法等所提供的科学思维方法和实施办法来确定。

CAD/CAM技术是一项综合性的高新技术,该技术的应用和发展正在引起一场深刻的产品设计与制造的技术革命,并将对产品结构、产业结构、管理模式、生产方式以及人才知识结构等产生重大影响。因此,它是当前国际上科技领域的前沿课题,也是世界各国十分关注的投资力度很大的计算机集成制造系统(Computer Integrated Manufacturing System,CIMS)的重要组成部分之一。目前,CAD/CAM技术的鲜明优点已经为越来越多的人所公认。世界上发达国家CAD/CAM技术不仅应用于机械、电子、航空航天、汽车、船舶等一系列产品和工程设计领域,而且迅速向其他工业产业(例如服装、家具等轻工业)领域发展。

在当前经济发展新形势下,产品更新换代速度加快,从电子技术行业到重型机电行业纷纷提出了缩短开发周期、提高产品质量、减少开发费用等要求。在这种形势下,CAD/CAM技术发挥着越来越重要的作用。目前,CAD/CAM产业以每年30%左右的速度递增,这说明CAD/CAM技术在各行业中的应用具有广阔的前景和强大的生命力,普及CAD/CAM应用技术是未来新技术发展的必然趋势。

1.2 CAD/CAM 系统的组成

1.2.1 CAD/CAM 系统的运行环境

CAD/CAM 系统的运行环境主要由软件、硬件和人三大部分组成，如图 1.1 所示。其中硬件设备是 CAD/CAM 系统运行环境的基础，软件系统是核心，应用人员是关键。硬件系统的性能和 CAD/CAM 功能的实现必须由高素质的技术人员通过操作软件系统来实现。

一个 CAD/CAM 软件是计算机技术、现代制造技术、计算机设计技术、工程专业技术、计算机分析技术等诸多高新技术的综合结晶。根据以往经验，用户自软件安装之日起，达到能够充分掌握并使用自如的水平，大致需要一年甚至更长的时间。因此，在选型阶段提前培训有关技术人员，为企业开展 CAD/CAM 技术做好准备，可以缩短从安装到产生实际效用的时间，提高生产效率和软件利用率。企业决策领导一定要重视对培训的投资，CAD/CAM 技术最关键的因素不是系统硬件或软件，而是具有硬件和软件使用能力的人。对培训的投资实际上是对高技术的间接购买。因此，用户投资 CAD/CAM 技术，除了对硬件和软件的投资之外，对高技术人才的投资也是十分重要的。

1.2.2 CAD/CAM 系统的硬件

CAD/CAM 系统的硬件主要是指计算机的图形系统。它包括计算机的硬件、图形输入/输出设备以及通信设备等。

1）CAD/CAM 系统的硬件组成形式

根据计算机技术的发展历程，CAD/CAM 系统的硬件组成大致可分为五类：主机型系统、小型机系统、工作站型系统、微机系统、基于网络的微机——工作站系统。

(1)主机型系统。主机型系统也称为大型机系统，如图 1.2 所示。这是早期的 CAD/CAM 系统结构，利用大(中)型计算机采用分时操作系统支持多台甚至上百台终端运行。其主机具有高速、大容量的内存和外存，可配置高精度、高速度、大幅面的图形输入/输出设备，常用于运行规模较大的支撑软件或自行开发的大型应用软件，设计、分析、计算、图形处理等工作均由大(中)型计算机完成，因此可完成复杂的工作。该系统的另一特点就是多用户共用一个集中的大型数据库。主机型系统流行于 20 世纪 70 年代，目前已不再采用。

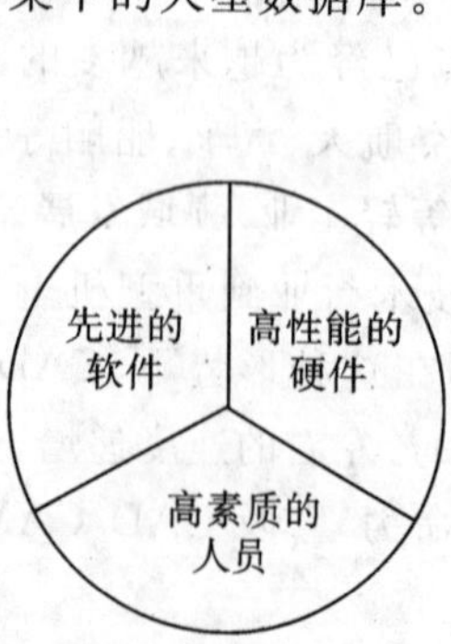

图 1.1　CAD/CAM 系统的运行环境

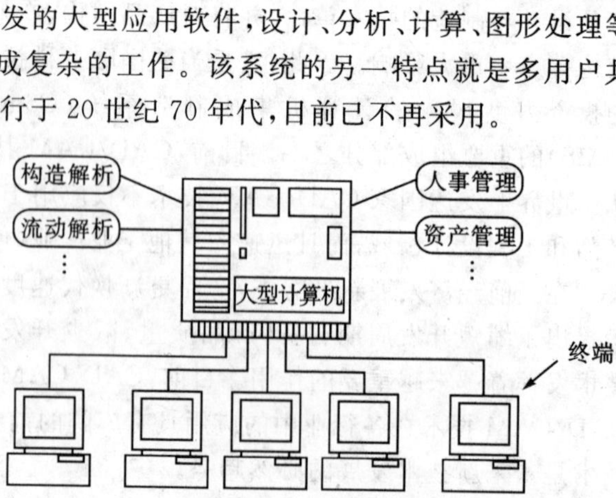

图 1.2　主机型系统

(2)小型机系统。此类系统出现在20世纪70年代后期,以32 bit超级小型机为主,支持几台到几十台终端。小型机系统配有专用的硬件和软件,且两者紧密结合、配套使用。小型机系统具有很强的工作针对性,系统价格高,其作业水平主要取决于所配备的软件功能。因此,这类系统适用于中等规模的企业,缺点是系统的针对性过强,用户难于进一步开发,应用范围受到限制。目前这一类型的CAD/CAM系统大多已被淘汰。

(3)工作站型系统。随着CAD/CAM的发展,为了提高CAD/CAM的使用效率和自由度,CAD/CAM开始使用专用的计算机——工作站。工作站包括工程工作站和图形工作站,工作站具有强大的科学计算和丰富的图形/图像处理、灵活的窗口及网络管理等功能,通过网络可以共享资源。只用一台工作站,能完成所有的CAD/CAM工作,同时能进行科学计算和软件的开发。其运算速度、精度都可和大型机匹敌,工作站可以单台使用,也可通过网络使用,常用LAN把工作站连接起来,如图1.3所示。工作站型系统便于逐步投资、逐步发展,因而受到用户的广泛欢迎。当前大多数的高端CAD/CAM支撑软件和应用软件都已经移植到工作站运行平台,而且随着工作站性价比的提高,工作站向上越来越多地覆盖了中、小型机甚至大型机、巨型机的应用领域,向下则可与微机争夺巨大的低端市场。

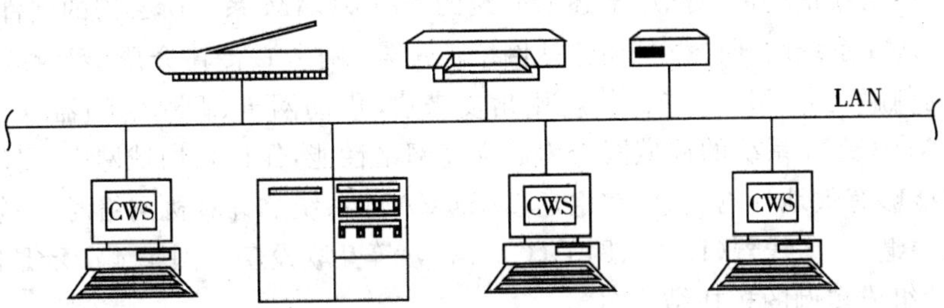

图1.3 工作站型系统

(4)微机系统。随着微机硬件性能的提高,也出现了一批微机CAD/CAM系统,典型的有Autodesk公司的AutoCAD系统、CV公司的CADDS系统、Solidwork系统、MasterCAM系统等。微机系统以32 bit和64 bit微机为主,并配置高分辨率图形显示系统、大幅面绘图仪、高容量硬盘等硬件,以保证系统作业的正常进行。进入21世纪以来,微机的性价比越来越高,许多工作站版本的CAD/CAM系统也相继出现了微机版本,微机档次的CAD/CAM系统越来越普及。

(5)基于网络的微机——工作站系统。该类CAD/CAM系统应用计算机技术及网络通信技术,将分布于不同地点的多台计算机以网络形式连接起来,可以共享软、硬件资源,充分准确地交流设计信息,协调各种作业,完成并行工程。基于网络的CAD/CAM系统的硬件包括计算机、输入/输出设备、网络设备和制造执行子系统等。

2)CAD/CAM系统对硬件的要求

(1)高性能的计算机。计算机是硬件系统的核心,CAD/CAM系统的所有计算、分析和控制都是由主机完成的,主机的类型和性能在很大程度上决定CAD/CAM系统的使用性能。CAD/CAM系统对主机的要求是要有高的运算速度和大容量的内存。CAD/CAM系统常用的主机类型有:大中型计算机、小型计算机、工作站和微机。

(2)大容量的存储器。CAD/CAM系统软件规模迅速扩大,图形、图像、声音等多媒体数据在CAD/CAM系统中被广泛应用,因此CAD/CAM系统一般需要几十到几百兆以上的存储及工作空间。内存容量是衡量计算机性能的一个重要方面，内存越大，可容纳和处理的程序和数据量就越大。外存储器可以永久保存信息，且通过采用虚拟内存管理技术，外存储器可用于扩大逻辑工作内存容量。最常用的外存储器有硬盘、软盘、光碟和磁带存储器。光碟的特点是容量大(每片光碟容量在650 MB以上)、可靠性高、信息存储成本低以及随机存储速度快(与磁带机相比)，因此，只读光碟(CD-ROM)是目前计算机中最流行的配置。

(3)灵活的人机交互能力。CAD/CAM系统是一个人机交互系统，人机交互设备是CAD/CAM系统的重要硬件资源，人机交互设备主要由输入设备和图形显示设备组成，主要包括键盘、鼠标、扫描仪、数字化仪、数码相机及触摸屏等。

(4)逼真的图形输出能力。由于CAD/CAM系统的应用主要表现为图形/图像的处理、显示和输出，因此对输出设备的图形处理能力的要求也相应提高。CAD/CAM系统中普遍采用的输出设备主要包括显示器和打印机。显示器的主要性能参数是分辨率和扫描频率。显示器与主机之间的联系是通过图形适配器(又称显示卡)实现的，它通过总线与CPU和显示器相连。显示卡的性能主要取决于显示处理芯片的性能和显示内存容量的大小。高级显示卡的价格非常贵。

(5)良好的网络通信功能。除了上述所介绍的CAD/CAM系统所必需的硬件以外，构成网络化CAD/CAM系统的硬件设备还包括网络适配器(网卡)、传输介质(双绞线、同轴电缆和光缆)以及调制解调器(Modem)。从应用角度来讲，借助网卡、调制解调器以及传输介质就可以组建CAD/CAM系统的局域网。为了提高网络性能，保证在局域网内、局域网之间或不同网络之间能够有效地传输信息，在组建CAD/CAM系统的计算机网络时，一般还需根据具体情况选用中继器、集线器(Hub)、网关(Gateway)等互联设备。图1.4所示是网络CAD/CAM系统硬件组成实例的拓扑结构图。

1.2.3 CAD/CAM系统的软件环境

软件是CAD/CAM系统的核心，CAD/CAM系统的软件分为三个层次：系统软件、支撑软件和应用软件，如图1.5所示。

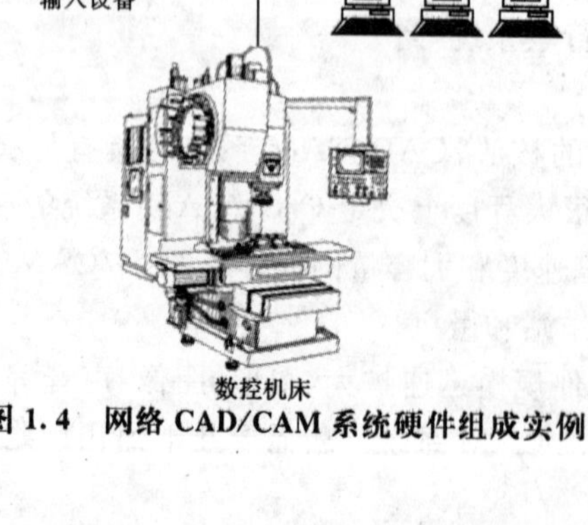

图1.4 网络CAD/CAM系统硬件组成实例

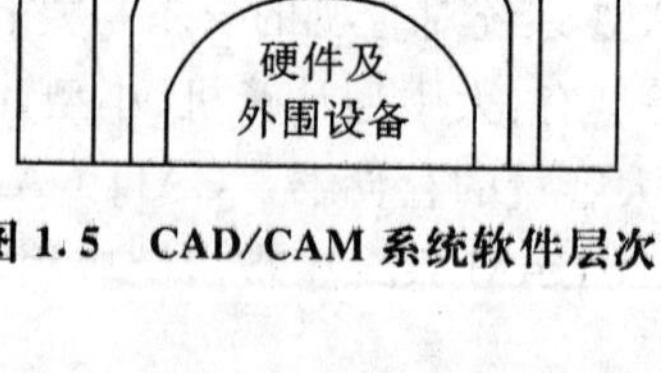

图1.5 CAD/CAM系统软件层次

1）系统软件

系统软件主要负责管理硬件资源以及各种软件资源，是应用和开发CAD/CAM系统的软件平台，一般包括操作系统、网络系统、窗口系统。当前系统软件愈来愈趋于开放和标准化。例如，目前微机上流行的窗口系统 Windows 98、windows 2000、Windows XP 和 Windows NT，工作站上流行的Unix操作系统，GKS和PHIGS图形软件，Motif图形界面开发工具，TCP/IP网络协议等，都已成为当前CAD/CAM系统的通用开发平台。在这类环境下开发的软件容易移植，可以运行于各种流行的机型上；用户界面统一，便于使用人员掌握和适应；开放性好，容易与其他软件衔接和进行二次开发。

2）支撑软件

支撑软件就是目前市场上供应的各种商品化CAD/CAM系统，我国从国外引进的商品化CAD/CAM系统有：CATIA、Unigraphics、Pro/Engineer、Computer Vision、Intergraph、Solidworks、Applicon、DUCT、CDC/ICEM、CADAM、Mastercam、Calma、Gerber等。国内自主开发的CAD/CAM系统支撑软件的优秀代表当属CAXA，对于机械产品，它的内容一般包含：二维绘图，三维线框，曲面、实体造型，真实感显示，特征设计，有限元前、后置处理，运动机构造型，几何特性计算，数控加工和测量编程，工艺过程设计，装配设计，钣金件展开和排样，加工尺寸精度控制，过程仿真和干涉检查，工程数据管理和技术文件签发系统等。设计中的分析计算工作，如有限元分析、机构分析、模态分析等，当用计算机完成时往往称作计算机辅助工程分析(CAE)。

3）应用软件

应用软件在不同的专业领域里有不同的内容，如飞机设计包括了总体方案、质量计算、空气动力计算、载荷分析、结构分析、应力计算、动力颤振分析、疲劳断裂计算、起落架设计、飞行控制、航空电子、电气系统、液压系统、机构设计、可靠性设计、弹射座椅、火力控制、隐身设计等。工程设计包含的内容更广。在激烈的市场竞争中，各家公司都力求保住技术优势，决不肯轻易出售自己的CAD专业设计系统，这类软件必须由各行业、各企业单位自己开发。

1.3 CAD/CAM系统的工作过程

企业的各种经营活动都是围绕产品而开展的，产品开发是企业的核心活动之一。随着社会的发展，产品开发的方法和技术手段发生了巨大的变化，开发的产品水平也日益提高，在机械制造业，以计算机技术为核心的信息技术的引入，导致了产品开发从传统模式向现代模式的巨大转变。CAD/CAM技术是现代产品开发模式的保证。

1.3.1 传统产品开发模式

1）开发过程

机械制造业属于传统产业，传统的产品开发模式如图1.6所示。

(1)需求分析。这是产品开发活动的源泉和动力，所有产品都是起源于市场需求，没有需求就没有产品开发活动。市场对产品的需求包括：

①改进需求。改进需求主要来自用户、竞争者及技术革新。根据改进需求而开展的产

品开发，通常属于改型设计或产品更新换代。这是最常见的开发类型。

②全新需求。这种需求无法从任何现有产品或类似产品、或从这些产品的改进设计中得到，无论在功能上、使用方法上，还是从设计制造方法上都不同于现在的或过去的产品，因此，必须进行全新的产品开发。这种全新的需求也同样来自于市场，但是和改进需求相比，存在着显著的不同：

主动性，根据市场和技术的变化，由开发者主动去构思；

超前性，表现在技术上需要有一个成熟的过程，表现在市场上，需要有一个宣传和引导的过程。

基于这种需求的产品开发通常称为创新开发，这种活动具有很大的风险，但同时也具有巨大的市场潜力。

(2)功能设计与评价。这一阶段的主要任务是确定产品开发目标，对新产品进行定位。这一步工作是十分重要的，假如产品定位不准，功能不符合市场需求，那么整个开发活动不可能取得成功。活动的内容主要包括：

①功能设计，即详细定义产品的各种功能，以先进、实用为原则，最大限度地满足市场需求。

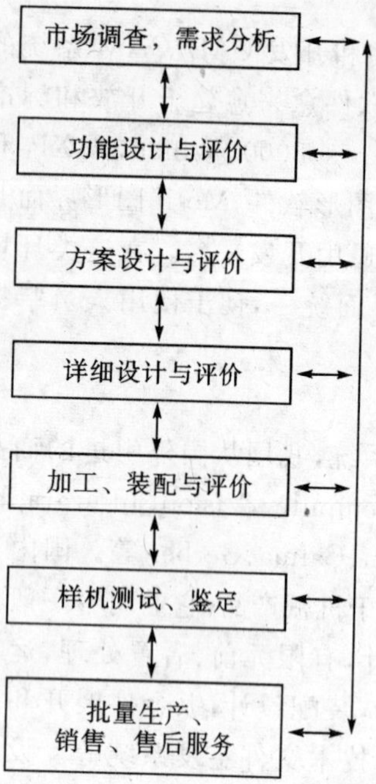

图 1.6　传统产品开发模式

②性能设计，即规定产品的性能，不同产品类型，具体指标不同，但效率、环保、经济性、安全性、可靠性是应当考虑的通用指标。

③操作设计，在产品推出之前，必须明确产品的使用方法和使用环境要求，通常采用人体工学原理，细致地开展操作设计，最大限度地考虑使用的舒适性和方便性。

(3)方案设计与评价。主要包括以下两部分内容：

①原理设计。提出不同的工作原理来实现产品功能，并对不同的工作原理进行分析比较。可以说，原理设计水平基本上限定了产品的整体技术水平。

②总体布局及外观设计。针对不同的设计原理，确定产品的主要参数和总体布局结构，并进一步设计产品外观造型。必须高度重视产品外观设计（又称工业设计），这是提高产品竞争力的重要手段。

(4)详细设计与分析。这是产品整体开发过程中最主要的、也是最重要的活动，正是通过详细设计来具体实现产品的功能和性能要求。详细设计的内容非常丰富，主要包括：运动设计与实验、零件设计与计算、部件设计与分析、零部件的装配设计与分析、出图。

(5)加工、装配与评价。根据详细设计图样，进行工艺设计，确定零件的加工方法、加工工艺路线、加工设备和加工参数，制定部件的装配工艺（包括装配步骤、装配工具及检验要求）；制造与检验，由工人根据设计图样、工艺规程和加工文件实施加工，并由检验人员控制加工质量；部件装配和整机装配，由工人把零件装配成部件，再把部件装配成整机。

到这一步，产品逐渐由抽象形式转化成具体结构，也正是在这一步，会发现各种各样的问题，如设计问题、工艺问题、制造问题及装配问题。

(6)样机测试、鉴定。对最终产品进行整机测试，包括功能测试、性能测试、操作测试，全面检查产品是否达到最初提出的设计要求。测试合格后，根据企业经营计划，部署并实施批量生产。

2）开发特点

机械产品开发过程具有以下特点：

(1)活动的串行性。在上一项活动未开展以前，无法开展下一项活动。

(2)活动的交叉性。每一项活动都不是孤立的，相互之间有复杂的影响关系，表现在：

①自上而下的继承性。上游的结果，无论是正确的结果还是错误的结果，都将被带入下游活动。

②自下而上的约束性。在开展上游活动时必须周密预测下游活动的可能性，也就是说，下游活动对上游活动构成了限制，同时，为了保证下游活动的正确，难免要对上游活动进行修改。

总之，产品开发是一个复杂的、动态的、反复的过程，产品开发需要多个部门、全体人员的协调行动。

3）传统开发活动存在的问题

应该说，传统开发模式本身没有多大问题，但是，在传统的产品开发活动中，主要是采用手工及较原始的手段来实施产品开发。

传统的手工产品开发具有极大的局限性，这主要表现在：

(1)可预见性差。由于人工手段的限制，对后续活动中的问题很难准确预测。

(2)可修改性差。由于修改的代价大、周期长、涉及部门多，返工修改非常困难。

(3)精确性差。在设计计算和模型分析中，采用了大量的经验计算、类比和估算。

(4)协调性差。某个环节的修改很难及时反映到有关的部门，开发活动之间、开发部门之间很难协调。

(5)方案最优性差。方案的拟订在很大程度上取决于设计者的个人经验，即使同时拟定了几个方案，也难以获得最优方案。

(6)工作量大、图样质量差。由于全部采用手工绘图，绘图工作量大(约占设计时间的70%左右)，且图样质量差。

(7)设计工作周期长、效率低。

1.3.2 现代产品开发模式

1）现代产品开发模式

在传统开发模式基础上，引入计算机技术和现代设计方法，形成了现代产品开发模式。如图1.7所示，其中方框代表开发活动，实线代表活动的正向开展顺序，虚线代表活动的反馈开展顺序。

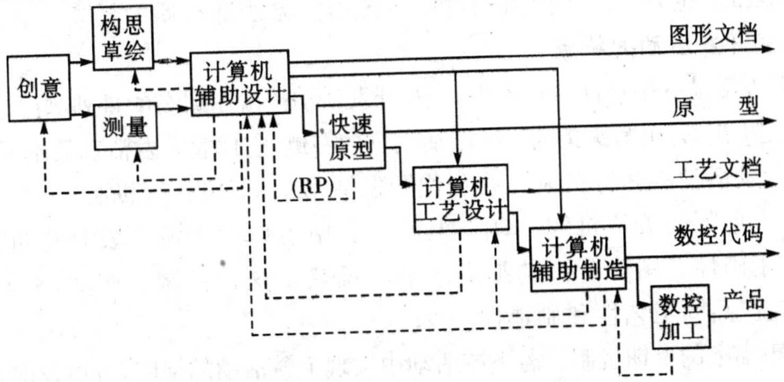

图1.7　现代产品开发模式

(1)创意。即需求分析,并进行功能设计。这一部分仍由人工完成,在条件具备时也可采用人工智能和专家系统辅助完成。

(2)构思、草图。即开展总体方案设计、原理设计和工业设计。方案设计和原理设计在条件具备时可以由方案设计专家系统辅助完成。工业设计在二维(2D)和三维(3D)工业设计软件的辅助下,结合人工的创造性工作完成产品外观造型,即构成草图。

(3)测量。测量产品样件或创作的实物原形,获得计算机数据,以方便后续设计。这部分工作主要在坐标测量设备上完成。典型的坐标测量设备有接触式三坐标测量仪、接触式多自由度测量仪、激光测量仪等。在这些测量设备上同时配备了功能强大的测量软件系统,配合测量硬件完成测量任务。

(4)计算机辅助设计。应用计算机开展详细设计、分析与计算。这是现代产品开发模式中最有代表性的活动,几乎所有的设计活动,如零件设计、零件计算与分析、部件装配等都在计算机中完成。采用计算机辅助设计,不仅替代了人工绘图与计算,设计质量和设计效率也大大提高。

(5)快速原形制造。在传统的产品开发活动中,由于其串行特点,产品只能在开发活动接近完成时才能成为看得见摸得着的产品,如果在这时候发现产品有问题将是非常被动的。因为,无论是对设计修改,还是对工艺或工装的修改都将非常困难。因此,如果在产品真正制造之前,就能以一种廉价和快速的方式提供一个接近于真实的产品,将是一个很好的解决方法,因为越靠近开发的上游,越能快速和低代价地解决问题。资料统计,设计对产品性能的影响约占80%,对开发费用的影响约占60%。因此,人们开发出一种快速成型设备,这种设备能以非金属材料、非切削加工的办法,直接根据计算机设计的产品数据,快速而廉价地生成和实际设计的产品形状、尺寸一致的产品模型,供人们分析和评价。这时,如果发现存在问题,或想做多个设计进行比较,只需要修改设计数据并重新生成产品原型。

(6)计算机辅助工艺设计。应用计算机取代工艺人员设计并编写产品的加工和装配工艺,这样,可以使编制的工艺更合理,工艺文件更规范,从而提高质量和效率。

(7)重要区别。计算机辅助制造现代产品开发中的制造手段与传统加工方法的重要区别是大量采用数控机床进行工件的加工。数控机床的各种加工方法不是靠人工,而是靠一种数控代码并通过计算机来控制的。数控代码的生成,即数控编程是数控加工的关键。采用计算机辅助制造技术,可以实现数控代码的自动生成及正确性的检验,大大提高了数控编程的质量和效率。

(8)数控加工。根据编写好的数控程序,采用数控机床进行工件的自动加工。由于数控机床的优点,使得加工能力和加工质量相对于传统加工方法都有质的提高。

2)现代产品开发活动的特点

(1)保持了开发活动的串行性。在图1.7中,开发活动按由左到右的排列顺序进行,其中粗实线由活动框的右侧引出,并由箭头指向下一个活动框的左侧,它代表开发活动的主要顺序流程。

(2)建立了开发活动的并行机制。在现代开发活动中,采用并行机制。

①建立了自上而下的关联机制。即在上游开发中可以对下游开发预先进行分析,确保开发活动的整体正确性。图1.7中的细实线箭头反映了这种机制。例如,在开展产品设计时,就可以分析该产品的工艺性和制造性。

②建立了自下而上的反馈机制。若下游活动中发现上游活动的缺陷,可以及时地对上游的结果进行修改,并重新进行下游活动,这种机制在图1.7中由虚线表示。例如,在制造阶段发现了设

计问题，可以及时修改设计和有关的各项活动。

③加强了每项活动的能力。每项开发活动无论是广度上还是深度上其能力均大大加强。例如，设计中普遍采用三维造型技术开展零部件的设计，采用有限元技术对结构进行深入分析，采用分析与仿真技术开展机构产品的运动设计。

④增加了一系列新的开发活动。如快速成形技术，在制造之前就能看到和未来产品完全一样的结果，有力地保证了开发质量。

⑤确保了活动的一致性和协调性。由于每个活动能及时沟通和响应，避免了信息的遗失和错误传递，从而避免了以前常见的扯皮现象和推卸责任现象。

3）产品设计、制造过程分析

根据现代产品开发模式，产品设计、制造过程可划分为若干阶段，各阶段又可划分为若干步骤。这些阶段和步骤的划分意味着从抽象到具体，从定性到定量，从全局到局部，从系统的上层结构到系统的下层结构。产品的设计、制造过程流程如图 1.8 所示。任何产品的设计、制造往往是从市场需求分析开始的，根据需求确定产品的性能，建立产品的总体设计方案，进行综合分析论证；在此基础上，设计具体结构，包括结构方案的优化、评估，几何参数、力学特性的分析计算；最后得到产品的设计结果。完成设计工作之后，需对产品的几何形状和制造要求做进一步分析，设计产品的加工工艺规程，进行生产准备，随后，加工制造，装配，检验。因此，可以得出两点结论：

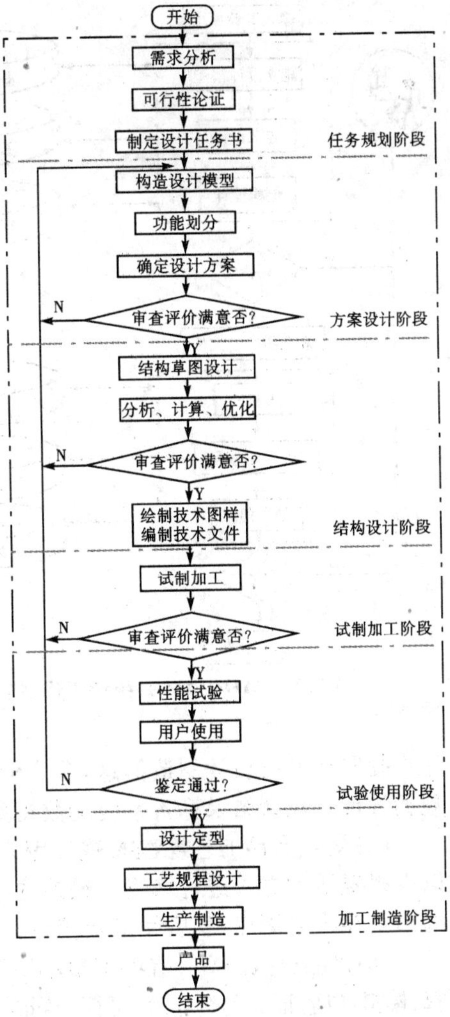

图 1.8　产品设计、制造过程示意图

(1)设计、制造过程的各个阶段事实上是客观存在的。正因为这个规律的存在，为将计算机引入设计、制造领域，实现 CAD/CAM 提供了客观可能性。

(2)人为地研究、分析、总结这个规律是为了更好地把握、运用这个规律，科学、有计划地、按步骤实施设计与制造，为实现 CAD/CAM 创造了条件。

1.3.3　CAD/CAM 系统的工作过程

CAD/CAM 系统是产品设计、制造过程中的信息处理系统，它以计算机硬件、软件为支撑环境，通过各个功能模块(分系统)实现对产品的描述、计算、分析、优化、绘图、工艺规程设计、仿真以及 NC 加工。另外，从广义上讲，CAD/CAM 集成系统还包括生产规划、管理以及质量控制等方面内容。因此，它克服了传统人工操作的缺陷，充分利用计算机高速、准确、高效的计算功能，图形处理、文字处理功能以及对大量各类数据的存储、传递、加工功能。在运行过程中，结合人的经验、知识及创造性，形成一个人机交互、各尽所长、紧密配合的系统。它主要研究对象的描述、系统的分析、方案的优化、计算分析、工艺设计、仿真模拟、NC 编程以及图形处理等理论和工程方法，输入的是系统的产品设计要求，输出的是系统的产品制造

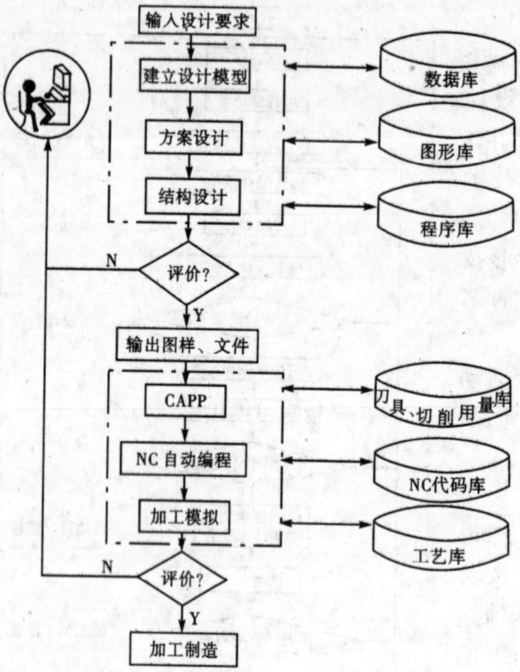

图 1.9　CAD/CAM系统的工作过程

加工信息(见图 1.9)。

CAD/CAM 系统的工作过程包括以下几个方面：

(1)输入产品设计要求。通过市场需求调查以及用户对产品性能的要求，向 CAD/CAM 系统输入设计要求，利用几何建模功能，构造出产品的几何模型，计算机将此模型转换为内部的数据信息，存储在系统数据库中。

(2)确定产品设计方案及结构。调用系统数据库中的各种应用程序对产品模型进行详细设计计算及结构方案优化分析，以确定产品总体设计方案及零部件的结构、主要参数，同时，调用系统中的图形库，将设计的初步结果以图形的方式输出在显示器上。

(3)交互产品设计改进。根据屏幕显示的结果，对设计的初步结果作出判断，如果不满意，可以通过人机交互的方式进行修改，直到满意为止。修改后的数据仍存储在系统的数据库中。

(4)制定产品加工工艺规程。系统从数据库中提取产品的设计制造信息，在分析其几何形状特点及有关技术要求后，对产品进行工艺规程设计。设计结果存入系统的数据库。同时在屏幕上显示输出。

(5)交互产品工艺规程改进。用户可以对工艺规程设计的结果进行分析、判断，并允许以人机对话的方式进行修改。最终的结果可以是生产中需要的工艺卡片或以数据接口文件的形式存入数据库，供后续模块读取。

(6)产品模拟仿真。有些 CAD/CAM 系统在生成了产品加工的工艺规程之后，对其进行仿真、模拟，以验证其是否合理、可行。同时，还可以进行刀具、夹具、工件之间的干涉、碰撞检验。

(7)生成产品加工指令。利用外部设备输出加工工艺卡片，指导车间生产加工，或计算机辅助制造系统从数据库中读取工艺规程文件，生成 NC 加工指令，在有关设备上加工制造。

(8)产品加工制造。在数控机床或加工中心完成有关产品的制造。

由上可见，CAD/CAM 系统的作业流程从初始的产品设计要求、产品设计的中间结果，到最终的加工指令，都是信息不断产生、修改、交换存取的过程，系统应能保证用户随时观察、修改阶段数据，实施编辑处理，直到获得最佳结果。

1.4　CAD/CAM 技术的发展趋势

1.4.1　CAD/CAM 技术发展历史

1）CAD/CAM 技术的兴起

自 1946 年世界上第一台电子计算机在美国问世后，人们就不断地将计算机技术引入机械设计、制造领域。到 20 世纪 50 年代中期，计算机主要处理科学计算。尽管当时已在计算机中配置了显示器，但由于计算机图形显示技术的理论还没有形成，只用于字符的显示，不具备人机交互功能。1952 年美国麻省理工学院研究成功第一台三坐标数控铣床，并开始着手研制数控自动编程系统 APT(Automatically Programmed Tools)。当时在美国学习的奥地利人 H. Josph Gerber 根据数控加工原理和方法，为波音飞机制造公司研制出世界上第一台平板绘图机。1959 年美国的 Calcomp 公司根据打印机的原理研制出世界上第一台滚筒式绘图机，从而开创了由计算机辅助绘图仪代替人工绘图的历史。

1963 年美国麻省理工学院的 I. E. Sutherland 在他的博士论文"人机对话图形通信系统"中提出了 SKETCHPAD 系统。该系统允许设计者在图形显示器前操作光笔和键盘，同时在屏幕上显示图形。他的论文首次提出了计算机图形学、交互技术及图形符号的存储采用分层的数据结构等思想，为 CAD 技术提供了理论基础。

计算机、自动绘图机、光笔、图形显示器等设备的问世和发展，及图形数据处理方法的深入研究，促进了 CAD/CAM 技术的形成。在经历了理论探讨、设备研制和简单 CAD 系统的实现及某些方面的实际应用、研究等几个阶段后，计算机辅助设计技术开始形成。

2）CAD/CAM 技术的发展

交互式图形生成技术的出现，促使计算机辅助设计技术迅速发展。20 世纪 60 年代中期后，美国的一些大公司都十分重视这一高新技术。例如，美国的 IBM 公司开发了以大型机为基础的 CAD/CAM。系统具有绘图、数控编程和强度分析等功能；美国通用汽车公司研制了 DAC-1系统，用于汽车车身和外形的设计。还有洛克希德公司的 CADAM 等。此外，英国剑桥大学等也开展了 CAD 方面的研究工作。在制造领域，1956 年出现了用大型通用计算机直接控制多台数控机床的 DNC 系统。这一时期的 CAD/CAM 系统的共同缺点是规模庞大且价格昂贵；1962 年在机床数控技术的基础上研制成功了第一台工业机器人，实现了物料搬运的自动化。

20 世纪 60 年代中期到 70 年代中期是 CAD/CAM 技术趋于成熟的阶段。随着计算机硬件的发展，以小型机、超小型机为主机的 CAD 系统进入市场，针对某个特定问题的 CAD 成套系统蓬勃发展。这种成套系统由 16 位小型机、图形输入设备、显示装置以及绘图机等硬件与相应的应用软件配套而成，通常也称为交钥匙系统(Turnkey System)。与此同时，为了适应设计和加工的要求，三维几何处理软件也发展起来，出现了面向中小企业的 CAD/CAM 商品化系统。1967 年，英国的莫林公司建造了一条由计算机集中控制的自动化制造系统，包括 6 台加工中心和 1 条由计算机控制的自动运输线，可进行 24 小时连续加工，并用计算机编制 NC 程序和作业计划、统计报表。

20 世纪 80 年代是 CAD/CAM 技术迅速发展的时期。超大规模集成电路的出现，使计算机硬件成本大幅度下降，计算机外围设备(如彩色高分辨率图形显示器、大型数字化仪、自动绘图机等品种齐全的输入输出装置)已成系列产品，为推进 CAD/CAM 技术向高水平发展提供了必要的条件。同时，相应的软件技术如数据库技术、有限元分析技术、优化设计技术等也迅速提高，这些商品化软件的出现促进了 CAD/CAM 技术的推广及应用，使其从大中型企业向小企业发展，从发达国家向发展中国家发展；从用于产品设计发展到用于工程设计。在此期间，还相应发展了一些与制造过程相关的计算机辅助技术，如计算机辅助工艺过程设计(CAPP)、计算机辅助工装设计、计算机辅助质量控制(CAQ)等。然而，作为单项技术，只能带来局部效益。20 世纪 80 年代以后，人们在上述计算机辅助技术的基础上，致力于计算机集成制造系统的研究，这是一种总体高效益、高柔性的智能化制造系统。

进入20世纪90年代,CAD/CAM技术已不再停留于过去单一模式、单一功能、单一领域的水平,而向着标准化、集成化、智能化的方向发展。为了实现系统的集成,实现资源共享和产品生产与组织管理的高度自动化,提高产品的竞争能力,就需在企业内、集团内的CAD/CAM系统之间或各个子系统之间进行统一的数据交换,为此,一些工业先进国家和国际标准化组织都在从事标准接口的开发工作。与此同时,面向对象技术、并行工程思想、分布式环境技术及人工智能技术的研究,都有利于CAD/CAM技术向高水平发展。

我国CAD/CAM技术的引进是从20世纪60年代开始的,最早起步于航空工业,最近十几年发展很快,现已在机械、电子、建筑、服装等行业逐步进入实用阶段。一方面,直接引进一些国际水平的商品化软件投入实际应用,如I-DEAS,Pro/Engineer,CADAM,UG-II等;另一方面,很多研究单位自行开发CAD/CAM系统,有些已达到国际先进水平,进一步促进了CAD/CAM技术在我国的应用和发展。

1.4.2 CAD/CAM技术发展趋势

CAD/CAM技术具有高智力、知识密集、更新速度快、综合性强、效益高、初始投入大等特点。目前,世界各国无不大力发展CAD/CAM技术。而且,CAD/CAM技术又是一个发展着的概念,它的含义在不断地扩展和延深。它不但可以实现计算机辅助设计中的各个过程或者若干过程的集成,而且有可能把全生产过程集成在一起,使无图样制造成为可能。此外,随着快速成型技术的发展,快速模具制造技术也已诞生。人工智能技术也正在引入CAD/CAM系统,CAD/CAM技术的未来发展将集中在如下几个方面:

1）集成化

为了适应设计与制造自动化的要求,CAD/CAM正在向计算机集成制造(Computer Integrated Manufacturing,CIM)技术方向发展。CIM的最终目标是以企业为对象,借助于计算机和信息技术,使生产中各部分从经营决策、产品开发、生产准备到生产实施及销售过程中,有关人、技术、经营管理三要素及其形成的信息流、物流和价值流有机集成,从而达到产品上市快、高质量、低消耗、服务好,使企业赢得市场竞争的目的。CIMS是一种基于CIM哲理构成的计算机化、信息化、智能化、集成化的制造系统。它适应于多品种、小批量市场要求,有效地缩短生产周期,强化人、生产和经营管理联系,减少在制品,压缩流动资金,提高企业的整体效益。

CIMS是未来工厂自动化发展的方向。由于CIMS是投资大、技术含量高、建设周期长的项目,因此,不能求全、求大,应总体规划、分步实施。分步实施的第一步是CAD/CAM集成的实现。

2）智能化

随着CAD/CAM技术的发展,除了集成化外,将人工智能技术,特别是专家系统应用于系统中,形成了智能化的CAD/CAM系统,使其具有人类专家的经验和知识,具有学习、推理、联想和判断功能及智能化视觉、听觉、语言能力,从而解决那些必须由人类专家才能解决的概念设计问题。

所谓人工智能就是通过人类的智能或思考过程的分析,将其功能机械地实现。专家系统是人工智能技术的一个分支,是指某个领域内能够起到人类专家的作用,具有大量知识和经验的智能系统。它能利用人类专家的知识和经验进行推理和判断,模仿人类专家的思维过程并作出决定来解决那些需要人类专家作出决定和判断的复杂问题。专家系统是通过推理和判断的方法,模仿人类专家决定的过程,并得到和人类专家相同的结论。专家系统的基本结构示意图如图1.10所示。

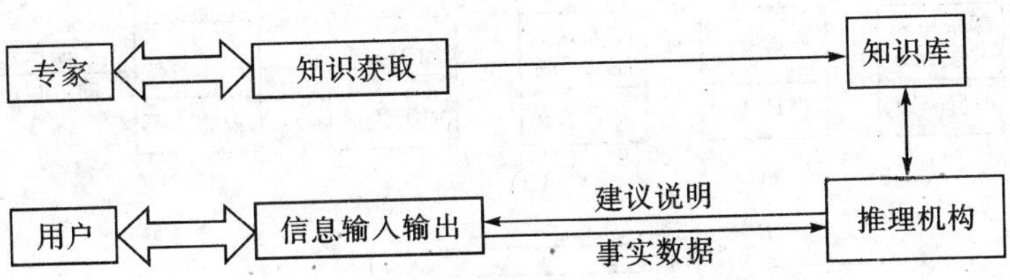

图 1.10 专家系统的基本结构示意图

在集成的 CAD/CAM 系统中，不仅处理数值型的工作，如计算、分析与绘图，而且还存在另一类推理性工作，包括方案构思与拟定、最佳方案选择、结构设计、评价、决策以及参数选择等。这些工作需要知识、经验和推理，将人工智能技术，特别是专家系统与 CAD/CAM 技术结合起来，形成智能化的 CAD/CAM 系统是 CAD 发展的必然趋势。

智能 CAD/CAM 系统具有巨大潜在意义的发展方向，它可以在更高的创造性思维活动层次上给予设计人员有效的辅助。另外，智能化和集成化之间存在着密切联系。为了能自动生成制造过程所需的信息，必须理解设计师的意图和构思。从这个意义上讲，为实现集成，智能化是不可缺少的研究方向。

3）网络化

自 20 世纪 90 年代以来，计算机网络已成为计算机发展进入新时代的标志。所谓计算机网络，就是用通信线路和通信设备将分散在不同地点的多台计算机，按一定的网络拓扑结构连接起来。这些功能使独立的计算机按照网络协议进行通信，实现信息交换、资源共享，即构成一个计算机网络系统。它是实现 CAD/CAM 集成的基础。随着 CAD/CAM/CAPP 集成化技术日趋成熟，可应用于越来越大的项目。这类项目往往不是一个人、一个企业能够完成的，而是多个人、多个企业在多台计算机上协同完成的，分布式网络计算机系统非常适用于 CAD/CAM/CAPP 的作业方式。同时，随着 Internet 互联网的发展，可针对某一特定的产品，将分散在不同地区的现有智力资源和生产设备资源迅速结合，建立动态联盟制造体系，以适应不同地区的现有智力资源和生产设备资源的迅速组合。建立动态联盟的制造体系将成为全球化制造系统的发展趋势。

4）并行化

并行工程(Concurrent Engineering)是随着 CAD、CIMS 技术发展提出的一种新哲理、新的系统工程方法。这种方法的思路，就是并行、集成地设计产品及其开发过程。它要求产品开发人员在设计的阶段就考虑产品整个生命周期的所有要求，包括质量、成本、进度、用户要求等，以便更大限度地提高产品开发效率及一次成功率。并行工程的关键是用并行设计方法代替串行设计方法。串、并行两种方法的示意图如图 1.11 所示。

随着市场竞争的日益激烈，并行工程必将引起越来越多的重视，但其实施也并非一朝一夕的事情，目前应为并行工程的实现创造条件和环境。其中，与 CAD/CAM 密切相关的有以下几个方面：

(1)研究特征建模技术，发展新的设计理论和方法。

(2)开展制造仿真软件及虚拟制造技术的研究，提供支持并行工程运行的工具和条件。

(3)探索新的工艺过程设计方法，适应可制造设计的要求。

(4)借助网络及统一数据库管理系统(DBMS)技术，建立并行工程中数据共享的环境。

(5)提供多学科开发小组的协同工作环境，充分发挥人在并行工程中的作用。

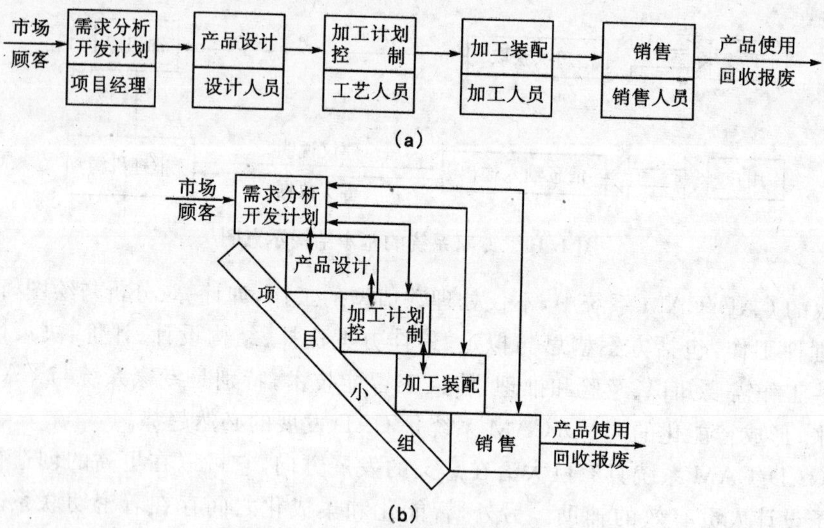

图 1.11 串、并行设计方法示意图

(a)串行； (b)并行

以上几个方面将极大地促进 CAD/CAM/CAPP 技术的变革及发展，即 CAD/CAM 系统向着并行化方向发展。

5）标准化

为了满足 CAD/CAM 集成的需要，提高数据交换的速度，保证数据传输的完整、可靠和有效，必须使用通用的数据交换标准。目前已制定出了不少标准体系，它是开发应用 CAD/CAM 的基础，也是促进 CAD/CAM 技术普及与应用的约束手段。例如，面向图形设备的标准 CGI、面向用户的图形标准 GKS 和 PHIGS、面向不同 CAD/CAM 系统的数据交换标准 IGES 和 STEP，此外还有窗口标准等。基于这些标准的软件将是 CAD/CAM 软件市场的主流。更为重要的是有些标准还指明了 CAD/CAM 技术的进一步发展方向，例如 STEP 既是标准也是方法学，深刻地影响着产品建模、数据管理及外部接口等。标准化的发展方向是：

(1)研究开发符合国际标准化组织颁布的产品数据模型，促进 CAD/CAM 技术与国际交流、合作。

(2)研究制定网络多媒体环境下的不同层次、不同类型数据信息的表示和传输标准，支持异地协同设计与制造。

(3)建立图文并茂、参数化的标件库，替代现行的各种形式的标准化手册，促进企业掌握标准，减少重复劳动。

思考与练习

(1)简述 CAD、CAM、CAPP 的基本概念。

(2)CAD/CAM 系统的主要组成部分是什么？

(3)现代产品开发模式和传统产品开发模式的主要内容是什么？试比较它们的区别。

(4)简述 CAD/CAM 系统的一般作业流程。

(5)简述 CAD/CAM 技术的发展阶段。

(6)CAD/CAM 技术的主要发展趋势是什么？

第2章 CAD/CAM系统的数据模型

利用CAD/CAM系统进行产品设计时，首先需要建立一个类似草稿或草图一样的构思和方案，这种构思和方案称为几何建模。所建立的模型可以是二维平面图形，也可以根据需要将二维图形转换成三维立体图形，或者直接建立三维立体图形。

几何建模也称几何造型，是通过计算机表示、控制、分析和输出几何实体的一种技术，其造型方法是把对几何实体的描述和表达建立在对几何信息、拓扑信息和特征信息处理的基础上。几何信息描述实体在空间的形状、尺寸和位置；拓扑信息描述实体各分量的数目及相互之间的关系；特征信息描述实体的精度、材料等与加工有关的信息。CAD/CAM系统所基于的几何造型技术不断发展，从最早的线框模型，发展到表面模型，又到了后面的实体模型以及现在广泛使用的特征模型，表达的信息不断完善。根据对几何信息、拓扑信息和特征信息处理方法的不同，几何造型可以分为线框造型、曲面造型、实体造型和特征造型等，所对应的模型分别为线框模型、表面模型、实体模型和特征模型。

2.1 线框模型

线框模型是采用线框造型的方法，以形体的棱边或交线作为形体的数据结构来定义的一种数据模型。线框造型是最早用来在CAD领域表示形体的造型，至今仍在广泛使用。

2.1.1 线框造型的原理

线框造型是利用基本线素（点、线）来定义描述实体上的点、轮廓、棱边和交线而形成的立体框架图形。用这种方法生成的实体模型仅仅描述实体的轮廓外形，数据模型存储的是各点的坐标（几何信息）以及每个棱边的两个端点的坐标（拓扑信息）。如图2.1所示为正方体的线框模型，表2.1描述了正方体各顶点的坐标，表2.2描述了正方体各棱线及与其对应的两个端点。

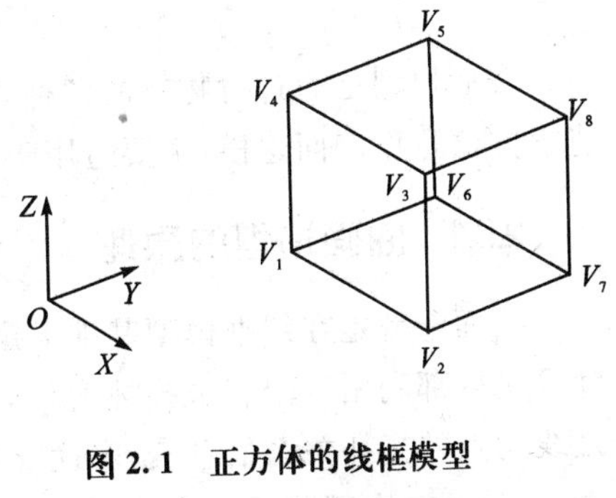

图2.1 正方体的线框模型

表 2.1　正方体的几何信息

点号	X	Y	Z	点号	X	Y	Z
V_1	0	0	0	V_5	0	1	1
V_2	1	0	0	V_6	0	1	0
V_3	1	0	1	V_7	1	1	0
V_4	0	0	1	V_8	1	1	1

表 2.2　正方体的拓扑信息

线号	线的端点		线号	线的端点		线号	线的端点	
E_1	V_1	V_2	E_5	V_5	V_6	E_9	V_1	V_6
E_2	V_2	V_3	E_6	V_6	V_7	E_{10}	V2	V_7
E_3	V_3	V_4	E_7	V_7	V_8	E_{11}	V3	V_8
E_4	V_4	V_1	E_8	V_8	V_5	E_{12}	V4	V_5

2.1.2　线框造型的特点

根据线框造型的方法，可以看出线框造型具有以下特点：

(1)线框模型数据存储量小，描述的实体信息量少，数据运算简单，占用存储空间小，对计算机硬件系统要求不高。

(2)使用线框模型，可以确定距离和关键点的信息。

(3)使用线框模型，可以产生任意方向的正交投影视图、轴测图和透视视图。

(4)线框模型结构简单。容易理解，造型迅速，使用方便。

(5)信息不完整，容易产生二义性。对于由平面构成实体，轮廓线与棱线一致，能够清楚地反映实体的真实形状；而对于由曲面构成的实体，只用棱线就无法表达清楚实体的形状，必须添加轮廓线，才能表达出实体的形状。由于线框模型没有描述线与面之间的拓扑关系，对它所产生的实体的理解通常就不具有唯一性。

2.2　表面模型

表面模型是通过对物体的各种表面或曲面进行描述而建立的一种三维模型。这种三维建模方法称作表面建模，主要适用于表面不能用简单的数学模型表达的物体。

2.2.1　曲面造型的原理

曲面造型是在线框模型基础上定义实体的各个表面或曲面以建立实物模型的方法。在计算机内部利用三个表来描述实体，一个是点的几何信息表，表达实体上各点的坐标；一个是线与点的拓扑关系信息表，表达线是由哪几点构成的；还有一个是面与线的拓扑关系信息表，表达面是由哪些线构成的。

1）曲面造型的发展

1963 年，美国波音飞机公司的 Ferguson 将曲线曲面表示为参数的矢函数方法。

1964 年，麻省理工学院的 Coons 对曲面进行分片与拼合，引出形状控制与连接问题。

1971 年，法国雷诺汽车公司的 Bezier 提出一种由控制多边形设计曲线的新方法，解决了整体形状控制问题，但存在连接问题和局部修改问题。

1973 年，Gordon 和 Riesenfeld 把 B 样条理论应用于形状描述，提出了 B 样条方法，继承了 Bezier 方法的优点，解决了连接问题。

1975 年，美国 Syracuse 大学的 Versprille 首次提出了有理 B 样条方法。

由于 Piegl 和 Tiller 等人的贡献，使非均匀有理 B 样条(NURBS)方法成为现代曲面造型中最为广泛流行的技术，各种 CAD 系统都提供了 NURBS 曲线的功能。

2）造型曲线

(1)插值曲线、样条曲线：主要指拉格朗日插值、样条插值。

(2)Bezier 曲线。曲线的起点和终点与特征多边形的起点和终点重合，而且多边形的第一条边和最后一条边表示了曲线的起点和终点处的切矢量方向。Bezier 曲线无法进行区域性控制，且曲线的次数和控制点的数目直接相关，定义比较复杂的曲线形状时，曲线的次数也相应提高。

(3)B-spline 曲线。采用特征多边形和 B 样条基函数定义曲线，主要用于表示和设计自由型曲线曲面的形状。不能精确地表示除抛物面以外的二次曲线曲面，只能给出近似的表示，使本来简单的问题复杂化，还带来了设计误差。

(4)NURBS 曲线。B 样条曲线只能近似地表示除抛物线外的二次曲线曲面，为解决这个问题，对 B 样条方法进行了改进，在保留其描述自由型形状长处同时，扩充了其统一表示二次曲线与曲面的能力。改进后的曲线称为非均匀有理 B 样条(NURBS)曲线，目前 NURBS 已经被国际标准化组织定义为工业产品形状表示的国际标准方法。

3）造型曲面

(1)直纹面(Ruled Surface)。直纹面也称规则曲面，是指一条直线的两个端点沿着两条导线分别匀速移动，其直线的轨迹所形成的面。导线可以是直线和曲线。

(2)旋转面(Revolved Surface)。旋转面是指由平面的线框图形绕轴线旋转所形成的曲面，如圆柱面、圆锥面、球面和圆环面等。

(3)放样曲面(Loft Surface)。放样曲面是以一组互不相交、方向相同、形状相似的截面线为骨架进行形状控制，过这些曲线蒙面生成的曲面。

(4)拉伸曲面(Extrude Surface)。拉伸曲面为平面曲线(直线)沿平面垂直方向进行拉伸得到的柱状曲面。

(5)圆角曲面(Fillet Surface)。圆角曲面为两个曲面间的过渡曲面，要求光滑过渡。

(6)Coons 曲面。Coons 曲面是由给定围成封闭曲面的边界曲线构成，边界曲线为孔斯曲线。

(7)Bezier 曲面。Bezier 曲面是以 Bezier 空间参数函数为基础的、用逼近的方法形成的光滑曲面。曲面形状由特征多面体控制。

(8)B 样条曲面。B 样条曲面是以 B 样条函数为基础的、用逼近的方法形成的光滑曲面。

(9)NURBS 曲面。NURBS 曲面是以 NURBS 参数方程来描述的空间曲面，它既能描述自由型曲面，又能精确表示初等函数所描述的全面。

图 2.2 为曲面造型的一些实例。

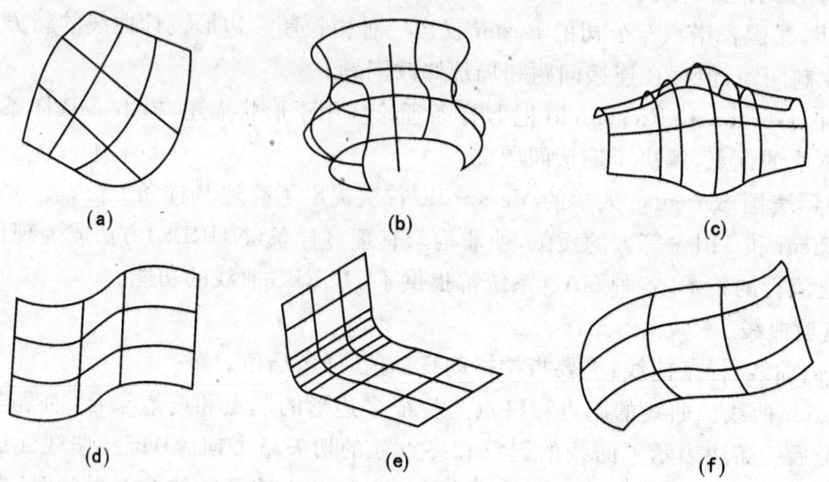

图 2.2　曲面造型实例

(a)直纹面；(b)旋转曲面；(c)放样曲面；(d)拉伸曲面；(e)圆角曲面；(f)Coons 曲面

2.2.2　曲面造型的特点

根据曲面造型的方法，可以看出曲面造型具有以下特点：

(1)曲面造型理论体系完整，在描述三维实体信息方面比线框造型完整、严密，能够构造出复杂的曲面。

(2)可以对实体表面进行消隐、着色处理，也能够进行表面积计算。

(3)可以利用造型中的基本数据，进行有限元网格划分，以便于进行有限元分析。

(4)易于与 CAM 统一模型，可以利用曲面造型生成的实体数据产生数控加工刀具轨迹。

(5)曲面造型理论复杂，需要一定的数学理论知识，使用较为复杂，数据量大，运算时间长。

(6)曲面造型描述了实体表面信息，缺乏实体内部信息，有时会产生实体二义性。

2.3　实体模型

实体造型指的是与物体的实际特性有关的几何建模，用于描述其内部结构和外部形状。

2.3.1　实体造型的原理

实体造型是利用实体生成方法(体素法及扫描法)产生实体的初始模型，然后通过几何体的逻辑运算(布尔运算)或基本变形操作，最终形成复杂实体模型的一种造型技术。它主要包括三方面内容：一是基本实体的生成方法；二是基本体之间的逻辑运算；三是基本变形操作。

1）基本实体造型

基本实体造型是定义和描述基本的实体模型，其方法有两种：体素法和扫描法。

(1)体素法。体素法是应用在 CAD 系统内部构造基本体素的实体信息，直接产生实体模型的方法，如长方体、圆柱体、圆环等。基本体素的实体信息包括基本体素的几何参数

(长、宽、高以及半径等)和体素的基准点。

(2)扫描法。扫描法是将平面内的封闭曲线进行扫描(平移、旋转、放样等)形成实体模型的方法。利用扫描法形成的实体较体素法形成的实体要复杂一些。

2)布尔运算法

由体素法和扫描法形成的两个以上的初始实体模型,通过布尔运算(交、并、差)后形成实体的方法。图2.3所示为一个长方体和一个圆柱体通过布尔运算得到的实体模型。

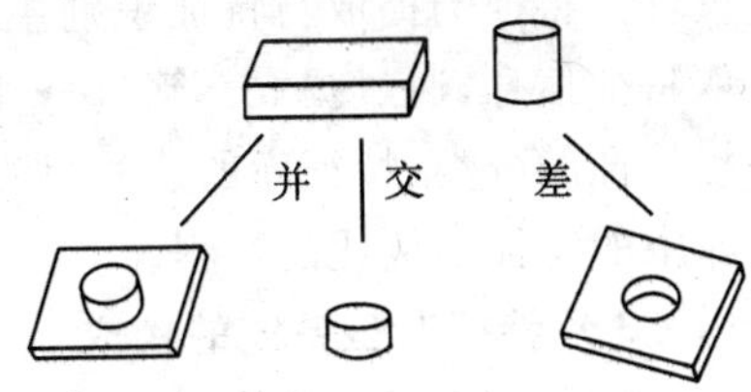

图2.3 实体间的布尔运算

3)基本变形操作

初始的实体模型通过平移、旋转、变比、拉伸、反射、切变、投影、变形等基本几何变换操作,从而得到新的实体模型。

2.3.2 实体造型的特点

根据实体造型的方法,可以看出实体造型具有以下几个特点:

(1)实体模型的形体定义完整,在结构设计中具有重要作用。

(2)表面之间具有严格的拓扑关系,易于计算机进行处理。

(3)缺乏处理复杂曲面的能力。

(4)缺乏实体的加工制造信息,如零件材料、公差、技术要求等信息,使得CAD系统向CAM系统传递的实体信息具有不完整性。

2.4 特征模型

特征造型是在实体造型基础上,加入了实体的精度信息、材料信息、技术要求与其他有关信息以及零件加工过程中工序图的生成、工序尺寸的确立等动态信息,以完整地表达实体信息。

2.4.1 特征造型的原理

1)特征的定义

特征(Feature)这一概念最早出现在1978年美国麻省理工学院的Gossard教授指导的一篇学术论文"CAD中基于特征的零件表示",此后,关于特征技术的研究便迅速开展起来。1988年公布的STEP标准草案将形状和公差特征等列为产品定义的基本要素,使之得到普及应用。

到目前为止,对于特征还没有一个严格的定义,一般认为,特征是特定应用领域的信息载体,其定义取决于它的应用范围。因此,特征在不同的生产领域有着不同的含义。在产品的整个生命周期范围内,特征可以从一个应用领域映射到另一个应用领域。从几何造型角度看,特征是一组具有特定关系的几何或拓扑元素;从设计角度看,特征又可以分为设计特征、分析特征、管理特征等,其中设计特征是用来进行几何和功能描述的几何形体;从加工角度看,特征被定义为与加工操作和工具有关的零部件形式及技术特征,其中的制造特征是指与特定的加工方法相联系的一组面的集合。

2）特征建模的研究内容

特征建模的研究内容包括两方面的内容：一是特征的提取与特征识别；二是基于特征的设计。特征的提取与特征识别主要研究针对不同的实体模型的表达方法，从实体模型中提取特征信息，通过提取→筛选→组合→添加等过程得到特征信息。基于特征的设计主要包括特征的分类、特征库的建立、特征造型系统的构成等内容。零件的特征造型过程就是特征库中的特征实例化的过程。

3）特征造型系统的构成

特征造型系统的构成是以实体造型为基础，建立起各种特征库。设计产品时，从各种特征库中提取特征来描述产品，构造产品的信息数据库以形成产品实体。特征造型中的特征种类分为管理特征、材料特征、功能特征、形状特征、技术特征、精度特征、制造特征、装配特征等。

(1)管理特征。管理特征包括零部件的管理信息，如设计者、日期、产品零件号等。

(2)材料特征。材料特征包括零件的材料信息，如材料种类、性能、热处理要求等。

(3)功能特征。功能特征包括产品、零件、特征的功能用途等信息。

(4)形状特征。形状特征主要包括零件的几何信息和拓扑信息。它将形状特征定义为具有一定拓扑关系的一组几何元素所构成的形状实体，它对应于零件上的一个或多个功能要素，能够用固定的加工方法和工艺条件加工成型。

(5)技术特征。技术特征包括产品、零件的技术要求等信息。

(6)精度特征。精度特征包括零件的精度信息，如尺寸公差、形位公差、表面粗糙度等。

(7)制造特征。制造特征对应特定的加工工艺。

(8)装配特征。装配特征描述零部件的有关装配信息，如配合信息、定位信息、配合公差信息等。

4）特征造型的方法

特征造型的方法大致有三种：交互式特征定义、特征自动识别和基于特征的设计。

(1)交互式特征设计。交互式特征设计是早期的一种特征定义方式，它首先利用实体造型系统形成实体模型，然后再进入特征定义系统，通过交互式操作，在已建立的实体模型上定义特征信息。这种造型方法简单，效率较低；实体的几何信息与特征信息之间没有必然的联系，一旦哪个信息发生变化就必须改变其相应的信息内容。

(2)特征自动识别。特征自动识别是将设计的实体几何模型与系统内部预定义的特征库中的特征进行自动比较，从中找出与之匹配特征的具体类型，并选择确定特征的具体参数，以形成实体的特征造型。它真正实现了实体造型中特征信息与几何信息的统一，但该系统是对已存在的实体造型进行特征的识别与提取，而不是在实体形成过程中实时地体现特征。

(3)基于特征的设计。基于特征的设计是直接利用系统内部预定义的特征库对零件进行特征造型。设计者可以直接从系统的特征库中提取特征并赋予各种参数，形成模型的基本特征单元，这些特征单元通过布尔运算，最终形成零件模型。基于特征的设计系统是应用最广的CAD/CAM系统，它为用户提供了符合实际工程设计过程的概念与方法。

2.4.2 特征造型的特点

特征造型给设计人员提供了一种全新的设计方法和设计思想，极大地提高了设计效率。同时，特征作为产品信息的载体，为产品在整个设计制造的各个环节提供了统一的产品信息模型，避免了信息的重复输入，为CAD/CAPP/CAM集成化提供了有效的技术支持。其特点主要有：

(1)特征造型能够更好地表达完整的产品技术信息，这些信息涵盖了与产品有关的设计、制造、生产管理等各方面，为构造产品模型统一的数据库提供了技术基础。

(2)特征造型使用户面对的不再是点、线、面、实体，而是产品的功能要素，如定位孔、键槽、退刀槽、筋等特征，能够更好地使设计人员按照设计思路进行设计。

(3)特征造型使产品具有单一的数据库，可以提供产品各方面的信息，便于产品的设计、工艺、加工、检验等部门之间的联系与交流，并可及时反馈意见进行修改。

思考与练习

(1)什么叫几何建模？几何建模的方式有哪几种？

(2)什么叫线框造型？线框造型有哪些特点？

(3)什么叫曲面造型？曲面造型有哪些特点？

(4)与NURBS曲线相比，Bezier曲线和B-spline曲线各具有哪些局限性？

(5)什么叫实体造型？实体造型有哪些特点？

(6)什么叫特征造型？特征造型有哪些特点？

(7)特征造型的方法有哪些？它们是如何进行特征造型的？

(8)特征造型中的特征种类有哪些？

第3章 CAD/CAM技术数据处理方法

在机械设计、分析和制造工艺过程中，需要引用大量的数据、表格和线图（统称为工程数据），如经验数表、各种标准和规范等。在传统的设计中，这些资料常常是以手册的形式提供的，而在机械CAD/CAM系统中，则要借助计算机来进行作业并通过程序来实现。因此，所有的数据、表格、线图等资料都要预先存入计算机中，以便设计时灵活调用。如何存入呢？必须对这些资料进行适当地加工处理，转化成相互关联的数据结构，用数据库或数据文件进行存储和管理，供用户调用或查询。CAD/CAM技术数据的处理主要有信息的输入、产生、转换、存储、输出等，这些处理通称为数据的程序化。

工程技术人员在掌握了某种计算机高级语言以后，编制这样的一类数据处理程序并不困难，首先应该熟悉需要处理资料的人工计算方法，并对整个设计计算过程进行仔细的分析，绘制设计计算的逻辑过程及计算机逻辑流程图，然后按照流程图编制出计算程序，调试通过并完成测试等。本章以VB和Matlab两种语言为例，介绍CAD/CAM技术数据的处理方法。

3.1 数表的程序化

在机械产品的整个设计过程中，无论是方案构思或零部件的技术设计，都需要查阅各种设计手册。在这些手册中，有关的设计资料经常以简明的线图、表格的方式出现，设计人员使用起来十分方便。例如，按照国标GB/T3480—1997《渐开线圆柱齿轮承载能力计算方法》设计齿轮传动，根据统计，计算中所涉及的线图、表格就多达几十幅。

一般图表的来源可分两类：一是经复杂解析式计算所得的结果，如GB/T3480－1997中求齿形系数Y_F的一般方法；二是以有限次试验所得的离散数据作为依据的，如一些材料的极限应力图。

在进行数据及线图信息的程序化处理时，对不同来源的图表，可采用不同的方法加以处理。能找到原始解析数式的图表，可以直接按解析式编程计算。

数据程序化有两种方法：一种是查表检索法；另一种是数表解析法。

3.1.1 查表检索法

该法的基本思想是模拟设计人员查表检索数据的过程。首先由自变量的大小或种类来确定所需数据在表中的位置，然后读取有关数据，并根据数表性质决定是否需要插值以及插值的具体方式。

1）一维数表的存取

数表中最简单的是一维数表，其特征是其数据是变量的一元函数。如金属材料的密度只与材料种类有关，材料的密度可归并为表3.1所示的一维数表。

[例3.1]　编制根据金属材料的种类检索有关材料的程序。

表3.1　材料密度表

材料代号	1	2	3	4	5	6	7	8
材　料	球墨铸铁	工业纯铁	紫铜	铸铝	硬铝	高速钢	不锈钢	镍铬合金
密度/(g/cm³)	7.30	7.87	8.90	2.56	2.73	8.30	7.75	8.40

编制该程序时，可利用Visual Basic语言中的开关语句，以金属材料种类为开关s，而将其有关参数作为某"通道"打开以后的具体内容。其程序代码如下：

```
Private Sub Cmdstart_Click()
    Dim s As Integer
    Dim q1 As Single
    s=Val(txt_s.Text)
    Select Case s
    Case 0
        q1=7.3
    Case 1
        q1=7.87
    Case 2
        q1=8.9
    Case 3
        q1=2.56
    Case 4
        q1=2.73
    Case 5
        q1=8.3
    Case 6
        q1=2.75
    Case 7
        q1=8.4
    End Select
    txt_q1.Text=Str(q1)
End Sub
```

该程序也可利用一维数组存储数据编程，其程序代码如下：

```
Private Sub Cmdstart_Click()
    Dim s As Integer
    Dim q1 As Variant
    q1=Array(7.30,7.87,8.90,2.56,2.73,8.30,2.75,8.40)
    s=Val(txt_s.Text)
```

```
txt_ql.Text=Str(ql(s))
End Sub
```

程序运行结果如图 3.1 所示。

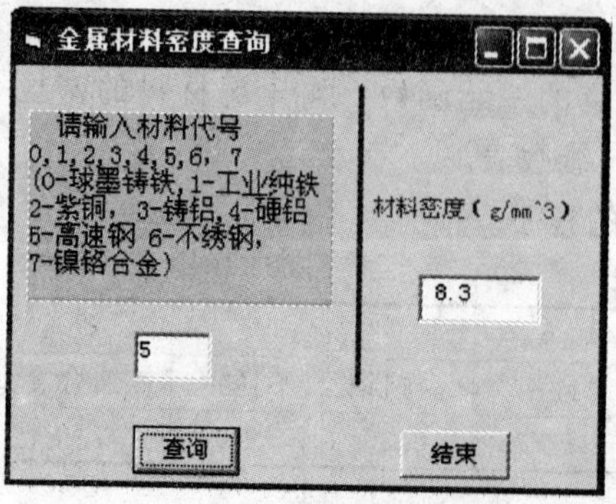

图 3.1　金属材料密度查询

2）二维数表的存取

二维数表实质上可看成是两个一维数表的纵横组合，其数据是变量的二元函数。如齿轮传动计算中的工作情况系数 K_A，是根据原动机和工作机的类型而定的。

［例 3.2］　试编制根据原动机和工作机类型，由计算机检索表 3.2 中齿轮工作情况系数 K_A 的程序。

表 3.2　齿轮传动工况系数 K_A

工作机载荷特性 / 原动机载荷特性		工作平稳	中等冲击	较大冲击
		$j=1$	$j=2$	$j=3$
工作平稳	$i=1$	1	1.25	1.75
轻度冲击	$i=2$	1.25	1.50	2.00
中等冲击	$i=3$	1.50	1.75	2.25

将 K_A 值存于二维数组 $kk(3,3)$ 中，使用时只需输入基本信息 i、j 就可很方便地检索出对应的 K_A 值来。其程序流程如图 3.2 所示：

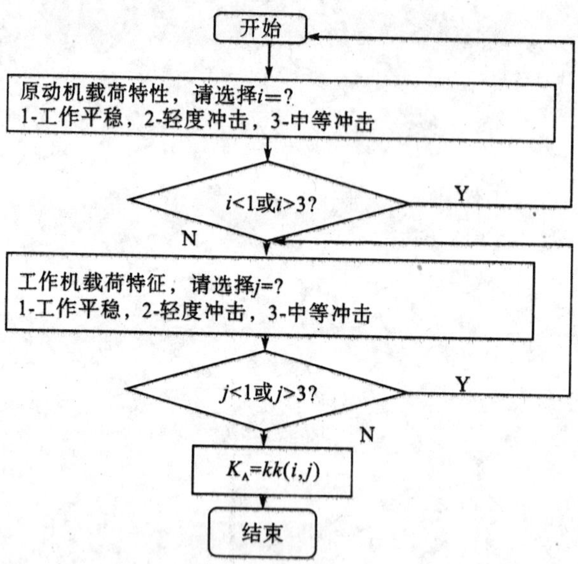

图 3.2　齿轮传动工况系数查询程序流程图

将工况系数二维数表数据采用数据文件的存储方式。数据文件与源程序分开，单独存放于外部存储器中，当程序需用到数据文件中的有关数据时，可使用文件操作语句打开文件，将数据读入内存即可。如果数表中数据项目较多、数据量较大，或数表需要被共享，通常采用数据文件的存储方式。

利用记事本建立数据文件，如建立文件名为“工况系数.txt”的数据文件，将数表分解为 3

个记录，以记录的形式存放数表，记录放于数据文件中。如图 3.3 所示，数据文件“工况系数.txt”中包括了以下数据：

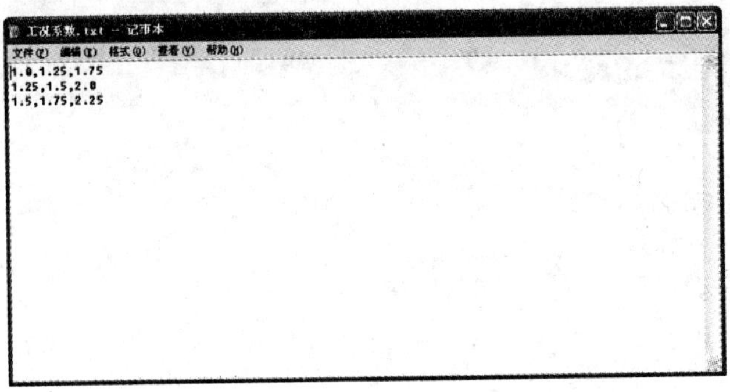

图 3.3　数据文件“工况系数.txt”中的数据

该方法的程序代码如下：

```
Option Explicit
  Dim ii As Integer,jj As Integer
  Public Appdir As String

Private Sub Check1_Click()
   If Check1. Value=1 Then
      Check2. Value=0
      Check3. Value=0
      ii=0
   End IF
End Sub

Private Sub Check2_Click()
   If Check2. Value=1 Then
      Check1. Value=0
      Check3. Value=0
      ii=1
   End If
End Sub

Private Sub Check3_Click()
   If Check3. Value=1 Then
      Check1. Value=0
      Check2. Value=0
      ii=2
   End If
End Sub

Private Sub Check4_Click()
```

```
    If Check4. Value=1 Then
        Check5. Value=0
        Check6. Value=0
        jj=0
    End If
End Sub

Private Sub Check5_Click()
    If Check5. Value=1 Then
        Check4. Value=0
        Check6. Value=0
        jj=1
    End If
End Sub

Private Sub Check6_Click()
    If Check6. Value=1 Then
        Check4. Value=0
        Check5. Value=0
        jj=2
    End If
End Sub

Private Sub Cmdend_Click()
Unload Me
End Sub

Private Sub Cmdstart_Click()
  Dim i As Integer,j As Integer
  Dim ka As Single
  Dim kk(3,3)As Single
  Appdir=CurDir()
  Open"d:\课题\data\工况系数.txt"For Input As #1
    For i=0 To 2
        For j=0 To 2
            Input #1,kk(i,j)
        Next j
    Next i
    Close #1
    txt_ka. Text=Str(kk(ii,jj))
End Sub
```

程序运行结果如图 3.4 所示。

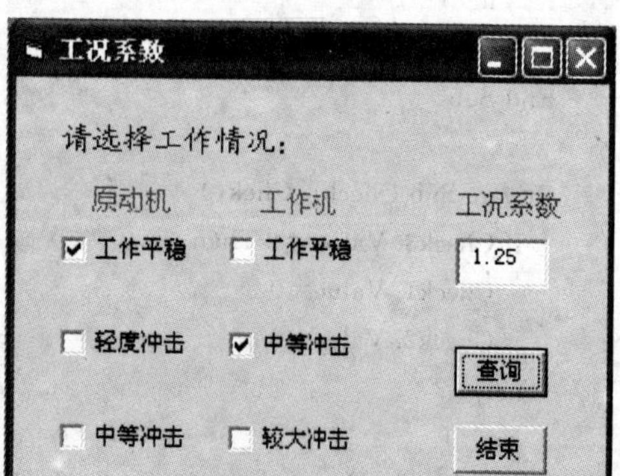

图 3.4　齿轮传动工况系数查询

3）数表的区间检索

如表 3.3 所示，冲裁凹模设计时凹模刃口高度 h、斜壁式凹模刃口斜度 α 以及直壁式凹模刃口下腔斜度 β 等与材料厚度的对应关系看起来要比前面的表复杂些，但实际上还是一维数表，所不同的只是作为变量的材料厚度 t 在某一变化范围内对应的 h、α、β 是相同的，故程序在检索时应当作适当的判断处理。

表 3.3　凹模孔口参数表

序号	材料厚度/mm	h/mm	α/°	β/°
1	≤0.5	5.0	0.25	2.0
2	>0.5～1.0	6.0	0.25	2.0
3	>1.0～2.5	7.0	0.25	2.0
4	>2.5～6.0	8.0	0.50	3.0
5	>6.0	10.0	0.50	3.0

[**例 3.3**]　试编制根据材料厚度检索有关参数的程序。

将材料厚度 t 的界限用一维数组 $tt(i)$ 表示，对应的 h、α、β 值存入一维数组 $b(i)$、alpha(i)、beta(i)中，检索时先判断实际材料厚度 t 在数组 $tt(i)$ 中所处的区间位置（即确定相应 i 的大小），然后由 i 检索出对应的 h、α、β 值。

根据上述，编写的 VB 程序代码如下：

```
Private Sub Cmdstart_Click()
    Dim i As Integer, t As Integer
    Dim tt As Variant, alpha As Variant, h As Variant, beta As Variant
    tt=Array(0,0,0.5,1,2.5,6)
    h=Array(0,5,6,7,8,10)
    alpha=Array(0,15,15,15,30,30)
    beta=Array(0,2,3,2,3,3)
    t=Val(txt_t.Text)
    For i=0 To 4
        If t<=tt(i + 1)Then
            Exit For
        End If
    Next i
        txt_h.Text=Str(h(i))
        txt_alpha.Text=Str(alpha(i))
        txt_beta.Text=Str(beta(i))
End Sub
```

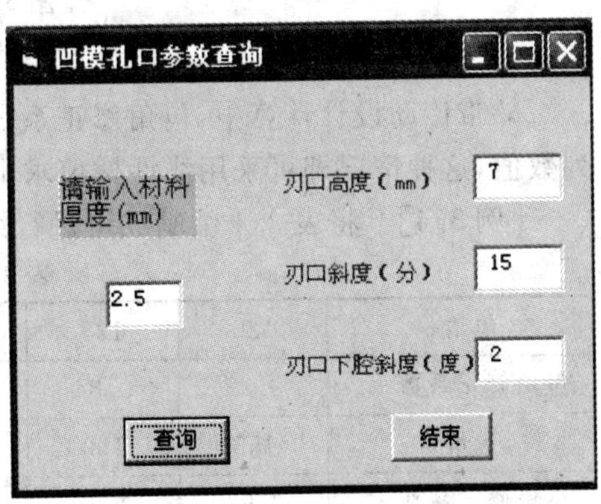

图 3.5　凹模孔口参数查询

程序运行结果如图 3.5 所示。

4）数表的插值处理

前述数表所检索的数值均是在表列中结点上的数值，而工程中许多数表被检索的数值并不都是表列结点上的数值，而应是结点之间的任意数值，这时函数值需要采用插值的方法求出。插值法的基本思想是在插值点附近选取几个合适的结点，过这些选取的点构造一个简

单的函数 $g(x)$，在此小段用 $g(x)$ 代替原来的函数 $f(x)$，插值点 x 的函数值就用 $g(x)$ 来代替。通常插值方法有线性插值法和非线性插值法。

(1)一维数表的线性插值。设有一个用数表表示的函数 $f(x)$，插值点为 (x,y)。插值步骤如下：

①从数表中在插值点的附近选取两个相邻的自变量 x_i, x_{i+1}，并满足条件：

$$x_i < x < x_{i+1}$$

②用过 (x_i, y_i) 和 (x_{i+1}, y_{i+1}) 两点的直线 $g(x)$ 代替原来的函数 $f(x)$，插值点的函数值为：

$$y=\frac{y_{i+1}-y_i}{x_{i+1}-x_i}(x-x_i)+y_i \tag{3.1}$$

或写成：

$$y=\frac{x-x_{i+1}}{x_i-x_{i+1}}y_i+\frac{x-x_i}{x_{i+1}-x_i}y_{i+1} \tag{3.2}$$

从图3.6(a)中可以看出，用 $g(x)$ 代替原有曲线 $f(x)$ 存在一定误差。误差的大小与插值区间有关，区间越小，误差越小。另外，插值误差还与插值阶数有关，适当提高插值阶数可以提高插值精度[见图3.6(b)所示的抛物线插值]。

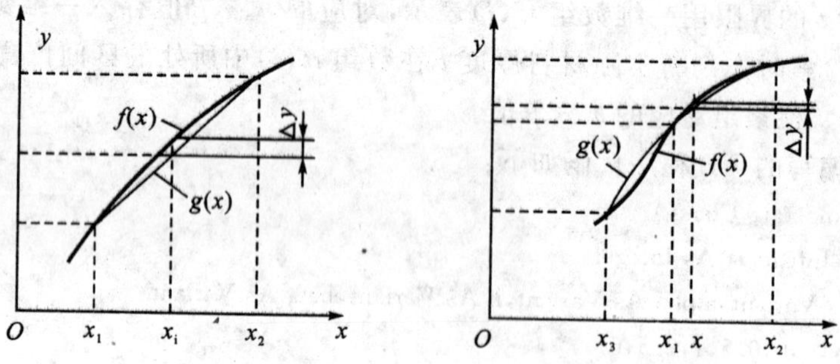

(a)　　(b)

图3.6　插值曲线图

(a)线性插值图；(b)抛物线插值图

V带传动设计计算中，包角修正系数 K_α 可由包角 α 参数查出。但当包角 α 不是表中所列数值，这种情况即可采用线性插值求出。

[**例3.4**]　将表3.4编制成可进行线性插值的程序。

表3.4　包角修正系数

包角 α	120	125	130	135	140	145	150
包角修正系数 K_α	0.82	0.84	0.86	0.88	0.89	0.91	0.92
包角 α	155	160	165	170	175	180	
包角修正系数 K_α	0.93	0.95	0.96	0.98	0.99	1.0	

根据上述，编写的VB程序代码如下：

```
Dim i As Integer
Dim t As Single,u As Single,f As Single
Dim kf As Single,af As Single
Dim x As Variant,y As Variant
```

```
x=Array(120,125,130,135,140,145,150,155,160,_
                                165,170,175,180,185)
y=Array(0.82,0.84,0.86,0.88,0.89,0.91,0.92,_
                      0.93,0.95,0.96,0.98,0.99,1,1)
t=Val(txt_t.Text)

If t< x(0)Then
     i=0
Else If t >=x(12)Then
     i=12
Else
    For i=1 To 12
      If t<=x(i)Then
       i=i - 1
       Exit For
      End If
    Next i
End If
  u=(t - x(i))/(x(i + 1)- x(i))
  f=y(i)+ u * (y(i + 1)- y(i))
  kf=f: af=t
  'printf "af=";af ,"kf=";kf

 txt_af.Text=Str(af)
 txt_kf.Text=Str(kf)
End Sub
```

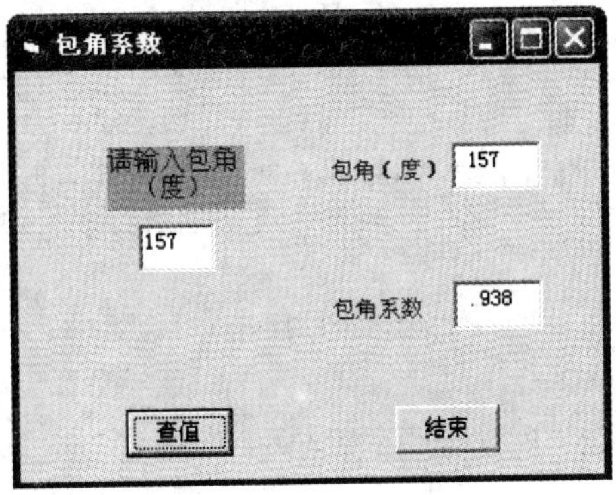

图 3.7　包角修正系数查询

程序运行结果如图 3.7 所示。

(2)一维数表的抛物线插值。抛物线插值是用通过 3 个节点的抛物线 $g(x)$来代替原来的函数 $f(x)$。如何在数表中选择合适的 3 个节点(x_1,y_1)、(x_2,y_2)和(x_3,y_3)，是保证抛物线插值精度的关键。

设插值点为(x,y)，抛物线插值步骤如下：

①从数表中在插值点 x 的左右选取两点(x_i,y_i)、(x_{i+1},y_{i+1})，分别记为(x_1,y_1)和(x_2,y_2)。它们满足条件：

$$x_1<x<x_2$$

②比较$(x-x_i)$和$(x_{i+1}-x)$的大小，取差值较小者作为取点的延伸方向，从数表中选取第三点。例如，当$(x-x_i)<(x_{i+1}-x)$时，取 x_i 方向作为取点延伸方向，即取(x_{i-1},y_{i-1})作为第三点(x_3,y_3)；反之，取(x_{i+2},y_{i+2})作为第三点(x_3,y_3)。

③将 3 点的坐标代入抛物线方程，得到插值点的函数值

$$y=\frac{(x-x_2)(x-x_3)}{(x_1-x_2)(x_1-x_3)}y_1+\frac{(x-x_1)(x-x_3)}{(x_2-x_1)(x_2-x_3)}y_2+\frac{(x-x_1)(x-x_2)}{(x_3-x_2)(x_3-x_2)}y_3 \tag{3.3}$$

蜗轮传动设计计算中，Z_v 可由蜗轮齿数等相关参数求出。但求得的 Z_v 不一定为表中所

列数值，如 $Z_v=25.32$，Y_f 应为何值，这种情况即可采用抛物线插值法求出。

［例 3.5］ 将表 3.5 编制成可进行抛物线插值的程序。

表 3.5 蜗轮齿形系数

Z_v	20	24	26	28	30	32	35	37
Y_f	1.98	1.88	1.85	1.80	1.76	1.71	1.64	1.61
Z_v	40	45	50	60	80	100	150	300
Y_f	1.55	1.48	1.45	1.4	1.34	1.3	1.27	1.24

根据上述，编写的 VB 程序代码如下：

```
Private Sub Cmdstart_Click()
    Dim i As Integer, z As Integer, hi As Integer
    Dim x1 As Single, x2 As Single, x3 As Single
    Dim u As Single, v As Single, w As Single, yf As Single
    Dim x As Variant, y As Variant
    x=Array(0,20,24,26,28,30,32,35,37,40,45,50,_
                60,80,100,150,300)
    y=Array(0,1.98,1.88,1.85,1.8,1.76,1.71,1.64,1.61,_
                1.55,1.48,1.45,1.4,1.34,1.3,1.27,1.24)

    z=Val(txt_z.Text)

    For i=1 To 14
        If z - x(i + 1)<=0 Then
            hi=i
            Exit For
        Else
            hi=14
        End If
    Next i
    If hi > 1 And z - x(hi)< x(hi + 1)- z Then hi=hi - 1
    x1=x(hi): x2=x(hi + 1): x3=x(hi + 2)
    u=(z - x2) * (z - x3)/((x1 - x2) * (x1 - x3))
    v=(z - x1) * (z - x3)/((x2 - x1) * (x2 - x3))
    w=(z - x1) * (z - x2)/((x3 - x1) * (x3 - x2))
    yf=u * y(hi)+ v * y(hi + 1)+ w * y(hi + 2)
    Print "z="; z,"yf="; yf

    txt_zv.Text=Str(z)
    txt_yf.Text=Str(yf)
End Sub
```

程序运行结果如图 3.8 所示。

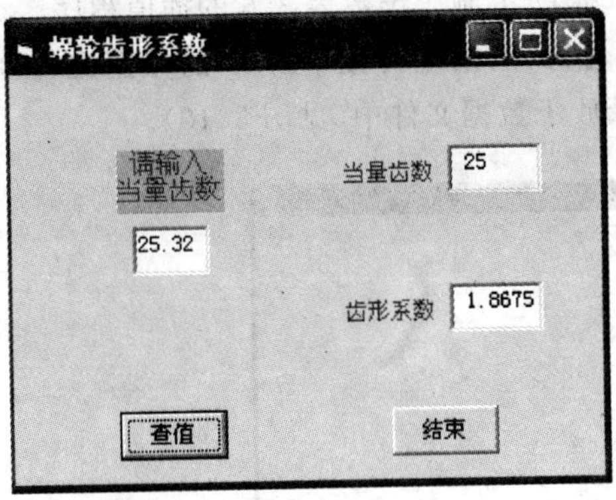

图 3.8 蜗轮齿形系数数查询

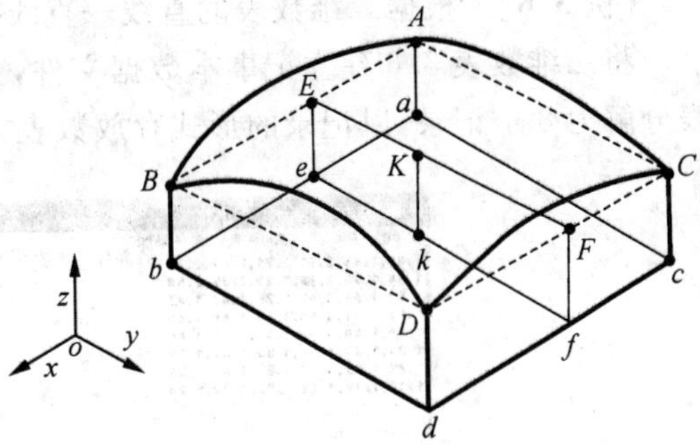

图 3.9 直线—直线插值

(3)二维数表的直线—直线插值。直线—直线插值原理如图 3.9 所示。设插值点为 $K(x_k, y_k, z_k)$，插值步骤如下：

①根据插值点 k，找出周围 4 个点 a、b、c、d，并满足以下关系：

$$\left.\begin{array}{ll} x_a = x_c & ; \quad x_b = x_d \\ y_a = y_b & ; \quad y_c = y_d \\ x_a < x_k < x_b; & \quad y_a < y_k < y_c \end{array}\right\} \tag{3.4}$$

②找出对应 a、b、c、d 在原曲面上的点 A、B、C、D，过点 A、B 用一元函数线性插值求得 E 点，过点 C、D 用一元函数线性插值求得 F 点。

③过点 E、F 再次用一元函数线性插值求得 K 点，该点 z_k 值即为对应于插值点的函数值。

直线—直线插值的计算公式为：

$$Z(x_k, y_k) = (1-\alpha)(1-\beta)Z_a + \alpha(1-\beta)Z_b + \beta(1-\alpha)Z_c + \alpha\beta Z_d \tag{3.5}$$

式中：$\alpha = \dfrac{x_k - x_a}{x_b - x_a}$， $\beta = \dfrac{y_k - y_a}{y_c - y_a}$。

在机械设计中，进行轴的强度计算时，查取轴的截面变化过渡圆角处有效应力集中系数 k_σ 值(见表3.6)，即二维数表的插值问题。

表 3.6 轴肩圆角的有效应力集中系数

序号	j	1	2	3	4	5	6
i	$\sigma_B/(\mathrm{N \cdot mm^{-2}})$ \ r/d	≤500	600	700	800	900	≥1 000
1	0	2.32	2.50	2.71	—	—	—
2	0.02	1.84	1.96	2.08	2.20	2.35	2.50
3	0.04	1.60	1.66	1.69	1.75	1.81	1.87
4	0.06	1.51	1.51	1.54	1.54	1.60	1.60
5	0.08	1.40	1.40	1.42	1.42	1.46	1.46
6	0.10	1.34	1.34	1.37	1.37	1.39	1.39
7	0.15	1.25	1.25	1.27	1.27	1.30	1.30
8	0.20	1.19	1.19	1.22	1.22	1.24	1.24

［例 3.6］ 根据二维数表的直线—直线插值方法，编制二维数表 3.6 的插值程序。

将二维数表 3.6 建立记事本数据文件，文件名为“圆角应力集中.txt”的数据文件，将数表分解为 8 个记录，以记录的形式存放数表，记录放于数据文件中（见图 3.10）。

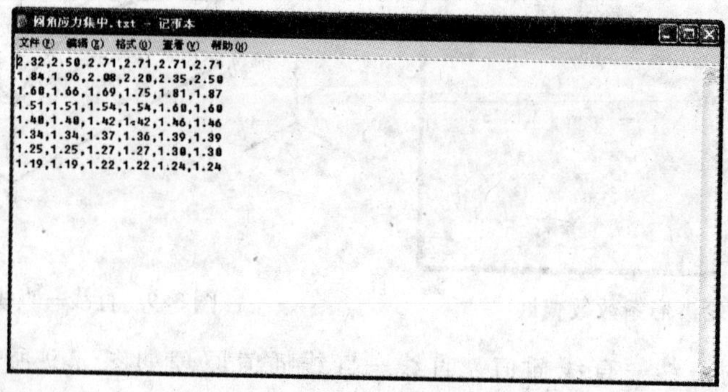

图 3.10 圆角应力集中系数数据文件

根据上述，编写的 VB 程序代码如下：

```
Dim Appdir As String
Dim i As Integer,j As Integer
Dim ii As Integer,jj As Integer
Private Sub Cmdstart_Click()
Dim ki As Integer,kj As Integer
Dim ax As Single,ay As Single,ap As Single
Dim bt As Single,f As Single
Dim x As Variant,y As Variant
Dim z(8,6)As Single

    x=Array(0,0,0.02,0.04,0.06,0.08,0.1,0.15,0.2)
    y=Array(0,500,600,700,800,900,1 000)
      Appdir=CurDir()
      Open"d:\课题\ data\圆角应力集中.txt" For Input As #1
      For ii=1 To 8
          For jj=1 To 6
              Input #1,z(ii,jj)
          Next jj
      Next ii
      Close #1

ax=Val(txt_rd.Text)
ay=Val(txt_cb.Text)

For i=1 To 8
    If ax<=x(i + 1)Then
      ki=i
```

```
        Exit For
      Else
        ki=8
      End If
    Next i

    For j=1 To 6
      If ay<=y(j + 1)Then
          kj=j
          Exit For
      Else
          kj=6
      End If
    Next j
    ap=(ax - x(ki))/(x(ki + 1)- x(ki))
    bt=(ay - y(kj))/(y(kj + 1)- y(kj))
    f=(1 - ap) * (1 - bt) * z(ki,kj)+bt * (1 - ap) *
z(ki,kj + 1)+ _
          ap * (1 - bt) * z(ki + 1,kj)+ ap * bt *
z(ki + 1,kj + 1)

    txt_kc.Text=Str(f)

End Sub
```

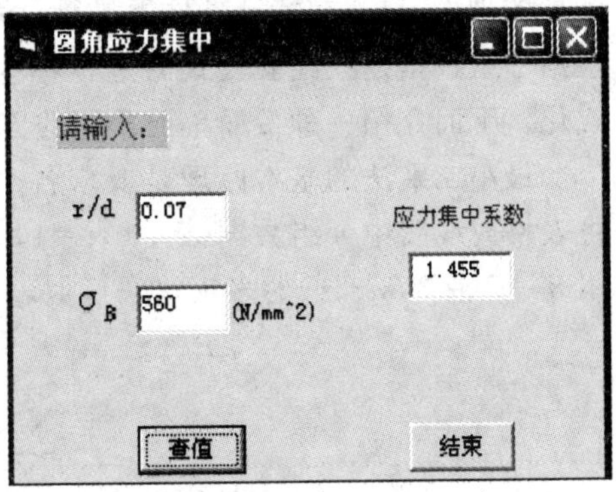

图 3.11　应力集中系数数查询

程序运行结果如图 3.11 所示。

(4)二维数表的抛物线—直线插值。将图 3.12 中的导线 AB 改为抛物线，即可实现抛物线—直线插值。

设插值点为 $k(x_k,y_k,z_k)$，其插值步骤如下：

①根据插值点 k，找出周围 4 个点 a、b、c、d，并根据一元函数抛物线插值中的取点方法增加 e 和 f 两个点，于是得到 a、b、c、d、e、f 等 6 个点。

②找出对应 a、b、c、d、e、f 在原曲面上的对应点 A、B、C、D、E、F，过点 A、B、E 用一元函数抛物线插值求得 U 点；再用同样的方法求得 V 点。

③过点 U、V 再次用一元函数线性插值求得 K 点，该点的 z_k 值即为对应于插值点的函数值。

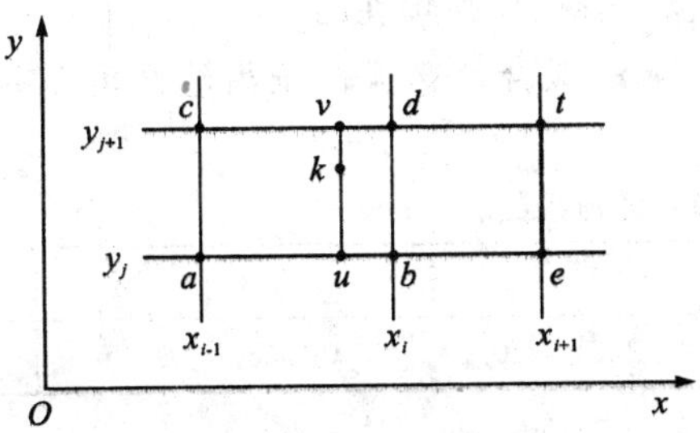

图 3.12　抛物线—直线插值的投影图

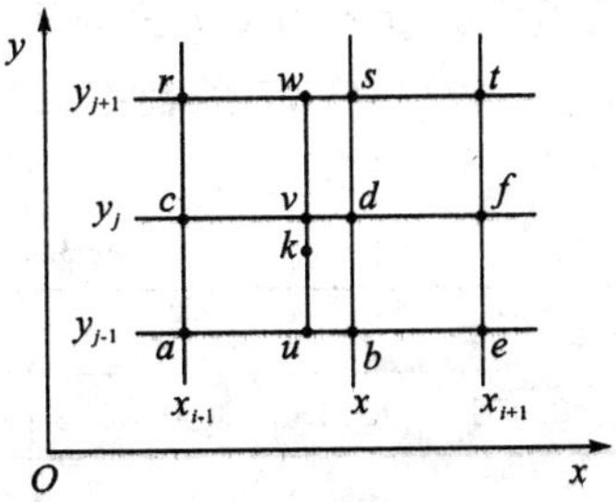

图 3.13　抛物线—抛物插值

(5)二维数表的抛物线—抛物线插值。将图3.13中的导线CD改为抛物线，即可实现抛物线—抛物线插值。设插值点为$k(x_k,y_k,z_k)$，插值步骤如下：

①根据插值点k，找出周围4个点a、b、c、d，并根据一元函数抛物线插值中的取点方法扩大为9个点，即增加e、f、r、s、t等5个点。

②分别求3条抛物线导线及其插值点，即对应于点a、b、e的抛物线ABE及其上的插值点U；对应于c、d、f的抛物线CDF及其上的插值点V；对应于r、s、t的抛物线RST及其上的插值点W。

③过点U、V、W，再用一元函数抛物线插值求得K点，该点的z_k值即为对应于插值点的函数值。

3.1.2 数表解析法

由于实际工程问题的复杂性，往往很难求得既能精确表达各参数之间函数关系又便于计算的理论，只有在特定条件下进行一系列试验，测得一组数据用来作为设计的依据。这种根据一组数据建立经验公式的过程称为数据的公式拟合(或曲线拟合)，又可称为数表的公式化。下面介绍一种最简单而常用的方法—最小二乘法。

最小二乘法的基本原理是要求各个结点偏差的平方和为最小。采用最小二乘法，就是将表格或线图中n组数据($x_i,y_i,i=1,2,3,\cdots,n$)之间的对应函数关系，用一个m次(一般常用$m=2$或3，$m<n$)的多项式来近似表达。

$$\begin{aligned}P_m(x)&=a_1+a_2x+a_3x^2+\cdots+a_{m+1}x^m\\&=\sum_{j=1}^{m+1}a_jx^{j-1}\qquad(j=1,2,\cdots,m+1)\end{aligned}\tag{3.6}$$

式中：$a_1,a_2,a_3,\cdots,a_{m+1}$是待定的未知数。

将n组数据代入上面m次多项式，就可得到n个方程，这个方程组中未知数有$m+1$个。

近似表达式总是存在着偏差。把多项式的函数值$P_m(x_i)$与相应结点处数据Y_i之间的偏差记为D_i，则$D_i=P_m(x_i)-Y_i$。

拟合的基本要求是使各个结点的偏差D_i的总和最小。但是偏差D_i有正有负，在求各偏差的总和时，正负偏差会相互抵消掉一部分，因此，当偏差的代数和为最小时，并不能保证最佳的拟合。为了真正达到最佳的拟合，要求各结点偏差的平方和为最小，这就是最小二乘法的原理。

MATLAB中用polyfit()函数计算数据集的多项式在最小二乘法意义上的系数调用形式为：p=polyfit(x,y,n)。

执行后返回矢量p为多项式的系数，其高次项在前，低次项在后。

[**例3.7**] 根据表3.7的数据，采用最小二乘法拟合计算弧齿锥齿轮几何系数的解析公式。

表3.7 弧齿锥齿轮几何系数J

Z_1	16	20	24	28	32	36	40	45	50
J	0.171	0.186	0.201	0.214	0.226	0.234	0.245	0.263	0.280

根据上述，用Visual Basic调用MATLAB进行弧齿锥齿轮几何系数的多项式拟合计算

和绘图。在 Visual Basic 环境中设计窗体,如图 3.14 所示。

利用 VB 作为前端界面输入数据参数,在窗体中输入下面的代码,调用 MATLAB 进行计算和绘图。

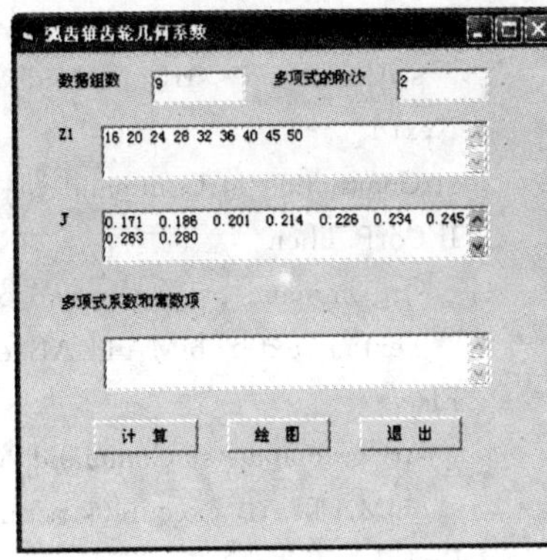

图 3.14 VB 调用 Matlab 进行弧齿锥齿轮几何系数的多项式拟合计算

```
ption Explicit

将 MATLAB 实例对象定义为公共变量:
Public objMATLAB As Object

定义一个实现计算或绘图的过程:
Private Sub ComputeorPlot(CorP As Boolean)
  Dim intNum As Integer
  Dim intLevel As Integer
  Dim x(1 To 100)As Double
  Dim y(1 To 100)As Double
  Dim strModel As String
  Dim i As Integer
  Dim strCommand As String

  intNum=Val(Text1. Text)
  intLevel=Val(Text2. Text)
  Open App. Path + "/datX" For Output As 1
    Print #1,Text3
  Close 1
  Open App. Path + "/datY" For Output As 1
    Print #1,Text4
  Close 1

  Open App. Path + "/datX" For Input As 1
    For i=1 To intNum
        Input #1,x(i)
    Next i
  Close 1
  Open App. Path + "/datY" For Input As 1
    For i=1 To intNum
        Input #1,y(i)
    Next i
  Close 1

  定义在 MATLAB 中要执行的命令
  strCommand="n=" & Str(intLevel)& ";x=["
  For i=1 To intNum
    strCommand=strCommand & Str(x(i))& " "
  Next i
  strCommand=strCommand & "];y=["
```

```
    For i=1 To intNum
      strCommand=strCommand & Str(y(i)) & " "
    Next i
    strCommand=strCommand & "];"
    If CorP Then
      strCommand=strCommand & "polyfit(x,y,n)"
      Text5.Text=objMATLAB.execute(strCommand)
    Else
      strCommand=strCommand & "plot(x,y)"
      objMATLAB.execute(strCommand)
    End If

End Sub
```

进行多项式拟合：

```
Private Sub Command1_Click()
  Dim bolCorP As Boolean
  bolCorP=True
  Call ComputeorPlot(bolCorP)
End Sub
```

进行绘图

```
Private Sub Command2_Click()
  Dim bolCorP As Boolean
  Dim result As String
  bolCorP=False
  Call ComputeorPlot(bolCorP)
End Sub
```

退出程序

```
Private Sub Command3_Click()
  Set objMATLAB=Nothing
  Unload frmVBOLE
End Sub


Private Sub Form_initialize()
  创建 MATLAB 的实例：
  Set objMATLAB=CreateObject("matlab.application")
End Sub
```

运行程序，在各窗口中输入参数，单击“计算”按钮和“绘图”按钮，分别实现拟合计算和绘图功能。如图 3.15 所示，利用缺省时给定的一套数据和参数，单击“计算”按钮时，显示拟合多项式的系数和常数项。

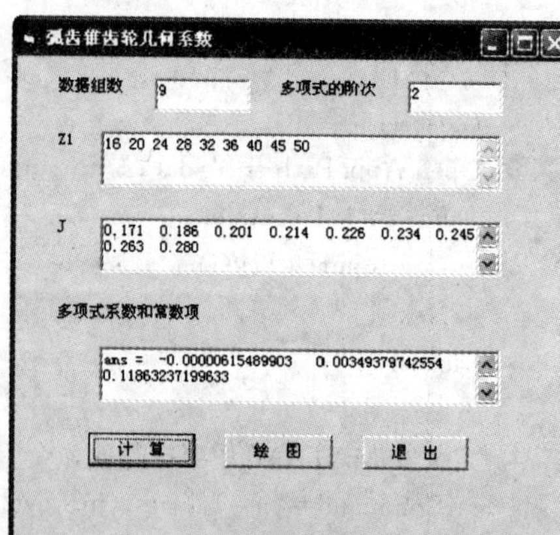

图 3.15 VB 调用 Matlab 进行多项式拟合计算的结果

即最后拟合的函数为：

$$J = -0.00000615489903Z_1^{2} + 0.00349379742554Z_1 + 0.11863237199633$$

采用最小二乘法原理求解拟合的解析公式时，应注意以下问题：

(1)拟合多项式的幂次不能太高，一般小于5，宜用较低的幂次。这是因为数据点也不是非常精确的，高阶次多项式对数据点的误差的敏感度较高，因此容易产生不准确的拟合。

(2)一组数据或一条曲线有时不能用一个多项式表示其全部，此时应分段处理。如欲提高某区间的拟合精度，可在此区间采集更多的数据点。

3.2 线图的程序化

线图是函数关系的一种常用表示方法，它的特点是直观形象，能看出函数的变化规律，因此，在设计资料中，有些参数间的函数关系是用线图来表示的，包括直线、折线和各种曲线图。其中，直线和折线常用在对数坐标中，在一般坐标中大多是曲线。线图本身不能用来直接解题，在解题时，参与解题的是根据线图查找一些相应的数据，因此，在机械设计工程中，必须把线图变换成相应的数据形式，存储在CAD系统中，供解题时检索和调用。

根据线图来源的不同，线图的程序化方式也不同。线图可以分为四类：

(1)线图所表示的各参数之间本来就有计算公式，只是由于计算公式复杂，为便于手工计算将公式绘成线图，以供设计时查用。因此，在使用计算机设计计算时，应直接应用原来的公式。例如，齿轮传动接触强度计算中的螺旋角系数 z_β，常常是以线图形式给出的，如图3.16所示。而该线图是根据 $z_\beta=\cos\beta$ 绘制的。因此在编CAD程序时，可直接使用 $z_\beta=\cos\beta$ 公式。

(2)线图所表示的各参数之间没有或找不到计算公式。这时可从曲线上读取自变量 x_i 及相应的变量 $y_i(i=1,2,\cdots,n)$，制成数表，然后按处理数表的方法处理。为了把曲线图变成数表，可以在曲线上取一些节点，并把这些节点的坐标值列成一张一维数表。节点的选取随曲线形状而异，选取的基本原则是相邻两节点之函数差较为均匀。当所取的点不在数表所列的节点上时，可用函数插值的方法来处理。

[例3.8] 15钢实心件正挤压时单位面积上挤压力与变形程度的关系如图3.17所示，试将其程序化。

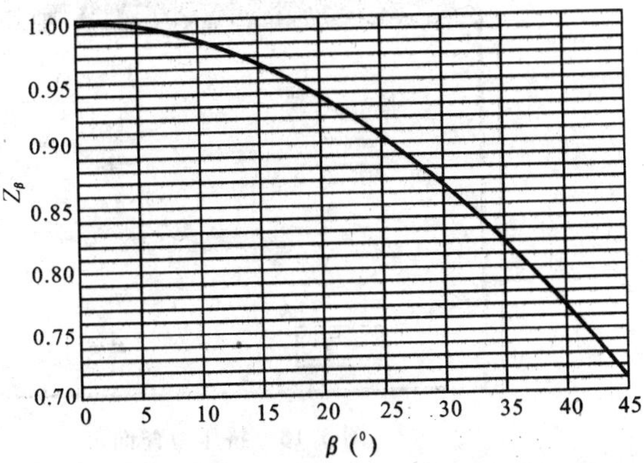

图3.16 螺旋角系数 Z_β

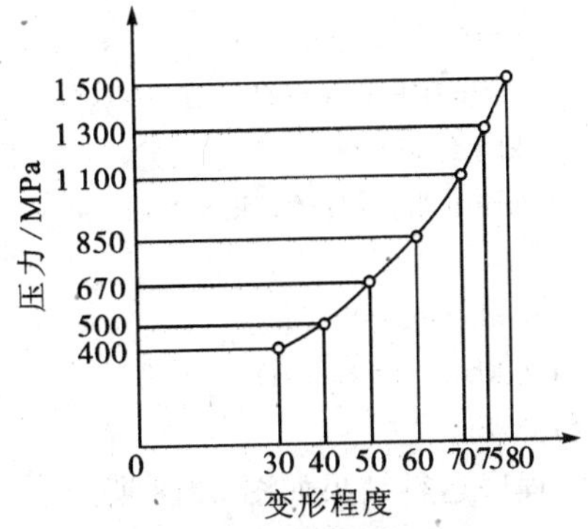

图3.17 15钢实心件正挤压时单位面积上挤压力与变形程度的关系

该线图来源于实验，规律性较差，可用取节点的方式把该图转换成数表。按上述取节点的基本方法，在曲线上共取了7个结点，并把结点的坐标值列成一个数表，如表3.8所示。

表3.8　15钢实心件正挤压时单位面积上挤压力与变形程度的关系表

变形程度	30	40	50	60	70	75	80
P/MPa	400	500	670	850	1 100	1 300	1 500

节点数的多少，直接关系着数据的准确性，显然，节点取得越多，数据越准确，当然工作量也越大。

线图转换成数表后，即可按数表程序化的方法进行处理。

根据上述，编写的VB程序代码如下：

```
Private Sub Cmdstart_Click()
Dim i As Integer
Dim t As Single,u As Single,f As Single
Dim kf As Single,af As Single
Dim x As Variant,y As Variant
x=Array(30,40,50,60,70,75,80,85)
y=Array(400,500,670,850,1 100,1 300,1 500,1 500)
t=Val(txt_t.Text)
If t< x(0)Then
    i=0
ElseIf t >=x(6)Then
    i=6
Else
    For i=1 To 6
      If t<x(i) Then
        i=i - 1
        Exit For
      End If
    Next i
End If
  u=(t - x(i))/(x(i + 1)- x(i))
  f=y(i)+ u *(y(i + 1)- y(i))
  kf=f: af=t
  'printf "af=";af ,"kf=";kf

txt_af.Text=Str(af)
txt_kf.Text=Str(kf)
End Sub
```

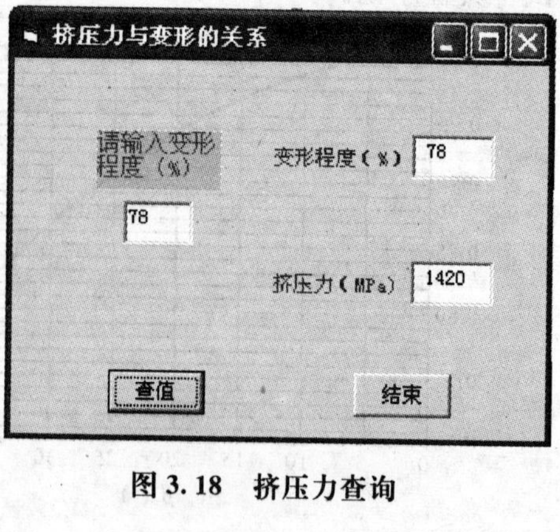

图3.18　挤压力查询

程序运行结果如图3.18所示。

(3)采用拟合方法建立表达式。这种方法是在允许的误差范围内，为给定的线图建立与之对应的近似式，用这种近似式来拟合曲线，然后编制计算程序。

近似式的建立方法很多,最简单最常用的方法是在上节已经介绍过的最小二乘法。其步骤为:

①先用上述方法将曲线图离散为若干节点,转化成数表形式。

②采用上节推荐的最小二乘法程序,用多项式或其他函数形式将数表拟合为解析表达式。

在具体实施近似式的拟合时,应注意以下两个问题:

一是拟合精度问题。由于许多线图是由实验实测得到的数据整理而成的,其本身就存在测量误差,故对拟合近似式提出过高的精度要求是不必要的,只要将拟合误差控制在合理的范围内就可以了。具体地说,当采用多项式拟合时,涉及多项式的次数取多少比较合适的问题,盲目地提高次数未必就能提高精度,可通过试算的方法来确定产生误差最小的次数。

二是要注意变量的适用范围。在编制程序时,应忠实于原线图,对近似式的变量范围应加以限制,当超载时应予以提示或采用其他措施来解决。

(4)对数线图。在机械设计中除了常见的直角坐标线图外,还常会碰到对数坐标线图,如V带传动、链传动设计中,根据传递功率主动轮转速选择V带和链条型号的选型图。对数坐标上直线的处理方法与一般直角坐标线图不同,必须进行对数运算。

［例 3.9］ 编制根据设计功率 P_c 和小带轮的转速 n_1 检索普通V带型号线图的程序。

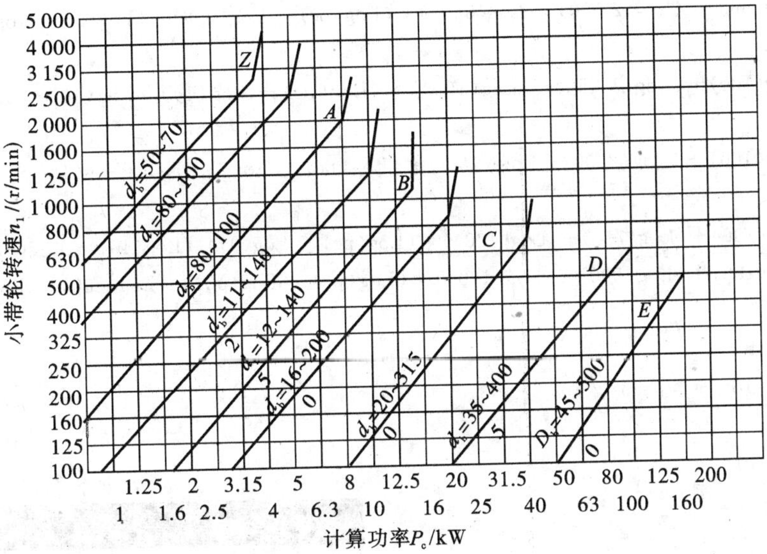

图 3.19 普通V带型号线图

由图3.19可知,区别各种型号的边界均为直线,因此可以运用直线方程来确定边界线上的坐标。注意到该线图为对数坐标系,为了由计算机来判断所给定的 P_c 和 n_1 在选型图上属于哪个区间,各型号的边界直线须用数学式表达。

Z型与A型的边界线表达式为

$$C_{ZA}=\lg n_k+\frac{(\lg P_K-\lg P_A)(\lg n_B-\lg n_A)}{\lg P_B-\lg P_A}$$

$$=\lg 365+\frac{(\lg P_K-\lg 0.8)(\lg 2\,500-\lg 365)}{\lg 5-\lg 0.8}$$

$$n_K=10^{C_{ZA}}$$

其他边界 C 值分别为：

$$C_{AB}=\lg100+\frac{(\lg P_K-\lg1)(\lg1\,250-\lg100)}{\lg10-\lg1}$$

$$C_{BC}=\lg100+\frac{(\lg P_K-\lg3.15)(\lg870-\lg100)}{\lg18-\lg3.15}$$

$$C_{CD}=\lg100+\frac{(\lg P_K-\lg9)(\lg700-\lg100)}{\lg40-\lg9}$$

$$C_{DE}=\lg100+\frac{(\lg P_K-\lg50)(\lg500-\lg100)}{\lg200-\lg50}$$

以上五条边界线将图 3.19 划分为六大区间，由此可在各区间分别判断它属于哪种型号。

根据以上分析，编写的 VB 程序代码如下：

```
Private Sub Cmdstart_Click()
Dim pc As Double,n1 As Double,c(5) As Double
Dim xh As String
pc=Val(txt_pc.Text)
n1=Val(txt_n1.Text)
c(0)=(Log(365)+(Log(2 500)- Log(365)) * (Log(pc)- Log(0.8))/(Log(5)- Log(0.8)))/ Log(10)
c(1)=(Log(100)+(Log(1 250)- Log(100)) * (Log(pc)- Log(1))/(Log(10)- Log(1)))/ Log(10)
c(2)=(Log(100)+(Log(870)- Log(100)) * (Log(pc)- Log(3.15))/(Log(18)- Log(3.15)))/Log(10)
c(3)=(Log(100)+(Log(700)- Log(100)) * (Log(pc)- Log(9))/(Log(40)- Log(9)))/ Log(10)
c(4)=(Log(100)+(Log(500)- Log(100)) * (Log(pc)- Log(50))/(Log(200)- Log(50)))/ Log(10)
For i=0 To 4
  If n1 >=10 ^ c(i)Then
    Exit For
  End If
Next i
  Select Case i
  Case 0: xh="Z"
  Case 1: xh="A"
  Case 2: xh="B"
  Case 3: xh="C"
  Case 4: xh="D"
  Case 5: xh="E"
End Select
  txt_xh.Text=xh
End Sub
```

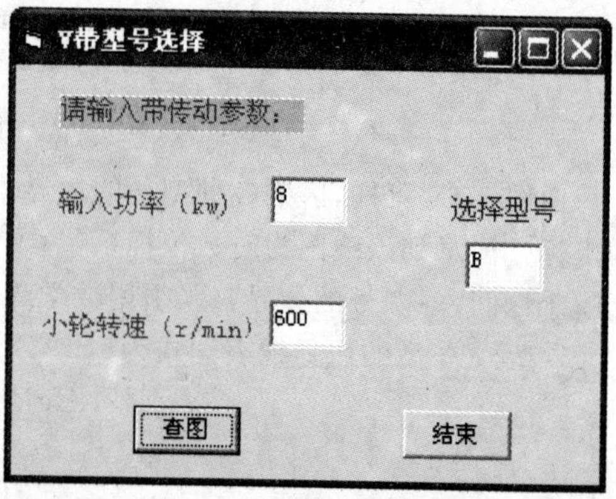

图 3.20 V 带型号检索界面

程序运行结果如图 3.20 所示。

3.3 数据的管理

前述的数表程序化和线图程序化是建立在数据存储基础上的，也就是说，先要把表或线图中的有关数据按适当的方式存放起来。当数据较少以及数据变更少时，可把数据直接编在解题的程序中。这是一种最简便的方式，易为初学者接受，缺点是所占内存大，而且数据是程序的一部分，即使变更一个数据，也要对程序作相应的修改。如果数表中数据项目较多、数据量较大，或数表需要被共享，通常采用数据文件的存储方式或数据库的管理方式。

3.3.1 数据的文件化处理

数据的文件化处理方法将数表与程序分开，单独建立数据文件，当需要应用数表数据时，打开该文件，将数据读入内存，然后作相应的处理。

1）数据文件的建立

数据文件可用文本编辑软件编辑，也可用高级语言程序和数据库生成。建立数据文件时，数据应以一定的格式存放，读取时也应按相同的格式读取。

(1)用文本编辑软件编辑数据文件。例如，用Windows操作系统的记事本编辑表3.2所示的数据文件的过程如下。

①打开Windows操作系统的记事本程序。

②进入编辑状态后按照一定的数据格式输入数表中的数据，如图3.21所示。

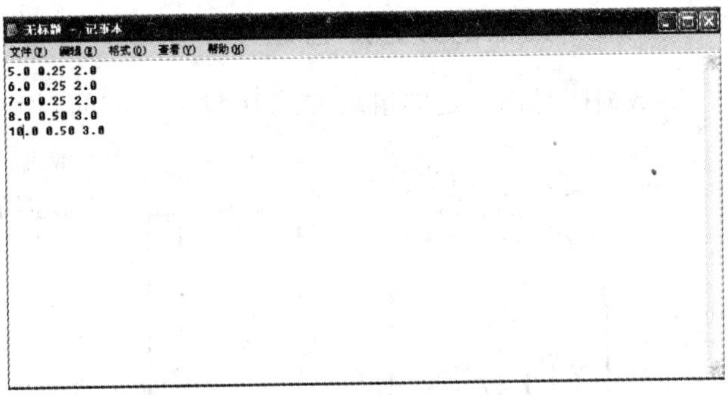

图3.21 用记事本编辑数据文件

③在检查无误后，保存所建的数据文件(如“工况系数.dat”)。

(2)用高级语言生成数据文件。用高级语言生成数据文件主要用于CAD系统模块间的信息交换或作为结果保存。

(3)用数据库生成数据文件。用数据库生成数据文件首先需要将数表建立数据库，然后用相关命令生成数据文件。

2）数据文件的操作

Visul Bisic语言的文件操作函数及操作语句如下：

(1)数据文件的打开与关闭。用Open()函数打开文件，调用方式为：Open“文件目录\文件名” For 读写方式 As ＃文件号。

例如：Open “d：\课题\ data\工况系数. txt” For Input As ＃1

执行该语句后将以读写方式打开文件d：\课题\ data\工况系数. txt并指定文件号为1号文件。

用Close()函数关闭文件，调用格式为：Close ＃文件号。

例如：Close ＃1

执行该语句后将关闭与文件号＃1 相联系的文件。

(2)数据文件的写。写顺序文件用 Print 语句和 Write 语句，调用方式为：

Print ＃文件号[，输出数据]

Write ＃文件号[，输出数据]

例如：Open "d：\课题\ data\工况系数. txt" For Output As ＃1

Write ＃1，12.0，0.6，3.5

(3)数据文件的读。读顺序文件用 Input 语句和 Line Input 语句，调用方式为：

Input ＃文件号，变量列表

Line Input ＃文件号，字符型变量

例如：Open App. Path ＋ "/datX" For Input As 1

```
   For i=1 To intNum
      Input ＃1，x(i)
   Next i
 Close 1
```

执行这几行语句，即将当前目录下的文件 datX 中的数据赋值给数组变量 X。

3.3.2　数据的数据库管理

数据库是以一定的组织方式存储在一起的、相互关联的数据的集合，它能以最佳方式、最小冗余重复为多个用户或应用程序共享。数据的存储方式独立于使用它的应用程序。

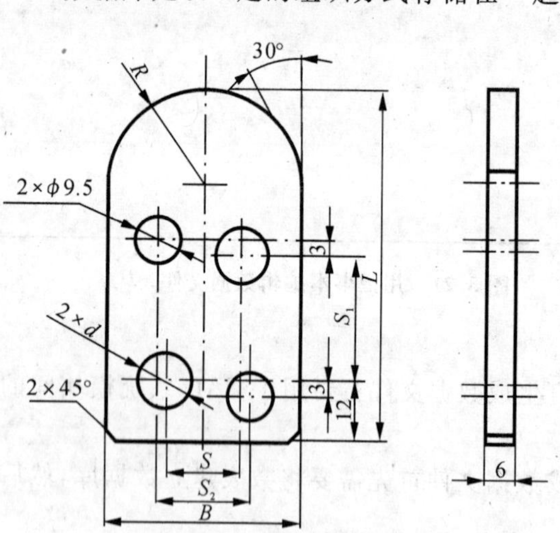

图 3.22　冷冲模单凸模垫板

数据库可分为层次数据库、网状数据库、关系数据库和面向对象数据库。

数表也是一种关系，可用关系数据库进行管理。本节以 Visual FoxPro 关系数据库为例，介绍数据库的建立、操作方法及与高级语言间的数据交换，并简要介绍工程数据库的概念。

1）数据库的建立

建库分两个步骤，一是设计库文件的结构；二是输入数据库记录。

下面以图 3.22 和表 3.9 所示零件及参数为例建立其数据库进行介绍。

表 3.9　冷冲模单凸模垫板参数表

L	B	R	d	S	S_1	S_2
50	30	10	9.5	12	14	16
65	35	15	11.5	14	18	18
70	40	19		19	25	20
85	50	28		28		30

(1)定义数据库结构。建库时,可用命令 CREATE 或利用 FoxPro 的 File 菜单定义一个新的数据库结构,如图 3.23 所示。

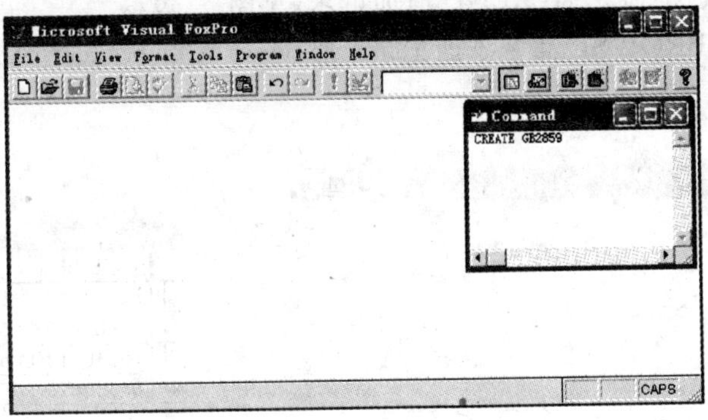

图 3.23　定义数据库结构

利用 CREATE 命令,定义数据库的方法是在 FoxPro 的命令窗口输入 CREATE GB2859,回车后出现图 3.24 所示的表设计器对话框,在该对话框中定义和设计数据库结构。

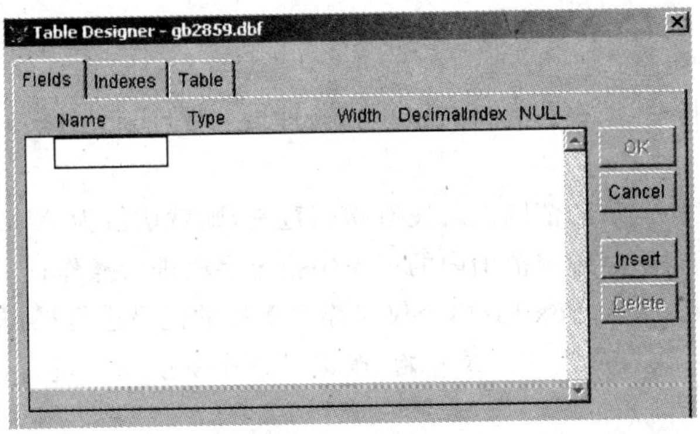

图 3.24　表设计对话框

定义库结构要对组成数据库的每一个字段进行详细定义。定义时需要对每个字段的名称、类型、宽度和小数位数等进行定义,如图 3.25 所示。

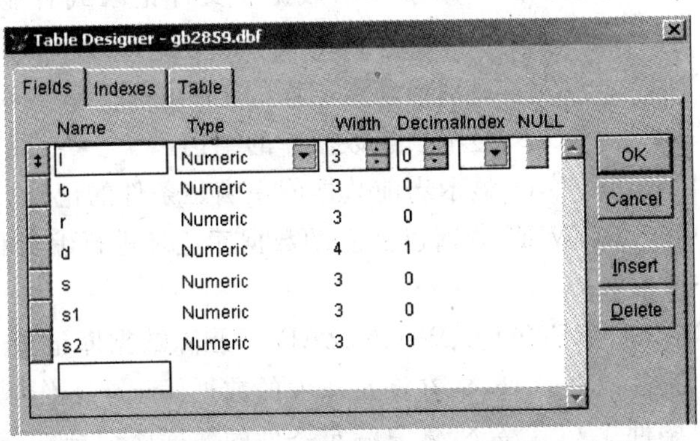

图 3.25　凸缘模柄的数据库结构

(2)数据库记录的输入。数据库记录的输入方式有以下几种。

①立即输入方式。在定义数据库结构中第一次保存数据库结构时，系统会询问“是否打算现在输入记录?”，用“Y”回答，即进入输入状态。

②追加方式。用追加命令 APPEND 追加记录(见图 3.26)。

③浏览方式。用 BROWSE 命令添加记录。在 view 菜单下，选择 Append mode，即可添加记录(见图 3.27)。

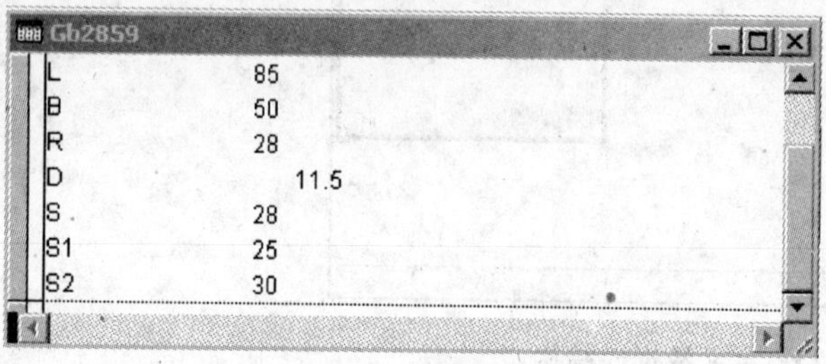

图 3.26　添加数据库记录

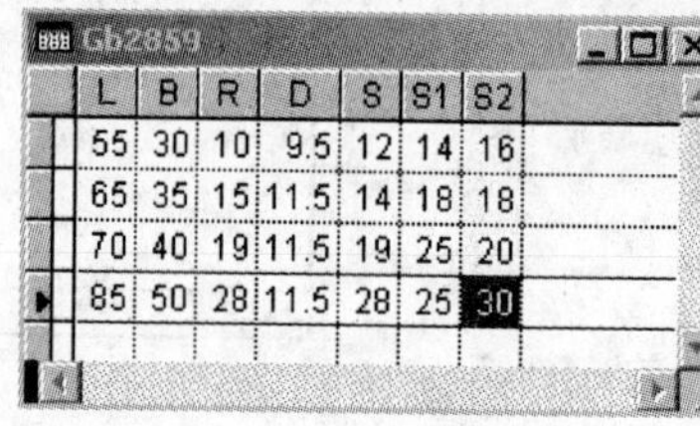

图 3.27　浏览数据库记录

数据输入完毕，用 Ctrl＋W 将记录存盘。

2）数据库操作

FoxPro 命令的一般格式：

命令动词[＜范围＞][＜表达式＞][FOR＜条件＞][WHILE＜条件＞]

其中：

(1)范围。指被操作记录的范围。若没有指明范围，则默认值为 ALL；

(2)表达式。用于指明对规定范围内的记录中指定字段进行操作；

(3)FOR＜条件＞。通知 FoxPro 命令仅对满足条件的记录进行操作；

(4)WHILE＜条件＞。从当前记录开始，按记录顺序从上向下进行比较和处理，直到不满足条件为止。

数据库操作：

(1)打开与关闭数据库(USE)。USE 命令用于打开和关闭数据库，格式为：

USE [＜文件名＞]

(2)显示命令(LIST)。LIST 命令用于显示数据库文件记录或者显示数据库文件的结构，其格式为：

LIST　　　　　　　　&& 显示当前数据库的全部记录

LIST STRUCTURE　　&& 显示当前数据库的结构

LIST FOR＜条件＞　　&& 显示当前数据库中满足条件的记录

(3)编辑记录(EDIT/BROWSE)。对已建立的数据库记录进行编辑和修改，使用命令：

EDIT 或 BROWSE

(4)删除记录(DELETE、RECALL、PACK、ZAP)。删除数据库记录的命令有：

DELETE[FOR＜条件＞]　　&& 在满足条件的数据库记录上作删除标记

RECALL[FOR＜条件＞]　　&& 恢复满足条件的数据库记录

PACK　　　　　　　　　&& 将已作删除标记的数据库记录物理删除

ZAP　　　　　　　　　　&& 删除数据库的所有记录

(5)修改库结构(MODIFY STRUCTURE)。当需要对数据库结构进行修改时,使用命令

MODIFY STRUCTURE

(6)数据库记录的定位:定位数据库指针命令为:

n

GO n

GOTO n

如果将数据库指针定位在满足某条件的记录上可用命令:

LOCATE [＜范围＞][FOR＜条件＞][WHILE＜条件＞]

继续查找满足条件的记录,用 CONTINUE 命令。

3)命令文件的编写

FoxPro 提供了编程执行预定操作功能,FoxPro 程序的源文件称为命令文件。

(1)命令文件的编辑。FoxPro 数据库自带有编辑器,用下述命令进入编辑状态:

MODIFY COMMAND〈文件名〉

命令文件编辑窗口如图 3.28 所示,编辑完成后用 Ctrl+W 存盘。

(2)命令程序的调试与运行。命令程序可用 Program 菜单下的 Do…调用,也可在命令窗口用命令执行:

DO＜文件名＞

(3)应用举例。编程显示冷冲模单凸模垫板零件数据库 GB2859 中 L=65 的数据记录,并将其生成数据文件 GB2859. TXT。

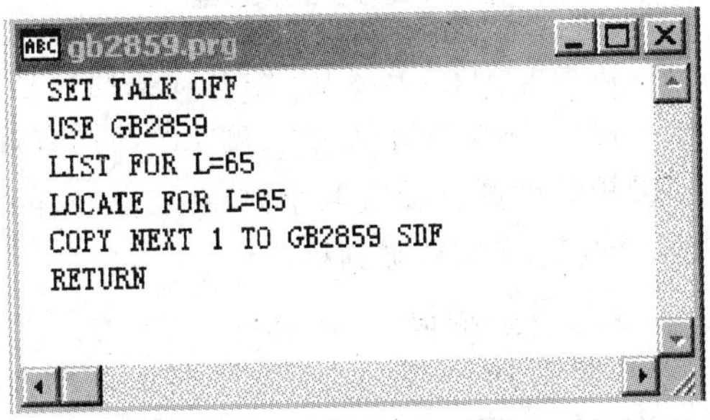

图 3.28 命令文件编辑窗口

在命令窗口输入 MODIFY COMMAND GB2859,回车即进入编辑状态,在编辑器中输入如图 3.28 所示的命令,并保存。

4)Visul FoxPRO 数据库与 VB 程序间的信息传递及调用

(1)数据库调用 VB 程序。调用形式为:

RUN＜命令或程序名＞

(2)Visul FoxPRO 数据库与 VB 程序间数据的交换。

①数据库送数据给高级语言。生成 TXT 文件的 FoxPro 命令:

USE＜文件名＞ && 打开库文件

COPY TO＜文件名＞ SDF && 将所有记录拷贝到数据文件中

COPY TO＜文件名＞ SDF FOR(条件) && 将满足条件的记录拷贝到数据文件中

COPY NEXT n TO＜文件名＞ SDF && 将当前记录开始的 *n* 条记录拷贝到数据文件中。

执行如图 3.28 所示的 GB2859. PRG 文件,屏幕上将显示字段 *L* 值为 65 的记录,并将其生成数据文件 GB2859. TXT,保存在磁盘上。

数据库与高级语言间的数据传递关系如图 3.29 所示。

②VB 程序向 Visul FoxPRO 数据库送数据。操作命令如下:

USE ＜文件名＞ && 打开库文件

APPEND FROM <文件名> SDF && 从数据文件中追加数据到数据库末尾。

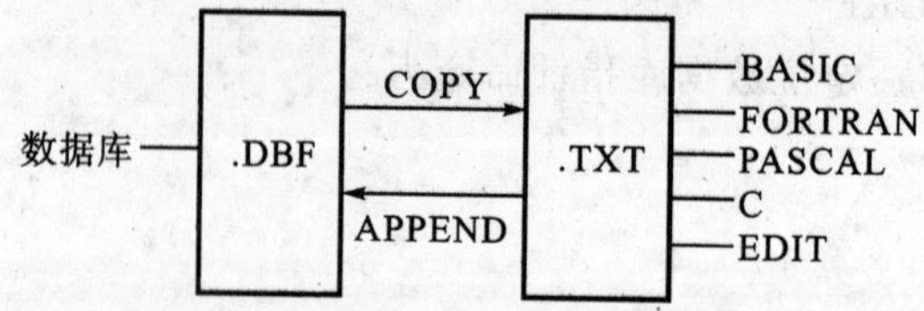

图 3.29 数据库与高级语言间的数据传递

工程数据管理的实现方法：

- 在现有商用 DBMS 的外层增加一层软件，弥补商用 DBMS 用于工程环境的不足。
- 增加现有 DBMS 的功能，满足工程数据管理的要求。
- 建立专用的文件管理器，把现有的 DBMS 作为一项应用。
- 研究新的数据模型，开发新的工程数据库管理系统。

3.3.3 有关数据的处理

机械 CAD/CAM 中，经常需要将一些设计计算结果圆整到标准值或规定值，如齿轮传动中的模数 m，V 带的基准长度 Ld 等均有规定的标准；或要求按照一定的精度圆整计算结果，如齿轮分度圆直径常取小数点后三位（单位为 mm），零件的外形及结构尺寸尽可能圆整为整数，齿轮螺旋角精确到秒。

1）取标准值

［**例 3.10**］ 表 3.10 为 V 带的基准长度 Ld，可视为一维数表。将表中的 V 带的基准长度数值编入程序。要求程序运行时，输入 V 带长度的计算值后，能输出适当的基准长度值。

表 3.10 V 带的基准长度 *Ld*

200,224,250,280,315,355,400,450,500,560,630,710,800,900,1000,1120,1250,1400, 1600,1800,2000,2240,2500,2800,3150,3550,4000,4500,5000,5600,6300,7100,8000, 9000,10000,11200,12500,14000,16000

结合实际使用情况，V 带的基准长度表中的数据有如下特点：所列 V 带的基准长度是一组取值严格，而从总体上看又无统一规律的数列；通常，根据 V 带的基准长度的计算值选取较大的标准值。但对于比标准值稍大的计算值，若选用高一档的基准长度或许并不适合，编程中应考虑这一情况。

编制该程序时，使用一维数组将 V 带的基准长度存起来，再用循环比较选取适当的值。编写的 VB 程序代码如下：

```
Private Sub Cmdstart_Click()
Dim i As Integer
Dim ll As Single,ld As Single,lj As Single
Dim l As Variant
l=Array(200,224,250,280,315,355,400,450,500,560,630,710,800,900,1000,1120,1250,1400,
1600,1800,_
        2000,2240,2500,2800,3150,3550,4000,4500,5000,5600,6300,7100,8000,9000,10000,
11200,12500,14000,16000)
ll=Val(txt_ll.Text)
```

```
For i=0 To 38
   If ll<=l(i)Then
     Exit For
   End If
Next i
  ld=l(i)

For i=1 To 38
   If ll<=l(i)Then
     Exit For
   End If
Next i
If(l(i)- ll)<=(ll - l(i - 1))Then
  lj=l(i)
Else
  lj=l(i - 1)
End If

   txt_ld. Text=Str(ld)
   txt_lj. Text=Str(lj)

End Sub
```

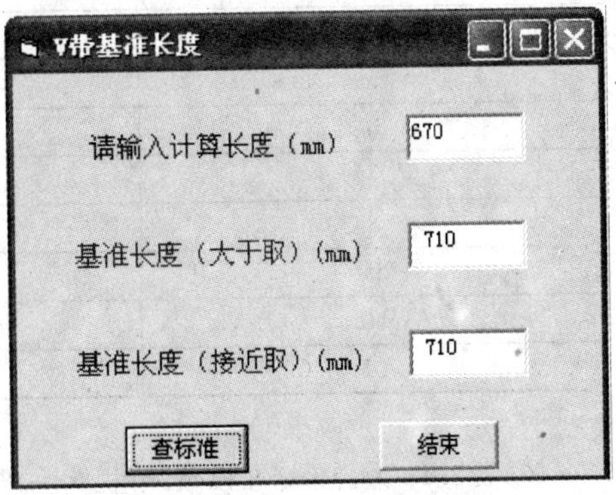

图 3.30　V 带的基准长度查询

程序的运行结果如图 3.30 所示。

2）数字的圆整

在设计过程中，有时对算出的参数要求取整数，如齿数、皮带根数等；或者要求圆整到标准值，如中心距、直径等。Visul Basic 程序可以通过内部函数 Fix(x)和 Int(x)来灵活处理。

(1)圆整到小于计算参数 C 的最大整数，可用 n=Int(C)语句来实现。

(2)按照四舍五入原则圆整，可用 n=Int(C+0.5)语句来实现。

(3)向增大方向圆整为整数，可用 n=Int(C)+1 实现。

(4)向增大方向圆整为 0 或 5 结尾的整数，可用以下语句实现：

If C/5<> Int(C/5)　Then　n=5 * Int(C/5)+5

(5)将小数部分直接舍去，可用 n=Fix(C)句来实现。

3）恒等比较

由于计算机有舍入误差的影响，在进行实型变量之间的比较时，程序中应避免直接采用 $x=y$ 这样的恒等式来作为转向语句的判断条件，而应改写为 Abs($x-y$)$\leqslant e$ 来作为判断条件，e 是一个误差控制数，如取 $e=10^{-6}$。

思考与练习

(1)V 带传动设计中，V 带的弯曲影响系数 k_w 如表 3.11 所示，试编制根据 V 带型号检索弯曲影响系数的程序。

表 3.11　V 带的弯曲影响系数 k_w

V 带代号	1	2	3	4	5	6
V 带型号	O	A	B	C	D	E
弯曲影响系数 k_w	0.39	1.03	2.65	7.5	26.6	49.8

(2)平键连接中轴径与平键尺寸 $b\times h$ 的对应关系如表 3.12 所示，试编制根据轴的直径 d 检索平键尺寸 $b\times n$ 的程序。

表 3.12　平 键 尺 寸

序号	轴的直径 d	平键尺寸 $b\times h$
1	$6<d\leqslant 8$	2×2
2	$8<d\leqslant 10$	3×3
3	$10<d\leqslant 12$	4×4
4	$12<d\leqslant 17$	5×5
5	$17<d\leqslant 22$	6×6
6	$22<d\leqslant 30$	8×7
7	$30<d\leqslant 38$	10×8
8	$38<d\leqslant 44$	12×8
9	$44<d\leqslant 50$	14×9
10	$50<d\leqslant 58$	16×10
11	$58<d\leqslant 65$	18×11

(3)表 3.13 为齿轮标准模数，可视为一维数表。将表中的齿轮标准模数值编入程序。要求程序运行时，输入模数计算值后，能输出适当的标准模数值。

表 3.13　齿轮标准模数

第一系列	1	1.25	1.5	2		2.5		3	
第二系列					2.25		2.75		(3.25)
第一系列			4		5		6		
第二系列	3.5	(3.75)		4.5		5.5		(6.5)	
第一系列		8		10		12		16	
第二系列	7		9		(11)		14		18
第一系列	20		25		32		40		50
第二系列		22		28		36		45	

(4)有一组实验数据如表 3.14 所示，采用最小二乘法求一多项式拟合计算该实验数据。

表 3.14　实 验 数 据

x_i	y_i	x_i	y_i	x_i	y_i	x_i	y_i
−135.00	−132.00	−82.50	20.90	7.50	1.90	60.00	50.80
−127.50	−120.40	−75.00	36.70	15.00	7.30	67.50	46.70
−120.00	−101.60	−67.50	46.70	22.50	15.60	75.00	36.70
−112.50	−77.50	−60.00	50.80	30.00	25.40	82.50	20.90
−105.00	−51.30	−52.50	49.60	37.50	5.40	90.00	0.00
−97.00	−24.70	−45.00	44.00	45.00	44.00	97.50	−24.70
−90.00	0.00	−37.50	35.40	52.50	49.60	105.00	−51.30

第4章 现代机械设计与制造技术基础

4.1 先进制造技术

4.1.1 制造技术的发展

制造业是一个国家的支柱产业，是人类社会赖以生存和发展的基础。制造技术(Manufacturing Technology，MT)是制造业为国民经济建设和人民生活生产各种必需物质所使用的一切生产技术的总称，是将原材料和其他生产要素经济合理地转化为可直接使用的具有较高附加价值的成品/半成品和技术服务的技术群。

长期以来，人类社会处于手工技术与手工业的水平，制造业以及制造技术的真正形成与发展还只是近200年的历史。先进制造技术的提出则更只是近10年间的事情。

制造技术的发展是由社会、政治、经济等多方面因素决定的。200年来，在市场需求不断变化的驱动下，制造业的生产规模沿着“小批量、少品种大批量、多品种变批量”的方向发展；在科技高速发展的推动下，制造业的资源配置沿着“劳动密集、设备密集、信息密集、知识密集”的方向发展，与之相适应，制造技术的生产方式沿着“手工—机械化—单板机自动化—刚性自动化—柔性自动化—智能自动化”的方向发展。

自18世纪以来，制造技术已经经过了6个阶段的发展过程。

(1)18世纪后半叶，以蒸汽机和工具机发明为特征的产业革命揭开了近代工业的历史，促成了制造企业的雏形——工场式生产的出现。标志着制造业已完成从手工业作坊式生产到以机械加工和分工原则为中心的工厂生产的艰难转变。

(2)19世纪电气技术得到了发展，由于电气技术与其他制造技术的融合，开辟了崭新的局面。

(3)20世纪初，内燃机的发明引发了制造业的革命，流水生产线和泰勒式工作制得到了广泛应用，两次世界大战，特别是第二次世界大战期间以降低成本为中心的刚性、大批量制造技术和科学管理方式得到了很大改善。

(4)第二次世界大战后，计算机、微电子、信息和自动化技术有了迅速的发展，推动了制造技术向高质量生产和柔性生产的发展。在此期间，形成了一批新型的先进制造单元技术，如数控技术(NC)、计算机数控(CNC)、柔性制造单元(FMC)、计算机辅助机械设计/制造(机械 CAD/CAM)等。同时,有效应用了系统科学、运筹学、系统工程等原理和方法的先进生产管理方式开始应用于生产,以实现现代化管理,提高企业整体效益。此期间的生产模式由中、小批量生产自动化向多品种小批量生产自动化转变。

(5)自 20 世纪 80 年代以来,受市场需求多元化的牵引以及随着商业竞争的加剧,开拓了制造技术以面向市场生产发展的新阶段。各种计算机辅助工具,如物料需求规划(MRP),制造资源规划(MRP-Ⅱ)、计算机辅助工艺规划(CAPP)等以及各种高效柔性生产设备,如直接数控(DNC)、计算机数控(CNC)、柔性制造系统(FMS)等发展很快。在此期间,计算机集成制造系统 CIMS 开始得到应用与推广。

(6)20 世纪的最后 10 年是以信息为主要特征的 10 年,信息技术、人工智能技术的发展提供了高效能的技术手段,也为未来面向顾客为特征的生产提供了技术保证。在此期间,各种先进的集成化、智能化加工技术及装备,如精密成形技术与装备、少切削、无切削技术与装备等进入一个空前发展的阶段。作为综合加速企业内产品开发和生产过程的系统信息集成技术——并行工程(Concurrent Engineering,CE)也得到了应用与推广。

4.1.2 先进制造技术的提出及特点

1) 先进制造技术的概念

制造技术自 18 世纪后半叶发生的产业革命后获得了飞速发展,而先进制造技术(Advanced Manufacturing Technology,AMT)作为一个专用名词却是在 20 世纪 80 年代末期,由美国根据本国制造业面临的挑战与机遇,对其制造业存在的问题进行深刻反省,为了加强其制造业的竞争力及促进国民经济增长而提出的。

目前,对先进制造技术尚没有一个明确的、一致公认的定义。经过近来对发展先进制造技术方面开展的工作,通过对其特征的分析研究,可以认为,先进制造技术是制造业不断吸收信息技术和现代管理技术的成果,并将其综合应用于产品设计、加工、检测、管理、销售、使用、服务以及回收的制造全过程,以实现优质、高效、低耗、清洁、灵活生产,提高对动态多变的市场的适应能力和竞争能力的制造技术的总称。

先进制造技术由多层次技术群构成,其中计算机辅助设计与制造(机械 CAD/CAM)技术是现代化制造业中最先进、最有发展空间的前沿技术,也是本教材的重点内容。

2) 先进制造技术的特点

(1)先进制造技术的实用性。先进制造技术的发展往往是针对某一具体的制造业的需求而发展起来的先进、适用的制造技术,有明确的需求导向的特征;它不是以追求技术的高新为目的,而是注重产生最好实践效果,以提高效率为中心,以提高企业的竞争能力和促进国家经济增长和综合实力为目标。

(2)先进制造技术的广泛性。先进制造技术不同于传统的制造技术仅应用于加工和装配过程,其组成中包括了设计技术、自动化技术、系统管理技术,而是将其综合应用于制造的全过程。

(3)先进制造技术的动态特性。由于先进制造技术本身是在针对一定的应用目标,不断吸收各种高新技术逐渐形成、不断发展的新技术,因而其内涵不是绝对的和一成不变的。反映在不同的时期,先进制造技术有其自身的特点;反映在不同的国家和地区,先进制造技术有其本身重点发展的目标和内容。

(4)先进制造技术的集成性。传统制造技术的学科、专业单一独立，相互间的界限分明；先进制造技术由于专业和学科间的不断渗透、交叉、融合，界限逐渐淡化甚至消失，技术趋于系统化、集成化，已发展成为集机械、电子、信息、材料和管理技术为一体的新型交叉学科。

(5)先进制造技术的系统性。传统制造技术一般只能驾驭生产过程中的物质流和能量流。随着微电子、信息技术的引入，使先进制造技术还能驾驭信息生成、采集、传递、反馈、调整的信息流动过程，成为可以驾驭生产过程的物质流、能量流和信息流的系统工程。

(6)先进制造技术的核心是优质、高效、低耗、清洁等基础制造技术，它是从传统的制造工艺发展起来的，并与新技术实现了局部或系统集成。这意味着，先进制造技术除了追求优质、高效外，还要针对21世纪人类面临的有限资源与日益增长的环保压力的挑战，实现可持续发展，要求实现低耗、清洁。

(7)先进制造技术比传统的制造技术更加重视技术与管理的结合，更加重视制造过程组织和管理体制的简化以及合理化，从而产生了一系列先进的制造模式。

3）我国制造业现状

目前，我国的制造技术还不高，随着我国加入WTO，企业面向全球化的竞争是不以人的意志为转移的。迅猛发展的信息化工程和初见端倪的知识经济使企业与企业之间、国家与国家之间的竞争日趋激烈。跨国集团的制造商在竞争战略上有如下共同特点：首先以先进的技术和精良的制造工艺装备生产出高质量、高稳定性的技术先进的产品，其次才是追求制造的低成本；投入大量的资金进行新技术和新产品的开发，以保持其技术和产品的先进性；在产品市场上，更加重视技术含量高、利润率高的产品，靠劳动密集型的产品跻身国际市场仅仅是短期行为。在美国，一些机械制造企业在1990年就已做到了“三个三”，即产品的生命周期为3年，产品的制造周期为3个月，产品的设计周期为3个星期。而我国大中型机械制造企业正在生产的主导产品，平均生命周期为10.5年，平均开发周期为18个月，产品开发周期长，质量不高。因此，用信息技术改造传统制造业，大力发展现代化的先进制造技术是我国经济发展的中心内容，也是我国的既定方针政策。

4.2 计算机辅助工艺规程设计

4.2.1 计算机辅助工艺规程设计(CAPP)概述

CAPP(Computer Aided Process Planning)是计算机辅助工艺设计的简称。工艺规程设计是生产技术准备的第一步，也是连接产品设计与产品制造之间的桥梁。工艺规程是进行工装设计制造和决定零件加工方法与加工路线的主要依据，作为一种指导性文件对企业生产的正常运转起着至关重要的作用。工艺规程的基本任务是将产品或零件的设计数据转换成为加工指令。一个理想的工艺规程应保证企业以最低的成本、最短的生产周期、最有效的工艺方法制造出已设计好的产品。

工艺过程设计传统上均由具有丰富生产经验的人员按各自的经验制定。人工制定工艺过程有如下缺点：

(1)工艺过程的多样性。同一产品零件由不同工艺人员制定，产生不同工艺过程，即使同一位工艺设计人员，对同类零件在不同时间内的制定工艺也会产生不同工艺过程。因此，人工制定工艺过程缺乏一致性和规范化，质量不易稳定，难以达到优化目标和不便于工艺人员设计工艺规程。

(2)效率低，时间长。手工设计工艺规程设计效率低下，存在大量的重复劳动。主要表现为：

①当工厂生产一个产品时，每个零件往往都需要单独制定一个工艺规程。

②手工编制工艺规程不能利用成组技术的优势。按成组技术的原理，各种机械产品的零件都在一定程度上具有相似性，因而它们的工艺规程也具有相似性，所以不是每个零件必然对应着一个工艺规程。当产品更换时，原有的工艺规程就不再使用。

③工艺设计的重复还导致了工装设备的设计和制造重复。

④由于每个工艺规程都要靠手工编程，光是花费在书写工艺表格上的时间就占30%左右。另外，发现书写错误或要更改原工艺时，往往要重新书写，其效率低下是可想而知的。

(3)手工设计工艺规程不便于计算机对工艺技术文件进行统一的管理和维护。

(4)手工设计工艺规程不便于将工艺专家的经验和知识集中起来加以充分利用。

(5)当代机械制造领域中，由于新工艺新技术的飞速发展，社会需求趋向多样化。市场竞争激烈，迫使产品更新周期日益缩短。多品种小批量生产的企业大量增加，制造系统正逐渐从刚性向柔性转变，这要求计算机贯穿于产品策划、设计、工艺规划、制造与管理的全过程。显然，传统的手工工艺设计方法已不能满足上述要求。

随着计算机在制造企业中的深入应用，通过计算机来辅助或自动进行工艺规程的设计已成为可能，计算机辅助工艺设计技术CAPP应运而生。世界上最早研究CAPP的国家是挪威，始于1966年，并于1969年正式推出世界上第一个CAPP系统AUNTOPROS，1973年正式推出商品化AUTORROS系统。美国是20世纪60年代末70年代初开始研究CAPP的，并于1976年由CAM-I公司推出颇具影响力的CAM-I'S Automated：Process Planning系统。从20世纪60年代末到目前的二十多年间，先后出现了设计方式上不同的两类系统，即派生式系统和创成式系统。派生式系统已从单纯的检索式发展为今天具有不同程度的修改、编辑和自动筛选功能的系统。创成式系统的研究与开发始于20世纪70年代中期，而且很快得到普遍重视，被认为是有前途的方法。近年来，这两类系统都在发展中不断改进提高和互相渗透，而且在传统软件技术继续应用的情况下，从20世纪80年代开始探索将人工智能(AI)、专家系统技术应用于CAPP系统的研究和开发，研制成功了所谓基于知识的创成式CAPP系统或CAPP专家系统。近几年来，有人将人工神经元网络技术、模糊推理以及基于实例的推理等用于CAPP之中，也有人提出了CAPP系统建造工具的思路，并进行了卓有成效的实践。还有人将传统派生法、传统创成法与人工智能结合在一起，综合它们的优点，构造了所谓的混合式CAPP系统。目前，国内外已有许多上述各类系统的实例，一般是针对某类零件的专用CAPP系统。但迄今为止已得到生产实际考验和令人满意的系统还不多。

一个CAPP系统可以完成以下的基本功能：

①自动选择毛坯和材料。

②自动选择加工方法。

③自动选择机床。

④自动选择装夹定位方法(基准和夹具)。

⑤自动确定加工顺序(工序、安装和工步)。

⑥自动选择刀具、量具。

⑦自动确定切削用量和制造公差。

⑧自动确定工时定额。

⑨自动编制工艺过程的工作文件(工艺过程卡、工序卡等)。

CAPP的出现,为缩短生产准备周期,提高工艺文件质量,并使广大工艺人员从繁琐和重复的劳动中解放出来提供了一条切实可行的途径,CAPP系统的使用不仅可以大大提高工艺规程的生成速度和质量,而且CAPP系统对操作人员的工艺设计水平的要求可以较低,即使一般技术水准的工艺人员也能借助于CAPP系统设计出较高质量的工艺规程。与传统的工艺规程设计方法相比,采用CAPP技术不仅可以提高设计速度达到优化设计,而且还可以克服加工工艺的不一致性、质量不稳定等缺点。

进入20世纪80年代以后,计算机集成制造CIM的思想得到了广泛的认可,CAPP与CAD、CAM等一起成为支持CIM系统的主要单元技术。在CIM环境下,CAPP作为信息集成的中枢,构成了CAD与CAM之间的桥梁和接口,其意义和作用更加重大。

4.2.2 CAPP的基本原理

首先,将零件的特征信息以代码或数据的形式输入计算机,并建立起零件信息的数据库;其次,把工艺人员编制工艺的经验、工艺知识和逻辑思想以工艺决策规则的形式输入计算机,建立起工艺决策规则库(工艺知识库);第三,把制造资源、工艺参数以适当的形式输入计算机,建立起制造资源和工艺参数库;第四,通过程序逻辑设计充分利用计算机的计算、逻辑分析判断、存储以及编辑查询等功能来自动生产工艺规程。

4.2.3 CAPP的基本结构

尽管CAPP系统的种类很多,但其基本结构都离不开零件信息的输入、工艺决策、工艺数据/知识库、人机界面与工艺文件管理、输出等5部分。

1）零件信息的输入

零件信息是系统进行工艺设计的对象和依据,计算机目前还不能像人一样识别零件图上的所有信息,所以在计算机内部必须有专门的数据结构来对零件信息进行描述。如何输入和描述零件信息是CAPP最关键的问题之一。

2）工艺决策

工艺决策是系统的控制指挥中心,它的作用是以零件信息为依据,按预先规定的顺序或逻辑,调用有关工艺数据或规则,进行必要的比较、计算和决策,生成零件的工艺程序规程。

3）工艺数据/知识库

工艺数据/知识库是系统的支撑工具,它包括了工艺设计所要求的所有工艺数据(如加工方法、余量、切削用量、机床、刀具、夹具、量具、辅具以及材料、工时、成本核算等多方面的信息)和规则(包括工艺决策逻辑、决策习惯、经验等众多内容,如加工方法选择规则、排序规则等)。如何组织和管理这些信息,并便于使用、扩充和维护,使之适用于各种不同的企业和产品,是当今CAPP系统需要迫切解决的问题。

4）人机界面

人机界面是用户的工作平台，包括系统菜单、工艺设计的界面、工艺数据/知识的输入和管理界面以及工艺品文件的显示、编辑与管理界面等。

5）工艺文件管理/输出

一个系统可能有成百上千个工艺文件，如何管理和维护这些文件既是CAPP系统的主要内容，也是整个CAD/CAPP/CAM集成系统的重要组成部分。输出部分包括工艺文件的格式化显示、存盘、打印等。系统一般能输出各种格式的工艺文件，有些系统还允许用户自定义输出格式，有些系统还能直接输出零件的NC程序。

4.2.4 CAPP的设计方法

目前研究和开发的CAPP按其工作原理的不同有3种工艺规划方法：即派生式方法、创成式方法和人工智能(Artificial Intelligent, AI)方法。

1）派生式(变异式)方法

派生式方法的工作原理是，在成组技术的基础上，利用零件的相似性，建立相似零件族的标准工艺。一个新零件的工艺，是通过检索相似零件组的标准工艺并加以筛选、编辑修改而成的。最初的派生式方法由标准加工工艺到指定零件的加工工艺的变异过程是人机交互实现的，但近来较成功的派生式CAPP系统都可以根据一定的规则进行自动派生，有些系统还结合创成式方法的一些特点，在机床的选择、切削量的确定等方面也采用自动的方法，有些学者称这样的方法为半创成式方法。由上可见，派生式CAPP的特点是：

(1)派生式系统是利用零件间的相似性，检索已存储的零件族的标准工艺。因此，计算机内存储的是一些标准工艺过程和标准工序，而不是工艺决策逻辑。

(2)从设计角度看，与常规工艺设计的类比设计相同，也就是用计算机模拟人工设计的方式，其继承和应用的是标准工艺，它没有指出工艺设计的最基本知识，知识源的划分比较粗大，不利于工艺设计知识源开发。因此，这种系统的柔性差，移植性差。

(3)系统原理简单，容易开发，而且发展较早，在应用方面目前还有一定的优势，但在应用中也暴露出很多难以克服的缺点。

2）创成式方法

创成式方法的基本原理与派生式不同，它不是利用对相似零件族的标准工艺的修订，而是依靠系统中自身的决策逻辑以及有关的制造工程数据信息进行工艺规划。决策逻辑程序不需要进行预先的准备工作，它采用内装式的算法对工艺规程的内容进行选择和优化，这些算法主要有决策树、决策表、数学算法等。

创成式CAPP方法接近人类解决问题的思维方式，但由于工艺规划问题本身的复杂性，而仍需要依赖的人的主观经验和工艺理论尚不成熟，大多数工艺过程问题还不能建立实用的数学模型和通用算法，工艺过程的知识也难以形成程序代码，这些都导致此类CAPP系统只能处理简单的特定环境下的某类特定零件。

此外，创成式CAPP系统的核心是工艺决策规则的制定和有关加工制造知识的合理描述。在采用BASIC之类的过程式语言的程序设计中，要将决策规则和加工知识用代码的形式编制在程序内(固化程序式)。这种程序可能很长且复杂，修改困难，当生产条件变化时必须用智能性语言把知识库和控制程序独立开来。

3）专家系统方法

将人工智能技术(AI)应用于工艺自动设计中，给 CAPP 的研究带来了新的活力，其中最成功的是专家系统方法。专家系统方法主要由知识库和推理机构成。在知识表达方式上以产生式规则使用最广，面向对象等知识表示方法也渐渐被采用。除了专家系统方法，一些人工智能技术领域的最新研究成果也已在工艺规划中局部地得到应用。基于人工智能技术的专家系统，代表一种新的发展趋势，具有较强的生命力，但由于知识表达的"瓶颈"与推理的"匹配冲突"至今没有很好地解决，自优化和自我完善功能差，所以 CAPP 的专家系统方法仍停留在理论研究和简单应用阶段。

4.2.5 CAPP 软件

目前，企业对 CAPP 的需求正由传统的计算机辅助填卡片 CAPP 系统向工艺规范化、标准化、集成化及工艺设计与信息管理一体化的制造工艺信息系统这一趋势发展。CAPP Framework 软件以企业的现实需求为基础，在国内率先提出"以交互式设计为基础，以产品数据为核心，工艺设计与管理一体化"的 CAPP 方法论和应用解决方案。

最新推出的 CAPP Framework 5.0 是一个以工艺知识库/产品工艺数据库为核心，集成工艺知识库管理工具等应用支持工具以及专家系统等智能应用，并提供丰富的二次开发工具，能广泛应用于各种类型的企业以及企业不同层次、企业的不同工艺部门(机加、装配、钣金冲压、焊接等)，并在不同应用层次上实现全面集成化的专业化 CAPP 应用框架与开发平台。他们广泛采用了 Windows 编程技术，面向对象、专家系统、网络数据库与信息系统等先进成熟技术，将对象与工艺信息实体有机结合，全面支持企业制造工艺信息系统的构建，完全替代了"填卡片式"的工艺设计系统，在开放性、集成性、智能化和实用性等方面都处于国内领先水平，是 CAPP 软件行业中技术含量高的优秀产品。

4.2.6 CAPP 的发展趋势

1）集成化趋势

计算机集成制造(CIM)是现代制造业的发展趋势。因此，未来的 CAPP 系统除了与 CAD 和 CAM 集成以外，还应能与制造自动化系统(MAS)、管理信息系统(MIS)以及质量检测与控制系统(CAQ)等集成。这种集成已不是普通意义上的集成，而是统一在工程数据库上的集成。另外，CAPP 不只是针对单个的零件或相互孤立的若干零件而言，而是要针对整个产品的制造与装配的 CAPP。近几年，人们还提出了面向并行工程的 CAPP。在 CIMS 环境下，CAPP 系统接收来自 CAD 的产品总体信息、几何结构信息以及精度、粗糙度等工艺信息，进行工艺规划，并向 CAD 反馈产品结构的工艺性评价结果；向 CAM 提供零件加工所需的设备、工装、切削参数、装夹参数和数控加工指令(NC 程序)，并接受 MIS 发出的技术准备计划、原材料库存、刀量具状况、设备变更等信息；向 MAS 提供各种工艺规程文件以及夹具、刀具状况，并接收 MAS 的刀具使用报告和工艺修改意见；向 CAQ 提供工序、设备、工装等工艺数据以及生成质量控制计划和质量检测规程，接受 CAQ 反馈的控制数据，用以修改工艺规程。要实现上面所述的集成，有待于对产品定义与产品数据交换规范的进一步研究和相应的实用化的软件系统的问世。

2）工具化趋势

通用性问题是CAPP面临的最主要难点之一，也是制约CAPP系统实用化与商品化的一个主要因素。为此，有人提出了CAPP专家系统建造工具的思路，以应付生产实际中变化多端的问题，力求使CAPP系统也能像CAD系统那样具有通用性。

3）智能化输出

CAPP所涉及的是典型的跨学科的复杂问题，不仅业务内容广泛、性质各异，而且许多决策大大依赖专家个人的经验、技术和技巧。另一方面，制造业生产环境的差别也非常显著，要求CAPP系统具有很强的适应性和灵活性。依靠传统的过程性软件设计技术，如利用判定表或判定树进行工艺决策软件的设计等，已远远不能满足工程实际对CAPP的需求。而专家系统技术以及其他人工智能技术在获取、表达和处理各种知识时的灵活性和有效性给CAPF的发展带来了生机。

目前人工智能技术已越来越广泛地应用于各种类型的CAPP系统之中，以外人工神经元网络理论、模糊理论、黑板推理与实例推理等方法也正开始用于CAPP系统的开发。

4.3 计算机集成制造系统

4.3.1 计算机集成制造产生的技术及经济背景

随着现代制造技术的发展，计算机在制造业中的应用也从制造、设计到经营管理，渗透到制造企业的每个角落。从数控机床、加工中心到柔性制造系统，从机器人、自动化仓库到自动导引车，从计算机辅助设计到计算机辅助工艺设计，从物料需求计划到制造资源管理计划，将计算机用于设计、制造和管理各方面的单元技术已经成熟，并已商品化，数据库管理系统，局域网络等数据处理和通信网络的软件均可从市场上购得。至此，从制造企业的功能要求出发，将各单元技术集成的条件已经具备，时机已经成熟。

制造企业在第二次世界大战后长时间的和平年代中，由于先进科学技术不断转化为生产力而有了很大发展，同时，社会需要和市场也发生巨大的变化。在20世纪80年代以后尤为突出。具体表现在：

(1)制造业产品的市场已由各国或局部地区转变成世界市场。

(2)市场的需求，不仅是产品多样化和型号、规格的日益增加，批量减小。市场主要是买方市场，并由相对稳定市场变成动态多变市场。

(3)产品生产周期，即产品更新换代的时间愈来愈短。

(4)在国内外市场上产品的竞争主要表现在质量、价格、交货期的竞争空前激烈。

鉴于上述技术和经济形势的变化，特别在世界各发达国家内工资不断增加，技术熟练的劳动力日益短缺，因此制造业需要一种新的策略，寻求一种技术、管理相结合的；以信息为主导的，高度自动化的新的生产方式。这就是产生计算机集成制造的背景。

4.3.2 计算机集成制造(CIM)的基本概念

20世纪60年代早期，随着制造业系统方法、概念的萌生，人们进而认识到计算机不仅可以使整个系统的每个生产环节实现颇具柔性的自动化，而且还具有把制造过程（产品设计、生产计划与控制、生产过程等等）的每一步集成为一个系统的潜力，并对整个系统的运行加以优化。这样，在20世纪60年代后期，制造业的系统方法概念上升为计算机集成制造(CIM)概念。美国的约瑟夫·哈林顿(Joseph Harrington)博士于1973年在《计算机集成制》(*Computer Integrated Manufacturing*)一书中正式提出了CIM的概念。此概念有以下2个要点：

(1)从功能上，CIM包含一个制造企业的全部生产和经营管理活动，从市场预测、产品设计、制造装配、经营管理到售后服务是一个整体，要全面考虑。

(2)从信息上，整个生产过程实质是一个数据采集、传送和处理决策的过程，最终形成的产品可以看做是数据(信息)的物质实现。

两个基本观点的实质内容，即CIM首先是信息(数据)的集成，重点是集成。

虽然，哈林顿是根据计算机技术在工业生产中的应用，预见其必然的发展趋势而提出CIM概念的，但当时并未引起人们广泛的注意。直到20世纪80年代，这一概念才被广泛接受。以后，CIM概念不断得以丰富和发展，尽管如此，至今还没有一个公认的CIM含义。

计算机集成制造系统CIMS(Computer Integrated Manufacturing System)是基于CIM原理而组成的现代制造系统。是企业组织、管理和运行的新模式，它综合运用现代制造技术、信息技术、自动化技术和管理技术，将企业各项活动中的人、技术和经营管理以及信息流、物流和资金流有机集成，并实现企业整体优化，从而达到产品上市快，质量高，成本低和服务好。使企业赢得市场竞争。

4.3.3 CIMS的构成

一个制造企业从功能看，CIMS的组成可以简单地分为设计、制造和经营管理3个主要方面。由于产品质量对于一个制造企业的竞争和生存越来越重要，因此，常常也把质量保证系统作为企业功能主要方面之一。为了实现上述企业功能的集成，还需要有一个支撑环境，包括数据库、计算机网络以及集成方法——系统技术。根据CIMS的功能组成，CIMS通常由管理信息分系统、工程设计分系统、制造自动化(柔性自动化)分系统、质量保证分系统以及计算机网络和数据库分系统等6个部分有机地集成起来。所以，CIMS一般由4个功能分系统和两个支撑分系统组成，如图4.1所示。但不意味着任何一个企业实施CIMS都必须实现这6个分系统。而应根据具体需求和条件，在CIM思想指导和总体规划下分步实施。

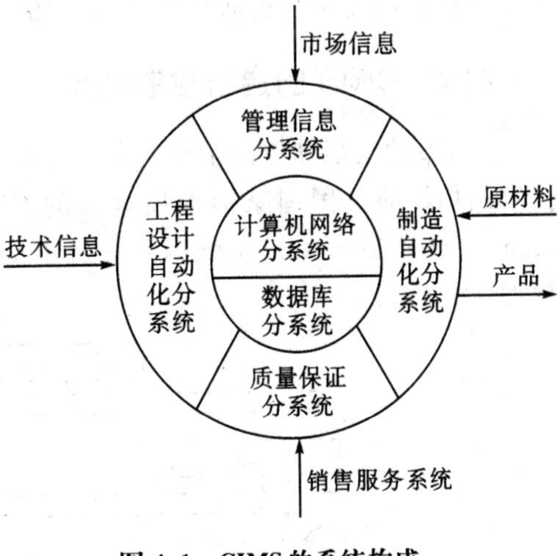

图4.1 CIMS的系统构成

1) 管理信息分系统(Management Information System, MIS)

管理信息分系统是企业在管理领域中应用计算机系统的总称。CIMS环境下的管理信息分系统是指以CIM为指导思想并在其制造环境下的管理信息分系统。对一般离散制造系统如机械制造系统而言，它通常以制造资源计划为核心，从制造资源出发，考虑了企业进行经营决策的战略层、中短期生产计划编制的战术层以及车间作业计划与生产活动控制的操作层，其功能覆盖了市场销售、物料供应，各级生产计划与控制、财务管理、成本、库存和技术管理等内容，是以经营生产计划、主生产计划、物料需求计划、能力需求计划、车间计划、车间调度与控制为主体形成的闭环一体化生产经营与信息管理系统。它在CIMS中相当于神经中枢，指挥与控制着各个部分有条不紊地工作。MIS与CIMS中的其他分系统存在着必要的信息交换接口。

2）工程设计分系统(Engineering Design System，EDS)

工程设计分系统是在产品开发过程中引入计算机技术而形成的系统，包括计算机辅助的产品概念设计、工程与结构分析、详细设计、工艺设计与数控编程等内容，通常被划分为CAD、CAE、CAPP、CAM、工程数据管理等子系统，这些子系统之间强调信息的连续流动和共享，即通常所说的CAD/CAE/CAPP/CAM系统集成。工程设计分系统的目的是使产品开发活动更高效、更优质地进行，同时通过与CIMS的其他分系统进行信息交换来实现整个制造系统的信息集成。

3）制造自动化分系统

CIMS中的制造自动化分系统是由CIMS环境下的制造设备、装置、工具、人员、相应的信息以及相应的系统体系结构和组织管理模式所组成的系统。从CIMS功能系统结构看，制造自动化分系统是CIMS中信息流和物料流的结合点，是CIMS最终产生效益的聚集地。制造自动化分系统一般包含5个子系统：制造设备子系统，物料运输与存储子系统，能量流子系统，制造信息子系统，制造过程生产计划调度与控制子系统。

4）质量保证分系统

质量保证分系统主要是采集、存储、评价与处理存在于设计、制造过程中与质量有关的信息从而进行一系列的质量决策和控制，有效地保证质量并促进质量的提高。质量保证分系统包括质量监测与数据采集、质量评价、质量决策、质量控制与跟踪等功能。

4.3.4 CIMS的递阶控制结构

CIMS的功能和控制十分复杂。为此，CIMS的控制系统一般采用分级控制结构，即递阶控制结构。前美国国家标准局建立的CIM实验研究基地——自动化制造研究实验基地(Automated Manufacturing Research Facility，AMRF)曾提出了著名的CIMS 5级递阶控制模型，如图4.2所示。

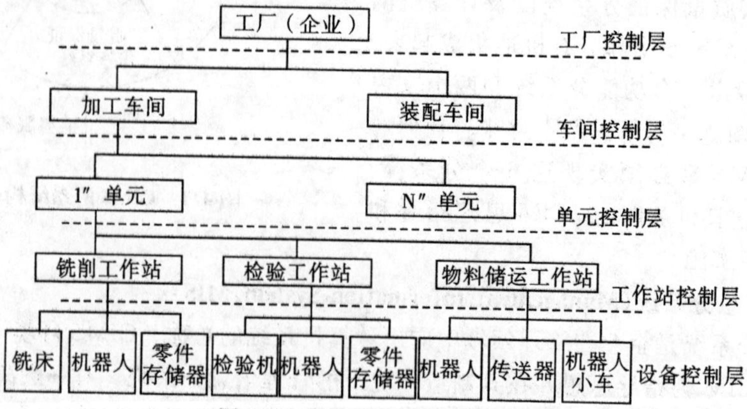

图4.2 CIMS五级递阶控制模型

从图 4.2 中可看出，CIMS 分为 5 级：工厂层，车间层，单元层，工作站层和设备层。每一层又可分解为多个模块，都由数据驱动，并可扩展为树状结构。

(1)工厂层控制系统。这是最高一级控制，履行“厂部”职能，完成的功能包括进行市场预测、制订生产计划、确定生产资源需求、制定资源规划、产品开发及工艺过程规划、厂级经营管理(包括成本估算，库存统计，用户订单处理等)。

(2)车间层控制系统。车间层控制根据工厂层生产计划协调车间作业和有关的资源配置。车间层控制主要有两个模块，即作业管理和资源分配。

(3)单元层控制系统。单元层控制负责将上级任务分解，完成本单元的作业调度和资源需求分析，决定零件加工路线并给工作站分配任务，监控任务进展情况。

(4)工作站层控制系统。此级控制系统负责指挥和协调车间中一个设备小组的活动。

(5)设备层控制系统。此级控制包括各种设备(如机床、机器人、坐标测量机、自动引导车等)的控制器。此级控制向上与工作站控制系统用接口连接，向下与各设备控制器接口相通。设备控制器的功能是将工作站控制器命令转换成可操作的、有顺序的简单任务运行各种设备，并通过各种传感器监控这些任务的执行。

4.3.5 我国 CIMS 技术的现状

我国 CIMS 已经形成一个较为完整的技术体系，包括系统总体技术、设计自动化技术、制造自动化技术、经营管理决策技术及制造平台技术等。人们可以利用 CIMS 理论、技术、工具、方法，从企业诊断入手，对症下药，整体规划，分步实施，重点突破，从而化解消除中国制造业的落后瓶颈，走上良性循环，提高市场竞争力。到目前为止，863/CIMS 立项之初原定的一条应用示范线的目标已经变成普及 20 个行业、19 个省市两百多家企业自行开发应用的 CIMS 技术。CIMS 主题在重大关键技术攻关上硕果累累。1994 年“清华大学国家 CIMS 工程技术研究中心”和 1999 年“华中理工大学 CIMS 中心”分别获得美国制造工程师协会大学领先奖，1995 年“北京第一机床厂 CIMS 应用示范工程”获 SME 工业领先奖。

我国实施 CIMS 确实取得了不小的成绩，但不可否认也存在若干值得思考的问题。

1）确定基础与提高

在 20 世纪 80 年代末 90 年代初，对我国大多数企业而言，更迫切的是打基础，1990 年开始由国家科委主持的 CAD 推广工作适合于我国国情，是以普及为目的，并取得了很大的成绩。执行国家科委制定的“863 计划”CIMS 主题的目标是为了追赶世界先进水平。

2）做好 CIMS 的试点与推广

从 CIMS 概念的产生和发展可以看出，CIMS 本身属于多学科、多专业知识的高度综合，也是管理科学与技术科学的高度综合，因此，实施 CIMS 的企业需要具有相当好的技术基础与管理基础，需要有高的经济效益。另外，CIMS 的实现需要高投入，而我国由于历史原因，绝大多数企业不具备这些条件。因此，为跟踪国外先进技术，逐渐缩小与国外的差距，开展 CIMS 的研究与试点工作是必要的，但大面积的推广尚需要认真研究。

3）处理好局部集成与企业整体集成的关系

在实施 CIMS 的企业中，凡是计算机应用基础好，并根据企业实际需要，以 CIM 为指导思想，将 CIMS 的单项技术进行局部集成的企业，都得到了较好经济效果。忽视企业原有基础，过分强调整体集成的企业，均遇到了挫折与失败。当然，这并非完全归于技术本身，还有市场分析失误，宏观环境等多种因素所致。

4）CIMS与CIM概念仍在发展

CIMS作为计算机及信息技术在制造业中的一种综合应用将会继续存在发展，CIM概念同样在继续发展并演变为新的概念，原来的CIM概念是限定在一个企业之内，随着虚拟企业以及网络化制造等新概念的出现，CIM的概念已由一个企业扩展到跨企业甚至跨地域。对此，学术界有不同的看法，但一个概念总应限定在一定的范围内，不可能无限制地的扩展。

4.4 快速成型制造技术

快速原型法又称快速成型法，是国外20世纪80年代中、后期发展起来的一种新技术，它与虚拟制造技术一起，被称为未来制造业的两大支柱技术。

4.4.1 快速原型法基本原理

快速原型法是综合运用CAD技术、数控技术、激光加工技术和材料技术，实现从零件设计到三维实体原型制造一体化的系统技术。它采用软件离散化——材料堆积的原理实现零件的成型，如图4.3所示。其具体过程如下：

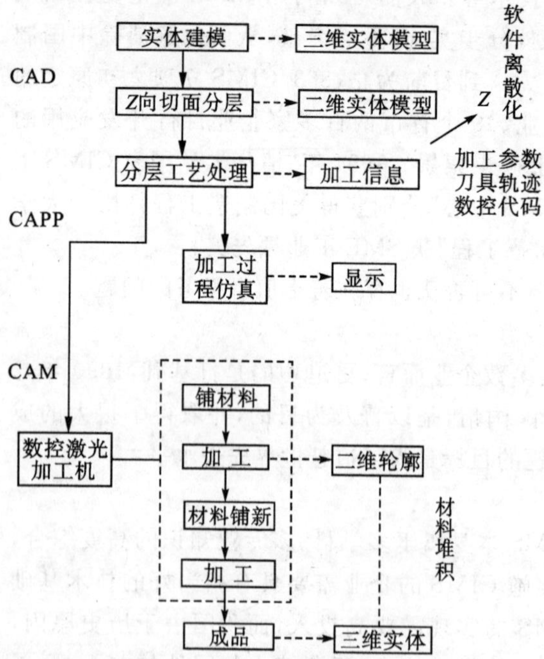

图4.3 快速原型制造原理

(1)采用CAD软件设计出零件的三维曲面或实体模型。

(2)根据工艺要求，按照一定的厚度在某坐标方向，如Z向，对生成的CAD模型进行切面分层，生成各个截面的二维平面信息。

(3)对层面信息进行工艺处理，选择加工参数，系统自动生成刀具移动轨迹和数控加工代码。

(4)对加工过程进行仿真，确认数控代码的正确性。

(5)利用数控装置精确控制激光束或其他工具的运动，在当前工作层(二维)上采用轮廓扫描，加工出适当的截面形状。

(6)铺上一层新的成型材料，进行下一次的加工，直至整个零件加工完毕。

可以看出，快速成型过程是由三维转换成二维(软件离散化)，再由二维到三维(材料堆积)的工作过程。

快速原型法不仅可用于原始设计中，快速生成零件实物，也可用来快速复制实物(包括放大、缩小、修改)。

4.4.2 快速原型技术的主要工艺方法

1）光固化立体成型制造法（LSL 法）

LSL 法是以各类树脂为成型材料，以氦—镉激光器为能源，以树脂受热固化为特征的快速成型方法。

2）实体分层制造法（LOM 法）

LOM 法是以片材（如纸片、塑料薄膜或复合材料）为材料，利用 CO_2 激光器为能源，用激光束切割片材的边界，形成某一层的轮廓，各层间的粘接利用加热、加压的方法，最后形成零件的形状。该方法取材广泛，成本低。

3）选择性激光烧结制造法（SLS 法）

SLS 法是采用各种粉末（金属、陶瓷、蜡粉、塑料等）为材料，利用滚子铺粉，用 CO_2 高功率激光器对粉末进行加热直到烧结成块，利用该方法可以加工出能直接使用的金属件。

4）熔融沉积制造法（FDM 法）

FDM 法是采用蜡丝为原料，利用电加热方式将蜡丝熔化成蜡液，蜡液由喷嘴喷到指定的位置固定，一层层地加工出零件。该方法污染小，材料可以回收。

4.4.3 快速原型法的特点

(1)适合于形状复杂的、不规则零件的加工。

(2)减少了对熟练技术工人的需求。

(3)没有或极少下脚料，是一种环保型的制造技术。

(4)成功地解决了 CAD 中三维造型“看得见，摸不着”的问题。

(5)系统柔性高，只需修改 CAD 模型就可生成不同形状的零件。

(6)技术集成，设计制造一体化。

(7)具有广泛的材料适应性。

(8)不需要专门的工装夹具和模具，大大缩小新产品试制时间。

因此，快速原型法主要适用于新产品开发，快速单件及小批量零件制造，形状复杂零件的制造，模具设计与制造，难加工材料零件的加工制造。

4.5 反求工程及网络化制造系统

4.5.1 反求工程

随着现代设计方法和计算机技术的发展，反求工程在机械工程领域获得了越来越广泛的应用。反求工程是以先进产品设备的实物、软件（包括图样、程序、技术文件等）或影像（图像、照片等）等作为研究对象，应用现代设计方法学原理、生产工程学、材料学和有关专业知识进行系统地分析和研究，探索掌握其关键技术，进而开发出同类的更为先进的产品系统工程技术。

目前，反求工程的应用主要集中在实物反求方面，即借助一定的测量装置，采用特定的测量方法对实物或模型进行测量，获取其表面特征点的几何数据，继而利用这些特征点的几何数据在计算机上推理重构出实物的CAD模型。

反求工程技术和其他设计技术的有机组合构成了现代设计理论和方法的整体。针对某个具体的设计问题而言,反求工程技术主要应用于引进技术的消化和吸收。是消化吸收并改进国内外先进技术的一系列工作方法和技术的总和。反求工程技术的应用对于我国科技进步,推动经济建设有着重要的意义。在这方面,日本是一个成功的范例。第二次世界大战后,日本制定了“吸收性战略”的基本国策,应用反求工程技术消化、吸收、创新其引进技术,给战后的日本国民经济注入了活力,推动了日本经济的高速发展,使日本国民经济从20世纪50年代落后先进国家二三十年,到20世纪七八十年代成为世界第二号经济强国。

1）反求工程技术的研究特点

在进行反求分析的过程中,除了要求工程技术人员要具有基础理论(如数学、力学等)和有关专业的理论和知识外,还要求具有系统工程、价值工程、优化设计、工业造型、相似理论、人机工程学等现代设计理论和方法,并且还要求工程技术人员及时地跟踪有关产品的技术发展动向,能准确地把握住该类产品在设计、生产制造过程中的关键技术,以求达到对研究对象的全面的分析、研究。

2）反求工程技术的设计程序

(1)反求分析对反求对象从功能、原理方案、零部件结构尺寸、材料性能、加工装配工艺等有全面深入的了解,明确其关键功能和关键技术。对设计特点和不足之处作出必要的评估。

(2)反求设计在反求分析的基础上可进行测绘仿制,变参数设计、适应性设计或开发性设计。

(3)反求工程的设计程序。依据反求分析及反求设计得出设计程序。

3）反求工程技术的研究方法

(1)软件反求设计法。软件反求是以产品的样本资料、产品标准、产品规范以及与设计、研制、生产制造有关的技术资料和技术文件等为研究对象的反求工程技术。

软件反求设计的目的是通过对所引进的如上所述的技术软件的分析、研究,提高本国在该产品技术上的设计、生产制造能力。

软件反求设计一般是由产品规划反求、原理方案反求,结构方案反求几个基本部分组成。

(2)影像反求设计法。影像反求设计是以产品照片、图片、说明书、广告介绍、参观印象、影视画面等为参考资料来进行分析设计的。

影像反求设计的主要内容包括方案分析和结构分析,其中方案分析的重点是技术分析和经济分析,而结构分析主要分析产品结构组成,确定产品的材料,等等。

(3)实物反求设计法。实物反求设计法的研究对象为引进的比较先进的设备或产品实物;其目的是通过对产品的设计原理、结构、材料、工艺装配、包装、使用等进行分析研究,研制开发出与被分析产品功能、结构等方面相似的产品,实物反求设计是一个认识产品—再现产品—超越产品的过程。

实物反求可分为对整个设备的反求(即整机反求)、对组成机器的部件的反求(即部件反求)和对机器的零件的反求(即零件反求)3个组成部分。

与软件反求设计方法和影像反求设计方法相比,实物反求设计法有如下特点:

①具有直观,形象的实物。

②对产品功能、性能、材料等均可进行直接试验分析。求得详细的设计参数。

③对机器设备能进行直接测验，以求得尺寸参数。

④仿制产品起点高，设计周期可大大缩短。

⑤引进的样品即为所设计产品的检验标准。

在运用实物反求设计技术对所分析的产品进行尺寸参数测绘时，要充分利用一些高科技仪器和手段，如三坐标测量仪，工业计算机断层扫描(Computer Tomography，CT)、核磁共振图像(Nuclear Magnetic Resonance，NMR)、激光扫描、快速计算机成形技术等，以求迅速、经济地制造出产品样品，缩短产品的设计、制造周期，使所设计、制造的产品尽快投入使用和投放市场，充分体现实物反求设计的经济效益和社会效益。

4.5.2 网络制造系统

1）问题的提出

计算机与信息技术的进步对制造业企业的发展产生了巨大的影响，制造业企业的发展表现出高技术化、组织结构扁平化及合作关系网络化等特征。

首先，电子计算机出现以来，与其相关的新技术不断涌现，制造业走上了自动化发展的道路。先后出现了CAD、CAM、CAPP、CAE、CAT、CAQ、FMS等计算机辅助技术以及MIS、MRPⅡ、MRP等计算机辅助管理系统，制造过程作为一个系统，从局部集成向高度的全面集成发展，形成了CIM技术。网络化技术与信息技术的发展，又促进了异地设计、异地制造、并行设计的发展，自动化程度日益提高。

其次，企业从接受订货开始，信息不断地生成、传递、转化、交换及存储，传统企业信息的载体多为纸张，为此要耗费大量的人力、物力和时间。随着计算机与网络技术的广泛应用，信息的处理向少纸或无纸化方向发展，从而节省了人力、物力和时间。用计算机网络作为信息载体，可以迅速地将信息直接送达有关人员，减少了中间环节，从而促进了企业结构从多层次的金字塔向少层次的扁平化发展，极大地提高了生产效率。

还应看到，未来的企业，任何时候都可能出现新建、兼并、集团化、大化小、消亡等企业“外形”的变化。由于技术的、经济的、社会的进步与发展，从20世纪80年代末、90年代初开始，制造业围绕生产模式，出现了一系列的新概念、新观点、新思想(如敏捷制造、虚拟制造、扩展企业等)无不涉及企业间的合作方式。网络化制造作为一种新的生产模式已引起国内外的重视。

网络化制造的主要涵义是：面对市场机遇，针对某一特定产品，利用因特网(Internet)为标志的信息高速公路，灵活而迅速地组织社会制造资源，把分散在不同地区的现有生产设备资源、智力资源和各种核心能力，迅速地组合成一种没有围墙、超越空间约束的、靠电子手段联系、统一指挥的经营实体，以便快速推出高质量、低成本的新产品。

通过分散网络化制造的实施，企业的组织结构将从金字塔式的多层次模式向分布式网络化的扁平模式转化，建立联盟式的制造体系，称作网络联盟企业。它将是一种新的生产组织形式，以适应制造的全球化的发展趋势，也是实现灵捷制造的一种重要手段。

2）发展网络化制造模式是未来企业的要求

未来的竞争环境将发生重大变化，企业的竞争对手不是单个点存在的其他企业，而是形成产品价值的价值链或价值网，网络联盟企业就是这样的链或网。显然，这样的链或网比点更具竞争优势。面对如此的竞争环境，单个企业必然处于竞争中的劣势。因此，未来的竞争环境迫使企业寻求合作伙伴，组成联盟企业，以此与其他的联盟企业竞争。

另外，今天的企业与下一代制造企业，在经营活动中除上述变化趋势外，在其他各方面的特征也将有明显变化(见表4.1)。

表4.1 企业特征的比较

今天的企业	下一代的企业
资产包括有形资产及净现资产	资产的定义扩展了，还包括信息、知识、人力、培训等
成本＋利润＝价格	价值－成本＝利润
垂直集成	聚集核心竞争力
为完成某具体任务而培训	终身培训
为报酬而学习	为扩大就业范围而学习
狭隘的观点	全球、多重文化的观点
仅考虑一国之内的价值	从全球市场需求考虑价值
时间仅是生产过程或活动的度量工具	对生产过程或活动消耗的时间更为珍惜
固定的价值关系	共担风险，共享收益
仅考虑单一项目投资的合理性	考虑投资，再用于未来项目

3）网络联盟企业的组织特征

适应制造业发展趋势的下一代制造企业组织形态，将是网络联盟企业，它具有以下几种特点：

(1)动态性。网络联盟企业是针对市场机遇，面向特定产品而组建的，市场机遇不在时，联盟企业解散，根据新的市场机遇重新组建新的联盟企业。

(2)合作关系贯穿于整个产品价值链。社会资源的充分利用体现在形成产品价值链条中的每一环节，产品从设计、零部件制造、总装，直到产品销售、售后服务，这种合作过程是一个快速响应市场完成共同的战略目标的优化过程。

(3)充分应用现代化通信技术、电子网络连接。现代通信技术的发展促进了网络化制造企业的形成，因此，为建立高效的网络联盟企业，必须将电子网络作为支撑环境，并充分应用现代通信技术。

(4)参与企业组织上的扁平化。一个企业并非以该企业全部参加网络联盟企业，从效益考虑很可能部分参加，为保证网络联盟企业高效地运行，参加部分应拥有相当大的自主权和决定权；并且这部分与原企业各有关部门的联系要求通畅、迅捷，为此企业结构应减少层次，即向扁平化发展。

(5)参与企业风险共担、利益共享、资源共享。参加网络联盟企业的所有单位，由于承担了不同的任务，向联盟企业提供了构成本单位核心能力的资源。因此，整个项目的风险由各单位共同承担，各单位的核心能力资源实现了共享，项目利益将根据一定的协议共同享有。

(6)建立、解散合作关系的灵捷性。为了快速响应市场，网络联盟企业的建立与解散都应具有相当的敏捷性，它的建立与解散，将依据一定的方法与规则。

思考与练习

(1)简述CAPP的基本原理及方法。

(2)简述CIM的基本概念及发展趋势。

(3)快速原型法的基本原理是什么？

(4)反求工程的基本原理是什么？

(5)实现网络制造的基础是什么？

下篇

CAD/CAM应用软件
——Pro/ENGINEER

SECTION 2

第5章 项目一 初识 Pro/ENGINEER 中文野火版 4.0(5.0)

本项目以实例练习引导读者掌握 Pro/E 中文野火版文件操作、视图显示、模型观察以及最简单的零件设计方法。

【知识目标】

(1)Pro/E 文件的新建、保存、删除和拭除等操作方法。
(2)Pro/E 基准基本知识以及默认基准操作方法。
(3)Pro/E 视图显示方法以及模型观察方法。
(4)Pro/E 零件设计的基本方法。

【技能目标】

通过本项目的学习,将充分认识与熟悉 Pro/E 的基本特性与操作方法。通过实例的操作,将掌握凸缘模柄的模型设计,反复练习后,将能创建其他简单零件模型。

5.1 基础知识链接

5.1.1 Pro/E 软件简介

Pro/E 是美国参数技术公司(PTC)于 1988 年首创的参数化设计三维 CAD/CAM 软件包,是一套由设计至生产的机械自动化软件,是新一代的产品造型系统。Pro/E 采用参数式设计的概念,将产品设计工作在 3D 的环境中进行,整合多种强大功能于一身,如零件设计、零件装配、钣金设计、模具设计、动态机构仿真和应力分析等,被广泛应用于机械、电子、汽车、模具、航天、家电和工业设计等行业。

Pro/E 是一个基于特征的参数化实体造型系统,具有单一数据库功能,软件由多个模块组成。

Pro/E 中文野火版 4.0(5.0)是 PTC 参数技术的突破性版本,较以往版本有操作简单、功能强大,增强了 Web 连接功能等新特点。本书采用 Pro/E 中文野火版 4.0(5.0)编写,读者掌握了它,能大幅度提高工作效率。

5.1.2 Pro/E 界面介绍

Pro/E 窗口如图 5.1 所示，由菜单栏、工具栏、游览窗口和绘图区等部分组成。

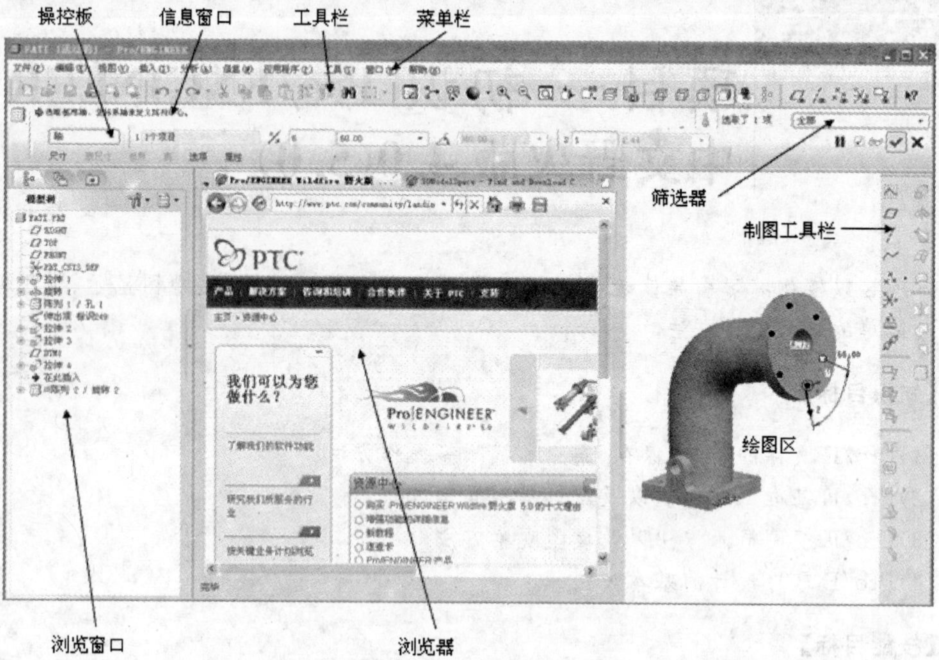

图 5.1 Pro/E 中文野火版界面

(1)菜单栏。菜单栏包括文件、编辑、视图、插入、分析、信息、应用程序、工具、窗口和帮助等 10 种菜单，菜单中包含大多数的应用功能，操作时可从中选择所需命令。

(2)工具栏。菜单栏的下方是工具栏，系统默认工具栏包含了常用功能的工具按钮，如文件、视图、编辑、模型显示、基准显示和帮助等工具栏。

(3)制图工具栏。系统默认的制图工具栏位于窗口右侧，包含绘制图形及基准的相关工具，如基准、基准特征、工程特征和编辑特征等工具栏。

(4)浏览窗口。浏览窗口有模型树、文件夹浏览器、收藏夹和连接 4 个标签。其中，模型树窗口是用来记录特征建立的先后顺序，操作时可在模型树窗口中选取特征，进行编辑、修改等动作；文件夹浏览器类似文件总管，可预览图形，也可按住鼠标左键拖动文件，直接开启文件；收藏夹用来存放常开启的页面或文件夹；连接包括浏览器、项目和用户区域等参数技术的网页项目。

(5)浏览器。在浏览窗口中选择项目，会在浏览器中显示，可作为资料文件夹或网页浏览器。

(6)操控板。操控板是 Pro/E 中文野火版新增的功能，取代旧版本的菜单管理器，将绘图的步骤整合于此，以提高制图的效率。

(7)信息窗口。此窗口中会提示用户下一步的动作，并记录绘图过程中出现过的信息提示及结果。

(8)筛选器。筛选器用来筛选被选取对象的种类，分为智能、特征、几何、基准、面组及注释等。

(9)状态栏。鼠标移到某一按钮上,会在按钮旁显示该项的帮助说明。

5.1.3 Pro/E 应用基础

1) 文件操作

(1)新建文件。创建实体必须先新建一个文件,具体步骤如下。

①单击文件工具栏中“新建”按钮(或选择“文件”/“新建”命令)如图 5.2①所示。

②在弹出的“新建”对话框中选择需要创建的“类型”、“子类型”,如图 5.2②所示。

③“名称”文本框中系统默认名称为“prt＊＊＊,操作时可以改变,如图 5.2③所示。

④单击“确定”按钮,完成新建文件,如图 5.2④所示。

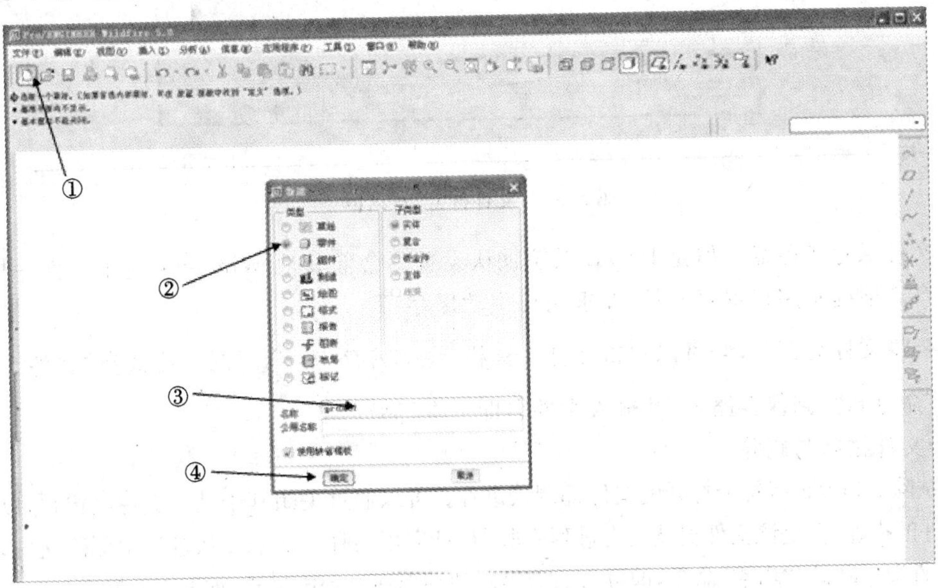

图 5.2 “新建”对话框

在如图 5.2 所示的“新建”对话框中,显示 Pro/E 的主要文件类型有 10 种,用户可以根据自己的设计类型选择,每一种类型包括若干个子类型。不同类型的扩展名是不同的,例如,零件扩展名为＊.prt、组件扩展名为＊.asm 等。

(2)打开文件。如所有 Windows 应用软件一样,在 Pro/E 中已经保存的文件,可以重新打开进行查看或编辑。

①单击文件工具栏中“打开”按钮(或选择“文件”/“打开”命令),如图 5.3①所示。

②在弹出的“文件打开”对话框中的“文件夹树”中选择相应的文件夹,并打开该文件夹,如同 5.3②所示。

③选择所需打开的文件,如图 5.3③所示。

④单击“打开”按钮,即可打开所需的文件,如图 5.3④所示。

在“类型”下拉列表框中可选择要列出的文件类型,用户可以根据需要打开的文件类型(文件名后缀不同)来选择类型打开。

(3)文件保存。单击文件工具栏上的“保存”按钮(或选择“文件”/“保存”命令),可以

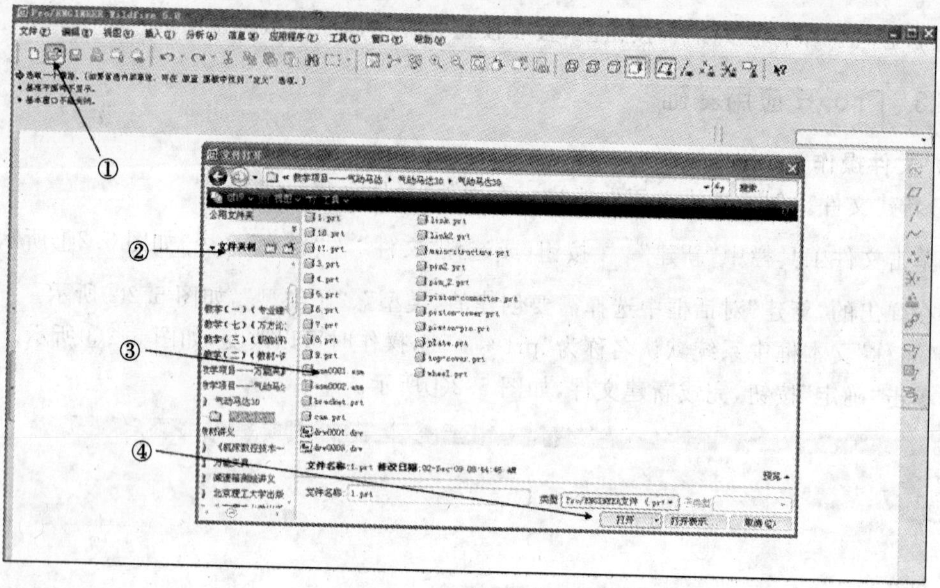

图 5.3 “文件打开”对话框

将当前文件保存到磁盘。但是 Pro/E 系统默认设置不会像其他 Windows 应用软件一样，在关闭窗口之前提示用户保存文件，要求用户主动保存。

需要将文件另存时，则可以单击文件工具栏上的“另存为” 按钮(或选择“文件”→“保存副本”命令)，找到保存路径，并输入文件名即可进行另存了。

(4)文件拭除与删除。

①拭除。Pro/E 将每个打开的文件都调入进程。可以通过关闭其中某个文件的窗口，以结束对该文件的操作，但是该文件仍然会在进程中驻留，且占用内存。如果要从进程中删除文件，可以选择“文件”/“拭除”/“当前”命令，即可将当前显示的图形在进程中拭除，如图 5.4 所示。

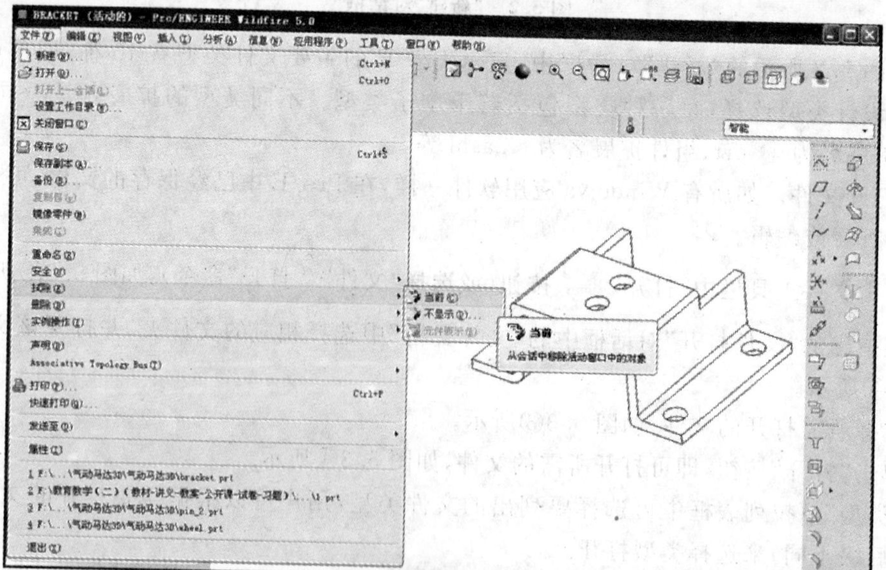

图 5.4 文件拭除

拭除对象可以是“当前”和“不显示”两种。如果选择“当前”，可从进程中删除当前窗口显示的文件；如果选择“不显示”，则会出现对话框，对话框中列出进程中的全部文件，供用户选择要拭除的文件。

②删除。如前所述，文件经多次存储会出现多个版本，占用磁盘空间。删除这些多余的旧版本，可以选择“文件”/“删除”/“旧版本”命令，即可将该作业以前保存的版本删除(见图5.5)。如果选择删除的是“所有版本”，则会连同正在操作的版本一起删除。

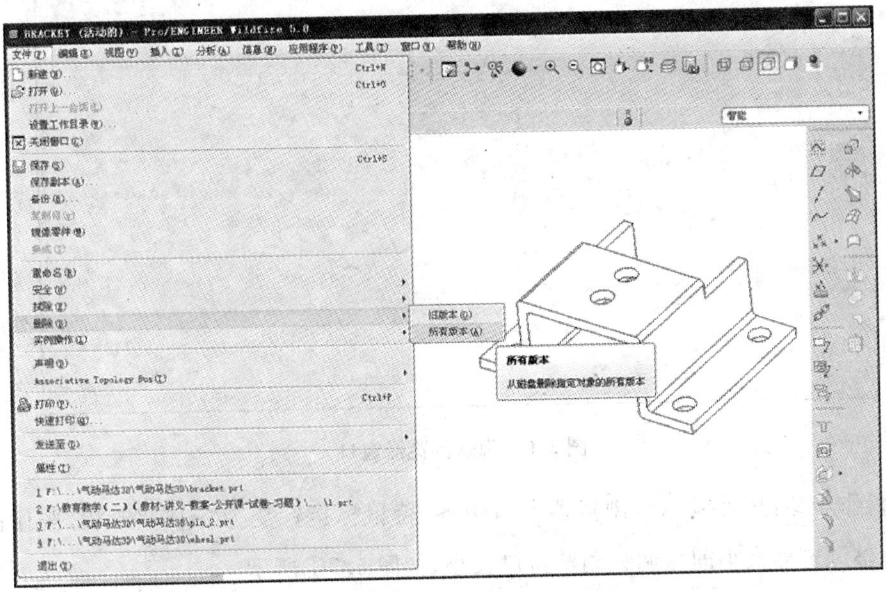

图5.5 文件删除

2）键盘与鼠标的使用

为操作简便，应用Pro/E必须选用三键式鼠标，3个键各有其重要功能，通常还要与键盘搭配使用，其使用说明如表5.1所示。

表5.1 鼠标与键盘的功能

鼠标	功能说明
左键	选取菜单、按钮、命令和像素等，若按住Ctrl键，再重复按鼠标左键，可以选取多个像素
	在草绘模式下，用来画点、线、圆等图形，并可移动或拉伸像素
右键	单击鼠标右键，出现快捷菜单
	在草绘模式下启动或关闭限制，若按住Shift键，可锁住限制
中键	在草绘图形时用来结束或取消绘制截面的命令
	在草绘模式下标注尺寸，可用来指定尺寸的位置
	按住鼠标中键拖动，旋转图形的显示方向
	按住Ctrl键，并按住鼠标中键往上或往下拖动，缩放视图的大小(往上缩小、往下放大)
	按住Shift键，并按住鼠标中键拖动，移动视图的位置

3）界面操作

启动Pro/E后，界面中有浏览器和浏览窗口，它们能为用户的设计工作带来非常大的方便，但是也因为它们的存在而导致绘图区范围很小，在绘图时很费事。为获得较大的绘图区，通常将浏览器和浏览窗口的大小隐藏(或者调整)。

隐藏操作步骤:用鼠标左键单击浏览窗口上的“门把手”,即可将该窗口隐藏,如图 5.6①所示。

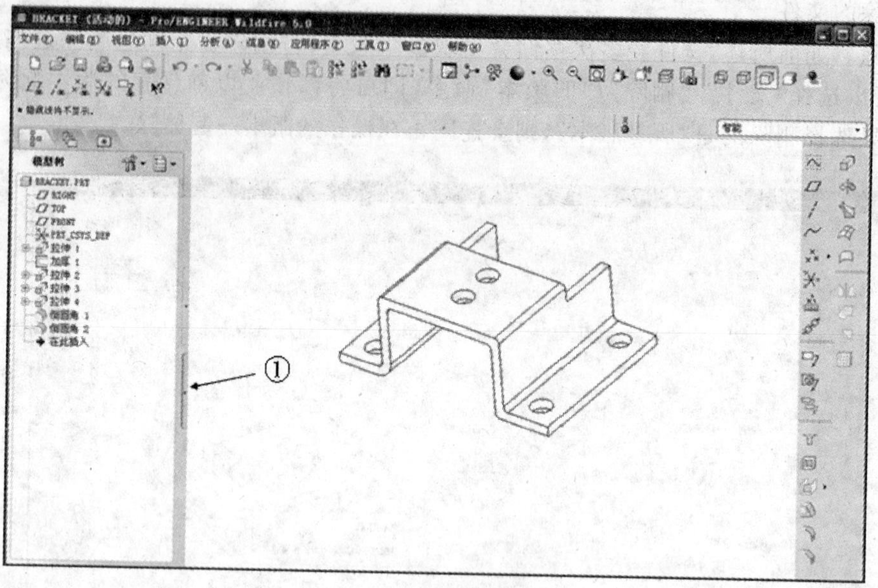

图 5.6 隐藏浏览器窗口

调整操作步骤:移动鼠标至浏览器窗口边界,待鼠标指针变为“←|→”形状,按住鼠标左键,拖动调整浏览器大小即可调整浏览窗口大小,如图 5.7①所示。

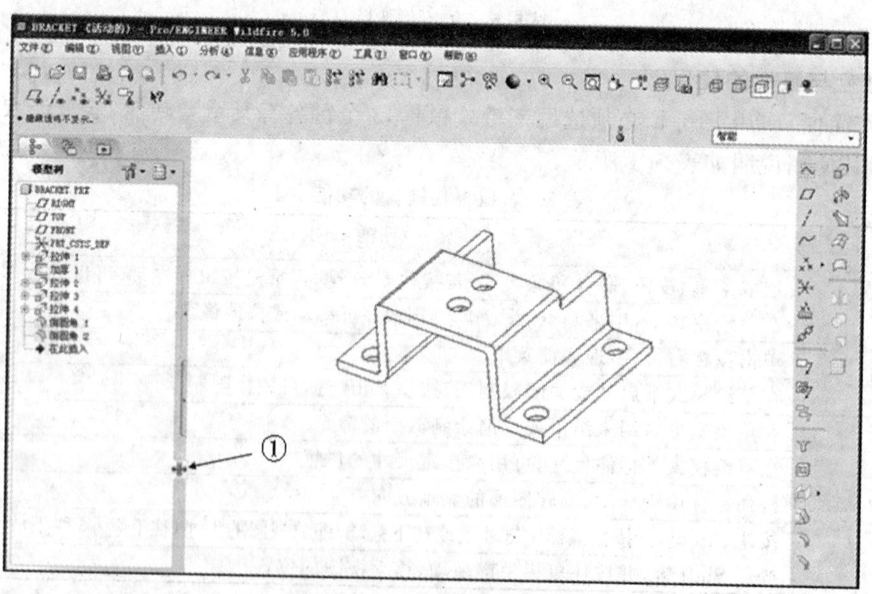

图 5.7 调整浏览器大小

4) 对象选取

Pro/E 中选取对象的方法有两种:一种是直接在绘图区中选取;另一种是在模型树窗口选取。

(1)绘图区选取。直接在绘图区中选取可单独选取模型的端点、边线和平面等。

①在绘图区中用鼠标左键单击选择模型的主体,此时模型的主体变成红色,如图5.8①所示。

②按住Ctrl键,同时单击鼠标左键选择拉伸孔,如图5.8②所示。此时在模型树中加厚1和拉伸2变成高亮。

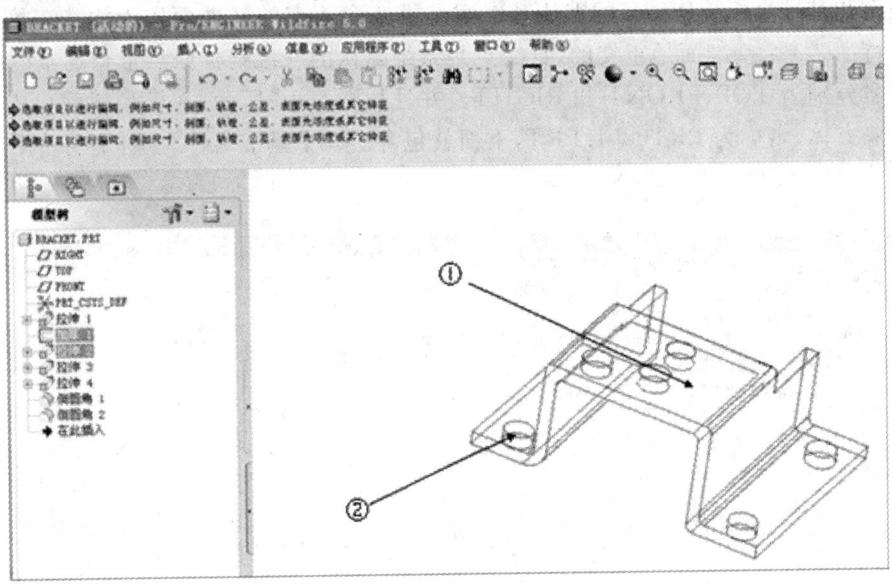

图5.8 在绘图区中选择对象

(2)模型树窗口选取。

①在模型树窗口中单击鼠标左键选择拉伸1,如图5.9①所示。

②按住Ctrl键,同时用鼠标左键单击选择倒圆角2,如图5.9②所示。此时可以发现绘图区的模型上的拉伸1和倒圆角2特征变成红色,表明被选中。

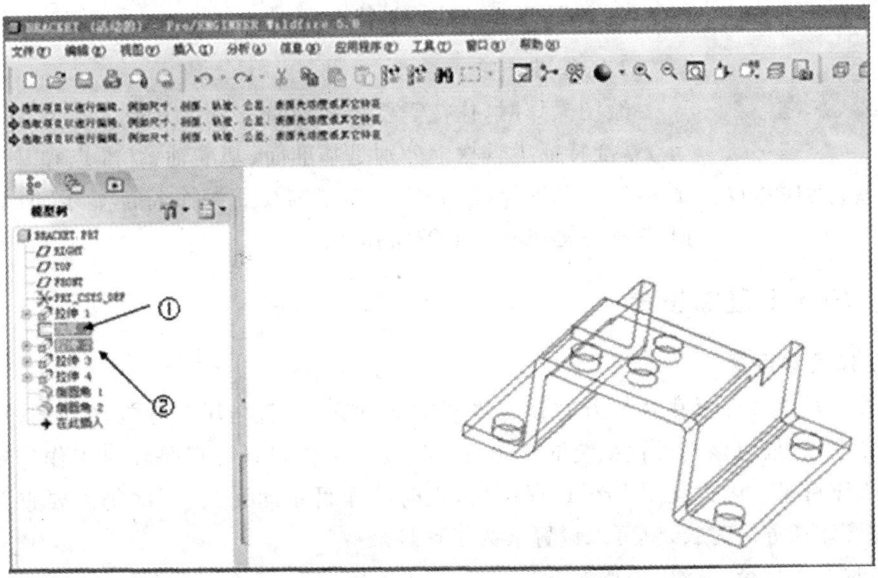

图5.9 在模型树中选择对象

5.1.4 Pro/E 默认基准特征

1）建立默认基准

新建文件时如果选择的是缺省模板，则系统会自动调入如图 5.10 所示的默认基准，其中包括基准面和基准坐标。Pro/E 的默认基准面是用 3 个正交的基准面作为构造三维实体模型的基准特征。3 个基准面是正交的、且交点是系统默认的三维坐标原点重合的基准面，这 3 个基准面名分别为 TOP、FRONT 和 RIGHT。并且如图 5.10 所示，在模型树窗口中最上层有一个小立方体，名称为 PRT0001. PRT，下面就包含了 3 个基准名称、坐标名称和在此插入选项。

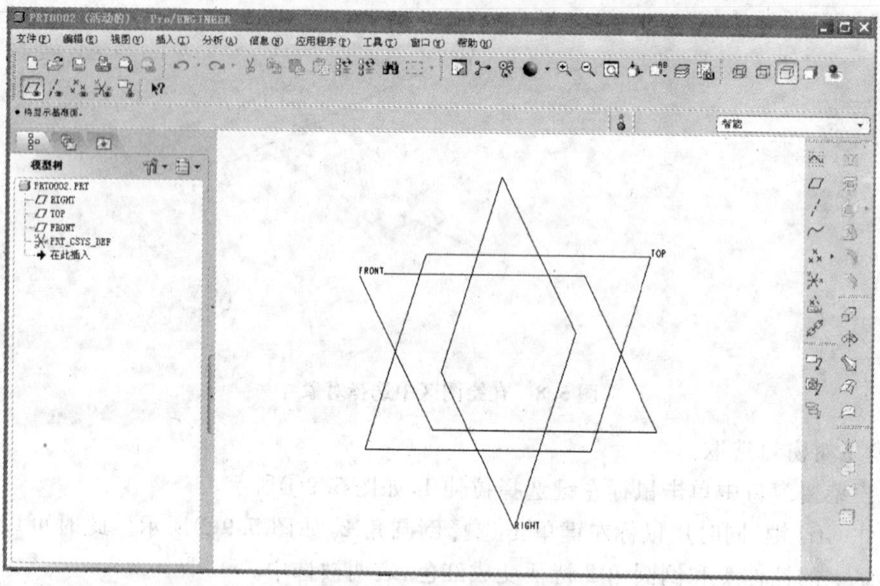

图 5.10　默认基准特征

2）基准开关

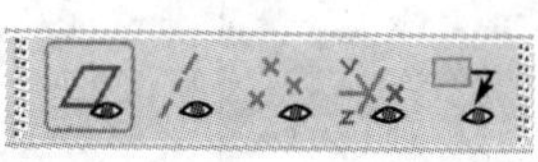

图 5.11　基准特征工具栏

绘图操作时，往往需要将基准特征显示开或关。如图 5.11 所示，基准特征工具栏上分别是基准面、基准轴、基准点和基准坐标，此时所有基准特征均显示，如果需要将某个特征显示关闭即可单击鼠标左键将相应的按钮弹起。

5.1.5 Pro/E 基本设置

1）工作目录设置

工作目录是指文件保存及打开时预先设置的文件夹，也就是用户存放文件的位置。在进行设计之前，一般应该先设置系统的工作目录。设置工作目录可以是临时工作目录，也可以是永久工作目录。因为关闭 Pro/E 程序后，临时工作目录即无效，下次仍需要重新设置，所以，如果设计任务历时长，就可以设置永久工作目录。

(1)临时工作目录。操作步骤如下：

①选择“文件”/“设置工作目录”命令，如图 5.12①所示。

②弹出“选取工作目录”对话框，在“查找范围”下拉列表框中选择需要设置工作目录的路径，如图5.12②所示。

③单击“确定”按钮，即完成了工作目录的创建，如图5.12③所示。

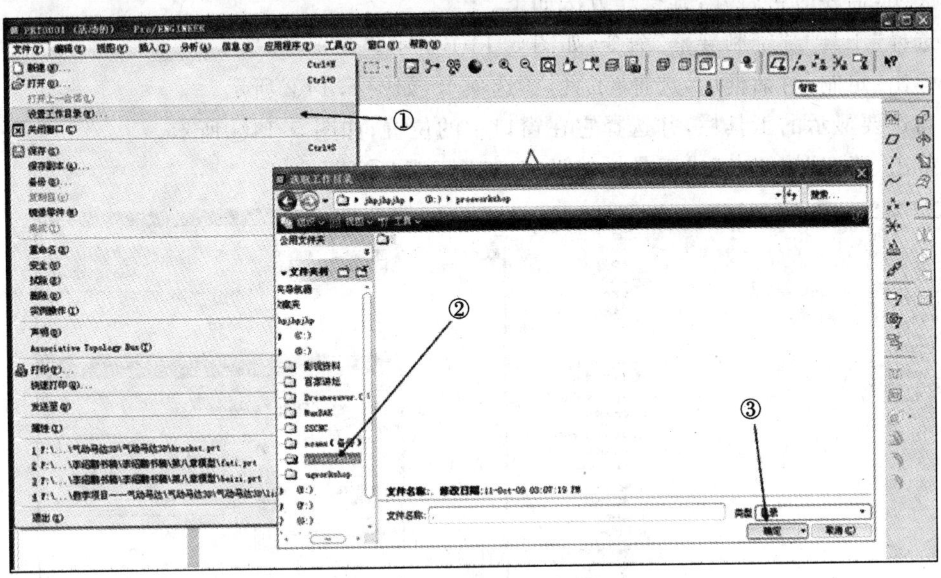

图5.12　设置临时工作目录

(2)永久工作目录。在桌面上的图标上(或选择“开始”/“程序”/“PTC”/“Pro/E”/“Pro/E”命令)单击鼠标右键，弹出快捷菜单，如图5.13所示。

①在弹出的快捷菜单中，选择“属性”命令。

②弹出“Pro/ENGlNEER属性”对话框，在“起始位置”文本框中输入将要定义的工作目录的路径。

③单击“确定”按钮，则完成了永久工作目录的变更。

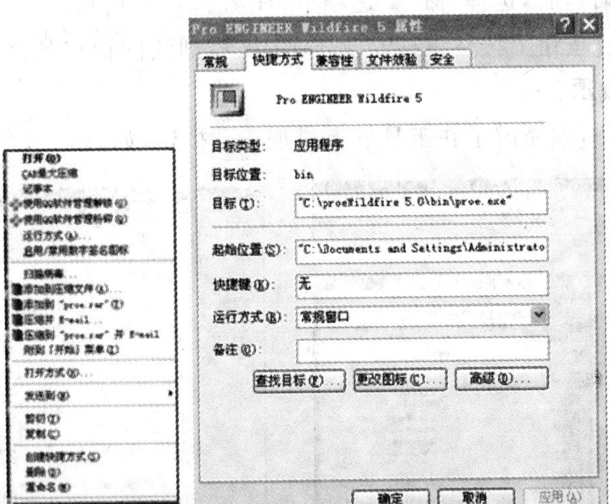

图5.13　设置永久工作目录

2）工具栏设置

(1)工具栏显示或隐藏。熟悉 AutoCAD 的读者会有这样的体验：为了获得最大的绘图空间，经常将一些工具栏根据自己的需要设置显示或隐藏。Pro/E 也同样可以将不用的工具栏暂时关闭，需要时再打开，其操作方法如下。

①选择“工具”/“定制屏幕”命令，如图 5.14①所示。

②弹出“定制”对话框后，选择“工具栏”选项卡，如图 5.14②所示。

③勾选要显示的工具栏，并选择它在窗口中的位置，如图 5.14③所示。

④单击“确定”按钮，完成工具栏的设定，如图 5.14④所示。

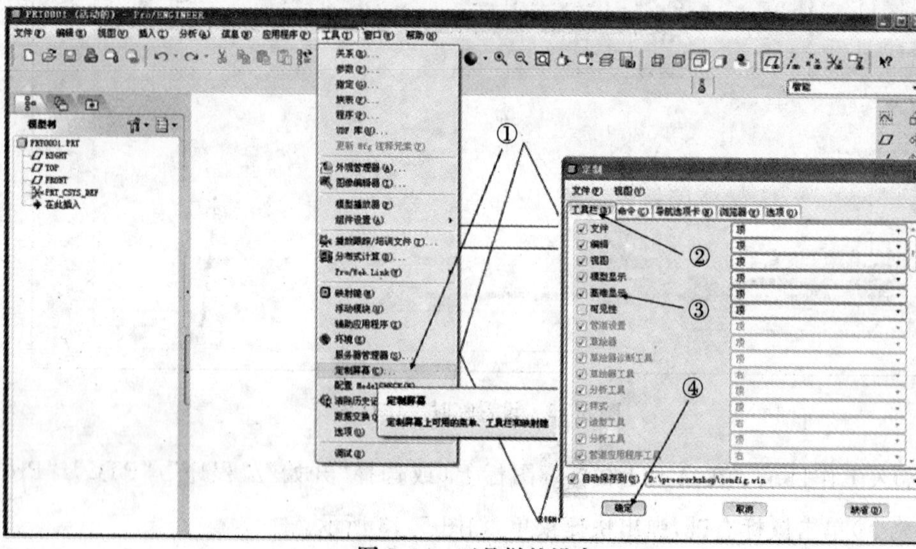

图 5.14　工具栏的设定

(2)命令按钮的增加或移除。与很多 Windows 软件一样，Pro/E 工具栏上的按钮并没有全部显示，使用者可以依照需要自行增加或移除按钮。

①选择“工具”→“定制屏幕”命令，如图 5.15①所示。

②弹出“定制”对话框后，选择“命令”选项卡，如图 5.15②所示。

③在要增加的  按钮上按住鼠标左键不放，拖曳到绘图窗口的文件工具栏后，放开鼠标左键，如图 5.15③所示。

④单击“确定”按钮，即完成了在工具栏上增加  按钮，如图 5.15④所示。

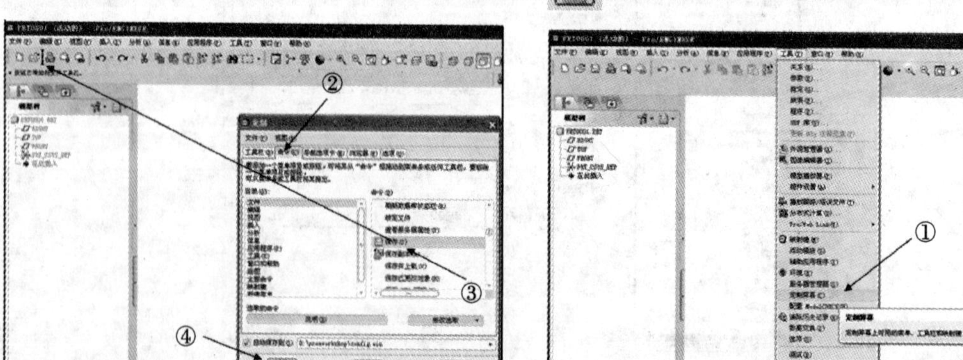

图 5.15　命令按钮的增加

移除工具栏上的按钮，只要打开“定制”对话框，然后在要移除的按钮上按住鼠标左键不放，拖曳到绘图区后，放开鼠标左键，即可将该按钮移除。

3）显示设置

(1)模型显示。Pro/E“模型显示”有 4 种模式，分别为着色、无隐藏线、隐藏线和线框。如图 5.16 所示，单击 4 个按钮之一，即可变更模型显示方式。

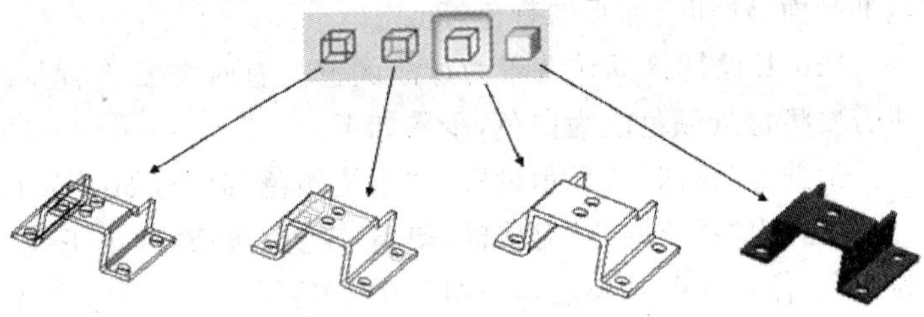

图 5.16 4 种显示模式

系统默认的是着色模式，用户可以对其修改。

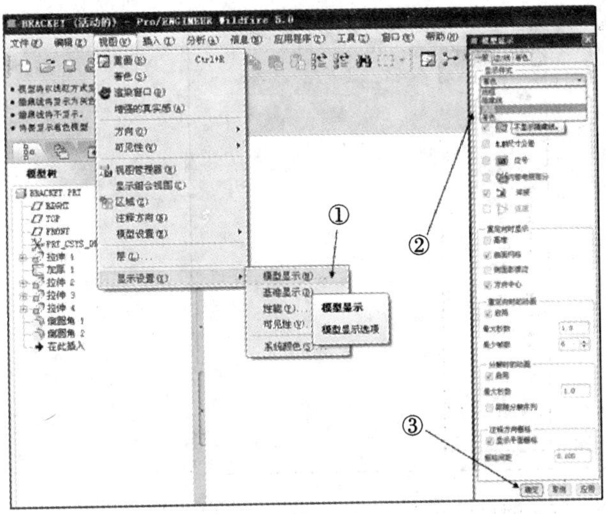

图 5.17 显示模式选择

①选择“视图”/“显示设置”/“模型显示”命令，如图 5.17①所示。

②在弹出的“模型显示”对话框中的“显示样式”下拉列表框中选择“消隐”显示模式，如图 5.17②所示。

③单击“确定”按钮，即定义了图形显示方式，这样在下一次的显示图形就是无隐藏线，如图 5.17③所示。

(2)视图显示。Pro/E 提供了 8 个方向的视图显示方式，即标准方向、缺省方向、BACK、BOTTOM、FRONT、LEFT、RIGHT 和 TOP。选择不同的视图显示方式的效果，如表 5.2 所示。

表 5.2 8 个不同的视图显示方式

方向	视图显示方向	方向	视图显示方向
标准方向		FRONT	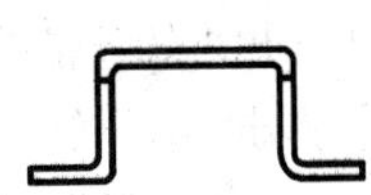
缺省方向	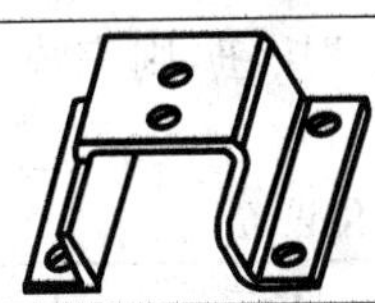	LEFT	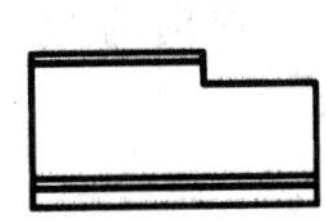
BACK	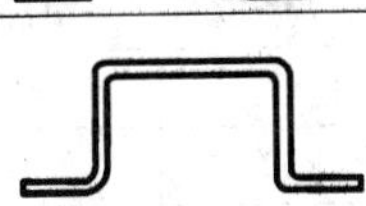	RIGHT	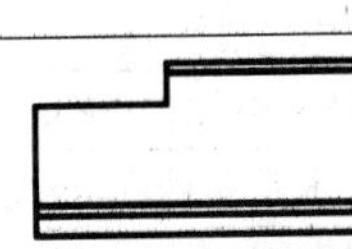
BOTTOM	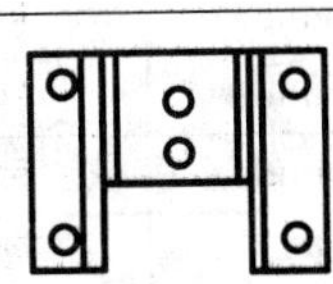	TOP	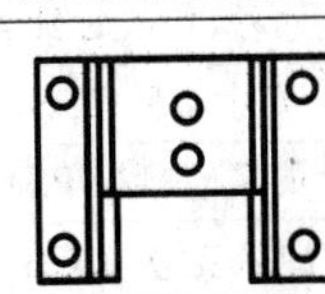

(3)颜色设置。Pro/E可以设置的系统颜色,包含图形、用户界面、基准及几何,主要是用来设置操作环境下的各种颜色,如绘图区背景、窗口面板颜色等,或者是绘制的像素颜色,如基准平面、轴和坐标系的颜色等。

Pro/E绘图区默认背景为过渡颜色。有时需要将背景颜色改变,例如,在抓图打印时往往需要将背景颜色改为白色,步骤如下:

①选择“视图”/“显示设置”/“系统颜色”命令,如图5.18①所示。

②弹出“系统颜色”对话框,单击“布置”按钮,弹出下拉菜单,选择“白底黑色”命令(背景为白色,像素线条是黑色),如图5.18②所示。

③单击“确定”按钮,则绘图区背景就会从混合底色改成白色底色,如图5.18③所示。

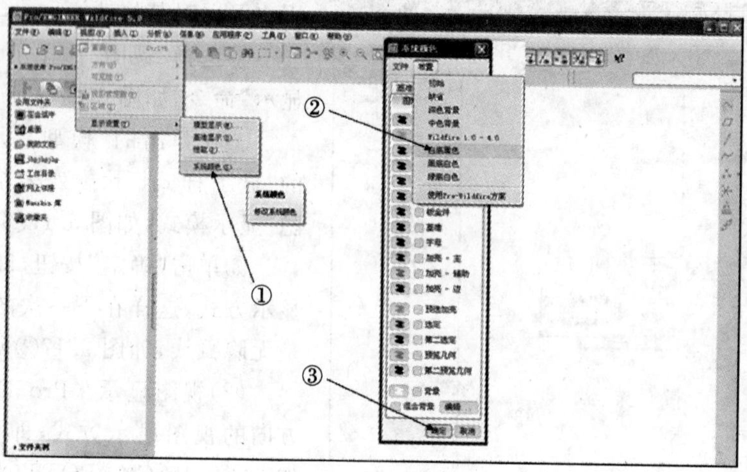

图5.18　背景颜色设置

4) 单位设置

Pro/E的单位制有6种(见表5.3),默认的尺寸单位是英制单位。更改默认单位的操作步骤如下:

①选择“文件”/“属性”命令,如图5.19①所示。

②弹出“模型属性”对话框,在“单位”栏点击“更改”,如图5.19②所示。

③弹出“单位管理器”对话框,选择“单位制”选项卡,选择系统单位,如图5.19③所示。

④单击“设置”按钮,如图5.19④所示。

⑤在弹出的“改变模型单位”对话框中单击“确定”按钮,则完成了单位的设置,如图5.19⑤所示。

表5.3　Pro/E的单位设置

单位	长度单位	力(质量)单位	时间单位	温度单位
毫米牛顿秒(mmns)	毫米(mm)	牛顿(N)	秒(sec)	℃
米千克秒(mkgs)	公尺(m)	公斤(kg)	秒(sec)	℃
英寸秒(Pro/E缺省)	英寸(inch)	磅(pound)	秒(sec)	℃
英寸磅秒(IPS)	英寸(inch)	磅(pound)	秒(sec)	℃
英尺磅秒(FPS)	英寸(inch)	磅(pound)	秒(sec)	℃
厘米克秒(CGS)	英寸(inch)	克(g)	秒(sec)	℃

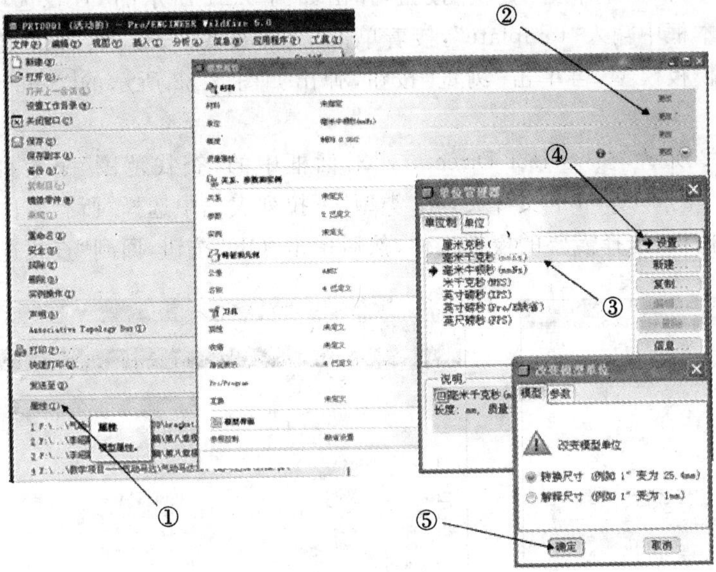

图 5.19 单 位 设 置

5）模板设置

如前所述,Pro/E 默认模板是英制,实际中经常要采用公制模板,即单位、视角等值需要遵循国标规定。如果每次都选择公制模板,操作很不方便。Pro/E 提供了模板设置,一旦设定了,每次打开文件都能套用公制模板,其操作步骤如下:

(1)如图 5.20 所示,选择“工具”/“选项”命令,弹出“选项”对话框。

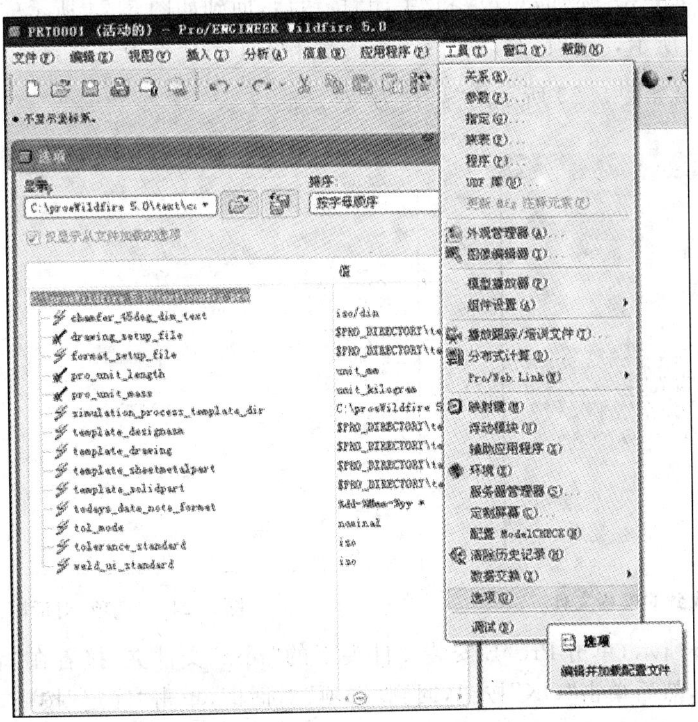

图 5.20 模 板 设 置

(2)在“选项”对话框中单击“查找”按钮，弹出如图 5.21 所示的“查找选项”对话框。在“输入关键字”文本框中输入“template”，接着单击“立即查找”按钮，然后在“选择选项”列表框单击要选定的模板模型，再单击“浏览”按钮，弹出如图 5.22 所示的“Select Directory”对话框。

(3)如图 5.22 所示，在“Select Directory”对话框中的“查找范围”下拉列表框中，选择 Pro/E 安装目录下的 templates 文件夹，在“类型”下拉列表框中选择“所有文件(*)”，则在对话框中显示所有模板，选择需要的模板文件，然后单击“OK”按钮，回到“查找选项”对话框中。

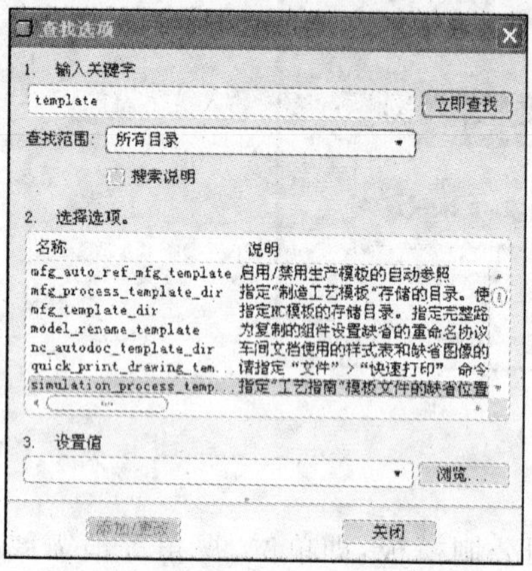

图 5.21 “查找选项”对话框

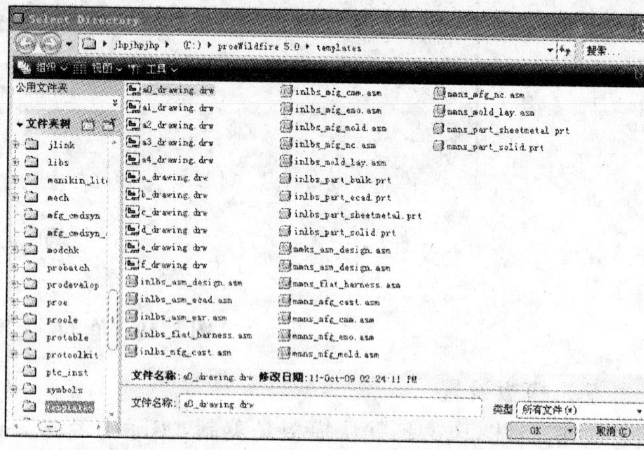

图 5.22 “Select Directory”对话框

(4)如图 5.23 所示，此时的“查找选项”对话框中的“设置值”下拉列表框中就有了刚才指定的模板文件路径，单击“添加/更改”和“关闭”按钮后，回到如图 5.24 所示的“选项”对话框。

(5)如图 5.24 所示，“选项”对话框的当前进程下多了一个模板文件，这就是刚刚添加的，单击  按钮，弹出如图 5.25 所示的“另存为”对话框。

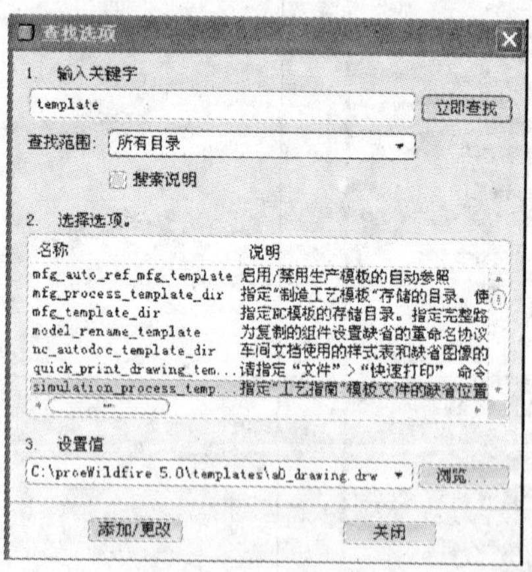

图 5.23 已查找到的模板文件

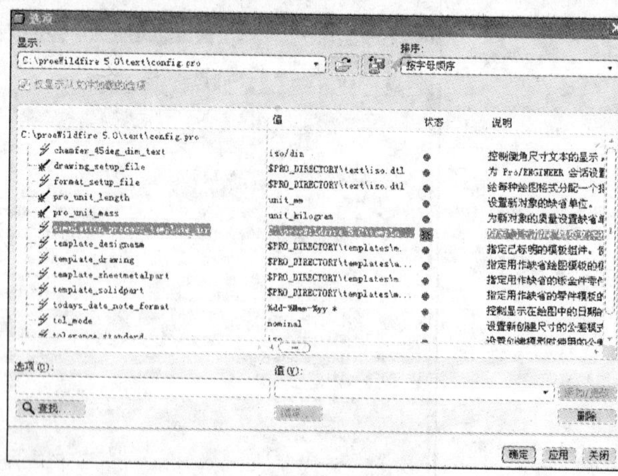

图 5.24 “选项”对话框

(6)如图 5.25 所示，单击 Pro/E 安装文件夹下的“text”文件夹，接着在“名称”文本框中输入“config.pro”，然后单击“OK”按钮，回到“选项”对话框，单击“确定”按钮，即完成了模板文件的设置。

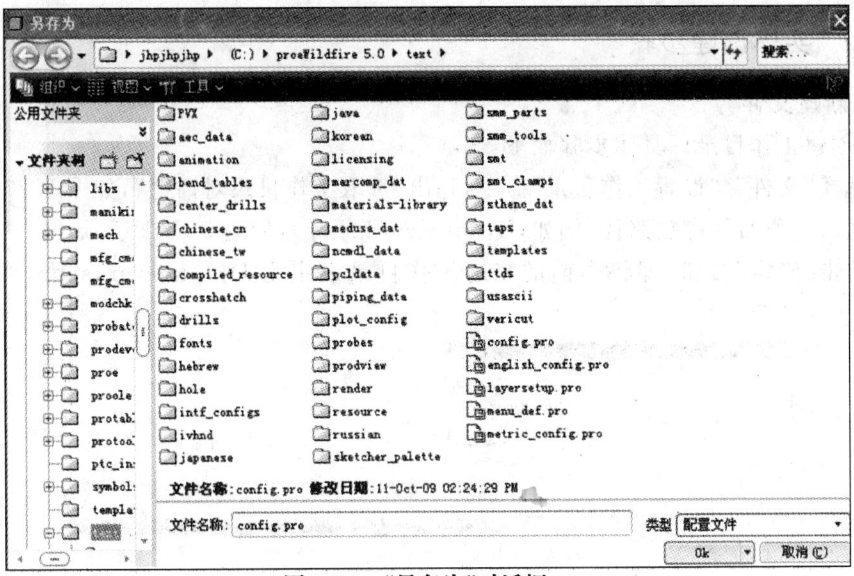

图 5.25 "另存为"对话框

5.2 项目实例 1(凸缘模柄)操作分析

5.2.1 图形分析

Pro/E 中的零件模型是由多个特征所构成,图 5.26 所示的凸缘模柄实例,可以认为它是由 1 个台阶旋转体、1 个倒圆角、3 个倒角和 4 个沉孔特征组成。凸缘模柄,一般用 3～4 个螺钉紧固于上模座,模柄的凸缘与上模座的窝孔采用 H7/js6 过渡配合,多用于较大型的模具。通过创建凸缘模柄来领略 Pro/E 的强大功能,感受实体设计的奥妙与乐趣。

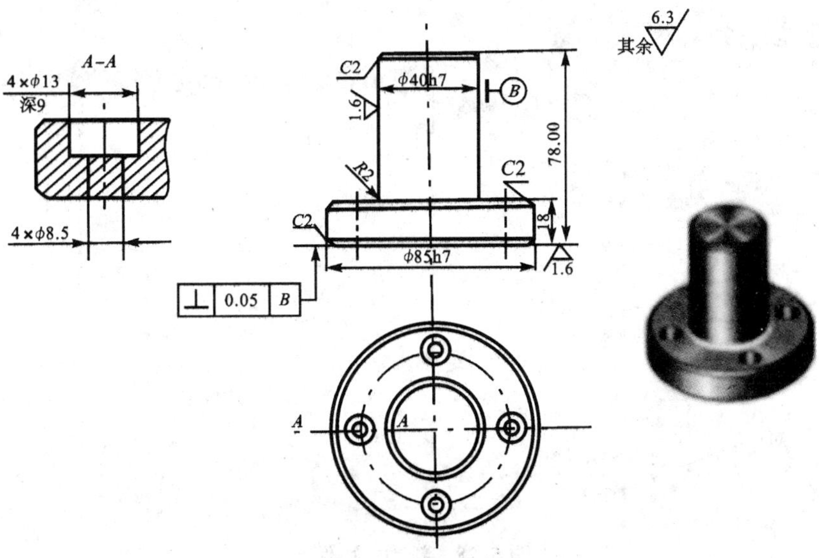

图 5.26 凸缘模柄

5.2.2 实体创建步骤

1）新建文件

(1)创建工作目录。具体步骤如下：

①选择“文件”/“设置工作目录”命令，弹出“选取工作目录对话框”，如图 5.27①所示。

②选取工作目录存放路径(例如，D:/proeworkshop)，如图 5.27②所示。

③单击“确定”按钮，即将当前的临时工作目录设定为 D:/proeworkshop，如图 5.27③所示。

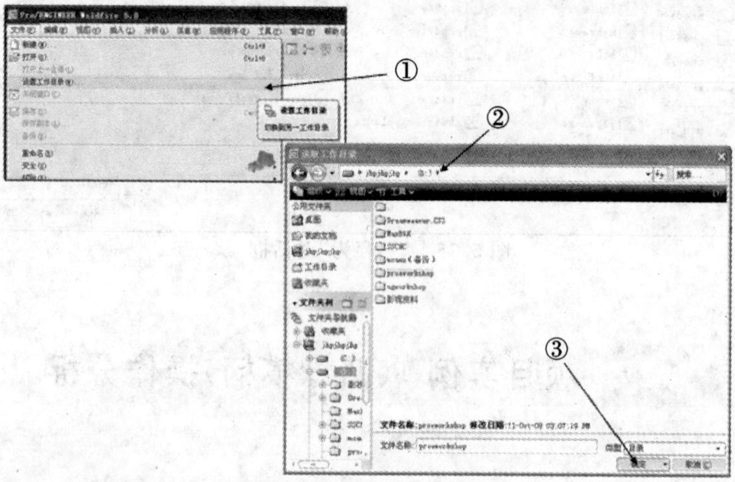

图 5.27 创建工作目录

(2)新建文件。操作步骤如下：

①单击工具栏上的 [新建] 按钮，弹出“新建”对话框，如图 5.28①所示。

②接受系统默认的“零件”类型和“实体”子类型，如图 5.28②所示。

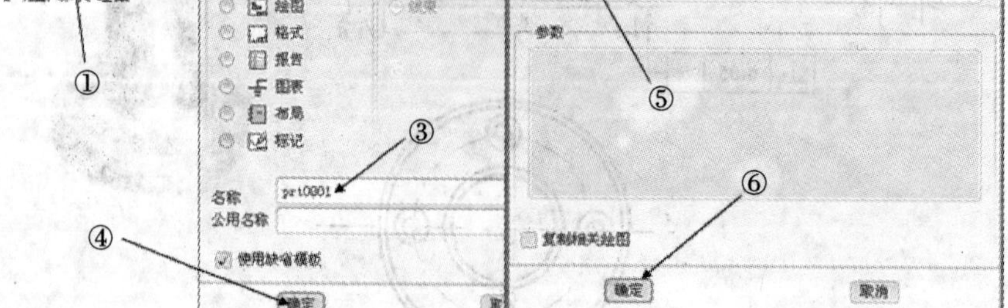

图 5.28 新 建 文 件

③在名称文本框中将“prt001”更改为“JHP05-01”，如图 5.29③所示。

④单击“确定”按钮，弹出新文件选项对话框，如图 5.29④所示。

⑤选择“mmns_part_solid”选项，如图 5.29⑤所示。

⑥单击“确定”按钮，即新建了 JHP05-01 文件，如图 5.29⑥所示。

(3)创建基准。建立 JHP05-01 文件后，在绘图区即出现如图 5.29 所示的系统默认基准。

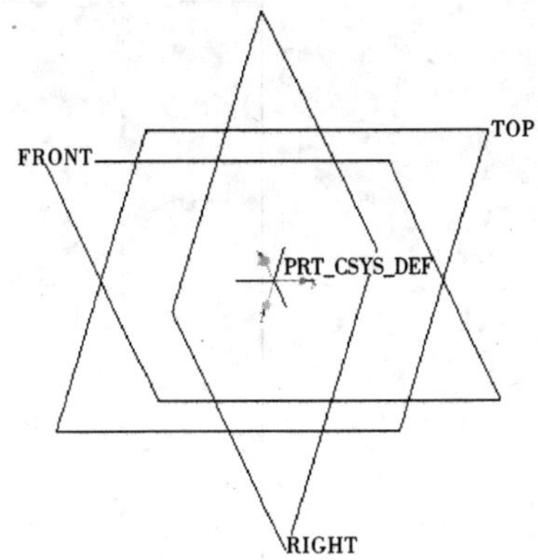

图 5.29　系统默认基准

2）创建主体模型

(1)定义创建方法。单击绘图工具栏上的按钮，操控板上出现“位置”、“选项”和“属性”等项目。

(2)定制草绘平面。操作步骤如下：

①单击“放置”按钮，如图 5.30①所示。

②在弹出的“草绘”框中单击“定义”按钮，即弹出“草绘”对话框，如图 5.30②所示。

③选择 RIGHT 为放置平面，并接受参照平面为 TOP，如图 5.30③所示。

④单击“草绘”对话框中的“草绘”按钮，即进入绘制草图，如图 5.30④所示。

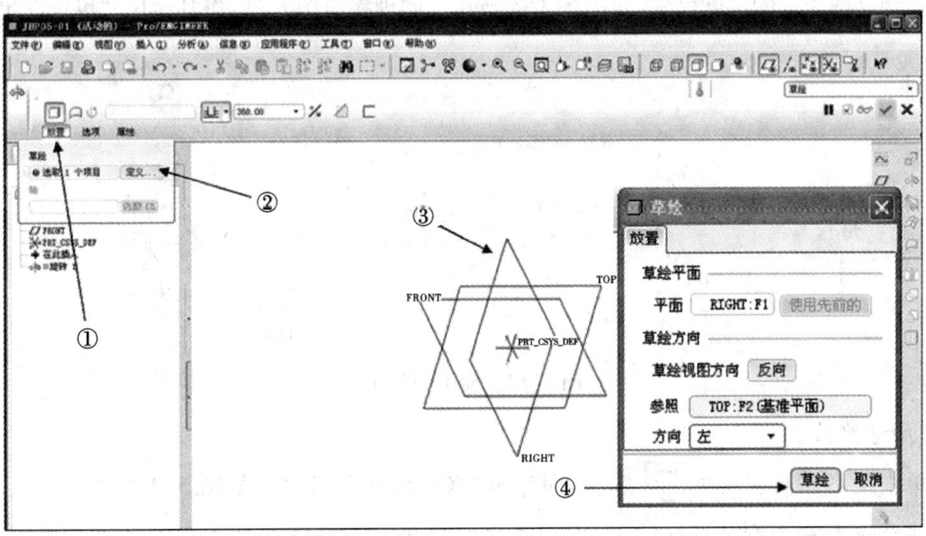

图 5.30　定制 RIGHT 面为草绘平面

(3)绘制草图。进入绘制草图后(见图 5.31)，马上会弹出“参照”对话框，这里不做任何变更，直接单击按钮(或单击鼠标中键)，关闭“参照”对话框。

①单击绘图工具栏上的按钮。

②在绘图区绘制草图，绘制时不需要注意尺寸，只要保证形状相似即可。

③单击按钮上的三角箭头，弹出按钮，单击按钮，绘制水平中心线。

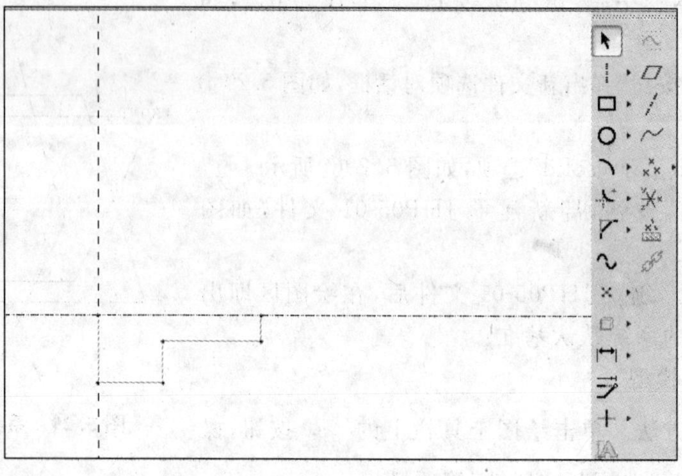

图 5.31　绘 制 草 图

(4)尺寸控制。

①单击工具栏上的按钮,如图 5.32①所示。

②单击鼠标左键选择轮廓线,如图 5.32②所示。

③选择中心线,在标注位置再单击鼠标中键,如图 5.32③所示。

④得到这两条线的实际尺寸,如图 5.32④所示。同理参考图 5.26,将其他尺寸也标注出来。

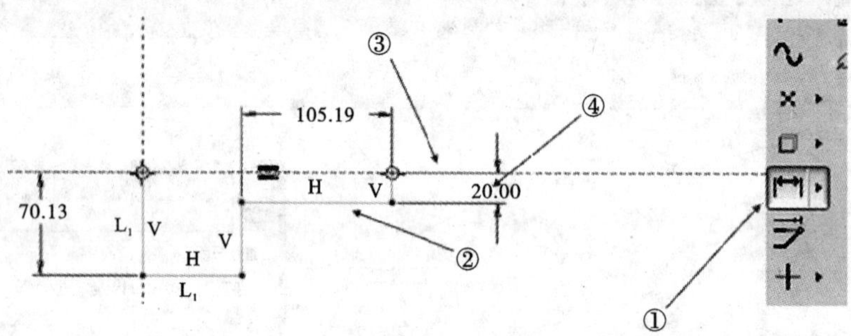

图 5.32　标 注 尺 寸

(5)尺寸修改。

①单击绘图工具栏上的按钮,即弹出"修改尺寸"对话框,如图 5.33①所示。

②任意选取一个刚才标注的尺寸,如图 5.33②所示。

③参考图 5.26 在"修改尺寸"对话框中的文本框中输入所需值,同样将其他尺寸也修改完,如图 5.33③所示。

④单击按钮(见图 5.33④),得到如图 5.34 所示的草图。

(6)实体生成。

①单击完成草图绘制,如图 5.35①所示。

②确认旋转角度为 360°,如图 5.35②所示。

③单击操控板上的按钮(见图 5.35③),旋转得到实体,如图 5.36 所示。

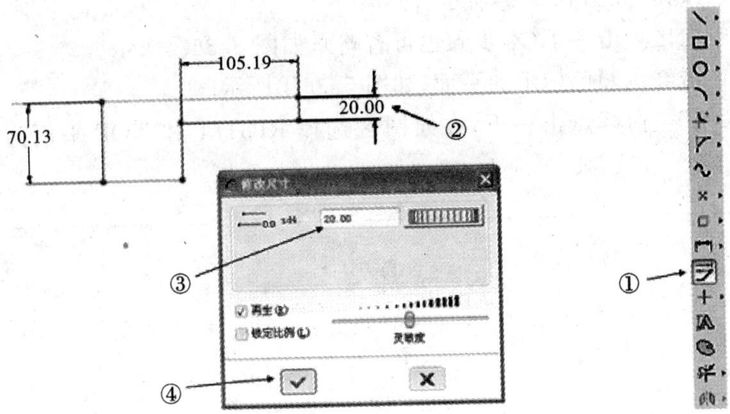

图 5.33 修改尺寸

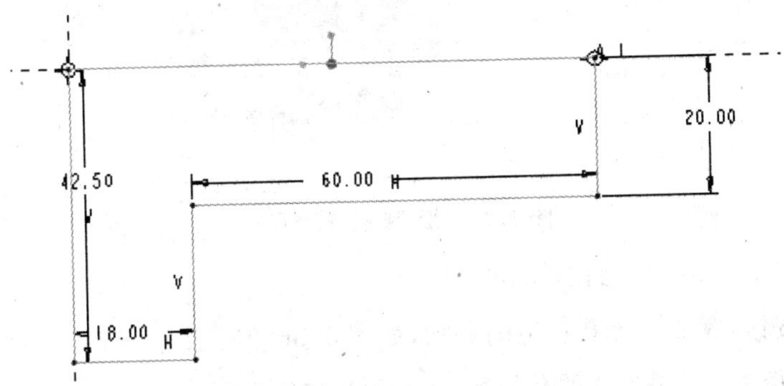

图 5.34 旋转草图

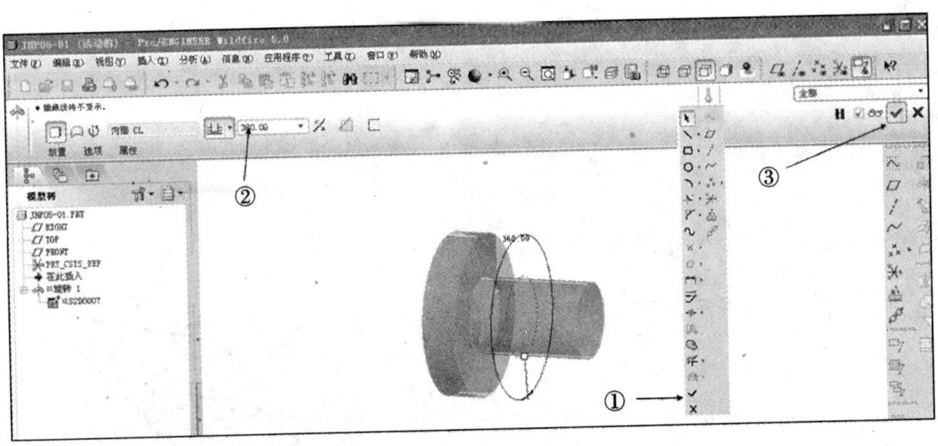

图 5.35 旋转生成实体

(7)增加孔特征。

①单击绘图工具栏上的 按钮,操控板上出现“放置”、“形状”、“属性”等项目,在 ⌀ 8.50 中输入 8.5,选择 项,如图 5.36①所示。

②点击“放置”按钮，如图 5.36②所示。

③在“放置”空白区点击一下（本步骤也可省略），如图 5.36③所示。

④在绘图区点击红色颜色标示的平面，如图 5.36④所示。

⑤在“偏移参照”空白区点击一下，在绘图区选择 RIGHT 和 TOP 平面为参照面，如图 5.36⑤所示。

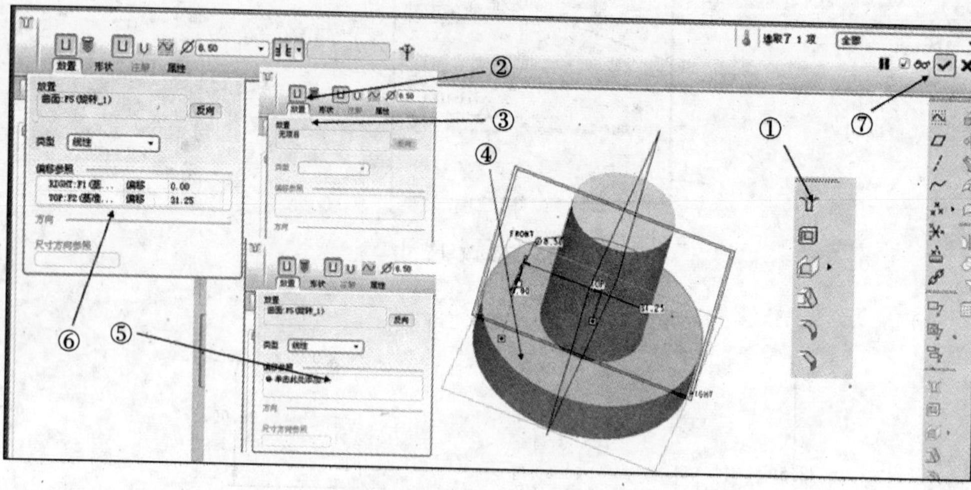

图 5.36　绘制孔特征

⑥输入偏移值 0 和 31.25，如图 5.36⑥所示。

⑦单击 ✔ 按钮，完成一个孔特征的添加，如图 5.36⑦所示。

同理，增加直径为 13，深为 9 的孔特征，参数设置、绘制结果如图 5.37 和图 5.38 所示。

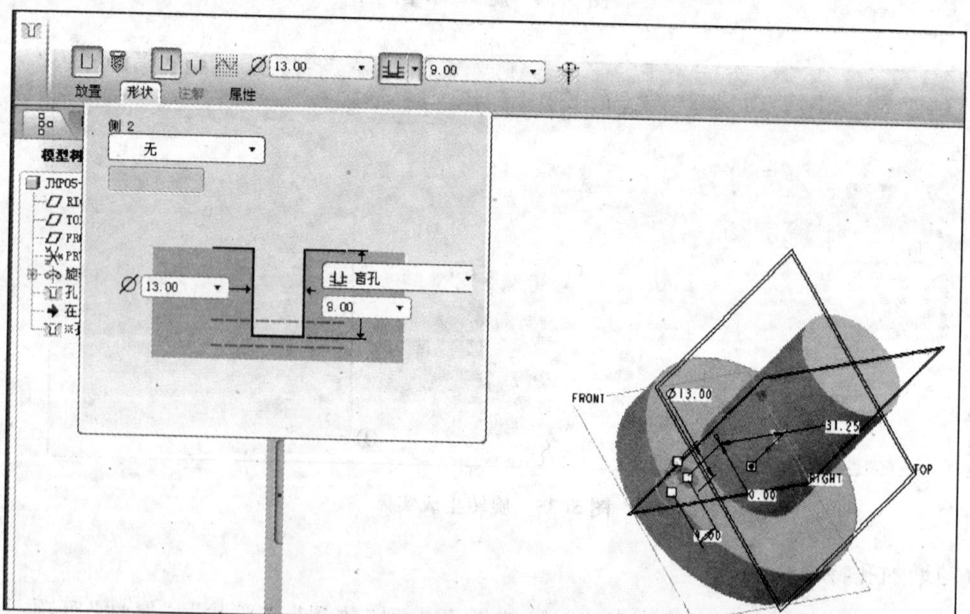

图 5.37　直径 φ13 孔特征的参数设置

(8)阵列孔特征。

①在模型树中选择特征“孔 1”,如图 5.39①所示。

②单击绘图工具栏上的 按钮,操控板上出现阵列参数设置对话框,如图 5.39②所示。

③在工具栏中点击 按钮,出现基准轴设置对话框,如图 5.39③所示。

④在“参照”空白区点击一下(本步骤也可省略),按住 Ctrl 键的同时选择 RIGHT 和 TOP 平面,点击“确定”按钮,完成基准轴的绘制,如图 5.39④所示。

⑤选取刚才创建的轴 A_4 作为阵列的轴,如图 5.40⑤所示。

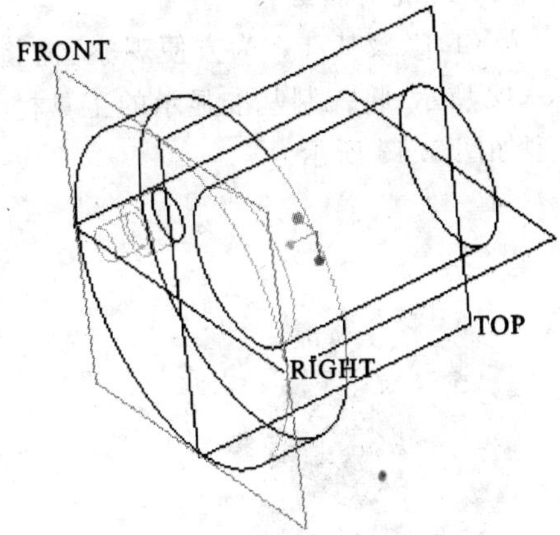

图 5.38 带有一组孔特征的实体

⑥设置阵列数目为 4,间隔角度为 90°,如图 5.40⑤所示。

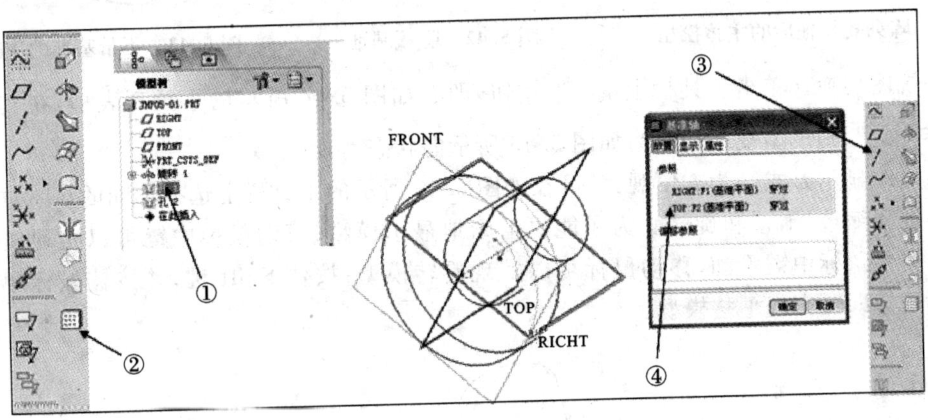

图 5.39 增加基准轴

⑦单击 按钮(见图 5.40④),完成一个孔特征的阵列操作。

同理,阵列 $\phi13$ 孔特征,结果如图 5.41 所示。

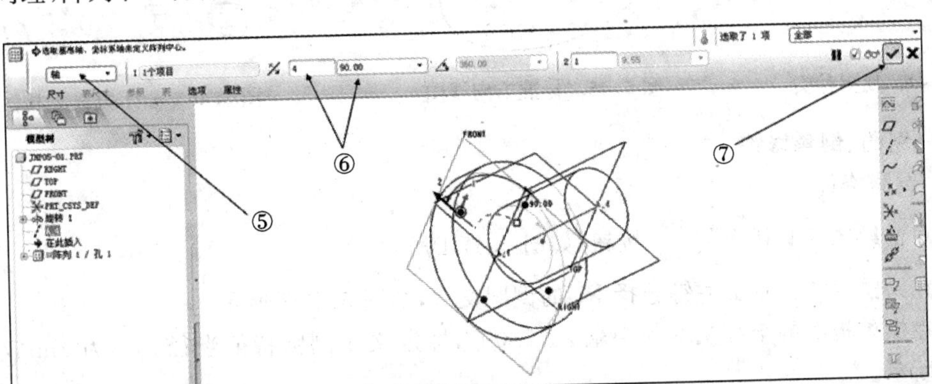

图 5.40 阵列参数设置

3）观察模型

(1)隐藏基准。为方便观察，需将图 5.41 所示的基准平面和基准轴等项目隐藏。如图 5.42 所示，将控制基准显示的工具栏上的 4 个按钮均用鼠标左键单击呈弹起状态，即主体模型如图 5.43 所示。

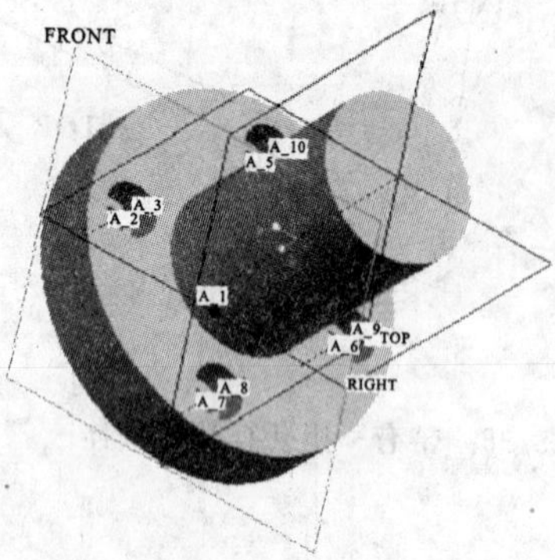

图 5.41　阵列孔特征后的主体模型

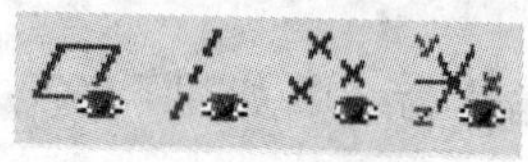

图 5.42　隐藏基准

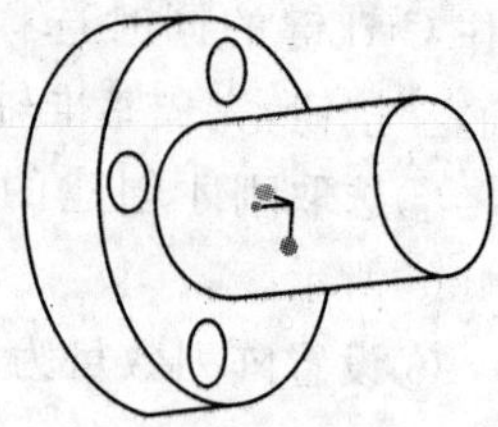

图 5.43　不带基准的主体模型

(2)视图切换。单击工具栏上的按钮，即有如图 5.44 所示的下拉列表框，在其中选择“标准方向”，则模型视图切换为如图 5.45 所示的状态。

(3)更改显示方式。为方便观察，可在如图 5.46 所示的工具栏上选择不同的显示方式。

(4)视图缩放、平移和旋转。为了能更清晰地显示模型，滚动鼠标中键可以实现模型缩放显示；按住鼠标中键不动，移动鼠标可以实现旋转模型；按住 Shift 键，并按住鼠标中键不动，移动鼠标即可实现平移模型。

图 5.44　视图种类

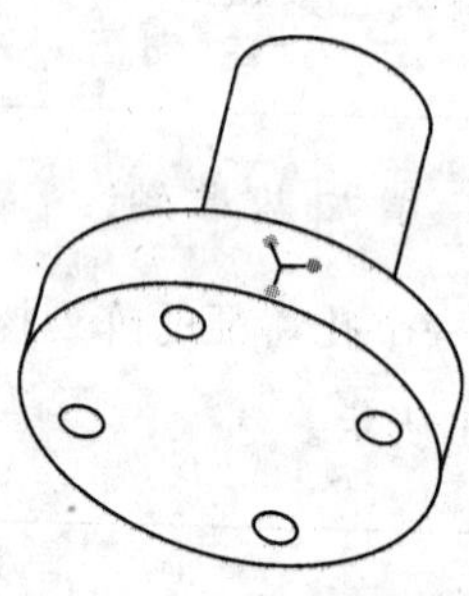

图 5.45　标准方向视图

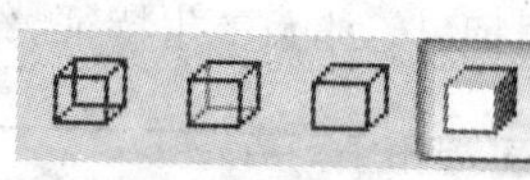

图 5.46　显示方式工具栏

4）倒圆、倒角修饰

(1)倒圆修饰。

①单击绘图工具栏上的按钮，如图 5.47①所示。

②在绘图区单击鼠标左键选择 R2 的倒圆交线，如图 5.47②所示。

③在操控板上的半径文本框中输入“2.00”，即定义了倒圆特征半径大小为 2mm，如图 5.47③所示。

④单击按钮(见图 5.47④)，获得 R2 的倒圆。

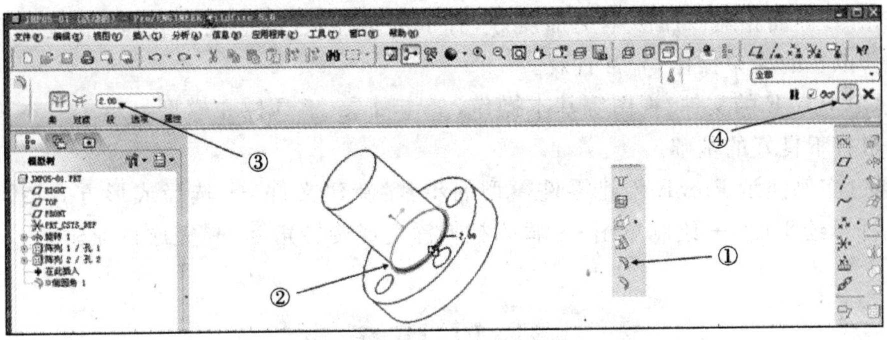

图 5.47 倒圆特征绘制

(2)倒角修饰。

①单击绘图工具栏上的 按钮,如图 5.48①所示。

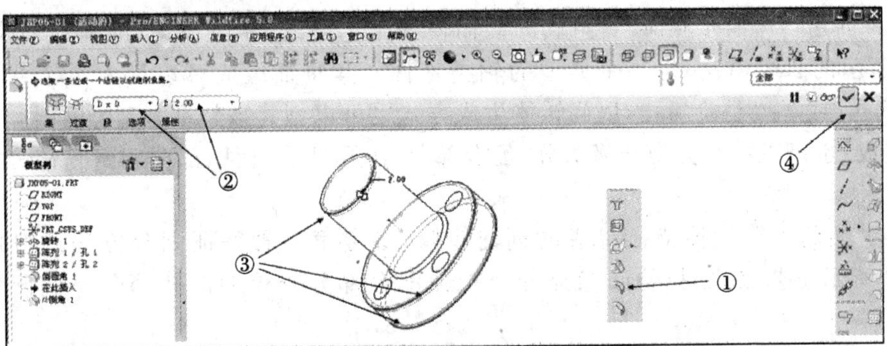

图 5.48 倒角特征绘制

②在操控板上选择 D x D 选项,在D 2.00 栏输入“2.00”,即定义了倒角特征距离 D 为 2mm,如图 5.48②所示。

③按住 Ctrl 键,在绘图区单击鼠标左键选择 C2 的倒角交线,如图 5.48③所示。

④单击 按钮(见图 5.48④),获得 C2 的倒角。

最终获得如图 5.49 所示的凸缘模柄模型。

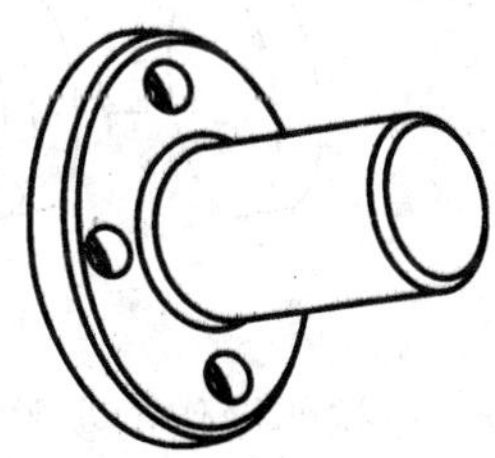

图 5.49 凸缘模柄模型

5)保存文件

单击文件工具栏上的 按钮(或选择“文件”/“保存”命令)可以将当前文件保存到工作目录中。

5.3 项目总结

通过本项目的学习,可以熟练地掌握以下重要内容:

(1)Pro/E 的基本特点:将产品设计工作在 3D 环境中进行,整合了多种强大功能于一身,有参数化设计、特征功能、单一数据库和模块化等特征。

(2)Pro/E 界面相对以往版本更加友好，有了浏览器，使操纵更方便，功能进一步强大。操控板代替以往的菜单操作，非常直观。

(3)学习 Pro/E 的文件、视图等基本操作，工作目录、工具栏和模型显示等基本设置，为后续的学习打下良好的基础。

(4)通过实例演示 Pro/E 创建零件模型的步骤：新建文件 → 选择成形方式(拉伸或旋转) → 选择草绘平面 → 绘制草图 → 输入拉伸深度或旋转角度 → 完成特征建立。

5.4 项目拓展

5.4.1 项目拓展一

Pro/E 创建实体的步骤应当遵循合理、简便的工艺路线，才能快速、准确地创建模型。图 5.26 所示的凸缘模柄，是一个典型的轴类零件。其特征组成可以说由 1 个台阶旋转体、4 个沉孔(或者说是阶梯孔，以旋转体生成方式也可以创建该特征)、1 个倒圆和 3 个倒角特征组成；也可以将其分为凸缘部分、配合部分、沉孔部分、倒圆部分和倒角部分等 5 个部分。

前面讲述的是第一种特征组成的创建步骤，参考第二种特征划分方法还可以选择如图5.50所示工艺路线：拉伸凸缘部分→拉伸配合部分→拉伸沉孔部分→倒圆角→倒直角。

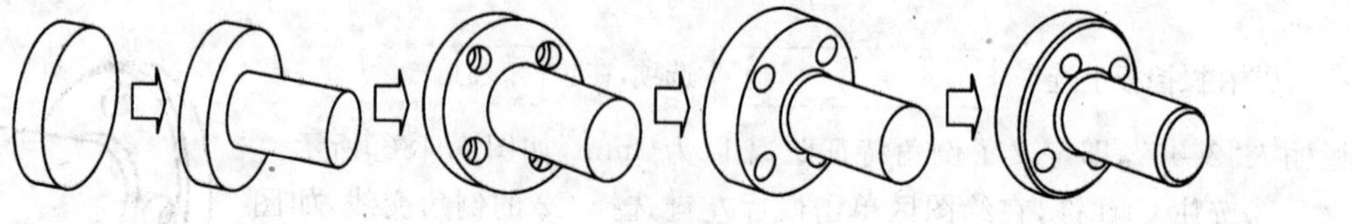

图 5.50 拉伸操作工艺路线

拉伸操作的步骤如下：

①单击  按钮，在操控板上出现的是拉伸相关项目，如图 5.51①所示。

②单击“定义”按钮，弹出“草绘”对话框，如图 5.51②所示。

③选择 RIGHT 为绘图平面，接受 TOP 为参照平面，如图 5.51③所示。

④单击“草绘”按钮(见图 5.51④)，绘制如图 5.52(a)所示的草图。

⑤在操控板上的深度下拉列表框中输入“5.00”(邮图 5.51⑤)，得到如图 5.52(b)所示的凸缘部分。

其他特征请读者参考凸缘部分拉伸完成。

对两种工艺方案进行比较，不难发现后者的创建步骤要复杂得多，但是前者局限于回转体，如图 5.53 所示的方形凸模，采用旋转无法成形。由此可见，选择合适的成形工艺路线的依据主要是零件特征。

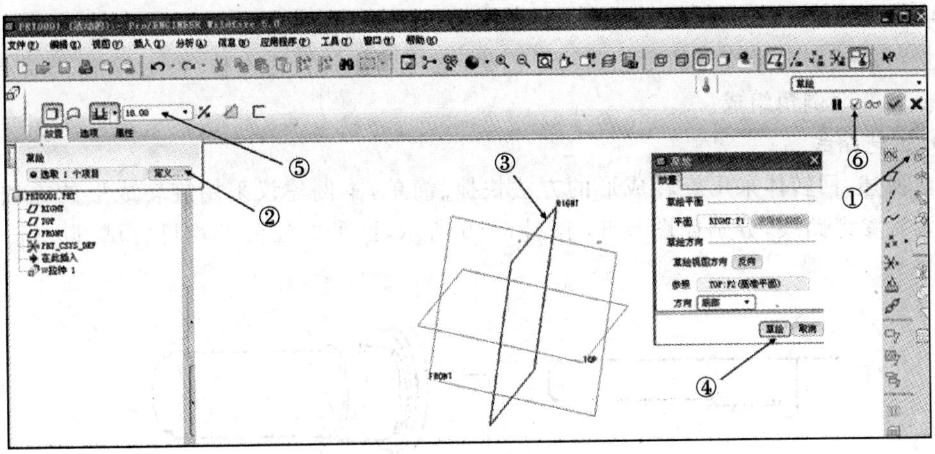

图 5.51 拉伸操作步骤

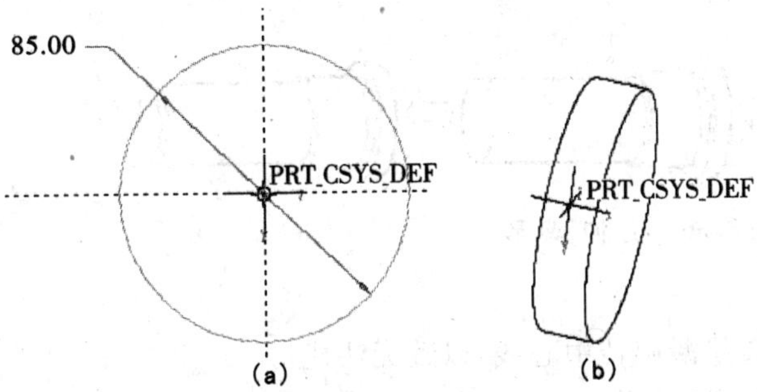

图 5.52 凸缘部分草图及实体

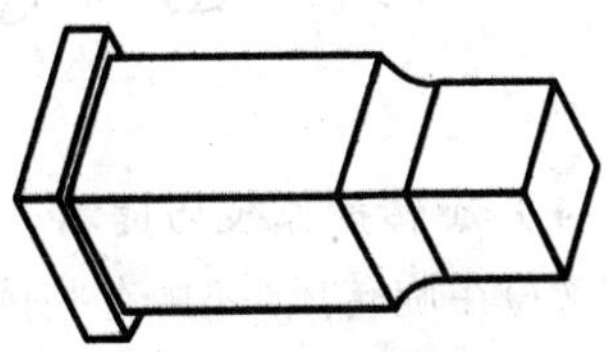

图 5.53 方形凸模

5.4.2 项目拓展二

1) 项目实例

图 5.54 所示为冲压模压入式模柄。

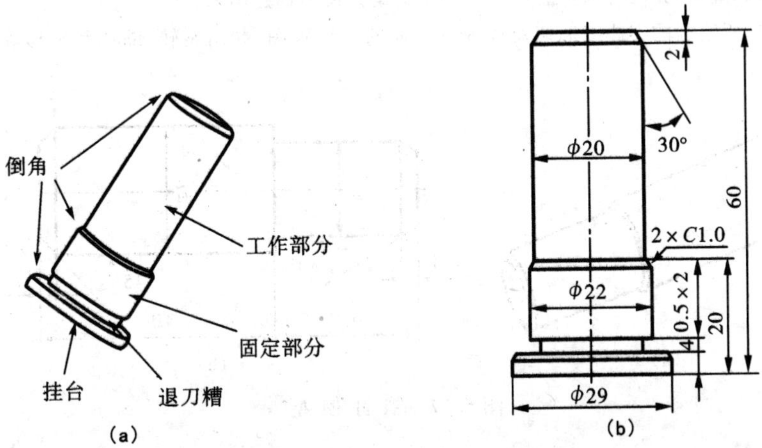

图 5.54 冲压模压入式模柄

2）特征分析

该例可以运用前述旋转的工艺路线来创建，也可以将其视为由挂台、退刀槽、固定部分、工作部分和3个倒角组成。

3）工艺路线

如前所述，回转体采用旋转成形的方法快捷、简单，本例建议采用旋转成形的方法。这里列出两种参考路线，分别如图5.55和图5.56所示，两种方法读者均可尝试，以巩固所学知识。

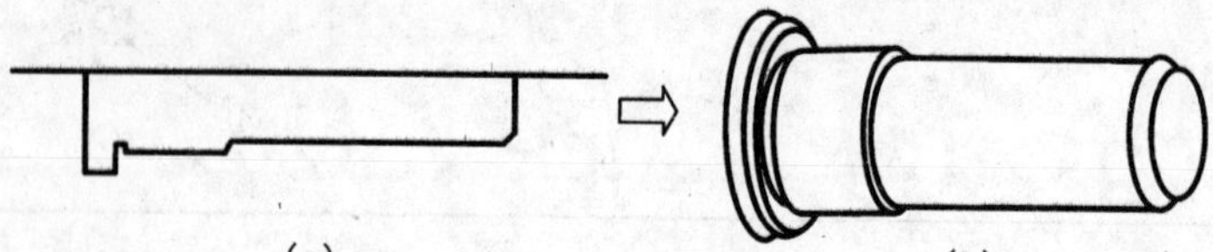

(a)　(b)

图5.55　旋转成形

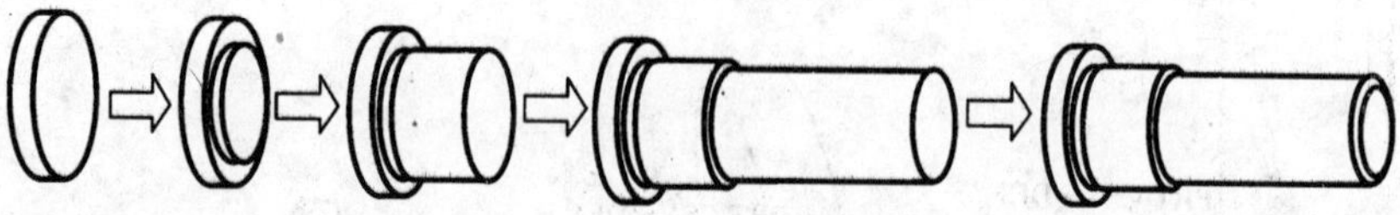

图5.56　拉伸成形

4）旋转操作技巧提示

(1)在旋转成形时，有些读者可能会遗漏旋转中心线，以致无法成形。

(2)草图绘制后尺寸标注一般遵循先标注小端尺寸，后标注大端尺寸的原则。因为草绘时，可能绘制的图形不是很规范，小端尺寸的实际值比大端欲改值还要大，这样会导致小端尺寸将大端撑住，而大端尺寸无法修改。

思考与练习

(1)试用拉伸和旋转两种方法将如图5.57所示的销钉模型创建出来。

(2)试将题(1)所绘制的实体图形切换成8种方向的显示视图，并用旋转、缩放和平移等方法观察所绘图形的各个特征。

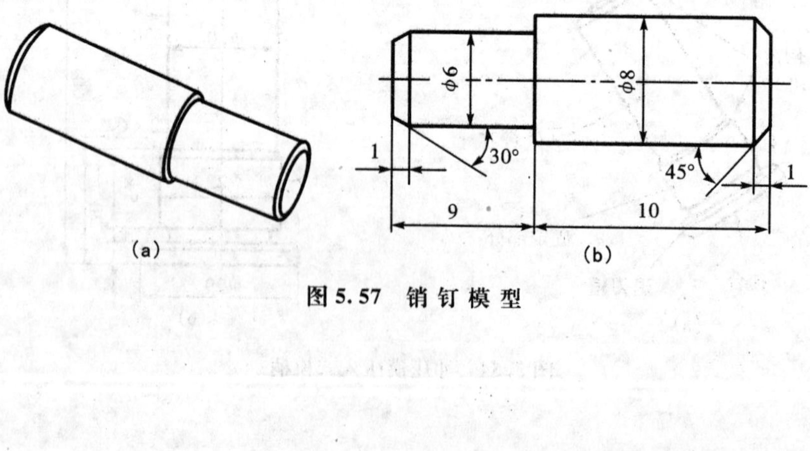

(a)　(b)

图5.57　销钉模型

第6章 项目二 Pro/E 草绘基础

本项目将学习如何使用草绘器绘制各种复杂的封闭图形或不封闭线条。

【知识目标】

(1)草绘截面与草绘器的概念及 Pro/E 草绘重生功能。

(2)草绘的基本步骤及常用的几何图元的绘制。

(3)草绘尺寸标注、形位约束的方法。

(4)草绘的修改、编辑和删除等功能。

【技能目标】

通过本项目实例演练,掌握草绘的步骤与技巧,完成像手柄、吊钩等复杂的封闭图形,反复练习后将能绘制中等难度的草绘截面或线条。

6.1 基础知识链接

6.1.1 草绘初步

草绘是 Pro/E 三维造型的基础,Pro/E 中的三维特征均是在二维草绘的基础上通过一定的造型方法(如拉伸、旋转、扫描、混合等)生成的。对于草绘,可以把其理解为"截面轮廓",因为草绘是二维的,所以草绘必定依附于某一平面,这一平面可以是系统提供的基准平面,也可以是用户创建的模型的某一表面。典型的草绘,包含几何图元(直线、圆等)、构造图元(中心线、辅助线)、草绘参照、尺寸、约束等。

1) 草绘工具

草绘命令工具栏位于屏幕右侧,该栏中将绘制草图的各种绘制命令、尺寸标注、尺寸修改、几何约束、图元镜像等命令以图标按钮的形式给出,与之对应的草绘命令也可在菜单"草绘"的下拉菜单中找到。现将草绘命令工具栏中各命令按钮的功能说明如下:

(1) :项目选择切换按钮。处于按下状态为选取对象模式,可用鼠标左键选取需要编辑的图元。

(2) :两点绘直线。单击后面的三角形按钮，弹出三种绘制直线的命令按钮。

① :创建实体直线。

② :创建与两实体相切的直线。

③ :创建中心线。

(3) :使用两对角点来绘矩形。

(4) :绘制圆。单击后面的三角形按钮，弹出五种绘制直线的命令按钮。

① :圆心方式画圆。

② :画同心圆。

③ :三点方式画圆。

④ :绘与三个实体相切的圆。

⑤ :绘制椭圆。

(5) :三点方式绘制圆弧。单击后面的三角形按钮，弹出四种绘制圆弧的命令按钮。

① :画同心圆弧。

② :三点方式画圆弧。

③ :绘与三个实体相切的圆弧。

④ :绘圆锥曲线弧。

(6) :绘制圆角。单击后面的三角形按钮，弹出 按钮，前面的是创建与两图元相切的圆角，后面的是创建与两图元相切的椭圆角。

(7) :绘样条曲线。

(8) :创建参考点或坐标系。单击后面的三角形按钮，弹出 按钮。

(9) :使用边界图元。它也有两个子选项(按钮)，前一个无偏移量，而后一个要求给定偏移量。

(10) :人工标注尺寸。

(11) :修改尺寸。

(12) :对图元加几何约束。

(13) :创建文字作为草图。

(14) :将调色板中的外部数据插入到当前的绘图区域中。

(15) :修剪图元。单击后面三角形按钮,弹出三种修剪图元的命令按钮。

① :动态修剪图元。

② :交角修剪图元。

③ :在选取点的位置处分割图元。

(16) :对选定的图元进行镜像,它也有两个子选项(按钮),前一个是镜像,而后一个是对选定图元进行旋转。

提示:所有的按钮均在按下状态下有效。

2）点的绘制

在进行辅助尺寸标注、辅助截面绘制、复杂模型中的轨迹定位时经常使用该命令。绘制点的步骤如下:

(1)单击草绘命令工具栏中的"绘制点" 按钮,也可单击菜单"草绘"/"点"选项。

(2)在绘图区域单击鼠标左键即可创建第一个草绘点。

(3)移动鼠标并再次单击鼠标左键即可创建第二个草绘点,此时屏幕上除了显示两个草绘点外,还显示两个草绘点间的尺寸位置关系。

3）直线的绘制

在所有图形元素中,直线是最基本的图形元素,在草绘命令工具栏上有三种形式的直线创建方式:绘制实体直线、绘制中心线、绘制与两实体相切的直线。绘制直线的步骤如下:

(1)在草绘命令工具栏上单击一种绘制直线方式的图标按钮。

(2)在草绘区域任一位置上单击鼠标左键,此位置即为绘制直线的起点,随着鼠标的移动,一条高亮显示的直线也会随之变化;拖动鼠标至直线的终点,单击鼠标左键,即可完成一条直线的绘制。

(3)移动鼠标可继续绘制第二条直线。第一条直线的终点将为第二条直线的起点。拖动鼠标至线段的终点,单击鼠标左键即可完成第二条直线的绘制。重复步骤(3),可连续绘制多条直线,完成所有的直线绘制后,单击鼠标中键即可结束直线绘制命令,此时系统会自动标注各线段的尺寸。

4）矩形的绘制

使用绘制直线命令,通过绘制4条直线并给予适当的尺寸标注和几何约束即可绘制一矩形。此外,草绘命令工具栏中提供了更为方便的"绘制矩形" 按钮,使用该工具可快速创建矩形。绘制矩形的步骤如下:

(1)在草绘工具栏中,单击 按钮。

(2)在绘图区域任意一点上,单击鼠标左键,作为矩形的一个角端点。

(3)移动鼠标产生一动态矩形,将矩形拖动到适当大小后单击鼠标左键,完成矩形的绘制,系统自动标注与矩形相关的尺寸和约束条件。

5）圆弧的绘制

在草绘命令工具栏中，Pro/ENGINEER Wildfire 4 提供了以下 4 种绘制圆弧的方式：

(1)用 3 点方式绘制圆弧。

①单击草绘命令工具栏中的按钮。

②单击绘图区中任意一点作为弧的起点，然后单击另一个位置作为弧的终点，移动鼠标，在产生的动态弧上指定一点，以定义弧的大小和方向。

(2)用同心弧方式绘制圆弧。

①单击草绘命令工具栏中的按钮。

②在绘图区单击一个已存在的圆或圆弧上任意一点，移动鼠标以确定圆弧的半径大小。

③在绘图区指定圆弧的起点与终点即可完成圆弧的绘制。

(3)用中心点方式绘制圆弧。

①单击草绘工具栏中的按钮。

②在绘图区单击一点作为圆弧的中心点，然后指定弧的起点与终点即可完成圆弧的绘制。

(4)用三切点方式绘制圆弧。

①单击草绘工具栏中的按钮。

②在绘图区分别选中三个参考图元，即可绘制与其相切的圆弧。

6）圆的绘制

在草绘命令工具栏中，Pro/ENGINEER Wildfire 4 提供了以下 4 种绘制圆的方式：

(1)用中心点方式绘制圆。

①单击草绘命令工具栏中的按钮。

②单击绘图区中的一点确定圆的圆心，移动鼠标，然后单击左键确定圆的大小。

③单击鼠标中键，结束圆的绘制。

(2)用同心圆方式绘制圆。

①单击草绘工具栏中的按钮。

②在绘图区单击一个已存在的圆或圆弧边线，移动鼠标，然后单击左键定义圆的大小。

③单击鼠标中键，结束圆的绘制。

(3)用三点圆方式绘制圆。

①单击草绘工具栏中的按钮。

②在绘图区依次单击三个点，系统自动生成过这三个点的圆。

(4)用实体相切方式绘制圆。

①单击草绘工具栏中的按钮。

②在绘图区中依次选择三个图素的边线，系统自动生成与该三边相切的圆。

提示：在草绘中，为了方便绘图和对象捕捉，Pro/E 提供了“目的管理器”，用于能够自动捕捉现有图形和参照。

6.1.2 尺寸标注

系统产生的尺寸有时并不符合设计要求，可使用草绘命令工具栏中的“尺寸”按钮重新标注尺寸。Pro/ENGINEER Wildfire 4 对草图的几何尺寸或尺寸约束有严格的要求，用户可通过尺寸标注或添加几何约束定义草图，使其成为完全定义状态。尺寸约束或尺寸过多，系统都会显示出现错误的提示信息。

1）强尺寸和弱尺寸

在草绘中，系统会自动给绘制的图形根据当前的参照添加尺寸，这些尺寸通常以不醒目的灰色显示，我们把这种系统提供的尺寸称为弱尺寸，系统会根据约束条件的变化自动修改弱尺寸。通过双击弱尺寸，可以对其值进行修改，修改确认后，尺寸颜色会变成黄色，这时尺寸就转化为了强尺寸。因此，所谓强尺寸可以理解为就是经过用户认可的尺寸，当有约束冲突时，系统不会自动对其修改，而是以报警的形式让用户修改。通常要求草绘中所有的尺寸都必须是强尺寸。

2）标注线性尺寸

(1)直线尺寸的标注：按下图标。

①线段长度标注。选中该线段，在放置尺寸的位置处单击鼠标中键，示例如图 6.1(a)所示。

②点到线标注。先选取点，再选中直线，然后在放置尺寸的位置处单击鼠标中键，示例如图 6.1(b)。

③线到线标注。先后选中两条直线，在放置尺寸的位置处按下鼠标中键，示例如图 6.1(c)。

④点到点标注。先后选中两点，在放置尺寸的位置处按下鼠标中键，示例如图 6.1(d)。

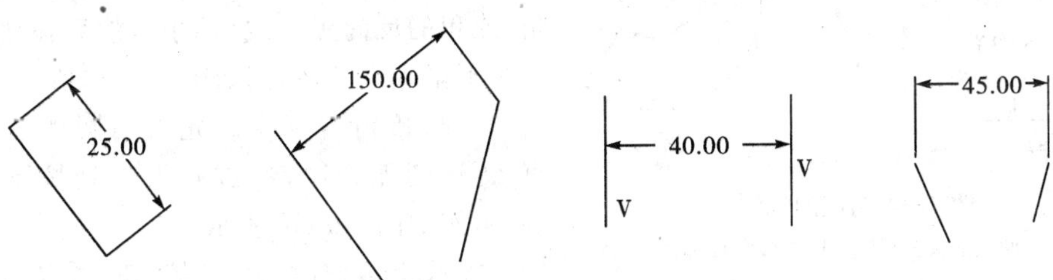

(a) (b) (c) (d)

图 6.1 直线尺寸的标注

(a)线段长度标注；(b)点到线标注；(c)线到线标注；(d)点到点标注

(2)圆或圆弧的尺寸标注。

①半径标注。在需要标注半径尺寸的圆或圆弧上单击鼠标左键，然后在放置尺寸的位置处单击鼠标中键，示例如图 6.2(a)所示。

②直径标注。在需要标注直径尺寸的圆或圆弧上双击鼠标左键，然后在放置尺寸的位置处单击鼠标中键，示例如图 6.2(b)所示。

③圆心到圆心标注。两圆心的标注有水平、垂直、倾斜三种方法。尺寸放置位置不同，系统自动以相应的方式标注。系统选择标注的原则如下：以圆心为对角点所围成的长方形区域为界，区域以内放置尺寸，以倾斜方式标注，区域以外的左侧或右侧放置尺寸并以垂直方式标注，区域以外的上方或下方放置尺寸，以水平方式标注，示例如图 6.2(c)所示。

④圆周到圆周标注。先后点选两个圆周后在放置尺寸处按下鼠标中键，在弹出的对话框中选“水平”或“竖直”尺寸，点击“接受”按钮，示例如图 6.2(d)所示。

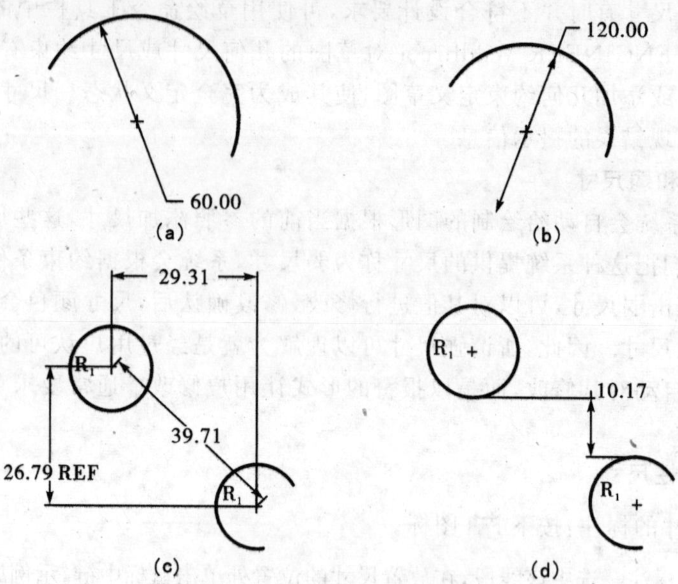

图 6.2　圆或圆弧的尺寸标注

(a)半径标注；(b)直径标注；(c)圆心到圆心标注；(d)圆周到圆周标注

(3)角度的标注。

①两线的夹角标注。选中角的两条边(锐角)或角的反向延长线(钝角)，然后在放置尺寸处按下鼠标中键，示例如图 6.3(a)所示。

②圆弧角度标注。先选中圆弧的两个端点，再选圆弧一次，在放置尺寸处按下鼠标中键，示例如图 6.3(b)所示。

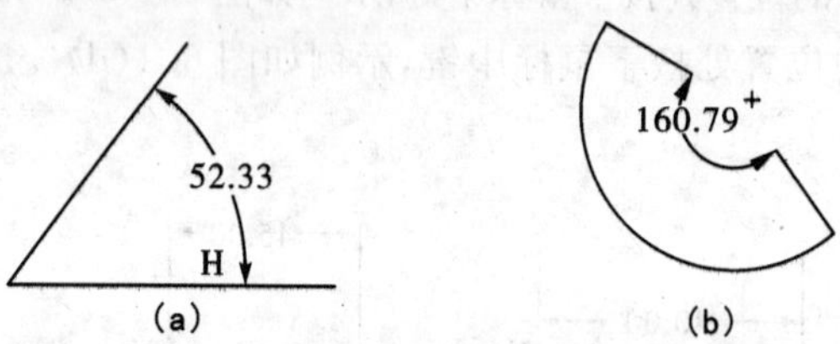

图 6.3　角度的标注

(a)两线的夹角标注；(b)圆弧角度标注

提示：当要修改的尺寸较多时，如对每个尺寸逐一修改，由于图形会根据新的尺寸更新再生，因此往往图形会变形失真。为此，可以通过“锁定比例”来控制图形的总体形状，避免失真。

6.1.3　草绘约束

1）尺寸约束和几何约束

一个确定的草图必须有充足的约束，约束分尺寸约束和几何约束两种类型。尺寸约束是指控制草图大小的参数化驱动尺寸；几何约束是指控制草图中几何图元的定位方向及几何图元之间的相互关系。在工作界面中尺寸约束显示为参数符号或数字，几何约束显示为字母符号，如图 6.4 所示。

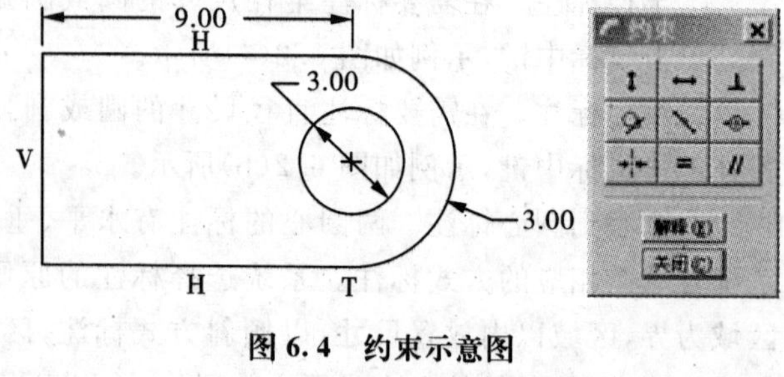

图 6.4　约束示意图

约束对话框中符号的含义：

(1) ↕ ：竖直约束。选一条直线，使其变为一条竖直线；选两个点，使两点位于同一竖线上。

(2) ↔ ：水平约束。选一条直线，使其变为一条水平线；选两个点，使两点位于同一水平线上。

(3) ⊥ ：垂直约束。选两条线，使其相互垂直。

(4) ：相切约束。选择线段和圆弧，使其相切。

(5) ：定义线段的中点。选一个点及一条线段，使点位于线段中点。

(6) ：使两个圆或圆弧的中心重合，或者使两个点重合。

(7) ：对称约束。选两个点及中心线，使两点关于中心线对称。

(8) = ：相等约束。选两图元，使其相等。

(9) // ：平行约束。使两线平行。

2）约束冲突及解决

在以下 3 种情况下会产生约束之间以及约束和标注尺寸之间的冲突。

(1)标注尺寸时出现了封闭尺寸链。

(2)标注约束时，在同一个图元上同时施加了相互矛盾的多个约束。

(3)尺寸标注和约束对图元具有相同的约束效果。

一旦出现了约束冲突，系统首先删除弱尺寸来解决冲突，当解决失败后会打开如图 6.5 所示的“解决草绘”对话框，设计者根据对话框中的提示或根据设计要求对显示的尺寸或约束进行相应取舍。

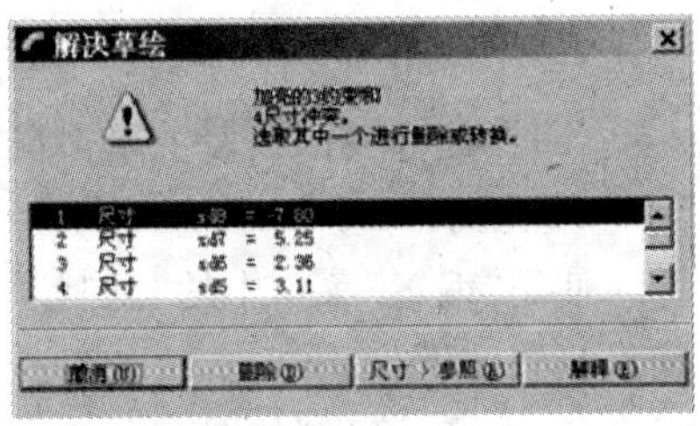

图 6.5 “解决草绘”对话框

通常的做法是，直接单击“删除”按钮，删除当前添加的约束，或者从约束或尺寸列表中选取一个对象将其删除。当标注尺寸发生冲突时，可以单击“尺寸>参照”按钮，将选取的尺寸转换为参考尺寸（该尺寸仅仅作为设计参考使用，不具有尺寸驱动的效力）。

6.1.4 草绘编辑

使用 Pro/ENGINEER Wildfire 4 系统提供的“动态剪切”、“镜像”、“分割”等编辑工具，可快速制作出符合设计要求的草图。

1）动态剪切

单击草绘命令工具栏中的 按钮，可对绘图区中的任意图元作动态剪切。动态剪切的操作步骤如下：

(1)在草绘命令工具栏中单击 按钮，也可选择“编辑”/“修剪”/“删除段”选项。

(2)在绘图区域的草图中，按下左键并移动光标，使其通过欲删除的线段（注意移动鼠标的速度不能太快）。

(3)此时画面中会出现一条高亮显示的鼠标移动轨迹，如图 6.6 所示。只要是该轨迹通过的线段，都会高亮显示，此时放开鼠标左键，选中的线段即可被删除。

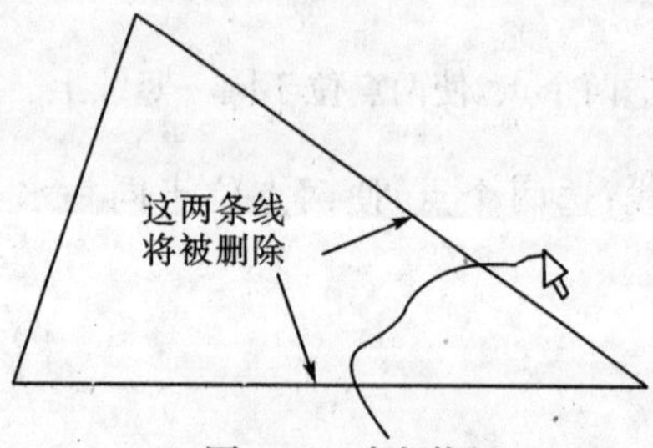

图 6.6　动态剪切

动态剪切也可删除单一线段，具体操作是：单击“动态剪切”按钮，然后直接单击要删除的线段。

2）拐角剪切

使用草绘命令工具栏中的按钮，可通过设置边界，修剪或延伸指定的线段。拐角修建图元的操作步骤如下：

(1)单击草绘命令工具栏中的按钮，也可选择“编辑”/“修剪”/“拐角”选项。

(2)单击两条线段(不一定要相交)，系统会将所选择的部分保留并形成夹角。

(3)若两线相交，单击要保留的线段，则该线的另一部分线段被删除。

3）分割

单击草绘命令工具栏的按钮，可将选中的线段分割。用鼠标单击要分割的线段，系统即会在单击的位置将该线段一分为二，并自动标注两线段的长度。分割图元的操作步骤如下：

(1)单击草绘命令工具栏中的按钮，也可选择“编辑”/“修剪”/“分割”选项。

(2)在欲分割的线段上单击鼠标左键，系统会在单击的位置将线段一分为二。

4）复制

使用“编辑”菜单中的“复制”、“粘贴”命令，可对选定的图元对象进行复制。复制图元的操作步骤如下：

(1)选择欲复制的图元。

(2)单击“编辑”菜单中的“复制”命令，然后单击“编辑”菜单中的“粘贴”命令，系统显示如图 6.7 所示的“缩放旋转”对话框，设定复制对象的比例及旋转角度。

在绘制区域选择复制对象的放置位置，单击鼠标左键即完成对选定图元对象的复制。

5）镜像

单击草绘命令工具栏中的按钮，可对选定的图元对象进行镜像。注意在镜像之前应先绘制一中心线作为镜像线。镜像图元的操作步骤如下：

(1)选取要镜像的图元使其处于高亮选中状态。

(2)单击草绘命令工具栏中的按钮。

(3)单击镜像中心线即可完成图元的镜像。

6）比例旋转

使用草绘命令工具栏中的按钮，可对选定的图元进行移动、缩放和旋转，在出现的“缩放旋转”对话框中设定要显示的比例和旋转角度，如图 6.8 所示。移动、缩放和旋转图元的操作步骤如下：

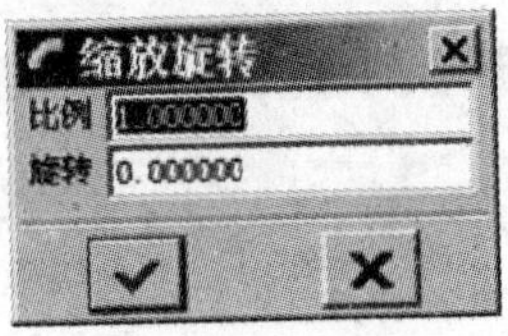

图 6.7　缩放旋转

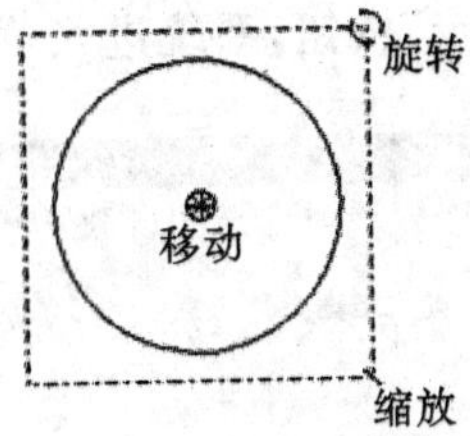

图 6.8　比例旋转操作

(1)选中欲编辑的图元使其处于高亮选中状态。

(2)单击草绘命令工具栏中的按钮，也可选择“编辑”/“缩放和旋转”选项。

(3)在图元周围出现红色编辑框并显示操作手柄，将鼠标移向移动手柄，单击鼠标左键，可移动选定的图元，再次单击鼠标左键，完成图元的移动。

(4)将光标移向编辑框右上方的旋转手柄，单击鼠标左键移动光标，按顺时针或逆时针方向移动旋转图元，再次单击鼠标左键完成图元的旋转。

(5)将光标移向编辑框右下方的缩放手柄，单击鼠标左键移动光标，将指定的图元缩小或放大，再次单击鼠标左键完成图元的缩放。

6.2　项目实例 2(手柄)操作分析

6.2.1　图形分析

手柄图形如图 6.9 所示。由图可以看出，此图关于中心线对称，主要由若干直线段和 5 段圆弧构成，且圆弧间相切，在绘图时要利用这一条件，同时利用约束来构造图形。

6.2.2　实体创建步骤

(1)单击工具栏中的新建文件，或选择:“文件”/“新建”选项，在弹出的“新建”对话框中选择“草绘”类型，在“名称”栏输入草绘图名称，如“shoubing”(或接受系统默认的文件名)，如图 6.10 所示。

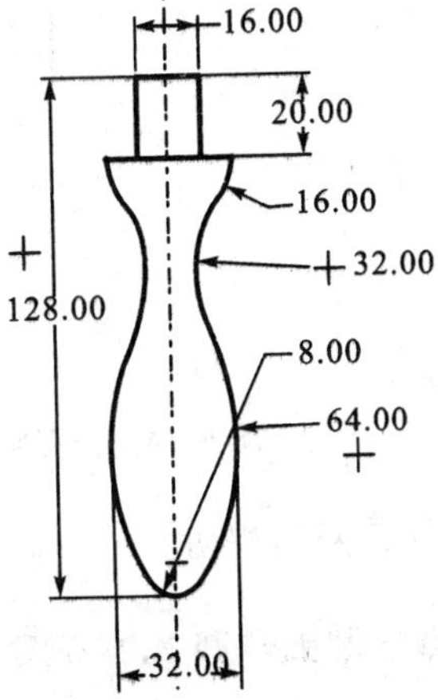

图 6.9　手柄图

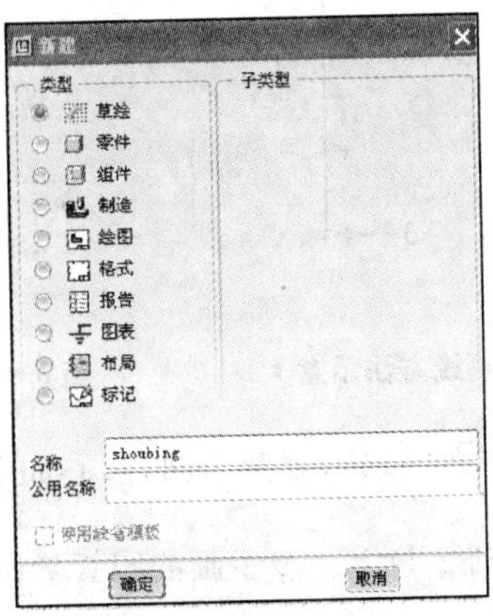

图 6.10　“新建”对话框

(2)单击“确定”按钮，系统进入草绘工作界面，如图 6.11 所示。

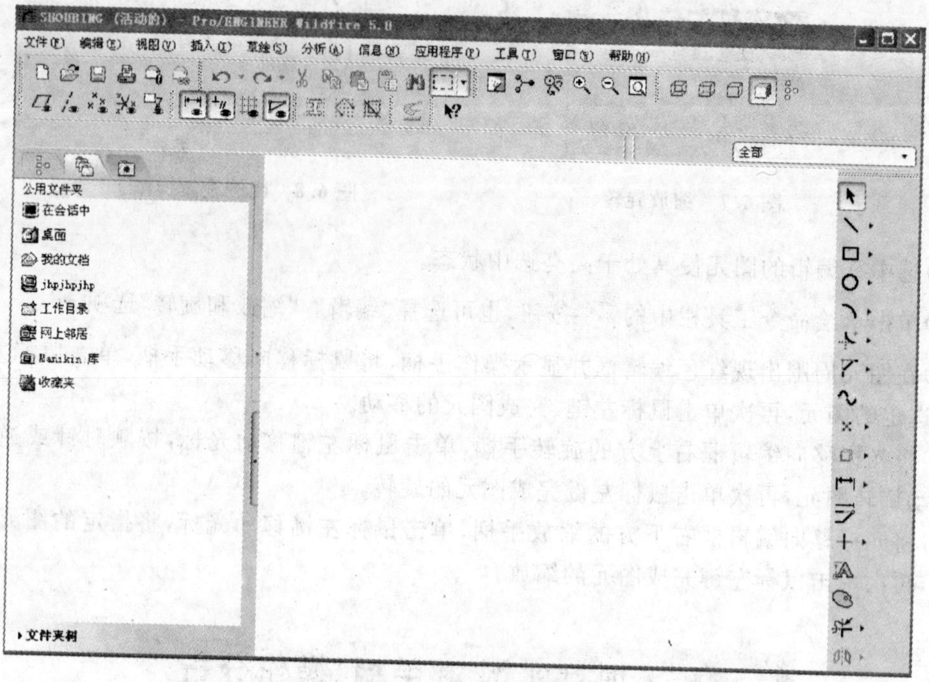

图 6.11 草绘工作界面

(3)按 图标中的下三角符号，待出现 时，选 画中心线。按 图标，在绘图区中按图 6.12 所示先点击 1 处，再点击 2 处，画出直线；再点击 3 处，按下鼠标中键完成图示图形。同理，完成图 6.13 所示图形。

(4)按 按钮，选“圆心及圆弧端点”方式 图标，分别在图 6.14 中 1、2、3 处单击鼠标左键，完成画圆弧操作。

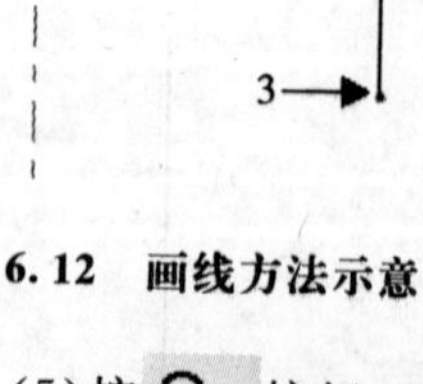

图 6.12 画线方法示意 1

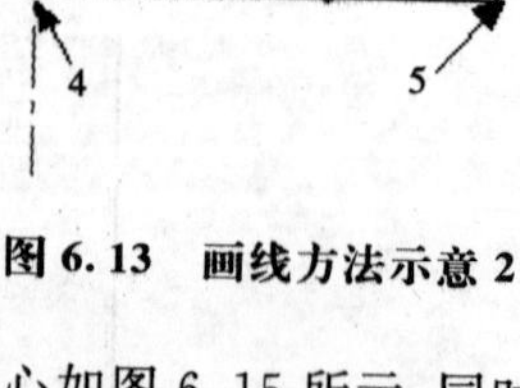

图 6.13 画线方法示意 2

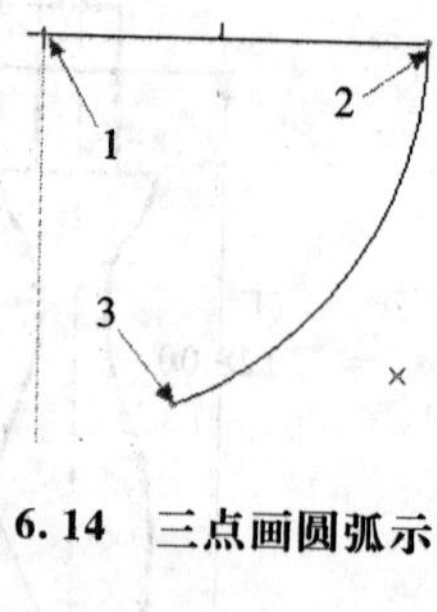

图 6.14 三点画圆弧示意

(5)按 按钮，画两个圆，圆心如图 6.15 所示，同时保证两圆相切。

(6)将圆 2 与上一步中画的圆弧导圆角，按 按钮，点选圆弧与圆 2，按下鼠标中键，完成倒圆角，如图 6.16 所示(图中出现的 T 形标识是两图素相切的约束标志)。

(7)按下 图标,修剪多余的线条,完成后如图 6.17 所示。

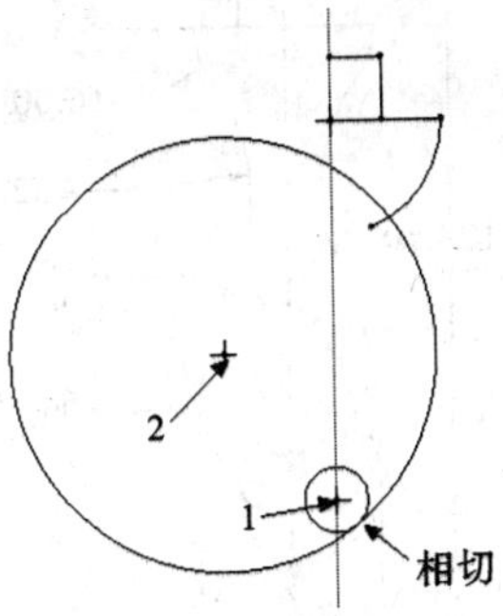

图 6.15　两圆相切示意

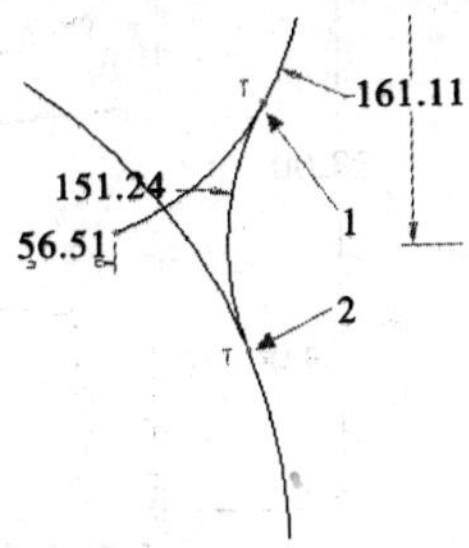

图 6.16　圆弧导圆角示意

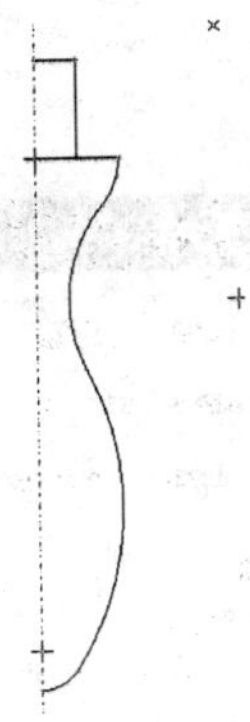

图 6.17　修剪后的图形

(8)标注手柄最凸处到中心线的尺寸,按 按钮,分别点选图 6.18 所示的 1、2 处,在两者中间按下鼠标中键完成标注。如图 6.19 所示。

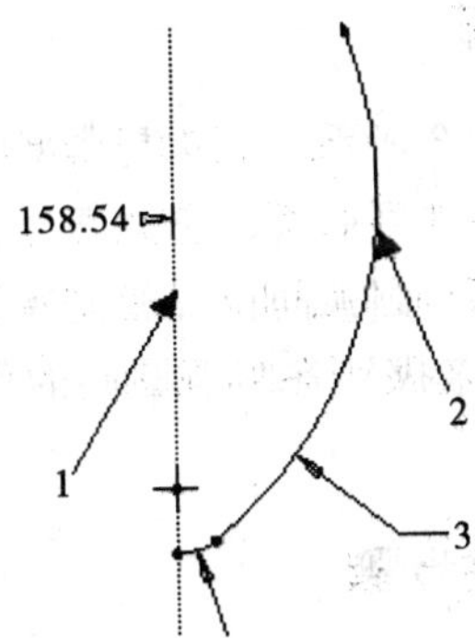

图 6.18　圆弧到中心线尺寸标注

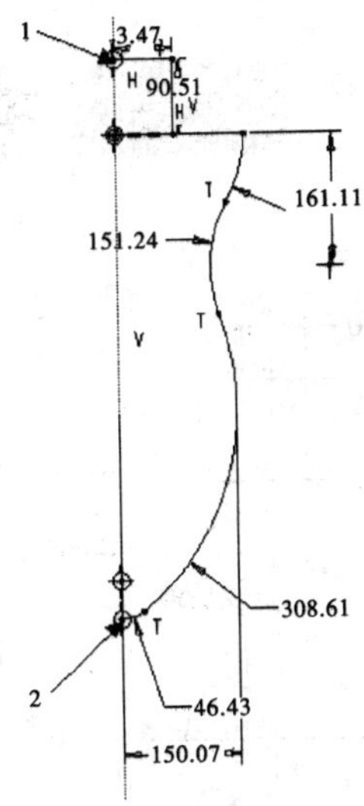

图 6.19　完成标注示意

(9)按下鼠标左键框选全部尺寸,按 按钮,在弹出的"修改尺寸"对话框中去掉"再生"选项,如图 6.20(a)所示。再按图 6.20(b)所示修改尺寸,完成后单击 按钮确定。

(10)按下鼠标左键框选全部图形,按下"镜像" 按钮,在信息区提示选取一条中心线,点选先前画的中心线,完成镜像。调整后如图 6.21 所示。

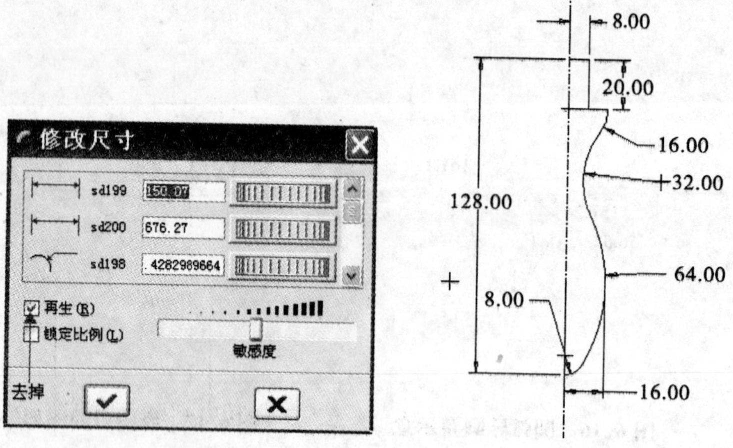

(a)　　　　　　　　　　(b)

图 6.20　尺寸修改示意

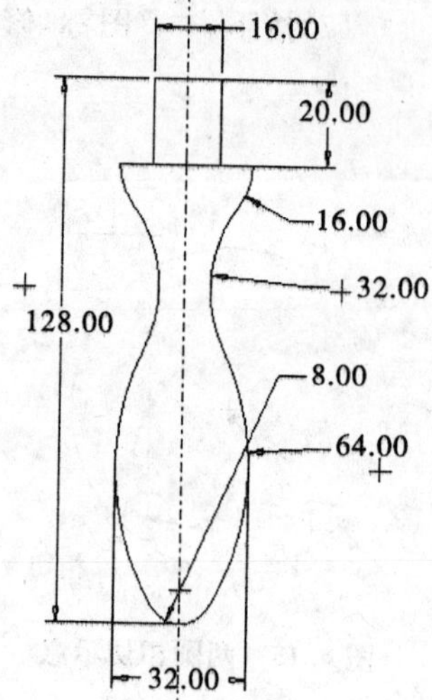

图 6.21　手柄

6.3　项目实例 3(吊钩)操作分析

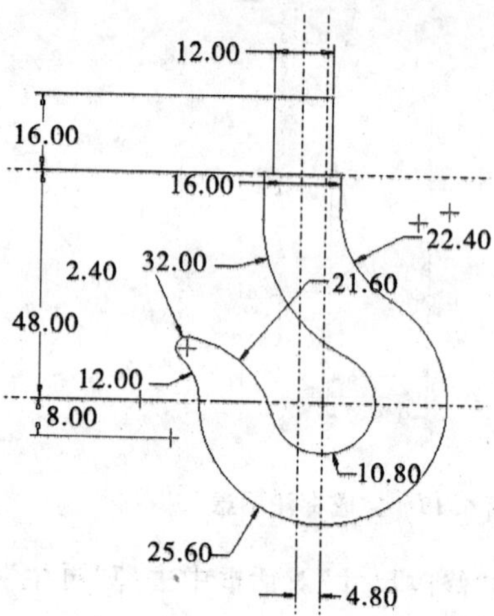

图 6.22　吊钩

6.3.1　图形分析

吊钩图形如图 6.22 所示。吊钩是典型的用多圆相切特性画图的零件,从图中可以看出它由若干直线段和 7 段相切的圆弧构成,圆弧与圆弧间位置的把握是画此图的关键。也就是说能否迅速找到各圆弧圆心的位置是快速出图的关键。

6.3.2　实体创建步骤

(1)单击工具栏中的"新建文件"按钮,或选择单击菜单"文件"/"新建"选项,在弹出的"新建"对话框中选择"草绘"类型,在"名称"栏输入草绘图名称 diaogou。

(2)单击"确定"按钮,系统进入草绘工作界面。

(3)单击 ¦ 按钮画中心线,如图 6.23 所示:

(4)按 ╲ 图标,在绘图区中按图 6.24 所示画直线,注意当出现对称标志时按下鼠标中键。完成直线部分,如图 6.25 所示。保证点 1、2 和点 3、4 分别关于中心线对称。如果不对称,可单击 约束 按钮,在弹出的"约束"对话框中点"对称"选项(见图 6.26),然后按顺序点击 1、2 和中心线即可。同理,可实现点 3、4 的操作。

(5)按“画圆”按钮，在适当处画圆 A_1、B_1，完成后单击按钮，在弹出的“约束”对话框中点选“相切”选项(见图 6.27)，分别使 A_1 与 A_2、线 1 相切，B_1 与 B_2、线 2 相切，如图 6.28 所示。

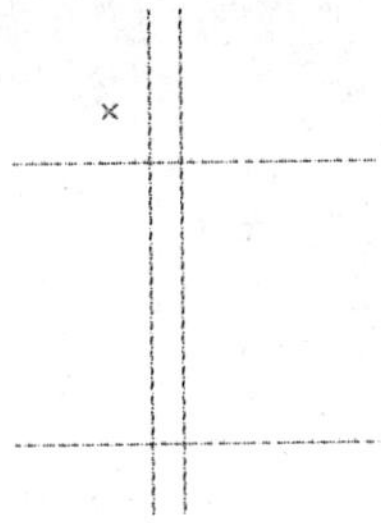

图 6.23　画中心线

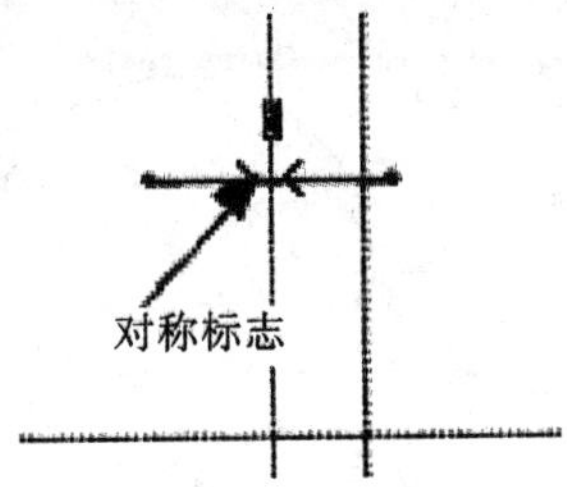

图 6.24　对称标志

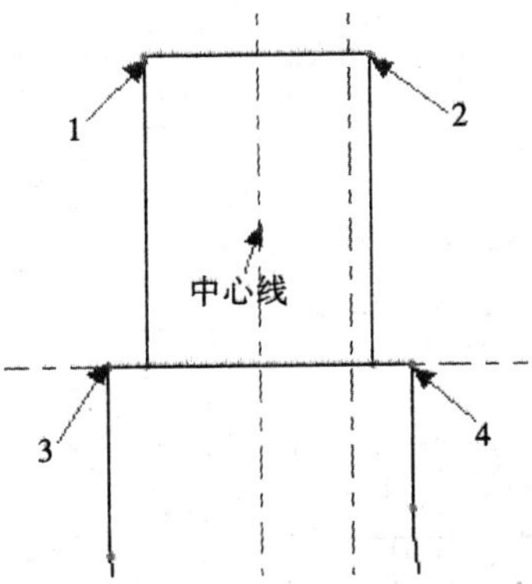

图 6.25　点对称的操作

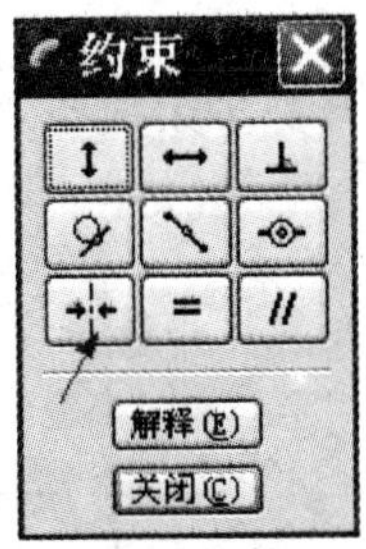

图 6.26　约束对话框 1

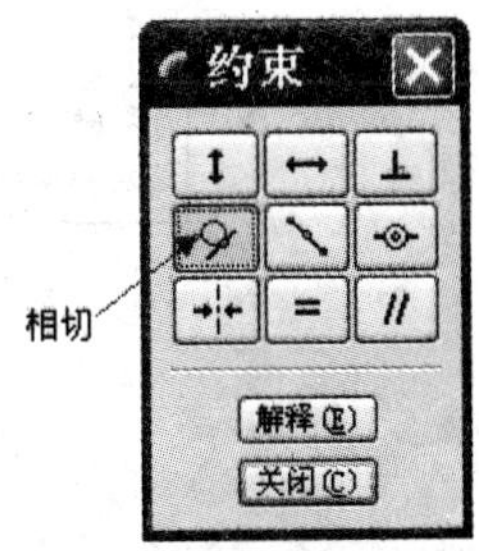

图 6.27　约束对话框 2

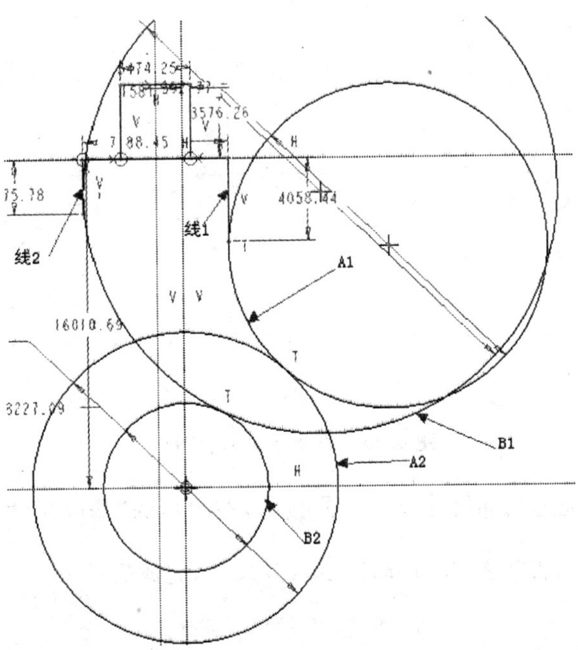

图 6.28　相 切 约 束 1

(6)按“画圆” 按钮，在适当处画圆 C_1、C_2，使它们分别与圆 B_2、A_2 相切；画圆 D，使其与圆 C_1、C 都相切。如图 6.29 所示。

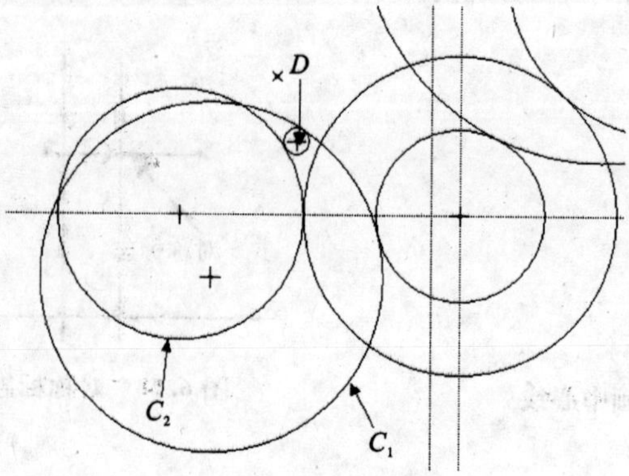

图 6.29 相切约束 1

(7)按下 

按钮，修剪多余线条，完成后如图 6.30 所示。

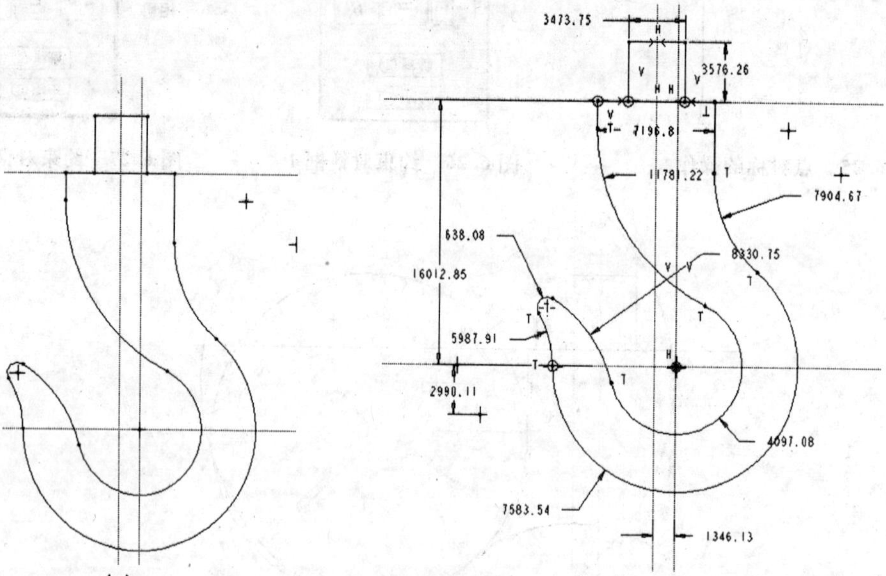

(a) (b)

图 6.30 修剪完成示意图

(8)按下鼠标左键框选全部尺寸，单击 按钮，在弹出的“修改尺寸”对话框中去掉再生选项，如图 6.31(a)所示，再按图 6.31(b)所示修改尺寸，完成后单击 按钮确定。

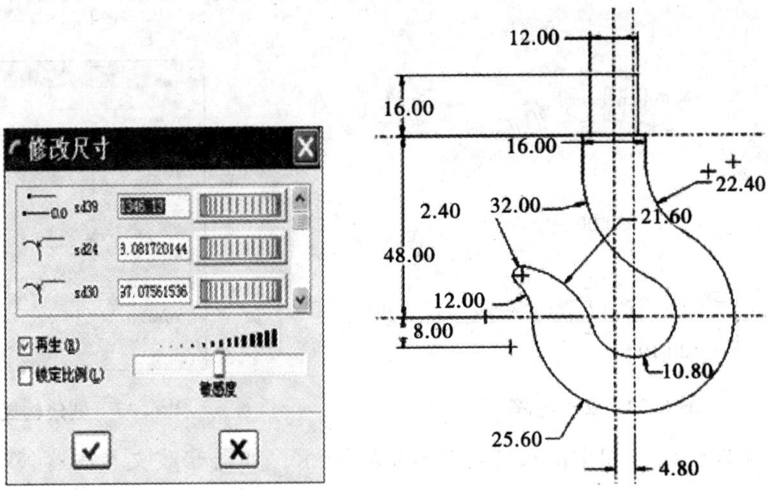

(a)　　　　　　　　(b)

图 6.31　尺寸修改完成示意图

6.4　项目总结

通过本项目的学习，可以非常熟练地掌握以下重要内容：

(1)能绘制点、直线、矩形、弧、圆等基本几何图形。

(2)能在草图中进行尺寸标注。

(3)能理解几何约束的概念，并能在草绘中熟练应用几何约束。

(4)能在草绘中熟练应用草绘编辑工具。

(5)能综合应用各种草绘工具绘制草绘图形。

6.5　项目拓展

6.5.1　项目拓展一

1）特征分析

图 6.32 所示为一文本草绘范例。此例实质上是文本工具的使用，打开文本工具，在其中填入相应的字符即可。在进行圆弧放置时，要先画好辅助线。

2）重要步骤

(1)进入“草绘”。

(2)在草绘工具栏上单击“文本”按钮，自下而上画一直线，直线的起点为文字书写的起点，直线的长度为文字的高度。

(3)在文本对话框中输入文字，如图 6.33 所示。调整长宽比、斜角以改变文字形状，单击“确定”按钮。

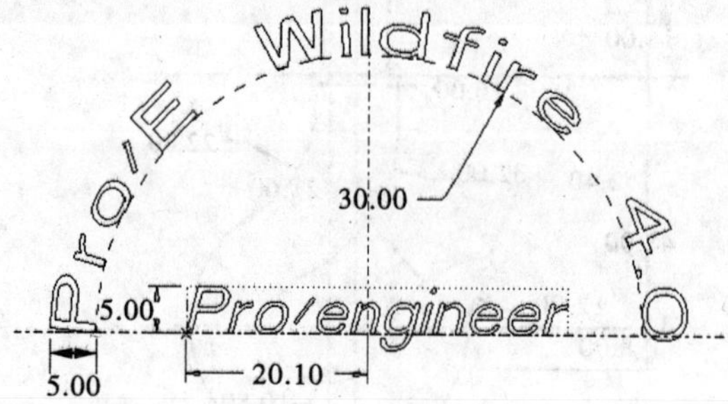

图 6.32　文本范例

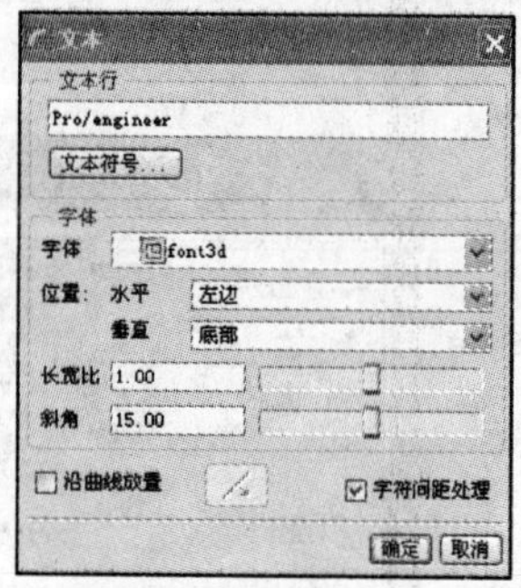

图 6.33　创建构建对象

(4)修改文本定位尺寸和字高尺寸，如图 6.34 所示。如需修改文本内容，双击文本可进入文本对话框。

图 6.34　草绘文本

(5)绘制半径为 30 的半圆弧，选定圆弧，单击右键，在快捷菜单中选择“构建”选项，将圆弧转化为构建圆弧。

提示：“构建”可以将普通草绘对象转化为构建对象，当然也可以将构建对象再转化为普通草绘对象，构建对象可以理解为草绘的辅助线或圆。当直线或圆转化为构建对象时，系统将其线型转变为虚线。

(6)单击“文本” [A] 按钮，将文本起点置于圆弧左侧端点，向左侧作一直线以输入文本高度，在文本对话框中输入文本内容，选择“沿曲线放置”文字，选择前面创建的构建圆弧，如果文字方向不对，单击“文本方向”按钮，如图 6.35(a)所示。调整长宽比，使文本在圆弧上均匀分布，如图 6.35(b)所示。

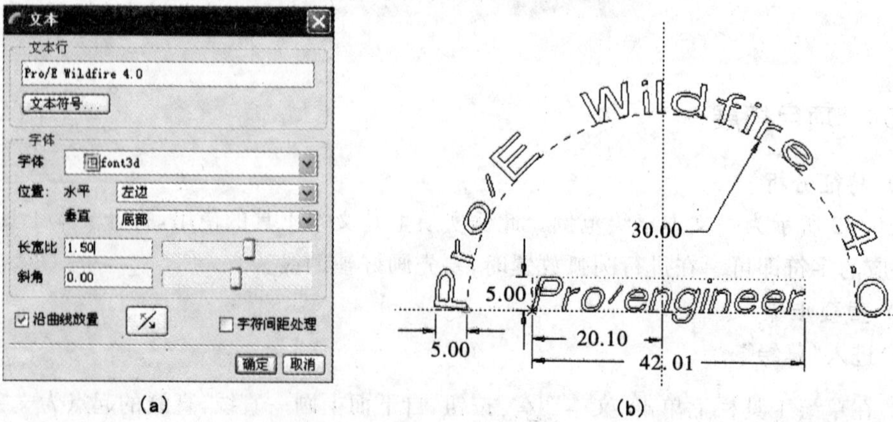

(a)　　(b)

图 6.35　沿曲线放置文字

6.5.2 项目拓展二

1）特征分析

项目拓展二图例如图 6.36 所示，图中只有 5 个尺寸，主要由圆弧构成，要想画出此图，需要充分利用约束条件。要找出哪些圆相切，圆心的位置在何处？此图几个切点的位置也相当重要。

进一步分析，在图 6.37 中各个切点均要处在相应的图示轴上，尤其是切点 1 和切点 2 一定要在图示位置上。另外，要保证圆弧 1 和圆弧 2 的圆心在轴 1 上；圆弧 3 和圆弧 4 的圆心要在轴 2 上。

2）重要步骤

(1)进入草绘环境。

(2)画出如图 6.38 所示的轴。

(3)按图 6.36 画出各个圆，并进行修剪。修剪后如图 6.39 所示。

(4)利用约束工具中的点在线上和相等来约束前面分析提到的点和圆弧，然后标注尺寸。

(5)修改尺寸。

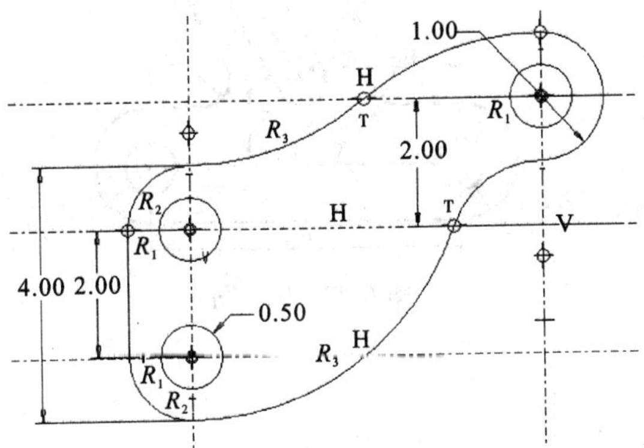

图 6.36 项目拓展二图例

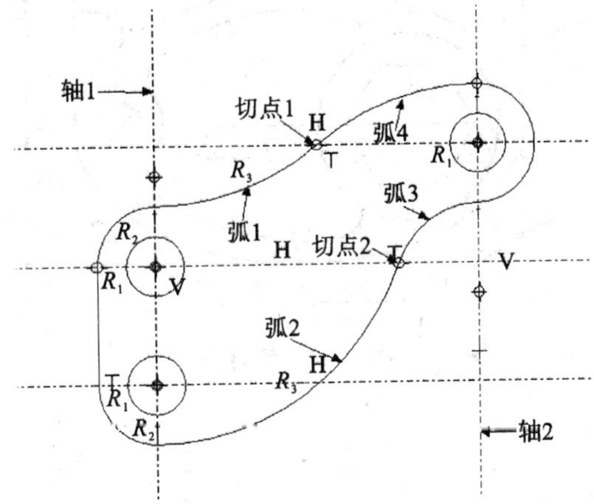

图 6.37 特征分析

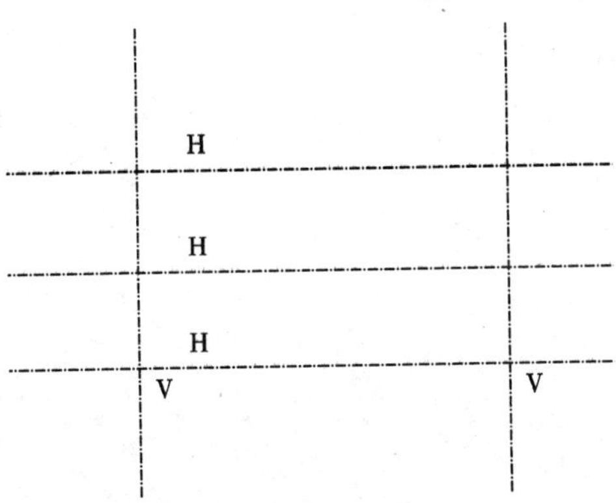

图 6.38 轴示意图

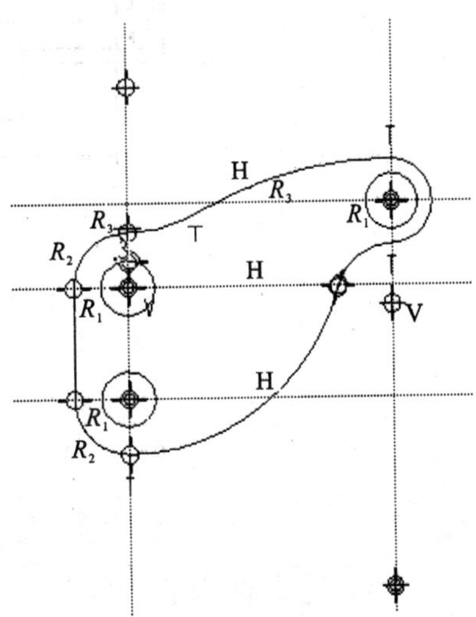

图 6.39 修剪后的图形

思考与练习

请利用各种草绘工具绘制如图 6.40～图 6.44 所示的 2D 图形。

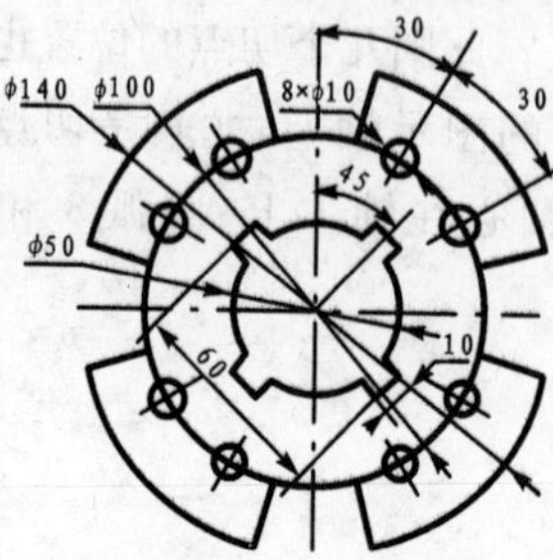

图 6.40　练习图 1

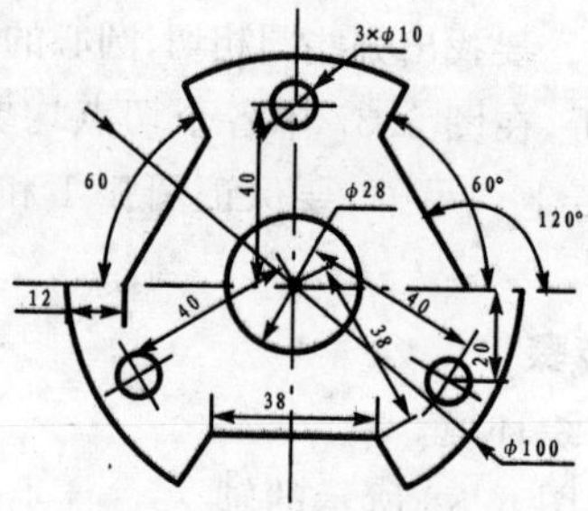

图 6.41　练习图 2

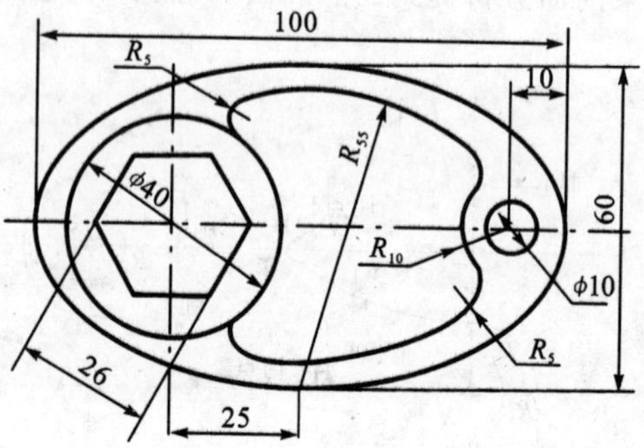

图 6.42　练习图 3

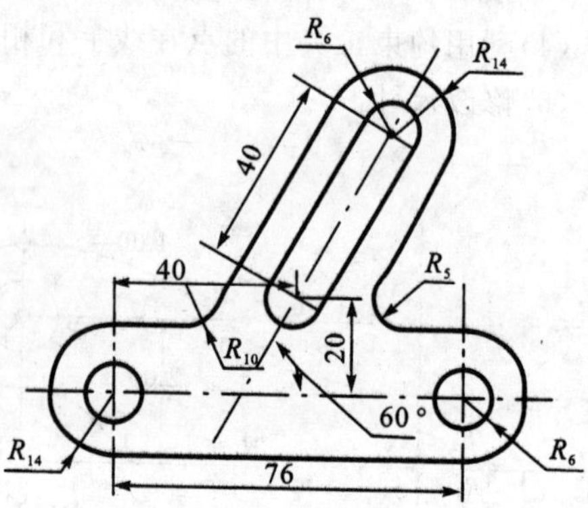

图 6.43　练习图 4

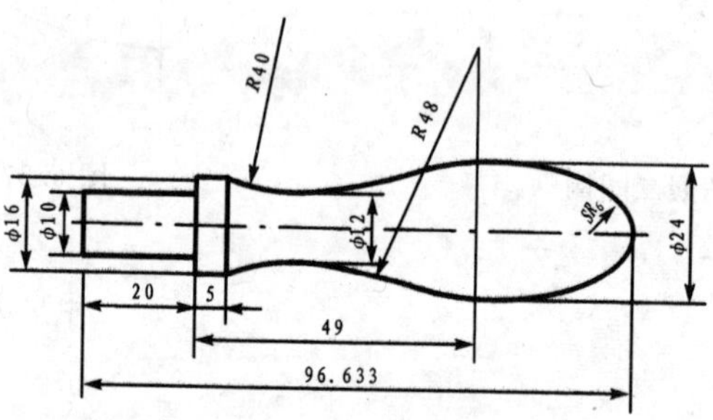

图 6.44　练习图 5

第7章 项目三 Pro/E 建模基础

本项目将学习如何利用草图生成拉伸、旋转等基本特征，并且在基本特征基础上生成孔、倒角等工程特征。

【知识目标】

(1)拉伸、旋转等基本特征的生成步骤。

(2)孔、倒角、倒圆角等工程特征的生成步骤。

(3)特征的基本操作。

【技能目标】

通过本项目实例演练，掌握拉伸、旋转等基本特征以及孔、倒角、倒圆角等工程特征的生成步骤，能够绘制稍微复杂些的零件模型。

7.1 基础知识链接

7.1.1 创建文件

在打开的Pro/E界面中，单击“打开”按钮，或者选择“文件”/“新建”命令，打开“新建”对话框(见图7.1)，类型选择“零件”，子类型选择“实体”，名称采用默认的名称(如prt0001)或自己输入一个零件名称，在“使用缺省模板”前面单击，取消缺省模板，然后单击“确定”按钮，在弹出的“新文件选项”对话框中选择公制模板mmns_part_solid(见图7.2)，单击“确定”按钮，进入Pro/E零件设计主界面。

提示：零件名称可以采用英文字母或数字构成；系统默认采用缺省模板，而缺省模板采用英制单位，建议不采用缺省模板，养成使用公制模板的习惯。

7.1.2 拉伸特征

拉伸特征是指绘制的截面图形沿垂直于截面的方向，按给定的深度生成零件模型的方法。通过拉伸特征可以创建柱状实体或曲面，既可以用于添加材料，也可以用于去除材料。

拉伸特征创建步骤如下：

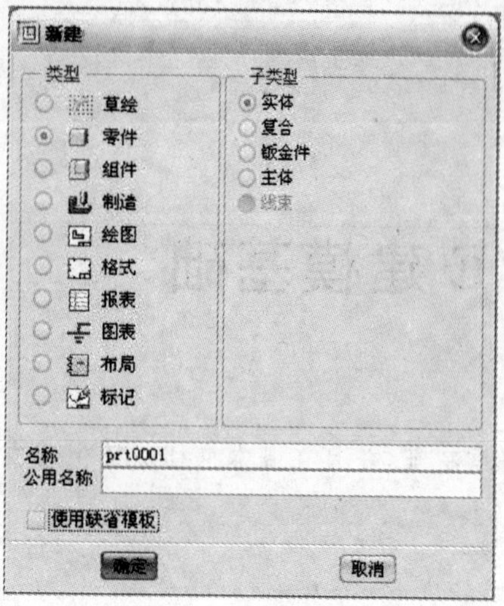

图 7.1 "新建"对话框

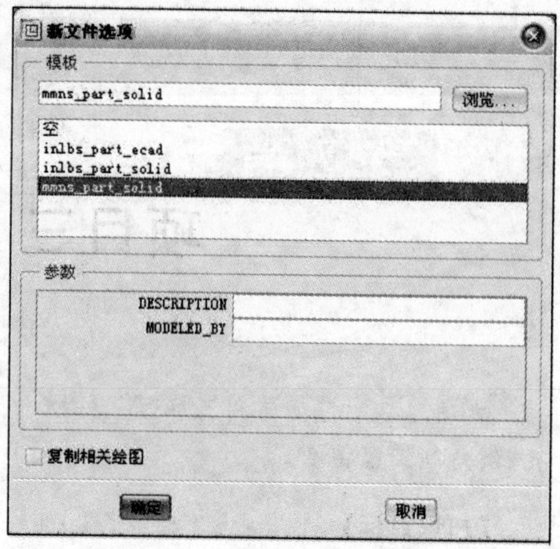

图 7.2 "新文件选项"对话框

(1)选择拉伸特征。进入零件设计模块后，单击右边工具栏中"拉伸特征"按钮，或者选择下拉菜单中的"插入"/"拉伸"命令，弹出如图 7.3 所示的拉伸操作面板。

图 7.3 拉伸操作面板

(2)选取拉伸特征类型。单击"拉伸实体"按钮、"薄板钣金件"按钮或"曲面"按钮，来绘制拉伸实体、薄板钣金件或曲面等拉伸特征。

图 7.4 "草绘"对话框

(3)创建截面草图。在拉伸操作面板中单击"放置"按钮，并在其上滑面板中单击"定义"按钮开始草绘定义。

(4)定义草绘面。系统弹出如图 7.4 所示的"草绘"对话框，根据系统提示选取草绘平面，采用默认的草绘方向，单击对话框下部的"草绘"按钮进入草绘界面。

(5)绘制截面图形。在草绘模式下，绘制拉伸截面，单击"完成"按钮，完成草图绘制。

(6)设置拉伸深度、方向。在拉伸操作面板中选择拉伸深度选项及拉伸方向等。

(7)预览拉伸特征。单击操作面板中的"预览"按钮，观察生成的拉伸特征。

(8)完成拉伸特征。单击"完成"按钮，完成拉伸特征的创建。

7.1.3 旋转特征

旋转特征是指绘制的截面图形绕旋转轴旋转一定角度而生成零件特征。通过旋转特征可以创建回转实体或曲面，既可以用于添加材料，也可以用于去除材料。旋转特征创建步骤如下：

(1)选择旋转特征。进入零件设计模块后，单击右边工具栏中“旋转特征” 按钮，或者选择下拉菜单中的“插入”/“旋转”命令，弹出如图 7.5 所示的操作面板。

图 7.5 旋转操作面板

(2)选取旋转特征类型。单击“旋转实体” 按钮、“薄板钣金件” 按钮或“曲面” 按钮，绘制旋转实体、薄板钣金件或曲面等旋转特征。

(3)创建截面草图。在旋转操作面板中单击“放置”按钮，并在其上滑面板中单击“定义”按钮，开始草绘定义。

(4)定义草绘面。系统弹出如图 7.4 所示的“草绘”对话框，根据系统提示选取草绘平面，采用默认的草绘方向，单击对话框下部的“草绘”按钮，进入草绘界面。

(5)绘制截面图形。在草绘模式下，绘制旋转截面和旋转轴，旋转截面要在旋转轴一侧，单击“完成” 按钮，完成草图绘制。

(6)设置旋转角度、方向。在旋转操作面板中选择旋转角度选项及旋转方向等。

(7)预览旋转特征。单击操作面板中的“预览” 按钮，观察生成的旋转特征。

(8)完成旋转特征。单击“完成” 按钮，完成旋转特征的创建。

7.1.4 孔特征

孔特征是机械零件中一种常见的工艺结构，是一种常用的工程特征。利用孔特征可以在其他特征基础上形成通孔、盲孔、台阶孔、沉孔、螺纹孔等各种形状的孔。孔特征创建步骤如下：

(1)选择孔特征。在零件设计模块中，单击右边工具栏中“孔特征” 按钮，或者选择下拉菜单中的“插入”/“孔”命令，弹出如图 7.6 所示的孔特征操作面板。

图 7.6 孔特征操作面板

(2)选取孔特征类型。单击“创建简单孔” 按钮或“创建标准孔” 按钮，创建绘制简单孔或标准孔等孔特征。

(3)选择放置参数。在操作面板上单击“放置”按钮，打开如图 7.7 所示的“放置”上滑面板，在“放置”栏中选择孔的放置平面，在“类型”栏中选择确定孔位置的方式（线性、径向或直径），在“偏移参照”栏中选择两个参考平面或边以确定孔的偏距（选择多个对象时要按下 Ctrl 键）。

(4)设置孔的尺寸。在操作面板中或“形状”上滑面板中或作图界面中设置孔的结构及各部分尺寸。

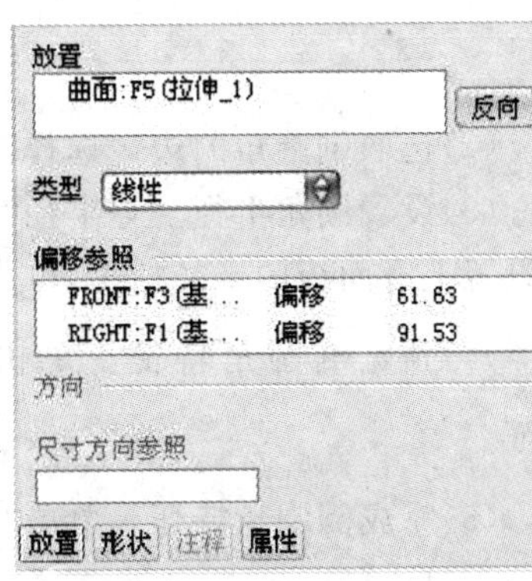

图 7.7 放置上滑面板

(5)预览孔特征。单击操作面板中的“预览”按钮，观察生成的孔特征。

(6)完成孔特征。单击“完成”按钮，完成孔特征的创建。

7.1.5 倒角特征

倒角特征是机械零件中一种常见的工艺结构，是一种常用的工程特征。利用倒角特征可以在其他特征基础上形成各种尺寸的倒角。倒角特征创建步骤如下：

(1)选择倒角特征。在零件设计模块中，单击右边工具栏中“倒角特征”按钮，或者选择下拉菜单中的“插入”/“倒角”命令，弹出如图7.8所示倒角特征操作面板。

图7.8 倒角特征操作面板

(2)选取倒角方式及类型。倒角分边倒角和拐角倒角两种方式。通常说的倒角指的是边倒角，选择需要倒角的边，倒角的类型，输入相应的倒角数值。

(3)预览倒角特征。单击操作面板中的“预览”按钮，观察生成的倒角特征。

(4)完成倒角特征。单击“完成”按钮，完成倒角特征的创建。

7.1.6 倒圆角特征

倒圆角特征是机械零件中一种常见的工艺结构，也是一种常用的工程特征。利用倒圆角特征可以在其他特征基础上生成等半径或变半径的圆角。倒圆角特征创建步骤如下：

(1)选择倒圆角特征。在零件设计模块中，单击右边工具栏中“倒圆角特征”按钮，或者选择下拉菜单中的“插入”/“倒圆角”命令，弹出如图7.9所示倒圆角特征操作面板。

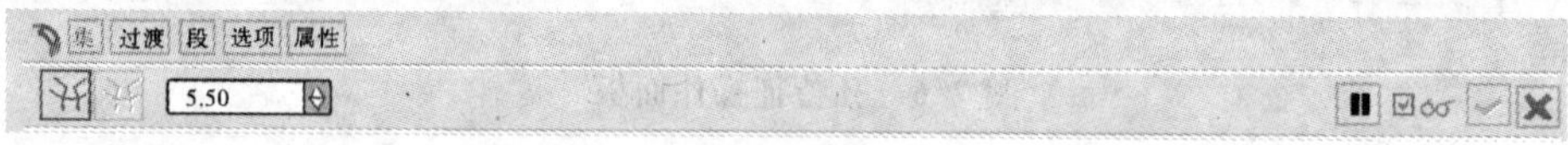

图7.9 倒圆角特征操作面板

(2)选取倒圆角的边。选择需要倒圆角的边，选择多个边时要按下Ctrl键。

(3)设置圆角半径。等半径时直接在操作面板中输入半径数值，变半径时在图7.10所示的设置上滑面板的半径栏中，单击鼠标右键，选择添加半径，并修改相应的半径值。

(4)预览倒圆角特征。单击操作面板中的“预览”按钮，观察生成的倒圆角特征。

(5)完成倒圆角特征。单击“完成”按钮，完成倒圆角特征的创建。

7.1.7 实体设计变更

在实体设计过程中，常常会遇到设计变更情况，如特征的编辑修改、删除、添加、隐含及重新排序等。

1）特征删除

对于不需要的特征，可以进行删除操作，具体步骤如下：

(1)选择需要删除的特征。在作图区或特征树中利用鼠标左键选择需要删除的特征。

(2)删除特征。在下拉菜单中选择“编辑”/“删除”命令，或者在特征树中的特征处或在作图区中单击鼠标右键，在弹出的快捷菜单中选择“删除”命令。

(3)确认删除操作。在系统出现的“删除”对话框中单击“确定”按钮，确定删除加亮的特征，完成删除操作。

提示：如果删除的特征有子特征，进行删除操作时，子特征会一同删除掉。

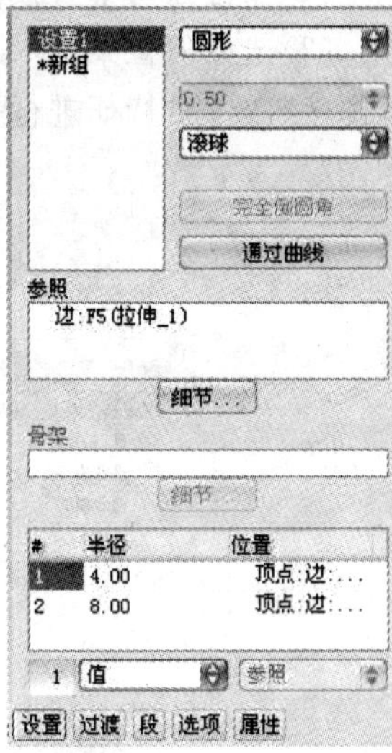

图 7.10 设置上滑面板

2）特征隐含与恢复

如果零件比较复杂，可以对部分特征进行隐含操作，使这些特征不再显示在作图区，不占用系统资源，减少模型再生成的时间。进行隐含操作的步骤如下：

(1)选择需要隐含的特征。在作图区或特征树中利用鼠标左键选择需要隐含的特征。

(2)隐含特征。在下拉菜单中选择“编辑”/“隐含”命令，或者在特征树中的特征处或在作图区中单击鼠标右键，在弹出的快捷菜单中选择“隐含”命令。

(3)确认隐含操作。在系统出现的隐含对话框中单击“确定”按钮，确定隐含加亮的特征，完成特征的隐含。

隐含的特征要重新调入，可以通过特征恢复来实现。进行恢复时，选择下拉菜单“编辑”/“恢复”/“恢复”(或“恢复上一个集”、“恢复全部”)命令，系统自动再生所选择的隐含特征。

3）特征编辑修改

对于已创建的特征，常常会遇到需要编辑修改的情况。如果需要修改尺寸、公差、表面粗糙度等情况，可在作图区中先选择该特征，再单击鼠标右键，在弹出的快捷菜单中选择“编辑”命令，或者直接在特征树中的特征处单击鼠标右键，在弹出的快捷菜单中选择“编辑”命令，该特征的有关尺寸、公差、表面粗糙度等项目即显示出来，选择需要修改的项目即可以进行修改。

如果需要对某个特征进行重新定义，可以在快捷菜单上选择“编辑定义”项，对该特征进行重新定义。

4）特征重新排序

Pro/E 中零件都是由多个特征组成的，这些特征在特征树中按照特征建立的先后顺序进行排列，特征之间的关系分为父子关系和兄弟关系。父子关系是子特征建立时采用了父特征中的要素(边、面)作为自己的参照，它们之间有先后之分；兄弟关系是各特征建立时没有相互关联，彼此之间没有先后之分。

特征排序仅仅能够改变具有兄弟关系的特征之间的次序。重新排序时可采用下面两种方法：

(1)在特征树中直接拖动该特征到目标位置,实现特征次序的调整。

(2)选择下拉菜单"编辑"/"特征操作"命令(见图 7.11),在弹出的菜单管理器中选择"重新排序"命令对特征进行排序。

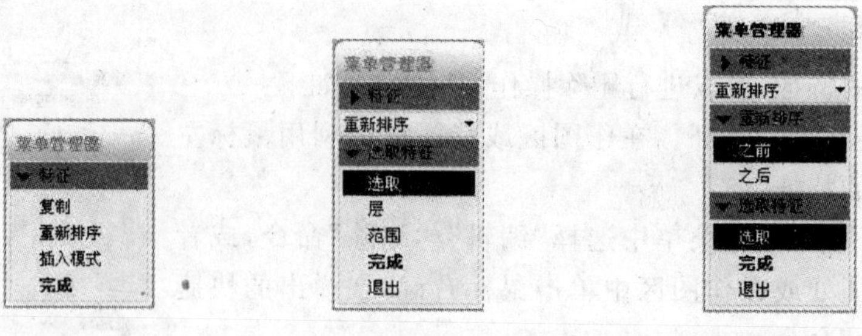

图 7.11　特征菜单管理器

7.2　项目实例 4(支架 1)操作分析

7.2.1　图形分析

图 7.12 所示为一支架 1 零件图,要求绘制它的实体模型。

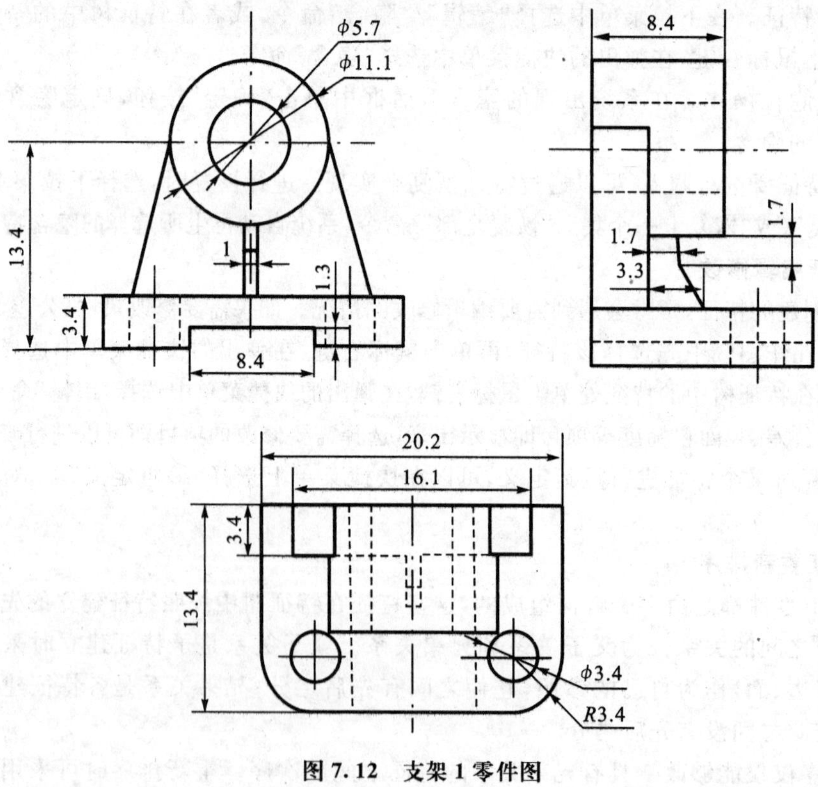

图 7.12　支架 1 零件图

该零件由 3 部分组成：一部分为固定部分，长方体结构，上面带有两个安装孔和两个圆角，底部还有一个通槽；一部分为支撑部分，空心圆柱结构；中间为连接部分，由两块板组成。

根据零件结构，固定部分可以利用拉伸特征首先建立一个长方体，再利用孔特征和倒圆角特征完成两个圆孔及圆角，最后利用拉伸除料完成槽的创建。固定部分也可以利用一个拉伸特征完成长方体、两个圆孔及两个圆角，再利用拉伸除料完成槽的创建。连接部分可以采用两个拉伸特征完成，也可以采用一个拉伸特征和一个筋特征完成。支撑部分可以采用一个或两个拉伸特征或旋转特征完成。三部分先创建哪一部分都可以，此处先利用旋转特征创建支撑部分，再利用拉伸特征和筋特征创建连接部分，最后利用拉伸特征、孔特征及倒圆角特征创建固定部分。

7.2.2 实体创建步骤

1）创建支架 1 文件

在打开的 Pro/E 界面中，单击“新建” 按钮，或者选择“文件”/“新建”命令，打开“新建”对话框(见图 7.1)，类型选择“零件”，子类型选择“实体”，名称为 zhijia1，在“使用缺省模板”前面单击，取消缺省模板，然后单击“确定”按钮，在弹出的“新文件选项”对话框中选择公制模板 mmns_part_solid(见图7.2)，单击“确定”按钮进入 Pro/E 零件设计主界面。

2）创建支撑部分

(1)选择旋转特征。单击右边工具栏中“旋转特征” 按钮，或者选择下拉菜单中的“插入”/“旋转”命令，弹出如图 7.5 所示操作面板。

(2)选取旋转特征类型。单击“作为实体旋转” 按钮，绘制旋转实体。

(3)创建截面草图。在旋转操作面板中单击“放置”按钮，并在其上滑面板中单击“定义”按钮开始草绘定义。

(4)定义草绘面。系统弹出如图 7.4 所示的“草绘”对话框，根据系统提示选取 RIRHT 面作为草绘平面，采用默认的草绘方向，单击对话框下部的“草绘”按钮，进入草绘界面。

(5)绘制截面图形。在草绘模式下，单击“矩形” 和“中心线” 按钮，绘制如图 7.13 所示的旋转截面和旋转轴，单击“完成” 按钮，完成草图绘制。

(6)设置旋转角度。在旋转操作面板中旋转角度设置为 360°，绘制空心圆柱。

(7)预览旋转特征。单击操作面板中的“预览” 按钮，观察生成的空心圆柱。

(8)完成旋转特征。单击“完成” 按钮，完成支撑部分的创建，创建的空心圆柱如图7.14所示。

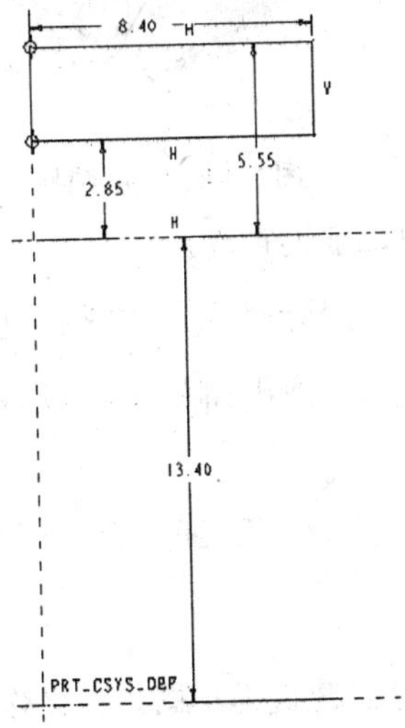

图 7.13 旋转截面和旋转轴

3）创建连接部分

(1)创建支撑板。

①选择拉伸特征。单击右边工具栏中“拉伸特征”按钮，或者选择下拉菜单中的“插入”/“拉伸”命令，弹出如图 7.3 所示拉伸操作面板。

②选取拉伸特征类型。单击“拉伸为实体”按钮，绘制拉伸实体。

③创建截面草图。在拉伸操作面板中单击“放置”按钮，并在其上滑面板中单击“定义”按钮，开始草绘定义。

④定义草绘面。系统弹出如图 7.4 所示的“草绘”对话框，选取空心圆柱端面(TOP 面)为草绘平面，采用默认的草绘方向，单击对话框下部的“草绘”按钮进入草绘界面。

⑤绘制截面图形。在草绘模式下，绘制如图 7.15 所示的拉伸截面，单击“完成”按钮完成草图绘制。

⑥设置拉伸深度、方向。在拉伸操作面板中拉伸深度为 3.4，通过“反向”按钮调整合适的拉伸方向。

⑦预览拉伸特征。单击操作面板中的“预览”按钮，观察生成的拉伸特征。

⑧完成拉伸特征。单击“完成”按钮，完成拉伸特征的创建，创建的支撑板如图 7.16 所示。

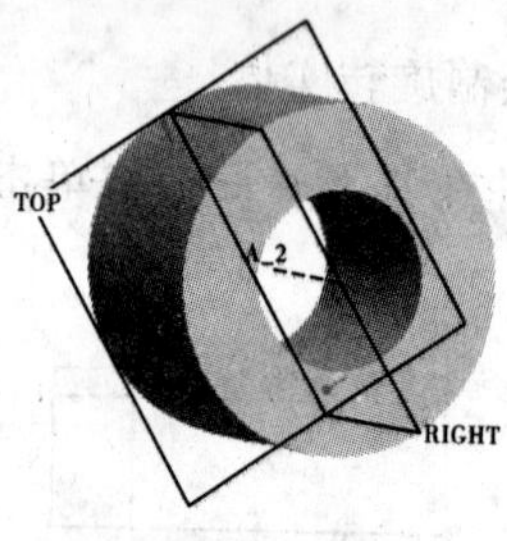

图 7.14　空心圆柱

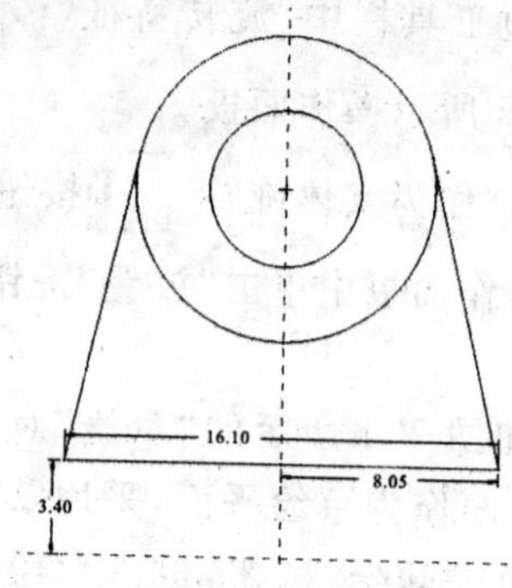

图 7.15　拉伸截面

图 7.16　支撑板

(2)筋的创建。

①选择筋特征。单击右边工具栏中“筋特征”按钮，或者选择下拉菜单中的“插入”/“筋”命令，弹出如图 7.17 所示筋特征操作面板。

图 7.17　筋特征操作面板

②创建截面草图。在操作面板中单击“参照”按钮，并在其上滑面板中单击“定义”按钮开始草绘定义。

③定义草绘面。系统弹出如图 7.4 所示的“草绘”对话框，选取 RIGHT 面为草绘平面，采用默认的草绘方向，单击对话框下部的“草绘”按钮进入草绘界面。

④绘制截面图形。在草绘模式下，绘制截面图形（截面图形应该是开放曲线，见图7.18），单击“完成”按钮完成草图绘制。

⑤设置筋板厚度。在操作面板中输入筋板厚度1，并通过“反向”按钮调整筋板在草绘平面两侧的厚度。如果作图区未显示筋板图形，可在“参照”上滑面板中单击“反向”按钮。

⑥完成筋特征。单击“完成”按钮完成筋板绘制，绘制的筋板如图7.19所示。

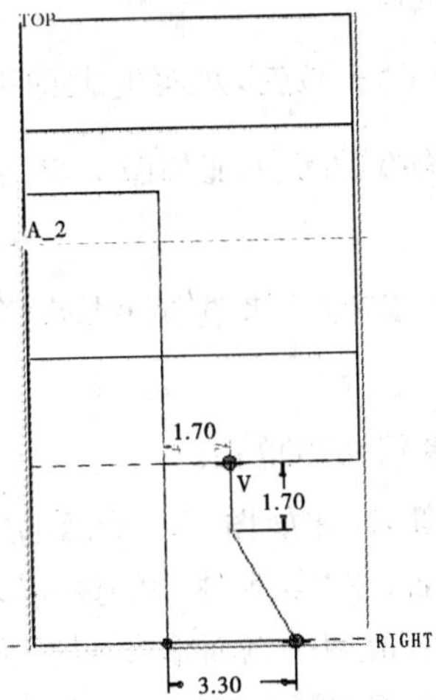

图7.18 截面图形

图7.19 筋板

4）创建固定部分

(1)创建长方体板。

①选择拉伸特征。单击右边工具栏中“拉伸特征”按钮，或者选择下拉菜单中的“插入”/“拉伸”命令，弹出如图7.3所示的拉伸操作面板。

②选取拉伸特征类型。单击“拉伸为实体”按钮，绘制拉伸实体。

③创建截面草图。在拉伸操作面板中单击“放置”按钮，并在其上滑面板中单击“定义”按钮，开始草绘定义。

④定义草绘面。系统弹出如图7.4所示的“草绘”对话框，选取连接部分底面为草绘平面，采用默认的草绘方向，单击对话框下部的“草绘”按钮进入草绘界面。

⑤绘制截面图形。在草绘模式下，绘制如图7.20所示的拉伸截面，单击“完成”按钮，完成草图绘制。

⑥设置拉伸深度。在拉伸操作面板中拉伸深度为3.4。

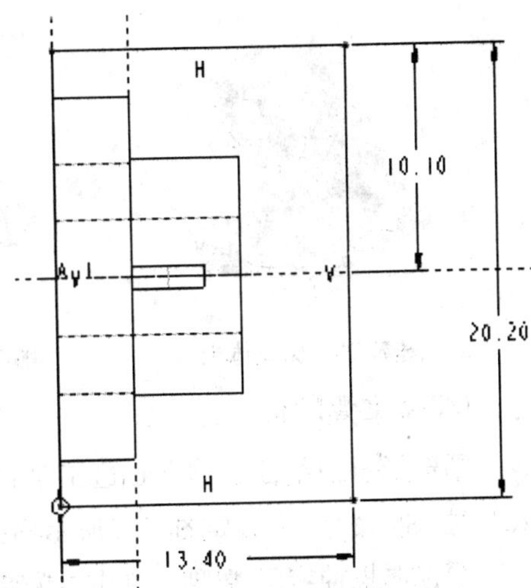

图7.20 拉伸截面

⑦预览拉伸特征。单击操作面板中的“预览”按钮，观察生成的拉伸特征。

⑧完成拉伸特征。单击“完成”按钮，完成拉伸特征的创建，创建的长方体板如图7.21所示。

(2)倒圆角。

①选择倒圆角特征。单击右边工具栏中“倒圆角特征”按钮，或者选择下拉菜单中的“插入”/“倒圆角”命令，弹出如图7.9所示的倒圆角特征操作面板。

②选取倒圆角的边。选择长方体板前面的两个棱边。

③设置圆角半径。在操作面板中输入半径数值3.4。

④预览倒圆角特征。单击操作面板中的“预览”按钮，观察生成的倒圆角特征。

⑤完成倒圆角特征。单击“完成”按钮，生成的倒圆角特征如图7.22所示。

(3)创建孔特征。

①选择孔特征。单击右边工具栏中“孔特征”按钮，或者选择下拉菜单中的“插入”/“孔”命令，弹出如图7.6所示的孔特征操作面板。

②选取孔特征类型。单击“简单孔”按钮，选择绘制简单孔。

③选择放置参数。在操作面板上单击“放置”按钮，打开如图7.7所示的“放置”上滑面板，在“放置”栏中选择孔的放置平面为长方体板上表面，在“类型”栏中选择确定孔位置的方式为线性，在“偏移参照”栏中按下Ctrl键选择长方体板的两个侧面作参照平面。

④设置孔的尺寸。在作图界面中设置孔的位置、直径和深度。

⑤预览孔特征。单击操作面板中的“预览”按钮，观察生成的孔特征。

⑥完成孔特征。单击“完成”按钮，完成孔特征的创建。

⑦采用同样步骤生成另外一个孔特征，生成的孔如图7.23所示。

图7.21　长方体板

图7.22　倒圆角特征

图7.23　孔特征

(4)创建槽特征。

①选择拉伸特征。单击右边工具栏中“拉伸特征”按钮，或者选择下拉菜单中的“插入”/“拉伸”命令，弹出如图7.3所示的拉伸操作面板。

②选取拉伸特征类型。单击“拉伸为实体”按钮，绘制拉伸实体，单击“去除材料”按钮，选择去除材料。

③创建截面草图。在拉伸操作面板中单击“放置”按钮，并在其上滑面板中单击“定义”按钮，开始草绘定义。

④定义草绘面。系统弹出如图7.4所示的“草绘”对话框，选取长方体底面为草绘平面，

采用默认的草绘方向，单击对话框下部的“草绘”按钮进入草绘界面。

⑤绘制截面图形。在草绘模式下，绘制如图 7.24 所示的拉伸截面，单击“完成”按钮，完成草图绘制。

⑥设置拉伸深度。在拉伸操作面板中拉伸深度为 1.3。

⑦预览拉伸特征。单击操作面板中的“预览”按钮，观察生成的槽。

⑧完成拉伸特征。单击“完成”按钮，完成拉伸特征的创建，创建的支架 1 如图 7.25 所示。

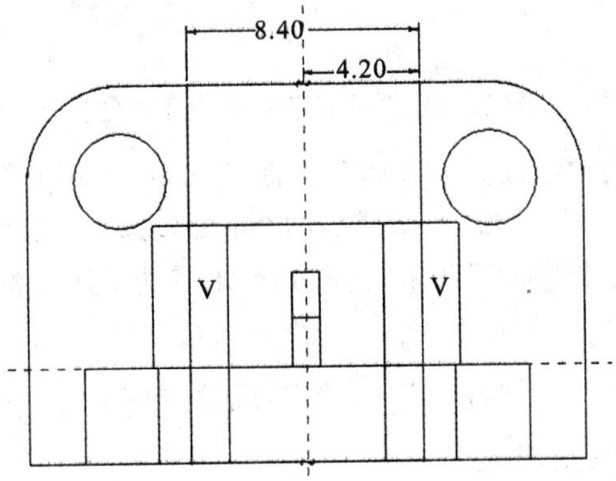

图 7.24　拉伸截面

图 7.25　支架 1

7.3　项目实例 5(角度板)操作分析

7.3.1　图形分析

图 7.26 所示为一角度板零件图，要求绘制它的实体模型。该零件可看作由板状条料弯

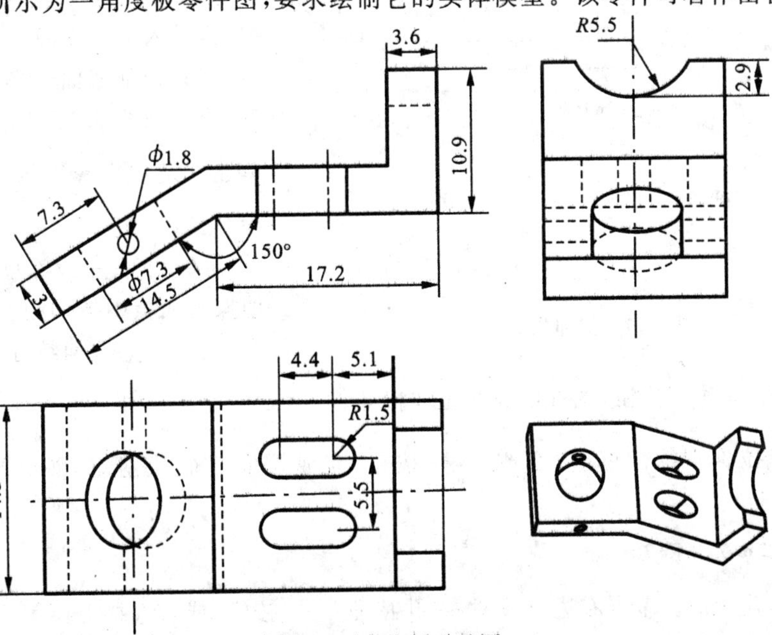

图 7.26　角度板零件图

折而成，共由3部分组成：左侧部分带有两个圆孔；中间部分带有两个异型孔；右侧部分带有一个半圆槽。

根据零件结构，3部分分别创建时显得有些麻烦。注意到3部分宽度一样，因此可以采用拉伸特征把3部分的主要结构一次拉伸成形，然后利用拉伸特征和孔特征创建几个孔和槽特征，完成角度板的创建。

7.3.2 实体创建步骤

1）创建角度板文件

在打开的Pro/E界面中，单击“新建”按钮，或者选择“文件”/“新建”命令，打开“新建”对话框(见图7.1)，类型选择“零件”，子类型选择“实体”，名称为jiaoduban，在“使用缺省模板”前面单击，取消缺省模板，然后单击“确定”按钮，在弹出的“新文件选项”对话框中选择公制模板mmns_part_solid(见图7.2)，单击“确定”按钮，进入Pro/E零件设计主界面。

2）创建板特征

(1)选择拉伸特征。单击右边工具栏中“拉伸特征”按钮，或者选择下拉菜单中的“插入”/“拉伸”命令，弹出如图7.3所示拉伸操作面板。

(2)选取拉伸特征类型。单击“拉伸为实体”按钮，绘制拉伸实体。

(3)创建截面草图。在拉伸操作面板中单击“放置”按钮，并在其上滑面板中单击“定义”按钮，开始草绘定义。

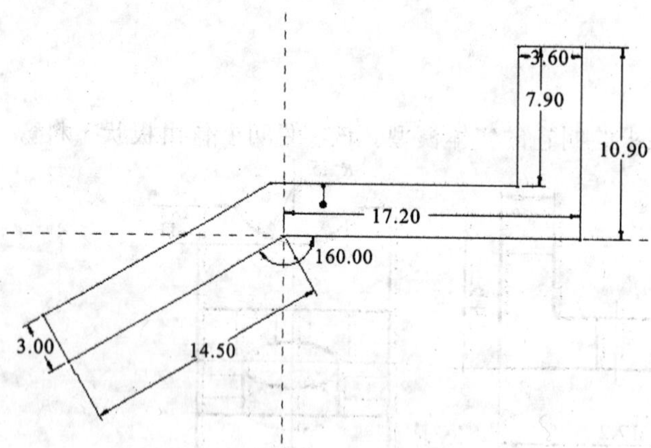

图7.27 拉伸截面

(4)定义草绘面。系统弹出如图7.4所示的“草绘”对话框，选取FRONT面为草绘平面，采用默认的草绘方向，单击对话框下部的“草绘”按钮，进入草绘界面。

(5)绘制截面图形。在草绘模式下，绘制如图7.27所示的拉伸截面，单击“完成”按钮，完成草图绘制。

(6)设置拉伸深度、方向。在拉伸操作面板中拉伸深度为14.5。

(7)预览拉伸特征。单击操作面板中的“预览”按钮，观察生成的拉伸特征。

(8)完成拉伸特征。单击“完成”按钮，完成拉伸特征的创建，创建的板特征如图7.28所示。

3）创建φ7.3圆孔

(1)选择孔特征。单击右边工具栏中“孔特征”按钮，或者选择下拉菜单中的“插入”/

“孔”命令，弹出如图 7.6 所示的孔特征操作面板。

(2)选取孔特征类型。单击“简单孔” 按钮，选择绘制简单孔。

(3)选择放置参数。在操作面板上单击“放置”按钮，打开如图 7.7 所示的“放置”上滑面板，在“放置”栏中选择孔的放置平面为左侧板的上表面，在“类型”栏中选择确定孔位置的方式为线性，在“偏移参照”栏中按下 Ctrl 键选择板的两个侧面作参照平面。

(4)设置孔的尺寸。在作图界面中设置孔的位置、直径和深度。

(5)预览孔特征。单击操作面板中的“预览” 按钮，观察生成的孔特征。

(6)完成孔特征。单击“完成” 按钮，完成孔特征的创建，创建的孔特征如图 7.29 所示。

4）创建 ϕ1.8 圆孔

(1)选择孔特征。单击右边工具栏中“孔特征” 按钮，或者选择下拉菜单中的“插入”/“孔”命令，弹出如图 7.6 所示的孔特征操作面板。

(2)选取孔特征类型。单击“简单孔” 按钮，选择绘制简单孔。

(3)选择放置参数。在操作面板上单击“放置”按钮，打开如图 7.7 所示的“放置”上滑面板，在“放置”栏中选择孔的放置平面为板的前面，在“类型”栏中选择确定孔位置的方式为线性，在“偏移参照”栏中按下 Ctrl 键选择板的侧面和上表面作参照平面。

(4)设置孔的尺寸。在作图界面中设置孔的位置、直径和深度。

(5)预览孔特征。单击操作面板中的“预览” 按钮，观察生成的孔特征。

(6)完成孔特征。单击“完成” 按钮，完成孔特征的创建，创建的孔特征如图 7.30 所示。

图 7.28 板特征

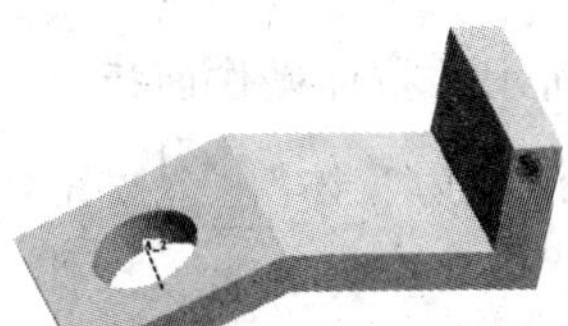

图 7.29 孔特征

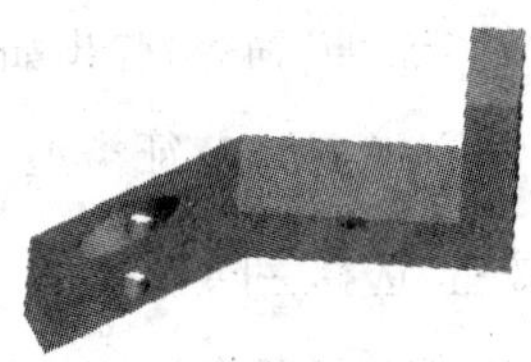

图 7.30 孔特征

5）创建两个异型孔

(1)选择拉伸特征。单击右边工具栏中的“拉伸特征” 按钮，或者选择下拉菜单中的“插入”/“拉伸”命令，弹出如图 7.3 所示的拉伸操作面板。

(2)选取拉伸特征类型。单击“拉伸为实体” 按钮，绘制拉伸实体，单击“去除材料” 按钮，选择去除材料。

(3)创建截面草图。在拉伸操作面板中单击“放置”按钮，并在其上滑面板中单击“定义”按钮，开始草绘定义。

(4)定义草绘面。系统弹出如图 7.4 所示的“草绘”对话框，选取板的上表面为草绘平面，采用默认的草绘方向，单击对话框下部的“草绘”按钮进入草绘界面。

(5)绘制截面图形。在草绘模式下绘制如图 7.31 所示的拉伸截面，单击“完成”✔按钮，完成草图绘制。

(6)设置拉伸深度。在拉伸操作面板中拉伸深度为 3。

(7)预览拉伸特征。单击操作面板中的“预览”☑ ⚭按钮，观察生成的异型孔。

(8)完成拉伸特征。单击“完成”✔按钮，完成拉伸特征的创建，创建的异型孔如图 7.32 所示。

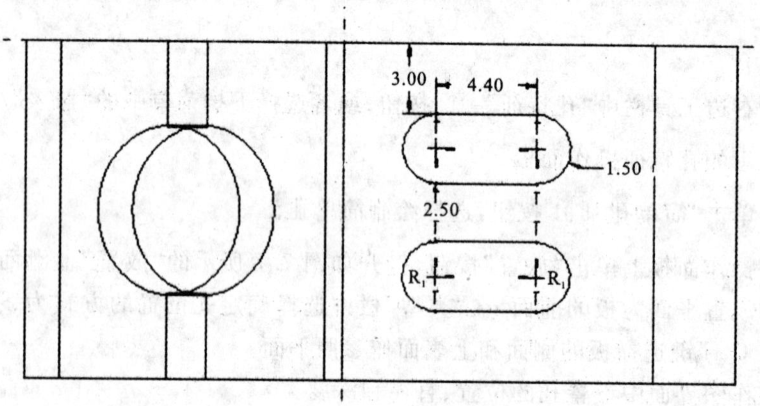

图 7.31　拉伸截面

图 7.32　异型孔

6）创建槽特征

(1)选择拉伸特征。单击右边工具栏中的“拉伸特征”按钮，或者选择下拉菜单中的“插入”/“拉伸”命令，弹出如图 7.3 所示的拉伸操作面板。

(2)选择拉伸特征类型。单击“拉伸为实体”按钮，绘制拉伸实体，单击“去除材料”按钮，选择去除材料。

(3)创建截面草图。在拉伸操作面板中单击“放置”按钮，并在其上滑面板中单击“定义”按钮，开始草绘定义。

(4)定义草绘面。系统弹出如图 7.4 所示的“草绘”对话框，选取板的右侧面为草绘平面，采用默认的草绘方向，单击对话框下部的“草绘”按钮进入草绘界面。

(5)绘制截面图形。在草绘模式下，绘制图 7.33 所示的拉伸截面，单击“完成”✔按钮，完成草图绘制。

(6)设置拉伸深度。在拉伸操作面板中拉伸深度为 3.6。

(7)预览拉伸特征。单击操作面板中的“预览”☑ ⚭按钮，观察生成的槽。

(8)完成拉伸特征。单击“完成”✔按钮，完成槽特征的创建，创建的角度板如图 7.34 所示。

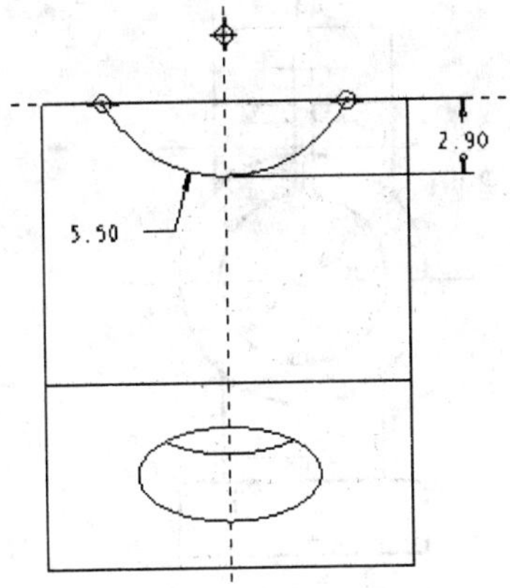

图 7.33 拉伸截面

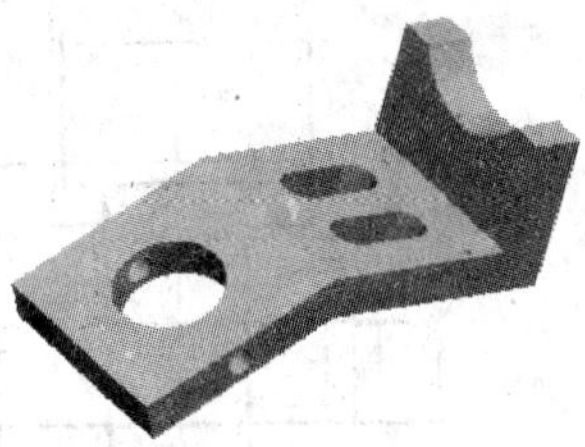

图 7.34 角度板

7.4 项目总结

通过前面两个项目的学习,可以非常熟练地掌握以下重要内容:

(1)拉伸、旋转等基本特征的生成步骤。

(2)孔、倒角、倒圆角等工程特征的生成步骤。

(3)特征的基本操作。

(4)形状比较规则、稍微复杂的零件的创建。

7.5 项目拓展

7.5.1 实例特征分析

图 7.35 所示为一支架 1 类零件图,要求创建出它的实体模型。

该零件由 3 部分组成:一部分为固定部分,长方体结构,上表面四周有圆角,长方体上还带有两个安装用异形孔和四个圆角;一部分为支撑部分,空心圆柱结构,上部沿轴线方向开一直槽,与轴线垂直方向有一个紧固用凸台;中间为连接部分,由一块长方体板组成,四周带有圆角。

固定部分的长方体结构可以采用拉伸特征完成,两个异型孔可以采用拉伸除料完成,几个圆角采用倒圆角特征完成;中间连接部分采用拉伸特征和倒圆角特征创建;支撑部分的空心圆柱结构采用拉伸或旋转特征完成,凸台部分采用拉伸特征完成,直槽可以采用拉伸除料来完成。

7.5.2 工艺路线分析

根据零件结构特点,固定部分、连接部分、支撑部分这 3 部分,首先完成哪一部分的主要结构的创建都是可以的,再依次完成其他部分。考虑到后续部分创建的方便性,本文采用下述路线进行创建:空心圆柱(拉伸或旋转特征)→凸台(拉伸特征)→凸台上圆孔(拉伸除料)

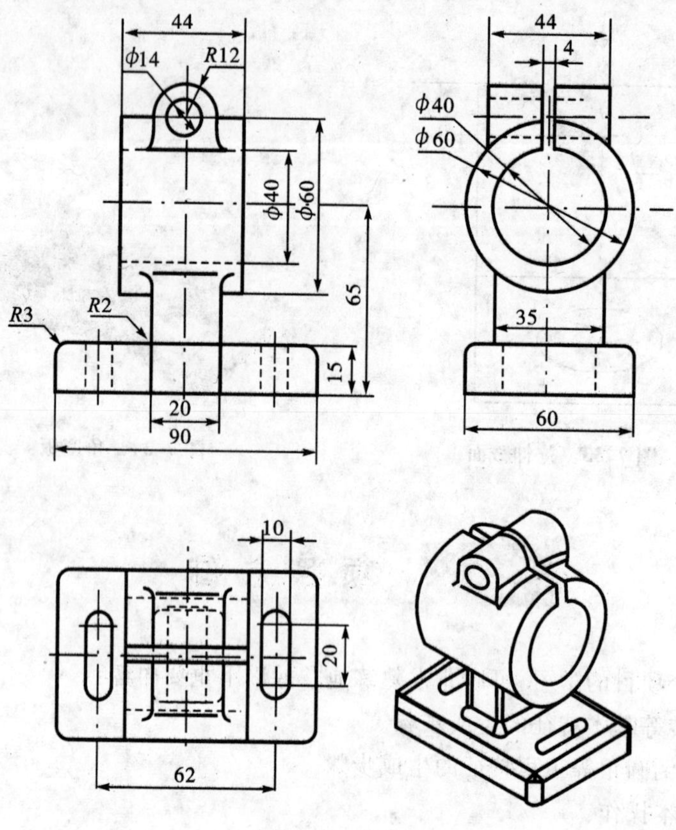

图 7.35 支 架 1

→直槽(拉伸除料)→连接板(拉伸特征)→固定板(拉伸特征)→异型孔(拉伸除料)→所有圆角(倒圆角特征)。

技巧提示:注意到图示零件的前后方向及左右方向,零件都是对称的,因此在创建相应特征时选用这些对称面作为草绘平面,再采用双向对称拉伸的方法创建这些特征。

创建该实体的主要步骤如下:

(1)利用 RIGHT 面作草绘平面,参照选 FRONT 面,采用双向对称拉伸的方法创建拉伸特征,创建的空心圆柱如图 7.36 所示。

(2)创建凸台。利用 FRONT 面作草绘平面,采用双向对称拉伸的方法创建拉伸特征,创建的凸台如图 7.37 所示。

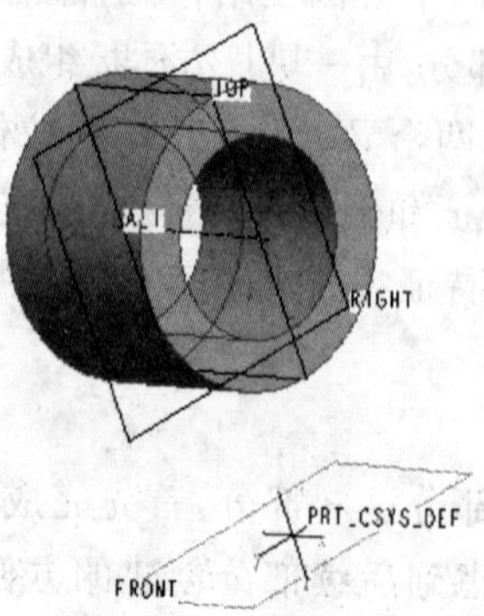

图 7.36 空心圆柱

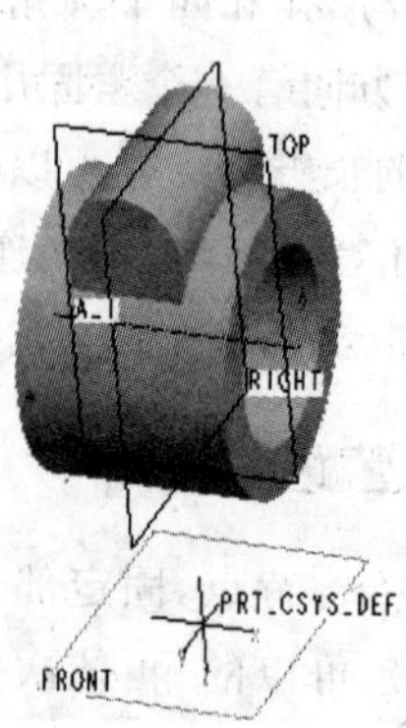

图 7.37 凸台

(3)创建凸台上圆孔。利用凸台的端面作为草绘平面，采用拉伸除料创建凸台上圆孔，创建的圆孔如图 7.38 所示。

(4)创建直槽。利用空心圆柱的端面作草绘平面创建拉伸除料特征，创建的直槽如图 7.39所示。

(5)创建连接板。利用面 RIGHT 作草绘平面，采用双向对称拉伸的方法创建拉伸特征，创建的连接板如图 7.40 所示。

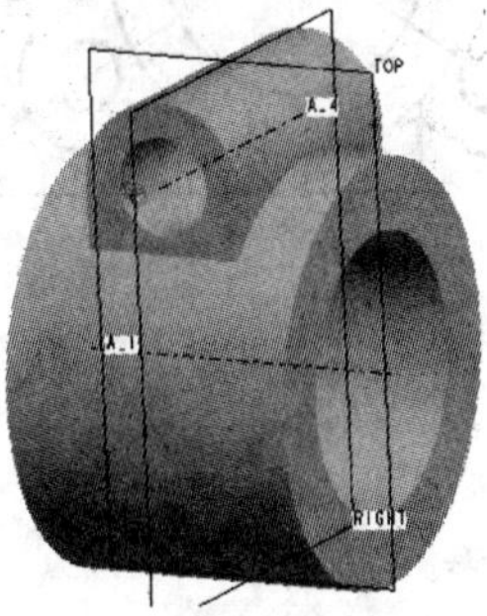

图 7.38　圆孔

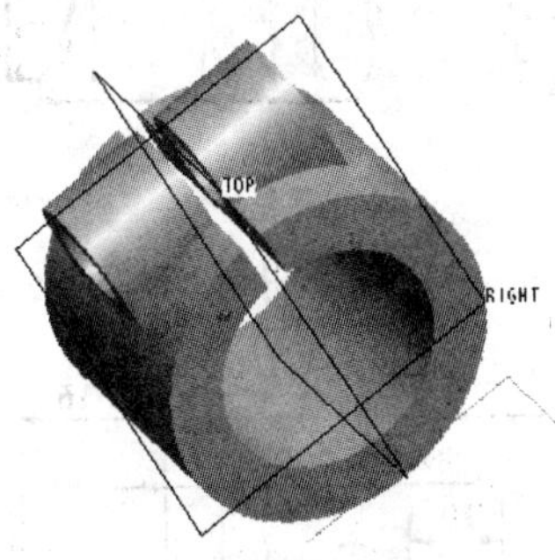

图 7.39　直槽

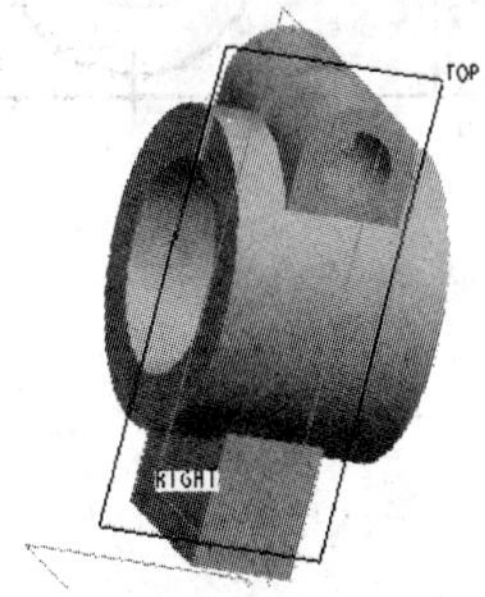

图 7.40　连接板

(6)创建固定板。利用连接板底面作草绘平面创建拉伸特征，创建的固定板如图7.41所示。

(7)创建异型孔。利用固定板上表面作草绘平面创建拉伸除料特征，创建的两个异型孔如图 7.42 所示。

(8)创建圆角。利用倒圆角命令对所有倒圆角部位进行倒圆角操作，创建的支架 1 实体特征如图 7.43 所示。

图 7.41　固定板

图 7.42　异型孔

图 7.43　支架 1

思考与练习

(1)根据图 7.44 和图 7.45 中所给零件图，绘制零件的实体模型。

(2)分析图 7.46 和图 7.47 所示的实体零件的结构特点，创建零件的实体模型(尺寸自定)。

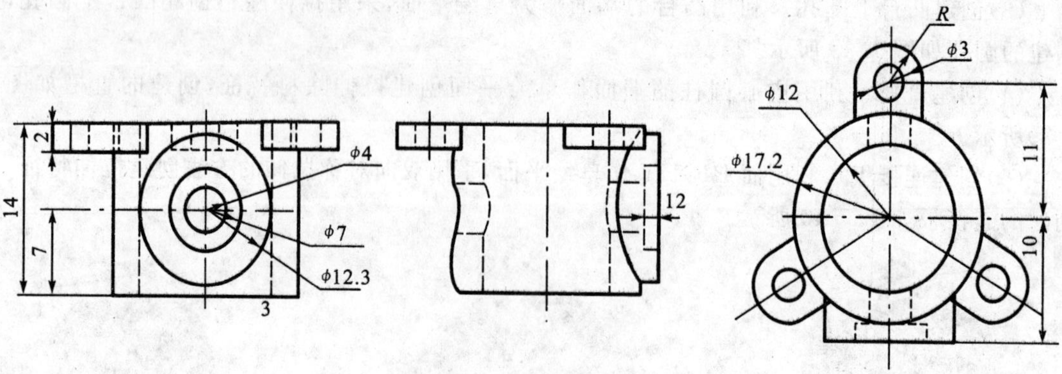

图 7.44　支 架 1

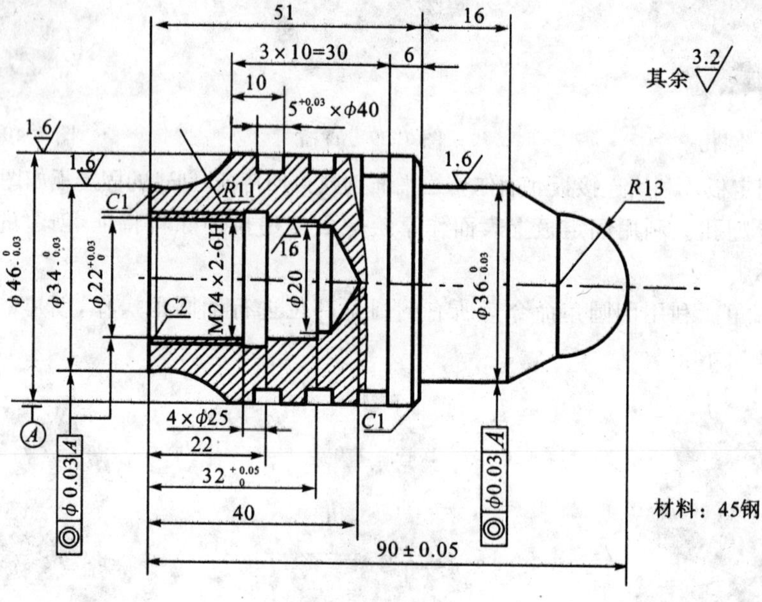

图 7.45　轴

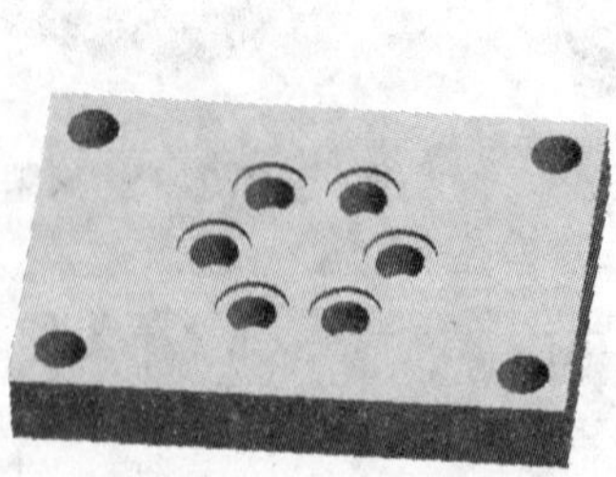

图 7.46　模板

图 7.47　旋转体

第8章

项目四 Pro/E 高级建模

本项目将学习如何利用基准特征、抽壳特征、扫描特征、混合特征、复制特征创建形状复杂的实体零件。

【知识目标】

(1)基准的生成。

(2)抽壳特征的生成步骤。

(3)扫描特征的基本操作。

(4)混合特征的基本操作。

(5)复制特征的运用。

【技能目标】

通过本项目实例演练,掌握基准特征、抽壳特征、扫描特征、混合特征、复制特征的生成步骤,能够绘制形状复杂的零件模型。

8.1 基础知识链接

8.1.1 基准特征

基准是指用来确定其他点、线、面位置的点、线、面。在 Pro/E 软件的基准工具条中,提供了基准点、基准线、基准面等命令,可以用来创建基准特征。

1) 基准点

基准点是创建曲面特征时最基本的辅助工具,常用作特征创建时的参照。在基准点处常用 PNT0、PNT1、PNT2 等名称标示。

基准点的创建方式与几何点基本相同,用户只要提供能够确定唯一点的条件,系统就会自动完成基准点的创建。在零件设计模式下,选取"插入"/"模型基准"/"点"命令,或直接在特征工具栏单击基准点工具栏 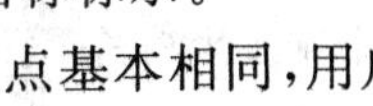 中的一个按钮,即可开始创建基准点。

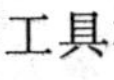:在平面、曲面或曲线上创建基准点,或创建沿放置面法线偏移的基准点。

:使用草绘方法建立基准点。

:在选定坐标系下,利用坐标值创建基准点。

:利用鼠标在实体或曲面上单击创建域点,不须精确定位,系统也不赋予相应的尺寸参数。

(1)在面上创建基准点或面上偏移的基准点。

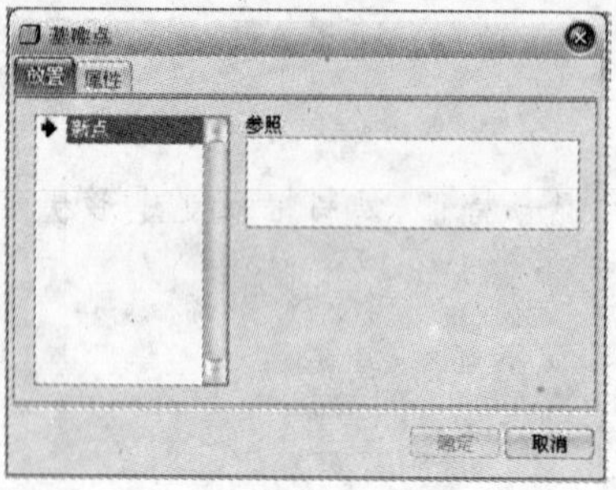

图 8.1 "基准点"对话框

①在零件模块,单击"基准点"按钮,出现"基准点"对话框,如图 8.1 所示。

②在基准坐标平面边线上单击,在单击处出现名称为 PNT0 的基准点。

③拖动基准点 PNT0 的两个图柄到相互垂直的两个基准面上定义点 PNT0 的位置。

④调整放置尺寸,可在"基准点"对话框中双击"偏移参照"项下的尺寸值,然后键入一个新值,即可完成面上的点的创建。

⑤创建面上偏移的点时,再单击"基准点"对话框中"参照"栏目中的"在…上",并从下拉列表中选择"偏移",在"偏移"尺寸框中键入偏移值,完成面上偏移的基准点。

⑥单击"新点"进行切换,可继续创建新基准点。

(2)在图元相交处创建基准点。

①在零件模块,单击"基准点"按钮,出现"基准点"对话框。

②按下 Ctrl 键,选取下列相交图元:三个曲面或基准平面;与曲面或基准平面相交的曲线、基准轴或边;两条相交的曲线、边或轴。则在相交处产生一个新的基准点。

③单击"新点"按钮进行切换,继续创建新基准点。

(3)使用草绘建立基准点。

①在基准工具栏中,单击"草绘基准点"按钮,打开草绘基准点对话框。

②选取草绘平面,接受缺省方向,单击"草绘基准点"对话框中的"草绘"按钮,进入草绘界面。

③单击"创建点"按钮,在草绘平面放置点。

④单击"完成"按钮,退出草绘界面,完成基准点的创建。

(4)利用坐标值创建基准点。

①单击"偏移坐标系基准点"按钮,弹出偏移坐标系基准点对话框。

②在图形窗口选取参照坐标系 PRT_CSYS_DEF,并在"类型"列表中选取笛卡儿坐标系。

③在表格中单击输入点的坐标值。要创建多个点,可单击表的下一行,继续键入坐标值。

④单击"确定"按钮,完成基准点的创建。

2）基准线

曲线是建立曲面特征时最常用、最重要的辅助工具，常常作为曲面特征的边界线或者是扫描用的轨迹线。在“插入”菜单栏或特征工具栏上，建立曲线的工具有两个：插入“基准曲线”按钮和“草绘基准曲线”按钮。

“插入基准曲线”按钮。单击此按钮，弹出如图 8.2 所示的“曲线选项”菜单命令，共包含“经过点”、“自文件”、“使用剖截面”和“从方程”4 个命令。“经过点”是把许多基准点或图形中的端点串连成一条曲线，在曲线转折处可使用“样条”、“单一半径”或“多重半径”来构成。“自文件”是利用读取 *.ibl 的纯文本数据文件，通过里面定义的坐标轴与点坐标值来产生曲线。“使用剖截面”是复制“模型剖切”的截面边缘成为曲线，“模型剖切”功能在菜单栏的“工具”下拉菜单中。“从方程”则是以编辑方程式来产生曲线，可选择直角坐标，圆柱坐标或球坐标。

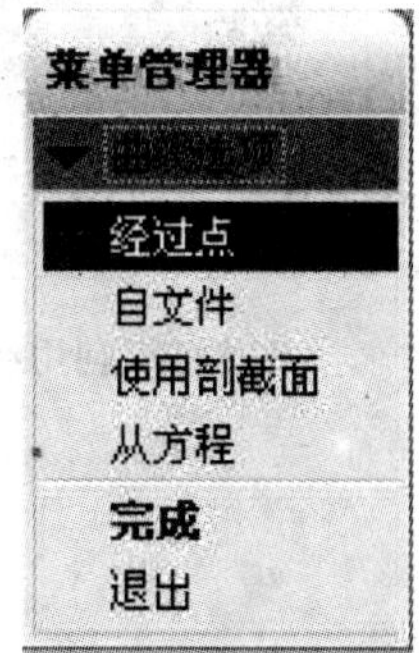

图 8.2　菜单管理器

“草绘基准曲线”按钮：单击此按钮，选择草绘平面和参照，并且在草绘平面上绘制基准曲线。

(1)利用“经过点”的方法建立基准曲线。

①利用基准点工具创建几个基准点。

②单击“插入基准曲线”按钮，弹出“曲线选项”菜单管理器。

③单击“经过点”及“完成”按钮，弹出“连结类型”菜单管理器和“曲线：通过点”对话框，如图 8.3 所示。

④采用“样条”/“整个阵列”/“增加点”方法建立曲线。依次选取几个基准点，单击“完成”，结束选点。

⑤定义相切，在“曲线：通过点”对话框中选中“相切”，单击“定义”按钮，弹出“定义相切”对话框。

⑥选择“起始”/“曲面”/“相切”命令后，选择相切平面。

⑦选择“终止”/“曲面”/“法向”命令后，选择垂直平面。

⑧单击“确定”，完成曲线建立。

(2)利用从方程建立基准曲线。

①单击“插入基准曲线”按钮，弹出“曲线选项”菜单管理器。

②单击“从方程”及“完成”按钮，弹出“得到坐标系”菜单管理器和“曲线：从方程”对话框，如图 8.4 所示。

③在图形窗口选取参照坐标系 PRT_CSYS_DEF，并在“设置坐标类型”菜单管理器中选取笛卡儿坐标系。

④在弹出的记事本中输入参数方程(见图 8.5)，保存后关闭。

⑤单击“曲线：从方程”对话框中预览按钮，观察生成的曲线。

⑥单击“确定”按钮，完成基准曲线的创建。

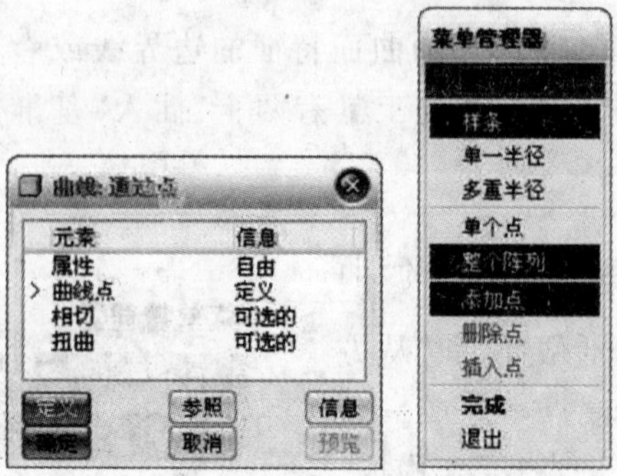

图 8.3 利用经过点建立基准曲线

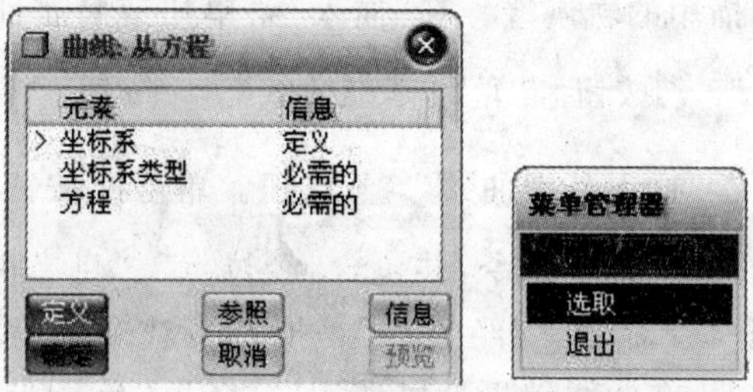

图 8.4 从方程建立基准曲线

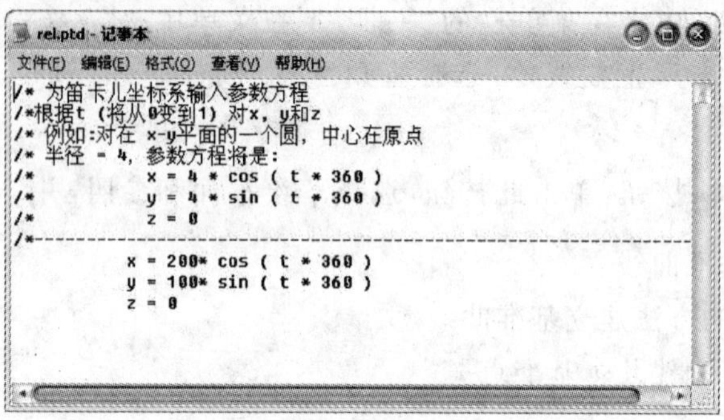

图 8.5 参数方程

(3)草绘基准曲线。

①单击“草绘基准曲线”按钮,弹出“草绘的基准曲线”对话框。

②选取草绘平面,接受默认的绘图方向和缺省参照,开始草绘。

③在草图界面草绘曲线。

④单击“完成”按钮,退出草绘器,完成曲线创建。

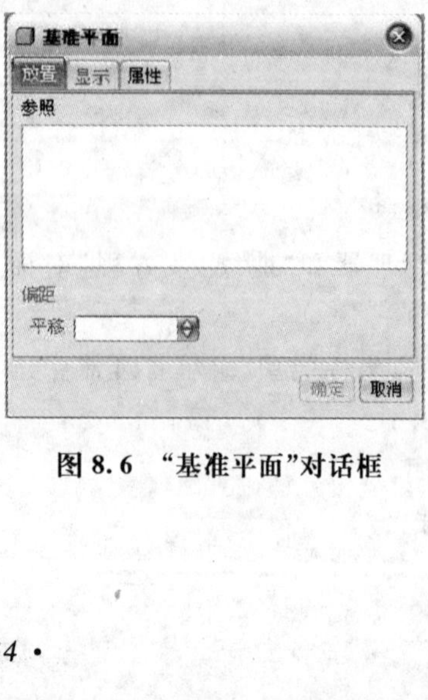

图 8.6 “基准平面”对话框

3）基准面

基准面常常作为特征创建时的草绘平面来使用。用户只要提供能够确定平面的条件,系统就会自动完成基准面的创建。基准面的创建步骤如下:

①单击按钮,弹出如图 8.6 所示的“基准平面”对话框。

②在弹出的“基准平面”对话框中,选取参照用的平面、曲面、边或点。

③根据确定基准面的条件,可在参照后面单击,选取偏移、平行、法向、穿过等条件。

④单击“确定”按钮,完成基准面的创建。

8.1.2 抽壳特征

抽壳特征是一种工程特征，通过指定曲面来挖空实体，仅按指定的壁厚留下薄壳，主要用于箱体零件、塑料壳体零件的建模。抽壳特征创建步骤如下：

(1)选择抽壳特征。单击右边工具栏中的“抽壳特征”按钮，或者选择下拉菜单中的“插入”/“壳”命令，弹出如图 8.7 所示的抽壳操作面板。

图 8.7 抽壳操作面板

(2)选取移出面。在抽壳零件上单击选取需要移出的面(移出面可以多于一个，选取时按 Ctrl 键)。

(3)定义厚度。缺省厚度可以在操作面板中直接输入，如果有不同的壁厚，可以在“参照”上滑面板中“非缺省厚度”栏中单击，再选取壁厚不同的面，并在“非缺省厚度”栏中输入该面的壁厚，如图 8.8 所示。

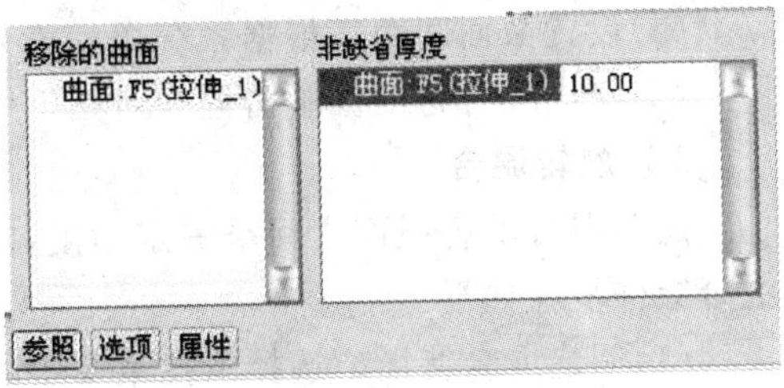

图 8.8 参照上滑面板

(4)定义厚度方向。单击“反向”按钮，可以更改厚度方向。

(5)完成抽壳特征。单击“完成”按钮，完成抽壳特征的创建。

8.1.3 扫描特征

扫描特征是指将截面图形沿轨迹线移动而生成的零件特征。通过扫描特征可以创建实体模型或曲面模型，既可以用于添加材料，也可以用于去除材料。扫描特征创建步骤如下：

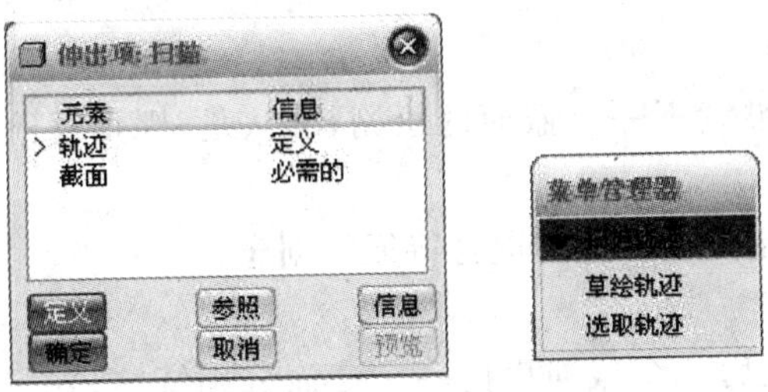

图 8.9 创建扫描特征

(1)创建扫描特征。选择下拉菜单中的“插入”/“扫描”/“伸出项”(或薄板伸出项、切口、薄板切口、曲面等)命令，弹出图 8.9 所示的“伸出项:扫描”对话框和“扫描轨迹”菜单管理器。

(2)确定扫描轨迹。扫描轨迹可直接选用一条已经存在的曲线或者草绘一条轨迹线。

(3)绘制扫描截面。在扫描轨迹起点处与轨迹垂直的平面上绘制扫描截面。

(4)完成扫描特征。单击“完成”按钮，完成截面定义，再单击扫描对话框中的“确定”按钮，完成扫描特征的创建。

8.1.4 混合特征

混合特征是指利用混合成型的方法创建的实体或曲面。根据截面之间的不同位置关系，共有“平行”、“旋转”和“一般”三种混合特征的建立方式。

1）平行混合

平行混合是指所有混合截面之间相互平行。平行混合的创建步骤如下：

(1)创建混合特征。选择下拉菜单中的“插入”/“混合”/“伸出项”(或薄板伸出项、切口、薄板切口、曲面等)命令。

(2)创建平行混合。在混合选项菜单中选择平行，并选择特征的属性。

(3)草绘混合截面。选取草绘平面，绘制第一个混合截面；绘制完成后，选择下拉菜单中的“草绘”/“特征工具”/“切换剖面”命令，或单击鼠标右键，在快捷菜单中选择“切换剖面”命令，开始绘制第二个截面，依此类推，绘制所有截面。一般情况下，截面图元数目应该相等，不相等时，可添加混合顶点。

(4)设置截面间距。根据系统提示输入各截面之间的距离。

(5)完成混合特征。单击混合对话框中的“确定”按钮，完成混合特征的创建。

2）旋转混合

旋转混合的各截面之间呈一定角度，旋转轴为第一个绘图截面内坐标系的 Y 轴。旋转混合穿件步骤如下：

(1)创建混合特征。选择下拉菜单中的“插入”/“混合”/“伸出项”(或薄板伸出项、切口、薄板切口、曲面等)命令。

(2)创建旋转混合。在混合选项菜单中选择旋转，并设置特征属性。

(3)草绘第一个截面。选取草绘平面，绘制第一个混合截面，并绘制一个坐标系，单击“完成”按钮，完成第一个截面的绘制。

(4)设置旋转角度。根据系统提示，输入截面2绕截面1Y轴旋转的角度。

(5)草绘第二个截面。绘制第二个混合截面，并绘制坐标系，单击“完成”按钮，完成第二个截面的绘制。

(6)其他截面绘制。根据系统提示，确认是否继续下一个截面的绘制，确认是，则重复前面两步，确认否，结束截面绘制。

(7)完成混合特征。单击混合对话框中的“确定”按钮，完成混合特征的创建。

3）一般混合

一般混合的各截面之间不仅有一定距离，而且后一个截面由前一个截面分别绕 X、Y、Z 轴旋转不同角度形成的，各截面的坐标系位于相同位置，截面间的距离为坐标系原点之间的距离。一般混合创建步骤如下：

(1)创建混合特征。选择下拉菜单中的“插入”/“混合”/“伸出项”(或薄板伸出项、切口、薄板切口、曲面等)命令。

(2)创建一般混合。在混合选项菜单中选择一般，并设置特征属性。

(3)草绘第一个截面。选取草绘平面，绘制第一个混合截面，并绘制一个坐标系，单击“完成”按钮，完成第一个截面的绘制。

(4)设置旋转角度。根据系统提示,输入截面二绕截面一坐标系 X、Y、Z 轴旋转的角度。

(5)草绘第二个截面。绘制第二个混合截面,并绘制坐标系,单击“完成”✔按钮,完成第二个截面的绘制。

(6)其他截面绘制。根据系统提示,确认是否继续下一个截面的绘制,确认是,则重复前面两步;确认否,则结束截面绘制。

(7)完成混合特征。单击混合对话框中的“确定”按钮,完成混合特征的创建。

8.1.5 复制

为了快速地创建零件模型,可以对重复的特征和形状类似而尺寸不同的特征进行复制操作。常用的复制特征有阵列、特征操作等。

1）阵列

阵列是将已经创建的特征在指定的方向上,以指定的尺寸间隔进行复制,快速地构建多个相似特征。阵列特征的操作步骤如下:

(1)选取阵列特征。首先选取一个需要进行阵列的特征,然后单击“阵列”按钮,或选取下拉菜单中的“编辑”/“阵列”命令,弹出如图 8.10 所示的操作面板。

图 8.10 阵列操作面板

(2)选取阵列类型。阵列类型有尺寸阵列、方向阵列、轴阵列、填充阵列 4 种。尺寸阵列是利用原特征的参照尺寸作为特征阵列时的驱动尺寸,采用线性尺寸驱动时可以进行矩形阵列,采用角度尺寸驱动时可以进行环形阵列;方向阵列通过选取平面、边、坐标系确定阵列的方向;轴阵列通过选取作为阵列中心的轴来进行环形阵列;填充阵列根据系统提供的网格模板,使选择的特征填充到网格点上进行阵列。此处选取尺寸阵列。

(3)选取参照尺寸。选取原特征的一个参照尺寸作为第一方向的参照尺寸,并在操作面板上输入该方向阵列数目;再选取原特征的另一个参照尺寸作为第二方向的参照尺寸,并在操作面板上输入该方向阵列数目。

(4)调整阵列间距和方向。在“尺寸”上滑面板中修改尺寸增量(改变阵列方向时在相应的增量尺寸前加负号“—”)。

(5)选取阵列方式。阵列时如果特征的形状尺寸发生变化,可在“尺寸”上滑面板中相应方向上添加需要改变的尺寸,并输入尺寸增量。

(6)完成阵列特征。在操作面板中单击“完成”✔按钮,完成阵列特征的创建。

2）特征操作

采用特征操作可以对特征进行复制,每次复制一个特征。选择下拉菜单中的“编辑”/“特征操作”命令,并在特征菜单管理器中单击“复制”按钮,出现如图 8.11 所示的特征复制菜单。

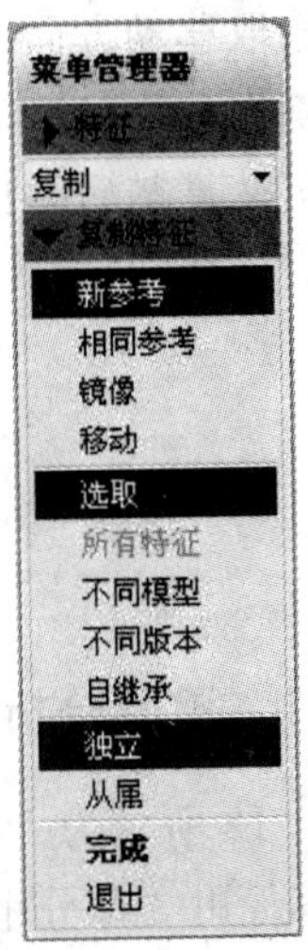

图 8.11 特征复制菜单管理器

(1)新参考复制特征。采用新参考复制特征时,需要为复制特征选取新的草绘平面及参考面,并根据需要决定是否修改特征尺寸。操作步骤如下:

①选取新参考。在特征复制菜单中选取“新参考”命令,特征选取方法、特征关系根据情况进行选取,选取后单击“完成”按钮。

②选取要复制的特征。在作图区或特征树上选取要复制的特征,并在菜单上单击“完成”按钮,完成特征的选取。

③定义复制后的特征尺寸或缩放比例。根据特征选择方法,选取复制时需要改变的尺寸或缩放的比例。

④定义新的草绘平面及参考面。根据系统提示,选取新的草绘平面及参考面。

⑤完成特征复制。单击“完成”按钮,完成特征的复制。

(2)相同参考复制特征。采用相同参考复制特征时,复制特征的草绘平面,参照平面等与原特征相同,可根据需要决定是否修改特征尺寸,操作步骤与采用新参考复制特征的步骤基本相同(不需用定义新的草绘平面及参考面)。

(3)镜像复制特征。镜像复制特征常常应用于具有对称结构的模型。操作步骤如下:

①选取镜像。在特征复制菜单中选取“镜像”命令,特征选取方法、特征关系根据情况进行选取,选取后单击“完成”按钮。

②选取要镜像的特征。在作图区或特征树上选取要镜像的特征,并在菜单上单击“完成”按钮,完成特征的选取。

③选取镜像平面。选取或创建一个平面作为镜像平面。

④完成特征复制。单击“完成”按钮,完成特征的复制。

(4)移动复制特征。通过对特征的平移或旋转复制特征。操作步骤如下:

①选取移动。在特征复制菜单中选取“移动”命令,特征选取方法、特征关系根据情况进行选取,选取后单击“完成”命令。

②选取要移动的特征。在作图区或特征树上选取要移动的特征,并在菜单上单击“完成”按钮,完成特征的选取。

③选取移动复制的方式。在移动特征菜单中选择平移或旋转。

④选取移动方向。在选取方向菜单中选择移动方向,并选择相应对象。

⑤确定移动尺寸。根据移动方式输入平移的距离或旋转的角度。

⑥定义复制后的特征尺寸。在可变尺寸菜单中选取需要改变的尺寸,并逐一修改。

⑦完成特征复制。单击“完成”按钮,完成特征的复制。

8.2 项目实例6(杯子)操作分析

8.2.1 图形分析

图8.12所示为一杯子的零件图,要求绘制它的实体模型。

该零件由3部分组成:一部分为杯体部分,回转体结构;一部分为杯底部分,也是回转体结构;最后一部分为把手。

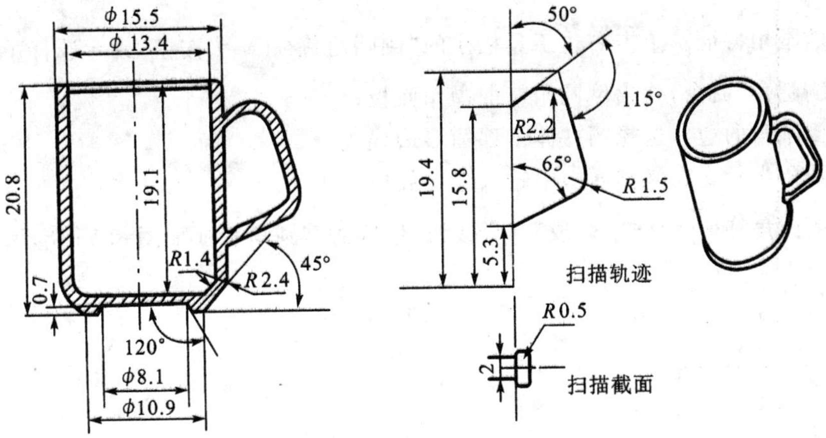

图 8.12 杯　子

根据零件结构，杯体部分可以利用拉伸特征或旋转特征首先建立一个圆柱体，再利用抽壳特征和倒圆角特征完成杯体部分的创建。杯底部分可以利用一个旋转特征或者扫描特征直接完成创建，此处采用旋转特征和混合特征完成。把手部分采用扫描特征完成创建。

创建杯子时，可先完成杯体部分的创建，再完成杯底部分的创建，最后完成把手部分的创建。

8.2.2 实体创建步骤

1）创建杯子文件

在打开的 Pro/E 界面中，单击“新建”按钮，或者选择“文件”/“新建”命令，打开“新建”对话框，类型选择“零件”，子类型选择“实体”，名称为 beizi，在“使用缺省模板”前面单击，取消缺省模板，然后单击“确定”按钮，在弹出的“新文件选项”对话框中选择公制模板 mmns_part_solid，单击“确定”按钮进入 Pro/E 零件设计主界面。

2）创建杯体部分

(1)创建圆柱体。

①选择旋转特征。单击右边工具栏中的“旋转特征”按钮，或者选择下拉菜单中的“插入”/“旋转”命令，弹出旋转操作面板。

②选取旋转特征类型。单击“作为实体旋转”按钮，绘制旋转实体。

③创建截面草图。在旋转操作面板中单击“放置”按钮，并在其上滑面板中单击“定义”按钮开始草绘定义。

④定义草绘面。系统弹出“草绘”对话框，根据系统提示选取 RIRHT 面作为草绘平面，采用默认的草绘方向，单击对话框下部的“草绘”按钮进入草绘界面。

⑤绘制截面图形。在草绘模式下单击“矩形”按钮和“中心线”按钮，绘制如图 8.13 所示的旋转截面和旋转轴，单击“完成”按钮，完成草图绘制。

⑥完成旋转特征。单击“完成”按钮，完成圆柱体的创建，创建的圆柱体如图 8.14 所示。

(2)倒圆角。

①选择倒圆角特征。单击右边工具栏中的“倒圆角特征”按钮,或者选择下拉菜单中的“插入”/“倒圆角”命令,弹出倒圆角特征操作面板。

②选取倒圆角的边。选择圆柱体下部圆形边线。

③设置圆角半径。在操作面板中输入半径数值2.4。

④完成倒圆角特征。单击“完成”按钮,生成的倒圆角特征如图8.15所示。

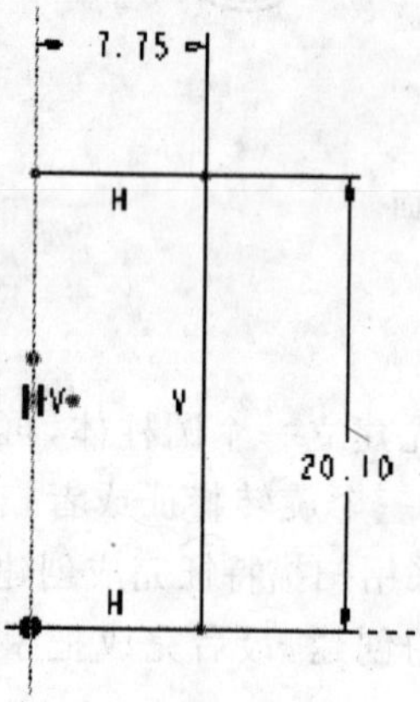

图8.13 旋转截面和旋转轴

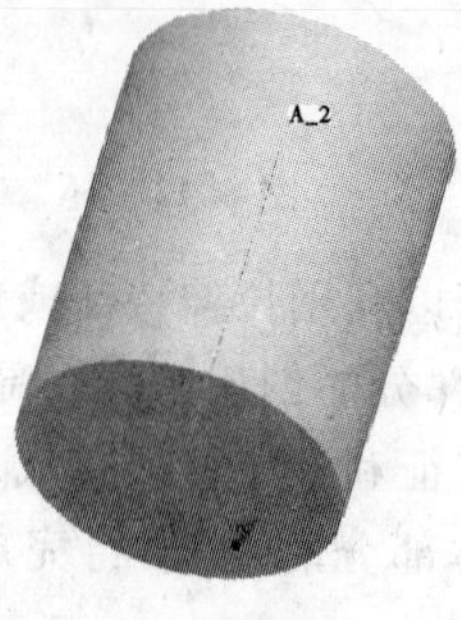

图8.14 圆柱体

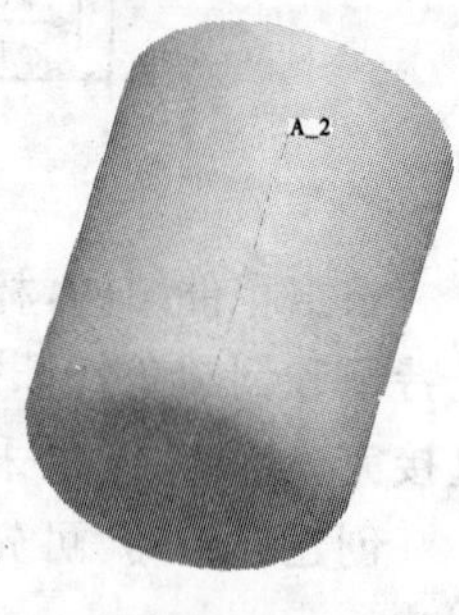

图8.15 倒圆角特征

(3)创建抽壳特征。

①选择抽壳特征。单击右边工具栏中的“抽壳特征”按钮,或者选择下拉菜单中的“插入”/“壳”命令,弹出如图8.7所示抽壳操作面板。

②选取移出面。在圆柱体上表面单击。

③定义厚度。在操作面板中直接输入缺省厚度1.05,在“参照”上滑面板中的“非缺省厚度”栏中单击,再选取圆柱体底面及圆角曲面,并在“非缺省厚度”栏中输入该面得壁厚1,如图8.16所示。

④完成抽壳特征。单击“完成”按钮,完成抽壳特征的创建,抽壳后的零件如图8.17所示。

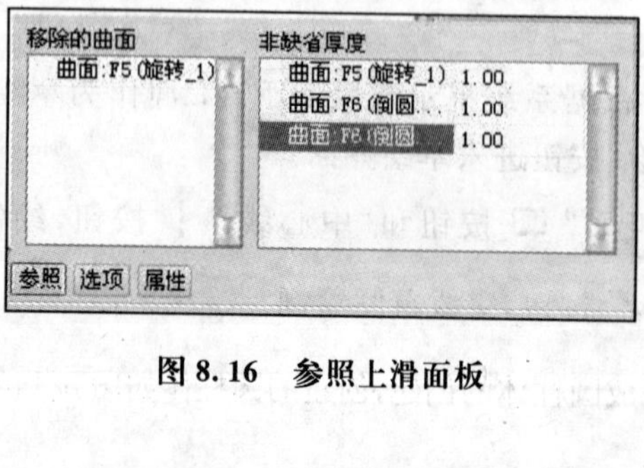

图8.16 参照上滑面板

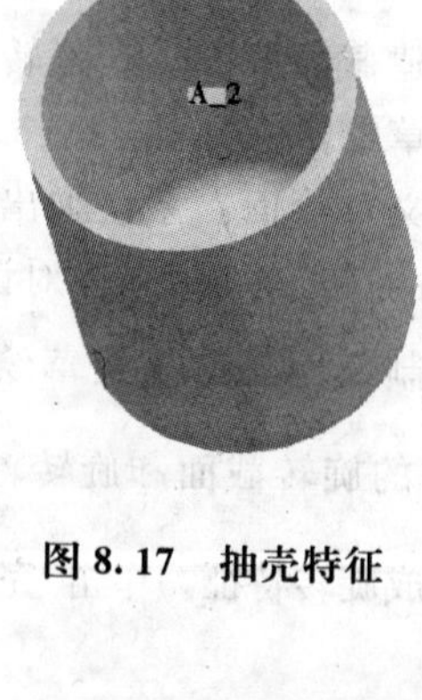

图8.17 抽壳特征

(4)杯口倒圆角。

①选择倒圆角特征。单击右边工具栏中的"倒圆角特征"按钮,或者选择下拉菜单中的"插入"/"倒圆角"命令,弹出倒圆角特征操作面板。

②选取倒圆角的边。按下 Ctrl 键,选择杯口部分内外圆形边线,并在如图 8.18 所示的"设置"上滑面板中单击"完全倒圆角"按钮。

③完成倒圆角特征。单击"完成"按钮,生成的倒圆角特征如图 8.19 所示。

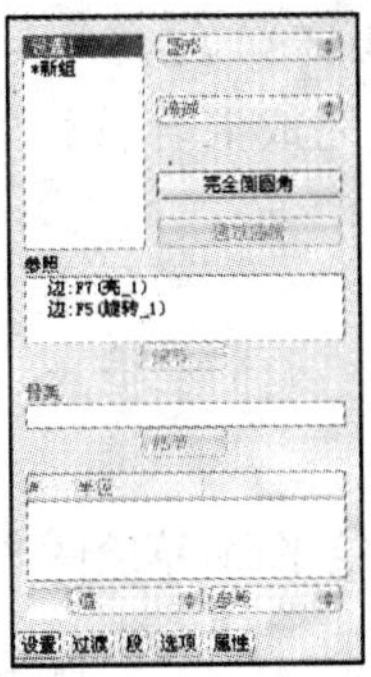

图 8.18　设置上滑面板

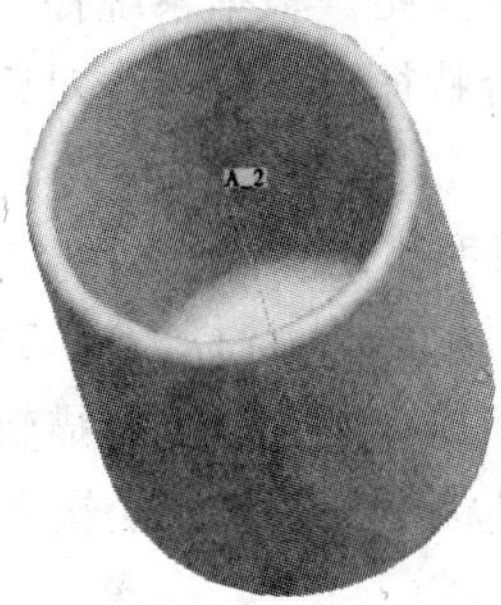

图 8.19　倒圆角特征

3)创建杯底部分

(1)创建杯底回转体。

①选择旋转特征。单击右边工具栏中的"旋转特征"按钮,或者选择下拉菜单中的"插入"/"旋转"命令,弹出旋转操作面板。

②选取旋转特征类型。单击"旋转为实体"按钮,绘制旋转实体。

③创建截面草图。在旋转操作面板中单击"放置"按钮,并在其上滑面板中单击"定义"按钮,开始草绘定义。

④定义草绘面。系统弹出"草绘"对话框,根据系统提示选取 RIRHT 面作为草绘平面,采用默认的草绘方向,单击对话框下部的"草绘"按钮进入草绘界面。

⑤绘制截面图形。在草绘模式下单击"矩形"按钮和"中心线"按钮,绘制如图 8.20 所示的旋转截面和旋转轴,单击"完成"按钮,完成草图绘制。

⑥完成旋转特征,单击"完成"按钮,完成杯底回转体的创建,创建的回转体如图 8.21 所示。

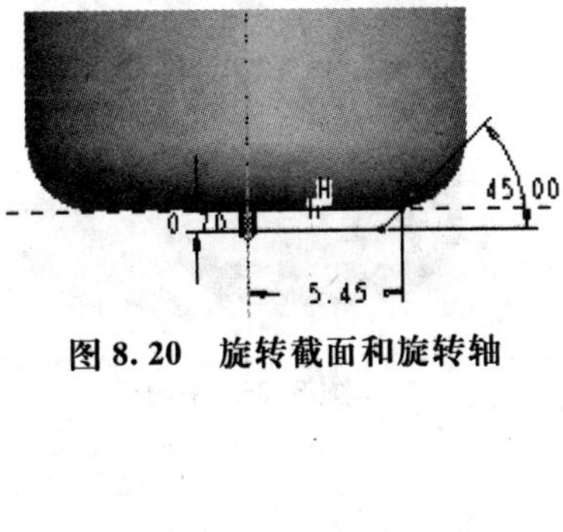

图 8.20　旋转截面和旋转轴

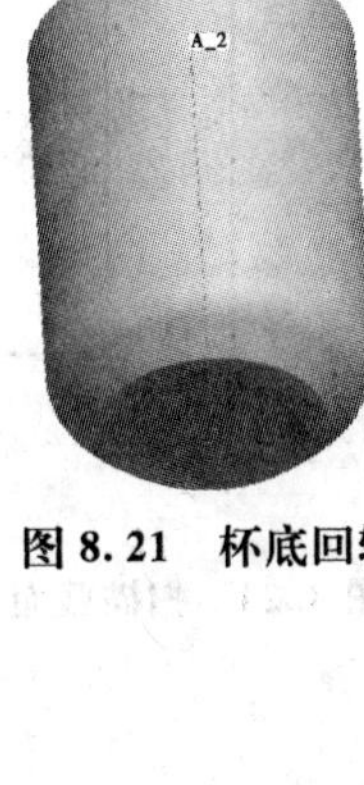

图 8.21　杯底回转体

(2)混合除料。

①创建混合特征。选择下拉菜单中的“插入”/“混合”/“切口”命令。

②创建平行混合。在混合选项菜单中选择“平行”/“规则截面”/“草绘截面”/“完成”命令,特征属性为直的,选取杯底平面为草绘平面。

③草绘混合截面。在草绘平面绘制第一个混合截面直径 $\phi8.9$ 圆;绘制完成后,选择下拉菜单“草绘”/“特征工具”/“切换剖面”命令,或单击鼠标右键,在快捷菜单中选择“切换剖面”命令,开始绘制第二个截面直径 $\phi8.1$ 圆。

④设置截面间距。根据系统提示输入各截面之间的距离 0.7。

⑤完成混合特征。单击混合对话框中的“确定”按钮,完成混合特征的创建,创建的杯底如图 8.22 所示。

4) 创建把手部分

(1)创建扫描特征。选择下拉菜单中的”插入“/“扫描”/”伸出项“命令,弹出如图 8.9 所示的“伸出项:扫描”对话框和“扫描轨迹”菜单管理器。

(2)确定扫描轨迹。单击草绘轨迹,选择 RIGHT 面为草绘平面,草绘图 8.23 所示的轨迹线。

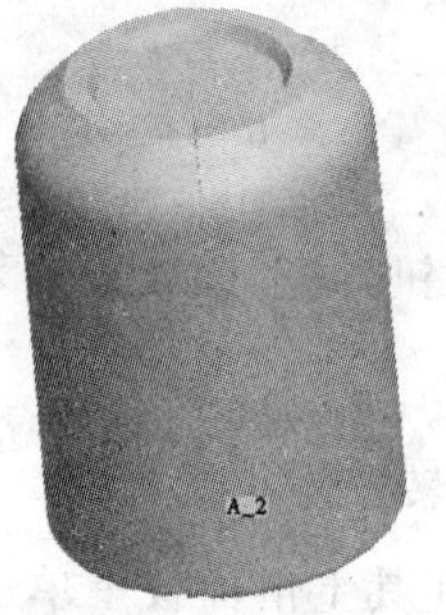

图 8.22 杯底

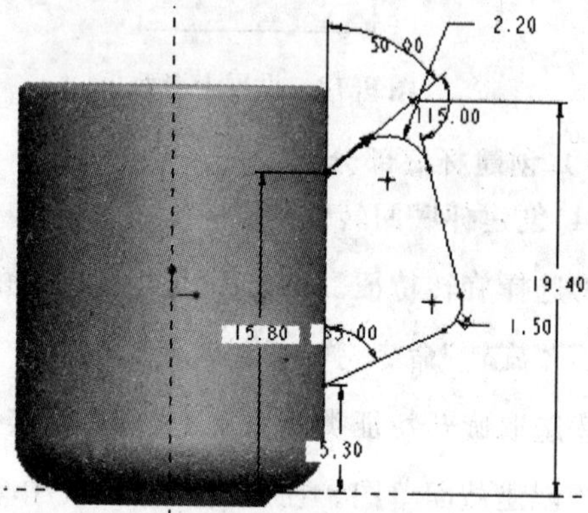

图 8.23 扫描轨迹

(3)绘制扫描截面。属性选取合并终点,绘制如图 8.24 所示的扫描截面。

(4)完成扫描特征。单击“完成”✔按钮,完成截面定义,再单击扫描对话框中的“确定”按钮,完成扫描特征的创建,创建的杯子如图 8.25 所示。

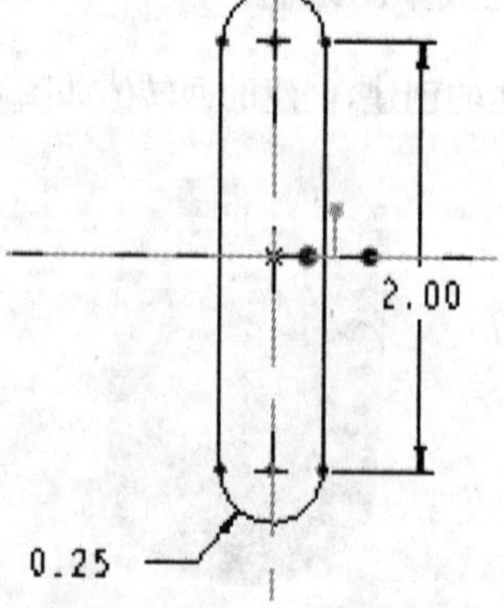

图 8.24 扫描截面

图 8.25 杯子

8.3 项目实例 7(阀体)操作分析

8.3.1 图形分析

图 8.26 所示为一阀体零件图，要求绘制它的实体模型。

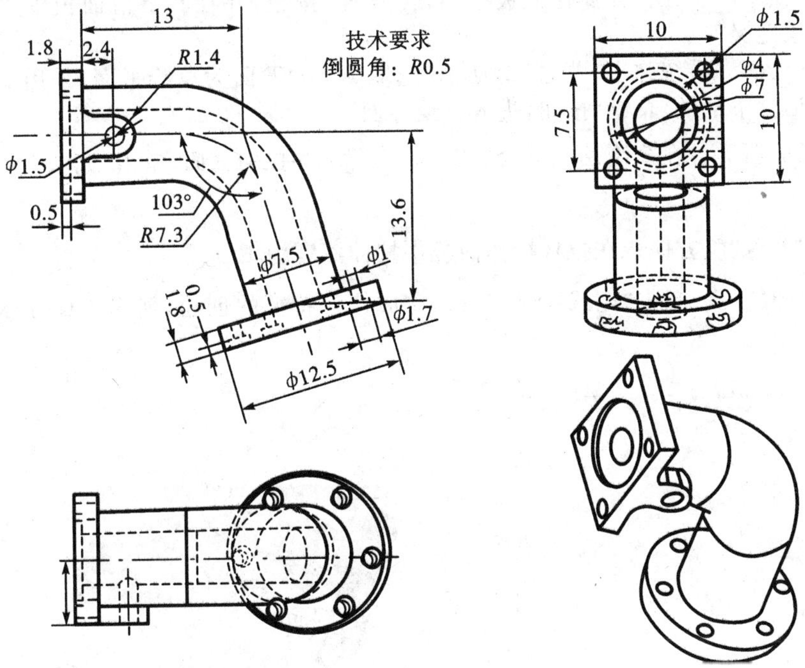

图 8.26 阀体零件图

该零件为阀体，由 4 部分组成：主要部分为中间弯管，另外 3 部分为两端的圆形接头，方形接头以及弯管上的凸台。

阀体中间部分为弯管结构，可以采用扫描特征成形；方形接头部分为一长方体结构，中间部分为阶梯孔，四周有 4 个连接孔，可以采用拉伸、旋转、阵列等特征成形；凸台位于方形接头与弯管之间，可以采用拉伸成形；圆形接头除中间圆孔外，还带有 6 个沉孔，可以采用拉伸(或者旋转)、阵列等特征成形。

创建阀体结构时，可先完成方形接头，再完成弯管部分，然后创建凸台部分，最后完成圆形接头的创建。

8.3.2 实体创建步骤

1）创建阀体文件

在打开的 Pro/E 界面中，单击“新建” 按钮，或者选择“文件”/“新建”命令，打开“新建”对话框，类型选择“零件”，子类型选择“实体”，名称为 fati，在“使用缺省模板”前面单击，取消缺省模板，然后单击“确定”按钮，在弹出的“新文件选项”对话框中选择公制模板 mmns_ part_solid，单击“确定”按钮进入 Pro/E 零件设计主界面。

2）创建方形接头

(1)创建长方体。

①选择拉伸特征。单击右边工具栏中的“拉伸特征”按钮，或者选择下拉菜单中的“插入”/“拉伸”命令，弹出拉伸操作面板。

②选取拉伸特征类型。单击“拉伸为实体”按钮，绘制拉伸实体。

③创建截面草图。在拉伸操作面板中单击“放置”按钮，并在其上滑面板中单击“定义”按钮，开始草绘定义。

④定义草绘面。系统弹出“草绘”对话框，选取 RIGHT 面为草绘平面，采用默认的草绘方向，单击对话框下部的“草绘”按钮，进入草绘界面。

⑤绘制截面图形。在草绘模式下绘制图 8.27 所示的拉伸截面，单击“完成”按钮，完成草图绘制。

⑥设置拉伸深度、方向。在拉伸操作面板中拉伸深度为 1.8。

⑦完成拉伸特征。单击“完成”按钮，完成拉伸特征的创建，创建的长方体特征如图 8.28所示。

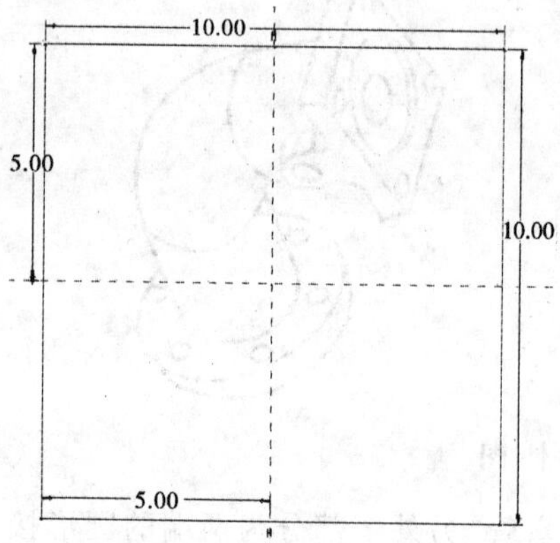

图 8.27　拉伸截面

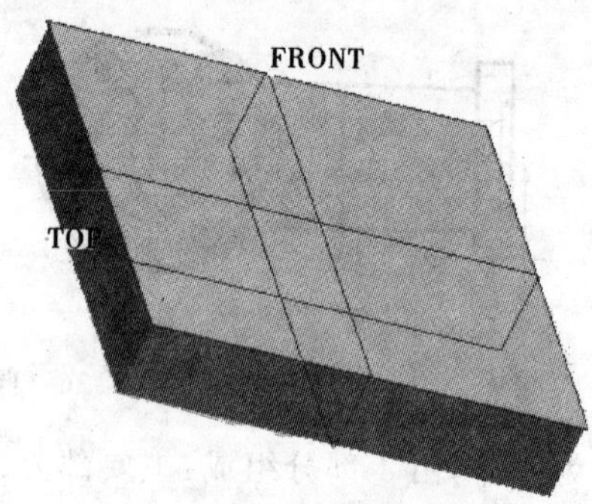

图 8.28　长方体特征

(2)创建阶梯孔。

①选择旋转特征。单击右边工具栏中的“旋转特征”按钮，或者选择下拉菜单中的“插入”/“旋转”命令，弹出旋转操作面板。

②选取旋转特征类型。单击“旋转为实体”按钮，绘制旋转实体，单击“去除材料”按钮，选择去除材料。

③创建截面草图。在旋转操作面板中单击“放置”按钮，并在其上滑面板中单击“定义”按钮，开始草绘定义。

④定义草绘面。系统弹出“草绘”对话框，根据系统提示，选取 FRONT 面作为草绘平面，采用默认的草绘方向，单击对话框下部的“草绘”按钮进入草绘界面。

⑤绘制截面图形。在草绘模式下，单击“矩形”按钮和“中心线”按钮，绘制如图

8.29 所示的旋转截面和旋转轴，单击“完成”✓按钮，完成草图绘制。

⑥完成旋转特征。单击“完成”✓按钮，完成阶梯孔的创建，创建的阶梯孔如图 8.30 所示。

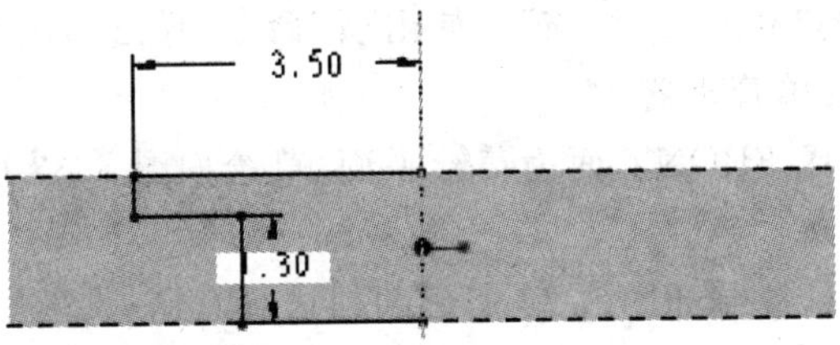

图 8.29　旋转截面和旋转轴

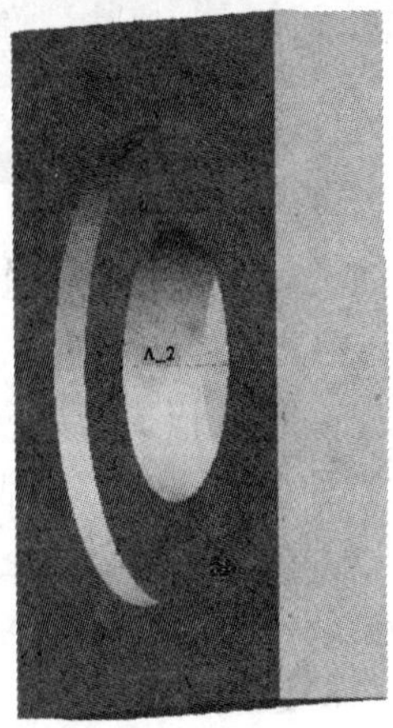

图 8.30　阶梯孔

(3)创建 ϕ1.5 圆孔。

①选择孔特征。单击右边工具栏中“孔特征”按钮，或者单击下拉菜单中的“插入”/“孔”命令，弹出孔特征操作面板。

②选取孔特征类型。单击“简单孔”按钮，选择绘制简单孔。

③选择放置参数。在操作面板上单击“放置”按钮，打开“放置”上滑面板，在“放置”栏中选择孔的放置平面为板的前面，在“类型”栏中选择确定孔位置的方式为线性，在“偏移参照”栏中按下 Ctrl 键选择板的两个相邻侧面作参照平面。

④设置孔的尺寸。在作图界面中设置孔的位置 1.25、直径 ϕ1.5 和深度 1.8。

⑤完成孔特征。单击“完成”✓按钮，完成孔特征的创建，创建的孔特征如图 8.31 所示。

(4)创建矩形阵列。

①选取阵列特征。首先选取 ϕ1.5 孔特征，然后单击“阵列”按钮，或选取下拉菜单“编辑”/“阵列”命令，弹出如图 8.10 所示的操作面板。

②选取阵列类型。阵列类型选取尺寸阵列。

③选取参照尺寸。选取孔特征的一个参照尺寸作为第一方向的参照尺寸，并在操作面板上输入该方向阵列数目 2；再选取孔特征的另一个参照尺寸作为第二方向的参照尺寸，并在操作面板上输入该方向阵列数目 2。

④调整阵列间距和方向。在“尺寸”上滑面板中修改尺寸增量 7.5(改变阵列方向时在相应的增量尺寸前加负号“—”)。

⑤完成阵列特征。在操作面板中单击“完成”✓按钮，完成阵列特征的创建，如图 8.32 所示。

图 8.31　孔特征

图 8.32　阵列特征

3） 创建弯管部分

(1)创建扫描特征。选取下拉菜单中的“插入”/“扫描”/“伸出项”命令，弹出如图 8.9 所示的“伸出项:扫描”对话框和“扫描轨迹”菜单管理器。

(2)确定扫描轨迹。单击草绘轨迹，选择 FRONT 面为草绘平面，草绘如图 8.33 所示的轨迹线。

(3)绘制扫描截面。属性选取自由终点，绘制如图 8.34 所示的扫描截面。

(4)完成扫描特征。单击“完成”按钮，完成截面定义，再单击扫描对话框中的“确定”按钮，完成扫描特征的创建，创建的弯管如图 8.35 所示。

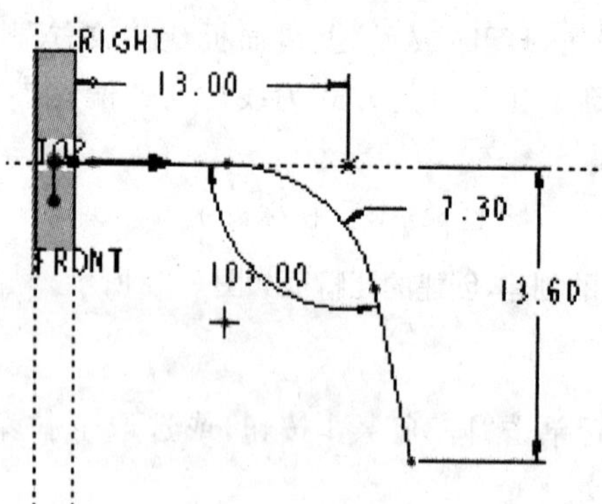

图 8.33　扫描轨迹

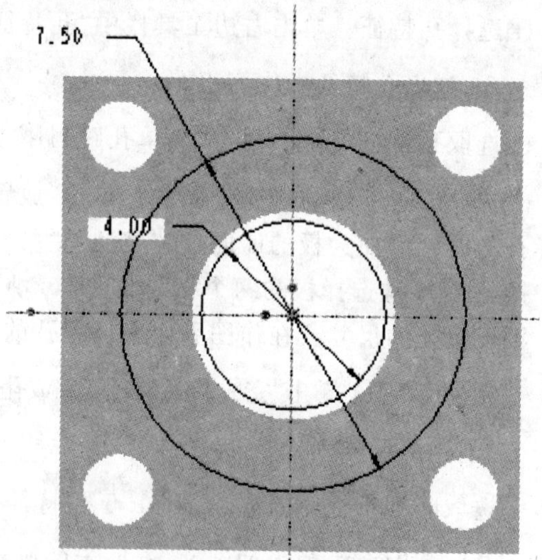

图 8.34　扫描截面

4） 创建凸台部分

(1)创建凸台。

①选择拉伸特征。单击右边工具栏中的“拉伸特征”按钮，或者选取下拉菜单中的“插入”/“拉伸”命令，弹出拉伸操作面板。

②选取拉伸特征类型。单击“拉伸为实体”按钮，绘制拉伸实体。

③创建截面草图。在拉伸操作面板中单击“放置”按钮，并在其上滑面板中单击“定义”

按钮，开始草绘定义。

④定义草绘面。系统弹出“草绘”对话框，选取方形接头的侧面为草绘平面，采用默认的草绘方向，单击对话框下部的“草绘”按钮，进入草绘界面。

⑤绘制截面图形。在草绘模式下绘制如图 8.36 所示的拉伸截面，单击“完成”按钮，完成草图绘制。

图 8.35　弯管

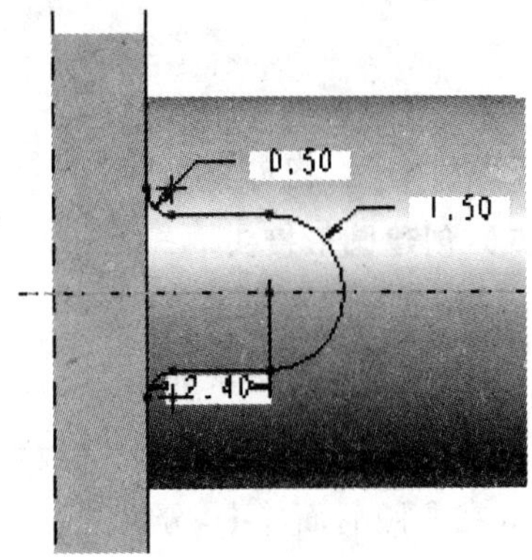

图 8.36　拉伸截面

⑥设置拉伸深度、方向。选择拉伸至选定曲面，在弯管表面凸台一侧单击。

⑦完成拉伸特征。单击“完成”按钮，完成拉伸特征的创建，创建的凸台特征如图 8.37所示。

(2)创建凸台上的孔。

①选择拉伸特征。单击右边工具栏中的“拉伸特征”按钮，或者选取下拉菜单中的“插入”/“拉伸”命令，弹出拉伸操作面板。

②选取拉伸特征类型。单击“拉伸为实体”按钮，绘制拉伸实体，单击“去除材料”按钮，选择去除材料。

③创建截面草图。在拉伸操作面板中单击“放置”按钮，并在其上滑面板中单击“定义”按钮，开始草绘定义。

④定义草绘面。系统弹出“草绘”对话框，选取凸台表面为草绘平面，采用默认的草绘方向，单击对话框下部的“草绘”按钮进入草绘界面。

⑤绘制截面图形。在草绘模式下，绘制 $\phi1.5$ 的圆，单击“完成”按钮，完成草图绘制。

⑥设置拉伸深度、方向。在操作面板上输入拉伸深度 5。

⑦完成拉伸特征。单击“完成”按钮，完成拉伸除料特征的创建，创建的孔特征如图 8.38所示。

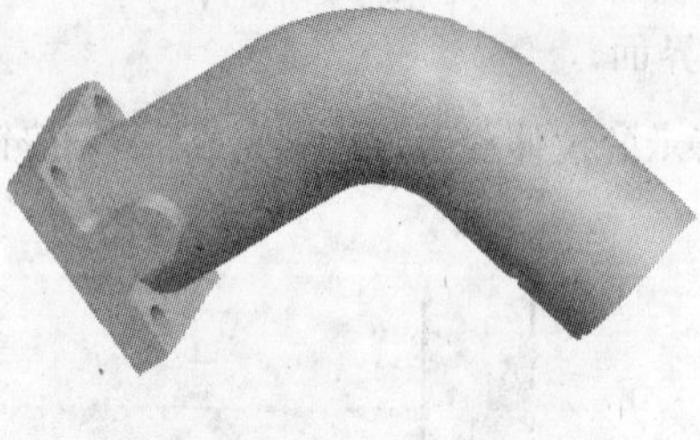

图 8.37　凸台

图 8.38　凸台上的孔

5）创建圆形接头

(1)创建基准平面。

①单击按钮，弹出如图 8.39 所示的“基准平面”对话框。

②在基准平面对话框中，选取参照用的 FRONT 面和靠近弯管端面的圆柱曲面。

③在参照后面单击，分别选取法向、穿过等条件，如图 8.39 所示。

④单击“确定”按钮，完成基准平面 DTM1 的创建。

(2)创建空心圆柱体。

①选择拉伸特征。单击右边工具栏中的“拉伸特征”按钮，或者选取下拉菜单中的“插入”/“拉伸”命令，弹出拉伸操作面板。

②选取拉伸特征类型。单击“拉伸为实体”按钮，绘制拉伸实体。

③创建截面草图。在拉伸操作面板中单击“放置”按钮，并在其上滑面板中单击“定义”按钮，开始草绘定义。

④定义草绘面。系统弹出“草绘”对话框，选取弯管端面为草绘平面，采用默认的草绘方向，单击对话框下部的“草绘”按钮。

⑤定义参照。在弹出的“参照”对话框中添加参照 DTM1，单击“求解”按钮，参照状态为完全放置(见图 8.40)，再单击“关闭”按钮，进入草绘界面。

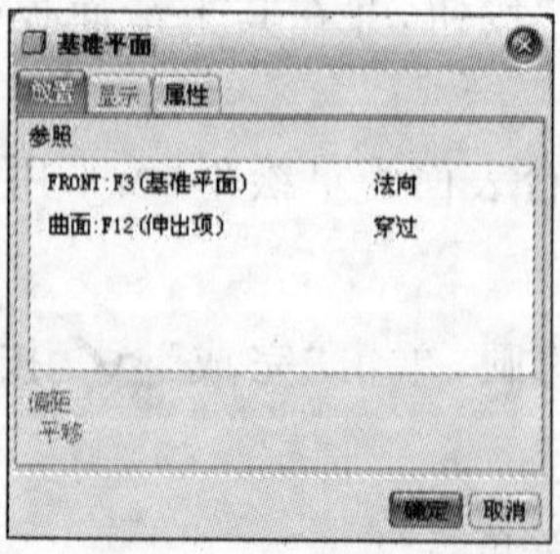

图 8.39　“基准平面”对话框

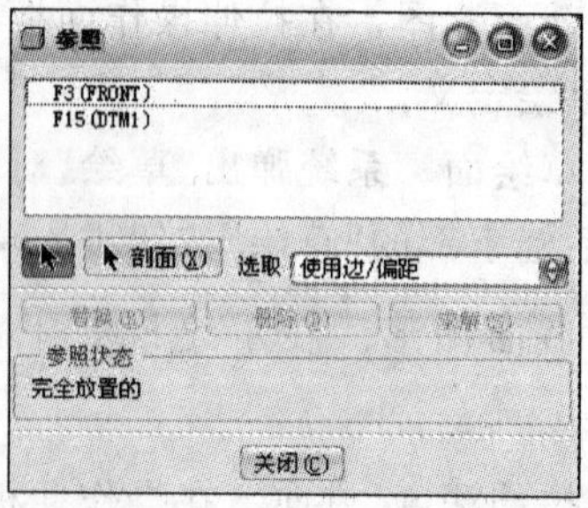

图 8.40　“参照”对话框

⑥绘制截面图形。在草绘模式下绘制如图 8.41 所示的拉伸截面，单击“完成”按钮，完成草图绘制。

⑦设置拉伸深度、方向。在拉伸操作面板中拉伸深度为 1.8。

⑧完成拉伸特征。单击“完成”✔按钮，完成拉伸特征的创建，创建的空心圆柱如图8.42所示。

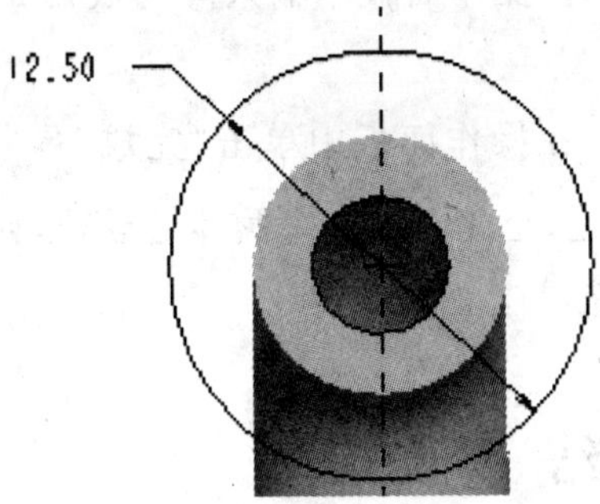

图 8.41 拉伸截面

图 8.42 空心圆柱

(3)创建沉孔特征。

①选择旋转特征。单击右边工具栏中的“旋转特征”按钮，或者选取下拉菜单中的“插入”/“旋转”命令，弹出旋转操作面板。

②选取旋转特征类型。单击“旋转为实体”按钮，绘制旋转实体，单击“去除材料”按钮，选择去除材料。

③创建截面草图。在旋转操作面板中单击“放置”按钮，并在其上滑面板中单击“定义”按钮，开始草绘定义。

④定义草绘面。系统弹出“草绘”对话框，根据系统提示选取FRONT面作为草绘平面，采用默认的草绘方向，单击对话框下部的“草绘”按钮，进入草绘界面。

⑤绘制截面图形。在草绘模式下单击“矩形”按钮和“中心线”按钮，绘制如图8.43所示的旋转截面和旋转轴，单击“完成”✔按钮，完成草图绘制。

⑥完成旋转特征。单击“完成”✔按钮，完成沉孔的创建，创建的沉孔如图8.44所示。

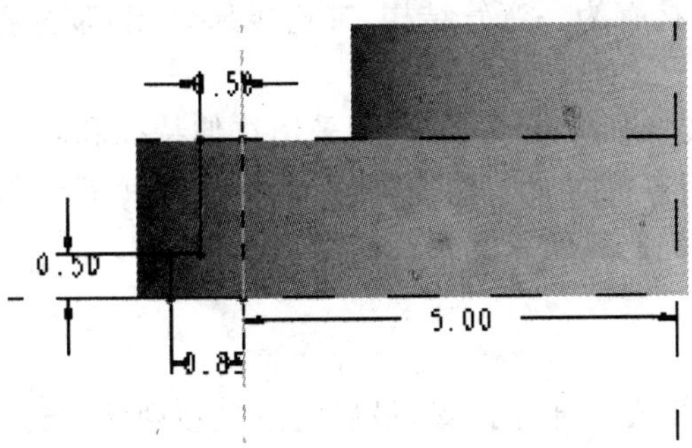

图 8.43 旋转截面和旋转轴

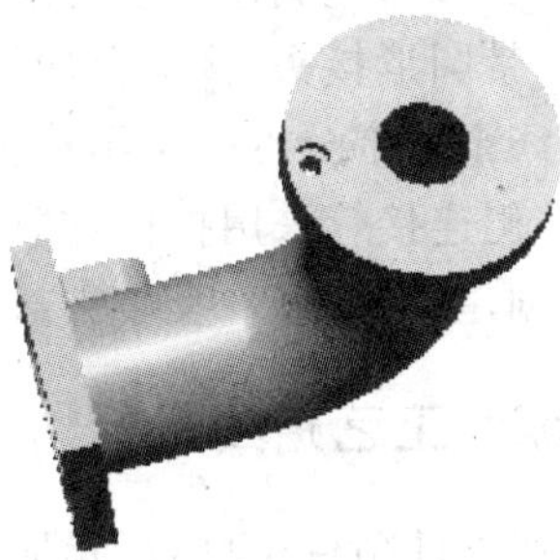

图 8.44 沉孔

(4)创建环形阵列。

①选取阵列特征。首先选取沉孔特征，然后单击“阵列”按钮，或选取下拉菜单中的“编辑”/“阵列”命令，弹出阵列操作面板。

图 8.45 阀体

②选取阵列类型。阵列类型选取轴阵列。

③选取基准轴。选取空心圆柱的轴线为阵列中心。

④输入阵列数目。在操作面板中输入阵列数目 6，阵列角度 60。

⑤完成阵列特征。在操作面板中单击“完成”✔按钮，完成阵列特征的创建，至此完成整个阀体的创建，如图 8.45 所示。

8.4 项目总结

通过前面两个项目的学习，可以非常熟练地掌握以下重要内容：

(1)基准的生成。

(2)抽壳特征的生成步骤。

(3)扫描特征的基本操作。

(4)混合特征的基本操作。

(5)复制特征的运用。

(6)形状复杂的零件的创建。

8.5 项目拓展

8.5.1 实例特征分析

图 8.46 所示为一泵体零件图，要求创建出它的实体模型。

该零件由 4 部分组成：一部分为中间泵体，回转体结构，一侧的四周有三个凸耳，中部与三个管道相通；左侧连接管为阶梯形；右侧连接管为一弯管结构，带连接部分；下部连接管为一直管，带圆形接头，接头上均匀分布四个圆孔。

中间泵体部分可以采用拉伸特征或旋转特征完成，三个凸耳采用拉伸特征和阵列特征完成；左侧连接管采用拉伸和旋转特征完成；右侧弯管采用扫描特征完成，连接部分采用拉伸特征创建；下部直管及接头部分可以采用拉伸、旋转及阵列特征来完成。

8.5.2 工艺路线分析

根据零件结构特点，首先应完成中间泵体或下部连接管，最后完成左右两侧的连接管。考虑到后续部分创建的方便性，本文采用下述路线进行创建：下部连接管接头（拉伸或旋转、阵列特征）→下部连接管外形（拉伸或旋转特征）→泵体外形（拉伸或旋转特征）→泵体凸耳（拉伸或阵列特征）→左侧连接管外形（拉伸或旋转特征）→右侧连接管外形（扫描特征）→右侧连接管接头（拉伸特征）→下部连接孔（拉伸除料）→泵体内腔（拉伸或旋转特征）→左侧连接管接头内孔（拉伸或旋转特征）→左右两侧连接孔（扫描切口）。

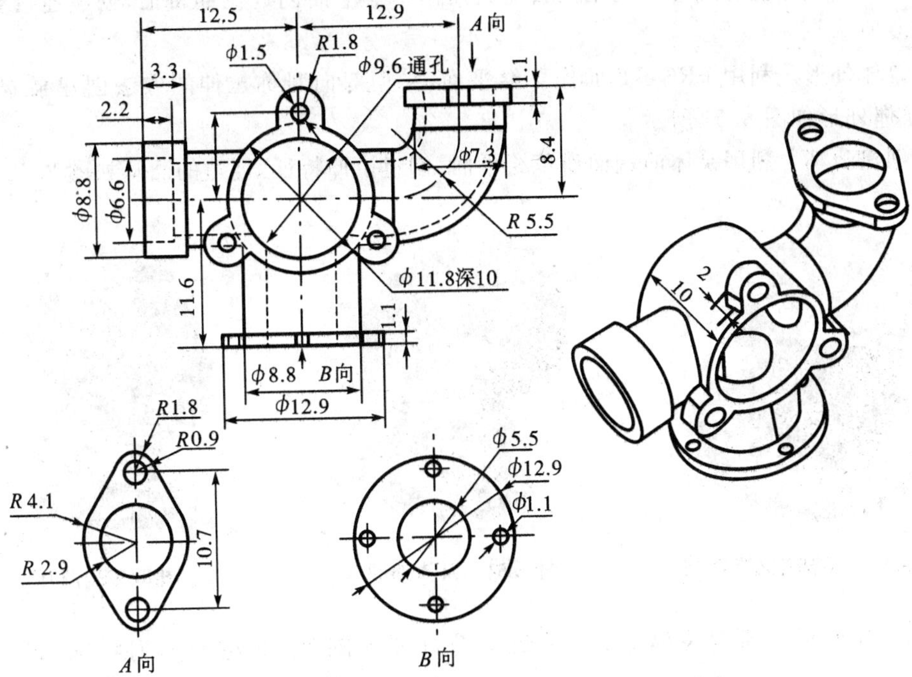

图 8.46　泵　　体

8.5.3　技巧提示

注意到图示零件的大部分结构都是回转体结构，可以采用旋转或拉伸特征完成(利用扫描特征或混合特征也可以完成，但操作起来没有拉伸简单)。零件的前后方向，除中间泵体上的凸耳外都是对称的，因此在创建相应特征时，利用系统提供的基准坐标平面作对称平面会比较简单。泵体的内腔与 3 个连接管相连，在创建这些特征时，内外特征应分别创建。创建该实体的主要步骤如下：

(1)创建下部连接管接头。利用 TOP 面作草绘平面，采用拉伸增料的方法创建连接管接头，创建的接头如图 8.47 所示。

(2)创建接头上 $\phi1.1$ 圆孔。利用接头上表面作草绘平面，采用拉伸除料的方法创建 $\phi1.1$ 圆孔，创建的圆孔如图 8.48 所示。

(3)阵列圆孔。选择 $\phi1.1$ 圆孔，利用接头部分的轴线进行环形阵列，创建的阵列特征如图 8.49 所示。

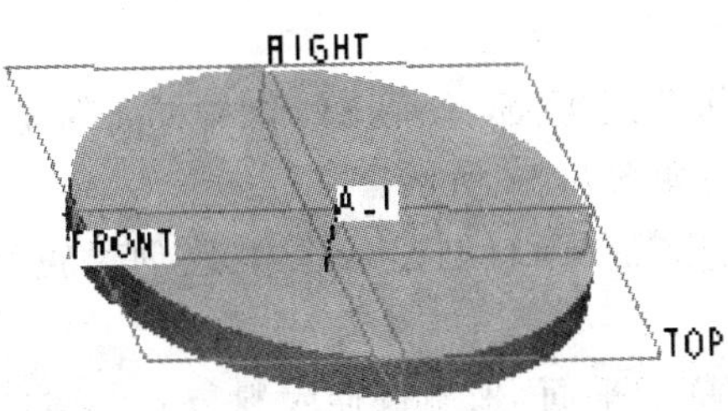

图 8.47　下部连接管接头

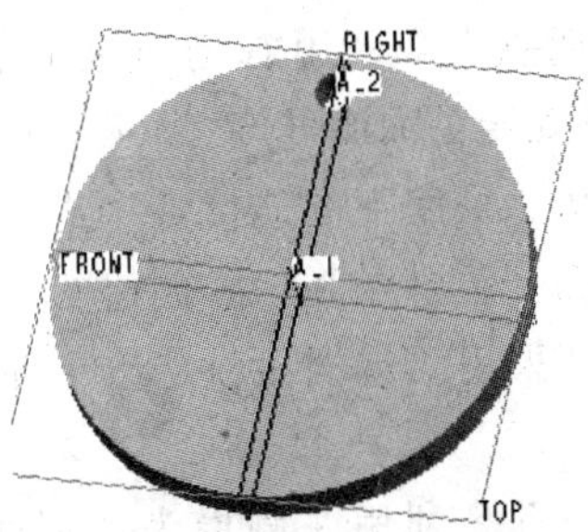

图 8.48　$\phi1.1$ 圆孔

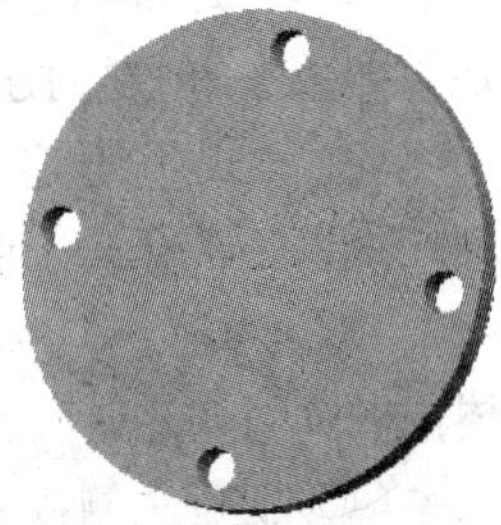

图 8.49　阵列圆孔

(4)创建下部连接管外形。利用接头上表面作草绘平面创建拉伸特征,创建连接管外形如图 8.50 所示。

(5)泵体外形。利用 FRONT 面作草绘平面,采用双向对称拉伸的方法创建泵体外形,创建的泵体外形如图 8.51 所示。

(6)创建凸耳。利用泵体前端面作草绘平面,创建拉伸特征,创建的凸耳如图 8.52 所示。

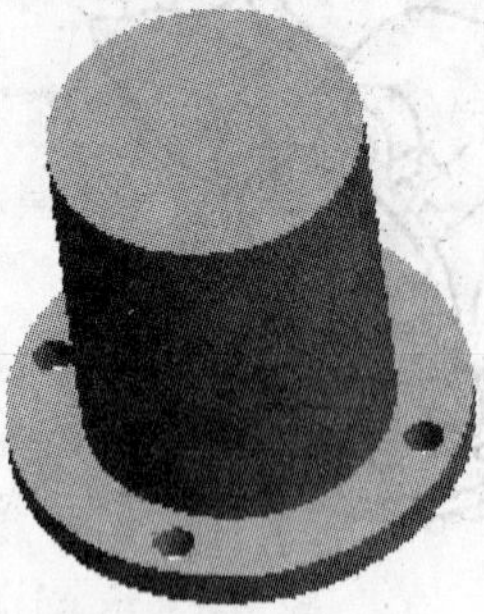

图 8.50　下部连接管外形

图 8.51　泵体外形

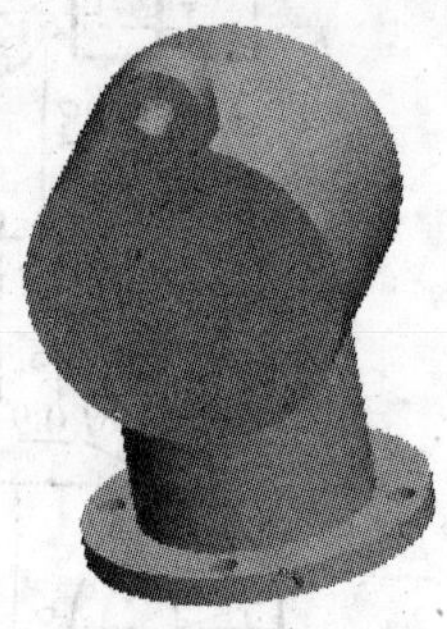

图 8.52　凸耳

(7)阵列凸耳。利用泵体轴线,对凸耳进行环形阵列,创建的阵列特征如图 8.53 所示。

(8)创建左侧连接管外形。利用 FRONT 面作草绘平面,采用旋转特征生成左侧连接管外形,创建的连接管外形如图 8.54 所示。

(9)创建右侧连接管外形。利用 FRONT 面作轨迹平面,采用扫描特征生成右侧连接管外形,创建的连接管外形如图 8.55 所示。

图 8.53　阵列凸耳

图 8.54　左侧连接管外形

图 8.55　右侧连接管外形

(10)创建右侧连接管接头。采用右侧连接管端面作草绘平面,采用拉伸特征创建右侧连接管接头,创建的连接管接头如图 8.56 所示。

(11)创建下部连接孔。采用下部连接管接头端面作草绘平面,采用拉伸除料特征创建,创建下部连接孔,拉伸深度至泵体轴线处,创建的连接孔如图 8.57 所示。

(12)创建泵体内腔。采用泵体端面作草绘平面,利用拉伸除料创建泵体内腔,创建的泵体内腔如图 8.58 所示。

(13)创建左侧接头内孔。利用左侧接头的端面作草绘平面,采用拉伸除料方式创建内孔,创建的接头内孔如图 8.59 所示。

(14)创建左右两侧连接孔。利用 FRONT 面作轨迹平面,采用扫描切口方式生成左右两侧连接孔,创建的连接孔如图 8.60 所示。

图 8.56　右侧连接管接头

图 8.57　下部连接孔

图 8.58　泵体内腔

图 8.59　左侧接头内孔

图 8.60　连接孔

思考与练习

(1)根据下面所给零件图(见图 8.61～图 8.64),绘制零件的实体模型。

(2)分析下面零件的结构特点(见图 8.65、图 8.66),根据所给尺寸创建零件的实体模型。

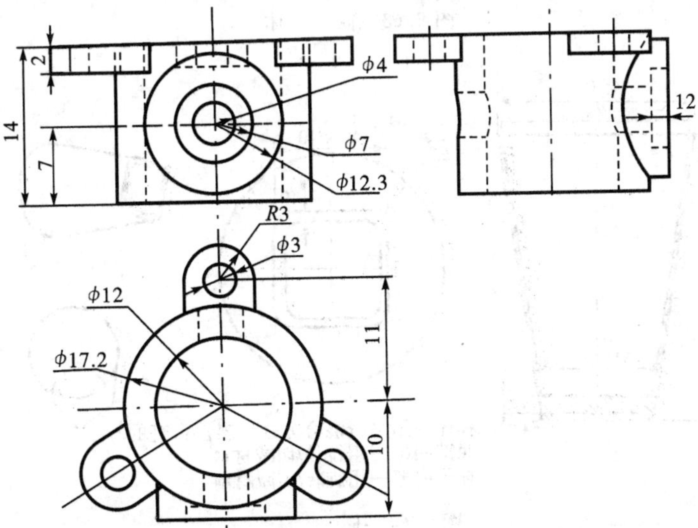

图 8.61　阀　　体

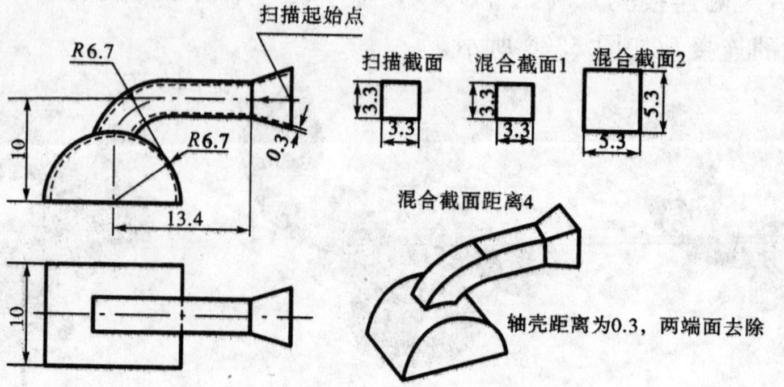

图 8.62 料　斗

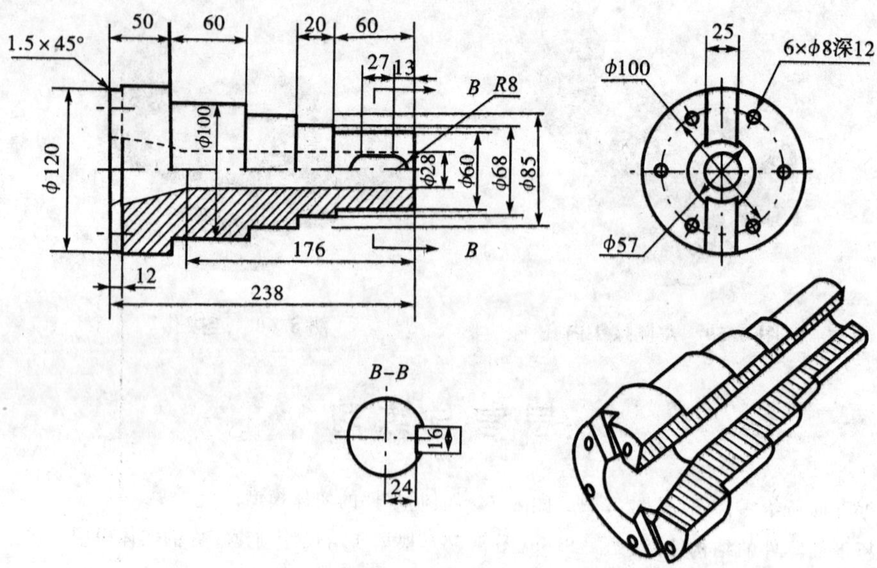

图 8.63 阀　体

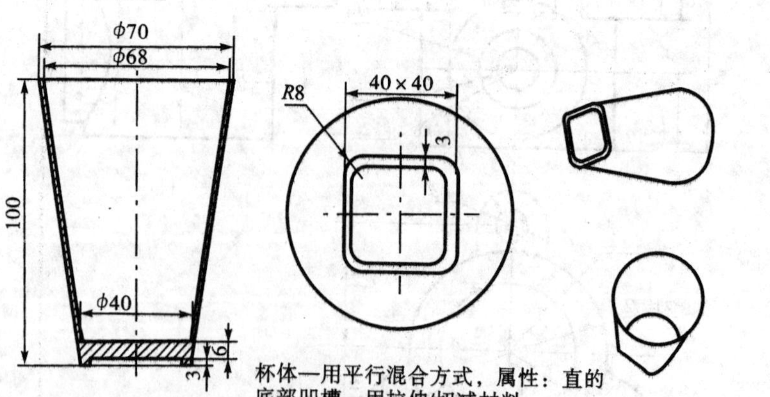

图 8.64 杯　子

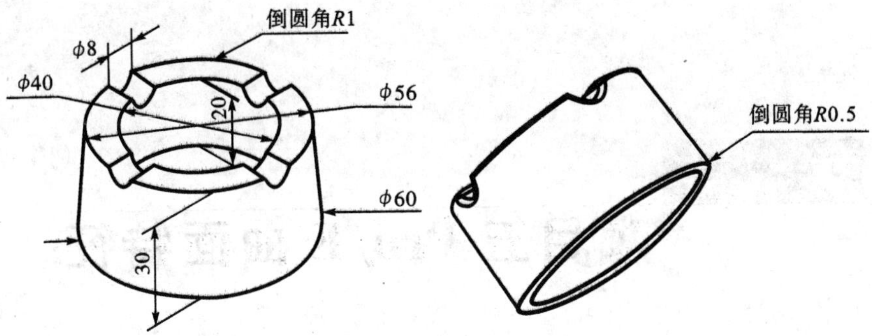

图 8.65　锥　　套

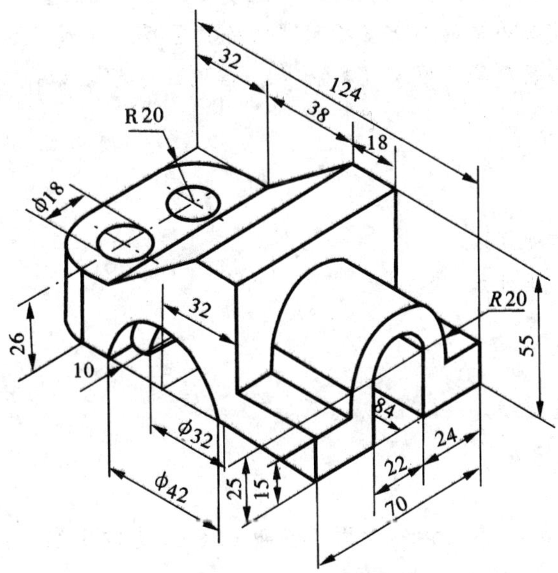

图 8.66　底　　座

第9章 项目五 Pro/E 曲面特征

通过项目一至项目四的学习，我们基本掌握了 Pro/E 软件进行平面绘制以及实体绘制的工作流程，对创建实体的基本方法都有了很深的了解。通过项目三和项目四的练习，绘制了一些实体零件，这些零件相对比较简单。本项目将学习如何使用曲面的各种功能来绘制复杂的曲面。

【知识目标】

(1)由关系式创建曲线。
(2)由关系式驱动草图尺寸。
(3)基本曲面的创建。
(4)曲面的编辑。
(5)高级曲面创建技巧。

【技能目标】

通过本项目实例演练，掌握绘制曲面的步骤与技巧，完成像灯罩、电扇等复杂的曲面，反复练习后将能绘制中等难度的曲面图形。

9.1 基础知识链接

9.1.1 由关系式创建曲线

在 Pro/E 中，我们可以通过函数方程来创建一些特殊的曲线，具体方法如下：

图 9.1 菜单管理器

(1)单击“创建新对象”按钮，新建一个名为 curve_9_1 的零件文件，模板采用缺省模板。

(2)在基准工具栏中，单击“插入基准曲线”按钮，弹出如图 9.1 所示的菜单管理器。

(3)在菜单管理器的“曲线选项”菜单中选择“从方程”命令，单击“完成”命令。

(4)选择坐标系 PRT_CSYS_DEF 为所需坐标系,设置坐标类型为“笛卡尔”。

(5)在弹出的如图 9.2 所示的记事本中输入下列方程:

x=t * 10

y=3 * sina(t * 360)

z=0

(6)保存并关闭该记事本,在如图 9.3 所示的“曲线:从方程”对话框中单击“确定”按钮,生成如图 9.4 所示的正弦曲线。

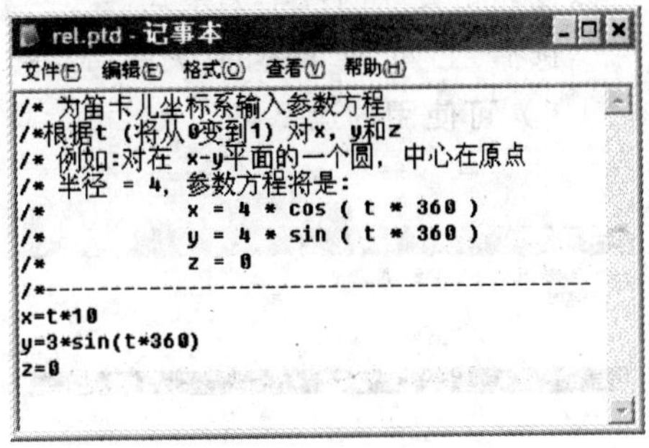

图 9.2 方程输入

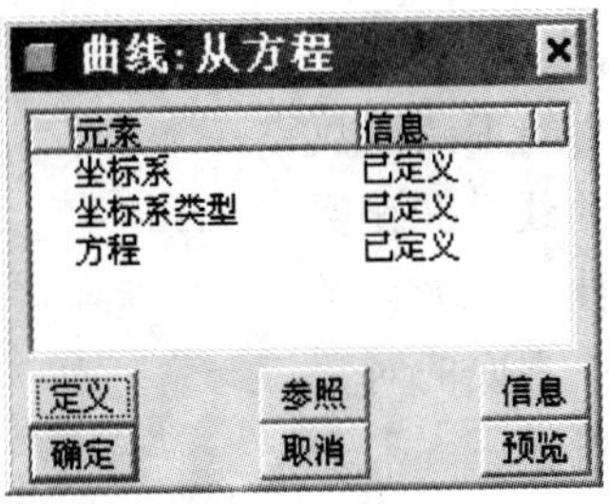

图 9.3 “曲线:从方程”对话框

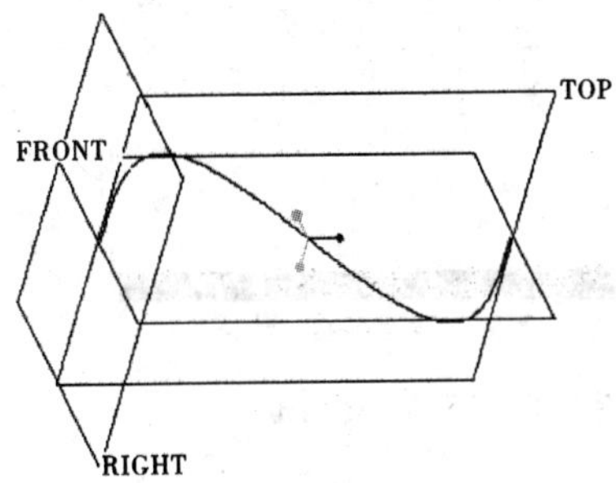

图 9.4 正弦曲线

常见的曲线方程有:

①渐开线的方程:

r=1

ang=360 * t

s=2 * pi * r * t

x0=s * cos(ang)

y0=s * sin(ang)

x=x0+s * sin(ang)

y=y0−s * cos(ang)

z=0

②抛物线:

x=(4 * t)

y=(3 * t)+(5 * t^2)

z=0

③对数曲线:

z=0

x=10 * t

y=log(10 * t+0.0001)

9.1.2 关系式驱动草图尺寸

在 Pro/E 零件设计时,除了可以利用参数来控制草图尺寸的大小外,参数与参数之间还可以创建相关联的数学关系式。

选择“工具”菜单中的“关系”命令，出现如图 9.5 所示的“关系”对话框。

1）可使用的运算符

+ − = * / = > >= <> < <=

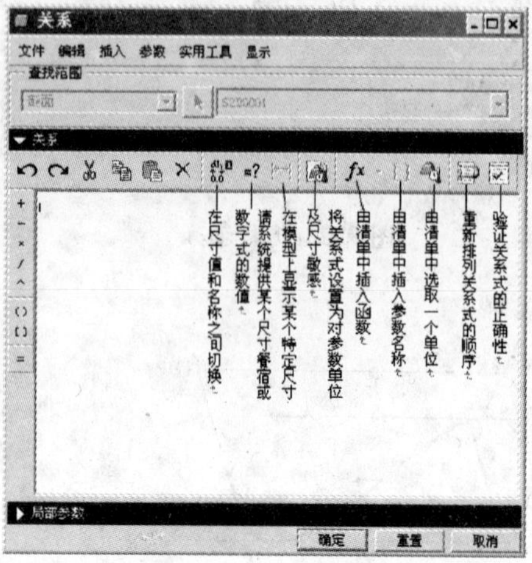

图 9.5 “关系”对话框

2）可使用的数学函数

cos()余弦函数。

tan()正切函数。

sin()正弦函数。

sqrt()平方根函数。

asin()反正弦函数。

acos()反余弦函数。

atan()反正切函数。

sinh()双曲线正弦函数。

cosh()双曲线余弦函数。

tanh()双曲线正弦函数。

log()以 10 为底的对数。

ln()自然对数。

exp()e 的幂。

abs()绝对值。

ceil()不小于实数值的最小整数。

floor()不超过实数值的最大整数。

①ceil()、floor()的语法。可以给函数 ceil 和 floor 加一个可选的自变量，用它指定要圆整的小数位数。带有圆整参数的这些函数的语法是：

ceil(parameter_name 或 number, number_of_dec_places)

floor(parameter_name 或 number, number_of_dec_places)

其中 number_of_dec_places 是可选值：

可以被表示为一个数或一个使用者自定义参数。如果该参数值是一个实数，则被截尾成为一个整数。

它的最大值是 8。如果超过 8，则不会舍入要舍入的数(第一个自变量)，并使用其初值。

②使用不指定小数部分位数的 ceil 和 floor 函数，例如：

ceil(10.2)值为 11

floor(10.2)值为 11

③使用指定小数部分位数的 ceil 和 floor 函数，例如：

ceil(10.255,2)等于 10.26

ceil(10.255,0)等于 11“与 ceil(10.255)相同”

floor(10.255,1)等于 10.2

floor(10.255,2)等于 10.26

3）关系式的种类

(1)等式。使等式左边的一个参数等于右边的表达式。这种关系用于给尺寸和参数赋值。

例如：

简单的赋值：d1＝5.25。

复杂的赋值：d3＝d1＊[SQRT(d2/2.0＋d4)]。

(2)不等式。比较左边的表达式和右边的表达式。这种关系通常用于作为一个约束或用于逻辑分支的条件语句中。

例如：

作为约束：(d1＋d2)＞(d3＋3.0)。

在条件语句中：IF(d1＋2.5)＞＝d7。

4）范例

范例1：

①单击“创建新对象”按钮，新建一个名为relations_9_1的零件文件，模板采用缺省模板。

②在基准工具栏中，单击“草绘工具”按钮。

③选择TOP基准平面为草绘平面，以RIGHT基准面为“右”参考方向，单击对话框中的“草绘”按钮，进入草绘模式。

④绘制如图9.6所示图形。

⑤在菜单栏中选择“工具”/“关系”命令，打开如图9.7所示的“关系”对话框。

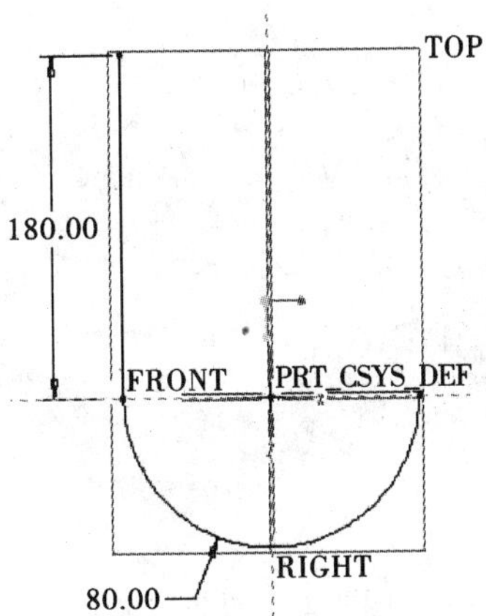

图9.6 绘制草图

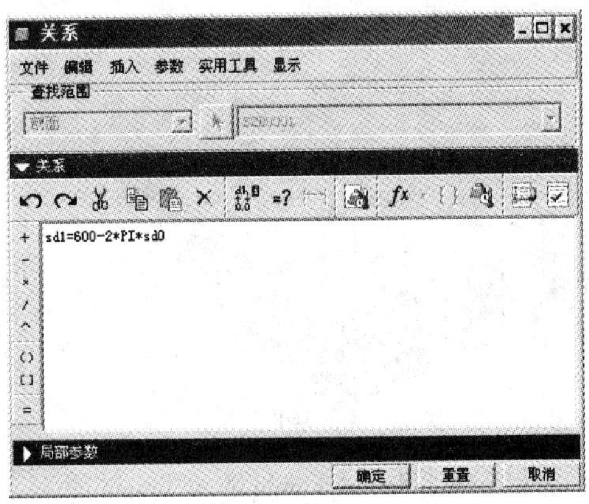

图9.7 “关系”对话框

⑥输入sd1＝600－2＊PI＊sd0(直线尺寸sd1和圆弧半径尺寸sd0，PI＝3.141 69，该关系式的含义为设置直线和圆弧的总长为600)，单击“确定”按钮，生成如图9.8所示图形。

范例2：

①读取零件relations_9_2.prt，如图9.9所示。

②在菜单栏中选择“工具”/“关系”命令，打开“关系”对话框。

③选择所有的实体特征，显示出长方体和圆孔的尺寸符号，如图9.10所示。

④在关系对话框中输入下列关系式：

d5＝d2/2

d6＝d1/2

单击“确定”按钮。

⑤单击“编辑”工具栏中的“再生模型”按钮，圆孔已经移至长方体顶面的中央位置，如图 9.11 所示。

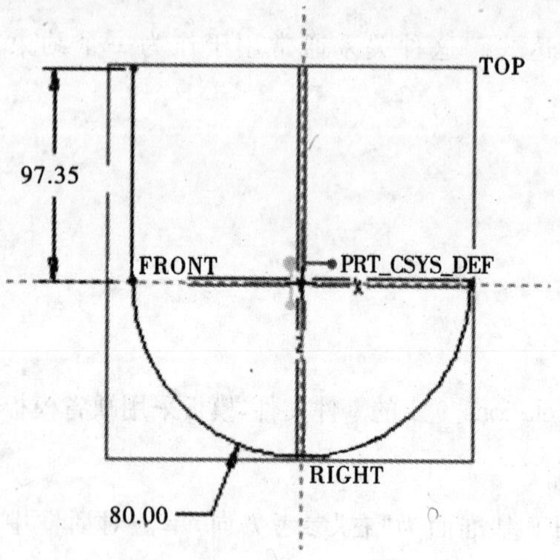

图 9.8　关系驱动后图形

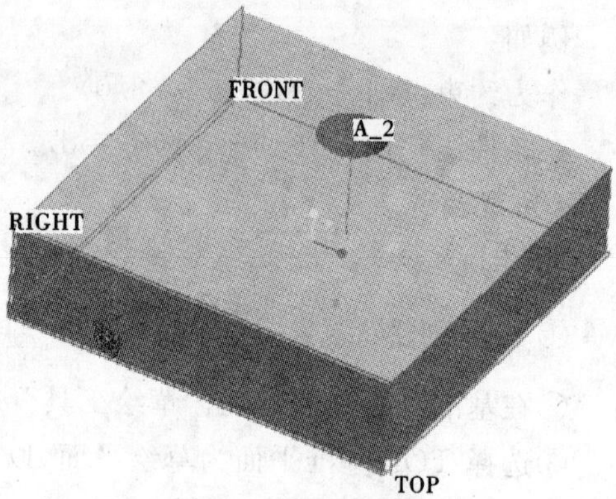

图 9.9　读取零件图

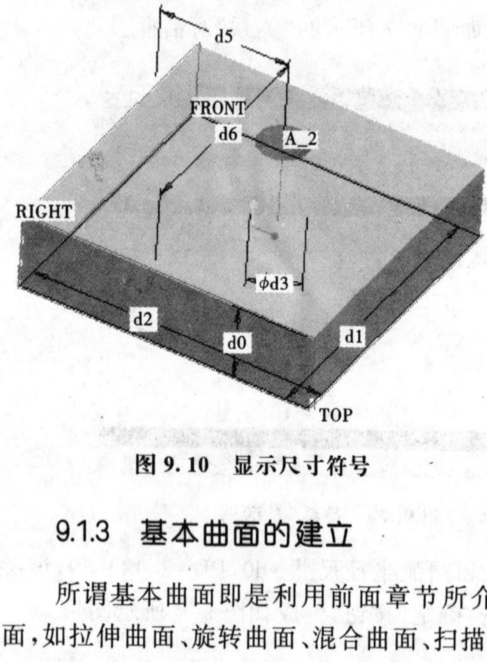

图 9.10　显示尺寸符号

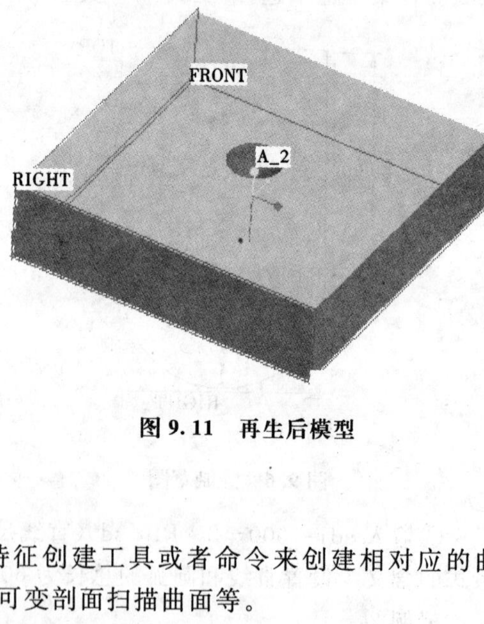

图 9.11　再生后模型

9.1.3　基本曲面的建立

所谓基本曲面即是利用前面章节所介绍的特征创建工具或者命令来创建相对应的曲面，如拉伸曲面、旋转曲面、混合曲面、扫描曲面和可变剖面扫描曲面等。

1）拉伸曲面

拉伸曲面是将一个截面沿垂直方向移动形成的曲面。操作方法如下：

(1)单击“创建新对象”按钮，新建一个名为 surface_9_1 的零件文件，模板采用缺省模板。

(2)在特征工具栏中单击“拉伸工具”按钮，打开拉伸工具操控板。

(3)在操控板上单击“曲面”按钮，如图 9.12 所示。

图 9.12　拉伸工具操控板

(4)单击“放置”按钮，打开放置操控板，单击“定义”按钮，打开“草绘”对话框。

(5)选择 TOP 基准平面为草绘平面，以 RIGHT 基准面为“右”参考方向，单击对话框中的“草绘”按钮，进入草绘模式。

(6)绘制如图 9.13 所示图形，单击“继续当前部分”✔按钮。

(7)在操控板上输入拉伸深度 200。

(8)单击“完成”✔按钮，创建的拉伸曲面如图 9.14 所示。

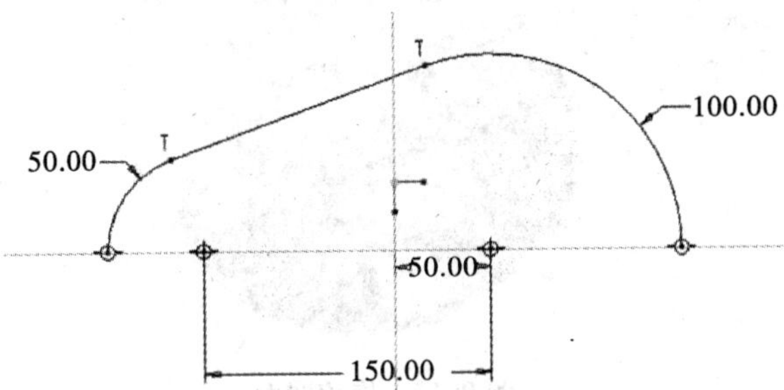

图 9.13　草绘截面

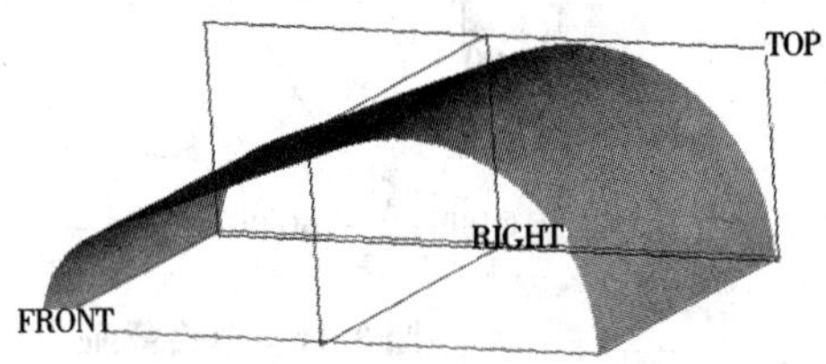

图 9.14　拉伸曲面

注意：

如果绘制的拉伸剖面是封闭的二维图形时，可以在操控板上单击“选项”按钮，打开“选项”操控板，选中“封闭端”复选框，生成完全封闭的曲面，如图 9.15 所示。

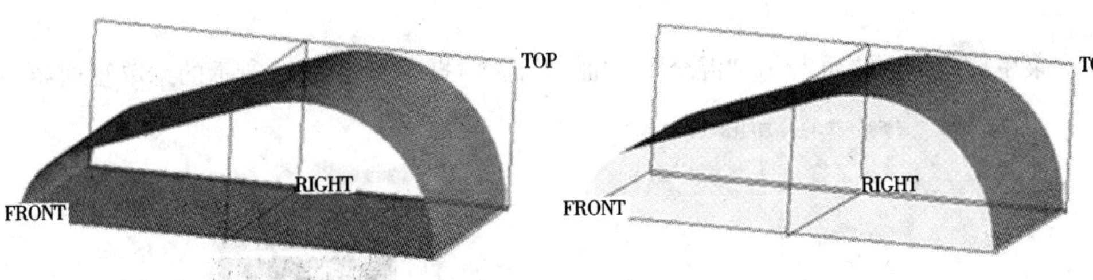

图 9.15　选中“封闭端”复选框对比图

2）创建旋转曲面

旋转曲面是把草绘截面绕着旋转轴旋转一定角度而产生的曲面。操作方法如下：

(1)单击“创建新对象”按钮，新建一个名为 surface_9_2 的零件文件，模板采用缺省模板。

(2)在特征工具栏中单击“旋转工具”按钮，打开旋转工具操控板。

(3)在操控板上,单击“曲面” 按钮。

(4)单击“放置”按钮,打开放置操控板,单击“定义”按钮,打开“草绘”对话框。

(5)选择 TOP 基准平面为草绘平面,以 RIGHT 基准面为“右”参考方向,单击对话框中的“草绘”按钮,进入草绘模式。

(6)绘制如图 9.16 所示图形,单击“继续当前部分” 按钮。

(7)在操控板上输入旋转角度为 360。

(8)单击“完成” 按钮,创建的旋转曲面如图 9.17 所示。

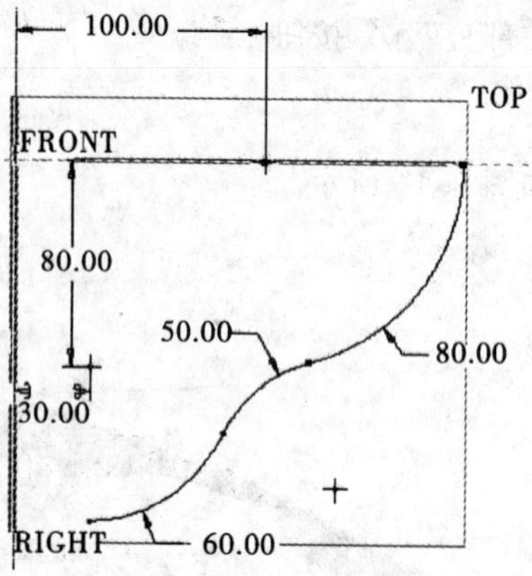

图 9.16　草绘截面

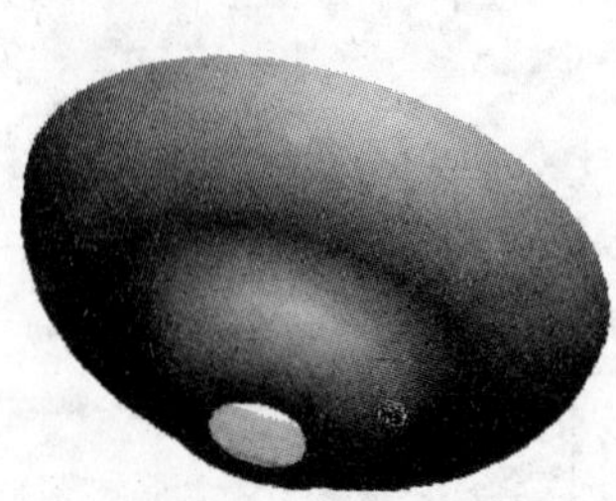

图 9.17　旋转曲面

3)创建混合曲面

混合曲面是由两个或两个以上的草绘截面以熔接的方式形成一个曲面,可以以直线方式熔接也可以以曲线方式熔接。操作方法如下:

(1)单击“创建新对象” 按钮,新建一个名为 surface_9_3 的零件文件,模板采用缺省模板。

(2)在菜单栏中,选择“插入”/“混合”/“曲面”命令,打开如图 9.18 所示的菜单管理器。

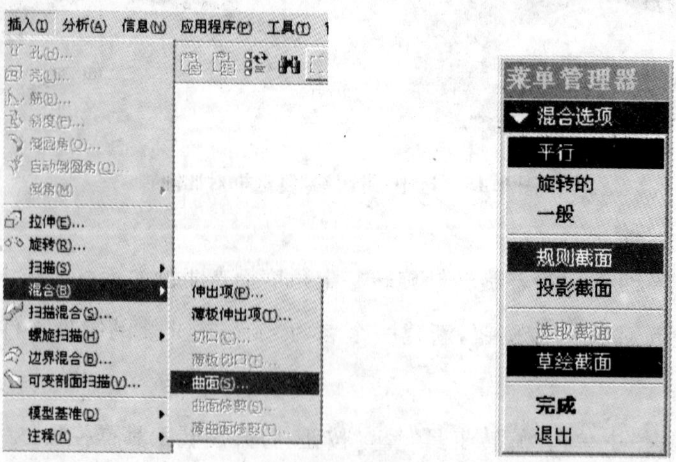

图 9.18　菜 单 管 理 器

(3)在菜单管理器的“混合选项”菜单中，选择“平行”/“规则截面”/“草绘截面”/“完成”命令，打开如图 9.19 所示的“曲面：混合，平行，规……”对话框。

(4)在菜单管理器的“属性”菜单中选择“光滑”/“开放终点”/“完成”命令，在弹出的“设置草绘平面”菜单管理器中选择 TOP 基准平面为草绘平面，选择“正向”/“缺省”命令，进入草绘模式。

(5)绘制如图 9.20 所示的截面 1。

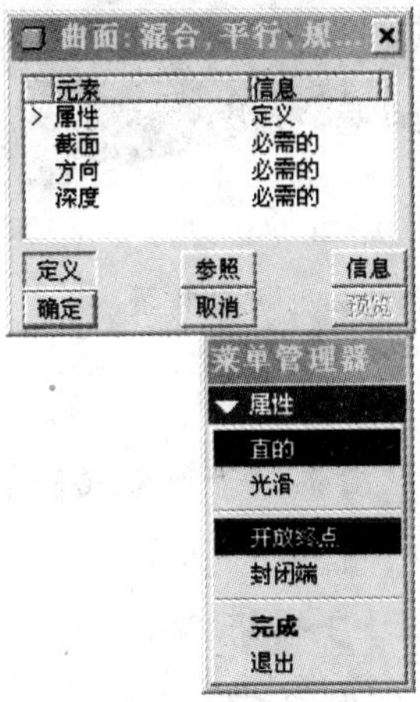

图 9.19 “曲面：混合，平行，规……”对话框

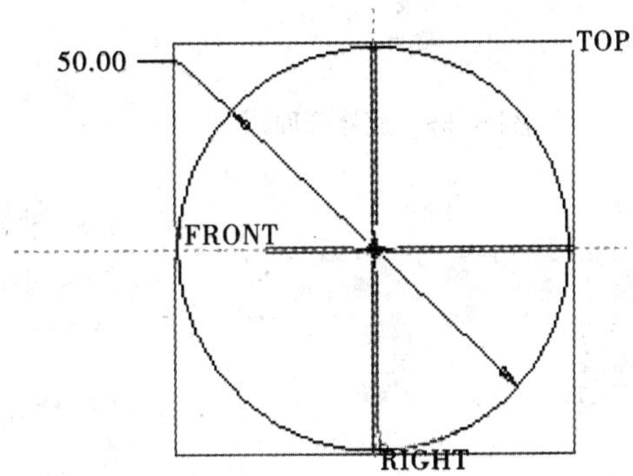

图 9.20 截面 1

(6)在菜单栏中选择“草绘”/“特征工具”/“切换剖面”命令。

(7)绘制如图 9.21 所示的截面 2。

(8)在菜单栏中选择“草绘”/“特征工具”/“切换剖面”命令。

(9)绘制如图 9.22 所示的截面 3。

(10)单击“继续当前部分”✔按钮。

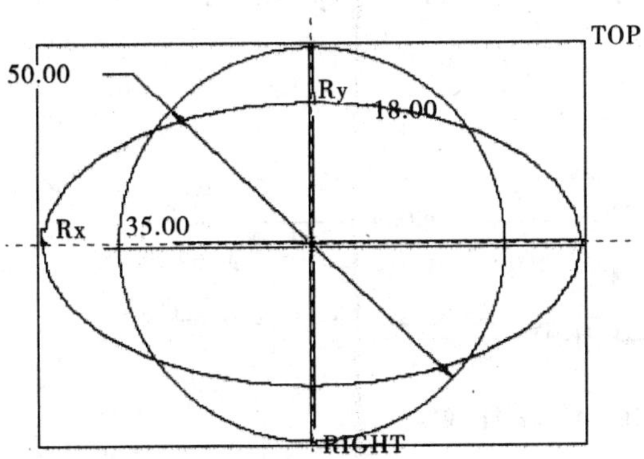

图 9.21 截面 2

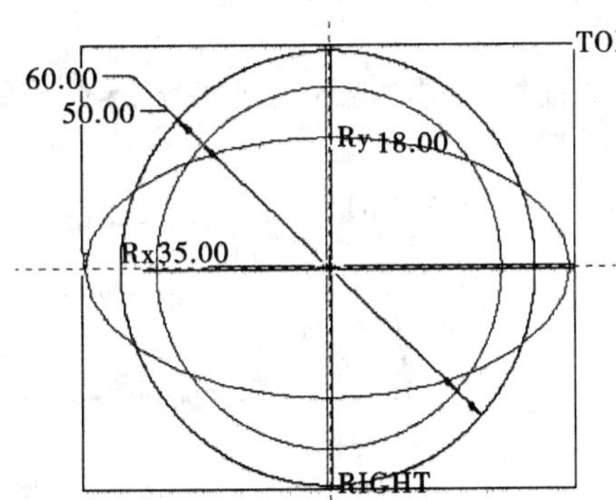

图 9.22 截面 3

(11)在如图 9.23 所示的菜单管理器中选择“盲孔”/“完成”命令。

(12)输入截面 2 的深度为 60，单击“接受值”✔按钮(注：该深度为截面 2 至截面 1 的距离)。

(13)输入截面 3 的深度为 80,单击“接受值”按钮(注:该深度为截面 3 至截面 2 的距离)。

(14)单击对话框中的“确定”按钮,创建如图 9.24 所示的混合曲面。

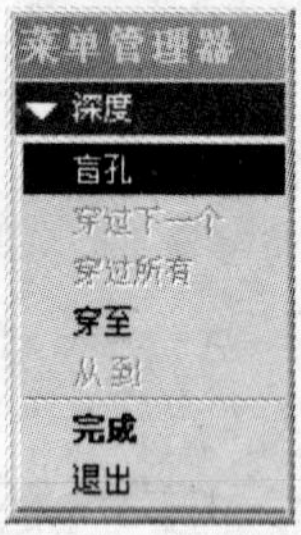

图 9.23　菜单管理器

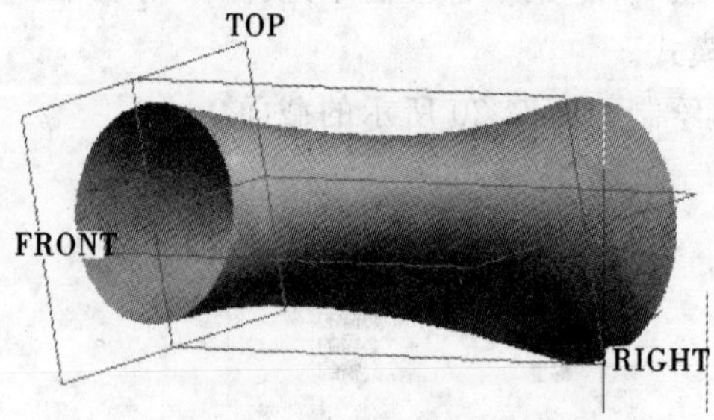

图 9.24　混合曲面

4）创建扫描曲面

扫描曲面是将截面图形沿着一条轨迹线扫描而产生的曲面。操作方法如下:

(1)单击“创建新对象”按钮,新建一个名为 surface_9_4 的零件文件,模板采用缺省模板。

(2)在菜单栏中,选择“插入”/“扫描”/“曲面”命令,打开如图 9.25 所示的“曲面:扫描”对话框。

(3)在菜单管理器的“扫描轨迹”菜单中选择“草绘轨迹”命令。

(4)选择 FRONT 基准平面为草绘平面,在接着的“设置草绘平面”菜单中选择“正向”/“缺省”命令,进入草绘模式。

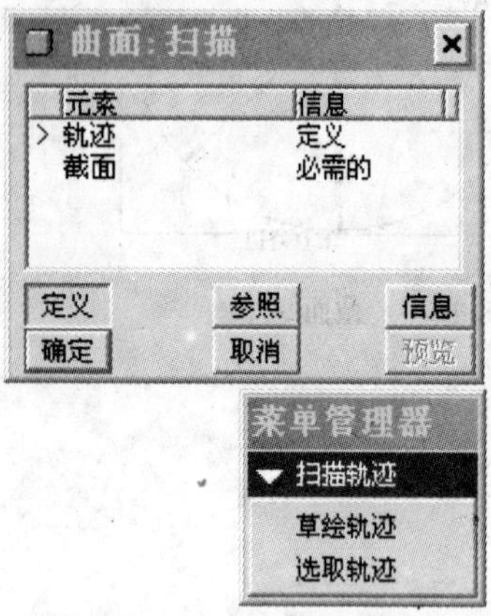

图 9.25　“曲面:扫描”对话框

(5)单击“创建样条曲线”按钮,绘制如图 9.26 所示的样条曲线,单击“继续当前部分”按钮。

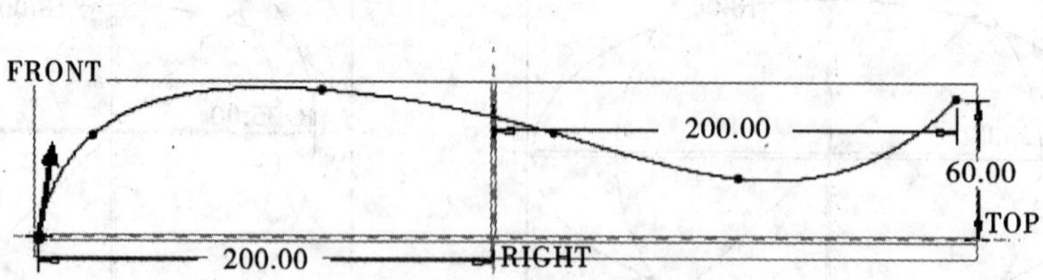

图 9.26　样 条 曲 线

(6)在如图 9.27 所示的“属性”菜单中,执行“开放终点”/“完成”命令。

(7)绘制直径为 30 的圆,单击“继续当前部分”按钮。

(8)单击“曲面:扫描”对话框中的“确定”按钮,生成如图 9.28 所示的扫描曲面。

图 9.27　菜单管理器

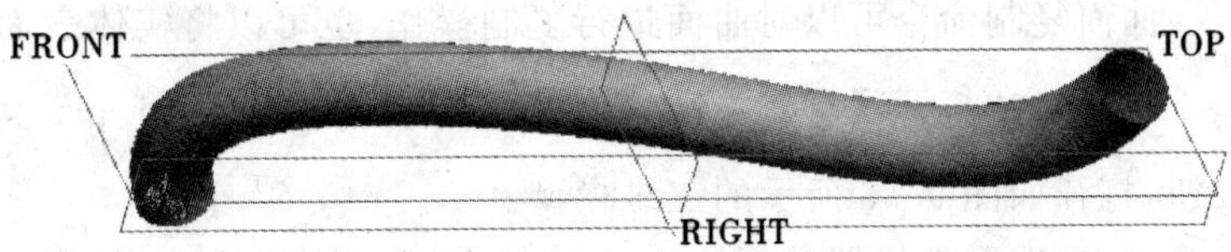

图 9.28　扫描曲面

9.1.4　曲面的编辑

在曲面设计过程中，还需要对所绘制的曲面进行编辑加工，其中常用的有填充曲面、曲面复制、曲面偏移、曲面编辑和曲面合并等操作。

1）填充曲面

填充曲面是根据位于同一个平面上的封闭图形来创建曲面，该曲面为平面。

(1)单击“创建新对象”按钮，新建一个名为 surface_9_5 的零件文件，模板采用缺省模板。

(2)在菜单栏中选择“编辑”/“填充”命令，打开如图 9.29 所示的操控板。

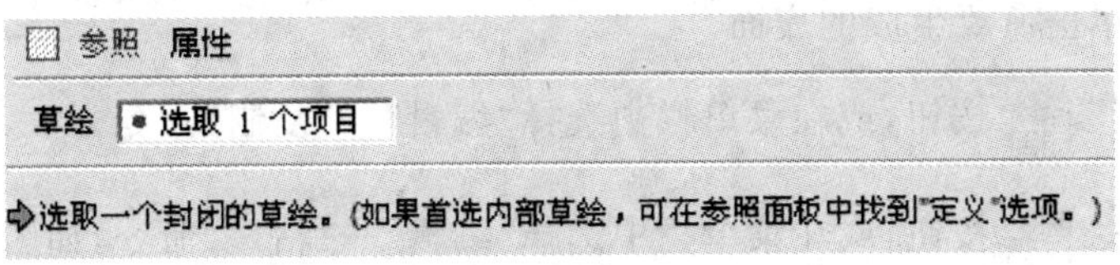

图 9.29　填充操控板

(3)单击填充工具面板上的“参照”按钮，打开“参照”操控板，如图 9.30 所示。

(4)单击“参照”面板上的“定义”按钮，打开“草绘”对话框。

(5)选择 TOP 基准平面为草绘平面，以 RIGHT 基准面为“右”参考方向，单击对话框中的“草绘”按钮，进入草绘模式。

(6)绘制如图 9.31 所示图形。

(7)单击“继续当前部分”按钮。

(8)单击“完成”按钮，生成如图 9.32 所示的平面。

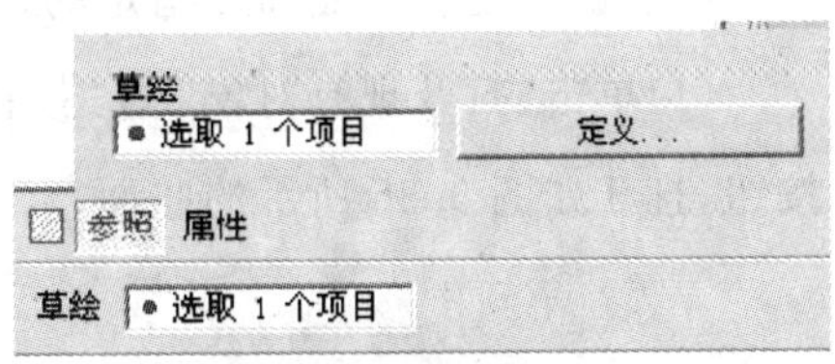

图 9.30　参照设置

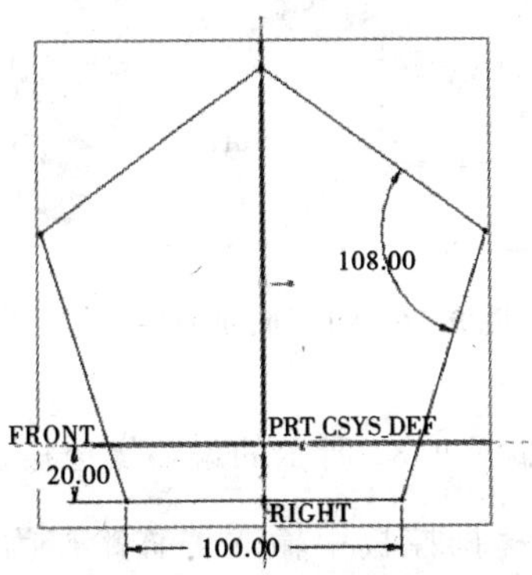

图 9.31　草绘图形

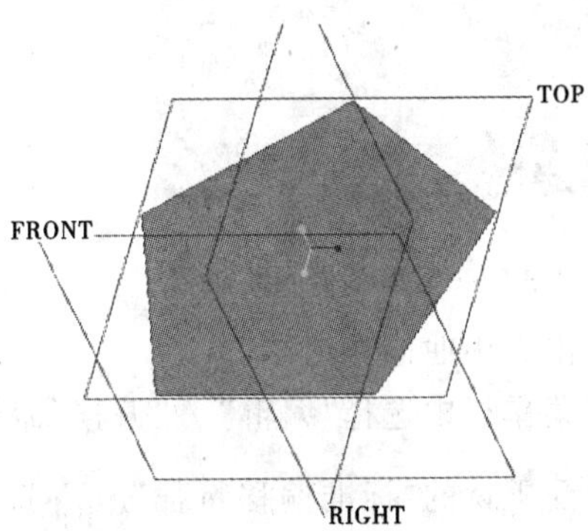

图 9.32　填充曲面

2）曲面复制

曲面复制命令可以对曲面进行复制操作，也可以将实体表面复制成曲面。

(1)单击“打开现有对象”按钮，选择 surface_9_6. prt 文件，单击对话框中的“打开”按钮，打开如图 9.33 所示的三维模型。

(2)在选取选择器的下拉列表框中，选择“几何”选项，如图 9.34 所示。

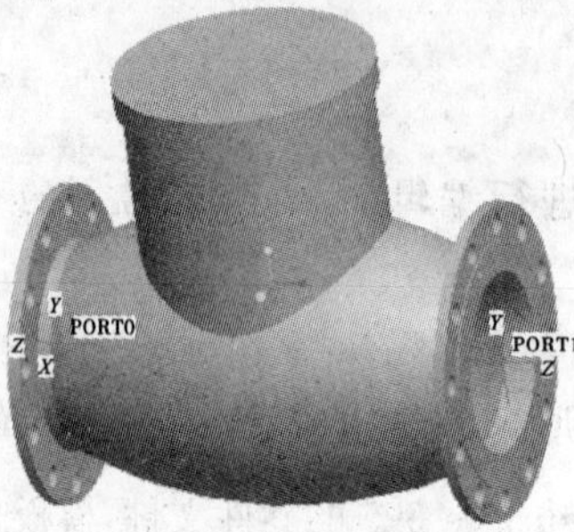

图 9.33　三维模型

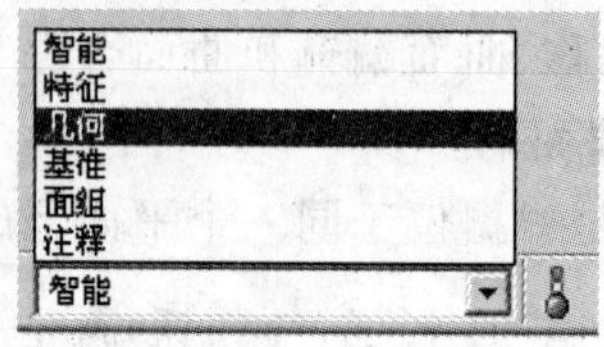

图 9.34　选取器

(3)在模型中单击所要生成的表面。

(4)单击“复制”按钮，或在菜单栏中选择“编辑”→“复制”命令。

(5)单击“粘贴”按钮，或在菜单栏中选择“编辑”→“粘贴”命令，如图 9.35 所示。

(6)单击“完成”按钮，完成曲面复制。

3）曲面偏移

曲面偏移是将原曲面按指定的距离偏移生成新曲面。

(1)单击“打开现有对象”按钮，选择 surface_9_1. prt 文件，单击对话框中的“打开”按钮，打开如图 9.36 所示的曲面。

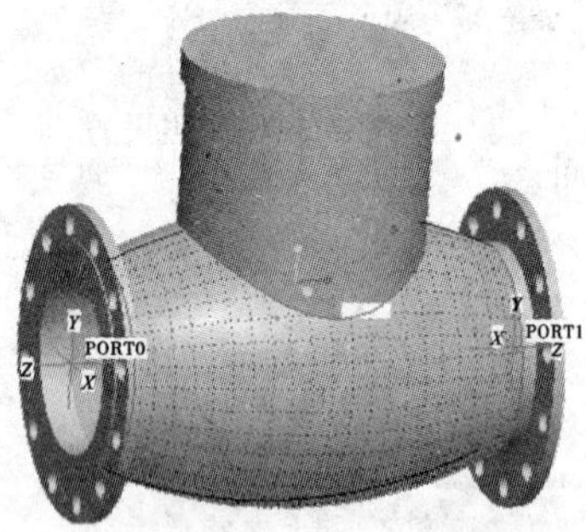

图 9.35　复制生成曲面

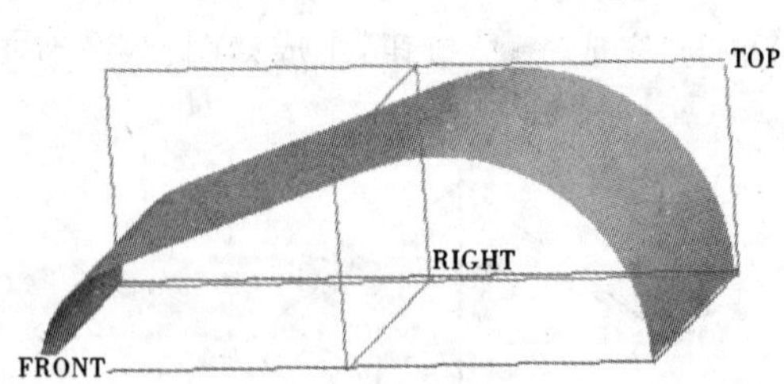

图 9.36　打开曲面文件

(2)单击选中曲面特征。

(3)在菜单栏中选择“编辑”/“偏移”命令，打开如图 9.37 所示的偏移操控板。

(4)接受默认的“标准偏移特征”选项，在偏移操控板中输入偏移距离为 30。如图 9.38所示。

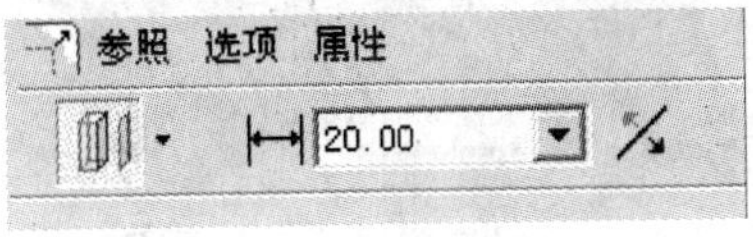

图 9.37 偏移操控板

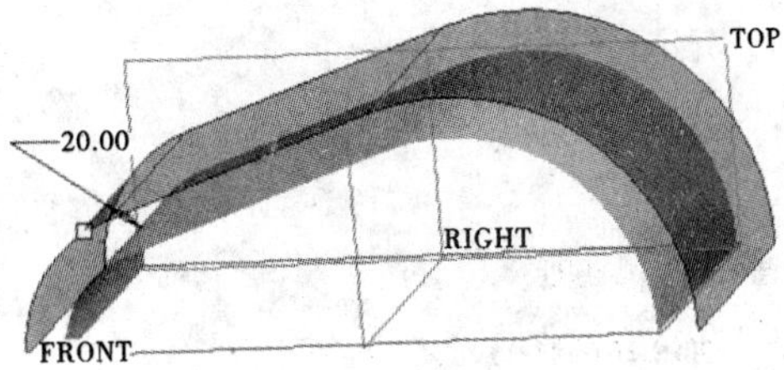

图 9.38 偏移曲面

(5)在偏移操控板中单击“选项”按钮,打开“选项”操控板(见图 9.39),在列表框中选择“垂直于曲面”选项,同时选中“创建侧曲面”复选框,生成的偏移曲面会带有侧曲面,如图 9.40 所示。

图 9.39 选项操控板

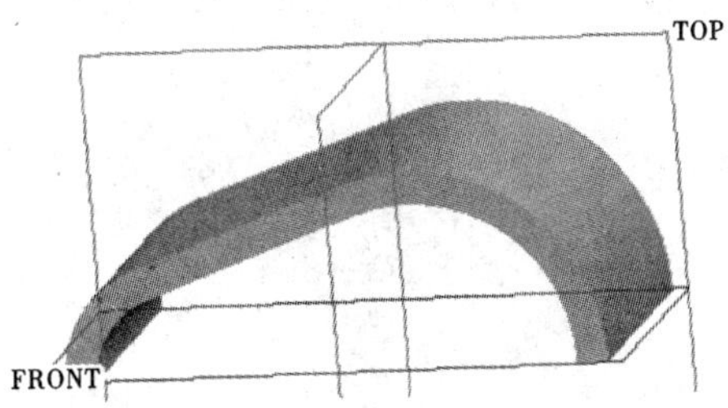

图 9.40 生成曲面

4) 曲面修剪

曲面修剪是指利用曲线、曲面、基准平面等对现有曲面或面组进行修剪。

(1)单击“打开现有对象”按钮,选择 surface_9_1.prt 文件,单击对话框中的“打开”按钮,打开如图 9.41 所示的曲面。

(2)选择要修剪的曲面特征,如图 9.42 所示。

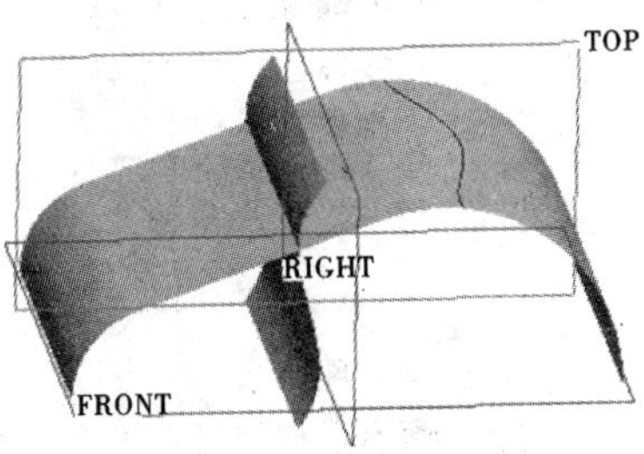

图 9.41 打开曲面文件

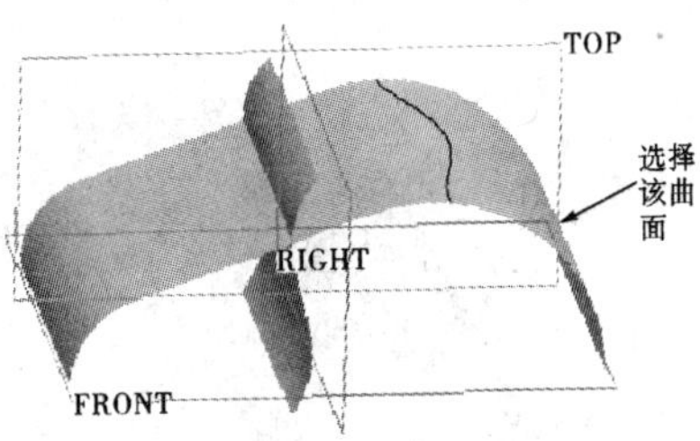

图 9.42 选择要修剪曲面

(3)在编辑特征工具栏中单击“修剪工具”按钮,打开如图 9.43 所示的曲面修剪操控板。

(4)选择曲线作为修剪边界,如图 9.44 所示。

(5)在曲面修剪操控板中单击“反向”按钮,选择要保留的曲面,单击“完成”按钮,如图 9.45 所示。

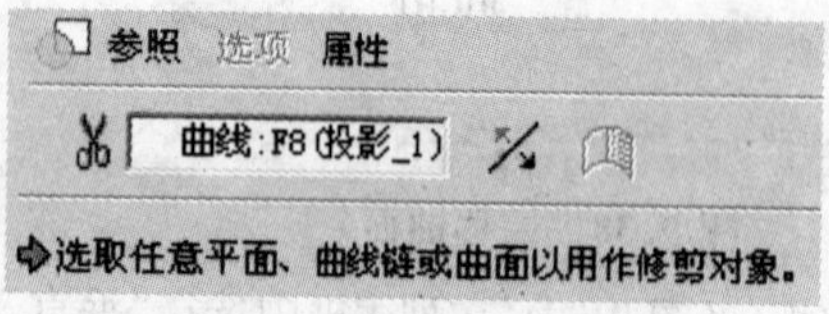

图 9.43　曲面修剪操控板

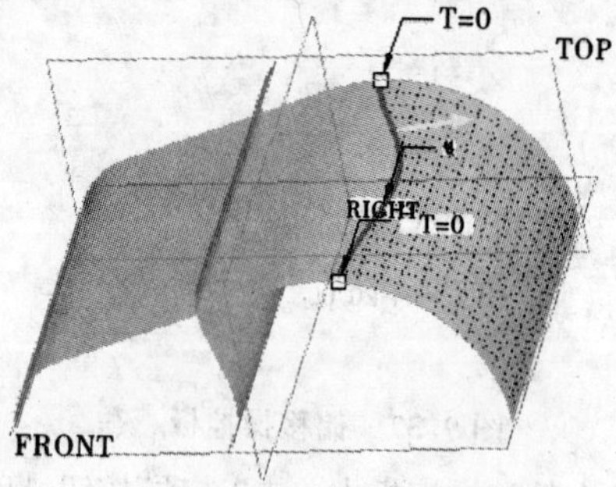

图 9.44　选择修剪边界

(6)选择如图 9.46 所示的曲面，在编辑特征工具栏中单击“修剪工具”按钮，打开曲面修剪操控板。

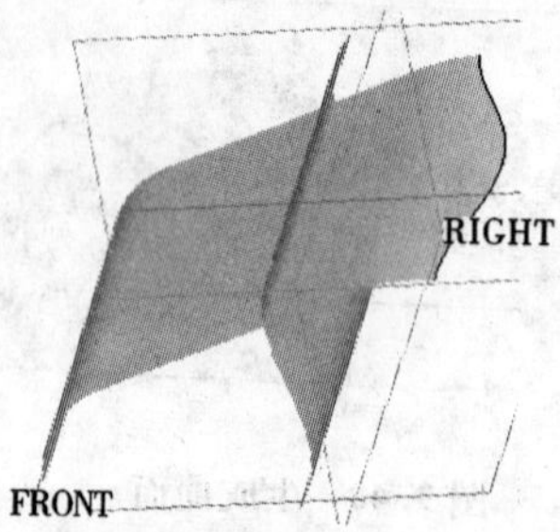

图 9.45　修剪后曲面

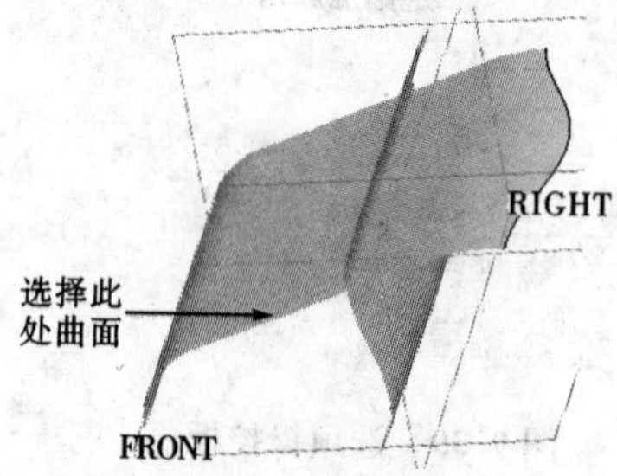

图 9.46　选取曲面

(7)选择曲面作为修剪边界，如图 9.47 所示。

(8)在曲面修剪操控板中单击“选项”按钮，打开“选项”面板，取消选中“保留修剪对象”按钮，选中“薄修剪”复选框，输入薄修剪的尺寸为 30，如图 9.48 所示。

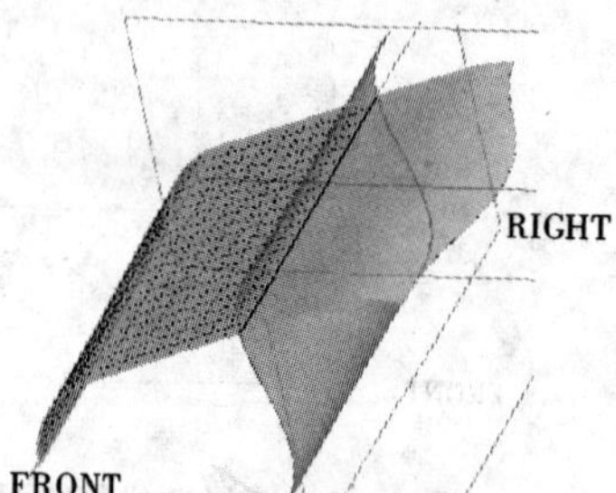

图 9.47　选取修剪边界

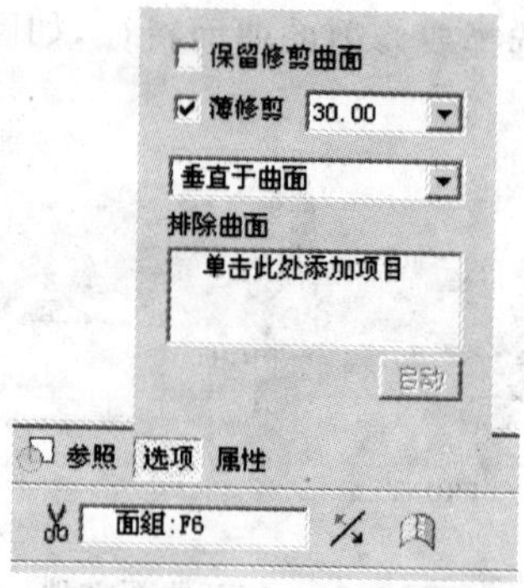

图 9.48　选项操控板

(9)单击“完成”按钮，修剪后的曲面如图 9.49 所示。

5）曲面合并

曲面合并是指将相互独立的曲面合并成一个单独的曲面。

(1)单击“打开现有对象”按钮，选择 surface_9_3. prt 文件，单击对话框中的“打开”按钮，打开如图 9.50 所示的曲面。

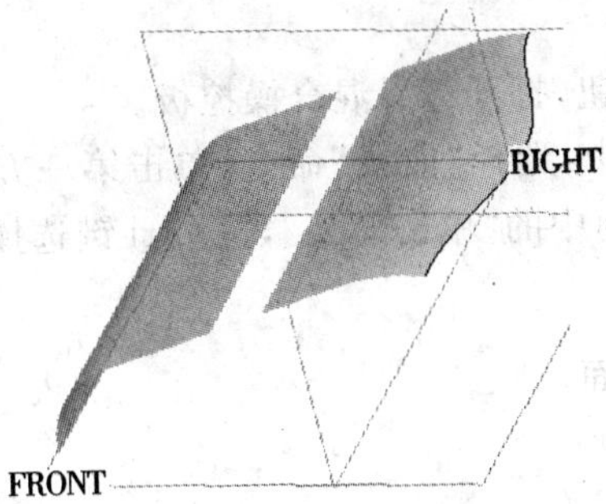

图 9.49 修剪后曲面

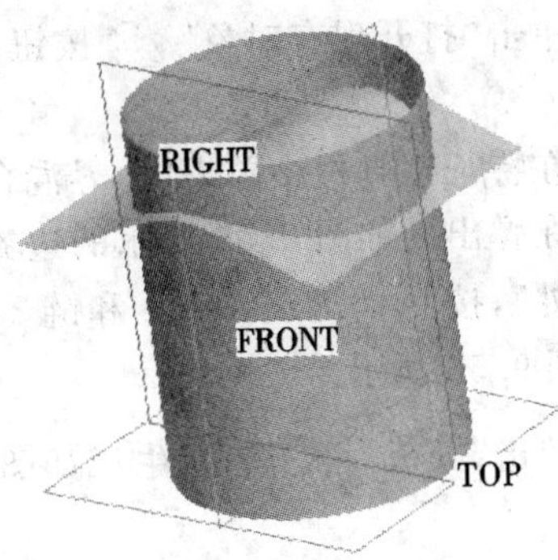

图 9.50 打开曲面文件

(2)选择如图 9.51 所示的曲面 1,按住 Ctrl 键选择曲面 2.

(3)在编辑特征工具栏中单击“合并工具”按钮,弹出如图 9.52 所示的合并操控板。

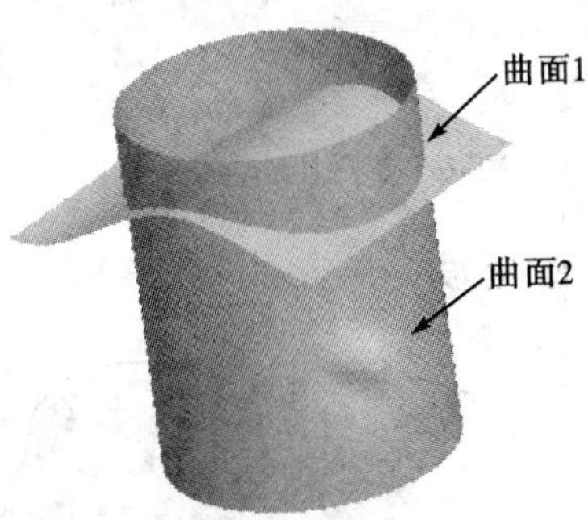

图 9.51 选择曲面

图 9.52 合并操控板

(4)在合并操控板中单击“改变要保留的第一组的侧,第二组的侧”按钮,将保留的曲面指定至如图 9.53 所示。

(5)单击“完成”按钮,合并后的曲面如图 9.54 所示。

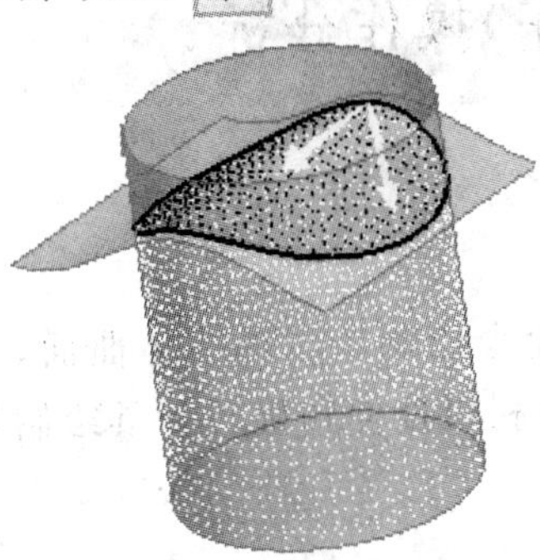

图 9.53 选择保留曲面

图 9.54 合并后曲面

9.1.5 高级曲面创建技巧

边界混合曲面

可以使用由直线、圆弧和曲线组成的边界线混合生成曲面。

(1)单击“打开现有对象”按钮，选择 Blend. prt 文件，单击对话框中的“打开”按钮，打开曲面。

(2)在特征工具栏中单击“边界混合工具”按钮，打开边界混合操控板。

(3)在弹出的如图 9.55 所示的边界混合操控板中，选择“曲线”命令，单击第一方向中的“单击此处”，按 Ctrl 键选择链 1 和链 2，单击第二方向中的“单击此处”，按 Ctrl 键选择链 3 和链 4，如图 9.56 所示。

(4)单击“完成”按钮，生成如图 9.57 所示曲面。

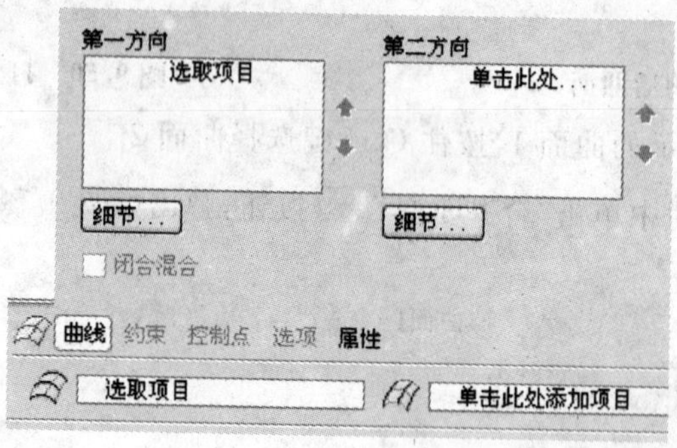

图 9.55 混合操控板

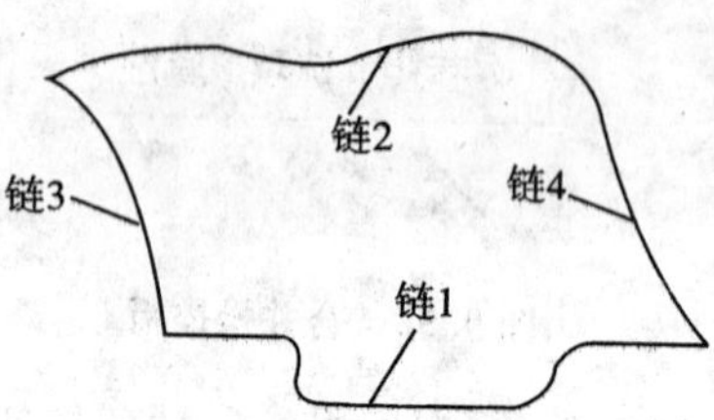

图 9.56 选择链

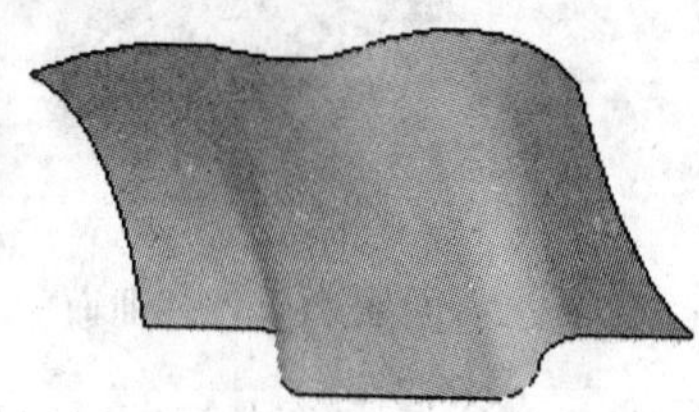

图 9.57 边界混合曲面

9.2 项目实例 8(椅子)操作分析

9.2.1 图形分析

椅子的效果如图 9.58 所示，首先利用边界混合命令绘制椅子的主体曲面，然后利用曲面修剪命令修剪出圆角，把修剪后的曲面加厚，最后利用拉伸和旋转工具绘制椅子的支撑部分。

9.2.2 实体创建步骤

(1)单击“创建新对象”按钮，新建一个名为 yizi 的零件文件，模板采用缺省模板。

(2)单击基准工具栏中的“草绘工具”按钮，选择 FRONT 基准平面为草绘平面，单击对话框中的“草绘”按钮，进入草绘模式，绘制如图 9.59 所示样条曲线。

(3)将 FRONT 基准平面平移 110 的距离，生成新的基准平面 DTM1，并在草绘模式下利用“通过偏移一条边来创建图元”按钮工具，绘制如图 9.60 所示的图形。

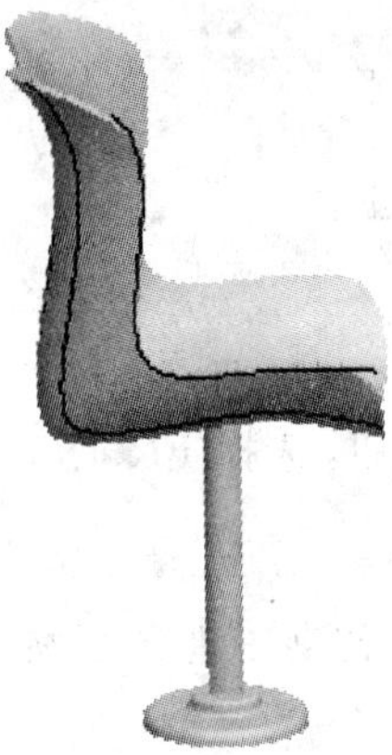

图 9.58 椅子曲面

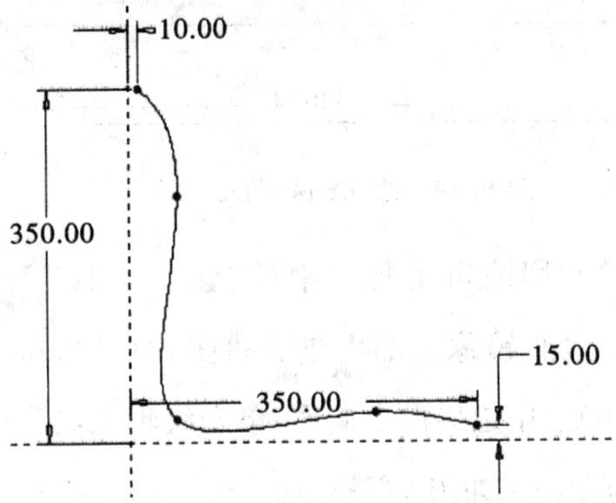

图 9.59 草绘截面

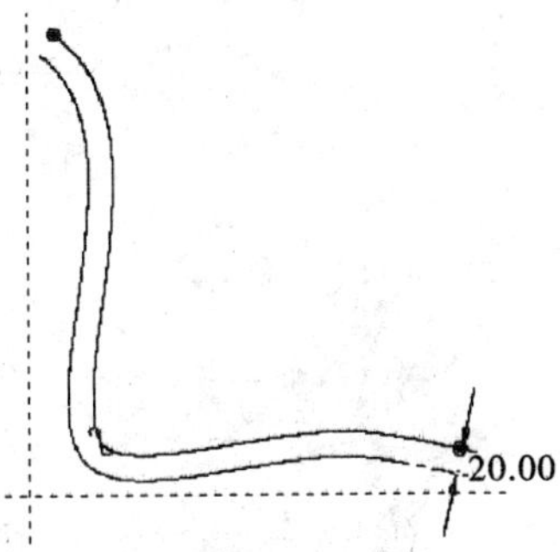

图 9.60 偏移曲线

(4)将 FRONT 基准平面平移 150 的距离，生成新的基准平面 DTM2，并在草绘模式下绘制如图 9.61 所示的样条曲线。

(5)选中草绘 2 和草绘 3，单击编辑特征工具栏中的“镜像工具”按钮，打开镜像操控板，选择镜像平面为 FRONT 基准面，单击“完成”按钮，完成曲线的镜像，如图 9.62 所示。

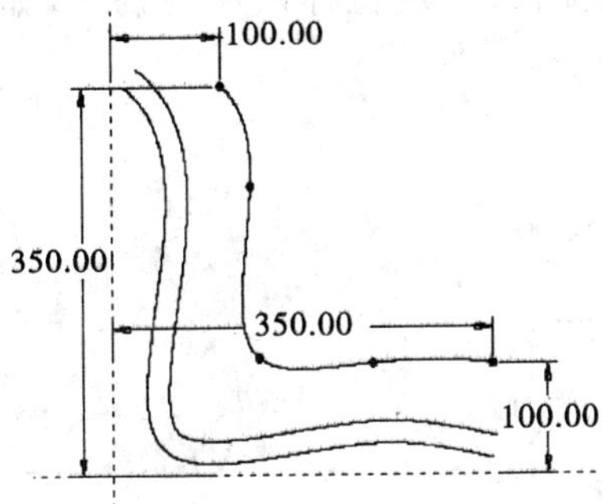

图 9.61 绘制曲线

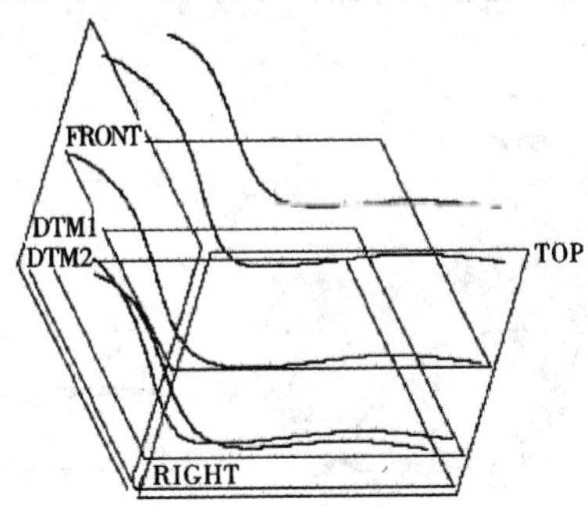

图 9.62 镜像曲线

(6)在特征工具栏中，单击“边界混合工具”按钮，打开边界混合操控板，选择如图9.63所示的 5 条曲线作为第一方向，单击“完成”按钮，完成边界混合曲面。

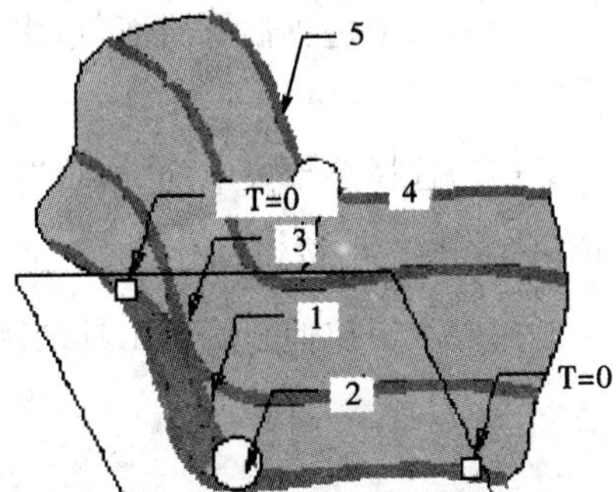

图 9.63 边界混合曲面

(7)在特征工具栏中，单击“拉伸工具”按钮，在操控板上，单击“曲面”按钮，单击“放置”按钮，打开放置操控板，单击“定义”按钮，打开“草绘”对话框。选择 RIGHT 基准平面为草绘平面，以 TOP 基准面为

“右”参考方向，单击对话框中的“草绘”按钮，进入草绘模式。绘制如图 9. 64 所示圆角。

(8)输入拉伸距离 140，单击“完成”按钮，完成曲面的制作。

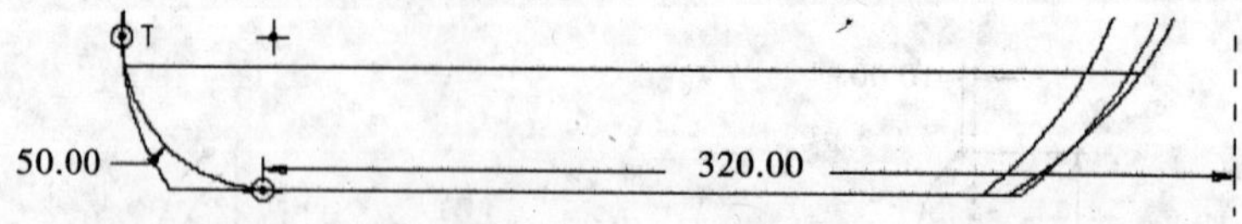

图 9. 64　绘 制 圆 角

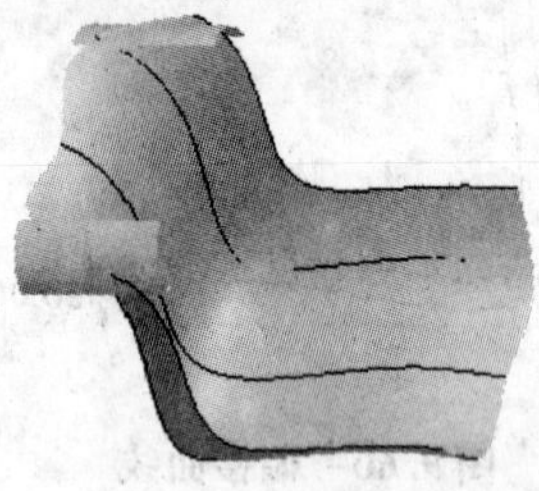

图 9. 65　生成圆角曲面

(9)利用编辑工具栏中的“镜像工具”按钮，选择 FRONT 为镜像平面，镜像上部生成的曲面，如图 9. 65 所示。

(10)选中边界混合曲面，单击编辑工具栏中的“修剪工具”按钮，修剪曲面至如图9. 66所示。

(11)隐藏两个用来修剪的拉伸曲面。

(12)在特征工具栏中，单击“拉伸工具”按钮，在操控板上，单击“曲面”按钮，单击“放置”按钮，打开放置操控板，单击“定义”按钮，打开“草绘”对话框。选择 FRONT 基准平面为草绘平面，以 RIGHT 基准面为“右”参考方向，单击对话框中的“草绘”按钮，进入草绘模式。绘制如图 9. 67 所示半径为 50 的圆角。

(13)两边同时拉伸距离 160，单击“完成”按钮，完成拉伸曲面的制作，如图 9. 68 所示。

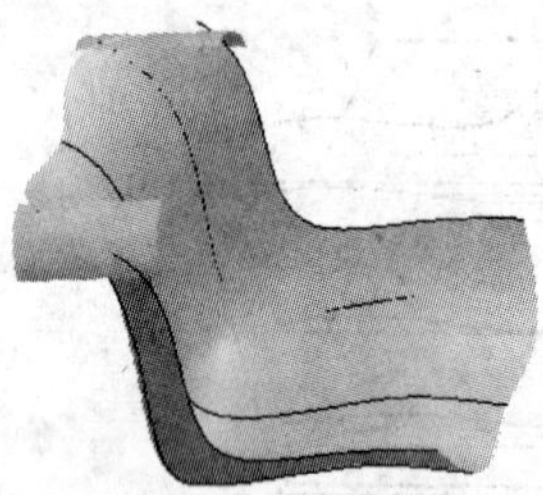

图 9. 66　修剪曲面

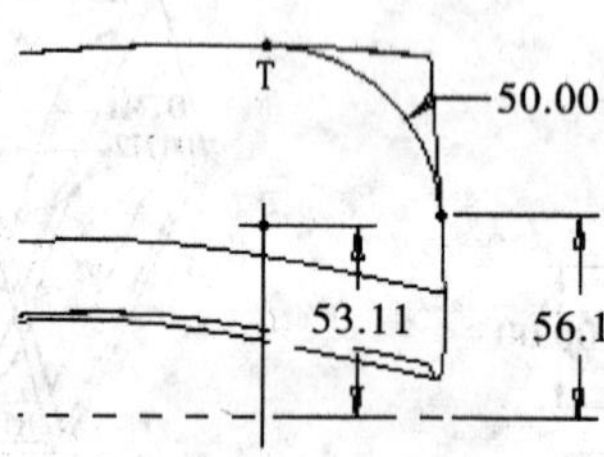

图 9. 67　绘制圆角

图 9. 68　圆角曲面

(14)选中边界混合曲面，单击编辑工具栏中的“修剪工具”按钮，修剪曲面至图9. 69 所示。

(15)选择菜单栏中的“编辑”/“加厚”命令，打开“加厚工具”操控板，输入加厚距离为 6，单击“完成”按钮，如图 9. 70 所示。

(16)利用拉伸和旋转工具绘制支撑柱和底座，如图9. 71所示。

图 9.69 曲面修剪

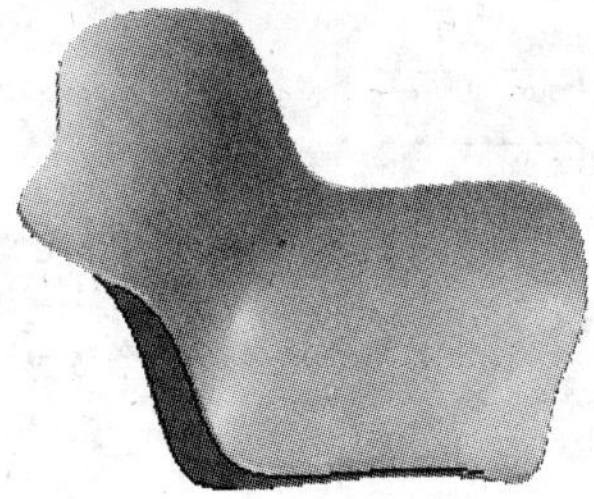

图 9.70 曲面加厚

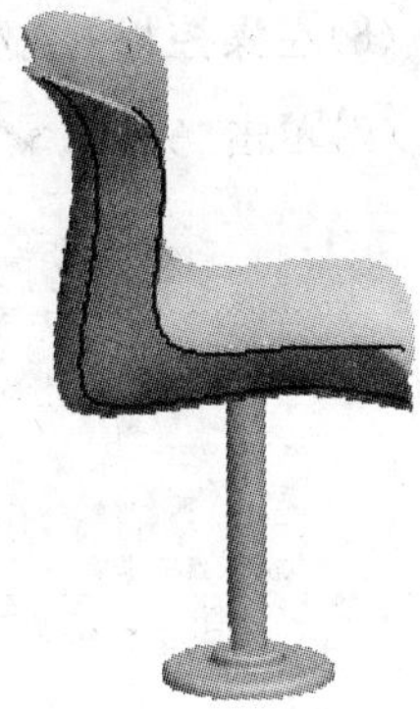

图 9.71 椅子模型

9.3 项目实例 9(鼠标)操作分析

9.3.1 图形分析

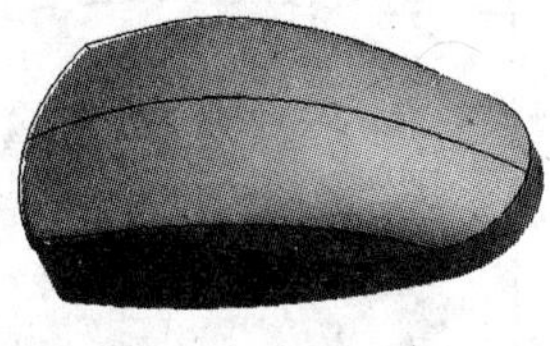

图 9.72 鼠标曲面

如图 9.72 所示,鼠标曲面主要利用边界混合工具创建出鼠标的上表面和侧面倾斜部分,并在上表面和侧面的交线上进行变化半径的倒圆角,期间还使用了曲线的投影命令。

9.3.2 实体创建步骤

1) 绘制鼠标上表面

(1)单击"创建新对象"按钮,新建一个名为 mouse 的零件文件,模板采用缺省模板。

(2)在特征工具栏中,单击"拉伸工具"按钮,打开拉伸工具操控板,在操控板上单击"曲面"按钮。

(3)单击"放置"按钮,打开放置操控板,单击"定义"按钮,打开"草绘"对话框。

(4)选择 FRONT 基准平面为草绘平面,以 RIGHT 基准面为"右"参考方向,单击对话框中的"草绘"按钮,进入草绘模式。

(5)利用直线工具和样条曲线工具绘制如图 9.73 所示图形,单击"继续当前部分"按钮。

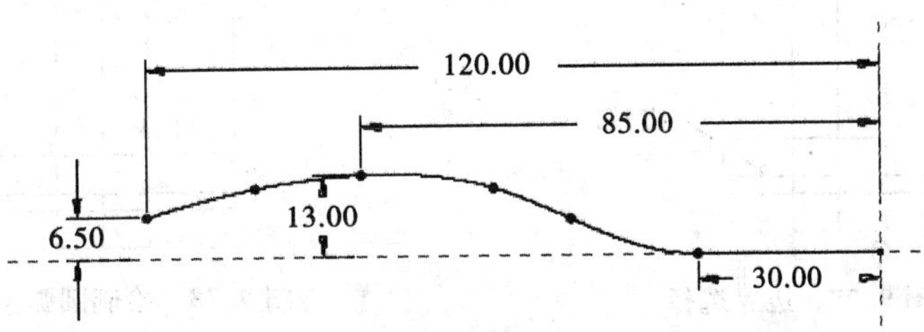

图 9.73 样条曲线

(6)在操控板的“选项”按钮中如图 9.74 所示数据。

(7)单击“完成”按钮,创建的拉伸曲面如图 9.75 所示。

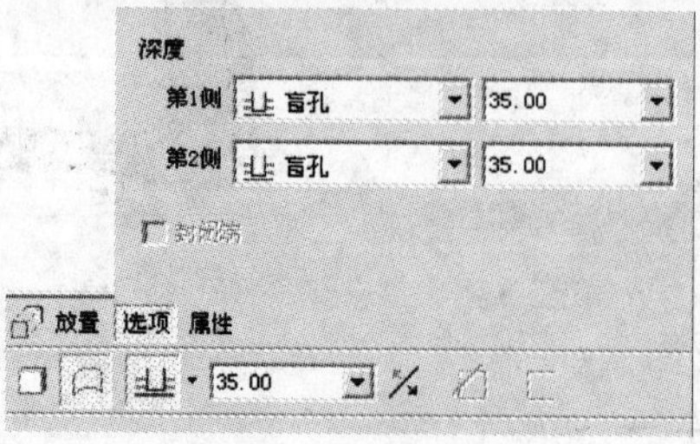

图 9.74　参数设置

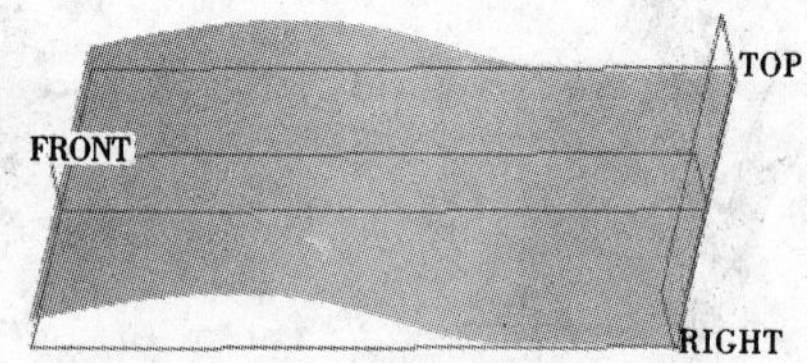

图 9.75　鼠标上表面

(8)在特征工具栏中单击“拉伸工具”按钮,打开拉伸工具操控板,在操控板上单击“曲面”按钮。

(9)单击“放置”按钮,打开放置操控板,单击“定义”按钮,打开“草绘”对话框。

(10)选择 TOP 基准平面为草绘平面,以 RIGHT 基准面为“右”参考方向,单击对话框中的“草绘”按钮,进入草绘模式。

(11)绘制如图 9.76 所示的图形,单击“继续当前部分”按钮。

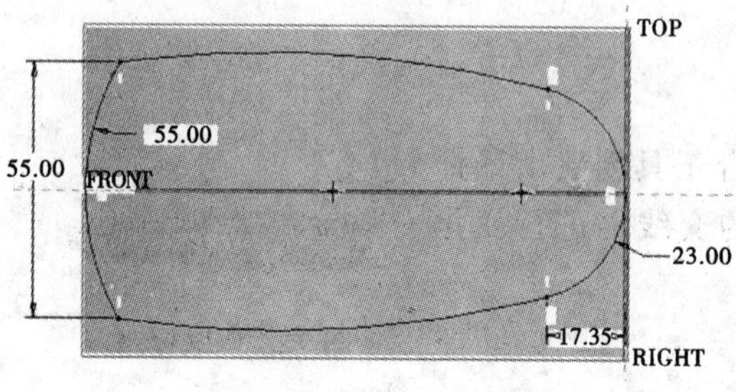

图 9.76　草图尺寸

2）创建投影线

(1)单击基准工具栏中“草绘工具”按钮,选择 RIGHT 基准平面为草绘平面,单击对话框中的“草绘”按钮,进入草绘模式。

(2)在菜单栏中选择“草绘”/“参照”命令,选择如图 9.77 所示的边界作为参照。

(3)绘制如图 9.78 所示的半径为 500 的圆弧。

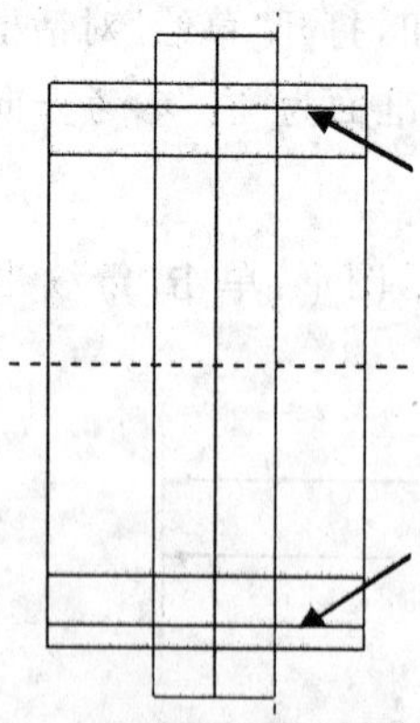

图 9.77　边界选择

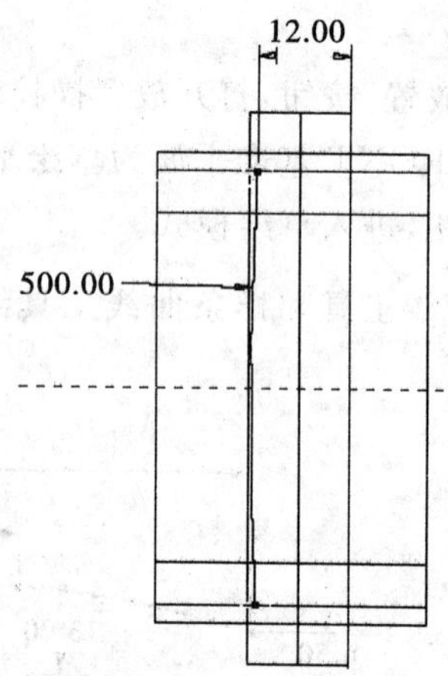

图 9.78　绘制圆弧

(4)在菜单栏中选择“编辑”/“投影”命令,弹出投影操控板。

(5)在操控板中选择如图 9.79 所示的“链”、“曲面”和“方向参照”，操控板如图 9.80 所示。

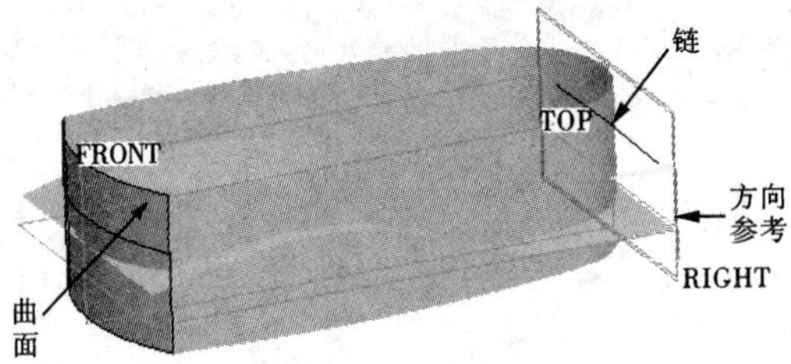

图 9.79　投影直线

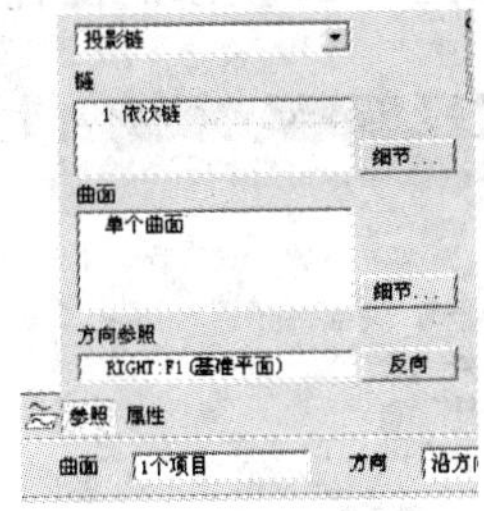

图 9.80　操控板参数设置

(6)单击“完成”按钮，创建如图 9.81 所示的投影线。

(7)利用相同的方法投影出如图 9.82 所示的投影线。

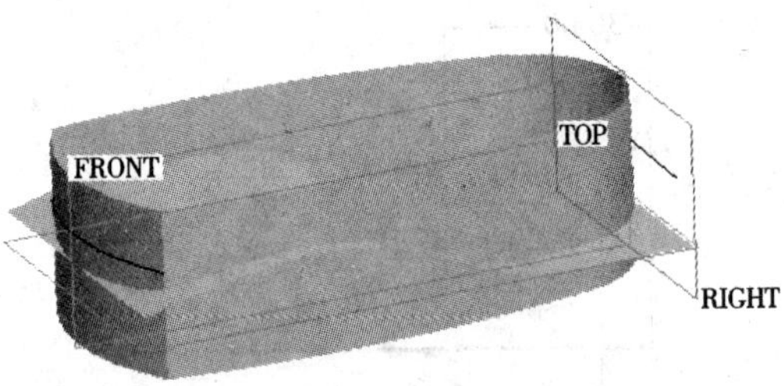

图 9.81　创建投影线

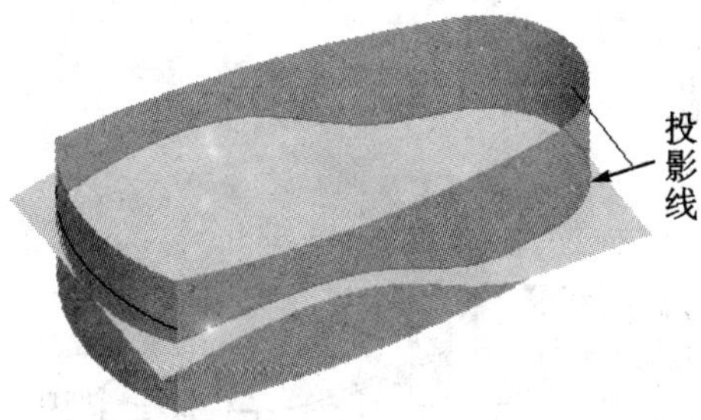

图 9.82　创建投影线

3）创建混合曲面

(1)单击基准工具栏中“基准点工具”按钮，在如图 9.83 所示位置绘制两个基准点。

(2)单击基准工具栏中“插入基准曲线”按钮，选择“经过点”，单击完成命令，在选择两个点单击完成，在“曲线:通过点”对话框中选择“扭曲”，单击“定义”按钮，如图 9.84 所示。

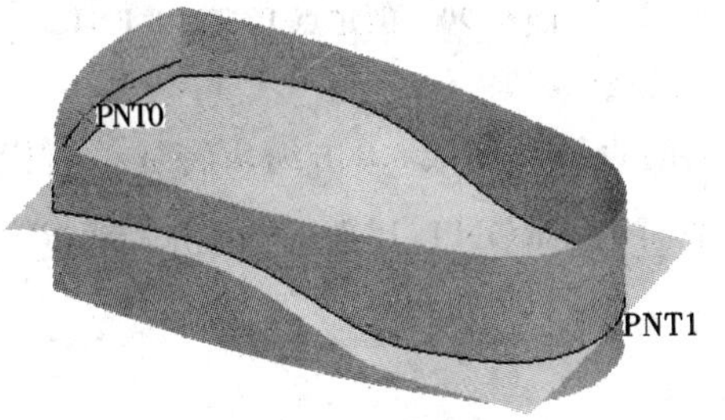

图 9.83　创建基准点

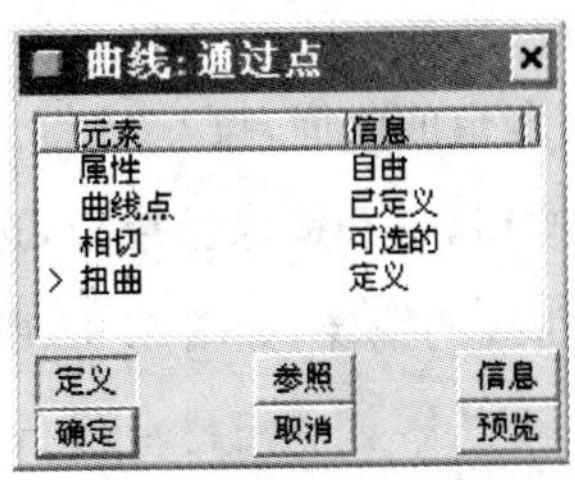

图 9.84　“曲线:通过点”对话框

(3)在弹出的如图 9.85 所示的“修改曲线”对话框后，将曲线调整至如图 9.86 所示大小。

(4)单击“确定”按钮，生成如图 9.87 所示曲线。

(5)单击基准工具栏中“草绘工具”按钮，选择 FRONT 基准平面为草绘平面，单击对话框中的“草绘”按钮，进入草绘模式，绘制如图 9.88 所示的斜线。

(6)利用投影命令将直线投影至侧面，如图 9.89 所示。

(7)在如图 9.90 所示的位置创建点 PNT2 和 PNT3.

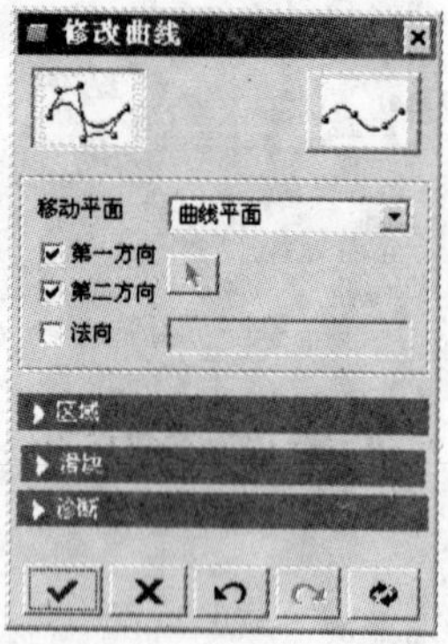

图 9.85 “修改曲线”对话框

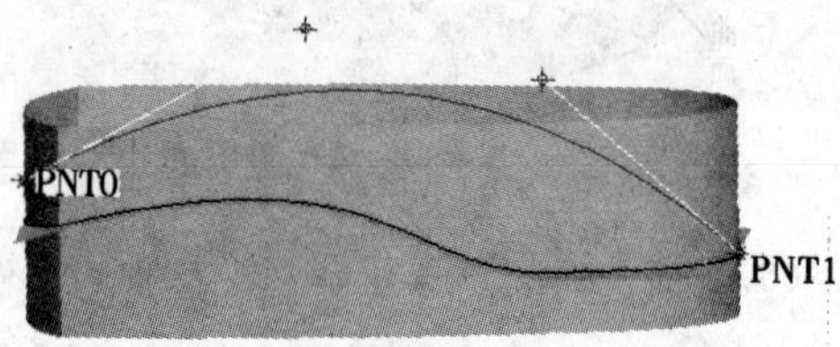

图 9.86 调整点的位置

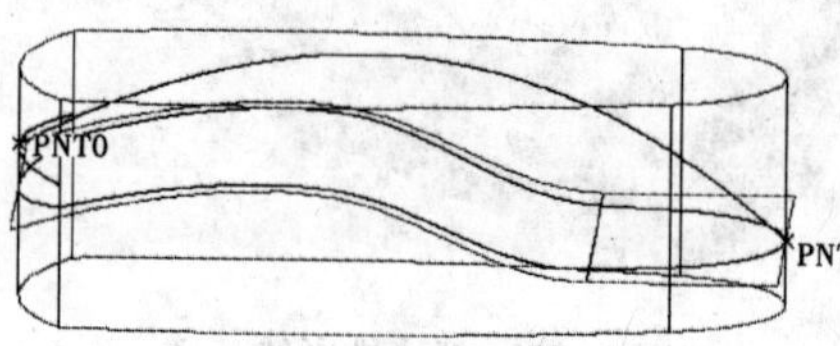

图 9.87 样条曲线

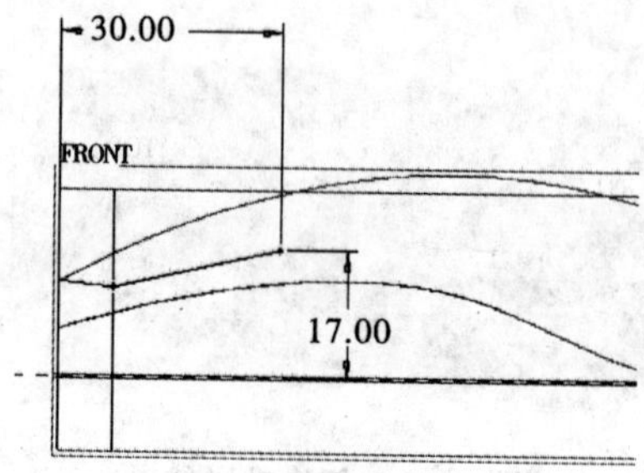

图 9.88 创建斜线

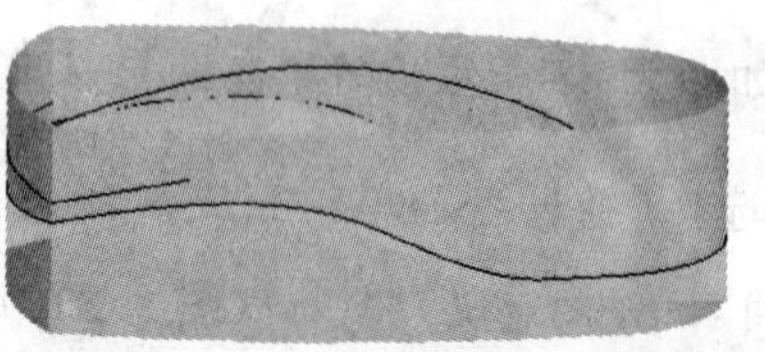

图 9.89 斜线投影至侧面

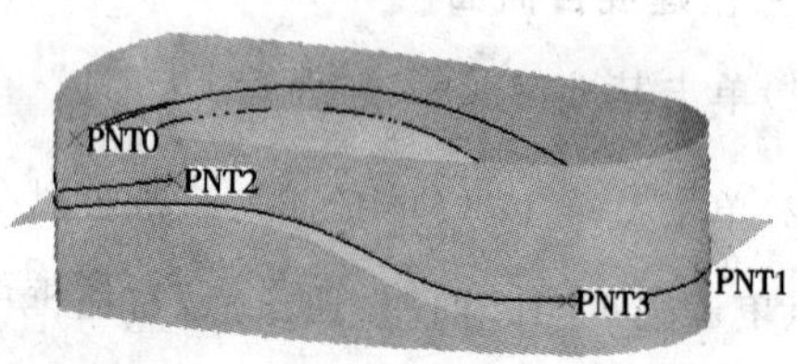

图 9.90 创建点 PNT2 和 PNT3

(8)重复(2)至(3)步，绘制如图 9.91 所示曲线。

(9)隐藏多余的曲面，按 Ctrl 键选中侧面上的直线和曲线，单击编辑特征工具栏中的“镜像工具”按钮，打开镜像操控板，选择镜像平面为 FRONT 基准面，单击“完成”按钮，完成直线和曲线的镜像，如图 9.92 所示。

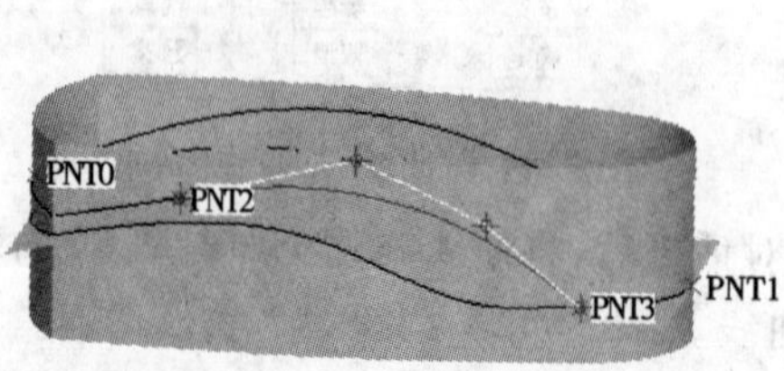

图 9.91 创建样条曲线

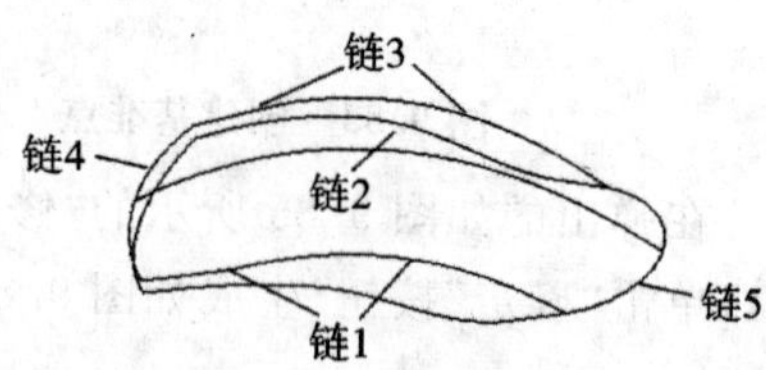

图 9.92 镜像曲线

(10)单击基础特征工具栏中的“边界混合工具”按钮，在弹出的如图 9.93 所示的边界混合操控板中选择“曲面”命令，单击第一方向的“细节”按钮，弹出“链”对话框，选择第一方向。

(11)按 Ctrl 键选择链 1 的直线和曲线，如图 9.94 所示。

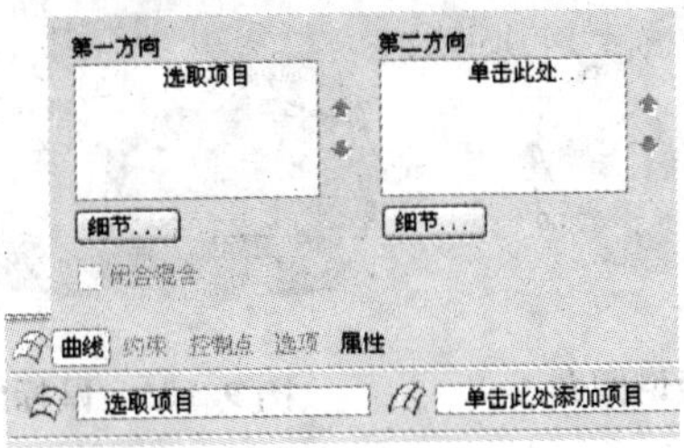

图 9.93 边界混合操控板

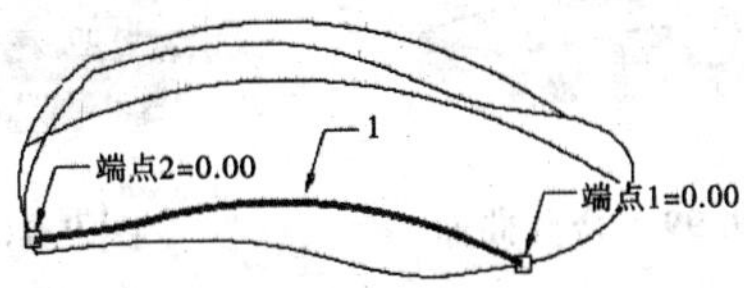

图 9.94 选择链 1

(12)在“链”对话框中单击“添加”按钮，选择链 2，单击“添加”按钮选择链 3(见图9.95)，单击“确定”按钮返回边界混合操控板。

(13)在该面板中单击第二方向中的“单击此处”按钮，按 Ctrl 键选择链 4 和链 5，单击“完成”按钮，生成如图 9.96 所示的混合曲面。

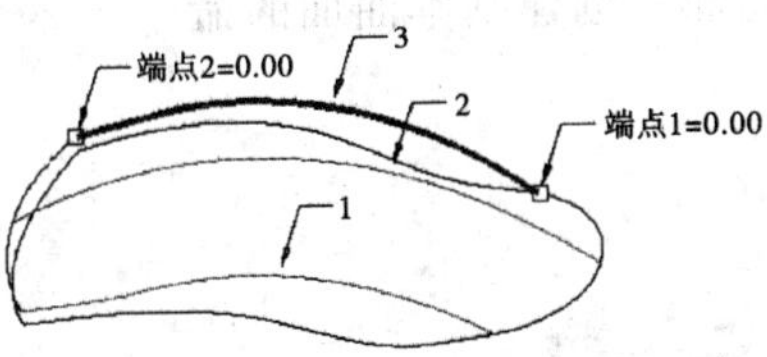

图 9.95 分别选择链 2 和链 3

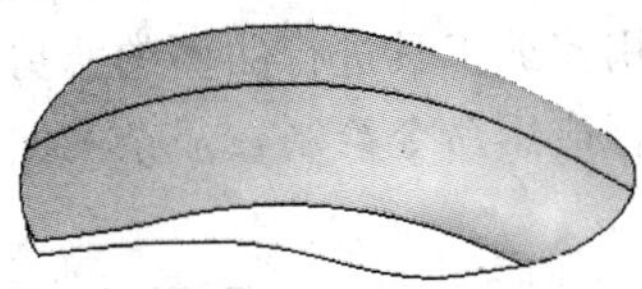
图 9.96 边界混合曲面

(14)在如图 9.97 所示位置绘制直线。

(15)单击基础特征工具栏中的“边界混合工具”按钮，在弹出的边界混合操控板中选择“曲面”命令，单击第一方向的“细节”按钮，弹出“链”对话框，选择链 1，单击“添加”按钮，选择链 2，单击“确定”按钮返回混合操控板，在第二个方向中选择链 3，单击“完成”按钮，生成如图 9.98 所示的混合曲面。

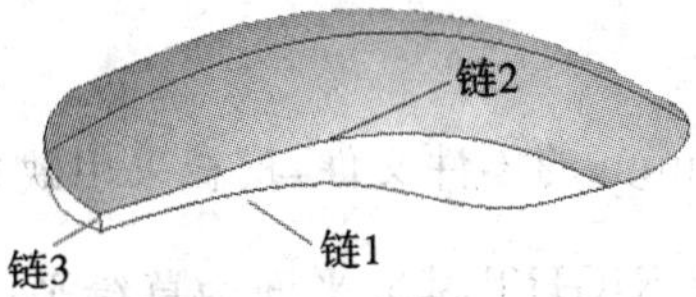

图 9.97 绘制直线

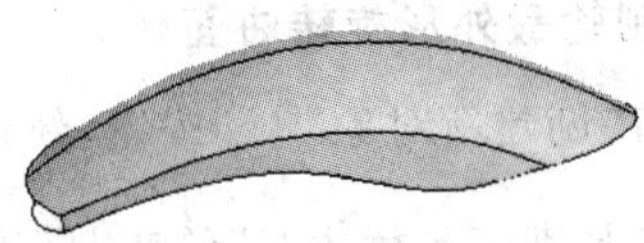
图 9.98 创建边界混合曲面

(16)利用镜像命令生成另一侧的曲面。

4）创建圆角曲面

(1)在编辑特征工具栏中单击“合并工具”按钮，将 4 组曲面(加上侧面)合并成如图 9.99 所示的曲面。

(2)底部作填充曲面并合并。

(3)单击工程特征工具栏中的“倒圆角工具” 按钮，选择如图 9.100 所示的曲线连，并设置变化半径圆角。

(4)单击“完成” 按钮，生成如图 9.101 所示的图形。

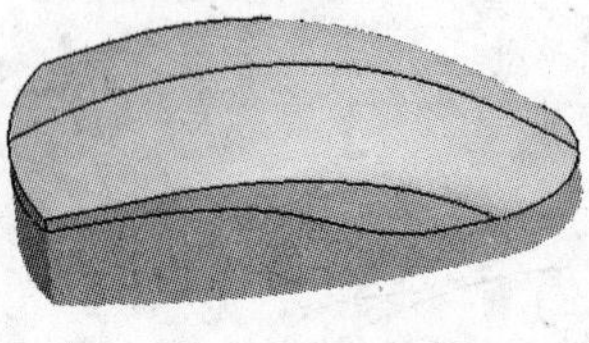

图 9.99　合并曲面

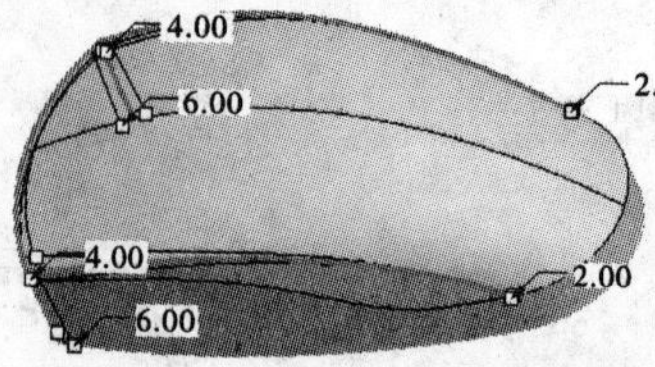

图 9.100　变化半径倒圆角

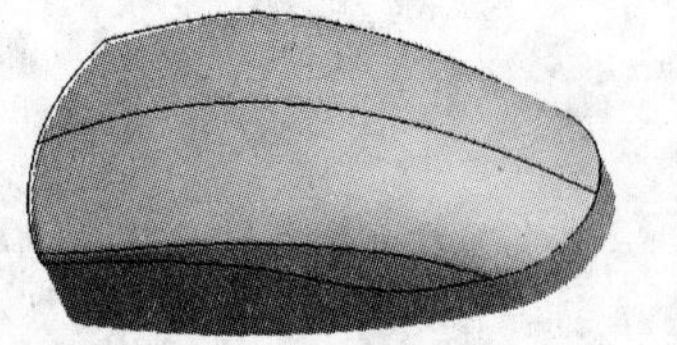

图 9.101　鼠标曲面

9.4　项目总结

通过本项目的学习，可以非常熟练地掌握以下重要内容：

(1)能利用关系式创建曲线。

(2)能利用关系式驱动草图尺寸。

(3)能掌握拉伸曲面、旋转曲面、扫描曲面、混合曲面等创建基本曲面的命令。

(4)能利用修剪工具进行曲面的修剪。

(5)能综合应用命令绘制较复杂的曲面

9.5　项目拓展

9.5.1　实例特征分析

图 9.102 所示的轮毂曲面主要由旋转曲面，可变剖面扫描曲面，曲线的投影，曲面的修剪等命令绘制而成，并且只需绘制六分之一曲面，利用阵列工具即可完成这个轮毂的绘制。

9.5.2　实体创建步骤

1）绘制轮毂外形旋转曲面

(1)单击“创建新对象” 按钮，新建一个名为 lungu 的零件文件，模板采用缺省模板。

(2)单击基准工具栏中“草绘工具” 按钮，选择 RIGHT 基准平面为草绘平面，单击对话框中的“草绘”按钮，进入草绘模式，绘制图9.103所示的 16 个点的点坐标如表 9.1 所示。

图 9.102　轮毂曲面

图 9.103　创建 16 个点

表 9.1 点的坐标

PNT0	7.062,12.267	PNT1	7.062,16.794	PNT2	7.944,16.583
PNT3	7.944,16.070	PNT4	8.861,15.923	PNT5	9.724,9.728
PNT6	15.398,8.779	PNT7	16.789,14.810	PNT8	17.703,14.599
PNT9	17.703,15.033	PNT10	42.898,6.187	PNT11	43.351,8.862
PNT12	48.689,7.978	PNT13	48.689,9.296	PNT14	50.000,8.913
PNT15	50.000,0				

(3)单击“线”按钮，依次连接上述点，如图 9.104 所示。

图 9.104 连 接 点

(4)单击“3 点/相切端”按钮，绘制如图 9.105 所示的半径为 90 的圆弧。

(5)利用“倒圆角工具”按钮，分别绘制如图 9.106 所示的半径为 3 和 1 的圆角，单击“继续当前部分”按钮，完成草图 1 的绘制。

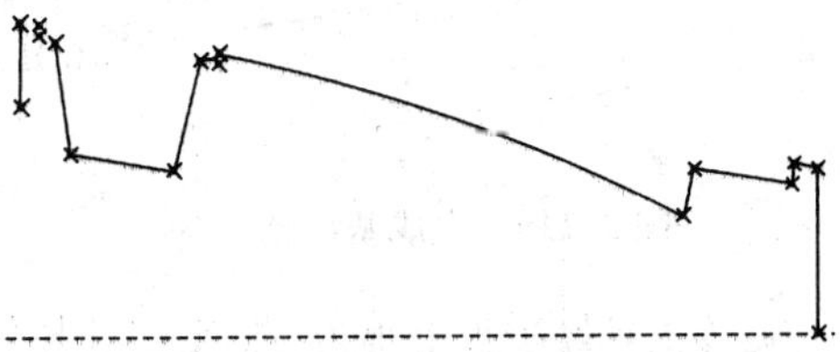

图 9.105 绘制圆弧

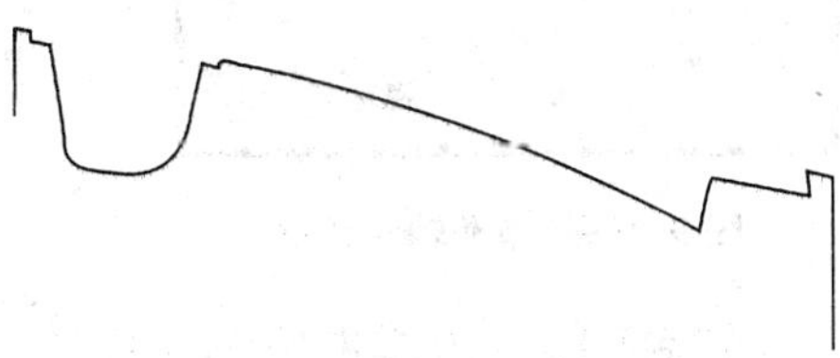

图 9.106 草图 1 的图形

(6)单击基准工具栏中的“草绘工具”按钮，选择 RIGHT 基准平面为草绘平面，单击对话框中的“草绘”按钮，进入草绘模式，绘制如图 9.107 所示图形。

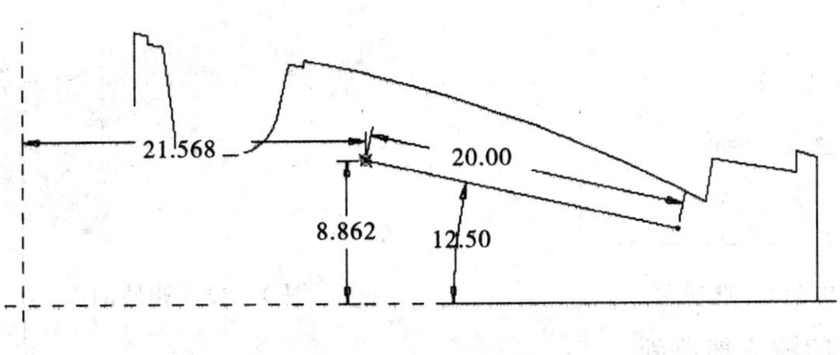

图 9.107 绘 制 直 线

(7)绘制半径为 8 的圆弧，与直线相切，并经过点(41.432,2.762)，如图 9.108 所示，单击“继续当前部分”按钮，完成草图 2 的绘制。

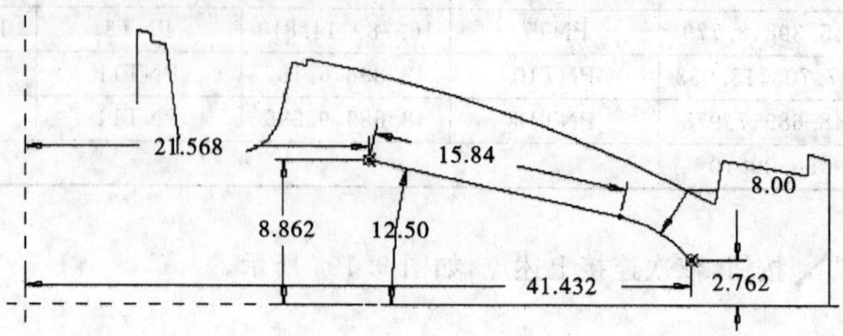

图 9.108　草图 2 的图形

(8)单击“轴工具”按钮，在弹出的“基准轴”对话框（见图 9.109）中出现 TOP 和 RIGHT 基准面，生成如图 9.110 所示的基准轴。

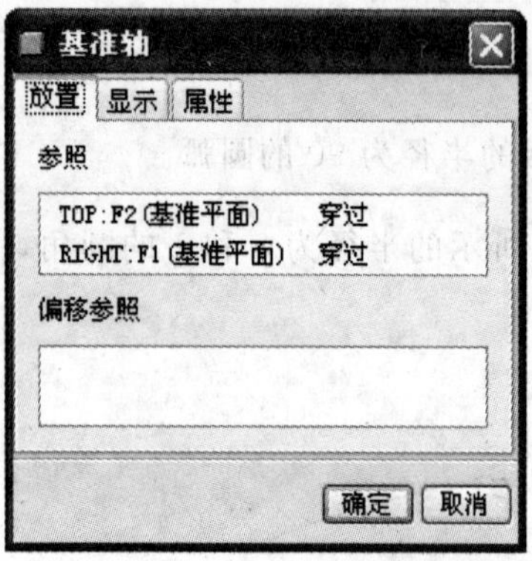

图 9.109　基准轴对话框

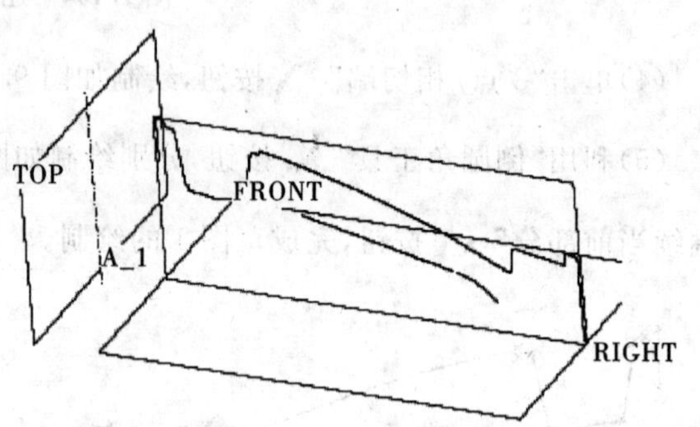

图 9.110　生成基准轴

(9)在特征工具栏中单击“旋转工具”按钮；在旋转工具操控板上单击“曲面”按钮，再单击“放置”按钮，打开放置操控板，在“草绘”栏中选择草绘 1，在“轴”栏中选择基准轴A_1，如图 9.111 所示。设置旋转角度为 60，单击“继续当前部分”按钮，生成如图9.112所示的曲面。

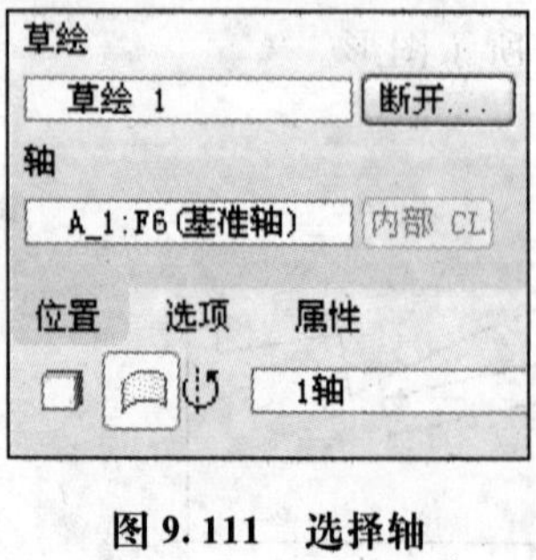

图 9.111　选择轴

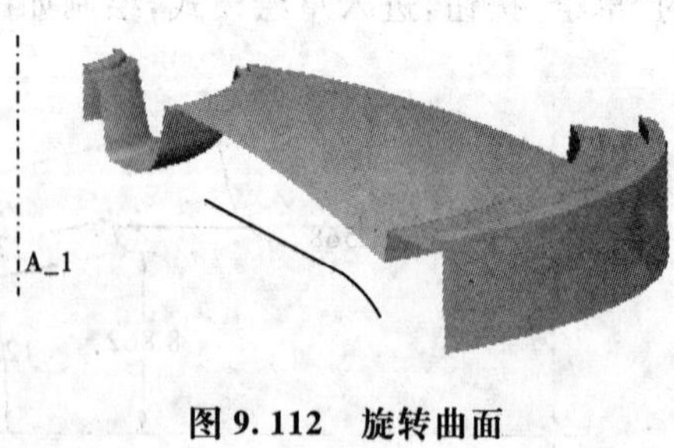

图 9.112　旋转曲面

2）构建轮毂凹槽底部曲面

利用相同的方法将草绘 2 旋转 60°，生成如图 9.113 所示曲面。

图 9.113 旋转曲面

3）构建轮毂凹槽外形轮廓线

（1）单击基准工具栏中的“草绘工具”按钮，选择 RIGHT 基准平面为草绘平面，单击对话框中的“草绘”按钮，进入草绘模式，绘制两条直线，一条角度为 56.5，长度为 50；另一条角度为 3.5，长度为 50，以圆点为圆心，40 为半径，绘制圆弧，最后修至如图 9.114 所示图形。

（2）利用直线工具绘制如图 9.115 所示直线。

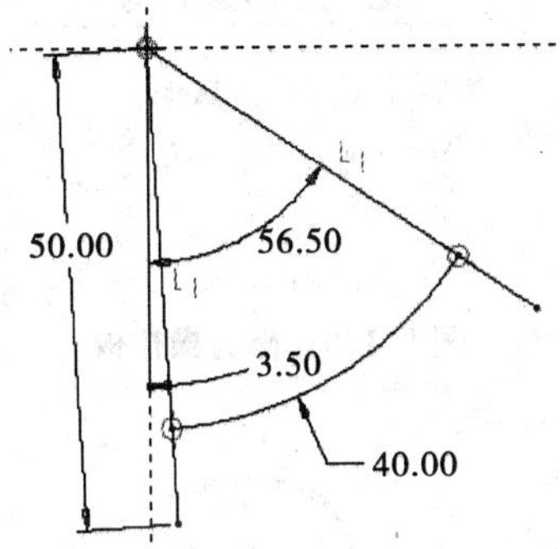

图 9.114 绘制直线

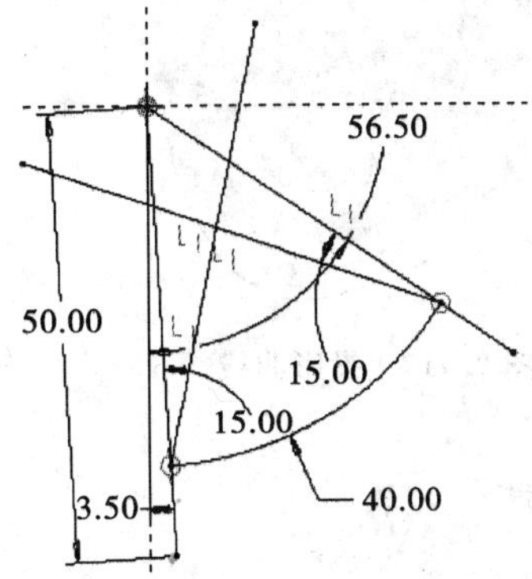

图 9.115 绘制直线

（3）删除多余的线段，并分别倒半径为 12 和半径为 4 的圆角，如图 9.116 所示。

（4）单击“继续当前部分”按钮，生成如图 9.117 所示的草绘 3。

（5）单击基准工具栏中的“草绘工具”按钮，选择 RIGHT 基准平面为草绘平面，单击对话框中的“草绘”按钮，进入草绘模式，将草绘 3 的图形偏移 2 个单位，生成如图 9.118 所示图形。

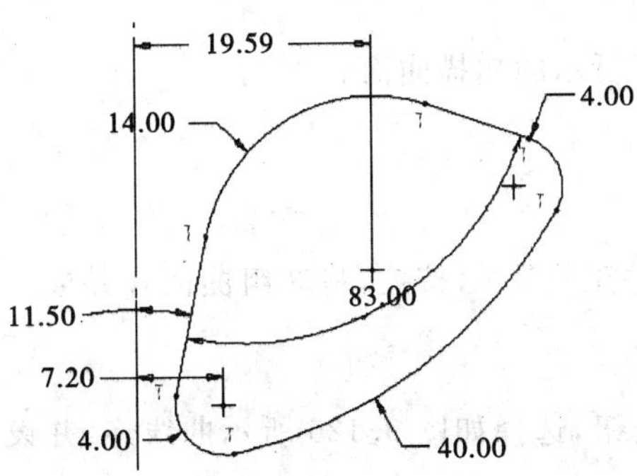

图 9.116 倒圆角

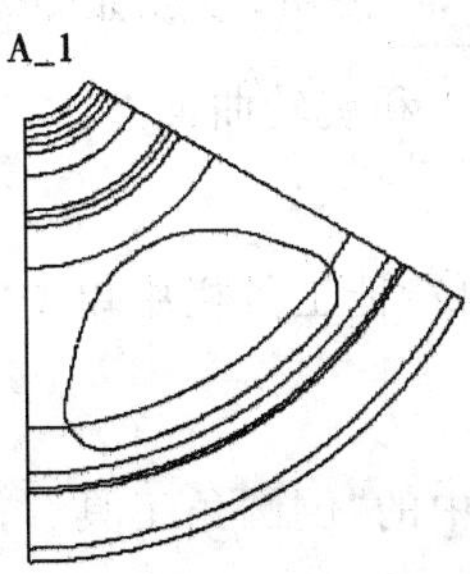

图 9.117 草绘 3 图形

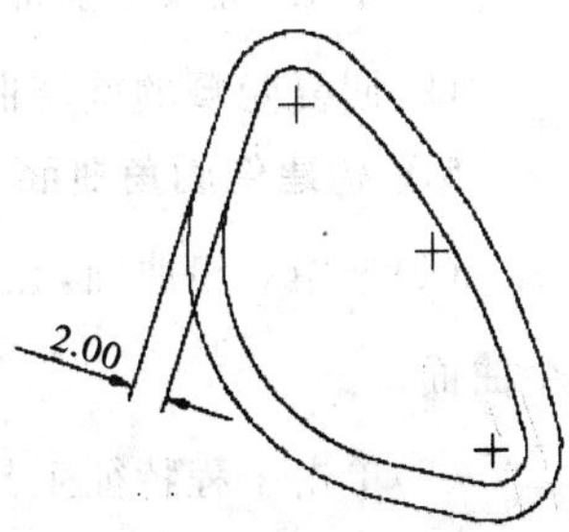

图 9.118 草绘 4 图形

(6)单击“继续当前部分”按钮，生成草绘 4。

4）构建凹槽曲面轮廓

(1)选取菜单栏中的“编辑”/“投影”命令，将草绘 4 投影至旋转曲面 2 上，如图9.119所示。

(2)选中旋转曲面 2，选择菜单栏中的“编辑”/“修剪”命令，在弹出的“修剪”操控板(见图 9.120)中选择修剪对象为投影至曲面的曲线链，并设置如图 9.121 所示保留方向。

(3)隐藏修剪后的曲面，并利用菜单栏中选择“编辑”/“投影”命令，将草绘 3 投影至旋转曲面 1 上。

(4)利用与步骤 2 相似的方法将曲面修剪至如图 9.122 所示。

(5)隐藏多余的草绘和曲面，仅保留投影线 1 和投影线 2。

(6)单击基础特征工具栏中的“可变剖面扫描工具”按钮，按住 Ctrl 键选择投影线 2 和投影线 1 作为轨迹线，如图 9.123 所示。

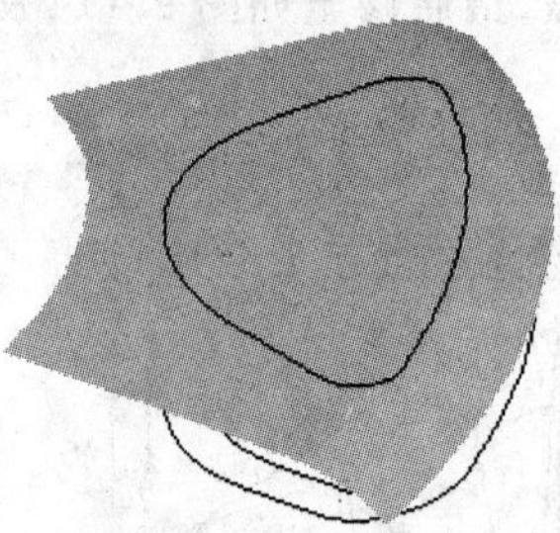

图 9.119　投影曲线

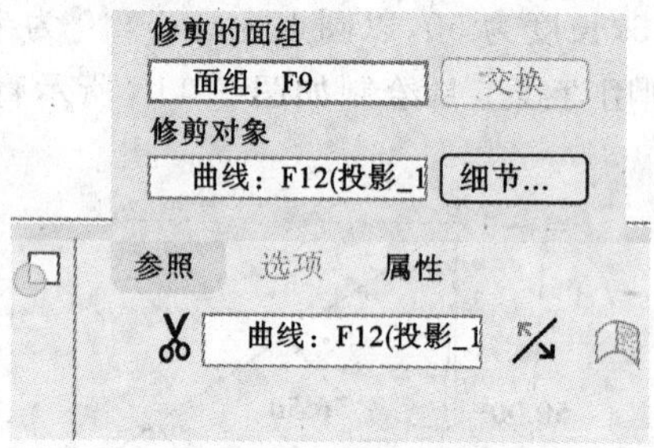

图 9.120　修剪操控板

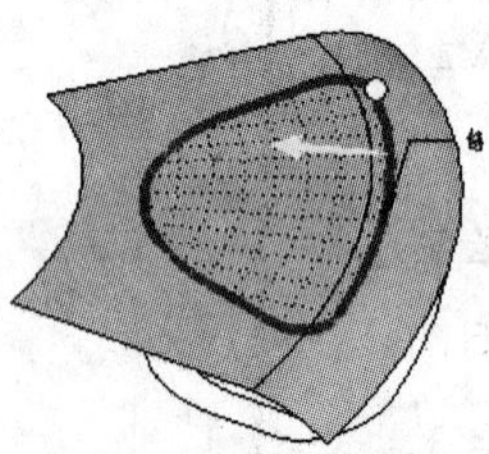

图 9.121　保留曲面方向

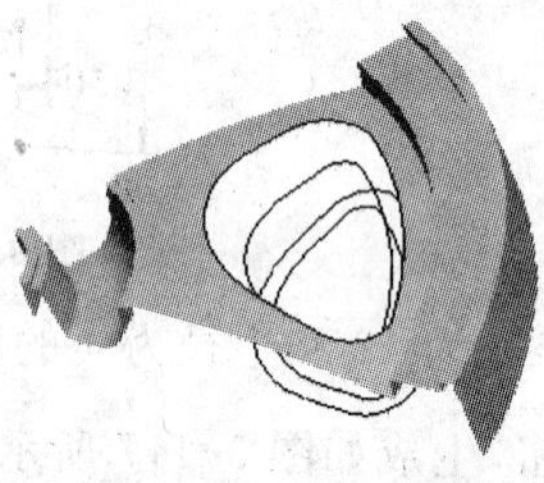

图 9.122　保留曲面

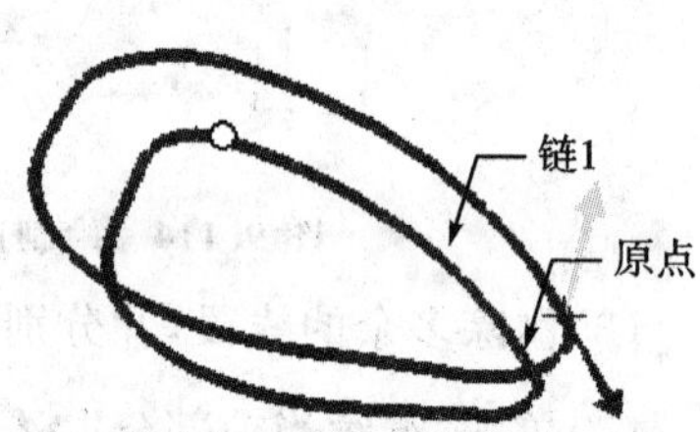

图 9.123　扫描轨迹线

(7)在操控板上单击“创建或编辑扫描剖面”按钮，绘制如图 9.124 所示半径为 3.5 的圆弧。

(8)单击“继续当前部分”按钮，生成如图9.125所示的扫描曲面。

(9)回复隐藏的旋转曲面 1 和旋转曲面 2。

5）构建倒圆角曲面

(1)选中 3 组曲面，在编辑特征工具栏中单击“合并工具”按钮，将 3 组曲面合并成一个曲面。

(2)单击工程特征工具栏中的“倒圆角工具”按钮，选择如图 9.126 所示曲线连，并设置圆角半径为 1.2。

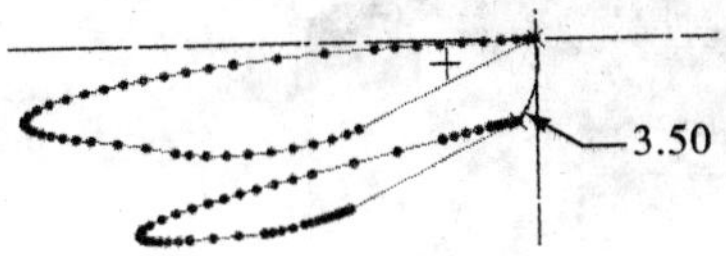

图 9.124　绘制截面图形

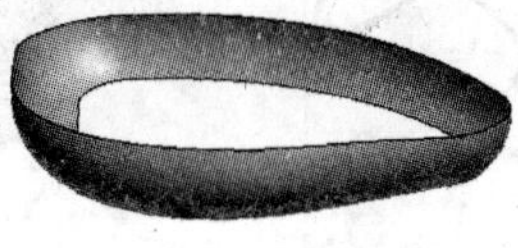

图 9.125　扫描曲面

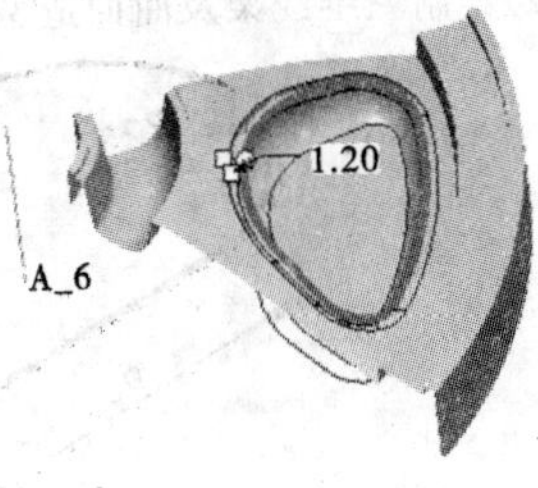

图 9.126　上表面倒圆角

(3)单击工程特征工具栏中的“倒圆角工具”按钮，选择如图 9.127 所示的曲线连，并设置圆角半径为 0.8，单击“完成”按钮，生成如图 9.128 所示的曲面。

6）曲面复制

利用阵列工具将曲面阵列至如图 9.129 所示的图形。

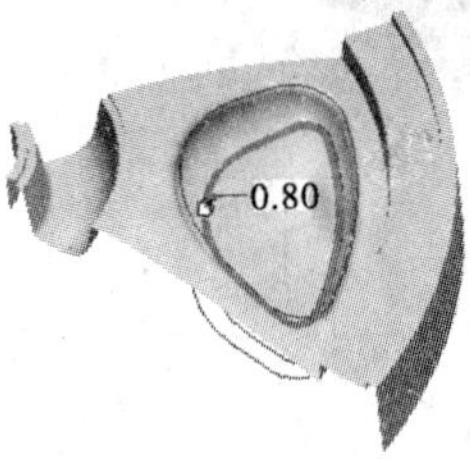

图 9.127　底面倒圆角

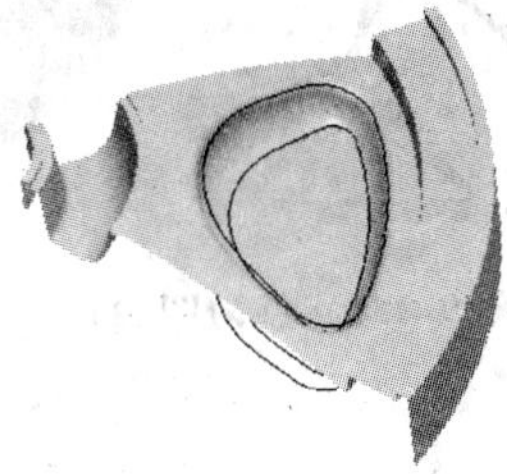

图 9.128　完成曲面倒圆角

图 9.129　轮毂曲面

思考与练习

(1)完成如图 9.130 所示曲面的绘制。

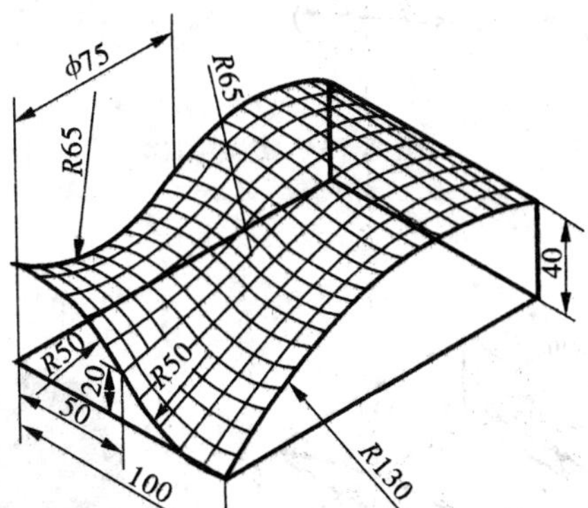

图 9.130　练习图(1)

(2)绘制三维线架及曲面造型,如图 9.131～图 9.134 所示。

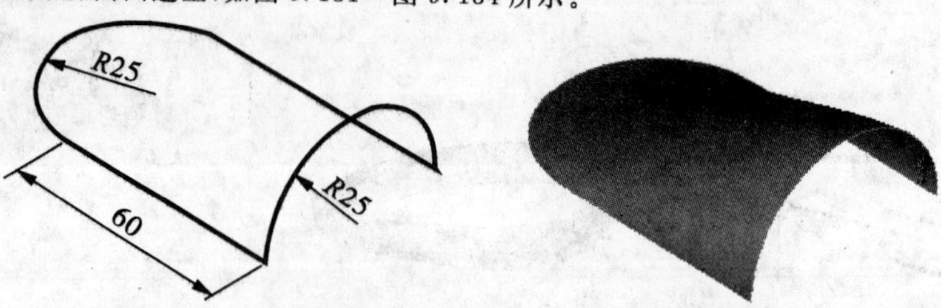

图 9.131　练习图(2)

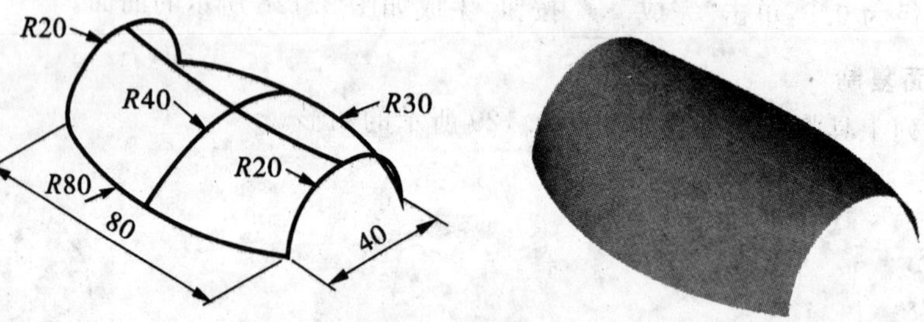

图 9.132　练习图(3)

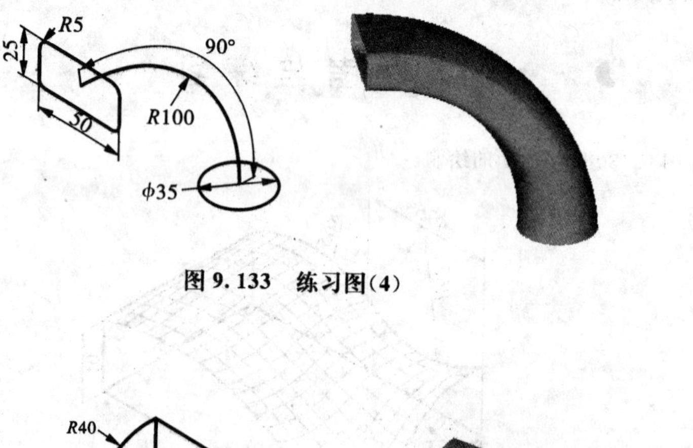

图 9.133　练习图(4)

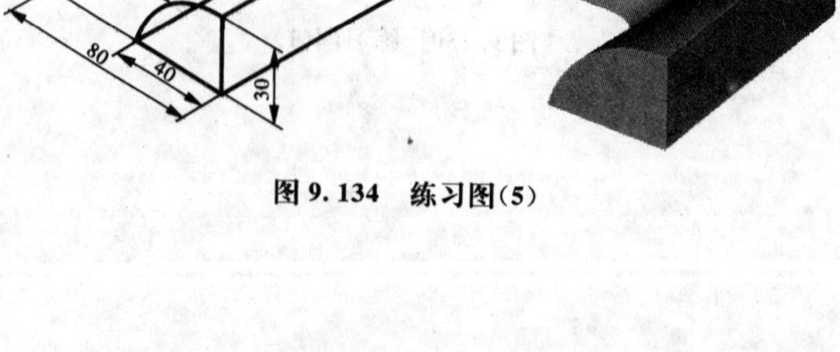

图 9.134　练习图(5)

(3)绘制茶壶盖零件曲面造型,如图 9.135 所示。

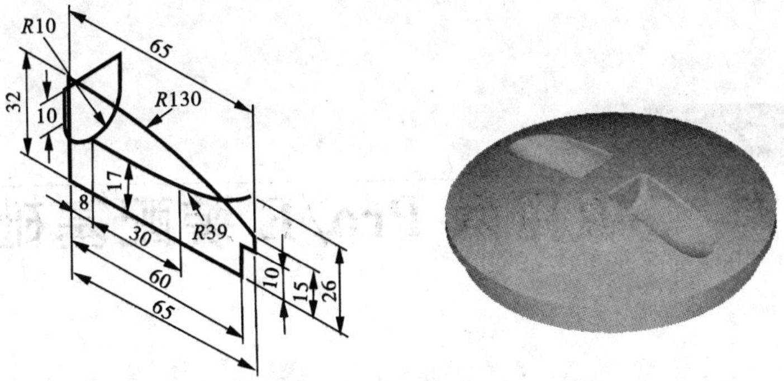

图 9.135　练习图(6)

(4)绘制图 9.136 所示的电吹风模具工作面,倒圆角半径 $R4$,本体用扫描曲面,手柄、出风口用直纹曲面,本体与手柄、出风口进行修剪,删除多余部分。

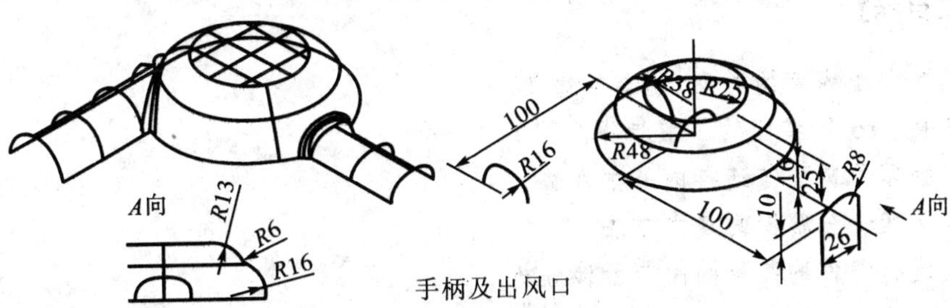

手柄及出风口

倒圆角面半径 5mm

图 9.136　练习图(7)

第10章 项目六 Pro/E 装配基础

通过前面五个项目的学习，我们能够对零件进行完整的设计，将设计的零件按设计要求的约束条件或连接方式装配在一起才能形成一个完整的产品或机构装置。利用 Pro/E 提供的"组件"模块可实现模型的组装。

【知识目标】

(1)熟悉装配约束的类型、概念与意义。
(2)掌握 Pro/E 装配的一般步骤。
(3)掌握零件装配与连接的基本方法。
(4)掌握组件分解图的建立方法
(5)能进行组件的装配间隙与干涉分析

【技能目标】

通过本项目实例的演练，掌握装配的步骤与技巧，完成轴组件等组成零件的装配，了解典型零件的装配方法。

10.1 基础知识链接

产品或部件都是由零件装配成的，把各种零部件组合在一起形成一个完整的装配体的过程就叫做装配造型。利用装配造型可以实现对零件及子部件的管理，根据逻辑结构对其进行操作，并建立起零部件间的关系。

10.1.1 进入组件模式

在进行零件装配之前，首先必须先进入组件模式，其操作方法如下。

(1)在文件工具栏单击"创建新对象"按钮。

(2)出现"新建"对话框后，在"类型"选项组选择"组件"单选按钮，接着输入文件名称，然后单击"确定"按钮，如图 10.1 所示。

在组件模式下，要加入已建立好的零件，或新建组件，主要是通过工程特征工具栏的"装配”按钮及“创建”按钮来进行的，也可以从菜单中选择“插入”/“元件”/“装配”(或“创建”)命令，如图 10.2 所示。

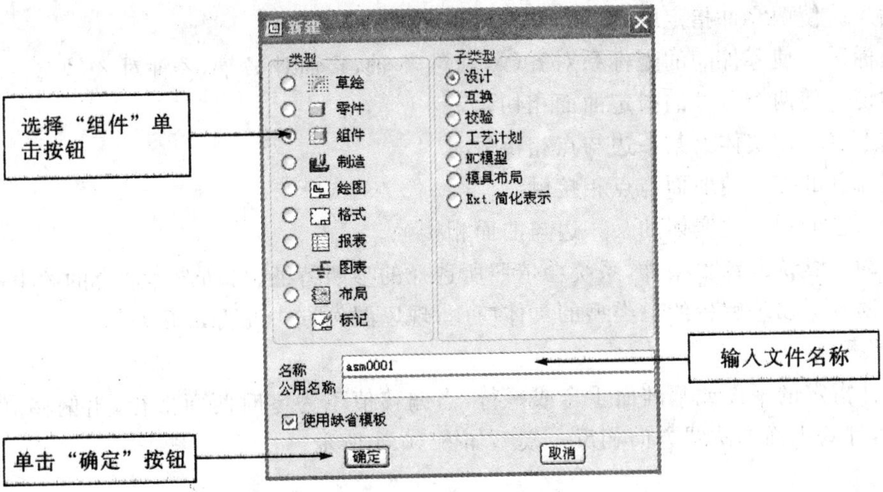

图 10.1 “新建”对话框

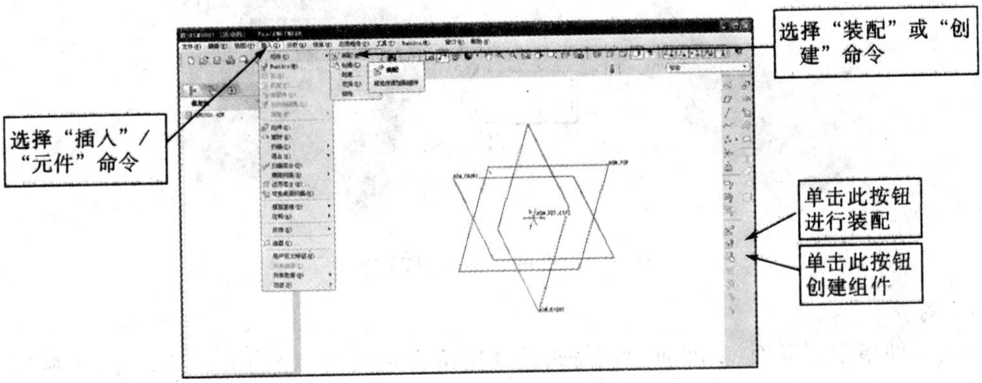

图 10.2 进入组件模式

10.1.2 装配约束

零件的装配过程，实际上就是一个约束限位过程，根据不同零件的模型及设计要求，选择合适的装配约束类型，从而完成零件模型的定位。一般要完成一个零件的完全定位，可能需要同时满足几种约束条件。Pro/ENGINEER 4.0 提供了 10 种约束类型，供用户选用。

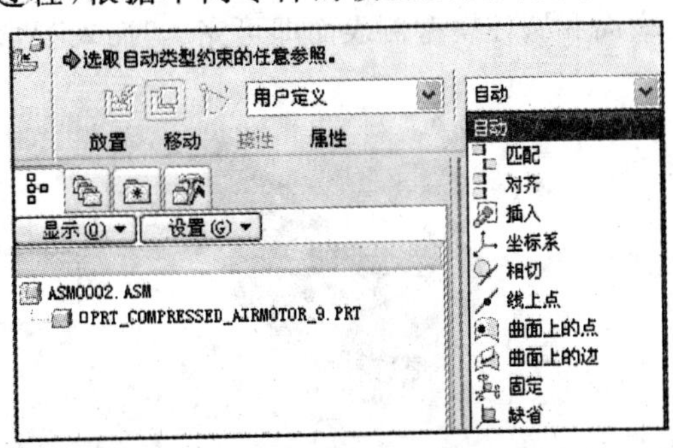

图 10.3 装配约束类型

要选择装配约束类型，只需在“自动”对话框中单击按钮，在弹出的下拉列表中选择相应的约束选项，如图 10.3 所示。现将各约束类型的意义简介如下：

①匹配。使两平面或基准面贴合,法线方向互相平行且指向相反方向。

②对齐。使两平面或基被面贴合,法线方向互相平行且指向相同方向(基准点互相对齐或使孔、弧的中心轴共线)。

③插入。使两零件指定的旋转面共旋转中心线。

④坐标系。使零件间的坐标系对齐(X 轴对 X 轴,Y 轴对 Y 轴,Z 轴对 Z 轴)。

⑤相切。使两个零件的指定曲面相切。

⑥线上点。使实体的某一边与点相接触。

⑦曲面上的点。使曲面与点相接触。

⑧曲面上的边。使实体的某一边与曲面相接触。

⑨自动。默认的约束条件,系统会依照所选择的参照特征,自动选择适合的约束条件。

为使读者透彻理解各约束类型的具体应用,现以图例方式说明如下。

1) 匹配

两零件指定的平面或基准面重合或平行,当偏移值不为零时两面平行,当偏移值为 0 时两面重合,且两平面的法线方向相反。模型如图 10.4 所示。

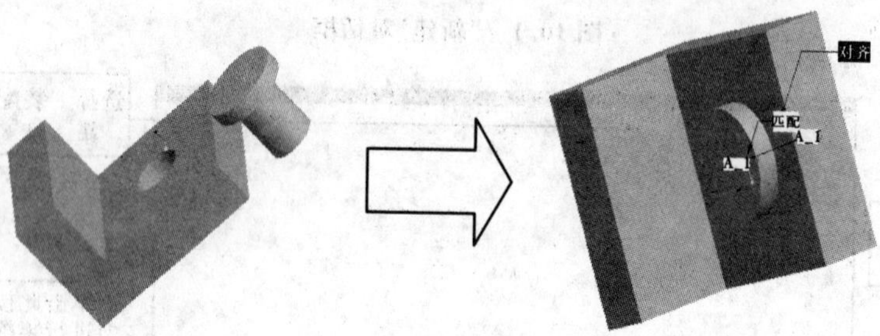

图 10.4　匹配、对齐装配模型

2) 对齐

使两零件指定的平面、基准面、基准轴、点或边重合或共线。图 10.4 所示为“对齐”方式且偏移值为 0 时的两面配合情况,使用“对齐”方式且偏移值不为 0 时的两面配合情况。

3) 插入

使两零件指定的旋转面共旋转中心线,具有旋转面的模型有圆柱、圆台、球等。图10.5 所示为“插入”约束方式的一个例子,在选定“插入”约束后,分别选择直角模型中孔特征的内表面和圆柱模型侧表面即可完成“插入”约束组装。

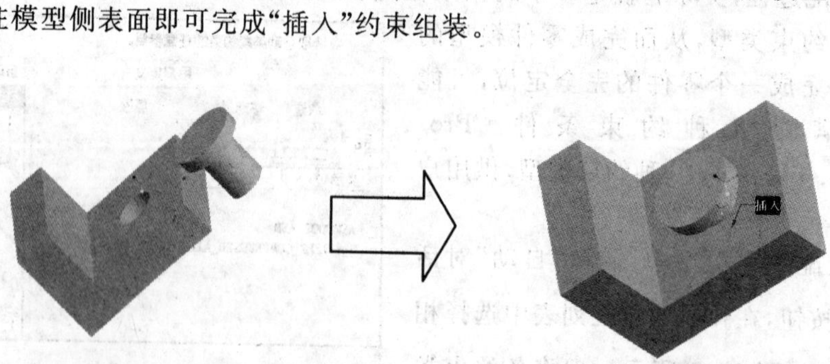

图 10.5　插入装配模型

4）坐标系

使零件装配的坐标系与其装配零件的坐标系对齐，从而完成装配零件的放置，如图10.6所示。

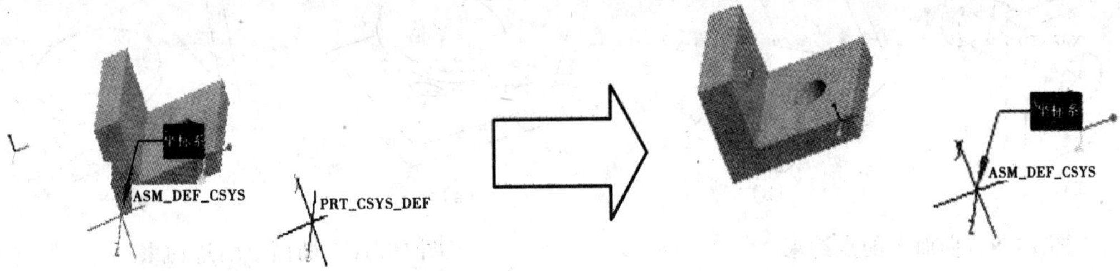

图10.6 坐标系重合

5）相切

在两个进行装配的零件中，各自指定一个曲面或一个为平面，另一个为曲面，使其相切。如图10.7所示，选中图中箭头指示的两个面完成相切方式的约束。

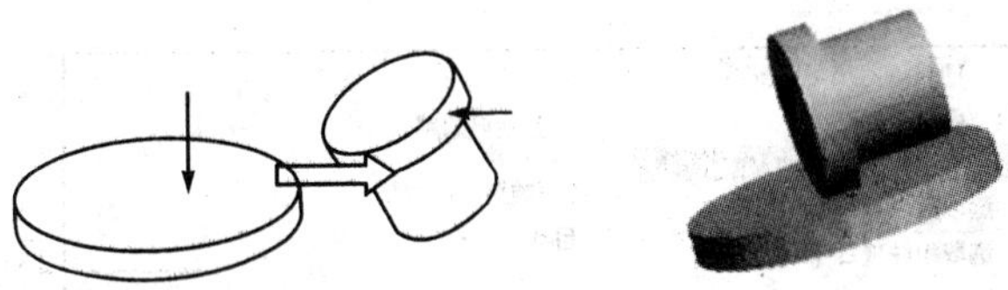

图10.7 相切约束

6）线上点

在一个零件上指定一点，然后在另一零件上指定一条边线，使该点在这条边线上。图10.8，为两次使用“线上点”约束方式的一个例子。具体操作：选择左边模型的一个角点，然后选择右边模型箭头指示的边线；选择左边模型的另一个角点，然后选择右边模型箭头指示的边线，结果两点在箭头指示的边线上。

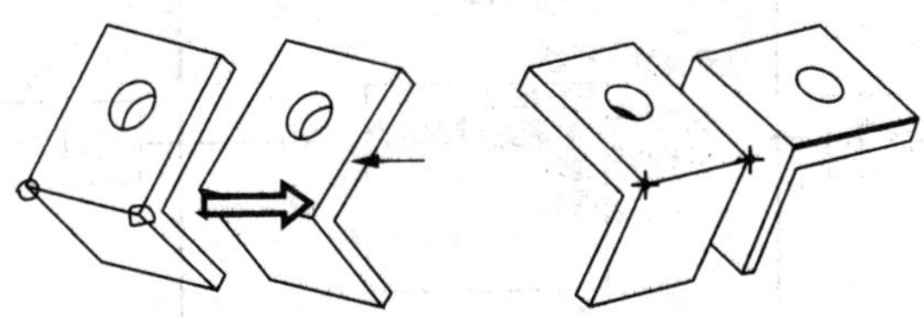

图10.8 线上点约束

7）曲面上的点

在一个零件上指定一点，然后在另一个零件上指定一个面，则指定的面和点相接触。如图10.9(a)所示，选择直角模型上的基准点APryro，然后选择圆柱模型中箭头指示的面，结果如图10.9(b)所示。该选项常配合“对齐”、“匹配”等选项一起使用。

8）曲面上的边

在一个零件上指定一条边，然后在另一个零件上指定一个面，则指定的边位于指定的面上。该选项常配合“对齐”、“匹配”等选项一起使用。如图10.10(a)所示，选择直角模型中箭头指示的一条边，然后选择圆柱模型下端面，结果如图 10.10(b)所示。

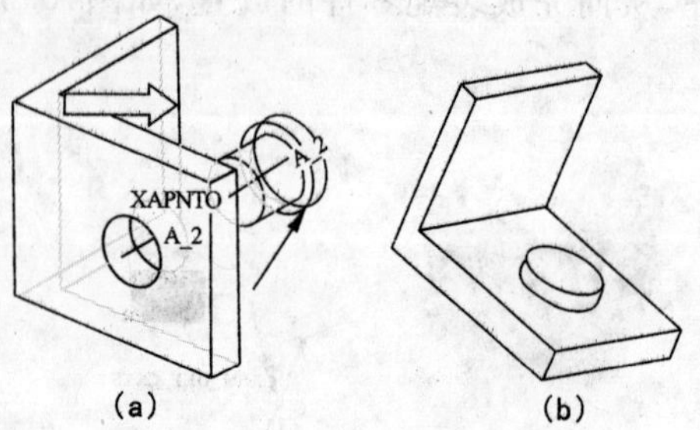

图 10.9　曲面上的点约束

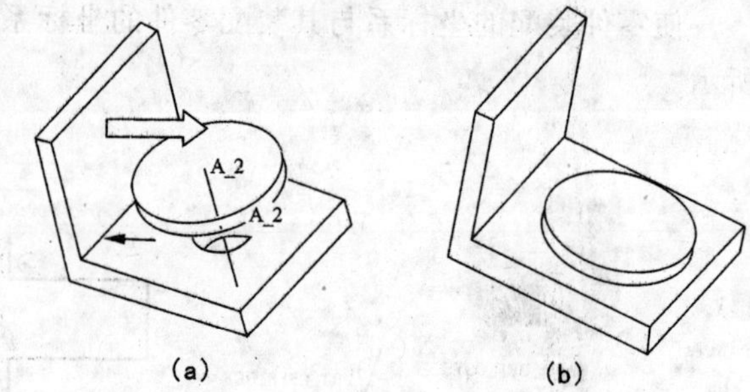

图 10.10　曲面上的边约束

10.1.3　“元件放置”对话框

移动鼠标依次点选主功能表中的“插入—元件—装配”指令，此时系统弹出文件“打开”对话框。点选要装配的零件，单击“打开”按钮，装配体中的第一个零件进入窗口，同时系统左上角出现“元件放置”对话框和“元件移动”对话框，如图 10.11、图 10.12 所示。

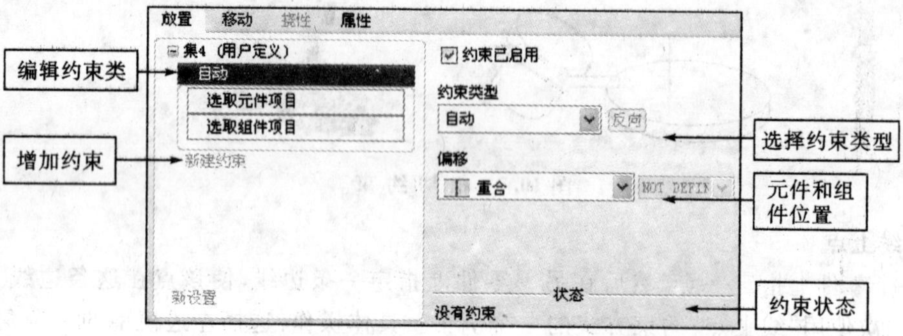

图 10.11　“元件方置”对话框

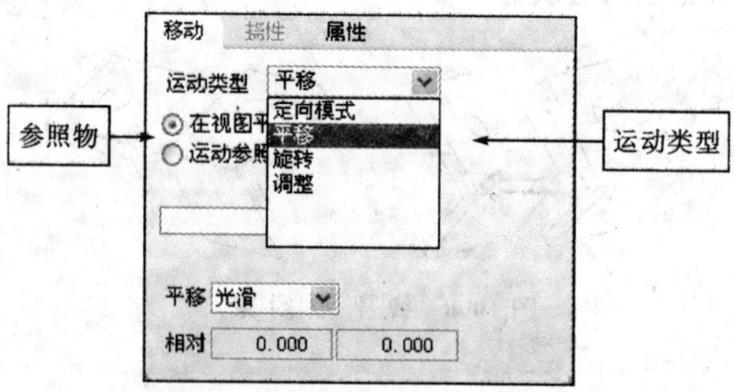

图 10.12　“元件移动”对话框

自动：右击可以编辑，禁用约束类型。

约束类型：单击按钮，可以选用 10 种约束类型。

偏移：单击按钮，有偏距、定向和重合三种位置可选。

10.1.4 装配连接类型

装配连接类型如图 10.13 所示。

(1)刚性:刚性连接。自由度为 0,零件装配处于完全约束状态。有两种方式:

①销钉:销连接。自由度为 1,零件可沿某一轴旋转。

②轴对齐:轴对齐方式。有两个自由度.绕轴旋转和沿轴平移。

(2)平移:以“匹配”或“对齐”方式约束装配零件的平移,使平移自由皮为 0。

(3)滑动杆:滑动连接。自由度为 1,零件可沿某一轴平移。

(4)轴对齐:轴对齐方式,有两个自由度:绕轴旋转和沿轴平移。

(5)旋转:以“匹配”或“对齐”方式约束装配零件的平移,使旋转自由度为 0。

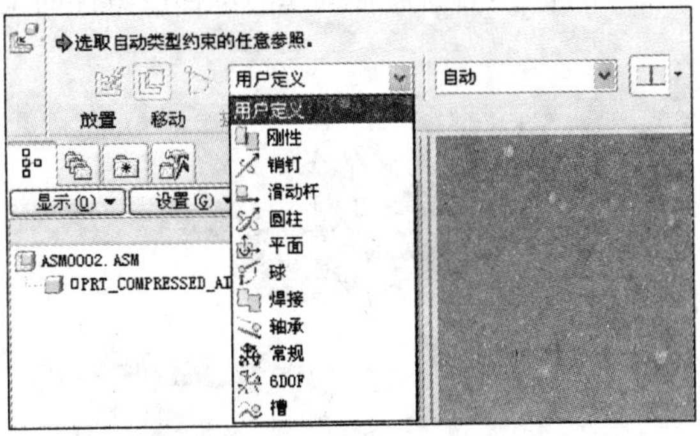

图 10.13 装配连接类型

(6)圆柱:缸连接。自由度为 2,零件可沿某一轴平移或旋转。该类型只需满足“轴对齐”约束关系即可。

(7)平面:平面连接。自由度为 2,零件可在某一平面内自由移动,也可绕该平面的法线方向旋转。该类型需满足“平面”约束关系,具体操作:分别选择两个零件的贴合面,然后输入偏移值即可。

(8)球:球连接。自由度为 3,零件可绕某点自由旋转,但不能进行任何方向的平移。该类型需满足“点对齐”约束关系。具体操作:分别在两个零件中选择相应的点,输入偏移值即可。

(9)焊接:焊接。自由度为 0,两零件刚性连接在一起。该类型需满足坐标系约束关系。具体操作:分别在两个零件中选择相应的坐标系,输入偏移值即可。

(10)轴承:轴承连接。自由度为 4,零件可自由旋转,并可沿某轴自由移动。该类型需满足“点对齐”约束关系。具体操作:在一个零件中选择一点,在另一个零件中选择一条边或轴线,输入偏移值即可。

(11)常规:选取自动类型约束的任意参照建立连接。

(12)6DOF:该类型需满足坐标系约束关系。

(13)槽:建立槽连接,包含一个“点对齐”约束,允许沿一条非直的轨迹旋转。

10.1.5 组件分解图

在一些产品说明书或需要进行产品演示的场合,为了说明产品的零件组成及其装配结构关系,经常需要使用分解图。在 Pro/ ENGINEER 4.0(5.0)组件工作环境中,选取菜单“视图”/“分解”/“分解视图”命令,图形窗口中的组件模型则呈分解状态,调整各零件的位置,即可完成组件模型的分解图。图 10.14 所示为一组件模型分解图。

打开已经建立完毕的组件模型,选取菜单“视图”/“分解”/“分解视图”命令,图形窗口中的组件模型按系统默认的分解位置显示分解图。选取菜单“视图”/“分解”/“编辑位置”命令，打开如图 10.15 所示的“分解位置”对话框，使用该对话框，可实现对分解图中零件位置的调整。该对话框中各功能选项的意义说明如下。

(1)平移：定义平移方向后，拖动鼠标直接移动零件或组件。

(2)复制位置：复制选择零件的分解位置。

(3)缺省分解：在系统默认的分解位置放置选择的零件或组件。

(4)重置：重新放置选择的零件或组件的位置。

图 10.14 模型分解

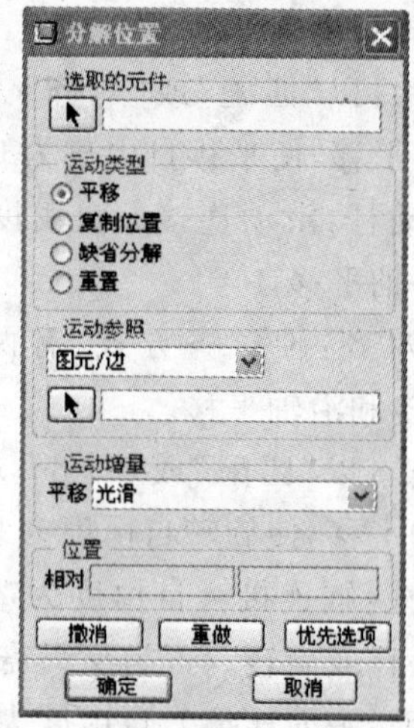

图 10.15 “分解位置”对话框

(5)运动参照：该栏供用户选择零件或组件移动的参照类型来定义方向，有如下几种：

①视图平面：选择当前视场平面作为移动参照。

②选取平面：选择一个平面作为移动参照。

③图元/边：选择零件或组件的边、基准轴作为移动参照。

④平面法向：选择一平面，该平面的法线方向作为移动参照。

⑤2 点：选择两个端点或基准点，以其连线方向作为移动参照。

⑥坐标系：选择基准坐标系的 X、Y、Z 轴作为移动参照。

⑦运动增量：该栏显示零件或组件相对移动的尺寸增量。

⑧位置：该栏显示零件或组件相对移动的相关尺寸变化量。

建立组件分解图的操作步骤如下：

(1)打开已有的组件模型，单击菜单“视图”/“分解”/“分解视图”选项窗口中的组件模型，按系统默认的分解位置显示分解图。

(2)选取菜单“视图”/“分解”/“编辑位置”命令，打开“分解位置”对话框。

(3)选定移动参照，选择零件并拖动调整其位置完成分解图。

10.1.6 间隙分析与干涉

使用模型分析工具可对组件模型进行零件间的间隙与干涉分析，以辅助产品设计检验。进行组件模型进行间隙与干涉的操作步骤如下：

(1)选取菜单中的“分析”/“模型”命令，打开模型分析菜单，如图 10.16 所示。

(2)根据分析需求，选择“配合间隙”、“全局间隙”、“全局干涉”或“体积干涉”选项之一，打开相应的“模型分析”面板。

(3)根据分析要求，设定面板选项，单击“计算”按钮，然后保存分析结果。

(4)单击“关闭”按钮，关闭“模型分析”对话框。

10.2 项目实例10(轴组件)操作分析

下面通过一个实例来演示模型装配的过程。操作步骤如下：

(1)建立新文件。运行进入其工作环境。在菜单栏中选取“文件”/“新建”命令，或单击工具栏中的按钮，在出现的对话框中的“类型”单选中选取“组件”，在“子类型”单选中选取“设计”，在“名称”文本框中输入装配件名称“ex10.1”，然后单击“确定”按钮，进入装配模式。

(2)装配联接件1。选取“插入”/“元件”/“装配”命令，或单击“装配”按钮，系统弹出“打开”对话框，在当前工作目录下选取连接零件1“connectprt1.prt”，单击“打开”按钮装入该零件，在系统弹出的“元件放置”对话框中直接单击“确定”按钮。

(3)装配联接件2。

①重复该步骤在相同的地方装入连接零件2“connectprt2.prt”，单装入该零件后不要马上选取“元件放置”对话框上的“确定”按钮。

②在“约束”栏中选择“匹配”约束类型，然后分别在连接件1、2上选取如图10.17所示的平面进行约束。

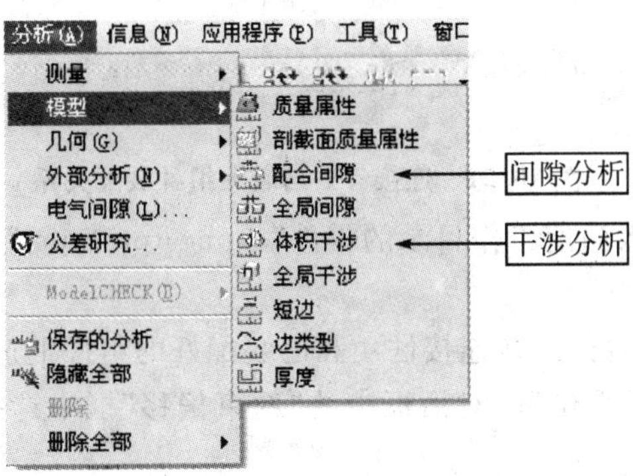

图10.16 间隙和干涉菜单

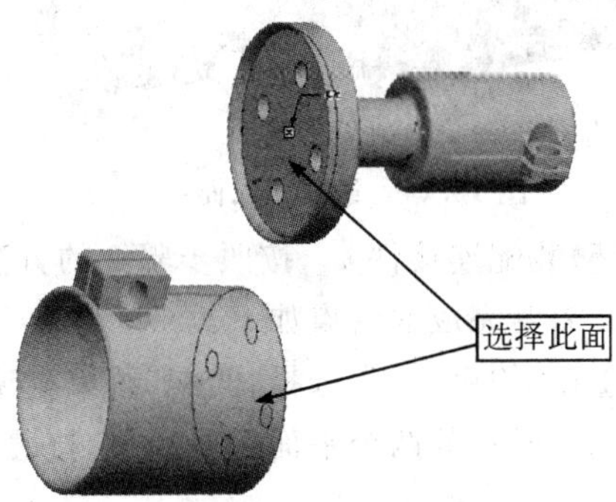

图10.17 选择匹配面

③在“约束”栏中选择“对齐”约束类型，然后分别在连接件1、2上选两个小孔的轴线(A_7和A_6)进行约束，让它们进行共轴(注意：在此是让两个连接件上的孔相对应，因此应选取它们的中心线让它们共轴)。

④在“约束”栏中选择“对齐”约束类型，然后分别在连接件1、2上选取另外两个小孔的轴线(A_8和A_4)进行约束，让它们进行共轴。

⑤此时“元件放置”对话框显示当前装配状态为全约束状态，如图10.18所示。

⑥单击右边的按钮，完成两零件的装配。

(4)装配连接件3。按照步骤(3)的方法装入当前工作目录的零件“connectprt3. prt”,需要完成的约束如下:

①在“约束”栏中选择“对齐”约束类型,然后分别在连接件3和已装配好的组件上选取如图10.19所示的两个平面进行约束,接着在“元件位置”对话框中的“约束偏移”框中输入偏移量−10。

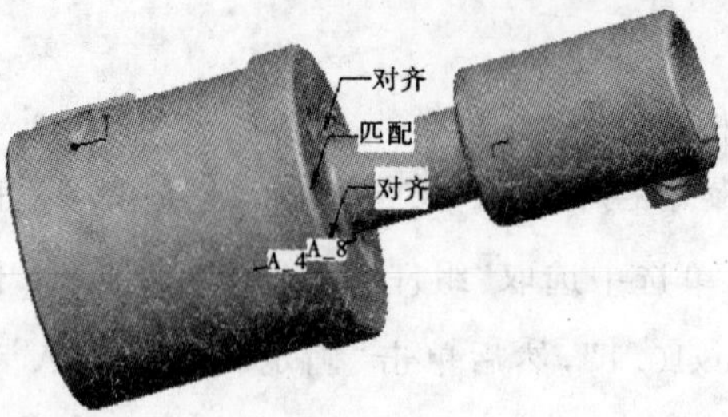

图10.18 连接件1、2间的装配关系

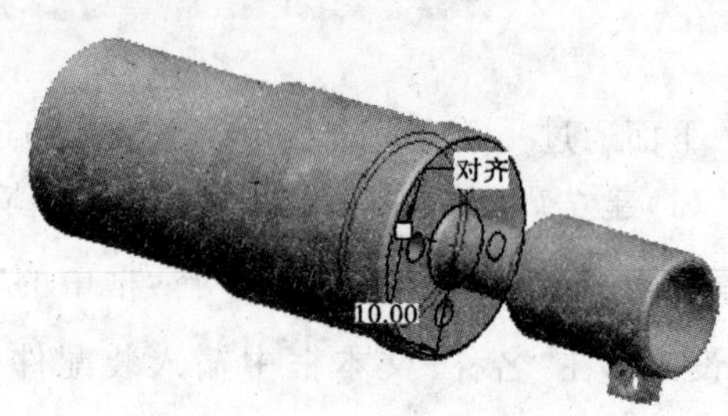

图10.19 选择对齐面

②在“约束”栏中选择“插入”约束类型,然后分别在连接件3和已装配好的组件上选取如图10.20所示的两个平面进行约束。

③此时“元件放置”对话框显示当前装配状态为全约束状态,如图10.21所示。

④单击右边的按钮,完成两零件的装配。

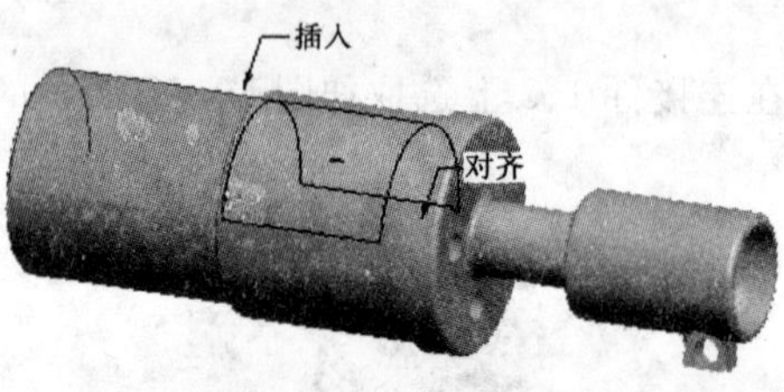

图10.20 选择插入面

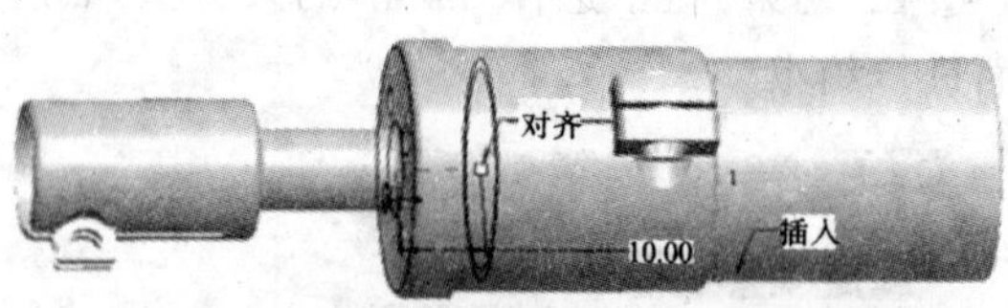

图10.21 连接件3与装配组件装配关系

(5)装配连接件4。按照步骤3的方法装入当前工作目录的零件“connectprt4. prt”,进行装配。需要完成的约束如下:

①在“约束”栏中选择“匹配”约束类型,然后分别在连接件4和已装配好的组件上选取如图10.22所示的两个平面进行约束,接着在“元件位置”对话框中的“约束偏移”框中选择“重合”。

②在“约束”栏中选择“插入”约束类型,然后分别在连接件4的外表面和连接件2的空腔的内表面进行约束,如图10.23所示,即将连接件4插入连接件2。

图10.22 选择匹配面

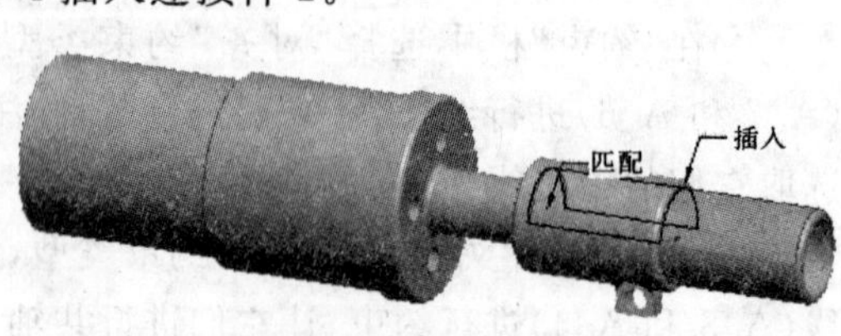

图10.23 选择插入面

③此时“元件放置”对话框显示当前装配状态为全约束状态，如图10.24所示。

④单击右边的按钮，完成两零件的装配。

(6)装配连接件螺钉。

①在“约束”栏中选择“匹配”约束类型，然后分别将螺钉1和在装配好的组件上选取如图10.25所示的两个平面进行约束。

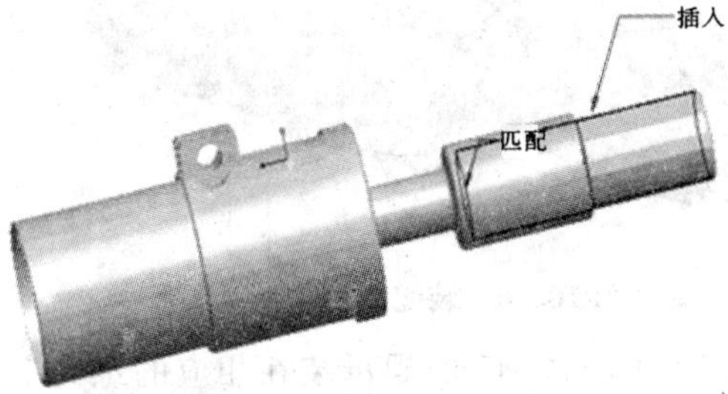

图10.24 连接件4与装配组件装配关系

图10.25 选择匹配面

②在“约束”栏中选择“对齐”约束类型，然后使螺钉1的中心线和与螺钉1有装配关系的孔的中心线共轴。

③此时“元件放置”对话框显示当前装配状态为全约束状态，如图10.26所示。

④单击右边的按钮，完成两零件的装配。

(7)装配连接件螺钉。重复步骤(6)在连接件2的其他4个孔都装上螺钉1，装好后的模型如图10.27所示。

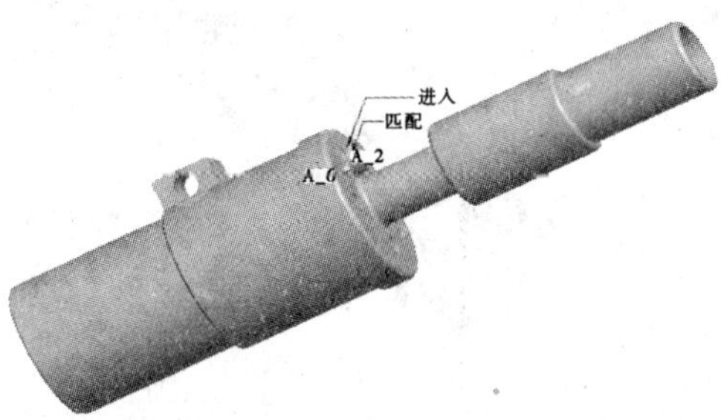

图10.26 装配螺钉

图10.27 复制其他三个螺钉

(8)装配连接件螺钉2。螺钉2的装配和螺钉的装配方法一致，这里就不再赘述。装配结果如图10.28所示。

(9)装配连接件螺母。按照步骤(3)的方法装入当前工作目录的零件“luomu1. Prt”。需要完成的约束如下：

①在“约束”栏中选择“匹配”约束类型，然后分别将螺母1和已装配好的组件上选取如图10.29所示的两个平面进行约束。

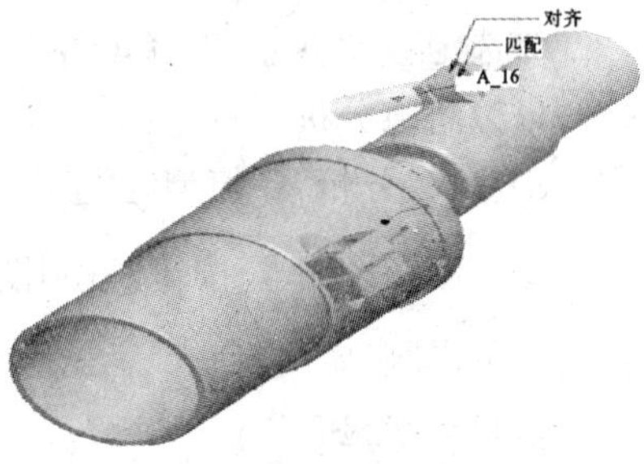

图10.28 装配螺钉2

②在“约束”栏中选择“对齐”约束类型，然后使螺母

1的中心线和与螺母1有装配关系的孔的中心线共轴。

③此时“元件放置”对话框显示当前装配状态为全约束状态，如图10.30所示。

④单击右边的按钮，完成两零件的装配。

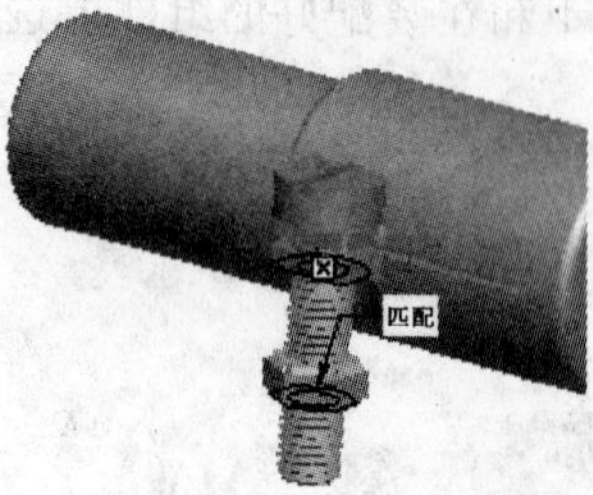

图10.29 选取匹配面

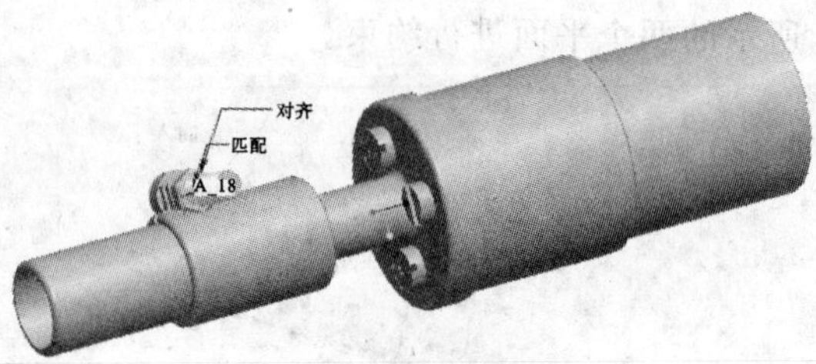

图10.30 装配螺母

(10)装配其他螺母。重复步骤(6)在连接件1上将其他M5的螺母装在相应的螺钉上，结果如图10.31所示。

(11)保存做好的装配件。

(12)组件分解图。

①选取“视图”/“分解”/“分解视图”命令，窗口中的组件模型按系统默认的分解位置显示分解图，模型如图10.32所示。

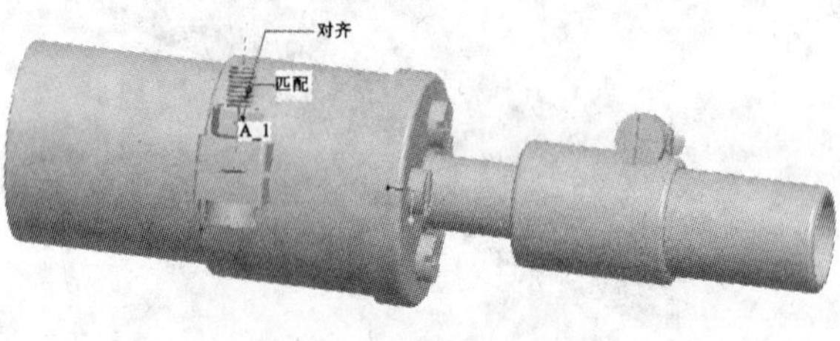

图10.31 装配其他螺母

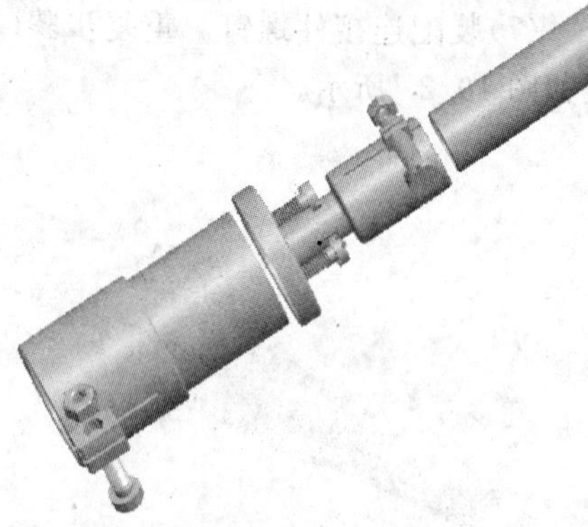

图10.32 组件分解图

②选取“视图”/“分解”/“编辑位置”命令，打开“分解位置”对话框，如图10.33所示。

③选定移动参照，选择零件并拖动调整其位置完成分解图。模型如图10.34所示。

(13)间隙分析。

①选取“分析”/“模型”/“全局间隙”命令，打开模型分析菜单，如图10.35所示。

②单击 按钮，得到图10.36，图中显示所有零件之间的配合间隙。

③单击“确定”按钮。

(14)干涉检查。

①选取“分析”/“模型”/“全局干涉”命令，打开模型分析菜单，如图10.37所示。

②单击 按钮，得到图10.38，图中显示所有零件之间的干涉及体积大小，在三维图上用红颜色表示干涉情况。

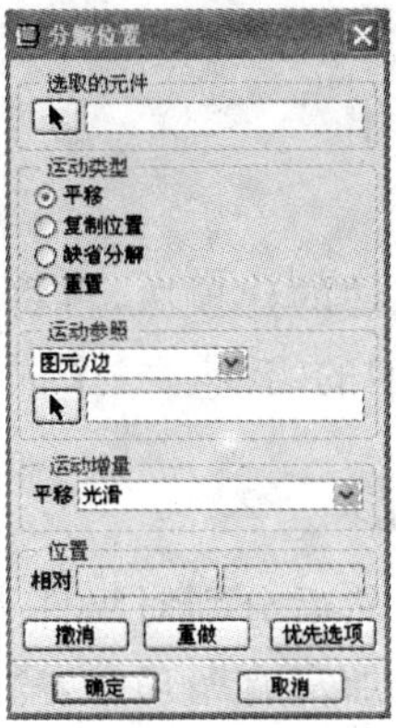

图 10.33 “分解位置”对话框

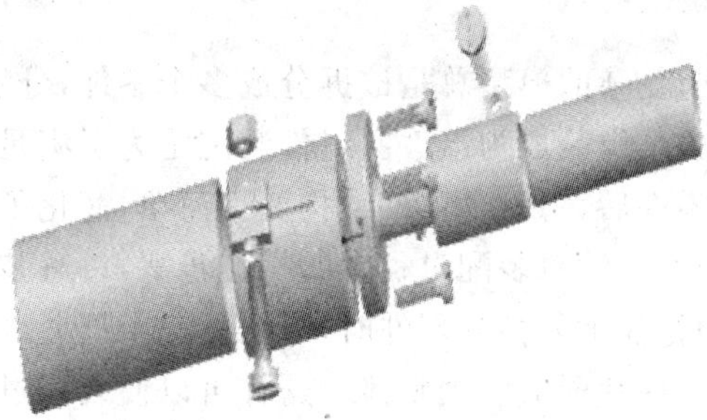

图 10.34 编辑后分解图

图 10.35 “全局间隙”对话框

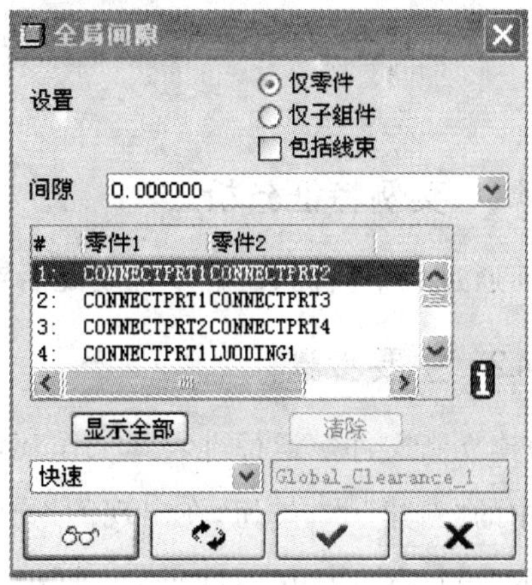

图 10.36 “全局间隙”分析结果对话框

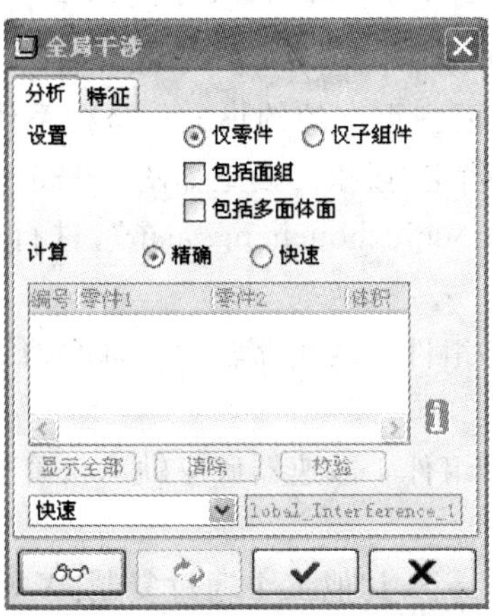

图 10.37 “全局干涉”对话框

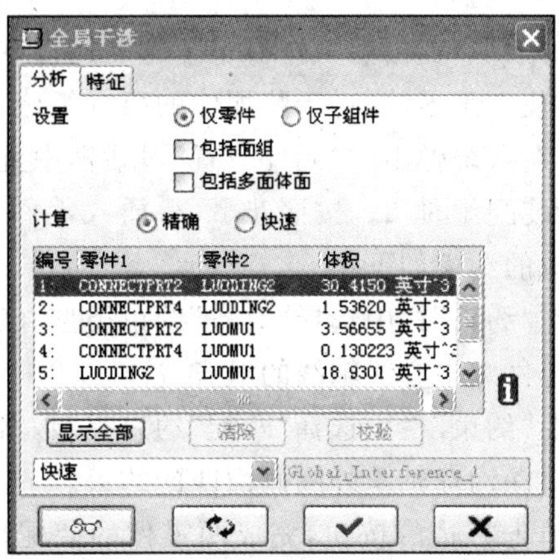

图 10.38 “全局干涉”分析结果对话框

10.3 项目总结

一个复杂的模型总是被拆分成多个零件，分别完成每个零件的建模后，再将其按照一定的装配关系组装成为组件。组件装配是为了满足设计大型模型的需要。一个大型模型被分成多个零件后，每一个零件结构变得简单，简化了建模过程。

(1)本章针对装配过程中的操作步骤，讲解装配的基本方法。

(2)在装配复杂的部件时，可以将一个部分分成几个组件，然后分别对组件进行装配，最后再将组件装配成一个整体。这样可以使装配过程更系统，更加富有条理性，零件的装配顺序一般遵循实际装配过程中的装配顺序。

10.4 项目拓展

10.4.1 实例特征分析

下面通过一个实例，讲解零件装配后对零部件进行颜色变化来更好地显示图形。

10.4.2 主要步骤

(1)建立新文件。运行进入其工作环境。在菜单栏中选取"文件"/"新建"命令或单击工具栏中的"新建"按钮，在出现的对话框中的"类型"单选中选取"组件"，在"子类型"单选中选取"设计"命令，在"名称"文本框中输入装配件名称"ex10.2"然后单击"确定"按钮，进入装配模式。

(2)装配组件1。选取"插入"/"元件"/"装配"选项或单击"装配"按钮，系统弹出"打开"对话框，在当前工作目录下选取连接零件1"yuanzhuchilunjiansuxiang2.prt"，单击"打开"按钮装入该零件，对于装配体的第一组建立与装配模型重合的约束——坐标系约束。如图所示，在系统弹出的"元件放置"对话框中直接单击"确定"按钮。模型如图10.39所示。

(3)装配组件2。按照步骤2，插入零件2"shenggouqiuzhoucheng.asm"，进行的装配。需要完成的约束如下：

①在"约束"栏中选择"对齐"约束类型，然后分别将组件1减速器轴承台阶的轴线的重合约束和组件2中心线轴线的对齐。

②在"约束"栏中选择"匹配"约束类型，然后分别由组件1减速器底座轴承台阶孔台阶面和组件2深沟球轴承外圈侧面匹配约束。

③单击右边的按钮，完成两零件的装配。先完成一个，其他三个通过复制，X轴方向坐标偏移增量为-83，X方向复制个数为2，Z方向坐标偏移增量为125，Z轴方向复制个数为2，如图10.40所示。

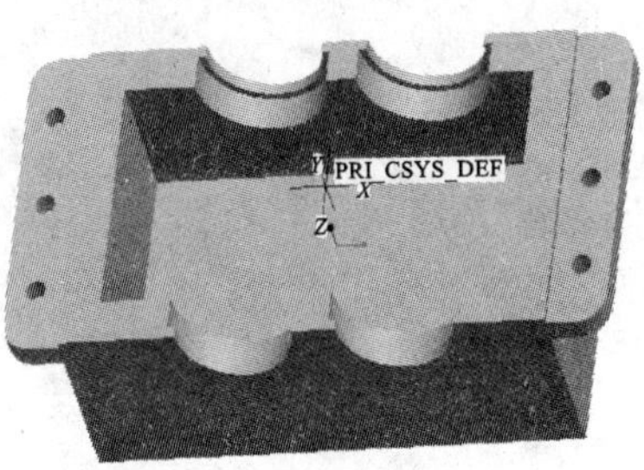

图 10.39 减速器下箱体

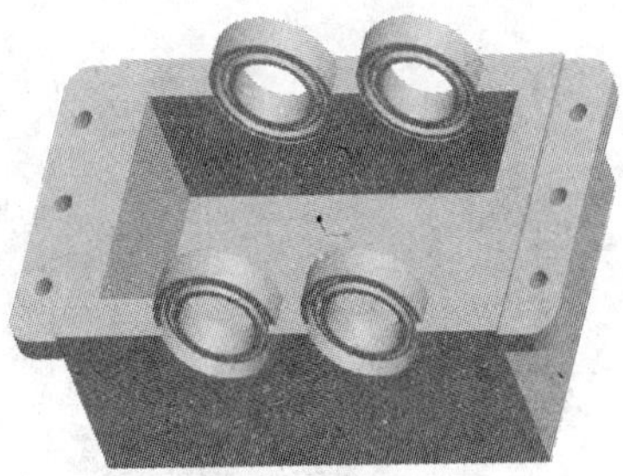

图 10.40 装配轴承后模型

(4)装配组件 3。组件 3 本身是装配体，装配过程在这就不再赘述，按照步骤(2)插入组件 3“zhuangpeizhou. asm”，进行如图 10.41 所示的装配。需要完成的约束如下：

①在“约束”栏中选择“对齐”约束类型，然后分别将组件 3 和装配组件中深沟球轴承中心线的轴线对齐。

②在“约束”栏中选择“匹配”约束类型，然后分别将组件 3 装配轴阶梯轴台阶端面与深沟球轴承内圈端面的约束为匹配约束。

③单击右边的按钮，完成两零件的装配。

(5)装配连接件 4。装配组件 4 和装配组件 3 的装配过程完全一样，这里不再赘述。结果如图 10.42 所示。

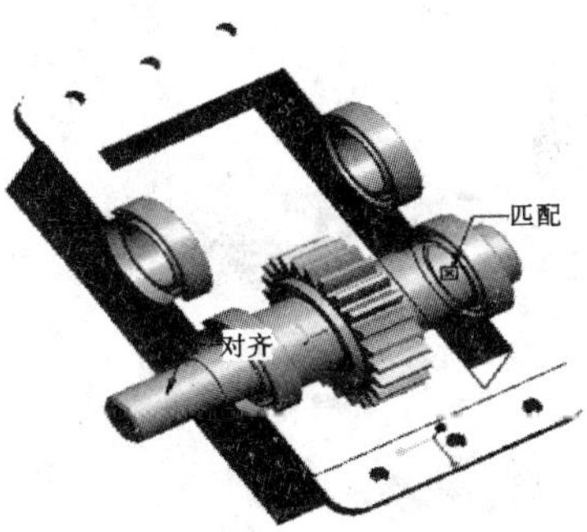

图 10.41 装配组件 3 后模型

图 10.42 装配组件 4 后模型图

(6)装配联接件 5。按照步骤(2)插入零件 5“yuanzhuchilunjiansuxiang1. prt”，进行如图 10.43 所示的装配。需要完成的约束如下：

①在“约束”栏中选择“对齐”约束类型，然后分别将组件 5 减速器上端盖与减速器底座前面的约束为对齐。

②在“约束”栏中选择“匹配”约束类型，然后分别将组件 5 减速器上端盖与减速器底座上面的约束为匹配。

③在“约束”栏中选择“匹配”约束类型，然后分别将组件 5 减速器上端底面凹槽侧面与减速器底座上面凸台的约束为匹配。

④单击右边的按钮，完成两零件的装配。

(7)保存装配图。

(8)组件分解图。选取“视图”/“分解”/“分解视图”命令，窗口中的组件模型按系统默认的分解位量显示分解图，模型如图 10.44 所示。

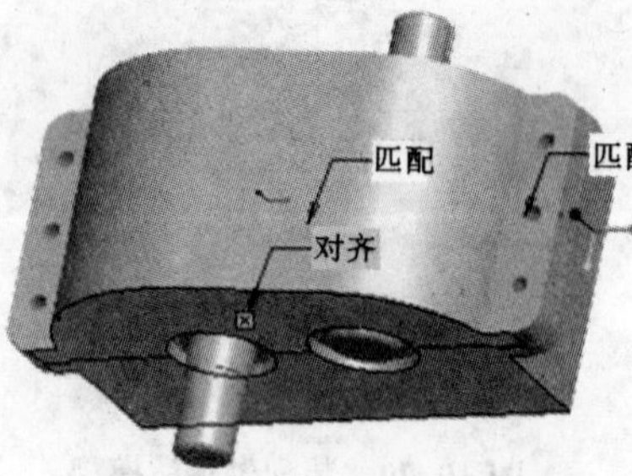

图 10.43　上端盖的装配图

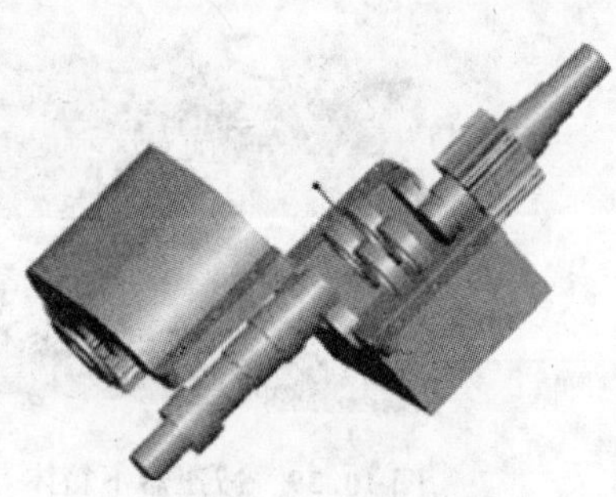

图 10.44　减速器分解图

(9)设置零部件颜色。

①选取“视图”/“颜色和外观”命令，系统弹出“外观编辑器”对话框，如图 10.45 所示。

②在基本颜色库中或颜色编辑中选取所需的颜色。

③在指定对话框中选取元件，系统弹出“选取对话框”选取“零件”命令，单击“确定”按钮，单击指定中的应用，可以改变零件的颜色，用同样的方法可以改变其他零件的颜色，结果如图 10.46 所示。

④选取“视图”/“分解”/“取消分解视图”命令，恢复爆炸前的模型，如图 10.47 所示。

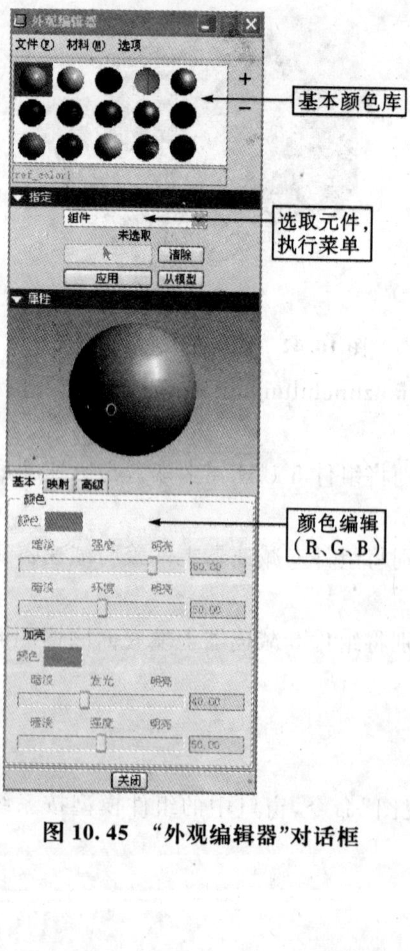

图 10.45　“外观编辑器”对话框

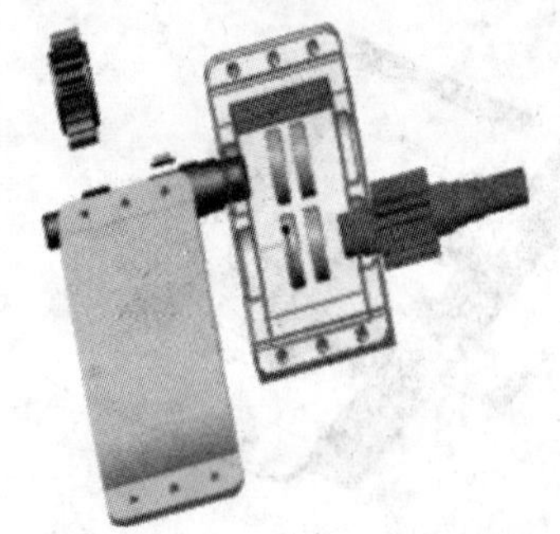

图 10.46　爆炸图零件颜色的修改

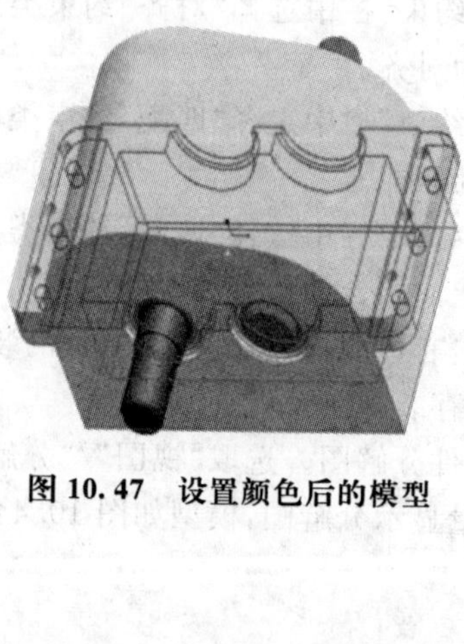

图 10.47　设置颜色后的模型

10.4.3 技巧提示

(1)由于 Pro/E 使用的是单一数据库,因此,若在组件中修改特征的相关属性,则原来的特征也会跟着改变;同样,若在零件模式下修改特征,则组件内的零件也会被修改。

(2)在进行"匹配"或"对齐"操作时,对于要配合的两个零件,必须选择相同的几何特征,如平面对平面,旋转曲面对旋转曲面等。

(3)"匹配"或"对齐"的偏移位可为正值也可为负值。若输入负值,则表示偏移方向与模型中箭头指示的方向相反。

思考与练习

(1)在装配约束中,"匹配"与"对齐"有何异同?

(2)试说出 5 种以上常见装配约束类型的名称并解释其具体含义。

(3)装配连接一般用在什么场合?请说出几种典型的连接类型并解释其具体含义?

(4)简述零件装配的操作步骤。

(5)简述建立组件模型分解图的操作步骤。

第11章 项目七 Pro/E 工程图

机械工程图是机械零件检验、加工和制造的重要依据，是设计和生产过程中的主要资料。Pro/E 拥有强大的工程图生成能力，它允许使用者直接从三维模型生成二维工程图。由 Pro/E 生成的各个视图之间是相互联系的，如果在一个视图中修改了尺寸，则所有其他视图中的相关部分都会被自动更新并且重新生成。工程图与相应的三维实体模型之间也是相互关联的，在三维模型或工程图中所做的修改会自动体现在相应的工程图或三维模型上。本项目将学习如何使用使用 Pro/E 工程图模块创建符合国家规范的工程图。

【知识目标】

(1)工程图绘图环境的正确设置。

(2)工程图视图创建的基本步骤。

(3)工程图尺寸标注及编辑的方法。

(4)工程图公差及文字的标注。

【技能目标】

通过本项目的实例演练，掌握工程图创建的步骤与技巧，完成像支架 2、箱体等复杂零件的工程图，反复练习后将能创建中等难度零件的机械工程图。

11.1 基础知识链接

11.1.1 文件建立

启动 Pro/ENGINEER WildFire 后，选择菜单命令“文件” / “新建”(或单击 按钮)，弹出“新建”对话框(见图 11.1)。在“类型”栏中选择“绘图”命令，在“名称”文本框中输入或选择文件名(或使用默认文件名)。对于中国用户来说，一般不使用缺省模板，取消系统默认的“使用缺省模板”复选框，单击“确定”按钮，弹出“新制图”对话框，如图 11.2 所示。

“缺省模型”选项组用于选取产生投影视图的零件模型。如果已经打开了一个零件或组件的模型，则此处将缺省显示该模型的名称。如果当前没有模型或需要选择其他模型进行工程图制作，则通过单击“浏览”按钮，选择要绘制工程图的模型文件。

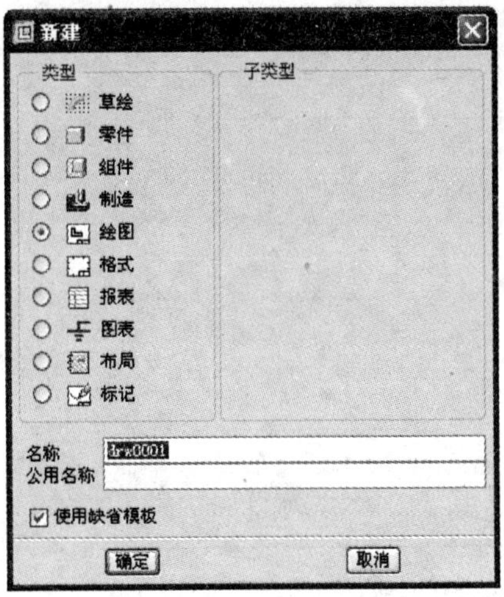

图 11.1 “新建”对话框

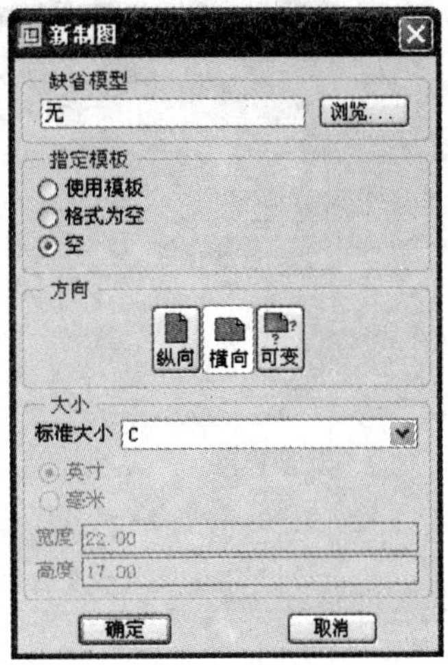

图 11.2 “新制图”对话框 1

“指定模板”选项组中有 3 个单选按钮，分别是“使用模板”、“格式为空”和“空”，这三个单选按钮的含义如下：

(1)选择“使用模板”时，在“模板”栏列出多个模板，每一个模板对应一种幅面的图纸，同时会自动生成某些基本视图、设定绘图比例等。

(2)选择“格式为空”时，会出现如图 11.3 所示的“新制图”对话框。可以通过执行“格式”选项组中的“浏览”命令来调入系统格式或自定义格式。自定义格式可以通过在 Pro/ENGINEER中新建一个“格式”文件来建立。

(3)选择“空”时，会出现如图 11.3 所示的“新制图”对话框。在该对话框中可以设置图纸的大小、方向，也可以自定义图纸的大小。

单击“新制图”对话框中的“确定”按钮，将进入工程图环境，其界面如图 11.4 所示。在图纸页面的下方有一行小字，是模板的基本信息标签，其内容包括比例、模型类型、页面设置等，双击“比例”或者“页面标签”，可对其进行重新定义。

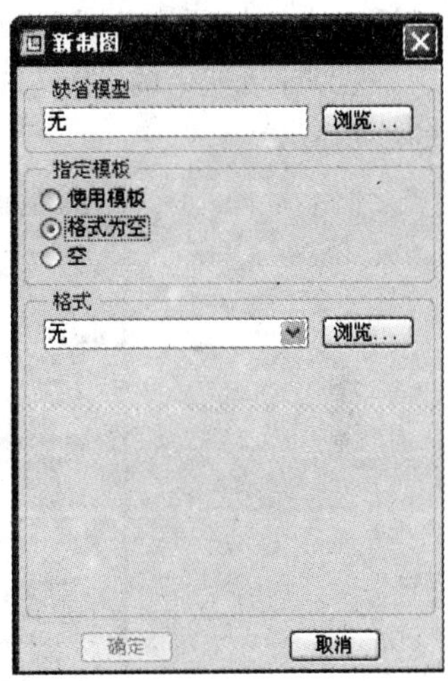

图 11.3 “新制图”对话框 2

11.1.2 工程图绘图环境设置

工程图是一种标准化的图纸，国家标准对工程图的标注样式、图纸规格等均有严格的规定。Pro/ENGINEER 系统默认的工程图标准符合欧美一些国家的标准，与中国国标(GB)具有相当大的差别。因此在转为二维工程图时，有必要进行设置，以适合设计者的习惯和用户所在企业的标准。Pro/ENGINEER 系统环境的设置由环境配置文件“config. pro”进行管理。如果 Pro/ENGINEER 启动时在其启动目录中没有找到文件“config. pro”，Pro/ENGINEER则加载系统缺省选项，对于工程图的环境配置则自动应用“Pro/ENGINEER安装路径\text”目录中的“prodetail. dtl”文件进行设置。

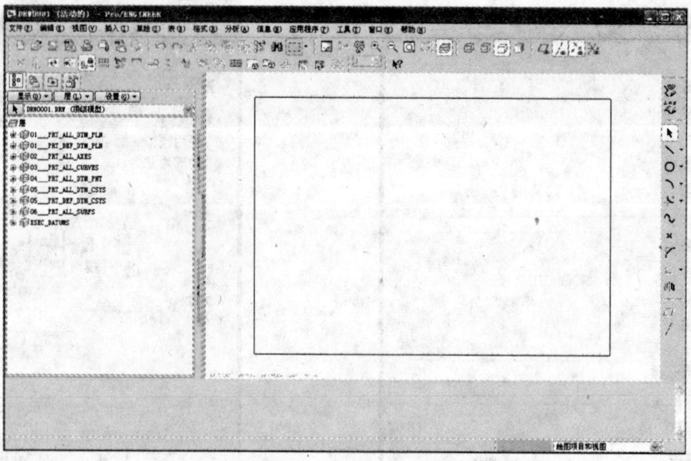

图 11.4　工程图设计界面

1）绘图环境设置的方法

对工程图绘制环境的设置主要有以下三种方法：

(1)进入“绘图”模块。选择“文件”/“属性”/“绘图选项”菜单命令，然后在弹出的“选项”对话框中选择要修改的选项，输入选项的值，点击“添加/更改”按钮，所有选项的设置完成后，点击对话框中的“确定”或“应用”按钮即可，如图 11.5 所示。此处所做设置一般只对其后的绘图有效。

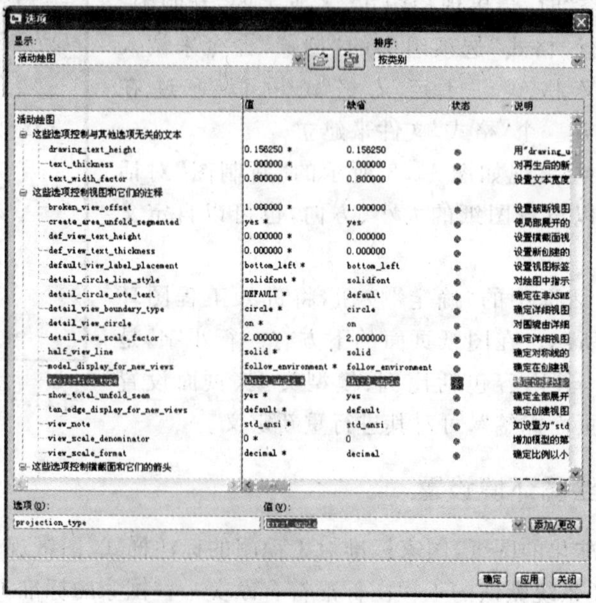

图 11.5　通过“文件”菜单下的“属性”设置绘图环境文件

(2)选取菜单命令“工具”/“选项”，弹出如图 11.6 所示的对话框，去除“仅显示从文件载入的选项”，找到“drawing_setup_file”选项，在编辑框中输入工程图配置文件及路径，如“d:\proefiles\my_config.dtl”，点击“保存”按钮，以“config.pro”为文件名将当前环境配置保存于 Pro/ENGINEER 启动目录中。然后在记事本中编辑刚才指定的工程图配置文件（如

“d:\proefiles\my_config. dtl”文件)，修改、设置相关的绘图选项。Pro/ENGINEER 重启时，自动应用上面指定的工程图配置文件进行绘图环境的设置。需要提示的是，“config. pro”文件应在 Pro/ENGINEER 的启动目录下，而不是当前工作目录下。

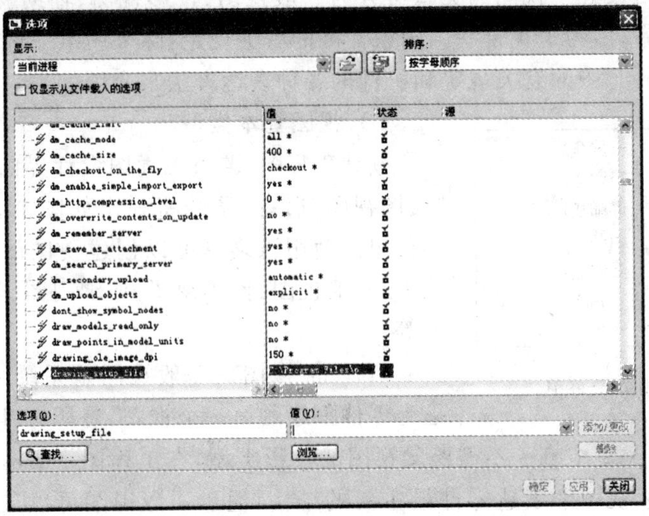

图 11.6　通过“工具”菜单下的“选项”设置绘图环境文件

(3)退出 Pro/ENGINEER，直接编辑“Pro/ENGINEER/安装路径\text”目录中的“prodetail. dtl”文件，修改、设置相关的绘图选项，然后重启 Pro/ENGINEER 即可。

提示：如果已经用第 2 种方法指定了其他文件(如“my_config. dtl”文件)来配置工程图绘制环境，则此处修改“prodetail. dtl”文件不再有效。

2）配置绘图环境的主要选项

绘图环境配置中有很多选项，详细内容读者可参考 Pro/ENGINEER 的帮助文件，下面再列出一些常用选项：

(1)projection_type。设置视图投影方向，包括两个选项：first_angle 和 third_angle。在机械制图中，将零件向投影面投影所得的图形称为视图。在获取视图时，我国采用第一角投影法，而欧美等国家采用第三角投影法，Pro/ENGINEER 默认采用第三角投影法。

(2)tol_display。有两个选项：yes 和 no，可以将公差显示设置为打开或者关闭。

(3)Draw_arrow_style。设置箭头式样，包括三个选项：closed，open 和 filled。控制所有涉及箭头的绘图项目，包括尺寸、注释、3D 注释、几何公差、符号和球标的引线等。

(4)Text_orientation。控制绘图中尺寸文本的显示，包括 5 个选项：horizontal，parallel，parallel_diam_horiz，ISO_parallel，ISO_parallel_diamP_horiz。

(5)Circle_axis_offset。设置圆的十字线超出圆边缘的距离。

(6)Text_thickness。为后面要绘制的文字和现有的文字线条宽未改变的文字设置文字线条宽度，值在 0 到 0.5 之间，默认值为 0。

(7)Text_width_factor。设置文本宽度和高度的比例，值在 0.25～0.8 之间，默认值为 0.8。

(8)Draft_scale。确定绘图比例，默认值为 1.0。

(9)Drawing_units。确定绘图所采用的单位，包括 inch，foot，mm，cm，m。

(10)Drawing_text_height。设置文本的缺省高度，包括尺寸标注中文本的缺省高度。

11.1.3 视图的创建

在工程图的创建过程中，视图的创建是工程图制作的重要部分，视图创建的好坏直接影响工程图的质量和可读性。视图的类型可分为一般视图、投影视图、辅助视图、详图视图、旋转视图、复制 & 对齐等，为了符合我国国家标准的有关规定，除采用第一角投影外，本节将结合国家标准《机械制图》中的有关规定和机件的各种表达方法来介绍。

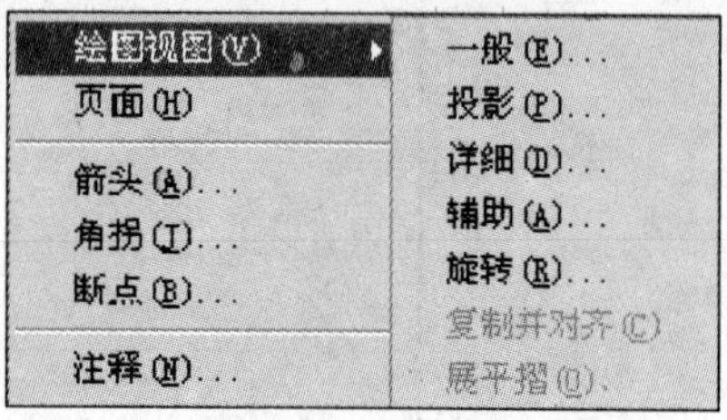

图 11.7 视图类型菜单

1）视图基本类型

新建工程图，进入工程图设计界面后，选择“插入”/“绘图视图”命令，系统将弹出如图 11.7 所示的视图类型菜单。使用该菜单可以创建视图的基本类型有如下几种：一般视图、投影视图、详细视图、辅助视图、旋转视图等。

(1)一般视图。一般视图是系统缺省的视图类型，是为零件创建的第一个视图，是所有其他类型视图的基础，而且是所有投影类型中唯一不需要父视图的投影类型，在工程图中具有最基础也最重要的地位。通常用一般视图来表达零件最主要的结构，通过一般视图可以最直观地看出模型的形状和组成。如果在创建视图时没有使用模板或者选择空模板时，在工程图中创建的第一个视图只能是一般视图，此时只有该视图类型有效。一般视图通常用以创建视图的主视图，并将其作为创建其他视图的基础和根据。

(2)投影视图。该类型视图的创建需要为其指定父视图。在视图创建的开始，通常都选择一般视图创建的主视图为父视图，然后创建其他视图，如左视图、俯视图等。

(3)辅助视图。与某个斜面或倾斜的基准平面成 90°的方向，或沿着某根轴线对另一视图进行投影。辅助视图是非固定角度上的投影，与基本视图的投影不同。如果拾取一条边作为参照，该视图将平行于计算机屏幕显示的这条边的方向；如果拾取一个基准平面，该视图将平行于屏幕的基准平面；如果拾取一个基准轴，将沿基准轴的方向显示视图，这对于查看模型上与基本投影面倾斜的孔、凸台等倾斜特征非常方便。该类型视图相当于常用表达方法中的斜视图。

(4)详图视图。以较大的比例显示现有视图的一部分，以便查看零件模型上某些细节处的几何形状。详图视图与创建它的视图相关联，但可以独立于其父视图移动。该类型视图可用于工程图中局部放大图的绘制。

(5)旋转视图。将剖切平面旋转 90°，并沿剖切平面线长度方向移出的剖视图，其截面是一个区域剖截面，仅显示被切割的材料。提示：该类型视图与我们机件表达方法中的旋转视图不一样，该类型视图类似于表达方法中的断面图。

(6)复制 & 对齐。从一个部分视图中再继续创建一个或多个部分视图，通过该视图可以在同一个视图方向上有选择地显示几何模型，并且与父视图之间保持一定的相对位置。要创建“复制 & 对齐”视图，在视图区必须存在部分视图。

以上是几种视图的基本类型。视图是工程图的核心，其余元素都围绕视图展开。决定视图的 4 个要素是视图的类型、视图的可见区域、比例设置和是否需要剖截。对基本视图的 4 要素进行设置、组合或修改，可以建立其他视图。这些要素可以在视图创建时设置，也可以在视图创建后再修改。设置、组合或修改视图的界面如图 11.8 所示的“绘图视图”对话框，通过对话框类别中的“视图类型”各选项的设置，可以选择恰当的投影方向，通过对话框类别中的“剖面”各选项的设置，可以建立全剖、半剖、局部剖等不同的剖切方法形成的剖视图，而通过对话框类别中的“可见区域”各选项的设置，可以建立全视图、半视图、局部视图、破断视图。

另外，需要提醒读者提示的是：在 Pro/ENGINEER 工程图环境下，可见的线以实线的线形显示，隐藏线(不可见的线)以浅色的实线显示；但在输出、打印时，可见的线以粗实线的形式显示，隐藏线以虚线显示。

2）一般视图的创建

所谓一般视图是指它的视角可以任意改变，既可以是等轴测、斜轴测，也可以为用户自定义的任意视角的视图。一般视图除可以作为立体图外，调整方向后也常作为三视图中的主视图，作为投影视图和其他视图的父视图。其创建步骤如下：

(1)确定视图放置位置。在创建工程图文件时，如果在“新制图”对话框的“指定模板”选项组中选取了“格式为空”或“空”选项，系统将打开一幅空白图纸。此时只能创建一般视图，选择“插入”/“绘图视图”/“一般”命令，系统会提示用户在图纸上选取一点来定位视图，在空白图纸适当位置处单击。

(2)确定模型的投影方向，创建视图。在图纸上为视图选取放置位置后，系统将显示一个缺省视图和一个类别为“视图类型”的绘图视图对话框，如图 11.9 所示。

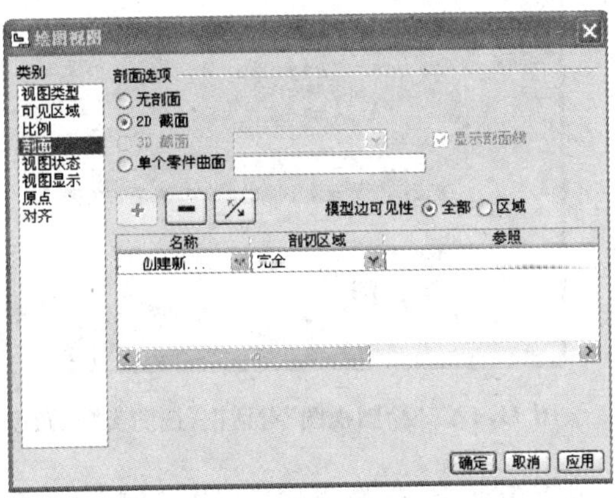

图 11.8 “绘图视图”对话框 1

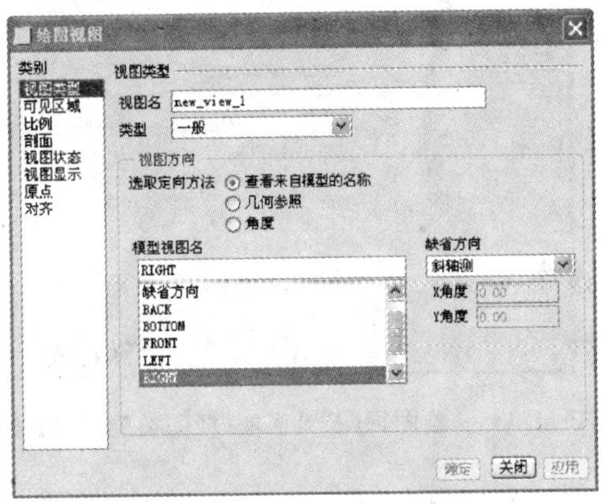

图 11.9 “绘图视图”对话框 2

“视图类型”区域可用于修改视图名称、视图类型。如果当前工程图视图中还没有一般视图，则不能更改视图类型。

“视图方向”选项组可用来重新定向视图，有以下三种定向视图的方法：

①选择“查看来自模型的名称”命令，可使用来自模型的已保存视图定向。

可以从“模型视图名”列表中选取相应的模型视图作为视图方向。图 11.10 所示为选取模型视图 FRONT 生成的一般视图。

提示：在“绘图视图”对话框中每设置好一项，应单击“应用”按钮，以使设置生效。

也可以选取所需的“缺省方向”来定义 x 和 y 方向，列表中有“等轴测”、“斜轴测”和“用户定义”三个选项，选择“用户定义”时，需输入 x 和 y 的角度值。

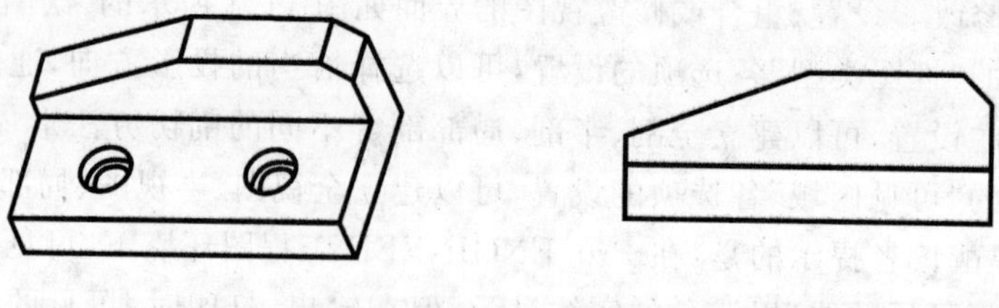

(a)　　　　　　　　　　　　　　(b)

图 11.10　一般视图示例

(a) 三维模型；(b) 一般视图

②选择“几何参照”命令，可使用来自绘图中预览模型的几何参照进行定向，如图 11.11 所示。

在绘图中预览的模型上选取所需参照来定位视图，包括指定“前面”、“后面”、“顶部”和“底部”等。从参照方向列表中选取另一方向，可更改方向，并且可以通过单击几何参照收集器并在绘图模型上选取参照，可更改选定的参照。

提示：要将视图恢复为其原始方向，请单击“缺省方向”按钮。

③选择“角度”命令，可通过对话框中的“参照角度”和“角度值”等项的操作来进行视图定向，如图 11.12 所示。

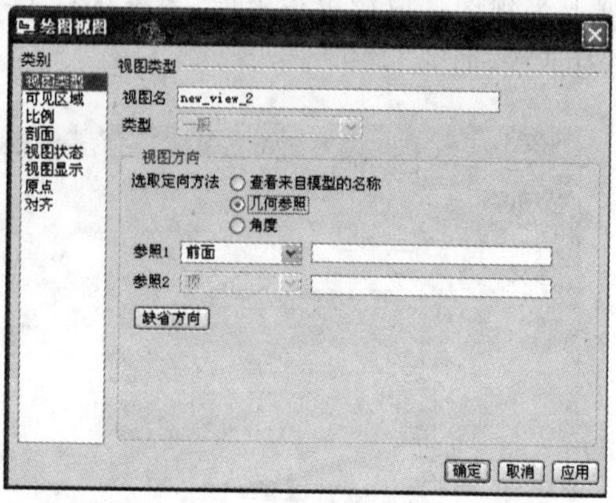

图 11.11　“绘图视图”对话框（视图类型、几何参照）

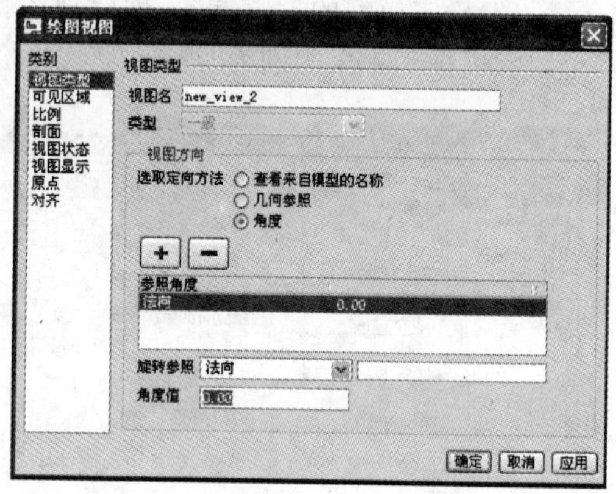

图 11.12　“绘图视图”对话框（视图类型、角度）

“参照角度”表列出了用于定向视图的参照。缺省情况下，将新参照添加到列表中并高亮显示。“旋转参照”为表中加亮的参照选取定位视图选项。

“法向”：绕通过视图原点并绕垂直于绘图页面的轴旋转模型。

“垂直”：绕通过视图原点并绕绘图页面内的垂直轴（Y 轴）旋转模型。

“水平”：绕通过视图原点并绕绘图页面的水平轴（X 轴）旋转模型。

“边/轴”：绕通过视图原点并绕绘图页面内指定角度的轴旋转模型。需要在预览的绘图视图上选取适当的边或轴作为参照来指定旋转轴。选定参照加亮，并列在“参照角度”表中。

最后，在“角度值”输入框中键入要旋转的角度值即可。

如果要创建附加参照，可单击 + 按钮，并重复角度定向过程。如果删除或隐含系统用来定向视图的几何，视图及其所有子项都将恢复为缺省定向。如果删除了几何，则无法恢复原始视图定向。但是，恢复隐含特征将恢复视图的原始方向。

(3)设置“可见区域”、“比例”、“剖面”、“视图显示”等选项，如果不设置则使用默认设置值。

3）投影视图的创建

投影视图是系统自动生成的，只需选取新视图的位置，及生成该视图的父视图，即可完成投影视图的创建。其创建步骤是：

(1)选择“插入”/“绘图视图”/“投影”命令。

(2)如果工程图中原有两个或两个以上视图，则需选择投影视图的父视图；如工程图中只有一个视图，则系统默认这个视图为投影视图的父视图。

(3)系统在投影视图的父视图的一方出现一个代表投影的框，拖动鼠标可以将投影框在父视图的水平或垂直方向上移动，在主视图的上、下、左、右等4个位置选取一点单击放置投影视图，系统自动在该投影方向上创建与主视图符合投影关系的投影视图。如图11.13所示，是在一般视图上添加了左视图、俯视图两个投影视图。

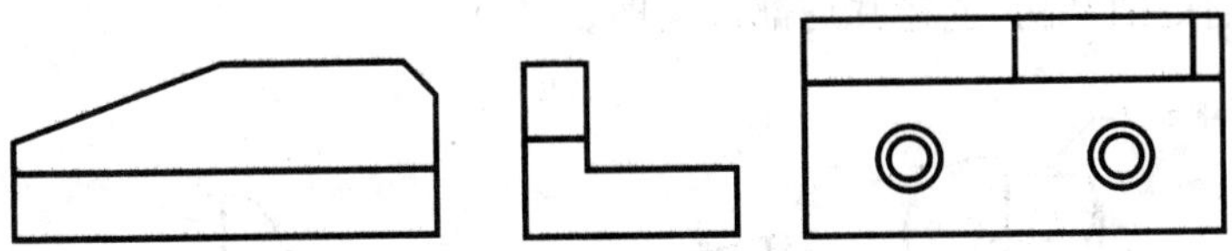

图11.13　投影视图示例

(4)通过对话框类别中的“可见区域”各选项的设置，可以建立半视图、局部视图等。

4）辅助视图的创建

辅助视图与投影视图相似，都是投影生成的，两者不同的是，辅助视图是父视图沿着选取的斜面、基准面的法线方向或某一轴线方向上的投影；而投影视图是从父视图的上方、下方、左侧或右侧进行的正投影。其创建步骤是：

(1)在创建辅助视图前至少应先创建一个“一般视图”。

(2)选择“插入”/“绘图视图”/“辅助”命令。

(3)根据系统提示，在父视图中选取一条边、一个轴或个基准平面作为参照，在参照的垂直方向上出现一个代表辅助视图的框。

(4)拖动框在投影方向上移动，在图面上选取辅助视图的位置，松开鼠标左键，即可生成辅助视图。如图11.14所示，为表达零件的倾斜部分，选择代表倾斜平面的边作为参照，创建投影方向与该边垂直的辅助视图。

(5)根据需要，双击新创建的辅助视图，进行视图其余选项的设置。

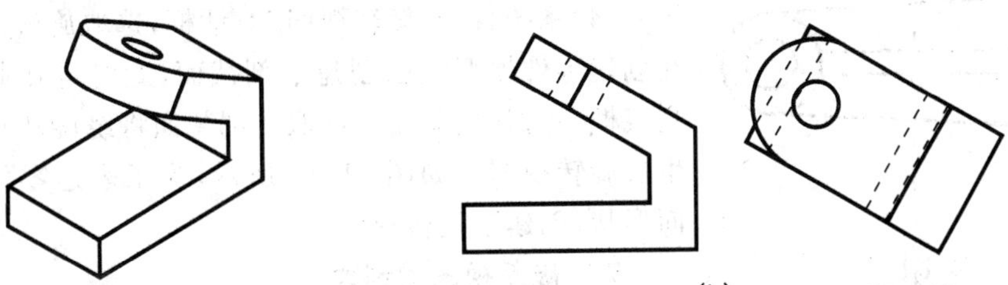

(a)　　　　(b)

图11.14　辅助视图示例

(a)三维模型；(b)主视图和辅助视图

提示：创建好辅助视图后，系统将它与被投影视图相关联。如果父视图移动，辅助视图保持与之对齐。

5）详细视图的创建

欲创建一个详细视图，可以在要详细显示详图区域的周围绘制一条样条曲线，系统会将该区域用圆、椭圆或样条曲线围起，并连接一个用来标识详细视图的注释，然后在指定的位置放置详细视图。其创建步骤是：

(1)在创建详细视图前至少先创建一个其他视图作为父视图。

(2)选择“插入”/“绘图视图”/“详细”命令。

(3)在现有视图中选择要查看细节的中心参照点，系统以加亮的叉来显示所选的参照点。

(4)直接用鼠标左键绕着所选的参照点依次选择若干点，以生成详细视图的轮廓样条曲线。完成后，按鼠标中键闭合此样条曲线。

(5)在页面上选取一个位置作为详细视图的放置中心，即产生出详细视图。

为了表达轴肩处的结构，创建其局部放大图。

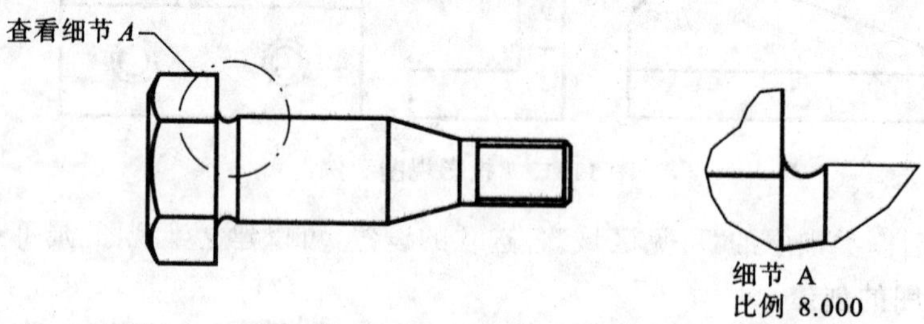

图 11.15　详细视图示例

提示：包围局部放大图的样条曲线不应使用“样条曲线工具”按钮创建，只需激活“详细视图属性”中的“父项视图上的样条边界”选择框后，以鼠标左键在需放大区域连续点击，选好一系点后，按鼠标中键，即可生成一条封闭的样条曲线。

6）旋转视图的创建

欲创建旋转视图，需要在现有视图上预先生成或临时创建一个剖截面，此剖截面必须与屏幕垂直。创建旋转视图的步骤如下：

(1)选择“插入”/“绘图视图”/“旋转”命令。

(2)选取旋转剖面的父视图，以决定旋转剖面是由哪一个视图剖切得到的。

(3)在图面上选取一个位置作为旋转剖面的摆放位置。

(4)系统打开“旋转视图”对话框，选取旋转剖面。如果在创建零件模型时已创建了剖截面，此时可在截面的下拉列表框中选择剖截面。选取的剖截面将绕旋转轴旋转 90°，生成旋转视图。如图 11.16 所示，为了表达零件肋板的剖面形状，创建了旋转视图。

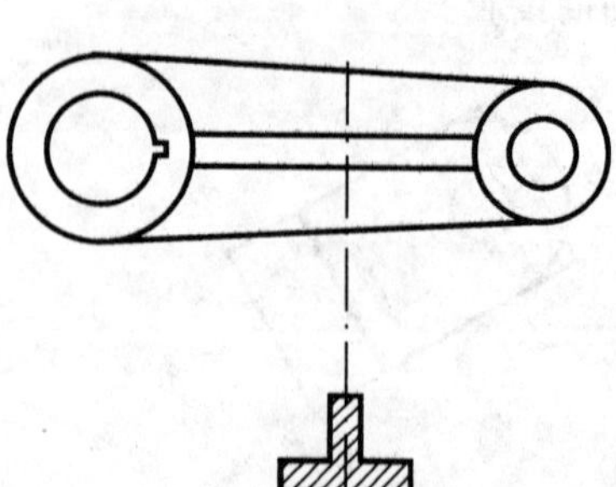

图 11.16　旋转视图示例

7）破断视图的创建

较狭长机件(轴、杆、型材、连杆等)沿长度方向的形状一致或按一定规律变化时，这类零件如果完整地在一张图纸中显示出来不是很方便，故可以在不影响工程图可读性的情况下：

(1)选择“插入”/“绘图视图”/“一般”,创建模型的一般视图。

(2)在“绘图视图”对话框中选择类别“可见区域”,在“视图可见性”中选择“破断视图”。

(3)单击按钮,以构建一个破断区域。在图元上选取第一个点,将光标稍向下移动,按鼠标左键,视图上可见一条蓝色直线,在图元上选取第二个点,即可见第二条蓝色直线,两条蓝色直线间的区域,即为破断区域。

(4)如果需要,可单击按钮,在图元上再选取两个点,以构建下一个破断区域。

(5)设置破断线的线条样式。拖动对话框中的水平滚动条,找到“破断线样式”列,可以选择如下形式的破断线:“直”、“草绘”、“绘图视图”对话框、“视图轮廓上的 S 曲线”、“几何上的 S 曲线”、“视图轮廓上的 S 曲线”、“几何上的 S 曲线”。

(6)按“绘图视图”对话框中的“确定”按钮,则破断区域自动被移除,且零件变短,产生破断视图。

(7)可移动破断视图的位置,以缩短破断区域。如图 11.17 所示,破断线样式选用“视图轮廓上的 S 曲线”线条方式,创建的破断视图。

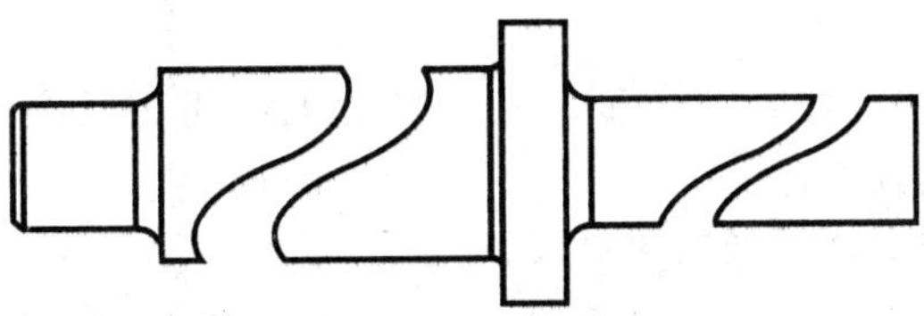

图 11.17　破断视图示例

提示:破断视图只适用于一般视图和投影视图类型。一旦将视图定义为破断视图,就不能将其更改为其他视图类型。可进行水平、垂直、或同时进行水平和垂直破断,并选择破断的各种边界样式。此外,通过 broken view offset 选项可以设置破断线间的距离。

8)剖视图的创建

为了清楚表达零件的内部结构(或从各视角看不清楚的结构),常使用剖视图。剖视图使用相关的剖面线来表达零件剖面,剖视图可以是全视图、半视图或局部视图。创建剖视图的步骤如下:

(1)创建没有剖切的一般视图或者投影视图、详细视图。

(2)在如图 11.18 所示的“绘图视图”对话框类别列表框中选择“剖面”类别选项。

(3)选择“2D 截面”,点击对话框中的按钮,激活 2D 剖面属性表,2D 剖面属性表中显示出模型中已有的剖截面,有效的截面系统用“√”来标识;无效截面用“×”来表标识,表示该剖面不平行于当前视图的投影平面,不能作为当前视图的剖切平面。如果模型中不存在 2D 剖面,则需要创建一个新 2D 剖面。创建一个新 2D 剖面的过程与零件中创建剖面的方法类似。

若选择“3D 截面”,使用在模型中创建的三维剖面可简化绘图内剖面的显示。可在任何一般、投影或详细视图中显示 3D 剖面,并可显示、修改工程图中这些剖面的剖面线。

“单个零件曲面”,通过使用实体表面或基准面级来创建单个零件中某曲面(通常为平面)的视图。单一零件曲面视图用线框显示选定曲面,但将拭除其他任何要素,包括基准、修

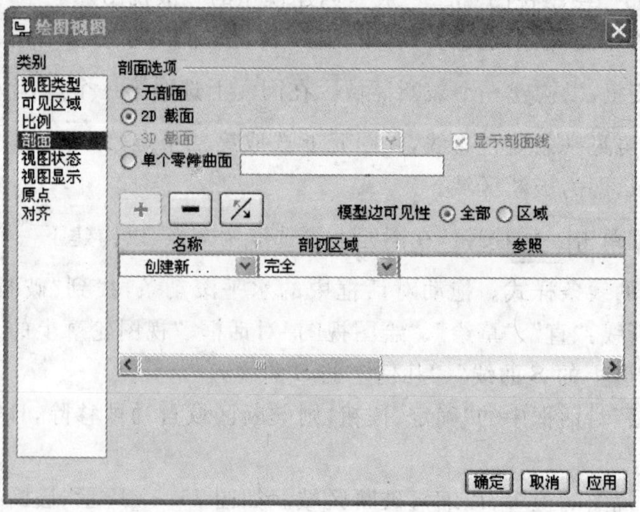

图 11.18 "绘图视图"对话框

饰特征和坐标系。

(4)"剖切区域"选项的设置。一旦选取了有效的剖面,可定义剖切区域的显示方式。从"剖切区域"列表中可选取以下样式:

①完全。将整个视图以剖面的形式显示,即全剖视图。

②一半。将视图的一半以截面的形式显示,另一半以完整形式显示,即半剖视图。

③局部。由用户自己草绘要剖切的局部区域,即局部剖视图。

④全剖(展开)。显示一个展开的区域截面,使截面平行于投影平面。

⑤全剖(对齐)。绕某一个轴展开全剖的截面,用来创建旋转剖视图。

提示:一个视图中可以定义两个剖面,分别为"完全"和"局部"剖面,但同一视图中至多只能存在一个具有"完全"可见性的剖面。

(5)如果"剖切区域"设置为"一半"、"局部"或"全部(对齐)"时,必须定义放置参照。在表中单击黄色的参照收集器,然后在视图上选取适当的参照:

①一半。选取一个基准平面参照,参照需垂直于视图,选择后在表中列出参照名称。

②局部。选取点参照。确保参照位于任何其他剖面断点样条的外部,几何名称会在表中列出,并显示在视图上。

③全部(对齐)。选取轴参照。偏移剖面的所有切割平面应包含参照轴,该轴的名称会在表中列出,并显示在视图上。

如果选择了"一半"剖面,需单击参照平面的某一侧来定义应剖切的一侧。

如果选择了"局部"剖面,则应围绕要在视图中显示剖面的区域草绘样条。绘制时应确保样条不与其他剖面断点样条相交,并且样条曲线要封闭,如果存在剖面断点,则它不应完全处于视图外边界的外部,草绘完成后,单击鼠标中键结束。

(6)通过选取"模型边可见性"可控制模型边的显示。

①全部。显示剖面平面后面的模型边和剖面边。

②区域。仅显示剖面边。此时获取的视图相当于我国制图标准中常用的表达方法的断面图。

(7)通过单击按钮,可反向剖面的方向。反向剖面不会重定向视图中的模型,它只会更改切割平面模型材料被剖面所去除的一侧。

(8)如果需要,可在相关视图上对剖面进行标注。在剖面列表中拖动水平滚动条,单击"箭头显示"收集器,并在绘图上选取与该剖视图在投影方向上相垂直的视图。单击"应用"按钮可以预览箭头和剖面名称等标注。剖视图中获取的标注,包括箭头、剖面名称等,可以进行移动、删除等操作。通过右键单击"箭头显示"收集器中的选项并选取"移除"命令,或者在绘图区中直接删除,可删除箭头等剖视的标注。

(9)通过单击并重复步骤(2)~(7),可向绘图中添加其他 2D 剖面。

11.1.4 视图编辑

选择"插入"/"绘图视图"命令,增加视图。为提升图面的正确性、标准性及可读性,还须对图面上的视图进行必要的编辑。

1)移动视图

为了调整视图在图纸上的位置,可以移动创建好的视图。在工程图初始创建时,视图移动设为锁定。可以通过点击工具栏上的按钮来锁定或解锁视图的移动功能,或者通过"工具"/"环境"命令,设定"锁定视图移动"选项。图 11.19 表示了视图的移动和禁止移动两种状态,视图可移动时,其四角点和中心点上有可控制的图柄,如图 11.19(a)所示。

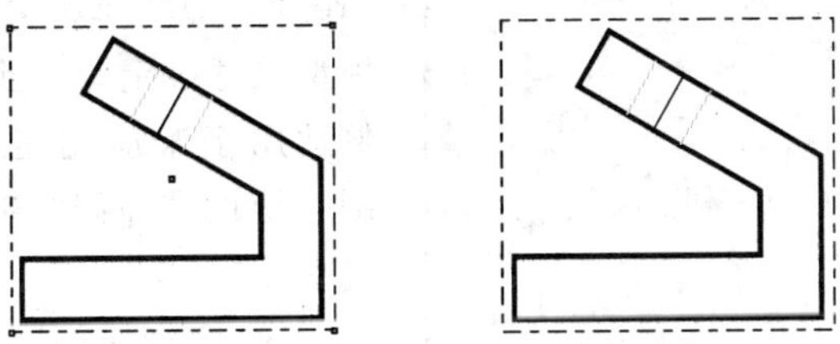

(a) (b)

图 11.19 视图的移动状态

(a)视图的移动;(b)视图的禁止

移动视图的步骤是,先选中要移动的视图,设置视图为可移动状态,然后将鼠标置于要移动的视图上,可按下鼠标左键直接拖动视图。

在移动视图时,系统会自动保证视图之间的投影关系。"一般"视图、"详细"视图等可以自由移动,相关视图则会作相应的移动。而子视图为了保证与父视图的关系,一般只能沿一个方向移动。

2)修改视图

在工程图设计过程中,如果对设计的视图不满意,可以对其进行修改,可对视图类型、视图比例、视图名称、重定向、剖截面、边界等进行修改。由于修改操作是针对视图设计过程而设定的,其可修改内容与设计内容是对应的。而视图修改对话框就是前面的视图创建过程中多次出现过的"绘图视图"对话框,故不再作详细介绍。

在要修改的视图上双击,或者选中要修改的视图后单击右键,在弹出的快捷菜单中选择"属性",即可打开"绘图视图"对话框。

(1)修改边界。修改边界是对局部视图或者详细视图的边界进行修改,其操作步骤如下:

①双击要修改的视图,打开“绘图视图”对话框。

②对于局部视图,进入“绘图视图”对话框的“可见区域”,在“样条边界”搜集器中单击,可以重新绘制样条边界。对于详细视图,进入“绘图视图”对话框的“视图类型”,然后在“父视图上的样条边界”搜集器中单击,最后在其父视图上重新绘制样条边界,绘制样条边界的过程和要求参见视图的创建。

③按“确定”或“应用”按钮即可。

(2)修改视图类型、名称等,操作步骤如下:

①双击要修改的视图,打开“绘图视图”对话框。

②在对话框中的“视图类型”选项中,可以修改视图的基本类型、视图名称。

③在对话框的“可见区域”和“剖面”中,可以进一步修改视图类型等。

(3)修改视图的比例。视图比例的修改只适用于“一般”视图和“详细”视图的视图比例,具体步骤如下:

①双击要修改的视图,打开“绘图视图”对话框。

②打开对话框中的“比例”选项,如图 11.20 所示,可在选项对话框中设定比例。

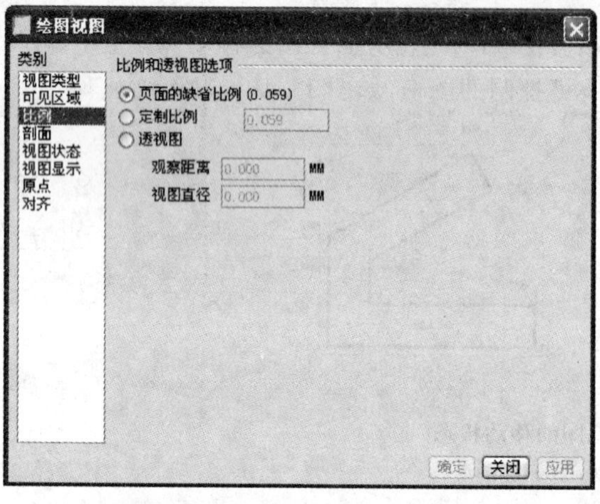

图 11.20 “绘图视图”对话框(比例)

可在绘图中使用下列类型的比例:

• “页面的缺省比例”。根据缺省值确定绘图视图大小。如果不设置缺省值,Pro/ENGINEER 会根据页面尺寸大小和模型尺寸确定每一页面的缺省比例。该比例适用于未应用定制比例的视图或透视图。绘图页面比例显示在绘图页面的底部。

• “定制比例”。使用在“定制比例”框中键入的定制值确定视图大小。修改绘图页面比例时,定制视图不变,因为比例因子是独立的。定制比例出现在每个视图的下方,在注释“比例〈值〉”中显示。

• “透视图”。使用来自模型窨的观察距离和纸张单位(mm)的组合来确定视图大小。此比例选项仅适用于一般视图。

通过以上设置,即完成了视图比例的修改。修改了某个视图的绘图比例后,所有相关的父/子视图(投影视图、破断视图等)都会相应地更新的,以保证投影关系。

(4)重定向视图。重定向是指在视图已经根据相关参照定义完成后,想重新对视图进行定向所做的操作,该操作主要用于“一般”视图。具体步骤如下:

①双击要修改的视图,打开“绘图视图”对话框。

②在对话框中的“视图类型”选项中的“视图方向”设定栏中进行设定,具体设定方法参见 11.1.3 节。

提示:如该视图存在子视图,那么重新定向的视图将影响其所有的子视图。修改视图方向后,相关的子视图投影方向及位置也会发生相应变化,以保持合理的投影关系。

(5)修改视图显示。“绘图视图”对话框中的“视图显示”选项,主要用来设定视图中各种线、面的显示方式,具体设置步骤如下:

①双击要修改的视图,打开“绘图视图”对话框。

②打开对话框中的“视图显示”选项。

③通过选取“显示线型”列表中的选项来设定隐藏边(不可见边)的显示方式。

• 缺省。选取“工具”/“环境”/“显示样式”命令或使用主窗口内“模型显示”工具中各视图显示样式图标中的设置。

• 框线。以线框形式显示所有边。

• 隐藏。以隐藏线(系统设定这颜色较浅的线,可自行设定)显示不可见边。

• 消隐。从视图中不显示隐藏边。

• 着色。以着色的方式显示视图。

• 从动环境。由工具栏上的一组按钮的当前状态决定视图的显示方式,并可通过点击这组按钮中的不同按钮来改变视图的显示方式。

④通过选取相切边样式来定义在模型上显示相切边的方式:

• 缺省。使用“工具”/“环境”/“相切边”中的设置。

• 无。不显示相切边,该选项符合我国制图标准。

• 实线。显示相切边。

• 〈edge_dimmed〉灰色。以灰色显示相切边。

• 中心线。以中心线型显示相切边。

• 双点划线。以虚线显示相切边。

其他选项请读者参照有关资料自行练习。

3)拭除与恢复视图

在工程图模块中,拭除视图与零件模块中的特征隐含的作用类似,可将某些视图暂时隐藏,待需要时再将其恢复,具体操作如下:

(1)拭除视图的操作。

①选择菜单命令“视图”/“绘图显示”/“绘图视图可见性”。

②在弹出的菜单管理器中选择“拭除视图”选项。

③在绘图区选择要拭除的视图。

④如果在其他视图中有与所选视图相关的剖视图的标注,视图的标注等,则提示用户是否连同这些标注一起删除。

(2)恢复视图的操作。

①选择菜单栏中的“视图”/“绘图显示”/“绘图视图可见性”命令。

②在弹出的菜单管理器选择“恢复视图”选项。

③弹出“视图”菜单管理器,从中可以选择要恢复的视图,也可以在绘图区直接选择被拭除的视图(在绘图区被拭除的视图显示为一方框的视图名称)。如果要恢复所有被拭除的视图,可以在“视图”菜单管理器中执行“选取全部”命令,要取消选择所有视图,可执行“取消选取全部”命令。

视图被恢复后将以先前的方式重新显示。

4）删除视图

将已经创建的视图从绘图区中删除，需要进行以下操作：

(1)在视图区选中要删除的视图。

(2)单击右键，在弹出的菜单中选择“删除”，或选择菜单命令“编辑”/“删除”，或直接按 Del 键。

(3)在弹出的确认窗口中选择“是”按钮，完成对视图的删除。

提示：删除视图时，如果该视图存在子视图，则提醒用户将它们一并删除。视图删除后不能恢复，所以务必谨慎。

5）修改剖面线

如果要修改剖面线的属性，可以通过右键单击视图中的剖面线，在弹出的快捷菜单中选择“属性”，或直接双击剖面线，可弹出“修改剖面线”菜单管理器，从中可对剖面线作如下修改：

(1)“间距”。设置修改剖面线的疏密程度。在“修改剖面线”菜单器中选择“间距”，然后在“间距”选项中选择、调整剖面线之间的间距。

(2)“角度”。用来设置剖面线的角度。选择了“角度”后，可以在下拉菜单中选择剖面线的角度或选择“值”，对线角度进行输入。

(3)“偏距”。用来设置剖面线之间的间距，只能手工输入。

(4)“线样式”。用来设置剖面线的线条样式。选择了“线样式”后，弹出“修改线体”对话框，从中可以选择或设置剖面线的线型、宽度、颜色等。

(5)“新增直线”。在现有的剖面线的基础上再添加剖面线。用户可以用它来创建风格线或者其他线型。

(6)“保存”。可将当前的剖面线样式进行保存。

(7)“检索”。设置的剖面线样式，包括填充图案，系统提供的有铝、铜、电气、玻璃、钢等形式的剖面图案。机械零件剖面线填充图案一般为“钢”的表示方式，即一般用相互平行的45 度斜线的方式。

11.1.5 工程图中的尺寸标注

在工程图中，视图表达零件的形状，而尺寸则表示零件的大小，所以除了各种视图外，尺寸、注释、公差等的标注也是工程图中必不可少的部分。这些内容可以在视图上直接创建，也可以在视图上通过零件来创建。

1）标注尺寸

由于工程图是利用已经创建的 3D 模型投影生成的，因此，视图中三维零件上已有的尺寸就可直接利用创建 3D 模型时所标注的尺寸来生成。此外，三维零件未标注的尺寸以手动的方式直接在工程图中加入。

(1)在程图中生成三维零件的尺寸。使用“显示/拭除”对话框可生成三维零件上已有的尺寸。选取菜单命令“视图”/“显示/拭除”，或点击工具栏上的按钮，弹出“显示/拭除”对话框，如图 11.21 所示。

①“类型”框中的各按钮可以控制要显示或删除的对象类型。各个控制的对象类型如下：

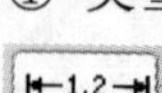：显示/拭除尺寸。

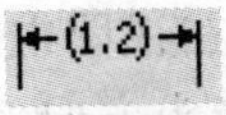：显示/拭除参考尺寸。

：显示/拭除几何公差。

：显示/拭除注释。

：显示/拭除球标。

：显示/拭除轴。

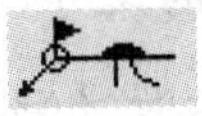：显示/拭除焊接符号。

：显示/拭除表面粗糙度。

：显示/拭除基准平面。

：显示/拭除装饰特征。

：显示/拭除基准目标。

图 11.21 “显示/拭除”对话框

②“显示方式”中各选项的作用如下：

• “特征”。用于显示被选特征上所有指定类型的对象。

• “特征和视图”。在所选视图上，将所选特征的所有指定类型的对象显示出来。

• “零件”。用于显示被选零件上所有指定类型的对象。

• “零件和视图”。在所选视图上，将所选零件的所有指定类型的对象显示出来。

• “视图”。在所选视图上将所有特征的指定类型的对象在该视图上显示出来，而其他视图则不显示。

• “显示全部”。在所有视图上显示所有指定类型对象。使用此方法显示标注项目时应当预览绘图，可通过“拭除全部”命令将所有尺寸删除。

③“选项”选项卡中各复选框用于设定显示的方式：

• “拭除的”。选中此复选框后，视图中所显示的尺寸是在先前操作中从绘图区中拭除的基础上，不显示那些在先前操作中从没显示过的项目。

• “从不显示”。选中此复选框后，显示从未在视图中显示过的项目。

• “切换到纵坐标”。将尺寸根据现有的基准线转变为纵坐标。

④“预览”选项卡用于设置是否进行预览。

⑤点击“拭除”按钮，可得拭除对话框，可拭除一些已经显示的对象，尺寸的拭除与显示的操作类似。对话框上部为类型选项，与“显示”一样，下部为“拭除方式”。

• “所选项目”。根据指定类型，拭除所选对象。

• “特征”。用于拭除被选特征上所有指定类型的对象。

• “特征和视图”。在所选视图上，拭除所选特征的所有指定类型的对象。

• “零件”。用于拭除被选零件上所有指定类型的对象。

• “零件和视图”。在所选视图上，将选零件的所有指定类型的对象拭除。

• “视图”。在所选视图上将所有特征的指定类型的对象进行拭除。

• “拭除全部”。在所有视图上拭除所有指定类型对象。

视图中生成尺寸、公差等对象后，可以通过鼠标拖动等方式改变这些对象在视图中的位置，可以在某个尺寸上右击，在弹出选择的快捷菜单中选择“反向箭头”改变箭头方向，也可以在某尺寸箭头上双击，或在该箭头上，在弹出的快捷菜单中选择“箭头样式”，即可弹出“箭头样式”菜单管理器，利用该菜单管理器中的各菜单项可对箭头样式进行修改。

(2)在工程图中手工加入三维零件未标注的尺寸。通过“显示/拭除”对话框所生成的尺寸都是创建三维模型时已有的尺寸，但有时需要在工程图中增加一些特殊的尺寸，这就要求用户手工标注尺寸。要使用手工标注，可以通过选取菜单命令“插入”/“尺寸”来实现。

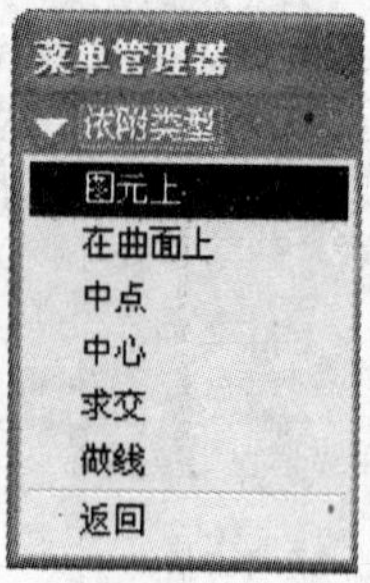

图 11.22 “依附类型”菜单管理器

选取菜单命令“插入”/“尺寸”/“新参照”，或单击工具栏上的 按钮，弹出“依附类型”菜单管理器，如图 11.22 所示。菜单管理器中各菜单项的含义如下：

①“图元上”。可以直接在图形中选择图元进行标注。用鼠标左键选择要标注的第一个图元，继续选择另一个要标注的图元，用鼠标中键单击要标注的位置，完成对尺寸的标注，也可以只选择一个图元，然后点击中键指定尺寸位置，如某直线段，则标注其长度。

②“中点”。可通过获取图元的中点来标注尺寸。单击要标注的第一个图元，再单击要标注的第二个图元，单击鼠标中键选择标注的位置，最后在“尺寸方向”菜单管理器中选择标注的方向。

③“中心”。用于将尺寸附着在图元中心，如附着在圆、孔、曲线、曲面等。具体的操作步骤与前面的操作类似。

④“求交”。将尺寸的标注附着在两个图元的最近交点上，可以是虚焦点。

⑤“做线”。可以通过“2 点”，“水平直线”和“竖直线”3 种方式来创建导引线。

单击菜单命令“插入”/“尺寸”/“公共参照”，可以进行基准方式尺寸的标注。所谓基准方式标注就是允许用户将一些尺寸根据同一参照来进行标注，操作步骤如下：

在弹出的“依附类型”菜单管理器，从中选择“图元上”；选择第一个图元作为基准边；选择第二个图元进行标注；用鼠标中键选择标注放置的位置；分别选择第三、四、五个图元进行标注，并用鼠标中键放置尺寸。

(3)参照尺寸的标注。单击菜单命令“插入”/“参照尺寸”，可以进行参照尺寸的标注。参照尺寸用于标注模型上相关结构的尺寸参考，其尺寸值由模型上的其他相关尺寸确定。我们不能通过修改参考尺寸值来驱动模型中相关特征的修改。标注了参考尺寸后，会在尺寸数值后出现“REF”字样。用户可添加线性、公共参照或纵坐标格式的参照尺寸，创建参照尺寸的步骤与创建尺寸的步骤基本相同。

(4)尺寸编辑。尺寸编辑主要包括移动尺寸的位置和修改尺寸的属性。

尺寸的移动有两种方式：一种是在同一个视图内对尺寸进行移动；另一种是在视图间进行移动。第一种移动操作比较简单，只需选中所要移动的尺寸，然后直接按住左键拖动即可；第二种移动则相对复杂，具体操作如下：

①用选中要移动的尺寸。

②选择菜单命令“编辑”/“将项目移动到视图”，或右击尺寸，在弹出的菜单中操作。

③选择尺寸移动的目标视图。

对尺寸的属性进行编辑操作方法是:选中一个或多个要编辑的尺寸,单击右键,在弹出的快捷菜单中选择"属性"选项,或者选择菜单命令"编辑"/"属性",打开"尺寸属性"对话框,如图11.23所示。

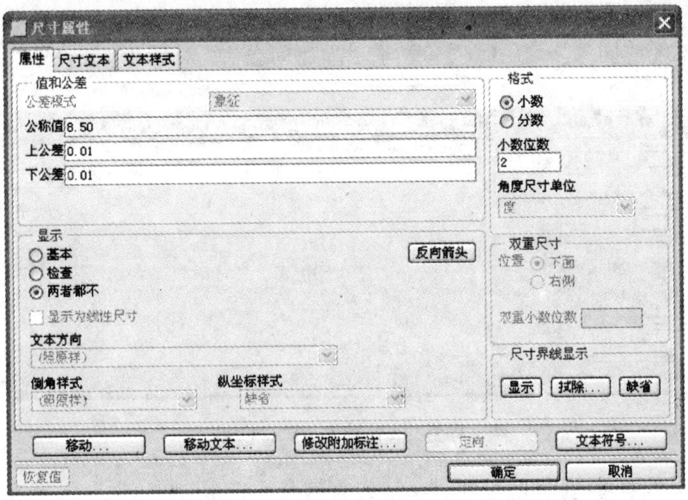

图 11.23 "尺寸属性"对话框

•"属性"选项卡。用来编辑尺寸的"值和公差"、"显示"、"格式"、"双重尺寸"、"尺寸显示"等。

•"尺寸文本"卡。用来编辑标注文本上的显示内容,可以对标注文本加上前缀或后缀,也可以给尺寸文本加上各种符号。

•"文本样式"选项卡。用来编辑标注文本的字体、高度、宽度、颜色、下划线等特征。

2) 标注尺寸公差和几何公差

标注尺寸公差和几何公差工程图模块中,执行菜单命令"文件"/"属性"/"绘图选项",然后设置参数"tol_display"为yes或no,可以将公差显示设置为打开或者关闭。

设定公差标准的方法是,单击菜单命令"文件"/"属性",从弹出的对话框中选择"公差标准"/"标准"命令,然后可以选择ANSI或ISO/DIN标准,如图11.24所示。

图 11.24 "文件属性"菜单管理器

将公差标准设为ISO/DIN后,会在菜单设置中出现"模型等级"和"公差表"选项。

①"模型等级"。用来设置加工的精度,有"精加工"、"中键"、"粗加工"、"非常粗糙"4个选项。

②"公差表"。用来设置ISO公差所采用的公差表。

几何公差用来设定零件上的相关线、面的形状误差及这些线、面之间如何相互关联,如何检测零件,以确定其是否合格。在工程图模块、零件和组件模块中都可以创建几何公差。

要在工程图模块中创建几何公差,可以使用菜单"插入"/"几何公差",在弹出的"几何公差"对话框中进行设置操作。

某些几何公差的标注需要使用参照基准，参考基准的创建方法为：单击菜单命令“插入”/“模型基准”/“平面”/“轴”，弹出“基准”对话框。在这个对话框中，用户可以指定参考基准的名称，参考基准的位置、类型和放置方式等。

将几何公差添加到工程图中的一般步骤是：

(1)单击菜单命令“插入”/“几何公差”，弹出“几何公差”对话框，如图 11.25 所示。

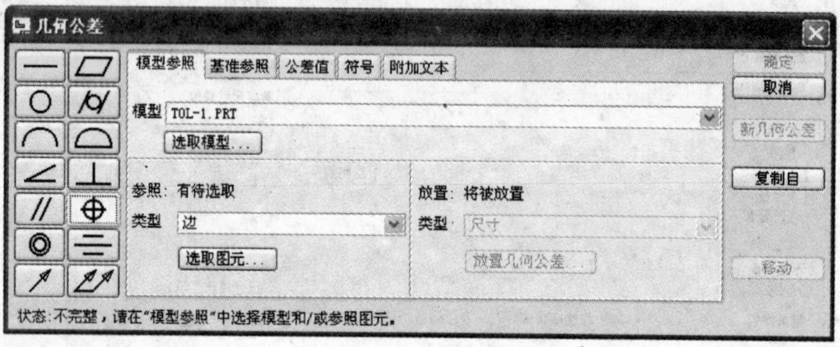

图 11.25 “几何公差”对话框

(2)在对话框中选择要创建的公差类型，如直线度、平面度等。

(3)在“模型参照”选项卡中选择要进行标注公差的模型，一般默认为当前工程图所用的模型。

(4)在“参照”框中选择参照对象的类型并定义公差的参照图元(要为其定义公差的对象)，在“放置”框中选择公差的放置方式并选择放置公差的参考对象。

(5)选择“基准参照”选项卡，对需要选择基准参照的公差标注选择参照基准。

(6)选择“公差值”选项卡，为尺寸设置公差值，同时可注明材料条件。

(7)选择“符号”选项卡，为公差选择符号，如“直径符号”、“统计公差”、“自由状态”，单击“确定”按钮完成。

3）添加注释

为了更加详细地说明一些信息，需要在视图中添加必要的注释和文本。

(1)制作注释。创建注释的基本步骤如下：

①单击菜单命令“插入”/“注释”，弹出如图11.26所示的“菜单管理器”对话框，从中选择注释类型、注释内容的输入方法、注释的放置方向、指引线的形式、注释文本与所选位置点的关系、注释的样式等。

②单击“注释类型”菜单管理器中的“制作注释”，弹出“获得点”菜单管理器，通过该菜单管理器选择相应的图元或输入坐标，可确定注释的位置。

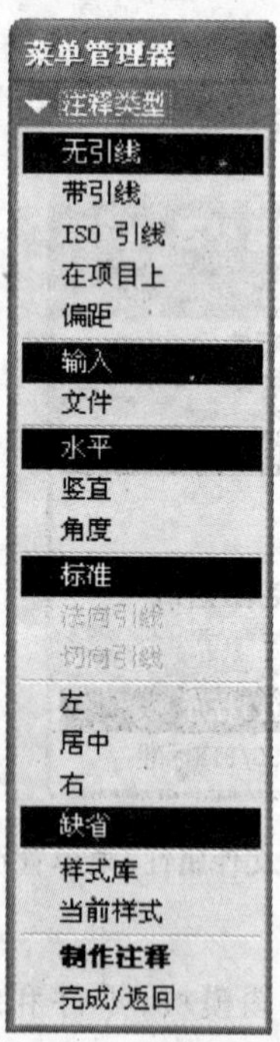

图 11.26 菜单管理器

③在信息栏提示框中输入要添加的注释。完成一行的输入后，

按 Enter 键确定，信息栏会变成空白，如果要继续添加，则在空白处输入；如果要结束，只需按 Enter 键即可。

一些特殊信息可采用如下方法输入：

①输入“&todays_date”可以自动增加日期的注释。

②输入“&scale”可以自动添加当前中图的比例。

③输入“&dwg_name”可以添加当前视图的名称。

另外，还可以通过屏幕上的“文本符号”对话框为注释输入特殊符号。

如果在前面创建注释的第①步中选择了“带引线”类型的注释，则会弹出“依附类型”菜单管理器，从中可以选择指引线的指引对象类型、指引箭头形状等。

(2)创建球标注释。创建球标注释的操作步骤如下：

①选择菜单命令“插入”/“球标”。

②在弹出的“注释类型”菜单管理器中选择注释类型，然后单击“制作注释”按钮。

③为球标选取注释的位置(如注释类型为“带引线”型，则需先输入要指引的对象)。

④输入注释文本。

(3)注释的编辑。我们可以对注释进行剪切、复制、粘贴、移动等操作。一般先选中要编辑的注释，然后执行菜单命令“编辑”/“剪切”、“复制”或“粘贴”。也可先选中注释，然后用鼠标拖动注释上的相关对象，完成对注释的移动，还可以先选中注释，然后单击鼠标右键，利用弹出菜单对注释进行其他的编辑。

4）标注表面粗糙度

在机械制造过程中，对机械零件表面的加工均会有详细的要求，以控制加工的质量。而这种要求在工程图上是以表面粗糙度符号表示。在工程图模块中创建表面粗糙度的一般操作过程如下：

(1)选择菜单命令“插入”/“表面光洁度”。

(2)在出现的“得到符号”菜单管理器中选择“检索”选项。

(3)系统弹出“打开”对话框，在对话框中双击“machined”目录，并选择该目录下的“standard. sym”，单击对话框中的“打开”按钮。

(4)在“实例依附”菜单管理器中选取附着类型，在工程图中选择要标注粗糙度的图元。选取“法向”方式时，如果参照图元为实体上的图元，则系统会自动将粗糙度符号标注在材料的外侧，如果参照图元为交互绘制的草绘图元，则系统会提示用户选择粗糙度符号所在的一侧。

(5)系统提示“输入 roughness_height 的值”，输入相应的表面粗糙度值即可完成一个符号的标注。

(6)循环第④步和第⑤步，直至完成所需的表面粗糙度符号的标注。

5）创建与编辑表格

在工程图中完成了各种视图的创建、尺寸的标注、注释及公差的创建后，常常还需要创建标题栏和明细栏，用于记录零件或组件的名称、制图者、校核者、绘图的比例、零件或组件的重量、图纸共几张等，还可以用于显示材料清单等信息。为表达工程图中的上述信息，常需要创建一些表格，表格中可包含一些文本。

(1)表格的创建。创建表格的步骤如下：

①单击菜单命令“表”/“插入”/“表”，弹出“创建表”菜单管理器。

②在视图区"插入"选择表格左上角的"插入"进入位置放置。

③为表格的列选择宽度，定义完所有的列宽后，单击鼠标中键或选择"创建表"菜单管理器上的"完成"结束。

④为表格的行选择宽度，定义完所有的行宽后，单击鼠标中键或选择"创建表"菜单管理器上的"完成"结束。

定义表格的列宽和行宽有两种方式：按字符数和按长度方式。

(2)表格的编辑。对表格可以执行如下操作：

①插入行/列。如果要在表格中插入行或列，执行菜单命令"表"/"插入"/"行"/"列"，在表格中某行水平线或某列竖直线处点击，确定插入位置。

②合并单元格。如果要合并单元格，可以按住 Ctrl 键，选中要合并的单元格，选择菜单命令"表" / "合并单元格"，完成对单元格的合并。

③删除行或列。要删除行或列，首先要选中该行或该列的一个单元格，然后选中要删除的行或列，再删除即可。

④移动表格。首先选中要移动的表格，然后拖动表格到要移动的位置即可。

⑤保存表格。表格创建好以后，可以给其他的工程图使用，这时可以将表格保存起来。具体操作是：选择要保存的表格，选择菜单命令"表"/"插入"/"表来自文件"，弹出"保存绘图表"对话框，选择要保存表的位置和名称后，对表进行保存。

⑥打开表格。要打开已经保存的表格，可选择菜单命令"表"/"插入"/"表来自文件"。

⑦编辑单元格的高度和宽度。选中要编辑的单元格，然后单击右键，选择菜单命令"高度和宽度"或选择菜单命令"表"/"高度和宽度"对表格进行编辑。

(3)添加和编辑文字。要在表格中添加文字，可以通过以下操作实现：

①双击单元格，或在弹出的快捷菜单中选择"属性"命令，弹出"注释属性"对话框。

②在文本窗口中输入要编辑的文字。

③如需编辑文字的格式，可以通过"文本样式"选项卡来编辑。

11.2 项目实例 11(支架 2)操作分析

11.2.1 图形分析

支架 2 工程图如图 11.27 所示。由图可以看出，此图由 4 个视图组成。为保证主视图、左视图、俯视图间的投影关系，应把主视图作为第一个视图，另两个视图创建为主视图的投影视图。右下角视图为支架 2 的轴测图，只能作为一般视图。本实例的关键是分析 4 个视图的关系，把主视图建立为第一个视图。

11.2.2 实体创建步骤

(1)按照中国制图规范，修改工程图配置文件。

单击菜单命令"工具"/"选项"，在"drawing_setup_file"关键词后指定 CNS-China.dtl 的位置。

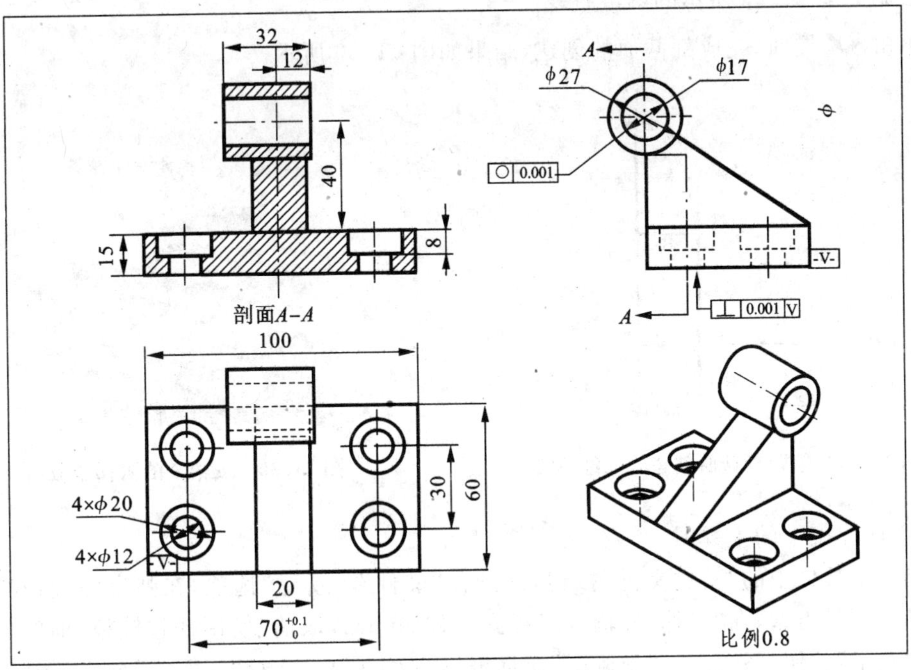

图 11.27　支架 2 工程图

(2)在支架 2 零件三维模型中创建主视图阶梯剖截面。

①单击工具栏中的打开文件按钮,或单击菜单命令"文件"/"打开",由源文件第 11 章中选取零件 zhijia2.prt。

②在支架 2 零件三维模型中以"偏距"方式创建主视图阶梯剖截面。

单击工具栏中的视图管理器按钮,在弹出的"视图管理器"对话框中选择"X 截面"页签,按"新建"按钮,输入剖面名称:A,再按 Enter 键,系统弹出"剖截面创建"菜单管理器。选择"偏距"选项后,按"完成"按钮,如图 11.28 所示。选基准平面 RIGHT 为草绘截面,选正向;选顶,选基准平面 TOP 作为视图参照,进入草绘模式。

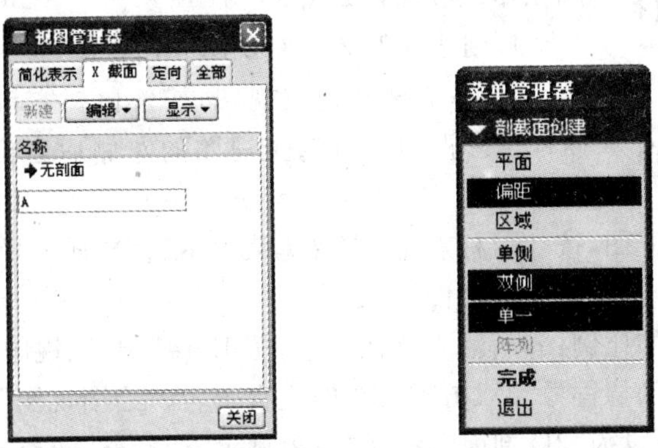

图 11.28　剖截面创建视图管理器和菜单管理器

③选"草绘"下拉菜单下的"参照"选项,增加 ϕ27 孔和底板阶梯孔轴线 A_6 作为草绘参照。

④绘制如图 11.29 所示的两段直线。

⑤单击 ✔ 按钮，完成剖截面的创建，结果如图 11.30 所示。

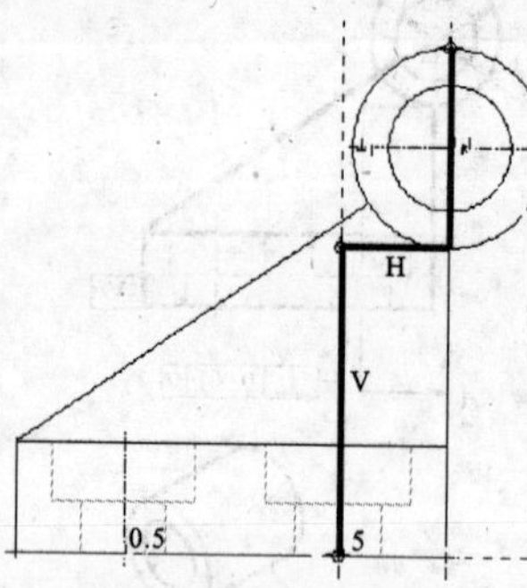

图 11.29　偏距剖截面创建的二维草绘

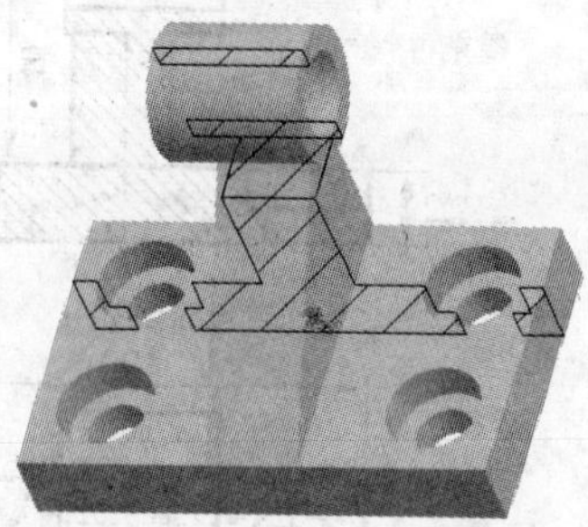

图 11.30　支架 2 的阶梯剖截面

(3)创建支架 2 的主视图。

①单击工具栏中的“新建文件”按钮，或选择“文件”/“新建”选项，在弹出的“新建”对话框中选择“绘图”类型，在“名称”栏输入工程图名称 zhijia2，取消“使用缺省模板”前的勾选记号，单击“确定”按钮，系统进入“新制图”对话框。“指定模板”选择“空”，“方向”选择“横向”，“大小”选择“A4”，单击“确定”按钮。

②按工具栏“创建一般视图” 按钮，在图面左上角适当位置点选主视图的位置，出现支架 2 零件的立体图。

③在“绘图视图”对话框中，“视图方向”选择“查看来自模型的名称”，“模型视图名”选视图名称：FRONT。

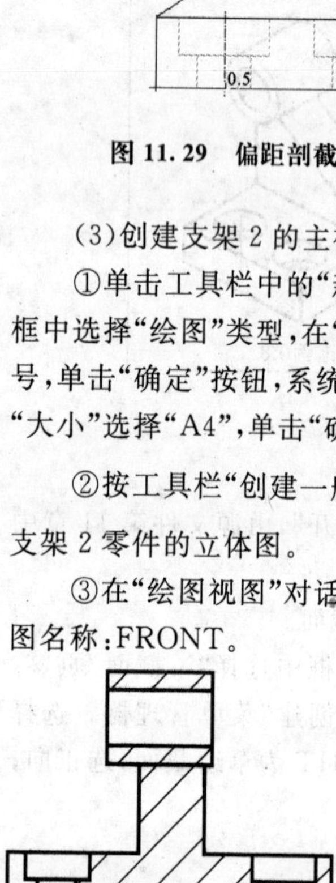

图 11.31　支架 2 的主视图

④在“绘图视图”对话框中将“类别”设为“剖面”，将“剖面选项”设为“2D 剖面”，按“加入剖截面” 按钮，剖截面 A 自动被选取。确定“剖切区域”为“完全”，按“应用”、“关闭”按钮，即创建出全剖的主视图，如图 11.31 所示。

(4)创建支架 2 的左视图和俯视图。

①选取支架 2 的主视图，按住鼠标右键，由快捷菜单中选取“插入投影视图”，点选主视图的左侧适当位置，即产生支架 2 的左视图。

②选取支架 2 的主视图，按住鼠标右键，由快捷菜单中选取“插入投影视图”，点选主视图的下部适当位置，即产生支架 2 的俯视图。

③双击图面左下角的比例：0.5；输入比例：1.0；按 Enter 键，三视图变大。

④增加左视图上的剖切符号。双击支架 2 的主视图，在“绘图视图”对话框中将“类别”设为“剖面”，将“剖面选项”设为“2D 剖面”，激活“箭头显示”选择框，选择左视图，单击“确定”按钮，左视图即显示剖切符号。

⑤单击“锁定视图移动” 按钮，使之弹起，用鼠标左键移动三视图至合适的位置，如图 11.32 所示。

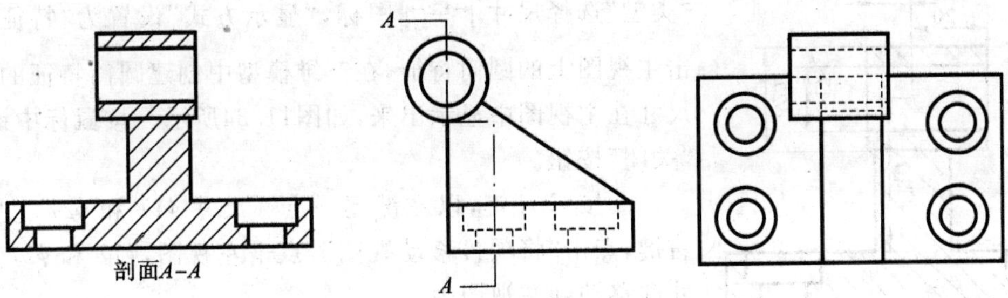

图 11.32　支架 2 的三视图

(5)创建支架 2 的轴测图。

①按工具栏“创建一般视图” 按钮，在图面右下角适当位置点选轴测图的位置，出现支架 2 零件的立体图。

②在“绘图视图”对话框中，“视图方向”选择“角度”，“旋转参照”选择“边/轴”，点选支架 2 底板的竖直棱，在角度值输入－30°，单击“应用”按钮。再一次“旋转参照”选择“边/轴”，点选支架 2 底板的水平棱，在角度值输入－20°，单击“应用”按钮。

③在“绘图视图”对话框中，将“类别”设为“比例”，点选“定制比例”后输入轴测图的比例:0.8。将“类别”设为“视图显示”，“显示线型”设为无隐藏线，点击“确定”按钮。如图 11.33 所示。

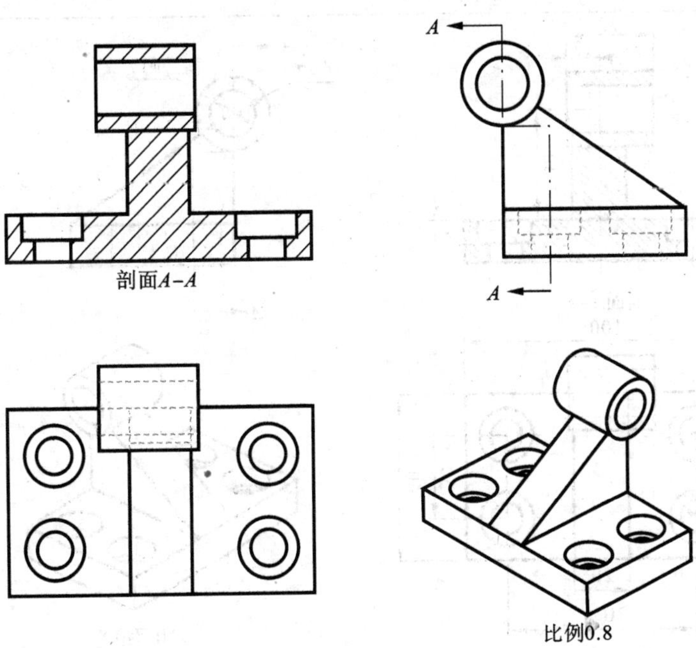

图 11.33　支架 2 的三视图和轴测图

(6)标注尺寸。

①点击工具栏上的“显示/拭除” 按钮，弹出“显示/拭除”对话框，按下“显示”按钮，

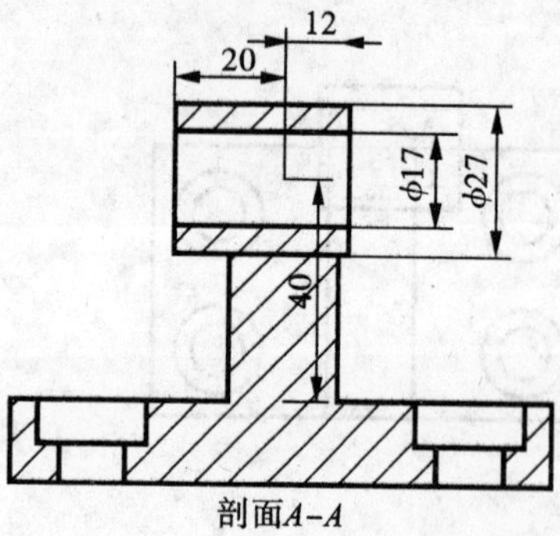

图 11.34 圆筒特征的尺寸标注

“类型”选择尺寸图标，“显示方式”设置为“特征”，单击主视图上的圆筒特征，在三维模型中创建圆筒特征的 5 个尺寸在主视图中显示出来，如图11.34所示。按鼠标中键，按“关闭”按钮。

②按 Ctrl 键，以左键逐一点选尺寸 $\phi17$ 和 $\phi27$，按鼠标右键，点击“将项目移动视图”，点击左视图，$\phi17$ 和 $\phi27$ 两尺寸即移动到左视图中。

③移动除 20 外的 4 个尺寸，将 4 个尺寸移动到适当的位置。

④选择尺寸 20，按鼠标右键，点击“拭除”按钮，使尺寸 20 不显示。单击工具栏上的按钮，在弹出“依附类型”菜单管理器中选择“图元上”，单击圆筒特征左、右端面的轮廓线，在适当位置按鼠标右键，手工标注出圆筒特征的长度尺寸 32。

⑤用同样的方法标注出支架 2 的底板特征、筋特征、阶梯孔特征的尺寸。

⑥设置参数“tol_display”为 yes，以左键点选尺寸 70，按鼠标右键，点击“属性”项，系统弹出“尺寸属性”对话框，“公差模式”选择“加一减”，“上公差”输入 0.01，“下公差”输入 0。按住 Ctrl 键，以左键逐一点选除 70 外的尺寸，按鼠标右键，点击“属性”项，系统弹出“尺寸属性”对话框，“公差模式”选择“象征”，即完成公差尺寸的标注，如图 11.35 所示。

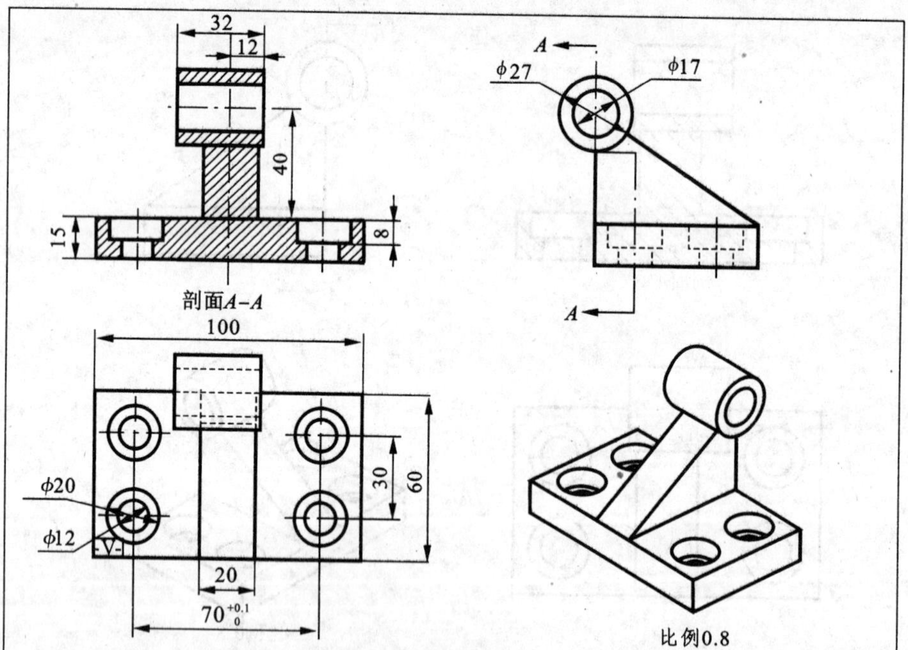

图 11.35 在支架 2 视图上标注尺寸

(7)几何公差标注。

①定义基准平面 V。单击右工具栏，创建“基准平面”按钮，系统弹出“基准”对话

框，如图11.36所示，“名称”输入 V，单击“在曲面上”按钮，在左视图中选择支架 2 底板前侧面轮廓线，按“创建几何公差基准平面” -A- 按钮，按“确定”按钮，即完成基准平面 V 的创建，在左视图和俯视图上显示出“基准平面” -V- 符号。

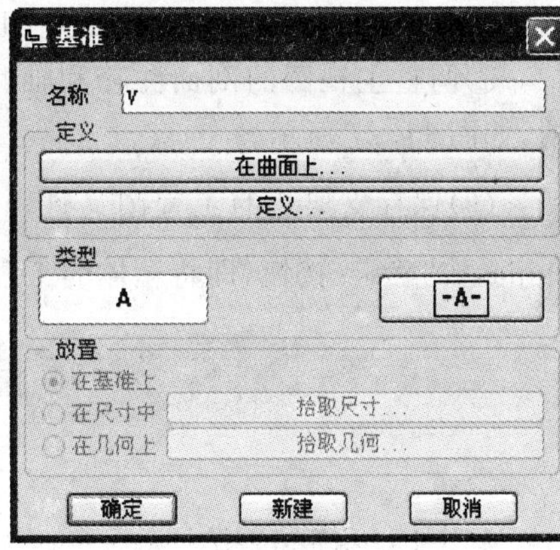

图 11.36　创建几何公差基准平面

②左视图上垂直度公差的标注。单击菜单命令“插入”/“几何公差”或按工具栏“几何公差” 1M 图标，在弹出的“几何公差”对话框中选择几何公差类型：⊥，在“模型参照”页签下，“类型”选择：曲面，选取左视图底板底面的轮廓线；“放置类型”选择：法向引线，在左视图底板底面的轮廓线上、阶梯孔附近单击选择法向引线的起点，在左视图下方选择适当位置放置几何公差。在“基准参照”页签下，“首要”、“基本”选择基准平面：V。在“公差值”页签下，“总公差”输入 0.001，点击“确定”按钮，结果如图 11.37 所示。

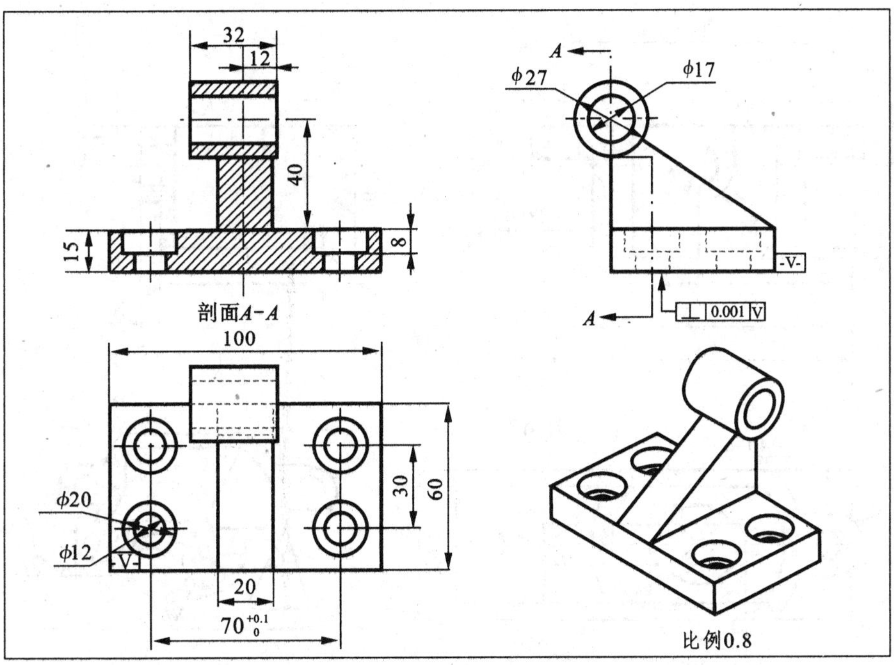

图 11.37　创建垂直度公差

③用同样的方法完成左视图上位置度公差的标注。

(8)视图中各圆孔中心轴的显示。

①点击工具栏上的“显示/拭除”按钮，弹出“显示/拭除”对话框，按下“显示”按钮，“类型”选择轴线 ----A_1 图标，“显示方式”设置为“特征”，鼠标左键单击上部圆筒，4 个视图上圆筒的轴线同时显示。

③用同样的方法，可显示出视图底板上 4 个阶梯孔的中心线。

③调整主视图的剖面注释和轴测图上的比例注释至适当位置，最后得到支架 2 的工程图，如图 11.27 所示。

(9)保存支架 2 的工程图文件。按工具栏“保存文件”的按钮，默认的文件名称为：zhijia，按“确定”按钮，即将箱体的工程图文件 zhijia. drw 保存到工作目录中。

11.3 项目实例 12(箱体)操作分析

11.3.1 图形分析

箱体图形如图 11.38 所示。由图可以看出，此图由 4 个视图组成。为保证主视图、左视图、俯视图间的投影关系，应把主视图作为第一个视图，另外两个视图创建为主视图的投影视图。右下角视图为箱体的轴测图，只能建立为一般视图。本实例的关键是各种剖视图的灵活运用，4 个视图皆为剖视图，其中主视图、俯视图为半剖视图，左视图为局部剖视图，而轴测图为 3D 剖视图。

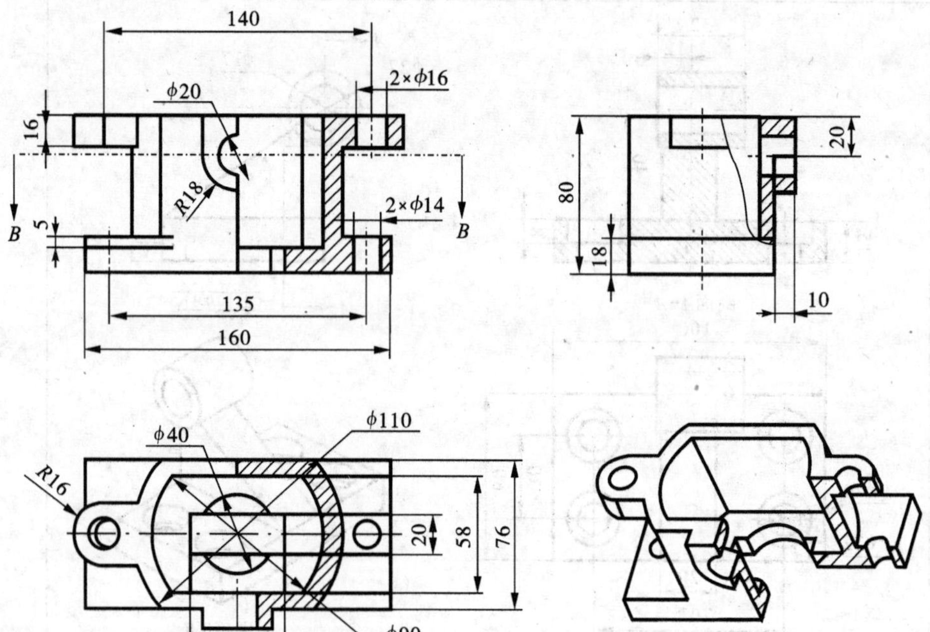

图 11.38 箱体工程图

11.3.2 实体创建步骤

(1)按照中国制图规范，修改工程图配置文件。单击菜单命令“工具”/“选项”，在“drawing_setup_file”关键词后指定 CNS-China. dtl 的位置。

(2)在箱体零件三维模型中创建主视图阶梯剖截面。

①单击工具栏中的打开文件按钮，或选取“文件”/“打开”选项，由文件夹 ch11 选取箱体零件 xiangti_13. prt。

②在箱体零件的三维模型中创建各视图的剖截面。

• 创建主视图的前后对称剖截面。单击工具栏中的“视图管理器”按钮，在弹出的“视图管理器”对话框中选择“X 截面”页签，按“新建”按钮，输入剖面名称：C，再按 Enter 键，系统弹出“剖截面创建”菜单管理器。选“平面”、“单一”选项后，按“完成”按钮，选择基准平面 FRONT 为剖截面，结果如图 11. 39 所示。

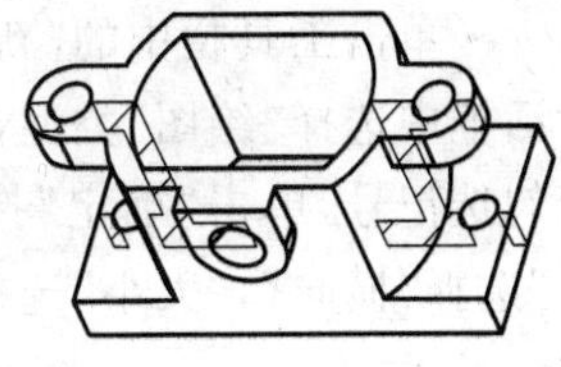

图 11. 39　箱体主视图剖截面

• 用同样的方法创建箱体的水平剖截面 B 和左右对称剖截面 A，结果如图 11. 40 所示。

图 11. 40　箱体的水平剖截面和左右对称剖面

• 创建箱体轴测图的 3D 剖截面。单击工具栏中的“视图管理器”按钮，在弹出的“视图管理器”对话框中选择“X 截面”页签，按“新建”按钮，输入剖面名称：D，再按 Enter 键，系统弹出“剖截面创建”菜单管理器。选择“区域”后，单击“完成”按钮，系统弹出“3D 剖截面创建”对话框，如图11. 41所示。

选择 FRONT 基准平面，单击按钮，调整箭头方向为基准平面 FRONT 的负向。

单击“关系或” OR 按钮，单击“增加基准参照平面”按钮，选择 RIGHT 基准平面，单击按钮，调整箭头方向为 RIGHT 基准平面的负向，单击按钮，完成 3D 剖截面的创建，结果如图 11. 42 所示。

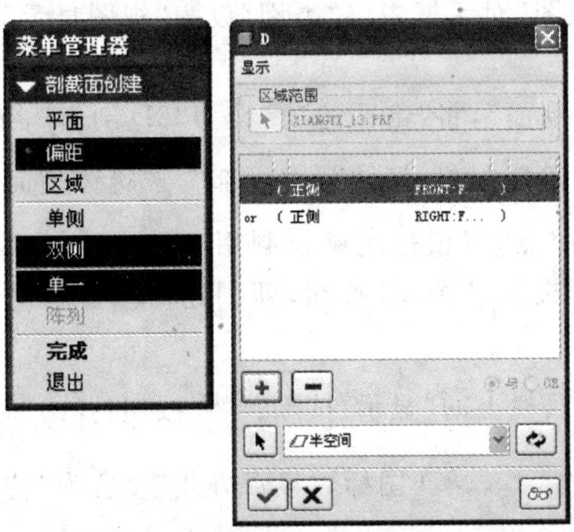

图 11. 41　箱体 3D 剖截面创建

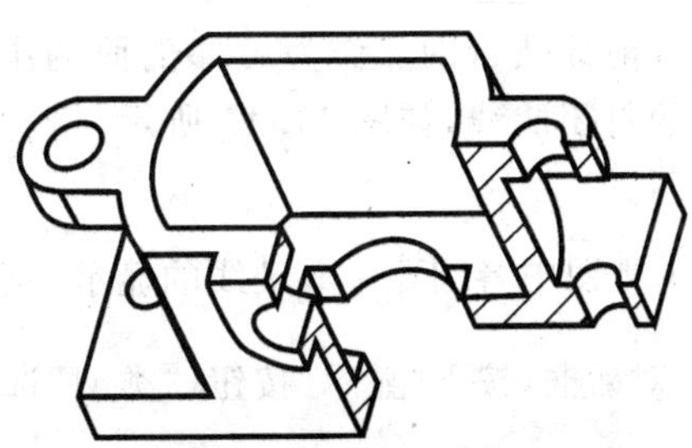

图 11. 42　箱体 3D 剖截面

(3)箱体零件的工程图建立。

①创建箱体的半剖主视图。

• 单击工具栏中的“新建文件”按钮，或选择菜单“文件”/“新建”选项，在弹出的“新建”对话框中选择“绘图”类型，在“名称”栏输入工程图名称 xiangti_13，取消“使用缺省模板”前的勾选记号，单击“确定”按钮，系统进入“新制图”对话框。“指定模板”选项选择“空”，“方向”选择“横向”，“大小”选择“A4”，单击“确定”按钮。

• 按工具栏“创建一般视图”按钮，在图面左上角适当位置点选主视图的位置，出现箱体零件的立体图。

• 在“绘图视图”对话框中，“视图方向”选项组选择“查看来自模型的名称”，“模型视图名”选框点选视图名称：FRONT。

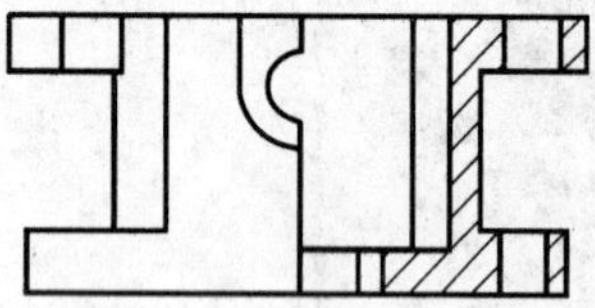

图 11.43　箱体的半剖主视图

• 在“绘图视图”对话框中将“类别”设为“剖面”，将“剖面选项”设为“2D 剖面”，按“加入剖截面”按钮，剖截面 C 自动被选取。确定“剖切区域”为“一半”，选 RIGHT 为参照平面，按“应用”、“关闭”按钮，即创建出箱体的半剖主视图，如图 11.43 所示。

②创建箱体的半剖俯视图。

• 选取支架 2 的主视图，按住鼠标右键，在快捷菜单中选取“插入投影视图”，点选主视图的下部适当位置，即产生支架 2 的俯视图。

• 双击刚创建的俯视图，在弹出的“绘图视图”对话框中，将“类别”设为“剖面”，将“剖面选项”设为“2D 剖面”，按“加入剖截面”按钮，剖截面 B 自动被选取。确定“剖切区域”为“一半”，选 RIGHT 为参照平面。激活“箭头显示”选择框，选择主视图，按“应用”、“关闭”按钮，即创建出箱体的半剖俯视图，如图 11.44 所示。

③创建箱体的局部剖左视图。

• 选取支架 2 的主视图，按住鼠标右键，由快捷菜单中选取“插入投影视图”，点选主视图的左侧适当位置，即产生支架 2 的左视图。

• 双击刚创建的左视图，在弹出的“绘图视图”对话框中将“类别”设为“视图显示”，“相切边显示样式”选择：无，按“应用”按钮。

• 在“绘图视图”对话框中将“类别”设为“剖面”，将“剖面选项”设为“2D 剖面”，按“加入剖截面”按钮，剖截面 A 自动被选取。确定“剖切区域”为“局部”，选箱体前面轮廓线靠近前部凸台的点作为局部剖面的中心参照点，以鼠标左键绘制用以界定局部剖视图范围的封闭曲线，如图 11.45 所示。按“应用”按钮、“关闭”按钮，即创建出箱体的局部剖左视图。

• 视图中各圆孔中心轴线的显示。点击工具栏上的“显示/拭除”按钮，弹出“显示/拭除”对话框，按下“显示”按钮，“类型”选择轴线 -----A_1 图标，“显示方式”设置为“特征”，鼠标左键单击上部圆孔，3 个视图上部圆孔的轴线同时显示。鼠标左键单击底板圆孔，3 个视图上底板圆孔的轴线同时显示。

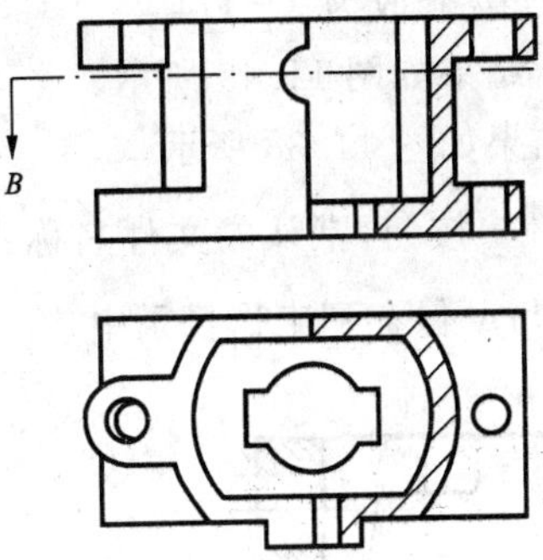

图 11.44　箱体的主视图和俯视图

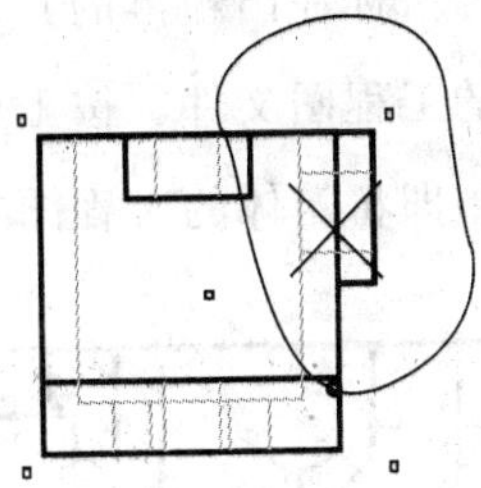

图 11.45　绘制局部剖视图的封闭曲线

• 单击“锁定视图移动”按钮，使之弹起，用鼠标左键移动 3 个视图至合适的位置，结果如图 11.46 所示。

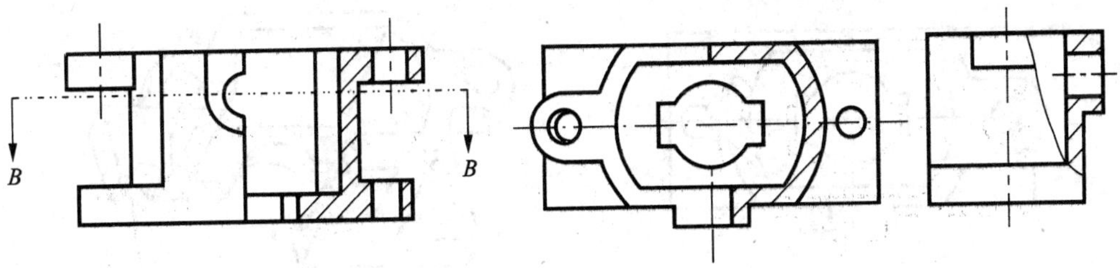

图 11.46　箱体零件的三视图

④创建箱体的轴测图。

• 按工具栏，“创建一般视图”按钮，在图面右下角适当位置点选轴测图的位置，出现箱体零件的立体图。

• 在“绘图视图”对话框中，“视图方向”选项组选择“查看来自模型的名称”，“模型视图名”选框点选视图名称：标准方向，点击“应用”按钮。

• 在“绘图视图”对话框中，将“类别”设为“剖面”，将“剖面选项”设为“3D 剖面”，系统会自动选择在三维模型中创建的 3D 剖截面：D，选择“显示剖面线”选项，依次单击“应用”和“关闭”按钮，结果如图 11.47 所示。

⑤标注尺寸。

• 点击工具栏上的“显示/拭除”按钮，弹出“显示/拭除”对话框，按下“显示”按钮，“类型”选择尺寸图标，“显示方式”设置为“特征”，

单击俯视图上的底板、底板圆孔特征，在三维模型中创建底板、底板圆孔特征的 5 个尺寸在主视图和俯视图中显示出来，如图 11.48 所示。按鼠标中键，按“关闭”按钮。

• 按住 Ctrl 键，以左键逐一点选尺寸 $\phi14$ 和 135、160，按鼠标右键，点击“将项目移动视图”，点击主视图，$\phi14$ 和 135、160 三尺寸即移动到主视图中。左键点选尺寸 18，按鼠标右键，点击“将项目移动视图”，点击左视图，尺寸 18 即移动到左视图中。

• 点选尺寸 $\phi14$，按鼠标右键，点击“属性”，在弹出的“尺寸属性”对话框中按“尺寸文本”

页签，在“前缀”框中输入：2－按“确定”按钮，即将尺寸 $\phi 14$ 修改为 2－$\phi 14$。

- 移动 5 个尺寸，将 5 个尺寸移动到适当的位置。结果如图 11.49 所示。
- 用同样的方法标注出箱体的其余特征的尺寸，结果如图 11.38 所示。

⑥保存箱体的工程图文件。按工具栏“保存文件”按钮，默认的文件名称为：xiangti_13，按“确定”按钮，即将箱体的工程图文件 xiangti_13.drw 保存到工作目录中。

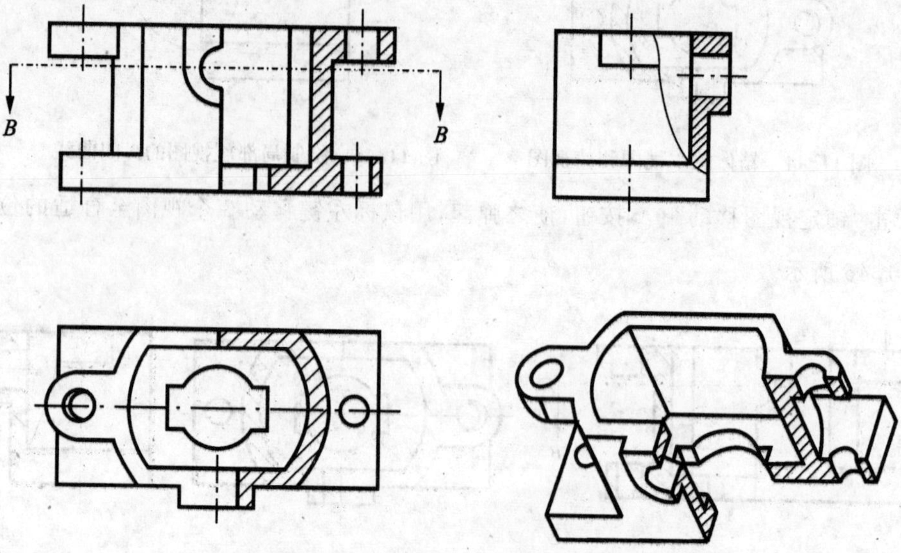

图 11.47　箱体零件的三视图和轴测图

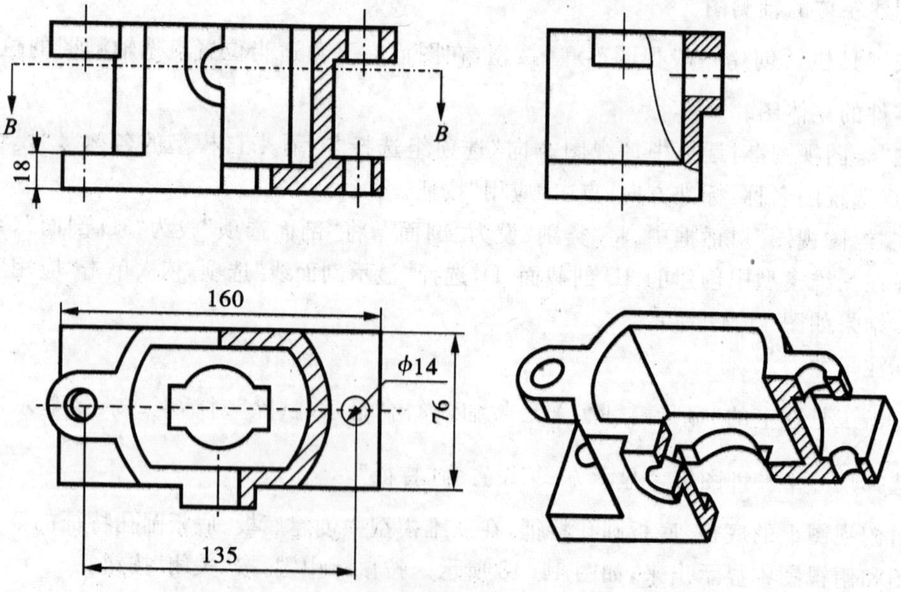

图 11.48　箱体底板和其上圆孔的尺寸显示

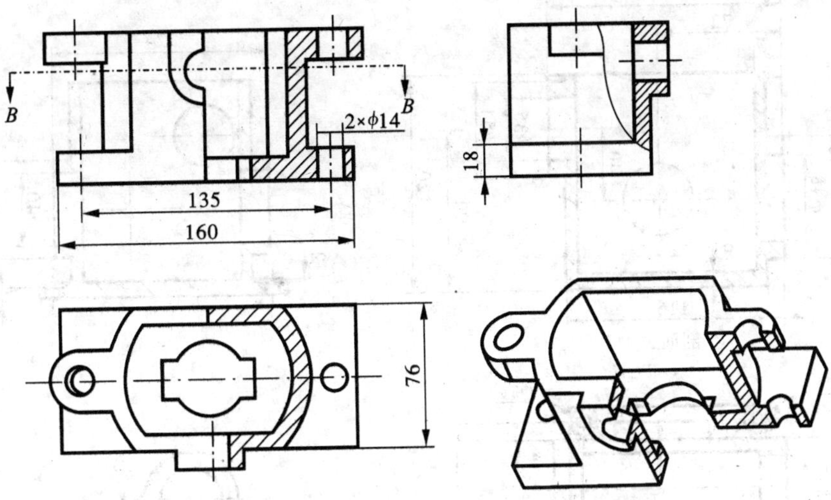

图 11.49　箱体底板和其上圆孔的尺寸编辑

11.4　项目总结

通过本项目的学习，可以非常熟练地掌握以下重要内容：

(1)能理解工程图环境设置的概念，并能根据国家制图规范进行工程图环境设置。

(2)能在工程图中创建一般视图、投影视图、辅助视图、详细视图和剖面视图等。

(3)能在工程图中进行尺寸公差的标注。

(4)能熟练应用视图、尺寸公差标注的编辑工具。

11.5　项目拓展

11.5.1　项目拓展一

1）特征分析

图 11.50 为箱体的工程图范例。该箱体的工程图包括 4 个视图：阶梯剖主视图，阶梯剖左视图，局部剖俯视图和局部左视图。3 个剖视图按照项目实例 12、13 的方法已能创建。而 *C* 向局部视图是为了突出表达箱体左边的凸缘结构，按制图规范规定，因局部结构完整，其局部视图的波浪线可省略不画，因此可以用“剖面”类别的“特定面的视图”工具实现。

2）重要步骤

(1)按照中国制图规范，修改工程图配置文件。单击菜单命令“工具”/“选项”，在“drawing_setup_file”关键词后指定 CNS-China. dtl 的位置。

(2)在箱体零件三维模型中利用“偏距”方式创建主视图阶梯剖截面 *A*，左视图阶梯剖截面，利用单一“平面”方式创建俯视图单一剖截面。

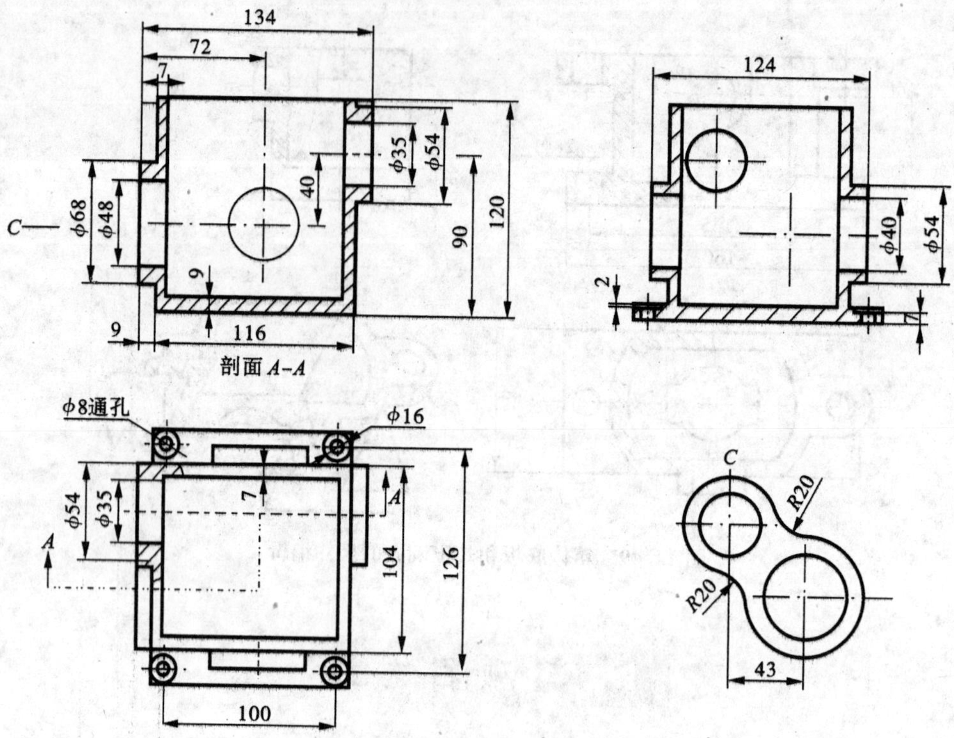

图 11.50　箱体的工程图

(3)创建箱体的阶梯剖主视图,“视图类型”为一般视图,“剖面”为 2D 截面。

(4)以刚创建的主视图为父视图,创建箱体的阶梯剖左视图,“视图类型”为投影视图,“剖面”为 2D 截面。

(5)以刚创建的主视图为父视图,创建箱体的阶梯剖左视图,“视图类型”为投影视图,“剖面”为 2D 截面。

(6)创建 C 向局部视图。

①按工具栏“创建一般视图”按钮,在图面左上角适当位置点选主视图的位置,出现箱体零件的立体图。

②在“绘图视图”对话框中,“视图方向”选项组选择“查看来自模型的名称”,“模型视图名”选框点选视图名称:LEFT。

③在“绘图视图”对话框中,将“类别”设为“剖面”,将“剖面选项”设为“单个零件曲面”,点选箱体的左侧凸缘端面,即产生不带波浪线的 C 向局部视图,结果如图 11.51 所示。

(7)视图中各圆孔中心轴的显示。点击工具栏上的“显示/拭除”按钮,弹出“显示/拭除”对话框,按下“显示”按钮,“类型”选择轴线图标,“显示方式”设置为“视图”,鼠标左键分别单击 4 个视图,按鼠标中键,4 个视图上的轴线逐一显示出来。

(8)标注尺寸点击工具栏上的“显示/拭除”按钮,弹出“显示/拭除”对话框,按下“显示”按钮,“类型”选择尺寸图标,“显示方式”设置为“特征”,逐一点选箱体的各个特征,按鼠标中键,即可标注出各特征的尺寸,最后的结果如图 11.50 所示。

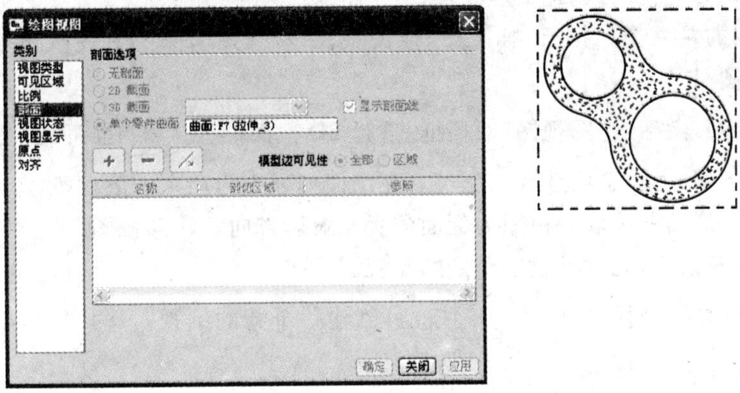

图 11.51 创建 C 向局部视图

11.5.2 项目拓展二

1）特征分析

图 11.52 为项目拓展二图例，图中的 3 个视图都是剖视图，主视图、俯视图为半剖视图；为表达左视图底板上的孔的结构，需在左视图的全剖视图中再做一个局部剖视，这种剖视的方法称做“剖中剖”。采用这种表达方法时，两个剖面的剖面线应该同方向、同间隔，但要相互错开，并用引出线标注左视图为剖中剖视图。

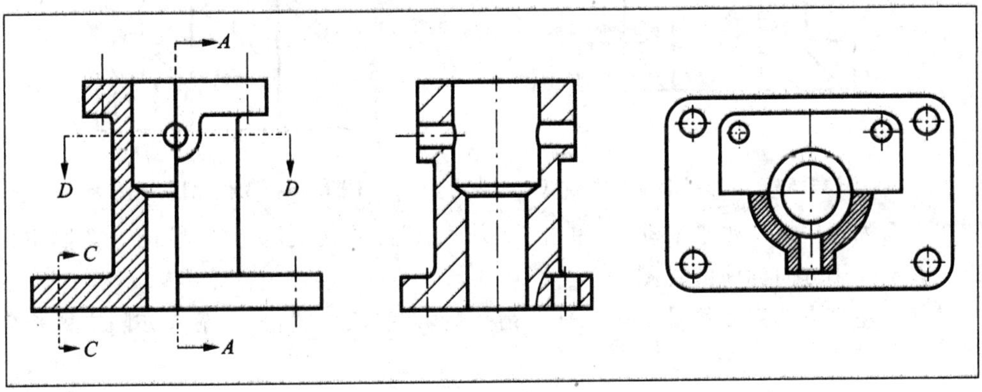

图 11.52 项目拓展二图例

2）重要步骤

(1)按照中国制图规范，修改工程图配置文件。单击菜单命令“工具”/“选项”，在“drawing_setup_file”关键词后指定 CNS-China.dtl 的位置。

(2)在支座零件三维模型中利用单一“平面”方式创建主视图剖截面 *B*，俯视图剖截面 *D*，左视图剖截面 *A* 和 *C*。

(3)新建一个绘图，模型选用上面第(2)步打开的模型，“指定模板”选择“空”。创建支座零件的半剖主视图，“视图类型”为一般视图，“剖面”为 2D 截面，“剖切区域”为“一半”。

(4)以刚创建的主视图为父视图，创建支座零件的半剖俯视图，“视图类型”为投影视图，“剖面”为 2D 截面。

(5)以主视图为父视图,创建支座零件的左视图。步骤如下:

①创建全剖的左视图。执行"插入"/"绘图视图"/"投影"命令,在主视图右边适当位置单击,建立左视图。

②双击左视图,激活"绘图视图"对话框,选择2D截面,点击 + 按钮,创建一新的剖视,选择剖面A。"剖切区域"选项选择"完全"。在剖面列表中拖动水平滚动条,单击"箭头显示"视图收集器,并在绘图上选取主视图为剖面位置及投影方向标注的视图。

③点击"应用"按钮,此时可建立全剖的左视图。

④点击"绘图视图"对话框中的 + 按钮,创建一个新的剖视。选择剖面C作为其剖切平面,"剖切区域"选项选择"局部"。

⑤系统提示"选取截面间断的中心点",在左视图右下角底板孔位置处选择一点。

⑥草绘样条定义局部剖视图的边界(见图11.53),点击"确定"按钮,得到如图11.54所示的剖中剖左视图。

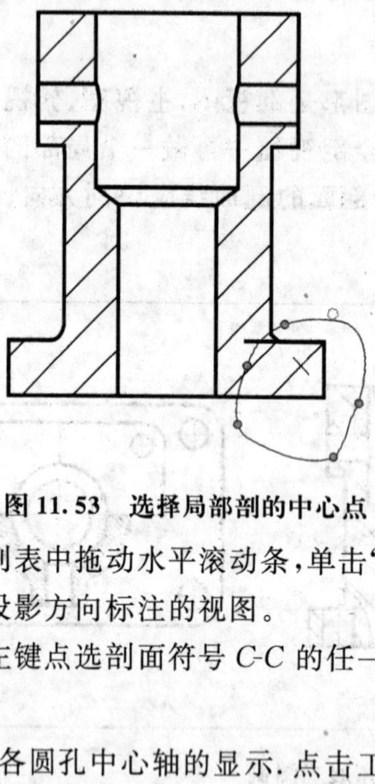

图11.53　选择局部剖的中心点

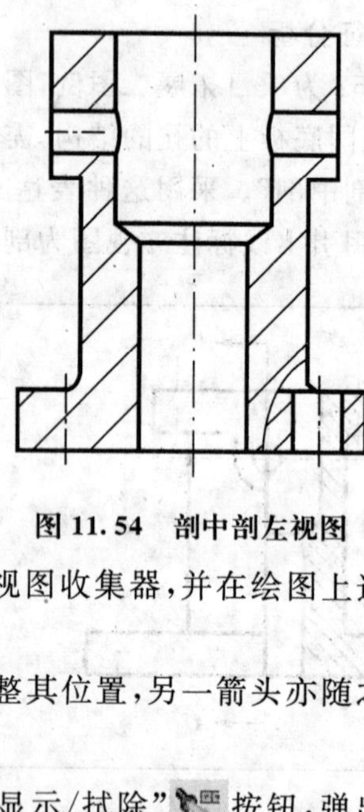

图11.54　剖中剖左视图

⑦在剖面列表中拖动水平滚动条,单击"箭头显示"视图收集器,并在绘图上选取主视图为剖面位置及投影方向标注的视图。

⑧以鼠标左键点选剖面符号C-C的任一箭头后,调整其位置,另一箭头亦随之做相应的调整。

(6)视图中各圆孔中心轴的显示.点击工具栏上的"显示/拭除"按钮,弹出"显示/拭除"对话框,按下"显示"按钮,"类型"选择轴线 ----A_1 图标,"显示方式"设置为"视图",鼠标左键分别单击3个视图,按鼠标中键,3个视图上的轴线逐一显示出来,最终结果如图11.52所示。

11.5.3　项目拓展三

1）特征分析

项目拓展三图例如图11.55所示,拨叉工程图中的两个视图皆为剖视图,俯视图为局部剖视图;而主视图的剖切面为两相交平面,为旋转剖视图,因此,可以由"剖切区域"中的"全部(对齐)"选项来实现。但旋转剖视图的相交剖切面通过拨叉的纵向加强筋,按照制图规范规定，加强筋不画剖面线，而用粗实线将其与邻接部分分开。为去除加强筋部分的剖面符号，须将 Pro/E 工程图导入到 AutoCAD 进行处理。

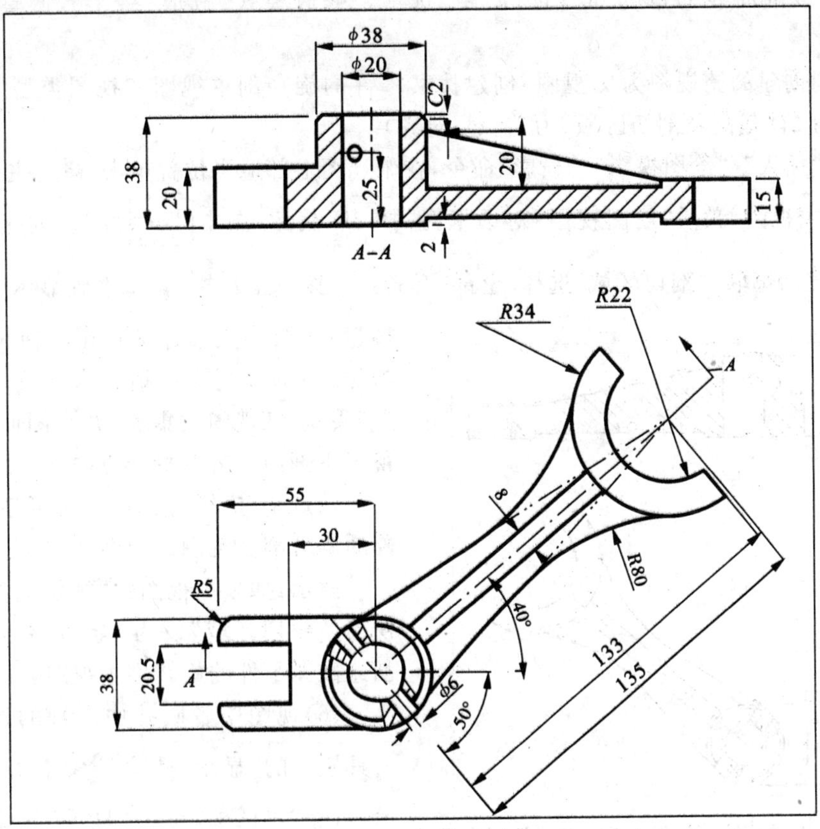

图 11.55 拨叉工程图

2）重要步骤

(1)按照中国制图规范，修改工程图配置文件。单击菜单命令“工具”/“选项”，在“drawing_setup_file”关键词后指定 CNS-China. dtl 的位置。

(2)在拨叉零件三维模型中利用“偏距”方式创建主视图旋转剖截面 A，利用单一“平面”方式创建俯视图局部剖的单一剖截面 B。

(3)新建一个绘图，模型选用上面第(2)步打开的模型，“指定模板”选择“空”。

(4)创建拨叉的局部剖俯视图，步骤如下：

①选取“插入”/“绘图视图”/“一般”命令，在 A4 图面下部适当位置单击，出现拨叉箱体零件的立体图。

②在“绘图视图”对话框中，“视图方向”选项组选择“查看来自模型的名称”，“模型视图名”选框点选视图名称：TOP。

③在“绘图视图”对话框中，将“类别”设为“剖面”，将“剖面选项”设为“2D 剖面”，按“加入剖截面” + 按钮，选取剖截面 B。确定“剖切区域”为“局部”，在 $\phi6$ 通孔投影素线上选择一点作为局部剖的中心，以鼠标左键围绕该点连续选点，按鼠标中键结束样条轮廓曲线的绘制。按“应用”按钮、“关闭”按钮，即创建出拨叉零件的局部剖俯视图。

④因拨叉零件的两特征成 40°的夹角，而剖面线与水平线夹角一般成 45°，须修改局部剖俯视图的剖面线。双击局部剖俯视图的剖面线，在出现的“修改剖面线”命令菜单中选择“角度”选项，选取剖面线的角度 60°；选“间距”选项，“修改模式”选取“一半”，调整剖面线的间距。

(5)以刚创建的俯视图为父视图，创建拨叉零件的旋转剖主视图，“视图类型”为投影视图，“剖面”为 2D 截面，“剖切区域”为“全部(对齐)”。

①选取“插入”/“绘图视图”/“投影”命令，在俯视图上部适当位置单击，建立主视图。

②双击主视图，激活“绘图视图”对话框，选择 2D 截面，点击 + 按钮，创建一新的剖视，剖面 A 自动选取，“剖切区域”选择“全部(对齐)”。按下工具栏的“基准轴显示开关”按钮，在图面上选择 $\phi 20$ 孔的轴线 A1 作为参照，在剖面列表中拖动水平滚动条，单击“箭头显示”视图收集器，并在图面上选取俯视图为剖面位置及投影方向标注的视图。

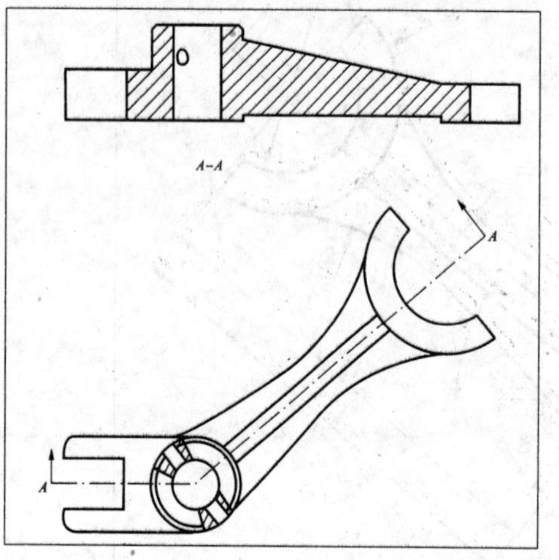

图 11.56　拨叉零件的旋转剖主视图和局部剖俯视图

③点击“应用”按钮，此时可建立拨叉零件的旋转剖主视图。视图如图 11.56 所示。

提示：如果主视图的“视图类型”为一般视图，“剖切区域”设为“全部(展开)”，也可创建拨叉零件的旋转剖主视图。

(6)视图中各圆孔中心轴的显示. 点击工具栏上的“显示/拭除”按钮，弹出“显示/拭除”对话框，按下“显示”按钮，“类型”选择轴线 ----A_1 图标，“显示方式”设置为“视图”，鼠标左键分别单击 2 个视图，按鼠标中键，2 个视图上的轴线逐一显示出来。

(7)标注尺寸。点击工具栏上的“显示/拭除”按钮，弹出“显示/拭除”对话框，按下“显示”按钮，“类型”选择尺寸 |←1.2→| 按钮，“显示方式”设置为“特征”，逐一点选拔叉零件的各个特征，按鼠标中键，即可标注出各特征的尺寸，编辑尺寸至适当位置，结果如图 11.57 所示。

(8)拨叉零件的主视图上的加强筋，属纵向剖切，按照制图规范规定，加强筋不画剖面线，而用粗实线将其与邻接部分分开。为去除加强筋部分的剖面线，须将 Pro/E 工程图导入到 AutoCAD 进行处理。

①将拨叉零件的 Pro/E 工程图导入到 AutoCAD 环境。选择“文件”菜单下的“保存副本”命令，在“类型”列表中选择 DWG(*. dwg)，输入文件名为 bocha，单击“确定”按钮，在系统弹出的“DWG 导出环境”菜单中接受默认选项。

②启动 AutoCAD2006，选择“文件”菜单下的“打开”命令，打开 bocha. dwg 文档。

③调用“绘图”菜单下的“直线”命令，绘制拨叉零件加强筋的的边缘曲线，如图 11.58 所示。

④选择拨叉零件加强筋部分的剖面线，单击右工具栏的“分解工具”按钮，将剖面线

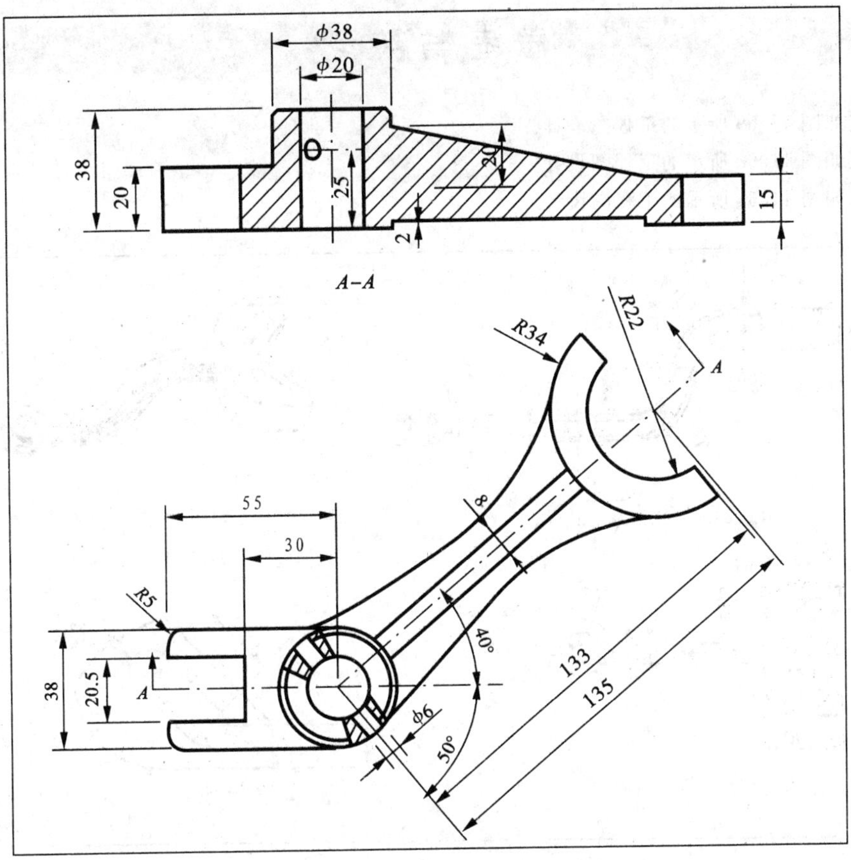

图 11.57　拨叉零件的旋转剖主视图和局部剖俯视图(标注尺寸后)

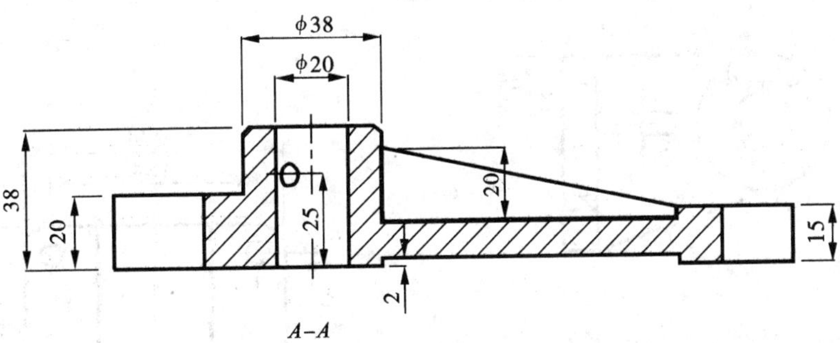

图 11.58　绘制拨叉零件加强筋的的边缘曲线

分解为一条条独立的直线。

⑤使用“修剪工具” -/-- 按钮，选择第③步绘制的加强筋的边缘曲线作为剪切边，逐一修剪被分解的剖面线。

⑥设置主视图、俯视图的轮廓线的宽度。

⑦选择“文件”菜单下的“保存”命令，保存文件，最后的结果如图 11.55 所示。

思考与练习

(1)完成如图 11.59 所示的工程图设计。

(2)完成如图 11.60 所示的工程图设计。

(3)完成如图 11.61 所示的工程图设计。

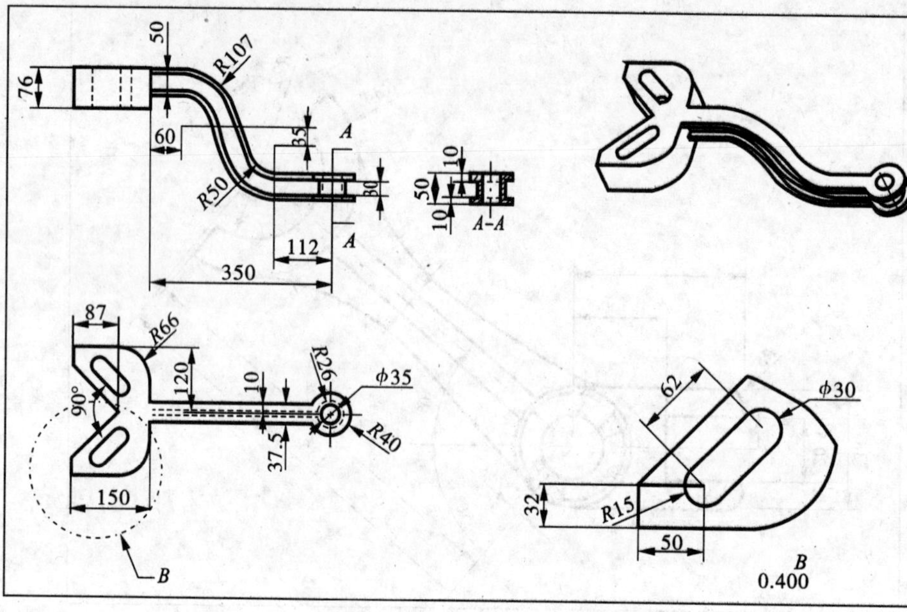

图 11.59　练习题(1)工程图

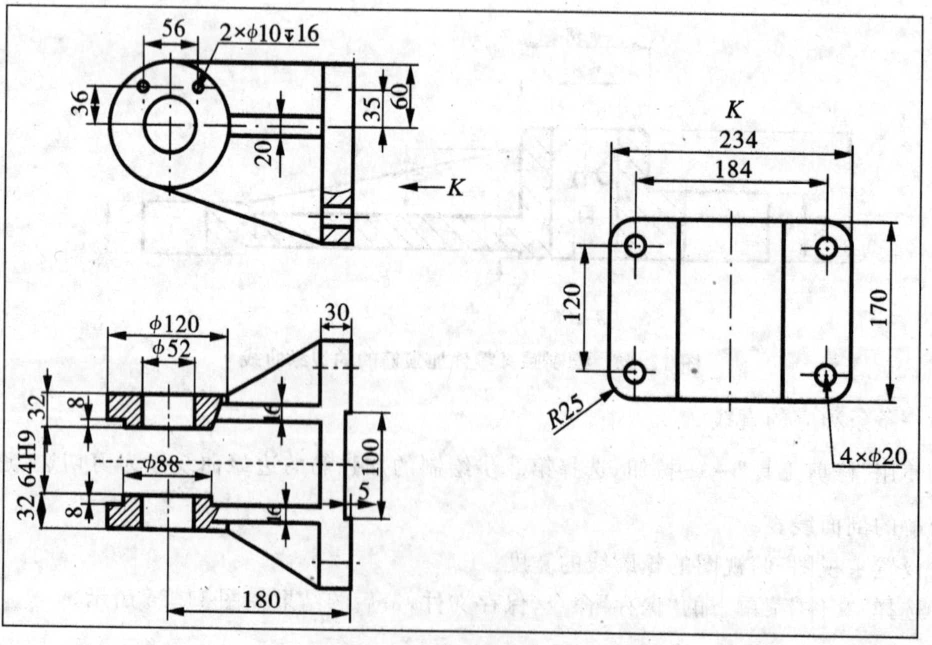

图 11.60　支架 2 工程图

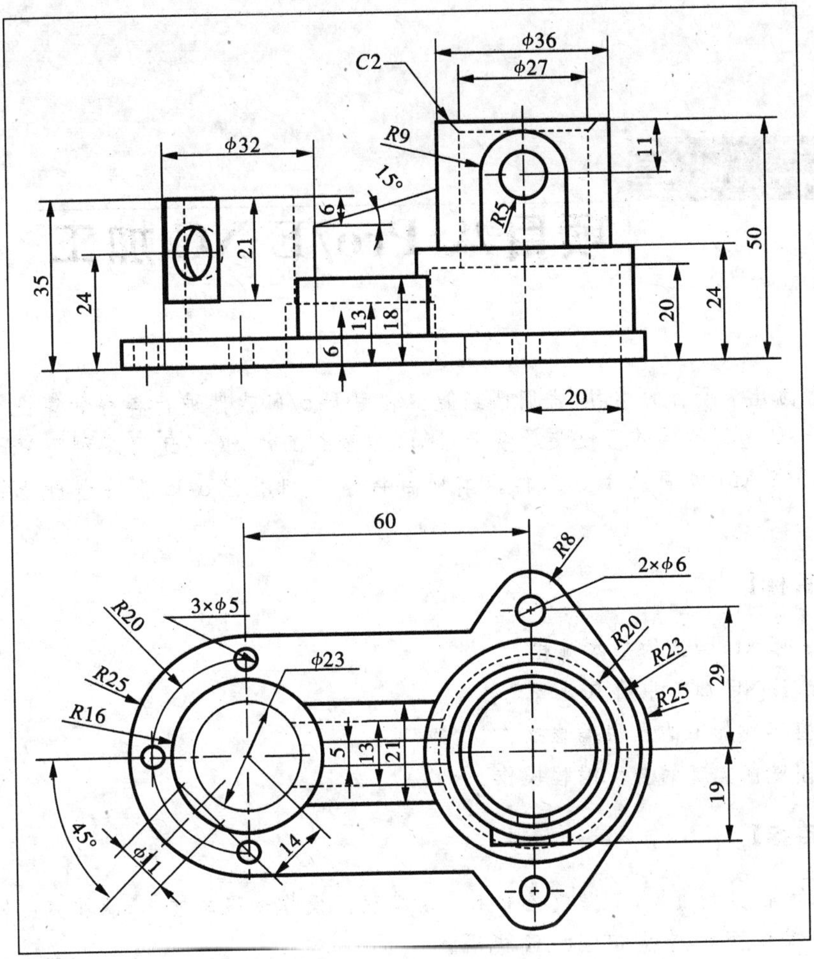

图 11.61　支座的工程图

第12章 项目八 Pro/E NC 加工

通过前面几个项目的学习，我们已经能够利用 Pro/E 软件进行各种计算机辅助设计工作。但是，Pro/E 软件并不仅仅局限于 CAD 方面的工作，我们还可以利用 Pro/E 软件进行 CAE 和 CAM 方面的大量工作。本项目将学习利用 Pro/E 软件进行 NC 加工的内容。

【知识目标】

(1)Pro/E NC 加工的基本流程。
(2)Pro/E NC 加工中的有关概念。
(3)数控车削加工的自动编程操作。
(4)数控铣削加工的自动编程操作。

【技能目标】

通过本项目实例演练，掌握数控加工自动编程的操作步骤与技巧，能够完成较为复杂零件的自动编程加工，生成相应的 G 代码。

12.1 基础知识链接

12.1.1 Pro/E NC 加工的基本流程

Pro/E NC 可以创建数控加工所需的一切数据文件，以驱动数控机床加工零件。其工作过程是首先利用制造模块的图形编辑功能，将加工零件的几何模型绘制到计算机上，形成图形文件，然后，利用数控编辑功能，进行刀具轨迹处理，由计算机自动对零件加工轨迹的每个节点进行计算和数学处理，从而在生成刀位数据文件后，经过相应的后处理，自动生成数控加工程序，同时可在计算机上动态地演示刀具的加工轨迹。图 12.1 为 Pro/E NC 加工的基本流程。

首先，建立制造模型。制造模型通常由一个参照模型和一个工件装配在一起构成。制造模型中可以要工件，也可以不要工件。要工件的话，在制造过程中可以对工件进行材料去除模拟。

其次，建立制造数据库。数据库内容包括设置机床参数、刀具参数、定义夹具、设置加工

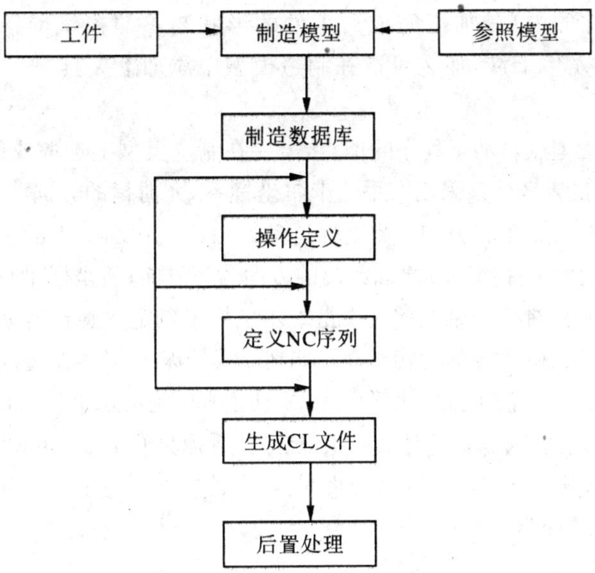

图 12.1 Pro/E NC 加工的基本流程

参数、建立刀位输出格式等。该步骤不是必须的，可在下一个步骤进行设置。

接着定义一个操作。操作是指在特定环境下（指定的机床及其位置，CL 输出的坐标系等），完成一系列的 NC 工序。完成一个零件的 NC 加工，需要一个或多个操作，一个操作中，包含一个或多个 NC 序列。操作中需要设置的参数有：操作名、使用的机床、CL 输出的坐标系、操作参数、起止点位置等。

定义操作的 NC 序列。包括选择 NC 序列的类型、选择或定义刀具、设置加工参数、选择序列加工对象，并可演示生成的刀具运动轨迹。

生成 CL 文件。每个操作或序列完成后，可以选取 CL 数据，输出相应的 CL 文件和 MCD 文件。

进行后置处理，生成数控加工程序。对生成的刀位文件，通过后置处理，利用选取的后处理器，生成 G 代码。

12.1.2 Pro/E NC 加工中的有关概念

利用 Pro/E 进行 NC 加工时，涉及大量的概念及术语，这里介绍一些常用的概念。

1）制造模型

（1）参照模型。参照模型也叫设计模型，是所有 NC 加工操作的基础。在设计模型上可以选取特征、曲面和边作为建立刀具轨迹的参照，通过这些参照，在参照模型和工件之间建立了相关联系。参照模型可以是零件（.prt），也可以是组件（.asm）；参照模型可以在零件模块中创建，也可以在 NC 模块中创建。

（2）工件。工件也叫毛坯件，是零件未加工前的形状，工件可以是零件（.prt），也可以是组件（.asm）；可以在零件模块中创建，也可以在 NC 模块中创建。在 Pro/E NC 中工件模型是可选的，应用它，可以在生成刀具轨迹时自动定义加工范围，在动态模拟加工过程时显示材料的去除和过切检测。

（3）制造模型。制造模型一般是由参照模型和工件通过约束关系装配在一起构成的。

参照模型应包含在工件的内部，加工完成后工件的形状与参照模型应该一致。如果加工过程中，刀具与夹具可能发生干涉，那么可以在制造模型中添加上夹具。

2）制造设置

(1)加工零点。加工零点是加工程序的原点，需要在制造模型上选取或创建一个与机床坐标系一致的制造坐标系。机床坐标系采用右手笛卡尔坐标系，大拇指的方向为 X 轴的正方向，食指指向 Y 轴正方向，中指指向 Z 轴正方向。Z 坐标运动是由传递切削动力的主轴所规定，与主轴平行的坐标轴即为 Z 轴，增大工件与刀具之间距离的方向为正方向；X 坐标平行于工件的装夹面，是水平的；Y 坐标的正向由 X 轴和 Y 轴按照右手笛卡尔坐标系确定。旋转坐标 A、B 和 C 相应地表示其轴线平行于 X 轴、Y 轴和 Z 轴的旋转运动。如在立式铣床上，Z 轴正方向竖直向上，X 轴正方向水平向右；在卧式车床上，Z 轴正方向水平向右，X 轴正方向为沿水平径向远离工件方向。

(2)退刀曲面。退刀曲面定义了刀具一次切削后所退回的位置，可以是平面、曲面、球或圆柱等。如在三轴立式铣床上加工时，退刀面是与 Z 轴垂直的平面；在卧式车床上加工回转体工件时，退刀面为圆柱面。

3）常用加工方式

(1)车削加工方式。

①区域加工。区域加工用于粗车加工，通过区域加工，可以根据零件形状或选择的形状曲线定义要去除材料的区域，去除大部分毛坯材料。区域加工生成的刀具路径，按步进深度去除材料并自动生成车削外圆循环。区域加工时要为精加工留有一定的加工余量。

②轮廓加工。轮廓加工一般应用于精加工，加工余量不大的情况下也可用于粗加工。轮廓加工是一种根据轮廓曲线进行加工的车削方式。

③凹槽加工。凹槽加工用于零件内外表面上的凹槽的加工以及零件的切断。

④螺纹加工。螺纹加工是利用螺纹车刀在零件上车削内外螺纹。

(2)铣削加工方式。

①体积块加工。体积块加工主要应用于表面、直槽、带岛凹槽的加工，把需要铣削掉的部分定义成体积块，采用分层铣削的方式进行加工。体积块加工是Pro/NC里最常用的一种加工方式，主要用于粗加工，如果把参数树中的ROUGH_OPTION的参数值设置为PROF_ONLY，体积块加工可以用于凹槽的精加工。

②局部加工。局部加工是采用小尺寸刀具对先前的NC序列中尚未加工完全的工件材料进行清除，主要是进行清角、清根加工。

③曲面加工。曲面加工一般用于水平或倾斜的曲面的精加工，要求被加工的曲面必须具有连续的刀具路径。曲面加工的切削类型有四种：直线切削、自曲面等值线、切削线和投影切削。

④表面加工。表面加工主要用于大平面或精度要求较高平面的铣削加工。

⑤轮廓加工。轮廓加工主要用于加工垂直或倾斜的曲面，可用于半精加工和精加工。

⑥腔槽加工。腔槽加工主要用于各种不同形状的凹槽及型腔的粗加工，可用于加工水平、竖直或倾斜的曲面。

⑦轨迹加工。轨迹加工是利用铣削刀具沿用户定义的轨迹进行加工，可用于水平槽的铣削、倒角等。

⑧刻模加工。刻模加工主要用于在加工零件上雕刻文字或图像。

⑨孔加工。孔加工主要用于对零件进行孔加工，如钻孔、镗孔、铰孔等。

4）加工参数

(1)切割进给。用于设置切削进给的速度,单位通常为 mm/min。

(2)步长深度。用于设置切割深度,单位通常为 mm。步长深度主要根据工件的加工余量和加工表面的精度来确定。当工件的加工精度要求较高或加工表面粗糙度较小时,分粗、精两次进给。

(3)跨度。用于设置横向步距,指相邻两个刀具轨迹之间的距离,单位通常为 mm。铣削加工时,该数值要小于刀具直径;车槽加工时,该数值要小于切槽刀宽度。

(4)允许的底部线框。用于设置工件底面加工预留量。

(5)允许的未加工毛坯。用于设置粗加工后为精加工所留下的余量。

(6)切割角。用于设置刀具路径与 X 轴的夹角。

(7)转轴速率。用于设置主轴转速。

(8)COOLANT_OPTION。用于设置冷却液开放或关闭。

(9)间隙一距离。用于设置退刀的安全距离。

(10)PROF_STOCK_ALLOW。用于设置侧向表面的加工余量。

(11)扫描类型。用于设置加工区域刀具的运动方式。

(12)进刀距离。用于设置进刀前刀具与工件之间的距离。

(13)退刀一距离。用于设置退刀距离。

(14)粗糙选项。用于控制轮廓加工方式。

12.2 项目实例13(职业技能鉴定车削加工典型样例)操作分析

图 12.2 为一职业技能鉴定车削加工典型样例,毛坯为 $\phi50\times92$mm 的 45 钢,要求利用 Pro/E 软件编写其数控加工程序。

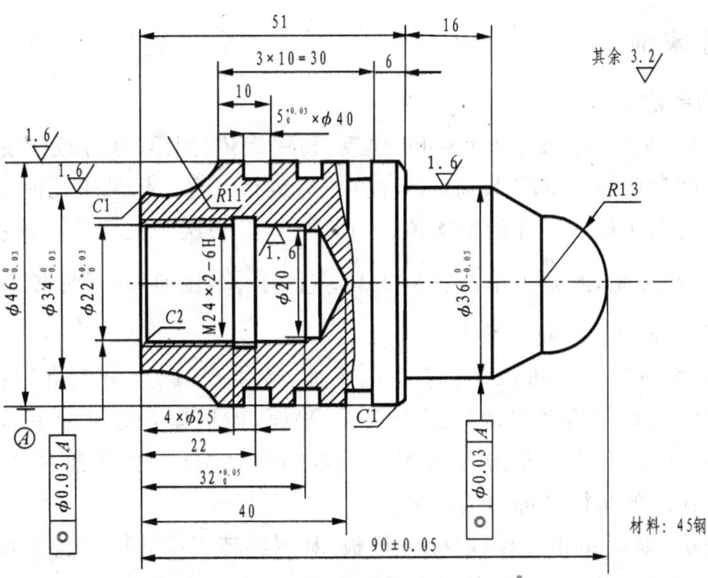

图 12.2 车削加工典型样例

12.2.1 工艺分析及处理

1）零件图分析

图 12.2 所示零件是较为复杂的轴套类零件，由球面、圆锥面、圆柱面、圆弧面、环形槽、退刀槽、内孔、内螺纹、倒角等结构组成。零件精度要求较高，有同轴度要求，表面粗糙度要求较高。毛坯采用 45 钢，切削性能较好。

2）加工方案确定

数控加工前预先钻出直径为 $\phi 20$，深度为 41mm 的底孔。首先粗、精加工右侧曲面，最后再粗、精加工左端外轮廓、环形槽、内孔、退刀槽及内螺纹等。

3）零件装夹

零件采用数控车床本身自带的三爪卡盘进行装夹。根据加工方案，需要装夹两次。

4）刀具和切削用量选择

(1)刀具选择。选择 T01 为 93°外圆车刀，用于外表面的粗、精加工；T02 为外切槽刀，刀片宽度 5mm，用于加工外环形槽；T03 为内孔车刀，粗、精加工内表面；T04 为内切槽刀，刀片宽度 4mm，用于加工退刀槽；T05 为内螺纹车刀，加工内螺纹。

提示：机床应采用六转位刀架或八转位刀架，如采用四转位刀架，加工螺纹时，需要去掉一把刀具才能安装螺纹车刀，并且要修改程序中对应的刀具号。

(2)切削用量选择。选择切削用量主要考虑加工精度要求，并且兼顾提高刀具耐用度、机床寿命等因素。外圆车刀粗加工时，主轴转速 n=800r/min，进给速度 f=160mm/min，精加工时，主轴转速 n=1 500r/min，进给速度 f=75mm/min；切槽刀切槽时，主轴转速 n=500r/min，进给速度 f=50mm/min；内孔车刀粗加工时，主轴转速 n=800r/min，进给速度 f=160mm/min，精加工时，主轴转速 n=1 200r/min，进给速度 f=60mm/r；螺纹加工时，主轴转速 n=600r/min。

12.2.2 程序编制

1）制造模型的建立

(1)在零件模块，采用 mmns_part_solid 模板，利用旋转、倒角、修饰或螺旋扫描等特征建立如图 12.3 所示的参照模型 REF1. prt，创建完成后进行保存。模型中几何尺寸采用中间尺寸(最大极限尺寸与最小极限尺寸的平均值)。通常，零件一次装夹对应一次操作，每次操作都要创建一个加工坐标系，此处可单击基准工具条上的 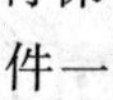 按钮，在参照模型上创建两个坐标系，CS0 和 CS1 分别用于不同的操作。

创建坐标系一般选用三个两两相互垂直的平面，按住 Ctrl 键，分别进行选取，先选取的两个平面的交线是 Z 轴，最后选取的平面为 XOY 平面，如果建立的坐标系与机床坐标系方向不一致，可在“定向”选项卡中单击 X 或 Y 后面的“反向”按钮，使 X 轴和 Z 轴或 Y 轴和 Z 轴方向同时反向，这时的坐标系即可满足要求。

(2)在零件模块，采用 mmns_part_solid 模板，利用旋转或拉伸特征建立并保存工件模型 WORK1. prt，如图 12.4 所示。工件尺寸为 $\phi 50 \times 92$mm。

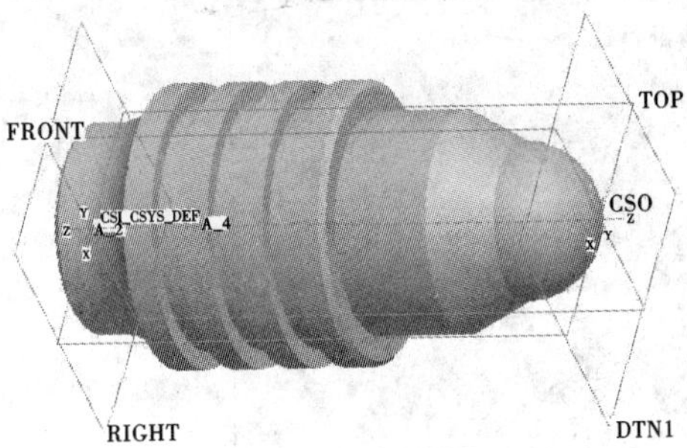

图 12.3　参照模型

图 12.4　工件

(3)单击 按钮，或者单击“文件”/“新建”按钮，打开“新建”对话框(见图 12.5)，类型选择“制造”，子类型选择“NC 组件”，名称输入 MENU1，不使用缺省模板，然后单击“确定”按钮。在弹出的“新文件选项”对话框中选择公制模板 mmns_mfg_nc(见图 12.6)，单击“确定”按钮，进入 Pro/E NC 主界面，在屏幕右上角出现“菜单管理器”，如图 12.7 所示。

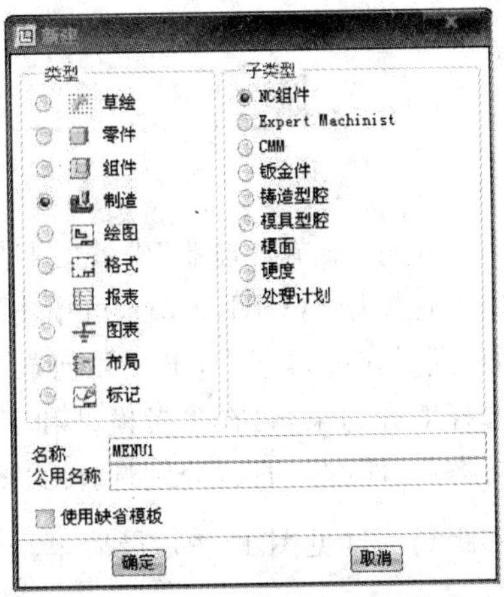

图 12.5　“新建”对话框

执行“菜单管理器”中的“制造模型”/“装配”/“参照模型”命令，在弹出的“打开”对话框中选择参考模型 REF1. prt，再单击“打开”按钮，参考模型 REF1. prt 就出现在 Pro/E NC 界面，同时在屏幕下方，出现几何放置操作面板，单击操作面板上“自动”后面的三角形按钮，再选择“坐标系”选项，分别选择组件坐标系 NC_ASM_DEF_CSYS 和加工坐标系 CSO，最后单击操作面板上的 图标，如图 12.8 所示。在随后弹出的“创建参照模型”对话框中单击“确定”按钮，完成参照模型的设置。

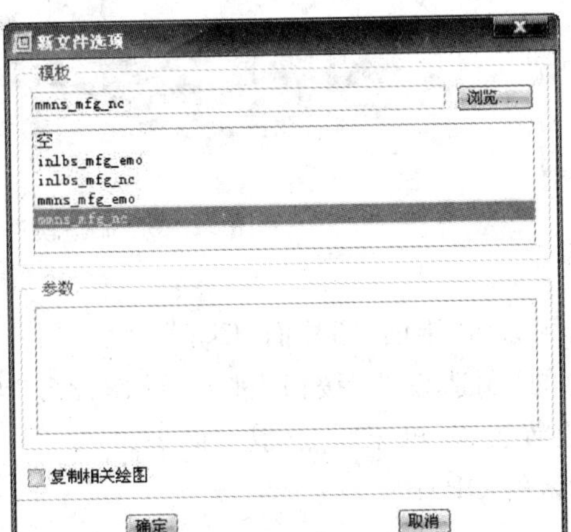

图 12.6　新文件选项

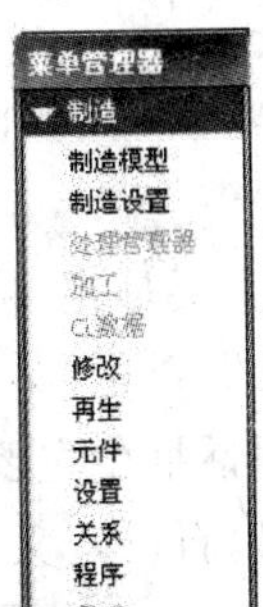

图 12.7　菜单管理器

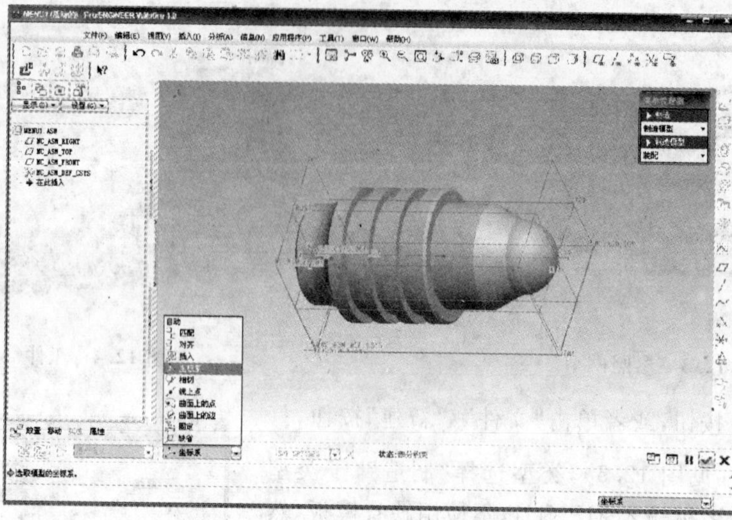

图 12.8　打开的参照模型

执行“菜单管理器”中的“制造模型”/“装配”/“工件”命令，在弹出的“打开”对话框中选择工件模型 WORK1. prt，再单击“打开”按钮，工件模型 WORK1. prt 就出现在 Pro/E NC 界面，同时在屏幕下方，出现几何放置操作面板，单击操作面板上的“放置”，在其上滑面板中，选择对齐约束，再在参考模型和工件上选择它们的轴线，使其重合，再单击“新建约束”，选择对齐(或匹配)约束，分别选择参考模型和工件的左端面，并在偏移栏中选择“偏距”，输入偏移距离－1(见图 12.9)，最后单击操作面板上的 图标，在随后弹出的“创建毛坯工件”对话框中单击“确定”按钮，完成工件的设置。建立的制造模型如图 12.10 所示。

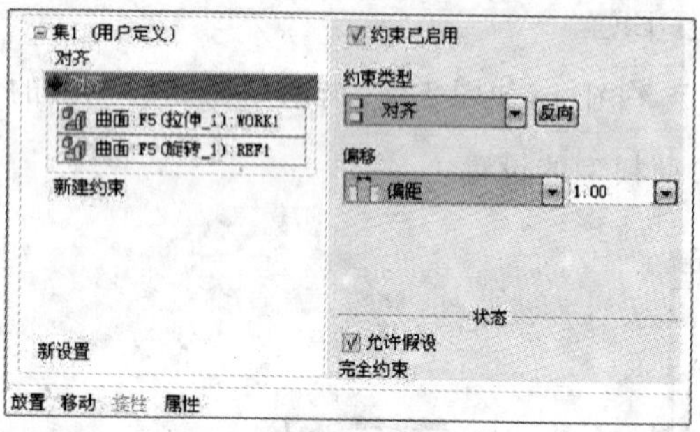

图 12.9　放置上滑面板

图 12.10　制造模型

2）操作一

在操作一中主要是粗、精加工工件右侧球面、锥面、圆柱面、倒角等。

(1)制造设置。单击“菜单管理器”中的“制造设置”按钮，进入“操作设置”对话框，如图 12.11所示。在对话框中主要操作名称、设置机床、机床零点、退刀面等。

操作名称可以自己定义，此处采用默认的 OP010。

单击“NC 机床”后面的 按钮，进入“机床设置”对话框，如图 12.12 所示。根据加工零件特点，“机床类型”选择车床，“转塔数”选用一个塔台，“方向”选用水平(方向水平时表示卧式车床，方向垂直时表示立式车床)。

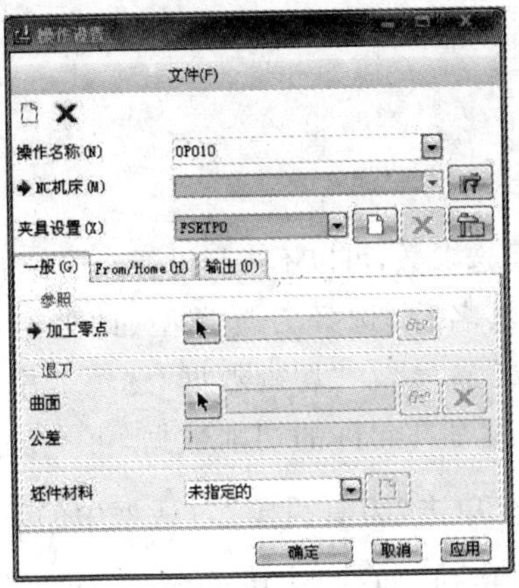

图 12.11 操作设置

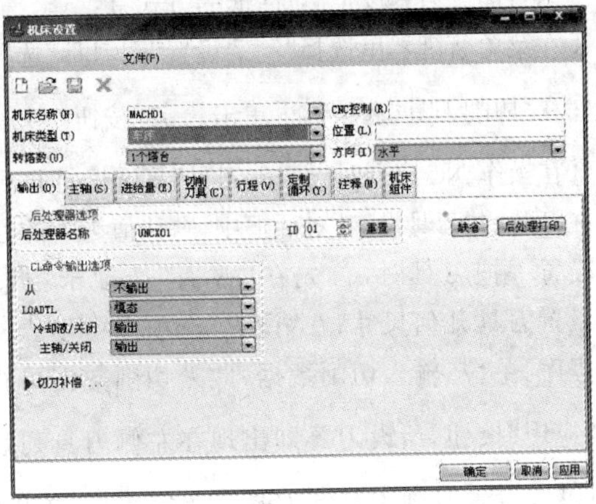

图 12.12 机床设置

"输出"选项卡用于设置后处理器选项、CL 命令输出选型、切刀补偿等;"主轴"选项卡用于设置主轴最大转速和功率;"进给量"选项卡用于设置进给量的单位及极限进给速度;"切削刀具"选项卡用于设置换刀时间和进入刀具设置;"行程"选项卡用于设置机床沿 X 轴、Y 轴、Z 轴的运动极限;"定制循环"选项卡用于设置孔加工的定制循环;"注释"选项卡用于描述与机床操作数据相关的文字,供用户阅读;"机床组件"选项卡用于加工模拟设置。

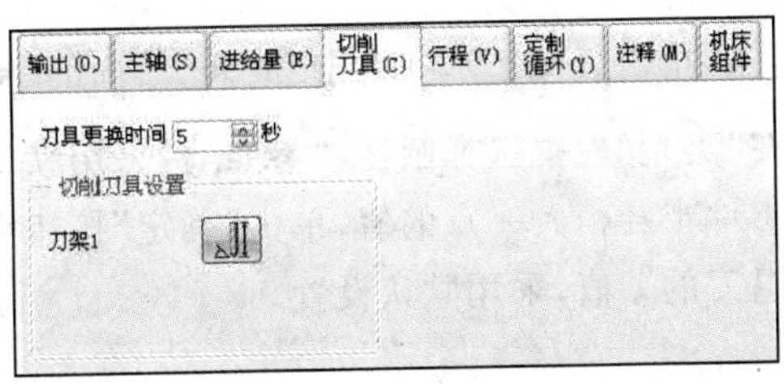

图 12.13 切削刀具选项卡

上述选项卡中除"切削刀具"选项卡外,通常都可以采用默认设置或省略不填。如图 12.13所示,在"切削刀具"选项卡中,刀具更换时间设为 5s,单击  按钮,进入"刀具设定"对话框,如图 12.14 所示。

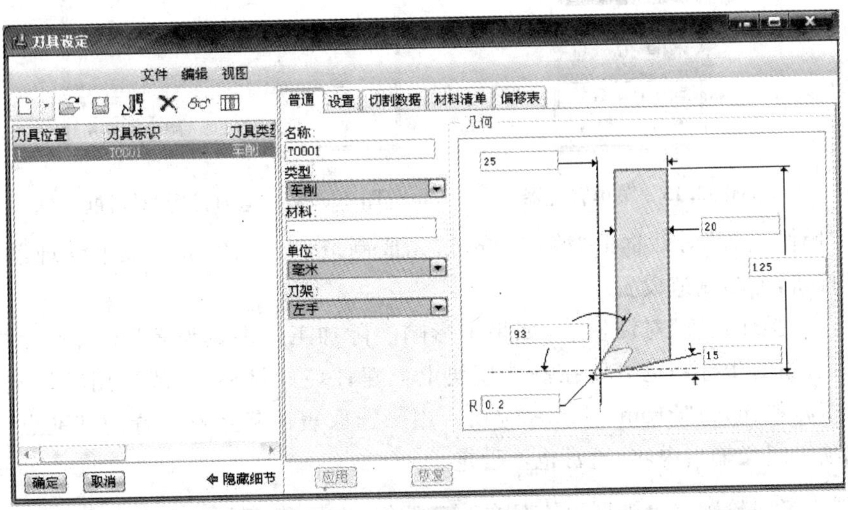

图 12.14 "刀具设定"对话框

提示：打开“刀具设定”对话框的方式有：

①在菜单管理器里选择“制造设置”/“刀具”选项。

②在“切削刀具”选项卡里单击 按钮。

③在操作 NC 序列时，选择“刀具”复选框打开。

在打开的“刀具设定”对话框中，默认值为 1 的参数为可选参数，可以不进行设置。

设置一把刀具时，首先在“普通”选项卡中输入刀具名称，选择刀具类型（此处选择车削），设置刀具几何尺寸；在“设置”选项卡中填入对应的刀具号；在“切割数据”选项卡中选择应用程序、单位，输入切削数据（此处切削数据可视作所选刀具允许的切削数据，可不设定），单击“应用”按钮，所设刀具即出现在左侧刀具列表区中。单击“刀具设定”对话框中的 按钮，可继续设置其他刀具。刀具设置完成后，单击“确定”按钮，回到“机床设置”对话框，再单击“确定”按钮，回到“操作设置”对话框。

单击“一般”选项卡中“机床零点”后面的 按钮，出现如图 12.15 所示的菜单管理器。

在模型树中单击参照模型 REF1 前面的三角形，在展开的特征树中选择坐标系 CSO，加工零点即创建完成。

单击“一般”选项卡中“曲面”后面的 按钮，出现如图 12.16 所示“退刀设置”对话框。在“类型”栏中选择圆柱，“参照”栏采用默认的制造坐标系，“方向”栏默认 Z，“值”栏中输入比工件半径稍大一点的值，单击“确定”按钮完成退刀曲面的建立，“公差”表示实际退刀与理论退刀的差值，采用默认设置。

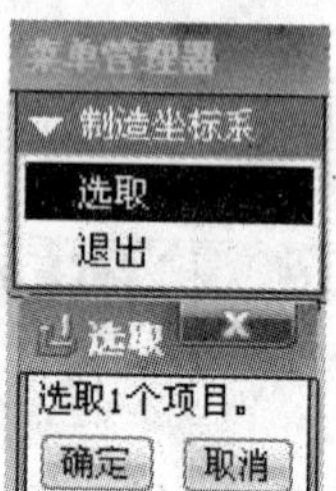

图 12.15 菜单管理器

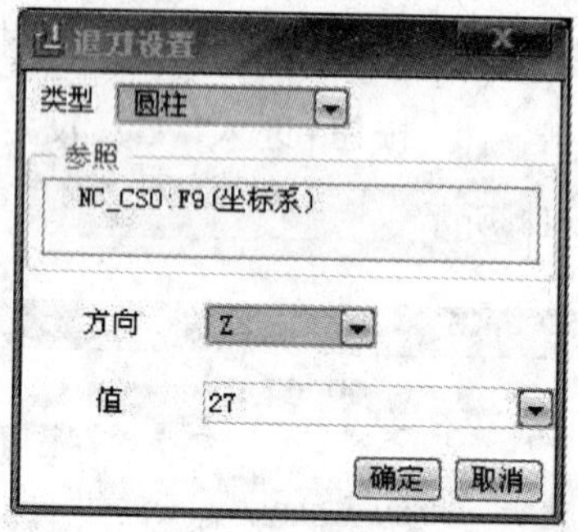

图 12.16 “退刀设置”对话框

单击“操作设置”对话框的“确定”按钮，完成制造设置。再单击菜单管理器下方的“完成/返回”按钮，退出制造设置。

提示：在“操作设置”对话框中，如果不影响实际加工，“夹具设置”可以不设置；创建“机床零点”时所用的坐标系也可以在制造模块上创建；“坯件材料”一般采用默认选项，也可根据实际加工材料输入；“From/Home”选项卡用来选取表达起止点位置的基准点，可不设定；“输出”选项卡定义输出内容，通常也不设定。

(2)创建车削轮廓。单击屏幕右侧的 按钮，在屏幕下方出现定义车削轮廓操作面板（见图 12.17），首先选取建立车削轮廓用的坐标系，此处选制造坐标系 NC_CS0，然后选择建立车削轮廓的方式，此处选择草绘方式，单击按钮，选择“定义内部草绘”按钮，在弹出的“草绘”对话框中单击“草绘”按钮，选择草绘车削轮廓用的参照，此处选择轴线和端面，单击“求解”按钮(见图12.18)，显示完全放置，单击“关闭”按钮，完成参照设置。

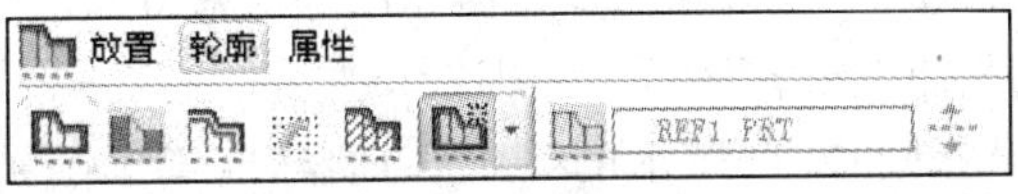

图12.17 定义车削轮廓操作面板

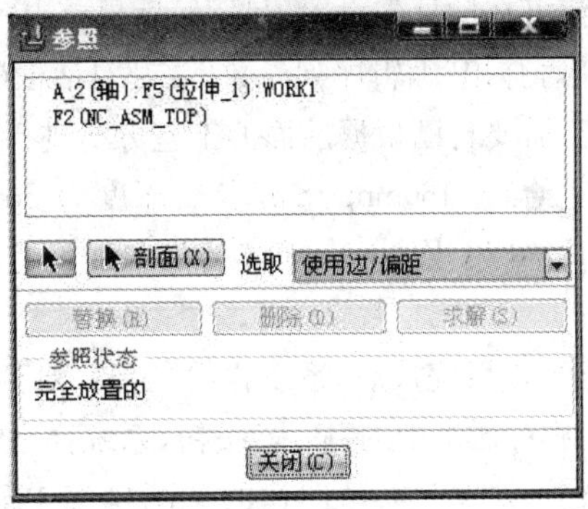

图12.18 “参照”对话框

在草绘界面绘制出如图12.19所示的轮廓线，单击按钮，然后调整起点、终点位置及去除材料方向，调整后如图12.20所示，单击按钮，完成车削轮廓的创建。

图12.19 草绘的轮廓线

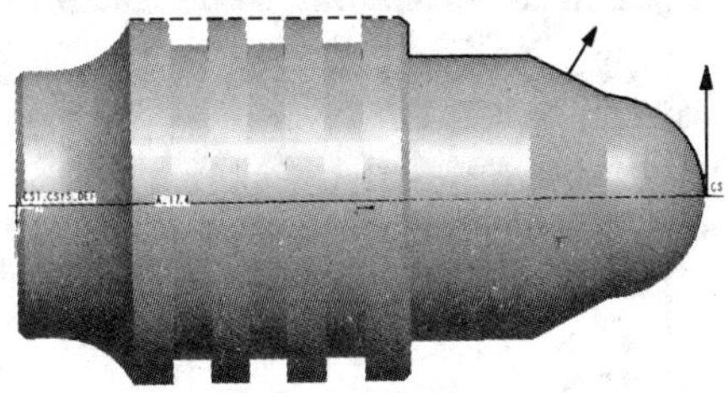

图12.20 去除材料方向

(3)NC序列一。如图12.21所示，单击“菜单管理器”中的“加工”，在其展开菜单中，依次选取“NC序列”/“区域”选项，单击“完成”命令，打开“序列设置”菜单。

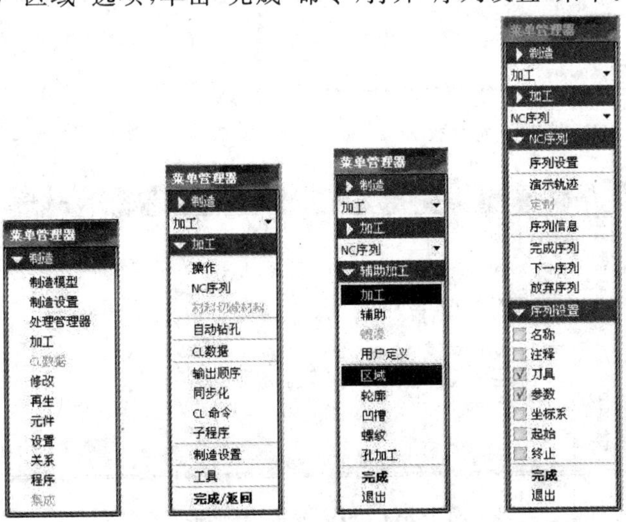

图12.21 序 列 设 置

在“序列设置”菜单中，勾选“名称”选项，单击“完成”命令，在屏幕下方状态栏中输入NC序列名称NC1，单击后面的✔按钮，接受这个序列名称。紧接着弹出“刀具设定”对话框，在刀具列表中选择序列一所用刀具T0001，单击“确定”按钮，完成刀具设定（如果在进行操作设置时未进行刀具设定，可在此处先设置刀具，然后再单击“确定”按钮）。

接着弹出“编辑序列参数NC1”对话框（见图12.22），对话框中部分参数后面是空白的，未给出默认值，需要自己根据前面的工艺分析进行输入，先单击参数名，再输入参数值。其中CUT_FEED（切割进给）为160mm/min，步长深度为2mm，SPINDLE_SPEED（主轴转速）为800r/min，PROF_STOCK_ALLOW为0.5mm，允许未加工毛坯为0.5mm，其余采用默认值，单击“确定”按钮，完成参数设置。

参数设置完成后，系统弹出“定制”对话框（见图12.23）和“CL数据”对话框（见图12.24）。单击“定制”对话框中的“插入”按钮，系统弹出“切削加工轮廓”菜单，如图12.25所示。

在模型树上选择创建的车削轮廓1，弹出如图12.26所示的菜单管理器，定义车削扩展方向，终点处选择X正向，起点处选择无，单击“完成”按钮后，在“切割”菜单上单击“演示切减材料”，出现“CL控制”菜单，并在屏幕上演示材料的切削过程，如图12.27所示。

如果演示正确，单击“完成”命令，再单击“确认切减材料”命令，回到“定制”对话框，如图12.28所示。再单击“确定”按钮，完成定制。

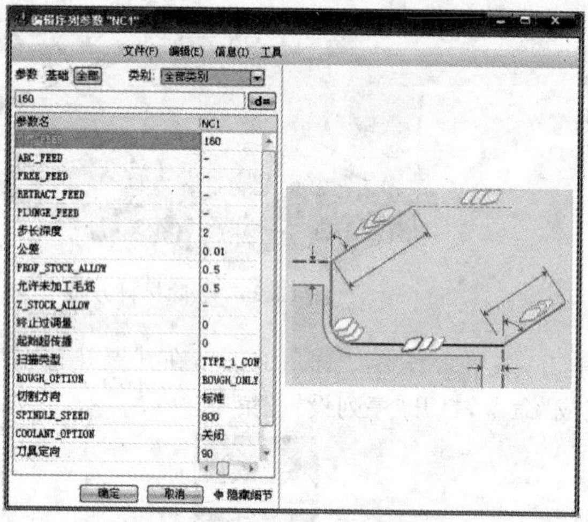

图12.22 编辑序列参数NC1

图12.23 “定制”对话框

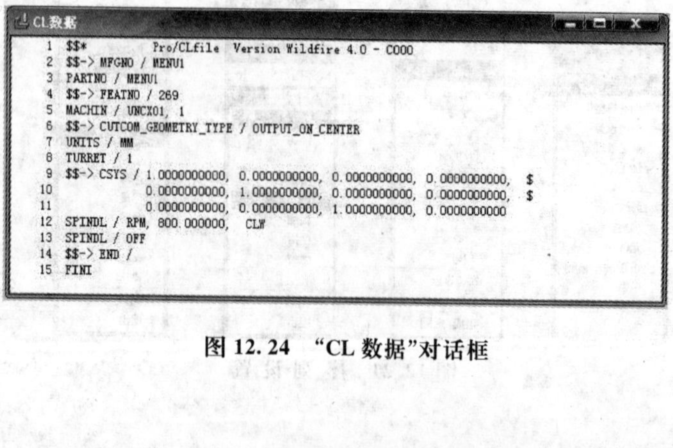

图12.24 “CL数据”对话框

图 12.25　车削加工轮廓

图 12.26　延拓方向

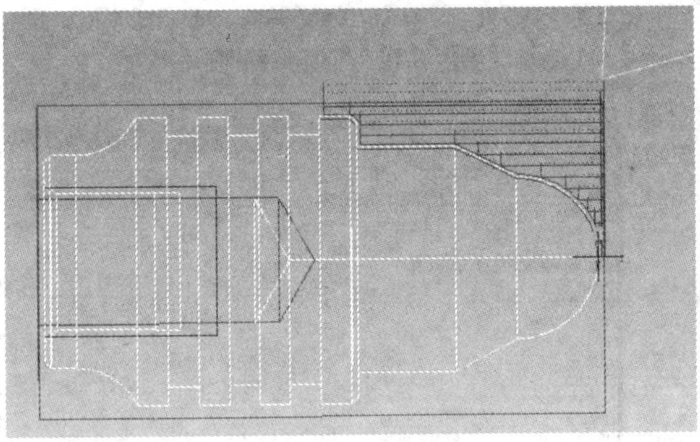

图 12.27　演示切减材料

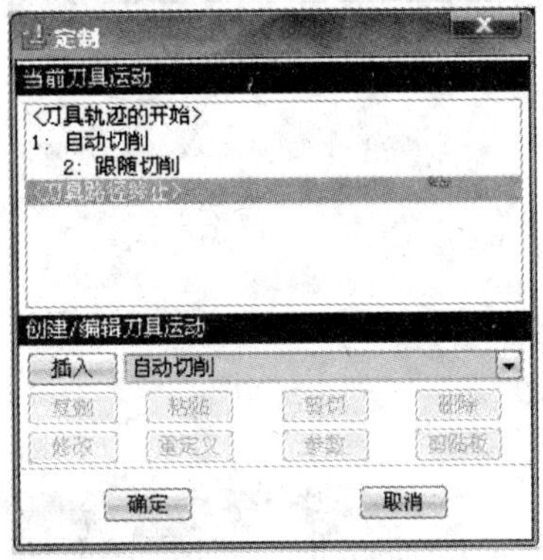

图 12.28　完成后的"定制"对话框

提示:演示切减材料过程中,如果发现有需要改动的地方,可在"切割"菜单中选择对应项目进行修改;定制完成后,如果需要修改,可在"NC 序列"菜单中单击"定制"按钮,进入定制界面,进行修改。

在"NC 序列"菜单中单击"演示轨迹"/"屏幕演示"按钮,出现如图 12.29 所示的"播放路径"对话框。单击 ▶ 按钮,可以显示刀具的走刀路径,单击"关闭"按钮,结束刀具路径的仿真。

在"NC 序列"菜单中,单击"演示轨迹"/"NC 检测"按钮,进入 VERICUT 仿真界面,如图 12.30所示。单击 ▶ 按钮,可动态显示刀具切削工件材料的模拟过程。图12.31就是序列 NC1 仿真加工之后的工件形状。仿真结束后,退出对话框。

单击"完成序列",完成序列一的设置与仿真。

(4)NC 序列二。如图 12.21 所示,在菜单管理器中依次选择"NC 序列"/"新序列"/"轮廓"选项,单击"完成"按钮,在"序列设置"菜单中勾选"名称"选项,单击"完成"按钮,在屏幕下方的状态栏中输入 NC 序列名称 NC2,单击后面的 ✓ 按钮,接受这个序列名称。

在图 12.32 所示的"编辑序列参数 NC2"对话框中,CUT_FEED(切割进给)为 75mm/min,SPINDLE_SPEED(主轴转速)为 1 500r/min,其余采用默认值,单击"确定"按钮,完成参数设置。

参数设置完成后,系统弹出"定制"对话框(见图 12.23)和"CL 数据"对话框(见图 12.24)。单击"定制"对话框中的"插入"按钮,系统弹出"切削加工轮廓"菜单,如图12.25 所示。

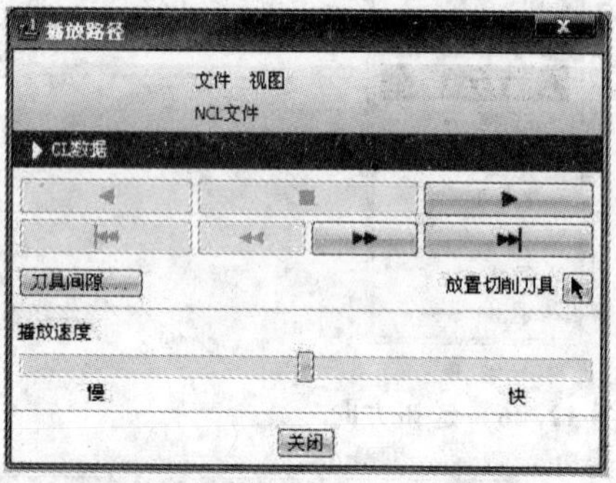

图 12.29 “播放路径”对话框

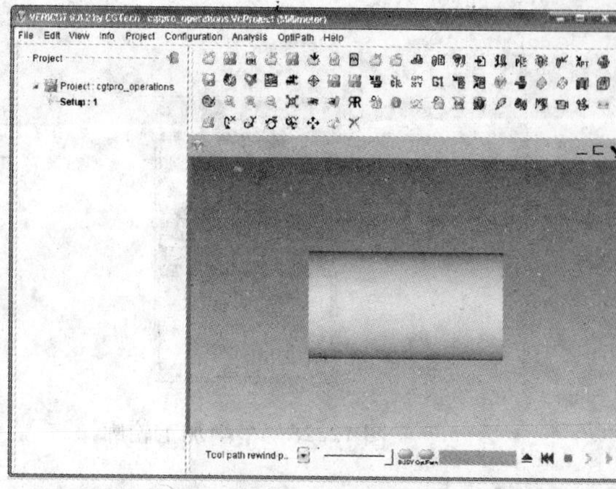

图 12.30 “NC 检测”对话框

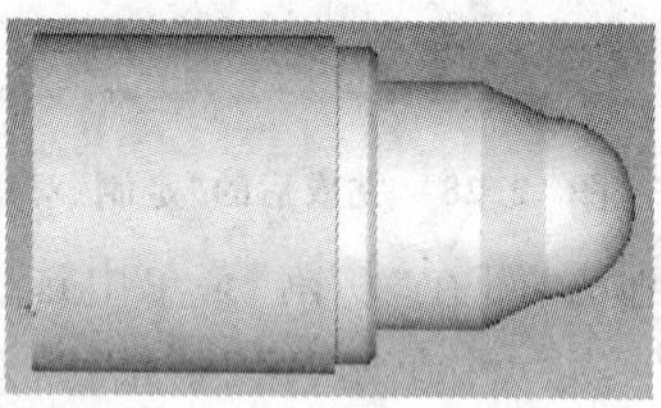

图 12.31 NC1 仿真加工之后的工件

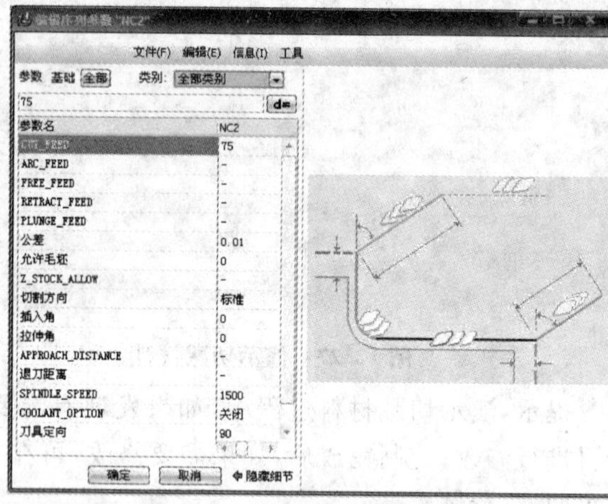

图 12.32 编辑序列参数 NC2

在模型树上选择创建的车削轮廓 1，在“切割”菜单上单击“演示切减材料”按钮，出现“CL 控制”菜单，并在屏幕上演示材料的切削过程，如图 12.33 所示。

如果演示正确，单击“完成”按钮，再单击“确认切减材料”按钮，回到“定制”对话框。再单击“确定”按钮，完成定制。

在“NC 序列”菜单中单击“演示轨迹”/“屏幕演示”按钮，出现图 12.29 所示的“播放路径”对话框。单击 ▶ 按钮，显示刀具的走刀路径，单击“关闭”按钮，结束刀具路径的仿真。

在“NC 序列”菜单中单击“演示轨迹”/“NC 检测”按钮，进入 VERICUT 仿真界面，如图12.30 所示。单击 ▶ 按钮，动态显示刀具切削工件材料的模拟过程。仿真结束后，退出对话框。

单击“完成序列”按钮，完成序列二的设置与仿真。

3）操作二

操作二中主要是粗、精加工工件左端端面及外轮廓、环形槽。

(1)制造设置。在“加工”菜单管理器中单击“操作”按钮，进入“操作设置”对话框。

单击 按钮创建新操作，操作名称采用默认的 OP020。

机床采用操作一中选用的机床，不需要再进行设置。

单击“一般”选项卡中“机床零点”后面的按钮，出现如图12.15所示的菜单管理器。在模型树中单击参照模型REF1前面的三角形，在展开的特征树中选择坐标系CS1，完成加工零点的创建。

单击“一般”选项卡中“曲面”后面的按钮，出现如图12.16所示的“退刀设置”对话框。在“类型”栏中选择圆柱，“参照”栏采用默认的制造坐标系，“方向”栏默认Z，“值”栏中输入比工件半径稍大一点的值，单击“确定”按钮完成退刀曲面的建立，“公差”表示实际退刀与理论退刀的差值，采用默认设置。

单击“操作设置”对话框的“确定”按钮，完成制造设置。再单击菜单管理器下方的“完成/返回”按钮，退出制造设置。

(2)创建车削轮廓。单击屏幕右侧的按钮，在屏幕下方出现定义车削轮廓操作面板(见图12.17)，首先选取建立车削轮廓用的坐标系，此处选制造坐标系NC_CS1，然后选择建立车削轮廓的方式，此处选择草绘方式，单击按钮，选择定义内部草绘按钮，在弹出的“草绘”对话框中单击“草绘”按钮，选择草绘车削轮廓用的参照，此处选择轴线和端面，单击“求解”按钮(见图12.18)，显示完全放置，单击“关闭”按钮，完成参照设置。

在草绘界面绘制出如图12.34所示的轮廓线，单击按钮，然后调整起点、终点位置及去除材料方向，调整之后单击按钮，完成车削轮廓的创建。

采用同样方式创建车削轮廓三(见图12.35)、车削轮廓四(见图12.36)、车削轮廓五(见图12.37)、车削轮廓六(见图12.38)。

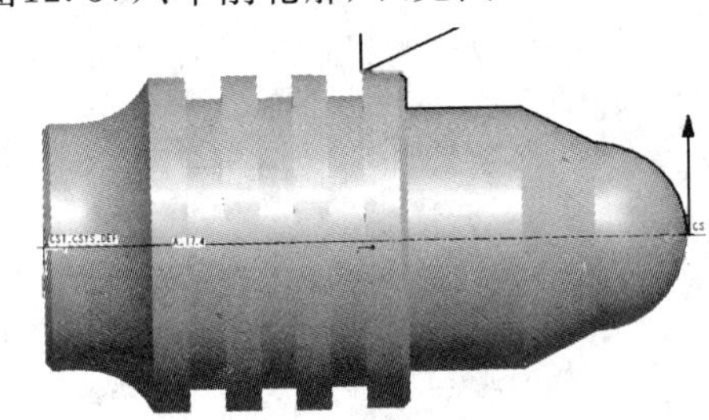

图12.33 演示切减材料

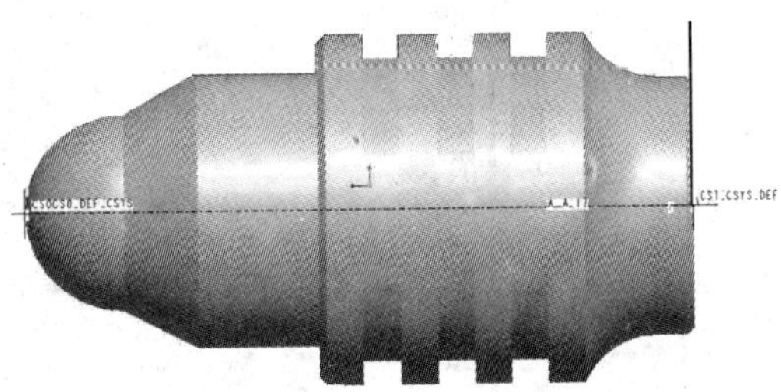

图12.34 车削轮廓二

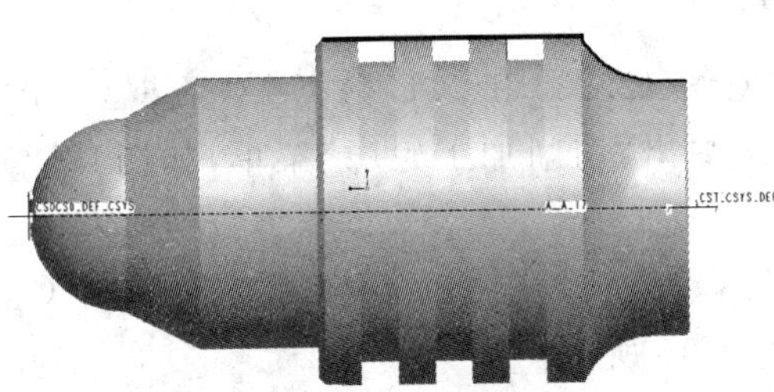

图12.35 车削轮廓三

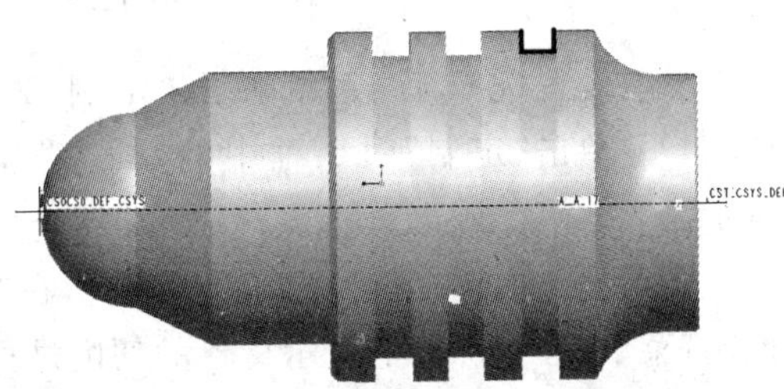

图12.36 车削轮廓四

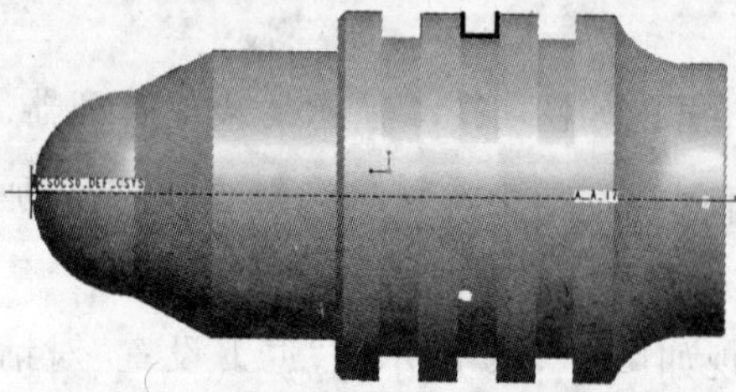

图 12.37　车削轮廓五

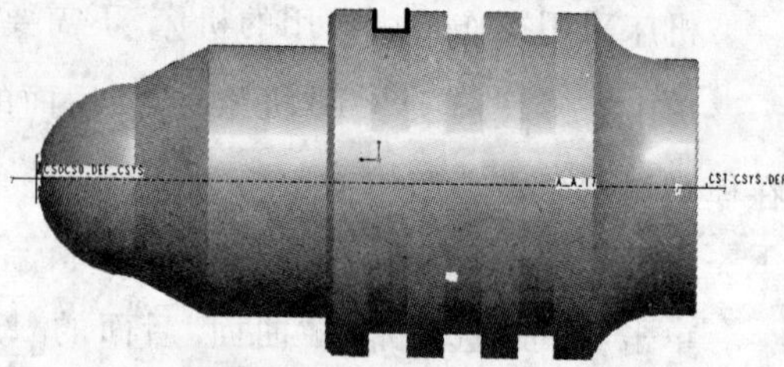

图 12.38　车削轮廓六

(3)NC 序列三。如图 12.21 所示，单击“菜单管理器”中的“加工”按钮，在其展开菜单中，依次选取“NC 序列”/“新序列”/“轮廓”按钮，单击“完成”按钮，在打开的“序列设置”菜单中，勾选“名称”选项，单击“完成”按钮，在屏幕下方状态栏中输入 NC 序列名称 NC3，单击后面的 ✓ 按钮，接受这个序列名称。

在“刀具设定”对话框中，在刀具列表区选择序列三所用刀具 T0001，最后单击“确定”按钮，完成刀具设定。

在图 12.39 所示的“编辑序列参数 NC3”对话框中，CUT_FEED(切割进给)为 160 mm/min，SPINDLE_SPEED(主轴转速)为 800r/min，其余采用默认值，单击“确定”按钮，完成参数设置。

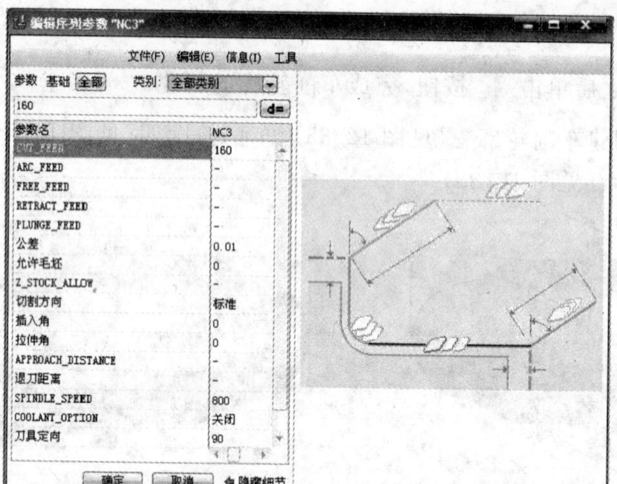

图 12.39　编辑序列参数 NC3

参数设置完成后，系统弹出“定制”对话框(见图 12.23)和“CL 数据”对话框(见图 12.24)。单击“定制”对话框中的“插入”按钮，系统弹出“切削加工轮廓”菜单，如图12.25 所示。

在模型树上选择创建的车削轮廓 2，在“切割”菜单上单击“演示切减材料”按钮，出现“CL 控制”菜单，并在屏幕上演示材料的切削过程，如图 12.40 所示。

如果演示正确，单击菜单上的“完成”按钮，再单击“确认切减材料”按钮，回到“定制”对话框，再单击“确定”按钮，完成定制。

在“NC 序列”菜单中，单击“演示轨迹”/“屏幕演示”按钮，出现如图 12.29 所示的“播放路径”对话框。单击 ▶ 按钮，显示刀具的走刀路径，单击“关闭”按钮，结束刀具路径的仿真。

在“NC 序列”菜单中，单击“演示轨迹”/“NC 检测”按钮，进入 VERICUT 仿真界面，如图 12.30所示。单击 ▶ 按钮，动态显示刀具切削工件材料的模拟过程。图 12.41 就是序列 NC3 仿真加工之后的工件形状。仿真结束后，退出对话框。

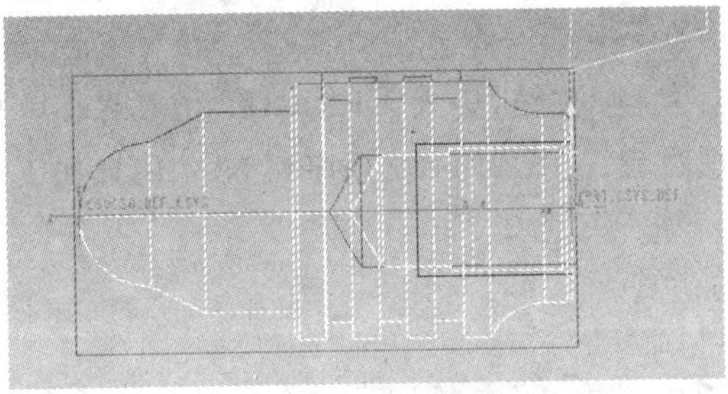

图 12.40　演示切减材料

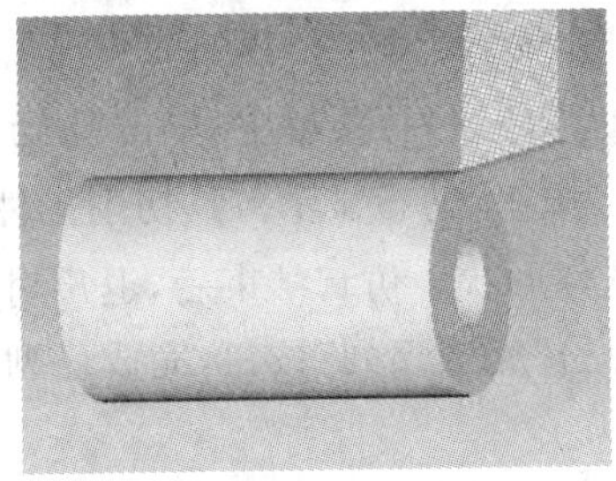

图 12.41　NC3 仿真加工之后的工件

单击“完成序列”，完成序列三的设置与仿真。

(4)NC 序列四。如图 12.21 所示，在菜单管理器中依次选择“NC 序列”/“新序列”/“区域”选项，执行“完成”命令，在“序列设置”菜单中，勾选“名称”选项，执行“完成”命令，在屏幕下方的状态栏中输入 NC 序列名称 NC4，单击后面的 ✔ 按钮，接受这个序列名称。

如图 12.42 所示“编辑序列参数 NC4”对话框，CUT_FEED(切割进给)为 160mm/min，步长深度为 2mm，SPINDLE_SPEED(主轴转速)为 800r/min，PROF_STOCK_ALLOW 为 0.5mm，允许未加工毛坯为 0.5mm，其余采用默认值，单击“确定”按钮，完成参数设置。

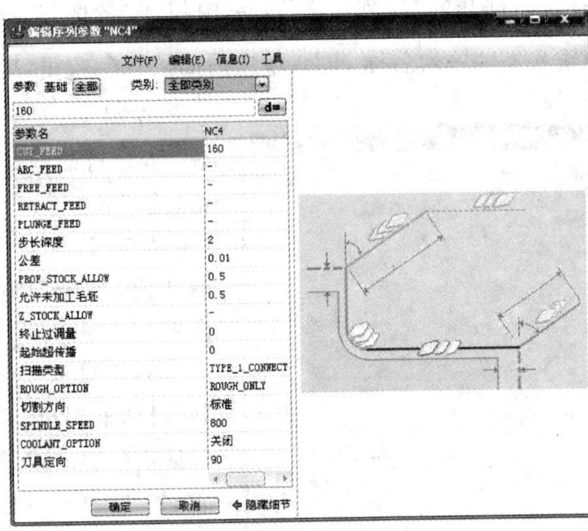

图 12.42　编辑序列参数 NC4

参数设置完成后，系统弹出“定制”对话框和“CL 数据”对话框。单击“定制”对话框中的“插入”按钮，系统弹出“切削加工轮廓”菜单，如图 12.25 所示。

在模型树上选择创建的车削轮廓 3，接着定义车削扩展方向，终点处选择 X 正向，起点处选择 Z 正向，完成后，在“切割”菜单上单击“演示切减材料”按钮，出现“CL 控制”菜单，并在屏幕上演示材料的切削过程，如图 12.43 所示。

如果演示正确，单击“完成”按钮，再单击“确认切减材料”按钮，回到“定制”对话框，再单击“确定”按钮，完成定制。

在“NC 序列”菜单中单击“演示轨迹”/“屏幕演示”按钮，出现如图 12.29 所示的“播放路径”对话框。单击 ▶ 按钮，可以显示刀具的走刀路径，单击“关闭”按钮，结束刀具路径的仿真。

在“NC 序列”菜单中，单击“演示轨迹”/“NC 检测”按钮，进入 VERICUT 仿真界面。单击 ▶ 按钮，动态显示刀具切削工件材料的模拟过程。图 12.44 就是序列 NC4 仿真加工之后的工件形状。仿真结束后，退出对话框。

单击“完成序列”按钮，完成序列四的设置与仿真。

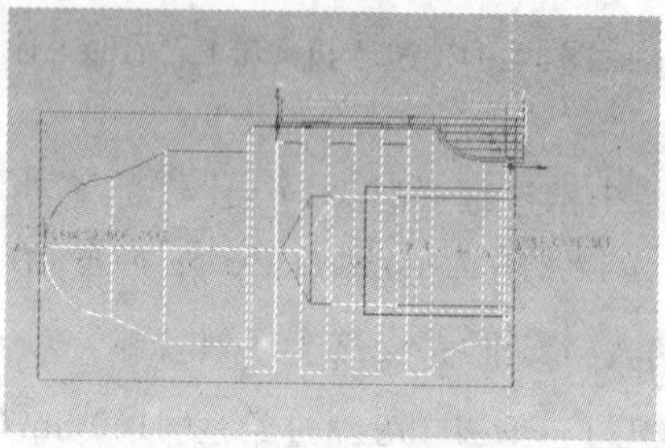

图 12.43　演示切减材料

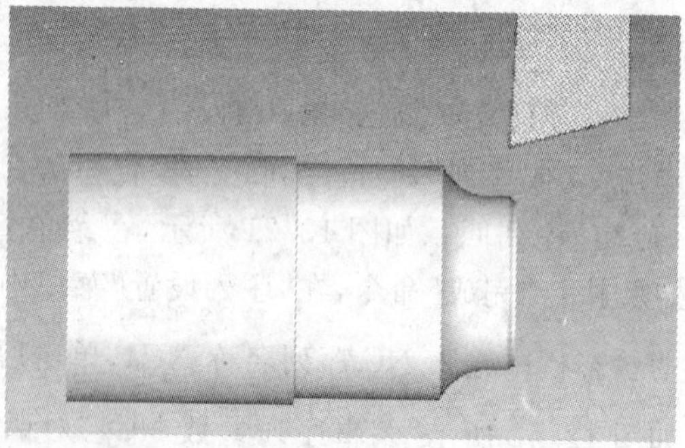

图 12.44　NC4 仿真加工之后的工件

(5)NC 序列五。如图 12.21 所示，在展开菜单中，依次选取“NC 序列”/“新序列”/“轮廓”选项，单击“完成”按钮，在打开的“序列设置”菜单中勾选“名称”选项，单击“完成”按钮，在屏幕下方的状态栏中输入 NC 序列名称 NC5，单击后面的 ✔ 按钮，接受这个序列名称。

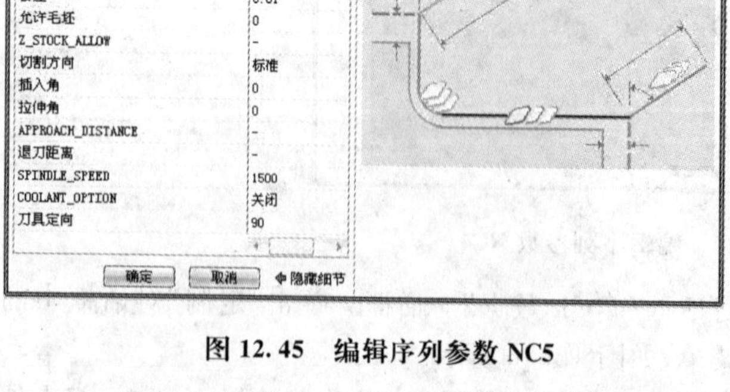

图 12.45　编辑序列参数 NC5

在图 12.45 所示的“编辑序列参数 NC5”对话框，CUT_FEED(切割进给)为 75mm/min，SPINDLE_SPEED(主轴转速)为 1 500r/min，其余采用默认值，单击“确定”按钮，完成参数设置。

参数设置完成后，系统弹出“定制”对话框(见图 12.23)和“CL 数据”对话框(见图 12.24)。单击“定制”对话框中的“插入”按钮，系统弹出“切削加工轮廓”菜单，如图12.25所示。

在模型树上选择创建的车削轮廓 3，在“切割”菜单上单击“演示切减材料”按钮，出现“CL 控制”菜单，并在屏幕上演示材料的切削过程，如图 12.46 所示。

如果演示正确，单击菜单上“完成”按钮，再单击“确认切减材料”按钮，回到“定制”对话框，再单击“确定”按钮，完成定制。

在“NC序列”菜单中单击“演示轨迹”/“屏幕演示”按钮，出现图12.29所示的“播放路径”对话框。单击 ▶ 按钮，显示刀具的走刀路径，单击“关闭”按钮，结束刀具路径的仿真。

在“NC序列”菜单中单击“演示轨迹”/“NC检测”按钮，进入VERICUT仿真界面，如图12.30所示。单击 ▶ 按钮，动态显示刀具切削工件材料的模拟过程。图12.47所示为序列NC5仿真加工之后的工件。仿真结束后，退出对话框。

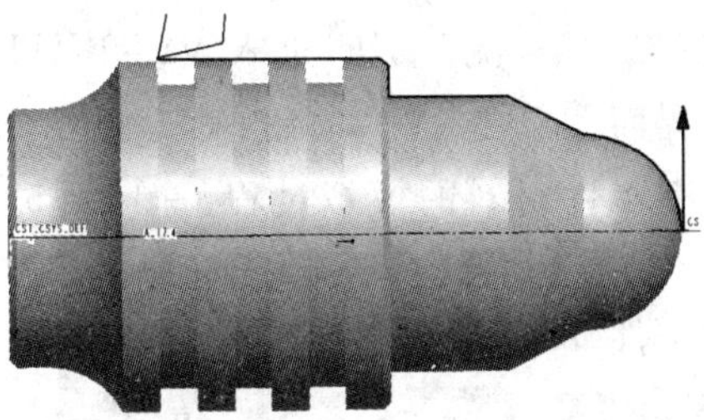

图12.46 演示切减材料

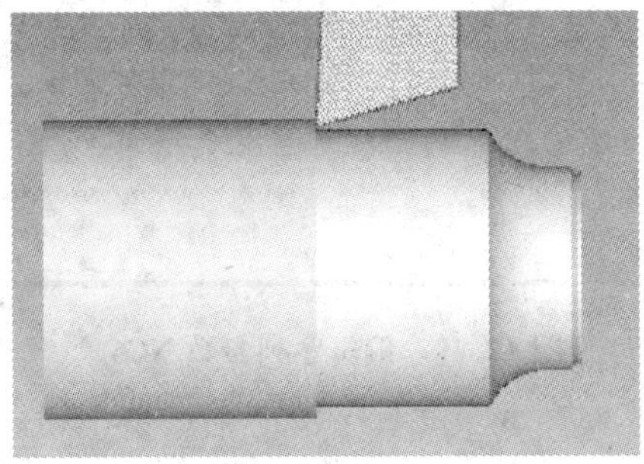

图12.47 NC5仿真加工之后的工件

单击“完成序列”按钮，完成序列五的设置与仿真。

(6)NC序列六。如图12.21所示，在菜单管理器中依次选择“NC序列”/“新序列”/“凹槽”选项，单击“完成”按钮，在打开的“序列设置”菜单中勾选“名称”选项，单击“完成”按钮，在屏幕下方的状态栏中输入NC序列名称NC6，单击后面的 ✔ 按钮，接受这个序列名称。

在“刀具设定”对话框中单击 按钮，创建切槽刀具T0002，在“普通”项栏目中设置刀具类型(选切削坡口)、刀具宽度等，如图12.48所示。单击“应用”按钮，在刀具列表区选择T0002，单击“确定”按钮完成刀具设定。

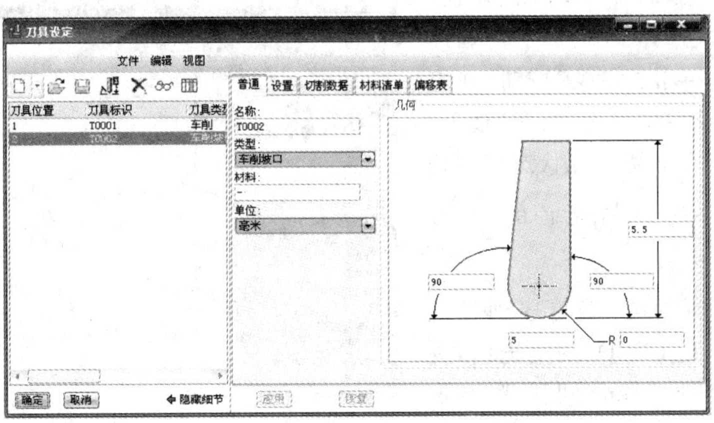

图12.48 刀 具 设 定

在图12.49所示的“编辑序列参数NC6”对话框，CUT_FEED(切割进给)为50mm/min，跨度要小于等于刀具宽度，此处取5mm，间隙距离取2mm，SPINDLE_SPEED(主轴转速)为500r/min，其余采用默认值，单击“确定”按钮，完成参数设置。

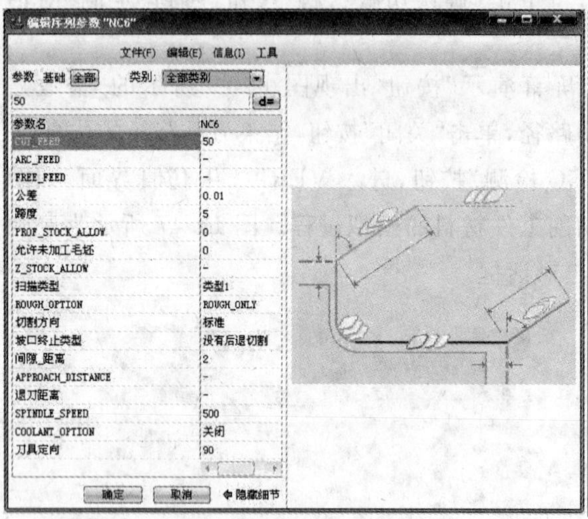

图 12.49　编辑序列参数 NC6

单击“定制”对话框中的“插入”按钮，系统弹出图 12.25 所示的“切削加工轮廓”菜单。在模型树上选择车削轮廓 4，接着定义车削扩展方向，终点处、起点处均选择 X 正向，完成后，在“切割”菜单上单击“演示切减材料”，出现“CL 控制”菜单，并在屏幕上演示材料的切削过程，如图 12.50 所示。

在“NC 序列”菜单中单击“演示轨迹”/“NC 检测”按钮，进入 VERICUT 仿真界面。单击 ▶ 按钮，动态显示刀具切削工件材料的模拟过程。图 12.51 所示为序列 NC6 仿真加工之后的工件。

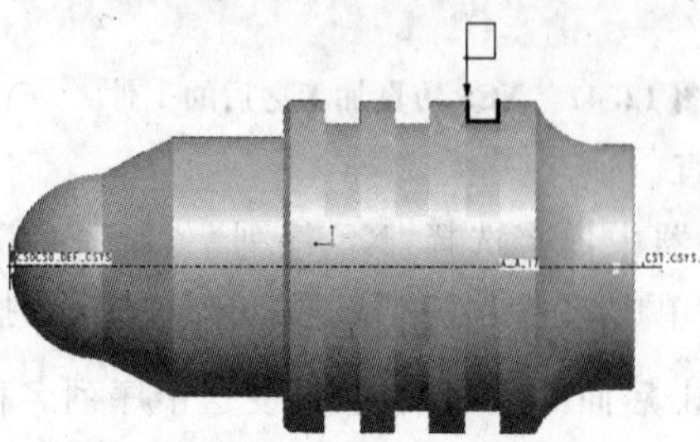

图 12.50　演示切减材料

图 12.51　NC6 仿真加工之后的工件

单击“完成序列”，完成序列六的设置与仿真。

(7)NC 序列七。如图 12.21 所示，在菜单管理器中依次选择“NC 序列”/“新序列”/“凹槽”选项，单击“完成”按钮，在打开的“序列设置”菜单中勾选“名称”选项，单击“完成”按钮，在屏幕下方状态栏中输入 NC 序列名称 NC7，单击后面的 ✔ 按钮，接受这个序列名称。

在图 12.52 所示的“编辑序列参数 NC7”对话框，CUT_FEED(切割进给)为 50mm/min，跨度取 5mm，间隙距离取 2mm，SPINDLE_SPEED(主轴转速)为 500r/min，其余采用默认值，单击“确定”按钮，完成参数设置。

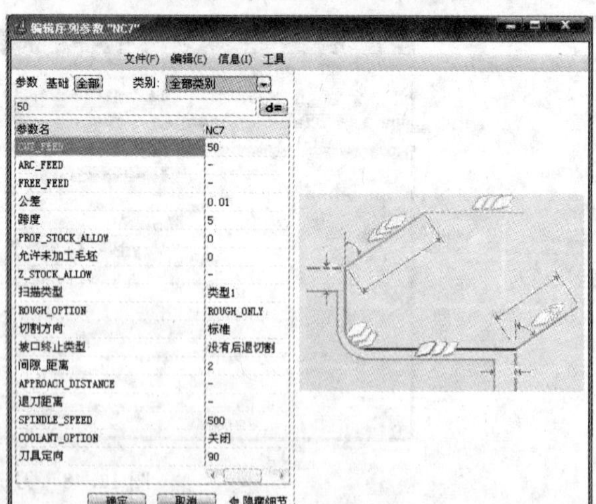

图 12.52　编辑序列参数 NC7

单击“定制”对话框中的“插入”按钮，

系统弹出如图 12.25 所示的“切削加工轮廓”菜单。在模型树上选择车削轮廓 5,接着定义车削扩展方向,终点处、起点处均选择 X 正向,完成后,在“切割”菜单上单击“演示切减材料”按钮,出现“CL 控制”菜单,并在屏幕上演示材料的切削过程,如图 12.53 所示。

在“NC 序列”菜单中,单击“演示轨迹”/“NC 检测”按钮,进入 VERICUT 仿真界面。单击 ▶ 按钮,动态显示刀具切削工件材料的模拟过程。图 12.54 所示为序列 NC7 仿真加工之后的工件。

单击“完成序列”按钮,完成序列七的设置与仿真。

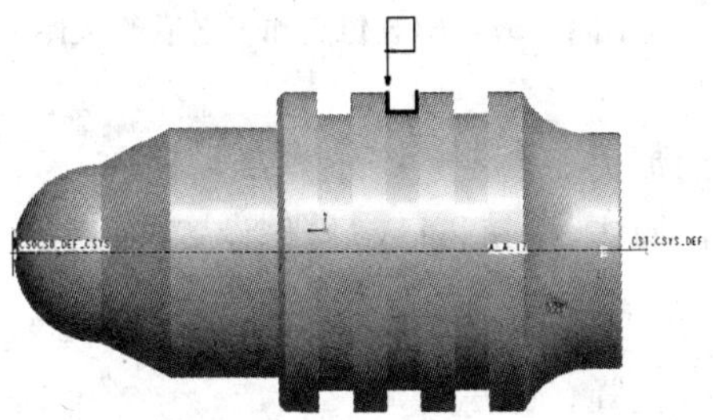

图 12.53 演示切减材料

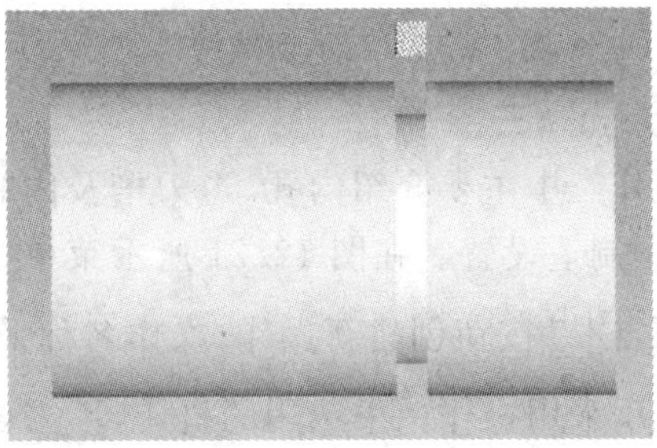

图 12.54 NC7 仿真加工之后的工件

(8)NC 序列八。如图 12.21 所示,在菜单管理器中依次选择“NC 序列”/“新序列”/“凹槽”选项,单击“完成”按钮,在打开的“序列设置”菜单中,勾选“名称”选项,单击“完成”按钮,在屏幕下方状态栏中输入 NC 序列名称 NC8,单击后面的 ✔ 按钮,接受这个序列名称。

在图 12.55 所示的“编辑序列参数 NC8”对话框,CUT_FEED(切割进给)为 50mm/min,跨度取 5mm,间隙距离取 2mm,SPINDLE_SPEED(主轴转速)为 500r/min,其余采用默认值,单击“确定”按钮,完成参数设置。

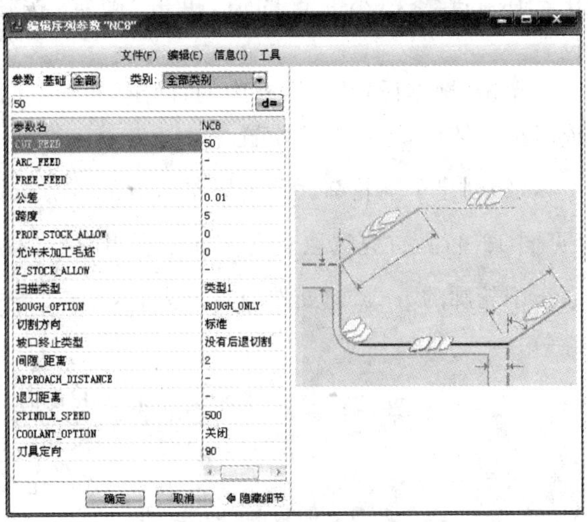

图 12.55 编辑序列参数 NC8

单击“定制”对话框中的“插入”按钮,系统弹出图 12.25 所示的“切削加工轮廓”菜单。在模型树上选择车削轮廓 6,接着定义车削扩展方向,终点处、起点处均选择 X 正向,完成后,在“切割”菜单上单击“演示切减材料”按钮,出现“CL 控制”菜单,并在屏幕上演示材料的切削过程,如图 12.56 所示。

在“NC 序列”菜单中单击“演示轨迹”/“NC 检测”按钮,进入 VERICUT 仿真界面。单击 ▶ 按钮,动态显示刀具切削工件材料的模拟过程。图 12.57 所示为序列 NC8 仿真加工之后的工件。

单击“完成序列”按钮,完成序列八的设置与仿真。

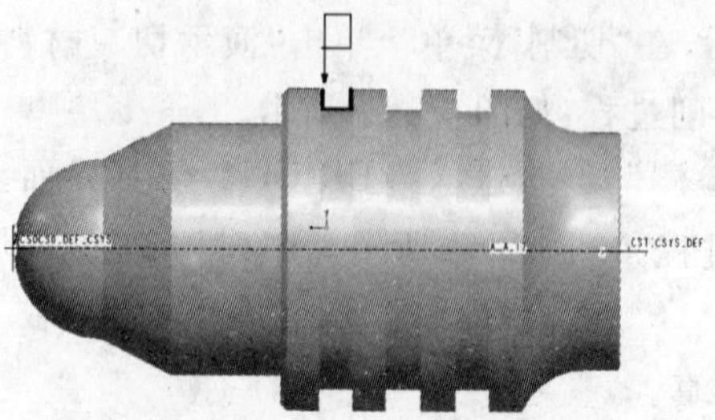

图 12.56 演示切减材料

图 12.57 NC8 仿真加工之后的工件

4）操作三

操作三中主要介绍内孔、退刀槽及内螺纹等的加工。

(1)制造设置。在图 12.21 所示菜单中，单击“操作”按钮，进入“操作设置”对话框。

单击按钮创建新操作，操作名称采用默认的 OP030。

机床采用操作一中选用的机床，不需要再进行设置。

单击“一般”选项卡中“机床零点”后面的按钮，出现如图 12.15 所示的菜单管理器。在模型树中单击参照模型 REF1 前面的三角形，在展开的特征树中选择坐标系 CS1，完成加工零点的创建。

单击“一般”选项卡中“曲面”后面的按钮，出现图 12.16 所示“退刀设置”对话框。在“类型”栏中选择圆柱，“参照”栏采用默认的制造坐标系，“方向”栏默认 Z，“值”栏中输入比毛坯孔半径稍小一点的值，单击“确定”按钮完成退刀曲面的建立，“公差”采用默认设置。

单击“操作设置”对话框中的“确定”按钮，完成制造设置。再单击菜单管理器下方的“完成/返回”按钮，退出制造设置。

(2)创建车削轮廓。单击屏幕右侧的按钮，在屏幕下方出现定义车削轮廓操作面板(见图 12.17)，首先选取建立车削轮廓用的坐标系，此处选制造坐标系 NC_CS1，然后选择建立车削轮廓的方式，此处选择草绘方式，单击按钮，选择定义内部草绘按钮，在弹出的“草绘”对话框中单击“草绘”按钮，选择草绘车削轮廓用的参照，此处选择轴线和端面，单击“求解”按钮(见图 12.18)，显示完全放置，单击“关闭”按钮，完成参照设置。

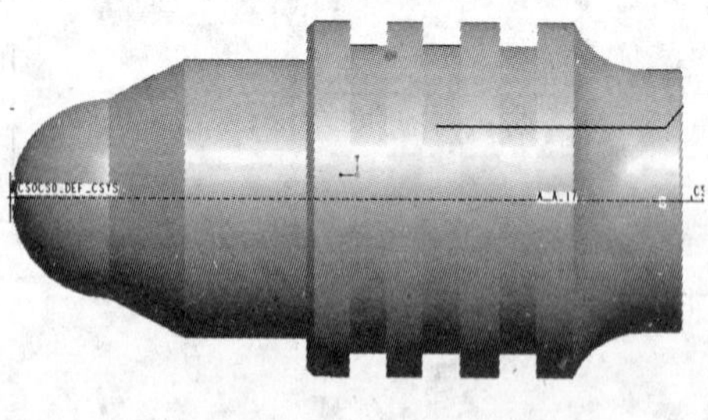

图 12.58 车削轮廓七

在草绘界面绘制出如图 12.58 所示的轮廓线，单击按钮，然后调整起点、终点位置及去除材料方向，调整之后单击按钮，完成车削轮廓的创建。

采用同样方式创建车削轮廓八(见图 12.59)、车削轮廓九(见图 12.60)。

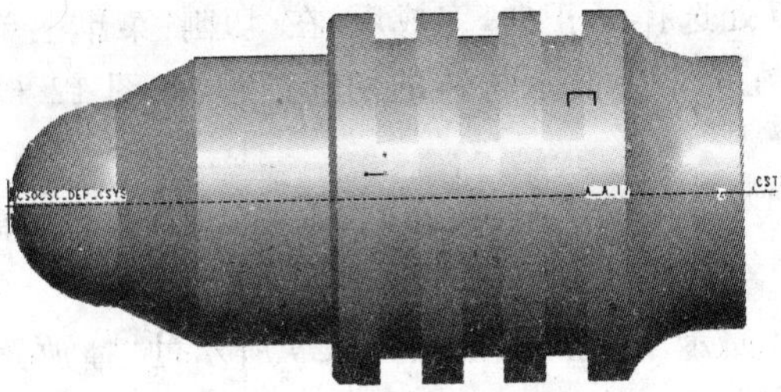

图 12.59 车削轮廓八

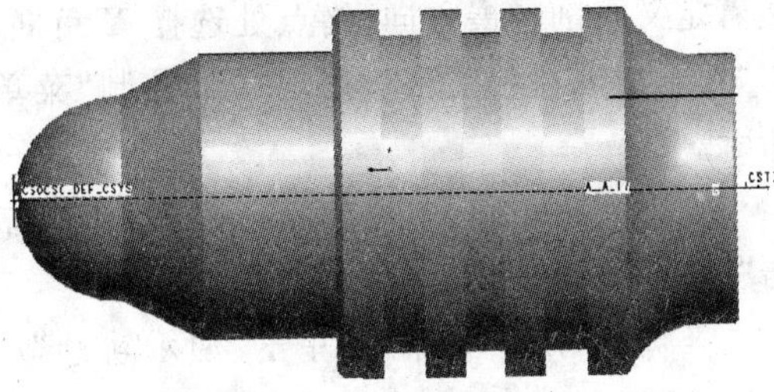

图 12.60 车削轮廓九

(3)NC 序列九。如图 12.21 所示，在菜单管理器中依次选择“加工”/“NC 序列”/“新序列”/“区域”选项，单击“完成”按钮，在“序列设置”菜单中勾选“名称”选项，单击“完成”按钮，在屏幕下方的状态栏中输入 NC 序列名称 NC4，单击后面的 按钮，接受这个序列名称。

在“刀具设定”对话框中，单击 按钮，创建内孔车刀 T0003，在“普通”项栏目中设置刀具类型(车削)、刀具几何尺寸等(见图 12.61)，单击“应用”按钮，在刀具列表区选择 T0003，单击“确定”按钮完成刀具设定。

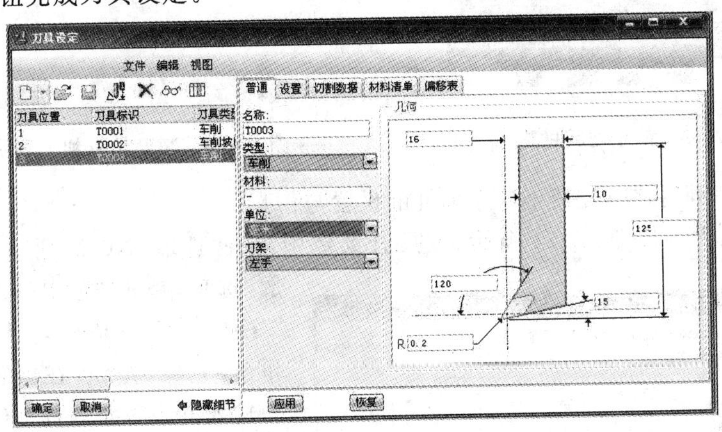

图 12.61 刀具设定

在图 12.62 所示的“编辑序列参数 NC9”对话框，CUT_FEED(切割进给)为 160mm/min，步长深度为 2mm，PROF_STOCK_ALLOW 为 0.5mm，允许未加工毛坯为 0.5mm，SPINDLE_SPEED(主轴转速)为 800r/min，刀具定向为 0，其余采用默认值，单击“确定”按钮，完成参数设置。

参数设置完成后，系统弹出“定制”对话框和“CL 数据”对话框。单击“定制”对话框中的“插入”按钮，系统弹出“切削加工轮廓”菜单，如图 12.25 所示。

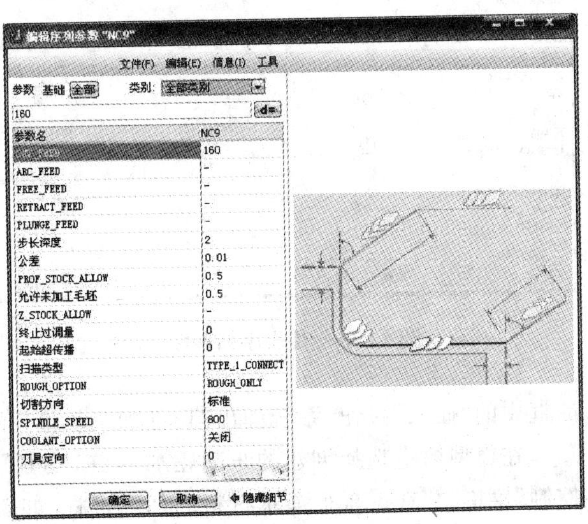

图 12.62 编辑序列参数 NC9

在模型树上选择创建的车削轮廓 7，

接着定义车削扩展方向，终点处选择 X 负向，起点处选择 Z 正向，完成后，在“切割”菜单上单击“演示切减材料”按钮，出现“CL 控制”菜单，并在屏幕上演示材料的切削过程，如图 12.63 所示。

如果演示正确，单击“完成”按钮，再单击“确认切减材料”按钮，回到“定制”对话框，再单击“确定”按钮，完成定制。

在“NC 序列”菜单中，单击“演示轨迹”/“屏幕演示”按钮，出现图 12.29 所示的“播放路径”对话框。单击 ▶ 按钮，显示刀具的走刀路径，单击“关闭”按钮，结束刀具路径的仿真。

在“NC 序列”菜单中，单击“演示轨迹”/“NC 检测”按钮，进入 VERICUT 仿真界面。单击 ▶ 按钮，动态显示刀具切削工件材料的模拟过程。图 12.64 就是序列 NC 九仿真加工之后的工件形状。仿真结束后，退出对话框。

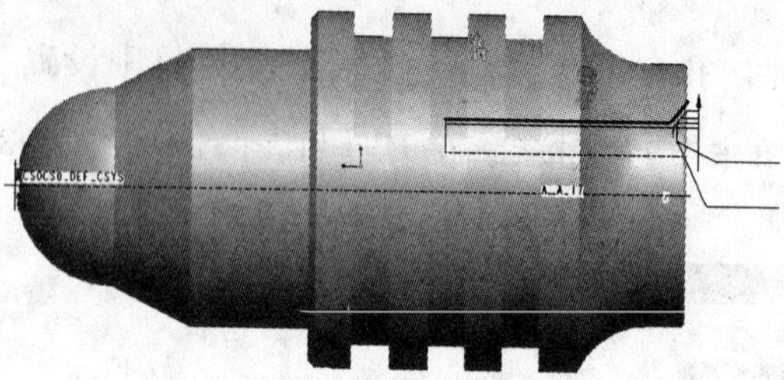

图 12.63　演示切减材料

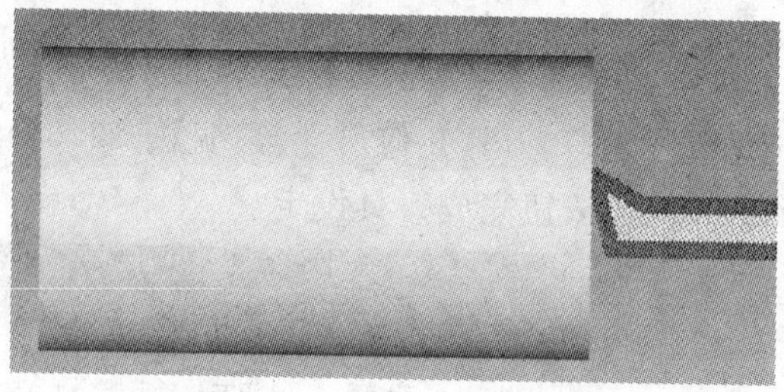

图 12.64　NC9 仿真加工之后的工件

单击“完成序列”按钮，完成 NC 序列九的设置与仿真。

(4)NC 序列十。如图 12.21 所示，在展开菜单中，依次选取“NC 序列”/“新序列”/“轮廓”选项，单击“完成”按钮，在打开的“序列设置”菜单中勾选“名称”选项，单击“完成”按钮，在屏幕下方状态栏中输入 NC 序列名称 NC10，单击后面的 ✔ 按钮，接受这个序列名称。

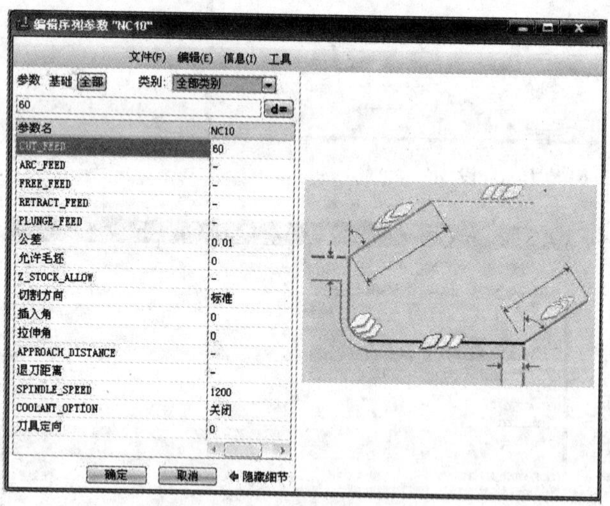

图 12.65　编辑序列参数 NC10

在图 12.65 所示的“编辑序列参数 NC10”对话框中，CUT_FEED(切割进给)为 60mm/min，SPINDLE_SPEED(主轴转速)为 1 200r/min，刀具定向为 0，其余采用默认值，单击“确定”按钮，完成参数设置。

参数设置完成后，系统弹出“定制”对话框(见图 12.23)和“CL 数据”对话框(见图 12.24)。单击“定制”对话框中的“插入”按钮，系统弹出“切削加工轮廓”菜单，如图12.25所示。

在模型树上选择创建的车削轮廓 7，在“切割”菜单上单击“演示切减材料”按钮，出现“CL 控制”菜单，并在屏幕上演示材料的切削过程，如图 12.66 所示。

如果演示正确，单击菜单上“完成”按钮，再单击“确认切减材料”按钮，回到“定制”对话框，再单击“确定”按钮，完成定制。

在“NC序列”菜单中，单击“演示轨迹”/“屏幕演示”按钮，出现图12.29所示的“播放路径”对话框。单击 ▶ 按钮，显示刀具的走刀路径，单击“关闭”按钮，结束刀具路径的仿真。

在“NC序列”菜单中，单击“演示轨迹”/“NC检测”按钮，进入VERICUT仿真界面，如图12.30所示。单击 ▶ 按钮，动态显示刀具切削工件材料的模拟过程。图12.67所示为序列NC10仿真加工之后的工件。仿真结束后，退出对话框。

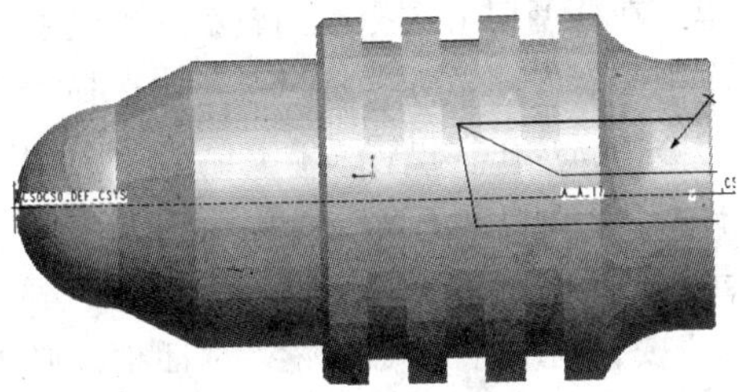

图12.66 演示切减材料

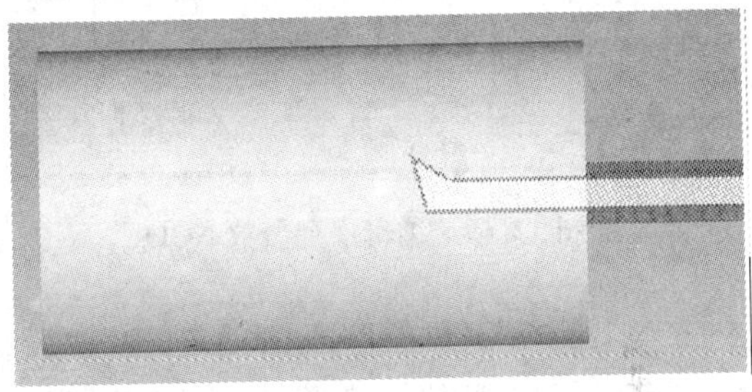

图12.67 NC10仿真加工之后的工件

单击“完成序列”，完成NC序列十的设置与仿真。

(5)NC序列十一。如图12.21所示，在菜单管理器中依次选择“NC序列”/“新序列”/“凹槽”按钮，单击“完成”按钮，在打开的“序列设置”菜单中，勾选“名称”选项，单击“完成”按钮，在屏幕下方状态栏中输入NC序列名称NC11，单击后面的 ✔ 按钮，接受这个序列名称。

在“刀具设定”对话框中，单击 按钮，创建内切槽刀T0004，在“普通”项栏目中设置刀具类型(选切削坡口)、刀具宽度等(见图12.68)，并在“切割数据”项目栏选择应用程序为精加工，单击“应用”按钮，在刀具列表区选择T0004，单击“确定”按钮完成刀具设定。

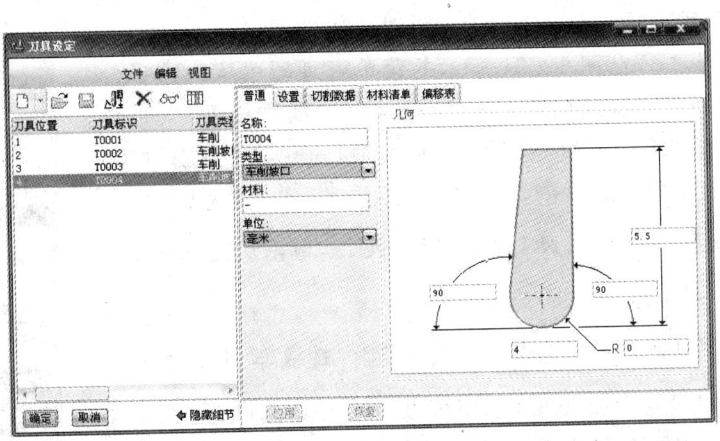

图12.68 刀具设定

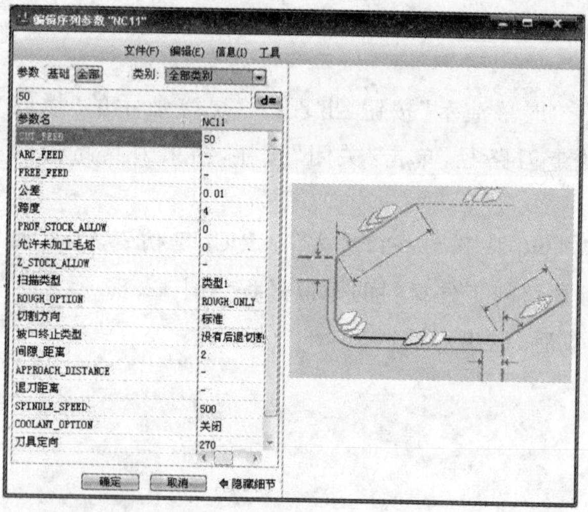

图 12.69 编辑序列参数 NC11

在图 12.69 所示的“编辑序列参数 NC11”对话框中，CUT_FEED(切割进给)为 50mm/min，跨度要小于等于刀具宽度，此处取 4mm，间隙距离取 2mm，SPINDLE_SPEED(主轴转速)为 500r/min，刀具定向为 270，其余采用默认值，单击“确定”按钮，完成参数设置。

单击“定制”对话框中的“插入”按钮，系统弹出图 12.25 所示的“切削加工轮廓”菜单。在模型树上选择车削轮廓 8，接着定义车削扩展方向，终点处、起点处均选择 *X* 负向，完成后，在“切割”菜单上单击“演示切减材料”，出现“CL 控制”菜单，并在屏幕上演示材料的切削过程，如图 12.70 所示。

在“NC 序列”菜单中单击“演示轨迹”/“屏幕演示”按钮，出现“播放路径”对话框。单击 ▶ 按钮，显示刀具的走刀路径，单击“关闭”按钮，结束刀具路径的仿真。

在“NC 序列”菜单中单击“演示轨迹”/“NC 检测”按钮，进入 VERICUT 仿真界面。单击 ▶ 按钮，动态显示刀具切削工件材料的模拟过程。图 12.71 所示为序列 NC6 仿真加工之后的工件。

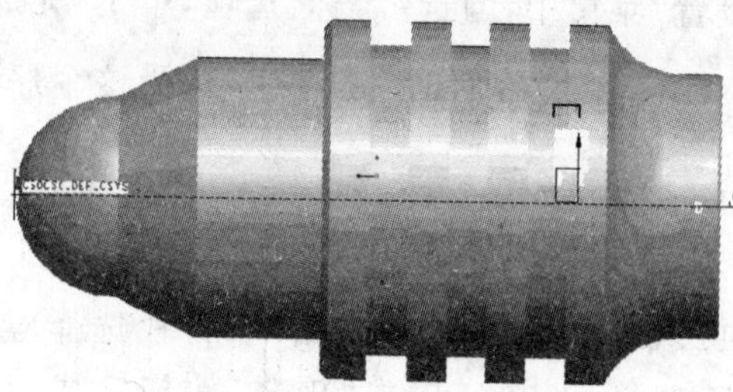

图 12.70 演示切减材料

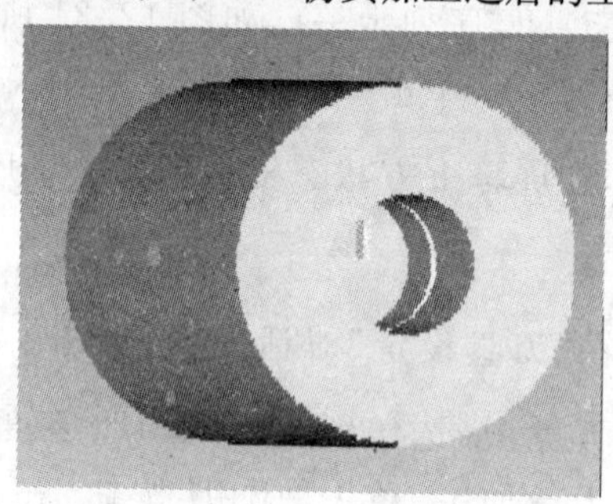

图 12.71 NC6 仿真加工之后的工件

单击“完成序列”按钮，完成序列六的设置与仿真。

(6)NC 序列十二。在图 12.21 所示的菜单管理器中依次选择“NC 序列”/“新序列”/“螺纹”/“完成”按钮，打开“螺纹类型”菜单(见图 12.72)，选取“均匀”/“内部”/“ISO”选项，再单击“完成”按钮，在打开的“序列设置”菜单中，勾选“名称”选项，单击“完成”按钮，在屏幕下方状态栏中输入 NC 序列名称 NC12，单击后面的 ✔ 按钮，接受这个序列名称。

图 12.72 螺纹类型

在“刀具设定”对话框中单击 按钮，创建内螺纹车刀 T0005，在“普通”项栏目中设置刀具类型(选切削坡口)、刀具宽度等(见图 12.73)，并在“切割数据”项目栏选择应用程序为精加工，单击“应用”按钮，在刀具列表区选择 T0005，单击“确定”按钮完成刀具设定。

在图 12.74 所示的“编辑序列参数 NC12”对话框中，CUT_FEED（切割进给）为 20mm/min，SPINDLE_SPEED（主轴转速）为 600r/min，THREAD_FEED（螺纹进给）为 2mm，THREAD_FEED_UNITS（螺纹进给单位）为 MMPR，序号切割（走刀次数）为 4，其余采用默认值，单击“确定”按钮完成参数设置。

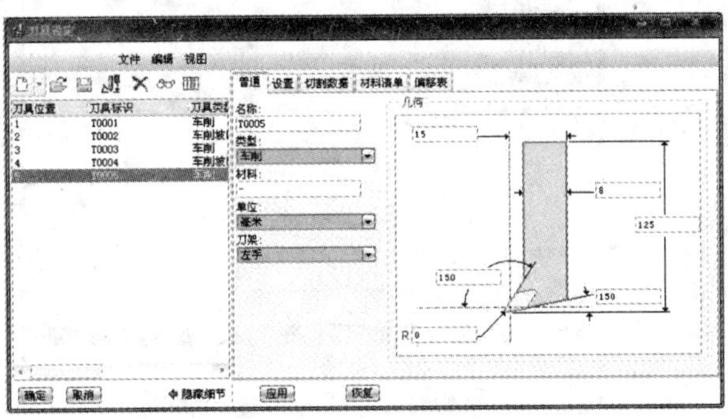

图 12.73 刀具设定

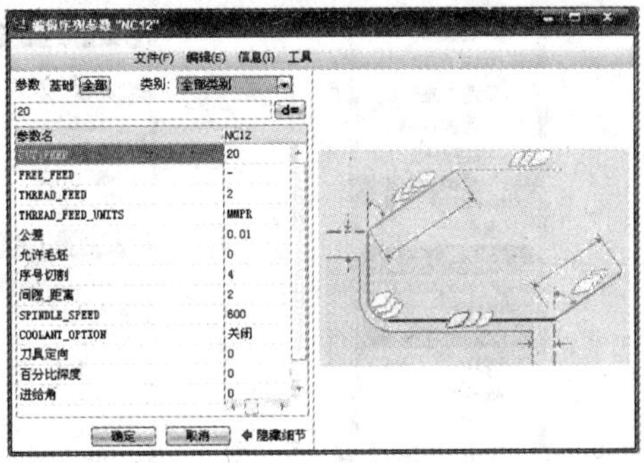

图 12.74 编辑序列参数 NC12

接着在模型树上选择车削轮廓 9。

在“NC 序列”菜单中，单击“演示轨迹”/“屏幕演示”按钮，出现“播放路径”对话框。单击 ▶ 按钮，显示刀具的走刀路径，如图 12.75 所示。单击“关闭”按钮，结束刀具路径的仿真。

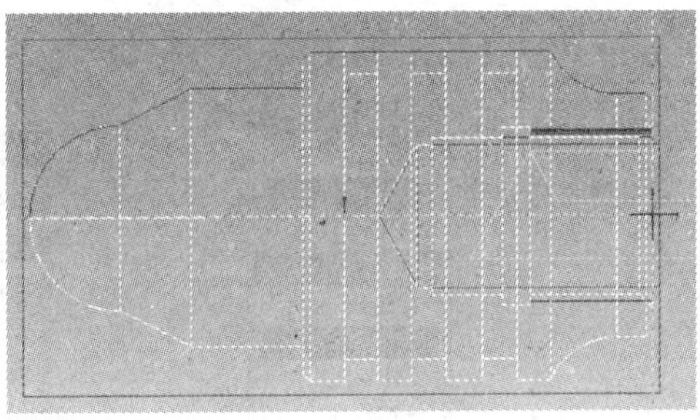

图 12.75 演示轨迹

提示：螺纹车削无法采用 NC 检测模拟加工过程。

5）程序生成

根据前面生成的刀具轨迹，通过后处理器生成数控机床能够执行的数控程序。

（1）CL 数据。在“制造”菜单管理器中单击“CL 数据”，在其展开的菜单中选择“输出”选项，每个 NC 序列，每个操作都可以生成 CL 文件，此处选择“操作”选项，如图 12.76 所示。

在选取菜单上选择 OP010，在图 12.77 所示的“轨迹”菜单中，单击“文件”按钮，勾选“MCD 文件”后，单击“完成”按钮，打开“保存副本”对话框（见图 12.78），可在“新建名称”后面输入文件名称，也可采用默认文件名 OP010，然后单击“确定”按钮，对文件进行保存。

（2）G 代码生成。在图 12.79 所示的后置期处理选项中，如果勾选“加工”选项，则采用“机床设置”中的后处理器文件对 CL 文件进行后置处理。直接单击“完成”按钮，弹出图 12.80 所示的后置处理列表。

后置处理列表中 UNCX01. P＊＊表示的是铣床用的后处理器名称，单击列表左下角的 ▼ 按钮，进入图 12.81 所示的后置处理列表，列表中 UNCL01. P＊＊表示的是车床用的后处理器名称。选择一个后处理器时，在屏幕左下角会有该后处理器的提示。

选择一个合适的后处理器后，在工作目录中生成 TAP 文件，用记事本打开这个 TAP 文件，即可看到生成的 G 代码。

采用与上面相同的步骤，为操作 OP020、OP030 生成 G 代码。

图 12.76　CL 数据菜单

图 12.77　轨迹菜单

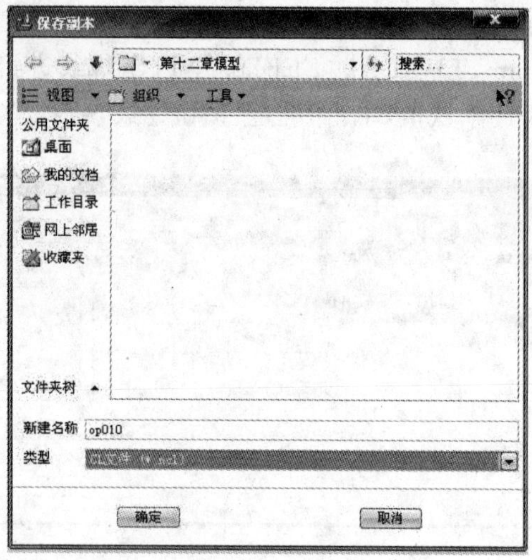

图 12.78　保存副本

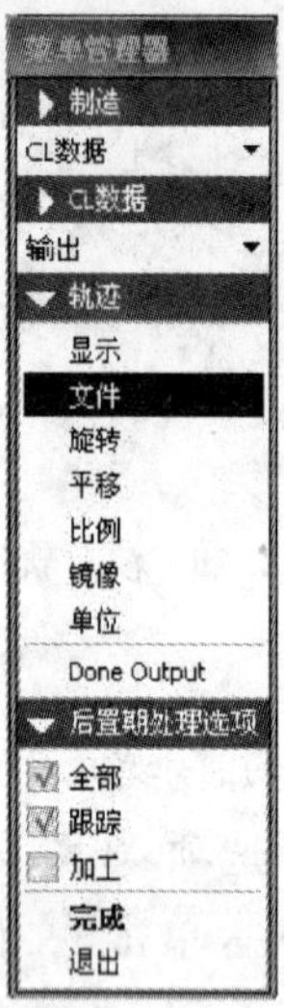

图 12.79　后置期处理选项

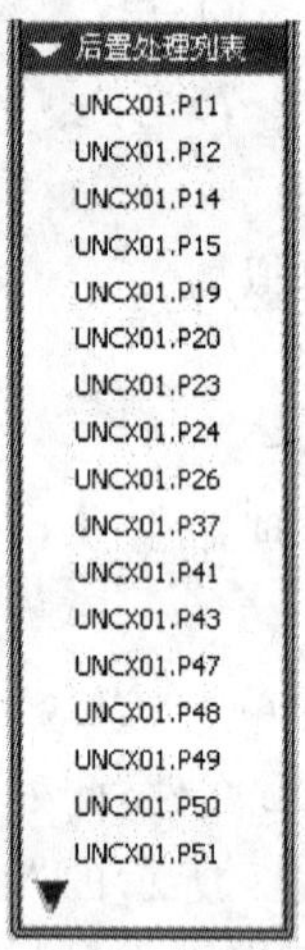

图 12.80　后置处理列表

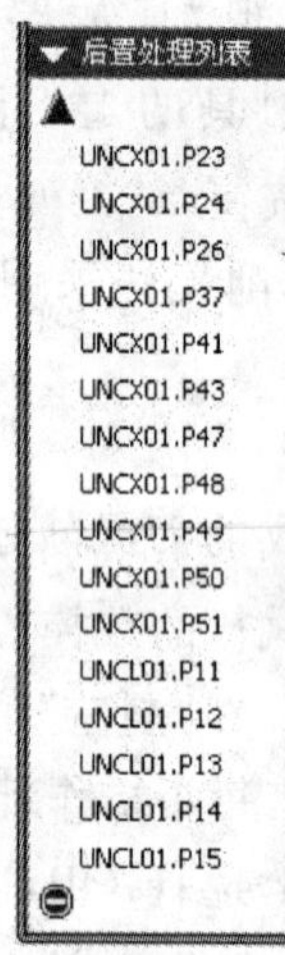

图 12.81　后置处理列表(二)

12.3　项目实例 14(职业技能鉴定铣削加工典型样例)操作分析

图 12.82 所示为一职业技能鉴定铣削加工典型样例,毛坯尺寸为 100mm×120mm×25mm,材料为 45 钢,要求利用 Pro/E 软件编写其数控加工程序。

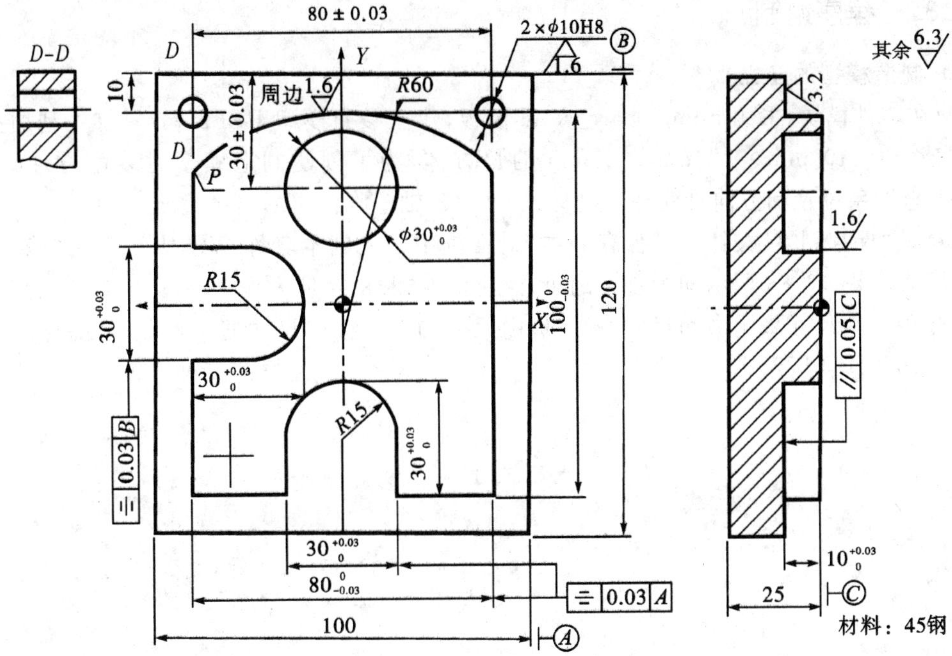

图 12.82　铣削加工典型样例

12.3.1　工艺分析及处理

1）零件图分析

图 12.82 所示零件为平面轮廓类零件。加工部分外轮廓由几段直线和几段圆弧连接构成，内轮廓是 ϕ30 整圆，此外还有两个 ϕ10 的圆孔需要加工。零件加工精度中等，有对称度、平行度要求，孔的表面及圆弧部分粗糙度要求较高。毛坯采用 45 钢，切削性能较好。

2）加工方案确定

首先采用体积块铣削粗加工外轮廓，采用轮廓铣削精加工外轮廓；接着再利用腔槽加工粗加工内轮廓，采用轮廓铣削（或腔槽加工）精加工内轮廓；然后利用中心钻先对两个 ϕ10 的圆孔进行定位，再进行钻孔，最后对两个孔进行铰削加工。

3）零件装夹

零件未加工部分外形为长方形，装夹时采用精密平口钳进行装夹，下面加垫铁。

4）刀具和切削用量选择

（1）刀具选择。选择 T01 为 ϕ12 立铣刀，用于外轮廓的粗、精加工；T02 为键槽铣刀，粗、精加工内轮廓；T03 为中心钻，用于两个 ϕ10 孔的定位；选择 T04 为 ϕ9.8 钻头，用于两个 ϕ10 孔的加工；T05 为 ϕ10H8 铰刀，用于用于两个 ϕ10 孔的铰削加工。

（2）切削用量选择。内外轮廓粗加工时，主轴转速 $n=500$r/min，进给速度 $f=$100mm/min，背吃刀量为 9.99m；精加工时，主轴转速 $n=800$r/min，进给速度 $f=$50mm/min，背吃刀量为 9.99mm；中心钻加工时，主轴转速 $n=1\ 500$r/min，进给速度 $f=$20mm/min；钻孔时，主轴转速 $n=800$r/min，进给速度 $f=30$mm/min；铰孔时，主轴转速 $n=$200r/min，进给速度 $f=50$mm/min。

12.3.2 程序编制

1）制造模型的建立

(1)在零件模块，采用 mmns_part_solid 模板，建立参照模型 REF2. prt。首先利用拉伸特征创建一个 100mm×120mm×25mm 的长方体，为了创建制造模型时装配方便，按图 12.82 中坐标系位置和方向创建一个坐标系 CS0(*Z* 轴竖直向上)，创建完成后单击“文件”下拉菜单中的“保存副本”按钮，在“保存副本”对话框中输入副本名称 WORK2，单击“确定”按钮进行保存。图 12.83 所示即为创建的工件模型。再利用拉伸去除材料，完成参照模型的建立。模型中几何尺寸采用中间尺寸(最大极限尺寸与最小极限尺寸的平均值)。保存后的参照模型如图 12.84 所示。

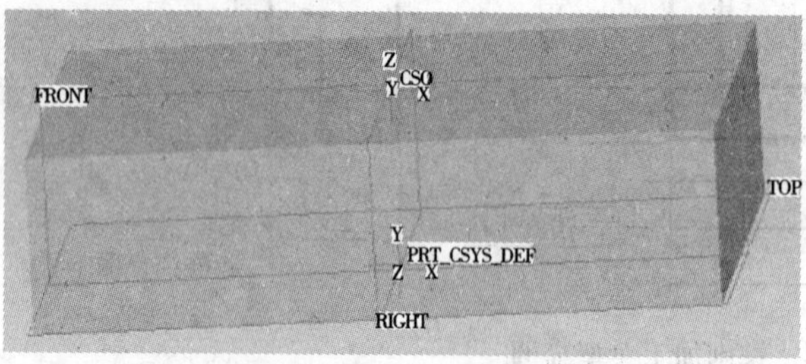

图 12.83 工件模型

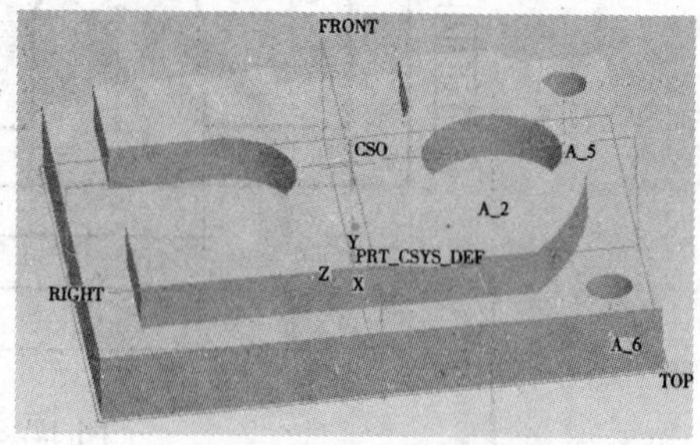

图 12.84 参照模型

(2)单击按钮，或者单击“文件”/“新建”按钮，打开如图 12.5 所示的“新建”对话框，类型选择“制造”，子类型选择“NC 组件”，名称输入 MENU2，不使用缺省模板，然后单击“确定”按钮。在弹出的图 12.6 所示的“新文件选项”对话框中选择公制模板 mmns_mfg_nc，单击“确定”按钮进入 Pro/E NC 主界面，在屏幕右上角出现如图 12.7 所示的“菜单管理器”。

单击“菜单管理器”中的“制造模型”/“装配”/“参照模型”按钮，在弹出的“打开”对话框中选择参照模型 REF2. prt，再单击“打开”按钮，参照模型 REF2. prt 就出现在 Pro/E NC 界面，同时在屏幕下方出现几何放置操作面板。单击操作面板上“自动”后面的三角形按钮，再选择“坐标系”选项，分别选择组件坐标系 NC_ASM_DEF_CSYS 和加工坐标系 CSO，最后单击操作面板上的图标，放置好参照模型。在随后弹出的“创建参照模型”对话框中单击“确定”按钮，完成参照模型的设置。

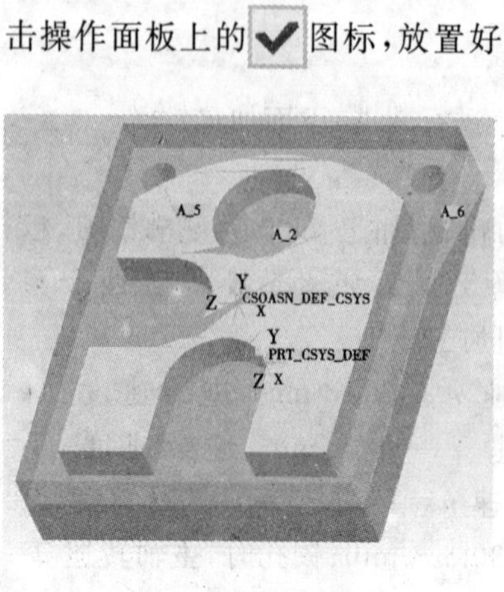

图 12.85 制造模型

单击“菜单管理器”中的“制造模型”/“装配”/“工件”按钮，在弹出的“打开”对话框中选择工件模型 WORK2. prt，再单击“打开”按钮，工件模型 WORK2. prt 就出现在 Pro/E NC界面，同时在屏幕下方出现几何放置操作面板。单击操作面板上“自动”选项后面的三角形按钮，再选择“坐标系”选项，分别选择组件坐标系 NC_ASM_DEF_CSYS 和加工坐标系 CSO，最后单击操作面板上的图标，并在随后弹出的“创建毛坯工件”对话框中单击“确定”按钮，完成制造模型的设置。建立的制造模型如图 12.85 所示。

2）操作

一次装夹即可完成所有的加工，此处建立一个操作即可。

(1)制造设置。单击“菜单管理器”中的“制造设置”按钮，进入如图12.11所示的“操作设置”对话框。在对话框中主要有操作名称、设置机床、机床零点、退刀面等。

操作名称可以自己定义，此处采用默认的OP010。

单击“NC机床”后面的按钮，进入“机床设置”对话框，如图12.86所示。根据加工零件特点，“机床类型”选择铣削，“轴数”选择三轴。

“输出”选项卡用于设置后处理器选项、CL命令输出选型、切刀补偿等；“主轴”选项卡用于设置主轴最大转速和功率；“进给量”选项卡用于设置进给量的单位及极限进给速度；“切削刀具”选项卡用于设置换刀时间和进入刀具设置；“行程”选项卡用于设置机床沿 X 轴、Y 轴、Z 轴的运动极限；“定制循环”选项卡用于设置孔加工的定制循环；“注释”选项卡用于描述与机床操作数据相关的文字，供用户阅读；“机床组件”选项卡用于加工模拟设置。

上述选项卡中除“切削刀具”选项卡外，通常都可以采用默认设置或省略不填。在“切削刀具”选项卡中(见图12.13)，刀具更换时间设为8s，单击按钮，进入“刀具设定”对话框，如图12.87所示。

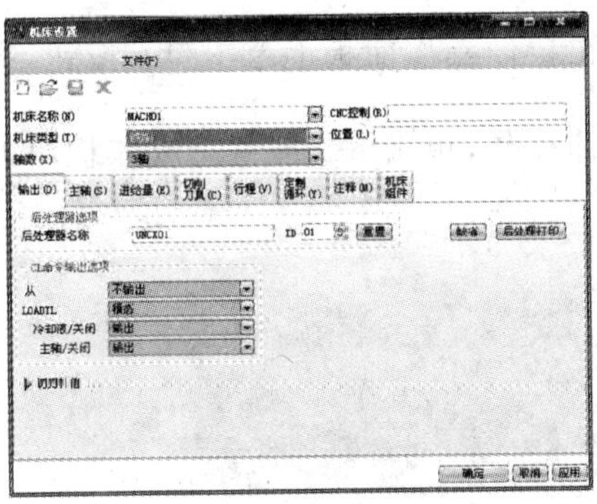

图12.86　机床设置

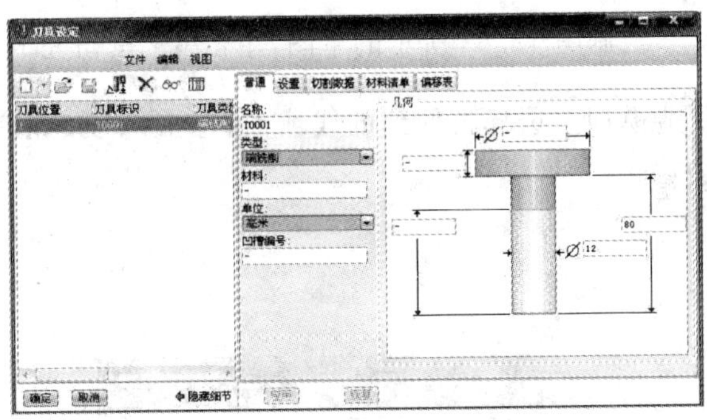

图12.87　“刀具设定”对话框

提示：打开“刀具设定”对话框的方式有：

①在菜单管理器里单击“制造设置”/“刀具”按钮。

②在“切削刀具”选项卡里单击按钮。

③在操作NC序列时选择“刀具”复选框。

在打开的“刀具设定”对话框中，默认值为一的参数为可选参数，可以不进行设置。

设置一把刀具时，首先在“普通”选项卡中输入刀具名称，选择刀具类型(此处选择端铣刀)，设置刀具几何尺寸；在“设置”选项卡中填入对应的刀具号；在“切割数据”选项卡中选择应用程序、单位，输入切削数据(此处切削数据可视作所选刀具允许的切削数据，可不设定)，单击“应用”按钮，所设刀具即出现在左侧刀具列表区中。单击“刀具设定”对话框中的按钮，可继续设置其他刀具。刀具设置完成后，单击“确定”按钮，回到“机床设置”对话框，再单击“确定”按钮，回到“操作设置”对话框。

夹具采用平口钳装夹，不影响走刀过程，不再进行设置。

单击“一般”选项卡中“机床零点”后面的按钮，在制造模型上选择坐标系 CS0，加工零点 NC_CS0 即创建完成。

单击“一般”选项卡中“曲面”后面的按钮，出现如图 12.88 所示的“退刀设置”对话框。在“类型”栏中选择平面，“参照”栏采用默认的制造坐标系，“方向”栏默认 Z，“值”栏中输入一个较小的正数，单击“确定”按钮完成退刀曲面的建立，“公差”表示实际退刀与理论退刀的差值，采用默认设置。

单击“操作设置”对话框中的“确定”按钮，完成制造设置。再单击菜单管理器下方的“完成/返回”按钮，退出制造设置。

提示：在“操作设置”对话框中，如果不影响实际加工，“夹具设置”可以不设置；坯件材料一般采用默认选项，也可根据实际加工材料输入；“From/Home”选项卡用来选取表达起止点位置的基准点，可不设定；“输出”选项卡定义输出内容，通常也不设定。

(2)创建体积块。单击屏幕右侧的创建体积块按钮，再单击“拉伸”按钮，出现拉伸操作面板，在“放置”上滑面板中单击“定义”按钮，选择工件上表面作为草绘平面，单击“草绘”对话框中的“草绘”按钮，选择坐标系或两条相互垂直的直线作为参照，在“参照”对话框中单击“求解”和“关闭”按钮，完成参照设置。

绘制图 12.89 所示的草图，单击按钮完成草绘，在拉伸操作面板上单击按钮，在制造模型上选择拉伸到的线或面，单击按钮完成拉伸操作，单击按钮完成体积块的创建。

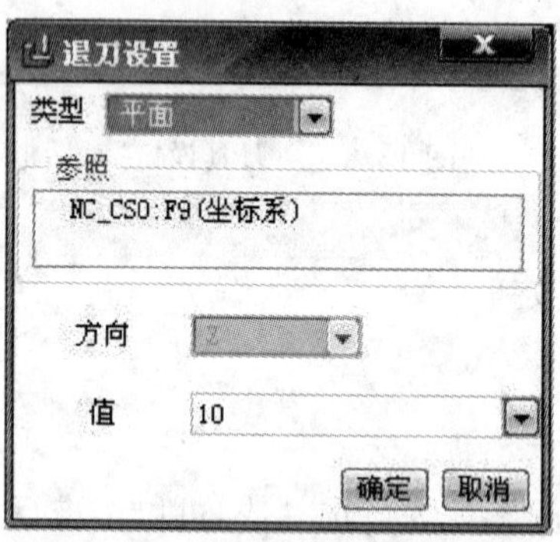

图 12.88　退刀设置

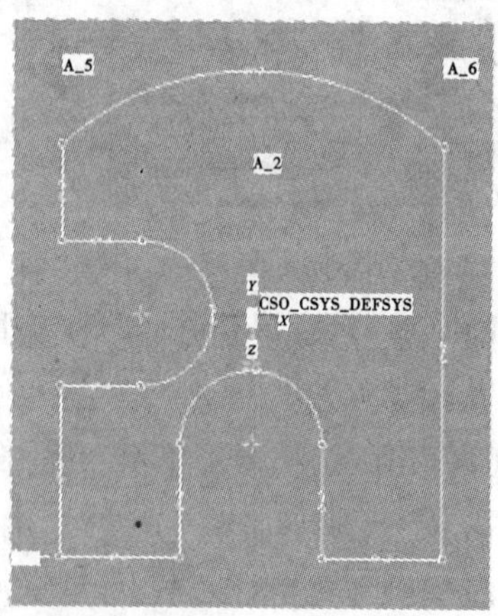

图 12.89　草绘轮廓

(3)NC 序列一。单击“菜单管理器”中的“加工”按钮，在其展开菜单中，依次选取“NC 序列”/“体积块”/“三轴”选项，单击“完成”按钮，打开“序列设置”菜单，如图 12.90 所示。

在“序列设置”菜单中勾选“名称”选项，单击“完成”按钮，在屏幕下方状态栏中输入 NC 序列名称 NC1，单击后面的按钮。

在打开的“刀具设定”对话框中单击“确定”按钮，确定刀具的设定。

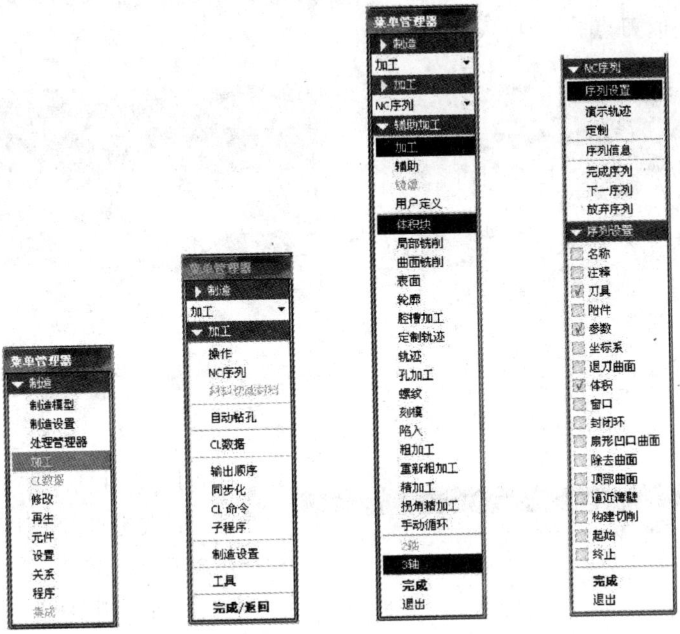

图 12.90　序 列 设 置

在图 12.91 所示的“编辑序列参数 NC1”对话框中，CUT_FEED（切割进给）为 100mm/min，步长深度为 9.99mm，跨度为 8mm，PROF-STOCK-ALLOW（侧向表面的加工余量）为 0.4mm，允许未加工毛坯为 0.4mm，扫描类型此处选类型螺旋，间隙距离为 5mm，SPINDLE_SPEED（主轴转速）为 500r/min，其余采用默认值，单击“确定”按钮，完成参数设置。

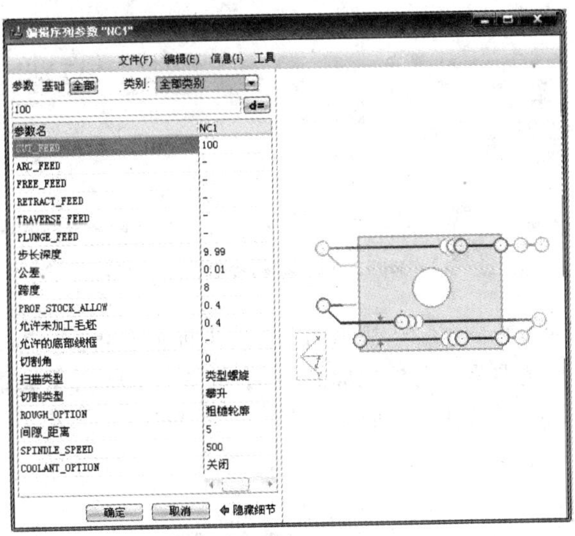

图 12.91　编辑序列参数 NC1

在模型上选择已经定义的体积块。

在“NC 序列”菜单中单击“演示轨迹”/“屏幕演示”按钮，出现“播放路径”对话框。单击 ▶ 按钮，显示刀具的走刀路径，如图 12.92 所示。单击“关闭”按钮，结束刀具路径的仿真。

在“NC 序列”菜单中，单击“演示轨迹”/“NC 检测”按钮，进入 VERICUT 仿真界面。单击 ▶ 按钮，动态显示刀具切削工件材料的模拟过程。图 12.93 所示为序列 NC1 仿真加工之后的工件。

单击“完成序列”按钮，完成序列一的设置与仿真。

提示：很多时候通过屏幕演示看到的刀具轨迹不容易发现加工中存在的问题，而通过 NC 检测对加工过程进行模拟，就比较容易发现加工中存在的问题。如果发现存在问题，可在“NC序列”菜单中单击“序列设置”按钮，在其展开的“序列设置”菜单中选择修改项目，也可以在这里定义进退刀点。

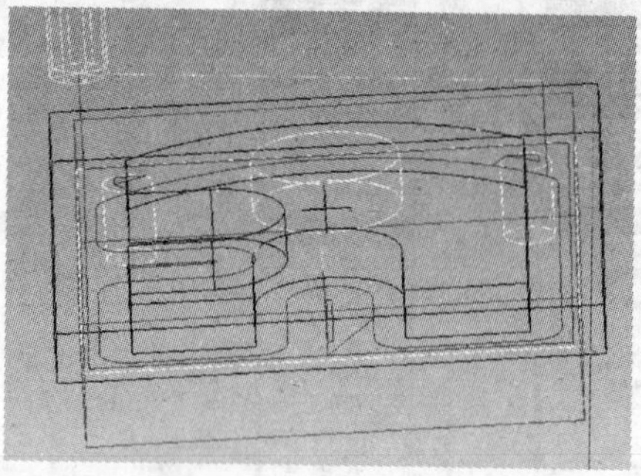

图 12.92　走刀轨迹

图 12.93　NC1 仿真加工之后的工件

（4）序列二。在图 12.90 所示菜单中，依次选择“NC序列”/“新序列”/“轮廓”选项，单击“完成”按钮，在“序列设置”菜单中勾选“名称”选项，单击“完成”按钮，在屏幕下方状态栏中输入NC序列名称NC2，单击后面的✔按钮，接受这个序列名称。

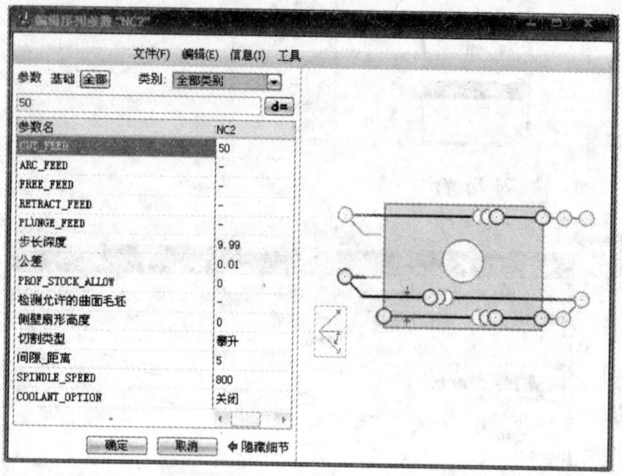

图 12.94　编辑序列参数 NC2

在图 12.94 所示的“编辑序列参数NC2”对话框中，CUT_FEED（切割进给）为 50mm/min，步长深度为9.99，间隙距离为 5mm，SPINDLE_SPEED（主轴转速）为 800r/min，其余采用默认值，单击“确定”按钮，完成参数设置。

在图 12.95 所示的NC序列曲面菜单中，单击“完成”按钮，按住Ctrl键，在参照模型上依次选取零件的外轮廓曲面，单击图 12.96 所示菜单上的“完成”按钮，完成曲面拾取，连续单击“完成”按钮，返回到“NC序列”菜单。

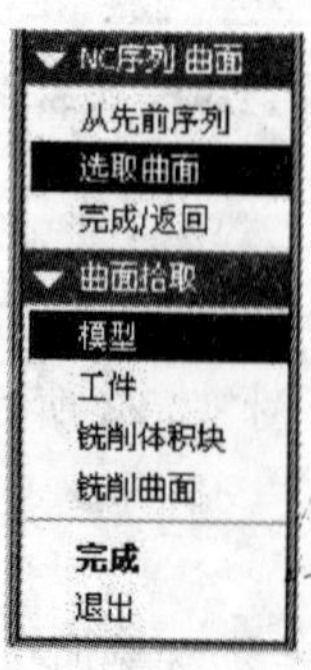

图 12.95　NC序列曲面

图 12.96　选取曲面

在“NC序列”菜单中单击“演示轨迹”/“屏幕演示”按钮，出现“播放路径”对话框。单击▶按钮，显示刀具的走刀路径，如图12.97所示。单击“关闭”按钮，结束刀具路径的仿真。

在“NC序列”菜单中单击“演示轨迹”/“NC检测”按钮，进入VERICUT仿真界面。单击▶按钮，动态显示刀具切削工件材料的模拟过程。图12.98所示为序列NC2仿真加工之后的工件。

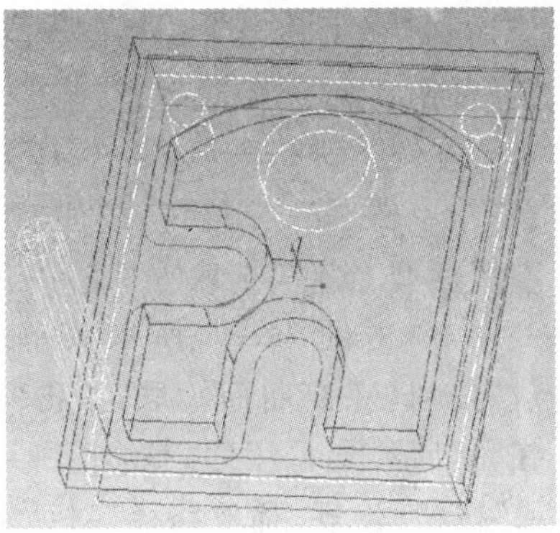

图12.97　走刀轨迹

图12.98　NC2仿真加工之后的工件

单击“完成序列”按钮，完成序列二的设置与仿真。

提示：一个序列设置完成后，可以采用菜单上的“材料切减材料”命令，从制造模型上把已加工部分的材料去掉，方便下一个序列的操作。不需要的体积块可以利用快捷菜单中的隐藏命令隐藏起来。

(5)序列三。在图12.90所示的菜单中，依次选择“NC序列”/“新序列”/“腔槽加工”选项，单击“完成”按钮，在“序列设置”菜单中勾选“名称”和“刀具”选项，单击“完成”按钮，在屏幕下方的状态栏中输入NC序列名称NC3，单击后面的✔按钮，接受这个序列名称。

在“刀具设定”对话框中单击🗋按钮，创建键槽铣刀T0002，在“普通”项栏目中设置刀具类型、刀具尺寸等(见图12.99)，单击“应用”按钮，在刀具列表区选择T0002，单击“确定”按钮，完成刀具设定。

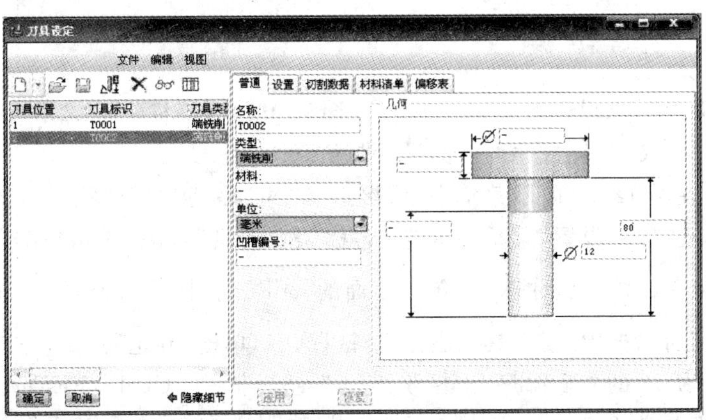

图12.99　刀具设定

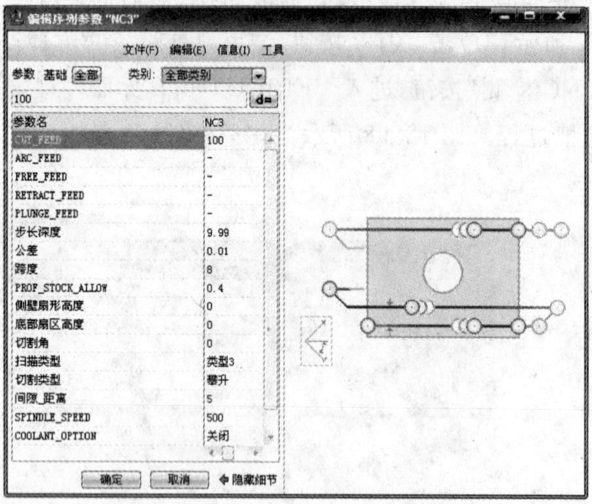

图 12.100 编辑序列参数 NC3

在图 12.100 所示的“编辑序列参数 NC3”对话框中，CUT_FEED(切割进给)为 100mm/min，步长深度为 9.99mm，跨度为 8mm，PROF-STOCK-ALLOW(侧向表面的加工余量)为0.4mm，间隙距离为 5mm，SPINDLE_SPEED(主轴转速)为 500r/min，其余采用默认值，单击“确定”按钮，完成参数设置。

在图 12.95 所示的 NC 序列曲面菜单中，单击“完成”按钮，按住 Ctrl 键，在参照模型上依次选取零件的内轮廓面和底面，单击图 12.96 所示菜单上的“完成”按钮，完成曲面拾取，单击“完成”按钮，返回到“NC 序列”菜单。

在“NC 序列”菜单中单击“演示轨迹”/“屏幕演示”按钮，出现“播放路径”对话框。单击 ▶ 按钮，显示刀具的走刀路径，如图 12.101 所示。单击“关闭”按钮，结束刀具路径的仿真。

在“NC 序列”菜单中单击“演示轨迹”/“NC 检测”按钮，进入 VERICUT 仿真界面。单击 ▶ 按钮，动态显示刀具切削工件材料的模拟过程。图 12.102 所示为序列 NC3 仿真加工之后的工件。

图 12.101 走刀轨迹

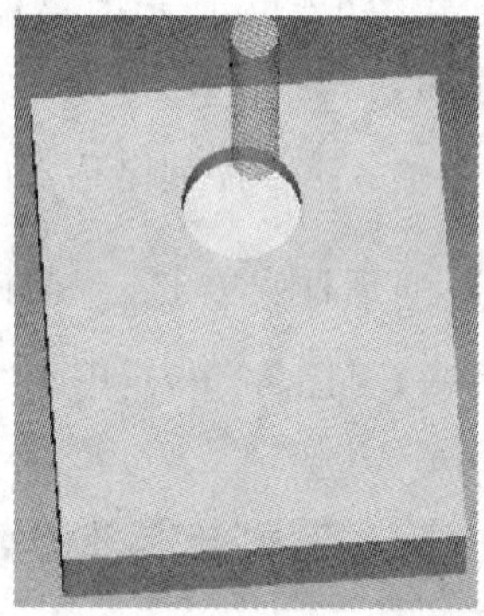

图 12.102 NC3 仿真加工之后的工件

单击“完成序列”按钮，完成序列三的设置与仿真。

(6)序列四。在图 12.90 所示菜单中，依次选择“NC 序列”/“新序列”/“腔槽加工”选项，单击“完成”按钮，在“序列设置”菜单中勾选“名称”和“刀具”选项，单击“完成”按钮，在屏幕下方状态栏中输入 NC 序列名称 NC4，单击后面的 ✔ 按钮，接受这个序列名称。

在“刀具设定”对话框中，在刀具列表区选择 T0002，单击“确定”按钮，完成刀具设定。

在图 12.103 所示的“编辑序列参数 NC4”对话框中，CUT_FEED(切割进给)为 50mm/min，步长深度为 9.99mm，跨度为 8mm，间隙距离为 5mm，SPINDLE_SPEED(主轴转速)为 800r/min，其余采用默认值，单击“确定”按钮，完成参数设置。

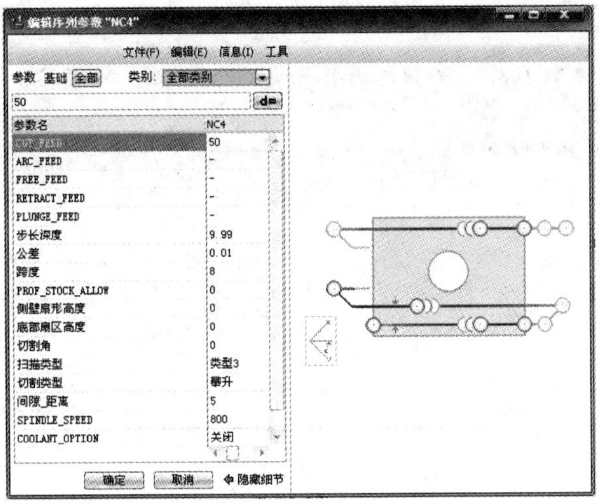

图 12.103　编辑序列参数 NC4

在图 12.95 所示的 NC 序列曲面菜单中，单击“完成”按钮，按住 Ctrl 键，在参照模型上依次选取零件的内轮廓面和底面，单击图 12.96 所示菜单上的“完成”按钮，完成曲面拾取，单击“完成”按钮，返回到“NC 序列”菜单。

在“NC 序列”菜单中单击“演示轨迹”/“屏幕演示”按钮，出现“播放路径”对话框。单击▶按钮，显示刀具的走刀路径，如图 12.101 所示。单击“关闭”按钮，结束刀具路径的仿真。

在“NC 序列”菜单中，单击“演示轨迹”/“NC 检测”按钮，进入 VERICUT 仿真界面。单击▶按钮，动态显示刀具切削工件材料的模拟过程。

单击“完成序列”按钮，完成序列四的设置与仿真。

(7)序列五。在图 12.90 所示的菜单中，依次选择“NC 序列”/“新序列”/“孔加工”选项，单击“完成”按钮，在图 12.104 所示的“孔加工”菜单中，选择“钻孔”/“标准”选项，单击“完成”按钮。在“序列设置”菜单中勾选“名称”和“刀具”选项，单击“完成”按钮，在屏幕下方的状态栏中输入 NC 序列名称 NC5，单击后面的✔按钮，接受这个序列名称。

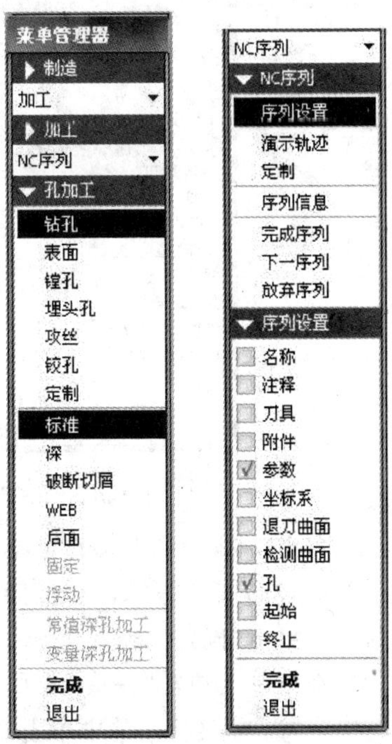

图 12.104　序列设置

在“刀具设定”对话框中单击新建按钮，创建中心钻 T0003，在“普通”项栏目中设置刀具类型(中心钻孔)、刀具尺寸等(见图 12.105)，单击“应用”按钮，在刀具列表区选择 T0003，单击“确定”按钮，完成刀具设定。

在图 12.106 所示的“编辑序列参数 NC5”对话框中，CUT_FEED(切割进给)为 20mm/min，间隙距离为 5mm，SPINDLE_SPEED(主轴转速)为 1 500r/min，其余采用默

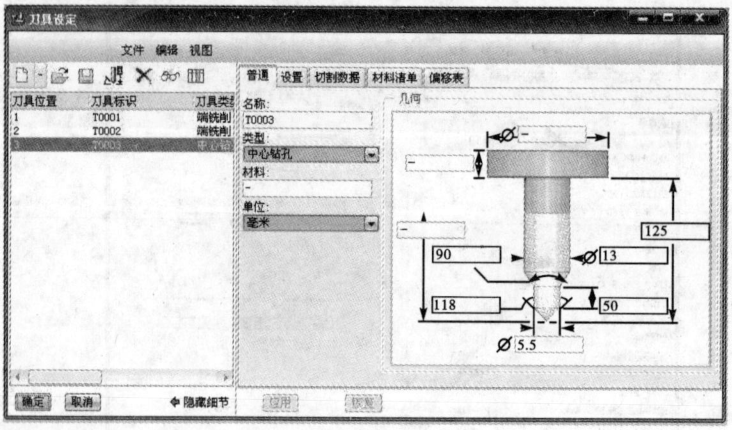

图 12.105 刀 具 设 定

认值，单击“确定”按钮，完成参数设置。

在图 12.107 所示的“孔集”对话框中，可以通过“轴”、“组”、“点”、“直径”、“曲面”、“参数”等选项选择要加工的孔。此处通过“直径”来指定孔，在“直径”选项卡中单击“添加”按钮，出现如图 12.108 所示的“选取直径”对话框，选择孔径 10，单击“确定”按钮。

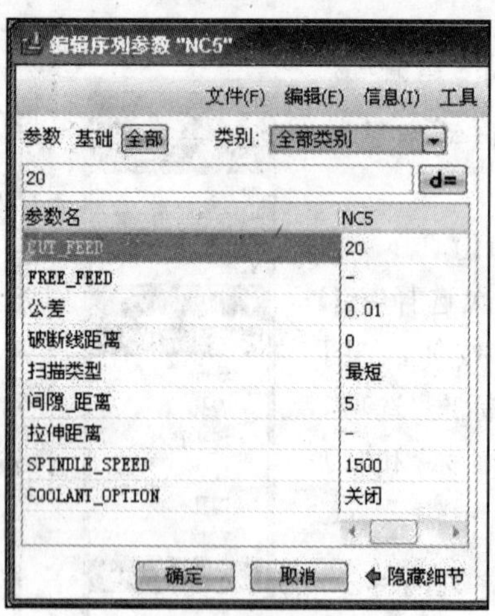

图 12.106 编辑序列参数 NC5

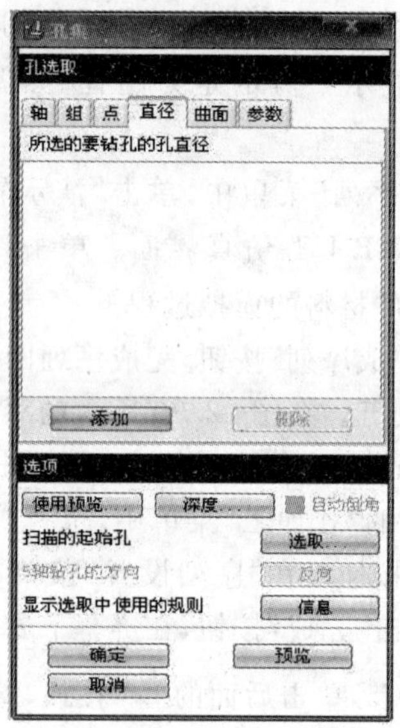

图 12.107 孔集

单击“孔集”对话框中的“深度”按钮，在图 12.109 所示的“孔集深度”对话框中，选择“盲孔”，通过输入 Z 深度，确定起始曲面和终止曲面，起始曲面的 Z 深度为 0，终止曲面的 Z 深度为2.5，单击“确定”按钮，完成孔集深度的设定。单击“确定”按钮，退出“孔集”对话框。

在菜单上单击“完成/返回”按钮，完成孔的设置。

在“NC 序列”菜单中单击“演示轨迹”/“屏幕演示”按钮，出现“播放路径”对话框。单击 ▶ 按钮，显示刀具的走刀路径，如图 12.110 所示。单击“关闭”按钮，结束刀具路径的仿真。

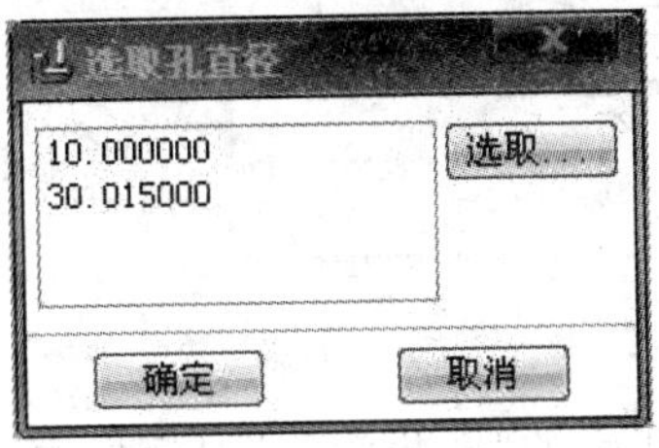

图 12.108 选取直径

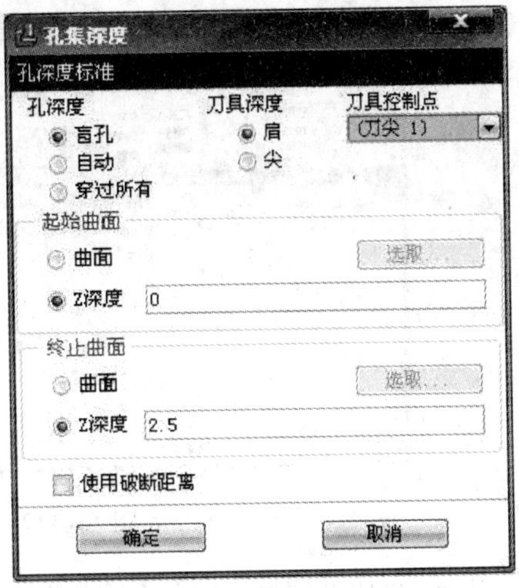

图 12.109 孔集深度

在“NC 序列”菜单中，单击“演示轨迹”/“NC 检测”按钮，进入 VERICUT 仿真界面。单击 ▶ 按钮，动态显示刀具切削工件材料的模拟过程。NC5 仿真加工后的工件如图 12.111 所示。

单击“完成序列”按钮，完成序列五的设置与仿真。

图 12.110 演示轨迹

图 12.111 NC5 仿真加工后的工件

(8)序列六。在图 12.90 所示菜单中，依次选择“NC 序列”/“新序列”/“孔加工”选项，单击“完成”按钮，在图 12.104 所示的“孔加工”菜单中，选择“钻孔”/“标准”选项，单击“完成”按钮。在“序列设置”菜单中勾选“名称”和“刀具”选项，单击“完成”按钮，在屏幕下方的状态栏中输入 NC 序列名称 NC6，单击后面的 ✔ 按钮，接受这个序列名称。

在“刀具设定”对话框中单击 按钮，创建钻孔刀具 T0004，在“普通”项栏目中设置刀具类型(钻孔)、刀具尺寸(ϕ9.8)等(见图 12.112)，单击“应用”按钮，在刀具列表区选择 T0004，单击“确定”按钮，完成刀具设定。

在图 12.113 所示的“编辑序列参数 NC6”对话框中，CUT_FEED(切割进给)为 30mm/min，间隙距离为 5mm，SPINDLE_SPEED(主轴转速)为 800r/min，其余采用默认值，单击“确定”按钮，完成参数设置。

在图 12.107 所示的“孔集”对话框中，通过“直径”来指定孔。在“直径”选项卡中单击“添加”按钮，出现如图 12.108 所示的“选取直径”对话框，选择孔径 10，单击“确定”按钮。

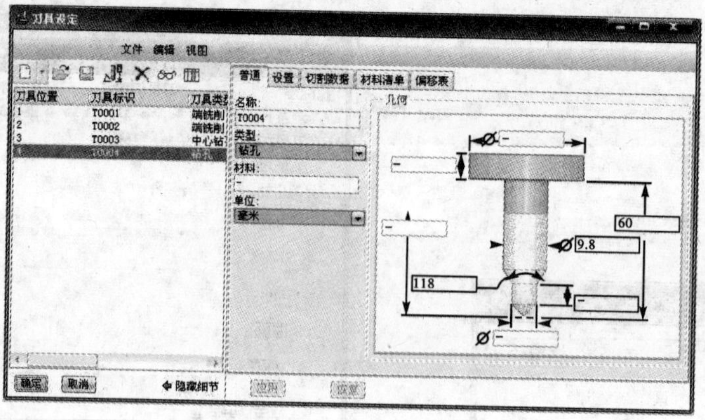

图 12.112　刀具设定

单击"孔集"对话框中的"深度"按钮,在图 12.114 所示的"孔集深度"对话框中,选择"自动"选项,单击"确定"按钮,完成孔集深度的设定。单击"确定"按钮,退出"孔集"对话框。

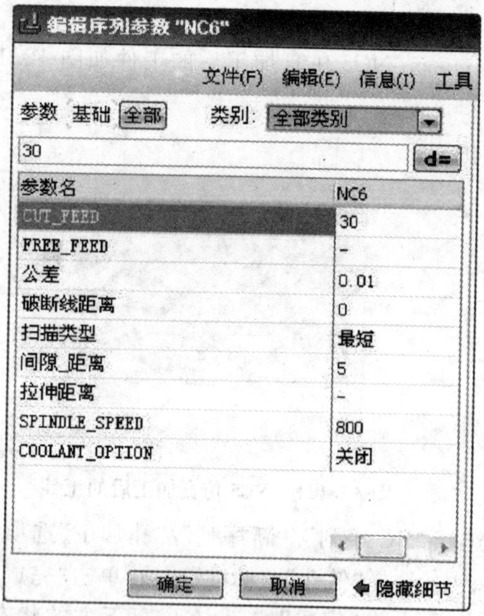

图 12.113　编辑序列参数 NC6

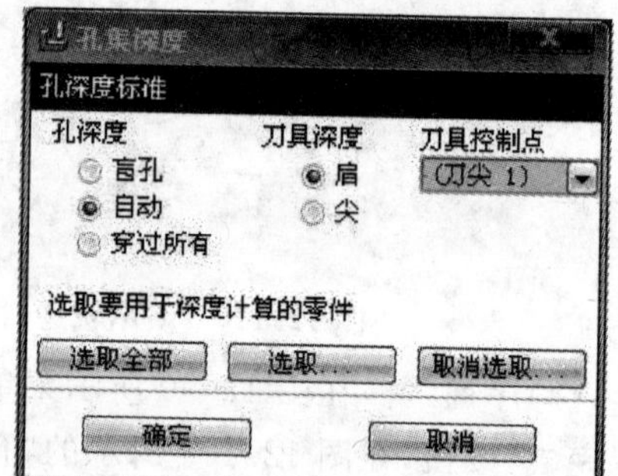

图 12.114　"孔集深度"对话框

在菜单上单击"完成/返回"按钮,完成孔的设置。

在"NC 序列"菜单中单击"演示轨迹"/"屏幕演示"按钮,出现"播放路径"对话框。单击▶按钮,显示刀具的走刀路径,如图 12.115 所示。单击"关闭"按钮,结束刀具路径的仿真。

在"NC 序列"菜单中单击"演示轨迹"/"NC 检测"按钮,进入 VERICUT 仿真界面。单击▶按钮,动态显示刀具切削工件材料的模拟过程。NC6 仿真加工后的工件如图 12.116 所示。

单击"完成序列"按钮,完成序列六的设置与仿真。

(9)序列七。在图 12.90 所示菜单中,依次选择"NC 序列"/"新序列"/"孔加工"选项,单击"完成"按钮,在图 12.104 所示的"孔加工"菜单中选择"铰孔"选项,单击"完成"按钮。在

“序列设置”菜单中勾选“名称”和“刀具”选项，单击“完成”按钮，在屏幕下方的状态栏中输入NC序列名称NC7，单击后面的 ✔ 按钮，接受这个序列名称。

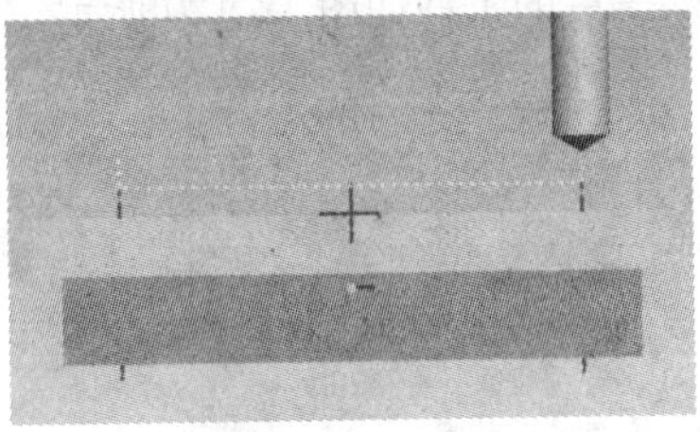

图12.115 演示轨迹

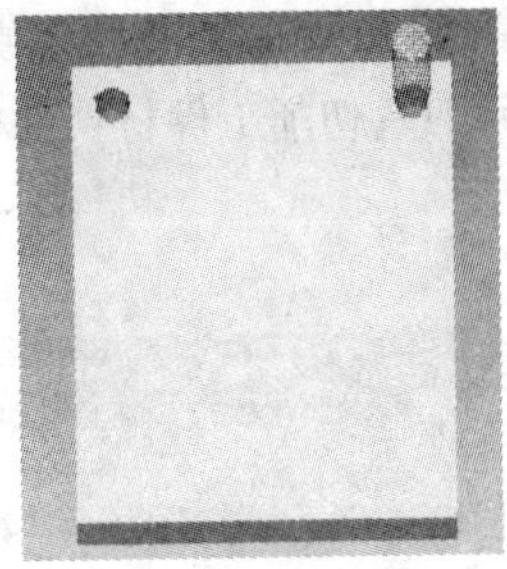

图12.116 NC6仿真加工后的工件

在“刀具设定”对话框中单击 按钮，创建铰刀T0005，在“普通”项栏目中设置刀具类型（铰孔）、刀具尺寸（$\phi 10$）等（见图12.117），单击“应用”按钮，在刀具列表区选择T0005，单击“确定”按钮，完成刀具设定。

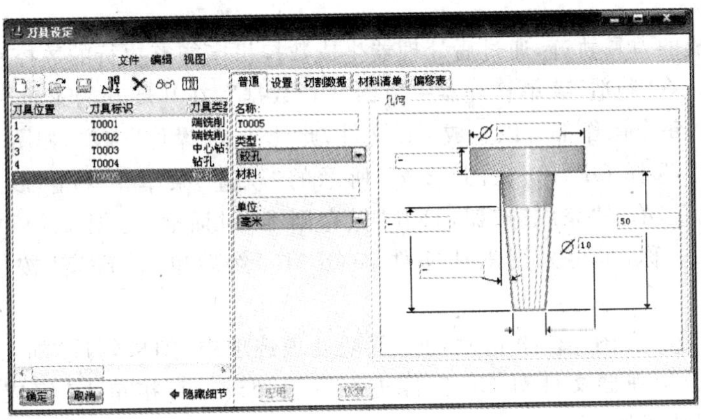

图12.117 “刀具设定”对话框

在图12.118所示的“编辑序列参数NC7”对话框中，CUT_FEED（切割进给）为50mm/min，间隙距离为5mm，SPINDLE_SPEED（主轴转速）为200r/min，其余采用默认值，单击“确定”按钮，完成参数设置。

在图12.107所示的“孔集”对话框中，通过“直径”来指定孔。在“直径”选项卡中单击“添加”按钮，出现图12.108所示的“选取直径”对话框，选择孔径10，单击“确定”按钮。

单击“孔集”对话框中的“深度”按钮，在图12.114所示的“孔集深度”对话框中，选择“自动”选项，单击“确定”按钮，完成孔集深度的设定。单击“确定”按钮退出“孔集”对话框。

在菜单上单击“完成/返回”按钮，完成孔的设置。

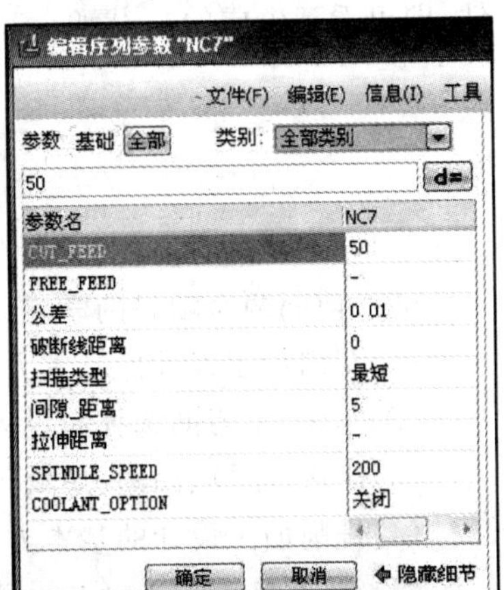

图12.118 编辑序列参数NC7

在“NC序列”菜单中单击“演示轨迹”/“屏幕演示”按钮，出现“播放路径”对话框。单击 ▶ 按钮，显示刀具的走刀路径，如图12.119所示。单击“关闭”按钮，结束刀具路径的仿真。

在“NC序列”菜单中单击“演示轨迹”/“NC检测”按钮，进入VERICUT仿真界面。单击 ▶ 按钮，动态显示刀具切削工件材料的模拟过程。NC7仿真加工后的工件如图12.120所示。

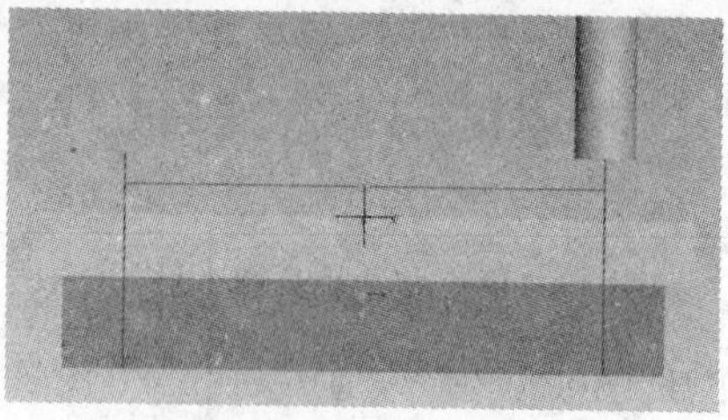

图12.119　演示轨迹

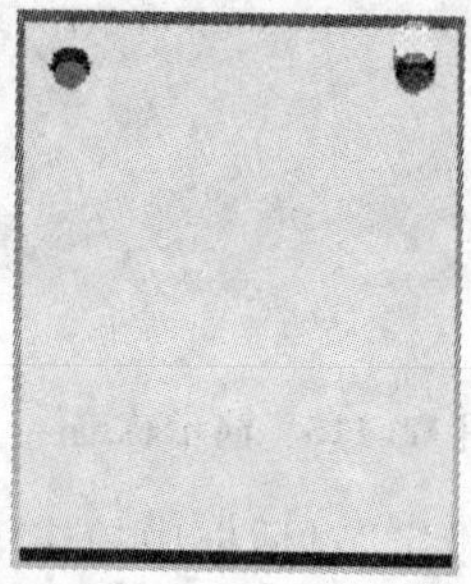

图12.120　NC7仿真加工后的工件

单击“完成序列”按钮，完成序列七的设置与仿真。

3）程序生成

根据前面生成的刀具轨迹，通过后处理器生成数控机床能够执行的数控程序。

(1)CL数据。在“制造”菜单管理器中单击“CL数据”，在其展开的菜单中选择“输出”选项，每个NC序列，每个操作都可以生成CL文件，此处选择“操作”选项，如图12.76所示。

在选取菜单上选择OP010，在图12.77所示的“轨迹”菜单中单击“文件”选项，勾选“MCD文件”选项后，单击“完成”按钮，打开“保存副本”对话框(见图12.78)，可在“新建名称”后面输入文件名称，也可采用默认文件名OP010，然后单击“确定”按钮，对文件进行保存。

(2)G代码生成。在图12.79所示的后置期处理选项中，如果勾选“加工”选项，则采用“机床设置”中的后处理器文件对CL文件进行后置处理。直接单击“完成”按钮，弹出图12.80所示的后置处理列表。

选择一个合适的后处理器后，在工作目录中生成TAP文件，用记事本打开这个TAP文件，即可看到生成的G代码。

12.4　项目总结

通过前面两个项目的学习，可以非常熟练地掌握以下重要内容：

(1)车削加工设计的基本方法、步骤。

(2)车床、车刀的选择与设置。

(3)区域、轮廓、凹槽、螺纹等车削加工方法的灵活运用。

(4)铣削加工设计的基本方法、步骤。

(5)铣床、铣刀的选择与设置。

(6)体积块、轮廓、腔槽、孔加工等铣削加工方法的灵活运用。

12.5 项目拓展

12.5.1 实例特征分析

如图 12.121 所示零件，毛坯外形尺寸为 160mm×120mm×40mm，材料为 45 调质钢，除上表面以外的其他表面均已加工符合技术要求（在主视图中观察），要求利用 Pro/E 软件编写其数控加工程序。

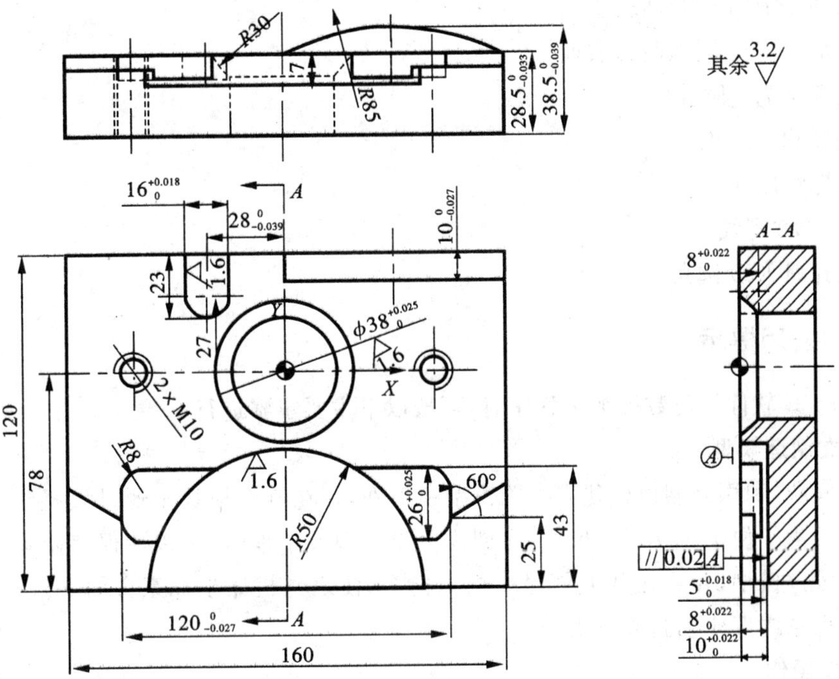

图 12.121 零件图

该零件复杂程度一般，但各加工部分的尺寸精度、形位公差、表面粗糙度等要求较高，加工要素分别有平面、圆弧轮廓表面、圆柱表面、内外轮廓、凹槽、螺纹孔、球面等。

12.5.2 工艺路线分析

工件的基准面 *A* 非常重要，它的精度直接关系到其他多个加工要素的加工精度，编程时坐标系原点取在工件上表面中间 ϕ38 孔的中心位置。

工件外形规则，采用平口钳进行装夹。

加工工序安排如下：

(1)粗加工表面 *A*。

(2)精加工表面 *A*。

(3)加工 *R*50 凹圆弧槽。

(4)加工深5mm凹槽。

(5)粗加工宽26mm的凹槽。

(6)粗加工宽16mm的凹槽。

(7)粗加工 $R85$ 圆弧凸台侧面。

(8)粗加工 $R85$ 圆弧凸台表面。

(9)钻中间位置孔。

(10)扩中间位置孔。

(11)精加工宽26mm的凹槽。

(12)精加工宽16mm的凹槽。

(13)精加工 $R85$ 圆弧凸台侧面。

(14)精加工 $R85$ 圆弧凸台表面。

(15)粗镗 $\phi37.5$ 圆孔。

(16)精镗 $\phi38$ 圆孔。

(17)钻螺纹底孔。

(18)攻M10螺纹。

(19)铣孔口 $R30$ 圆角。

12.5.3 技巧提示

利用Pro/E软件编写数控加工程序时,可按以下主要步骤进行:

1)建立制造模型

在零件模块,利用公制模板建立参照模型和工件,并在制造模块中通过设置约束关系建立制造模型。为了便于建立制造模型,在创建参照模型或工件时,可以用保存副本的方式生成另外一个零件模型,并且在其上创建一个坐标系,使之与机床坐标系方向一致,在制造模块中采用坐标系约束建立制造模型。

2)定义操作

在"操作设置"对话框中设置操作名称、选择机床及其参数、选择加工零点、建立退刀曲面。

3)定义NC序列

包括选择NC序列的类型、定义序列名称、选择或定义刀具、编辑序列参数、选择序列加工对象、演示刀具轨迹、模拟加工过程。序列加工对象(体积块、铣削窗口等)可以在主界面中提前创建。每个NC序列的定义步骤基本上是一样的,具体区别在刀具类型、参数设置及加工对象的选取上面。具体NC序列如下:

(1)序列一:采用体积块铣削或表面铣削粗加工表面 A,刀具采用 $\phi80$ 端铣刀,主轴转速450r/min,进给速度200mm/min。

(2)序列二:采用表面铣削精加工表面 A,刀具采用 $\phi80$ 端铣刀,主轴转速800r/min,进给速度160mm/min。

(3)序列三:采用腔槽加工或体积块铣削加工 $R50$ 凹圆弧槽,刀具采用 $\phi25$ 立铣刀,主轴转速 300r/min,进给速度 75mm/min。

(4)序列四:采用体积块铣削加工深 5mm 凹槽,刀具采用 ϕ25 立铣刀,主轴转速 300r/min,进给速度 75mm/min。

(5)序列五:采用体积块铣削粗加工宽 26mm 的凹槽,刀具采用 ϕ14 立铣刀,主轴转速 600r/min,进给速度 80mm/min。

(6)序列六:采用腔槽加工或体积块铣削粗加工宽 16mm 的凹槽,刀具采用 ϕ14 立铣刀,主轴转速 600r/min,进给速度 80mm/min。

(7)序列七:采用体积块铣削粗加工 R85 圆弧凸台侧面,刀具采用 ϕ14 立铣刀,主轴转速 600r/min,进给速度 80mm/min。

(8)序列八:采用体积块铣削或曲面铣削粗加工 R85 圆弧凸台表面,刀具采用 ϕ14 立铣刀,主轴转速 600r/min,进给速度 80mm/min。

(9)序列九:采用孔加工钻中间位置孔,刀具采用 ϕ11.8 麻花钻,主轴转速 550r/min,进给速度 80mm/min。

(10)序列十:采用孔加工扩中间位置孔,刀具采用 ϕ35 麻花钻,主轴转速 150r/min,进给速度 20mm/min。

(11)序列十一:采用腔槽加工精加工宽 26mm 的凹槽,刀具采用 ϕ12 立铣刀,主轴转速 800r/min,进给速度 100mm/min。

(12)序列十二:采用体积块铣削或腔槽加工精加工宽 16mm 的凹槽,刀具采用 ϕ12 立铣刀,主轴转速 800r/min,进给速度 100mm/min。

(13)序列十三:采用体积块铣削精加工 R85 圆弧凸台侧面,刀具采用 ϕ12 立铣刀,主轴转速 800r/min,进给速度 100mm/min。

(14)序列十四:采用体积块铣削或曲面铣削精加工 R85 圆弧凸台表面,刀具采用 ϕ12 立铣刀,主轴转速 800r/min,进给速度 1 000mm/min。

(15)序列十五:采用孔加工粗镗 ϕ37.5 圆孔,刀具采用 ϕ37.5 粗镗刀,主轴转速 850r/min,进给速度 80mm/min。

(16)序列十六:采用孔加工精镗 ϕ38 圆孔,刀具采用 ϕ38 精镗刀,主轴转速 1 000r/min,进给速度 40mm/min。

(17)序列十七:采用孔加工钻螺纹底孔,刀具采用 ϕ8.5 钻头,主轴转速 600r/min,进给速度 35mm/min。

(18)序列十八:采用孔加工攻 M10 螺纹,刀具采用 M10 机用丝锥,主轴转速 100r/min,进给速度 150mm/min。

(19)序列十九:采用孔加工铣孔口 R30 圆角,刀具采用 ϕ14 立铣刀,主轴转速 800r/min,进给速度 1 000mm/min。

4) 生成刀位数据文件

根据前面操作中各序列的刀具轨迹输出 CL 文件。

5) 生成程序文件

选择合适的后处理器进行后置处理,生成后缀是.tap、可用记事本打开的 G 代码文件。

思考与练习

(1)分析图 12.122～图 12.124 所示的轴套类零件的特点,并对其进行数控编程。

(2)分析图 12.125～图 12.128 所示的铣削类零件,并对其进行数控编程。

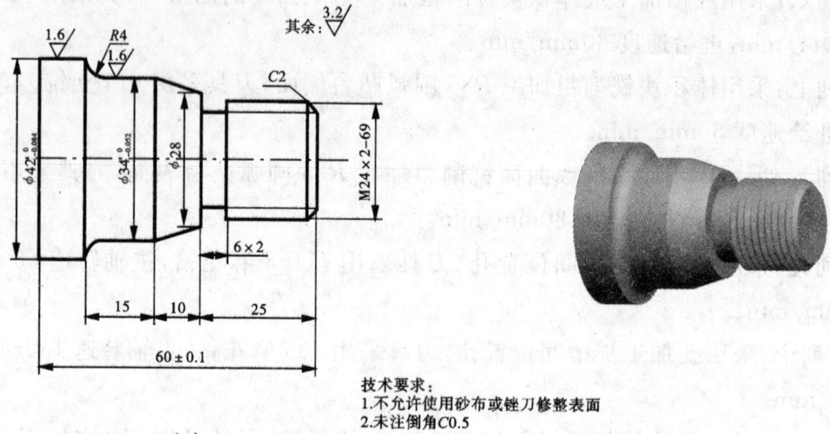

图 12.122 轴套类零件 1

(a)零件图;(b)实体图

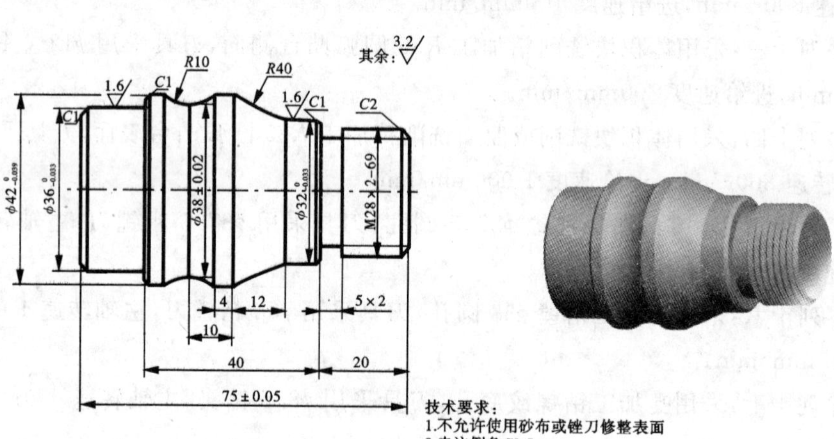

图 12.123 轴套类零件 2

(a)零件图;(b)实体图

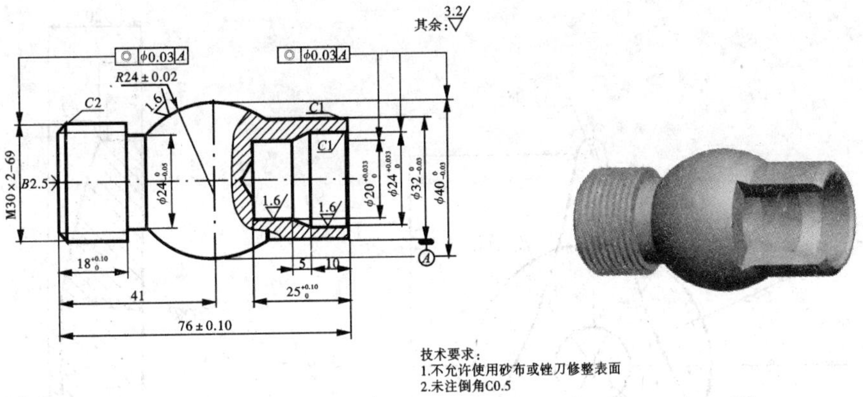

（a）　　（b）

图 12.124　轴套类零件 3

(a)零件图；(b)实体图

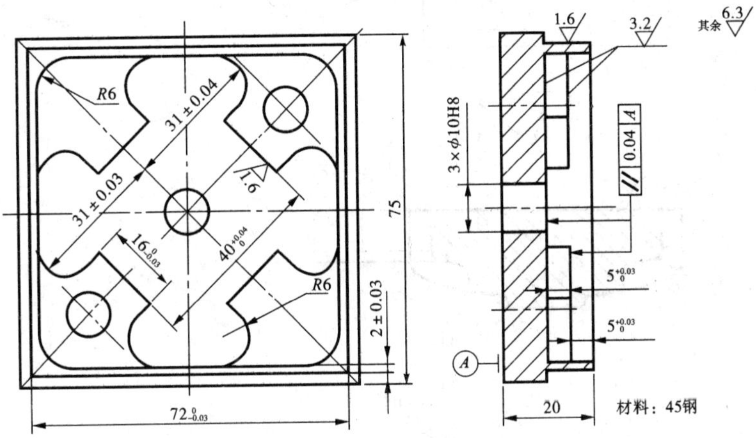

图 12.125　铣削类零件 1

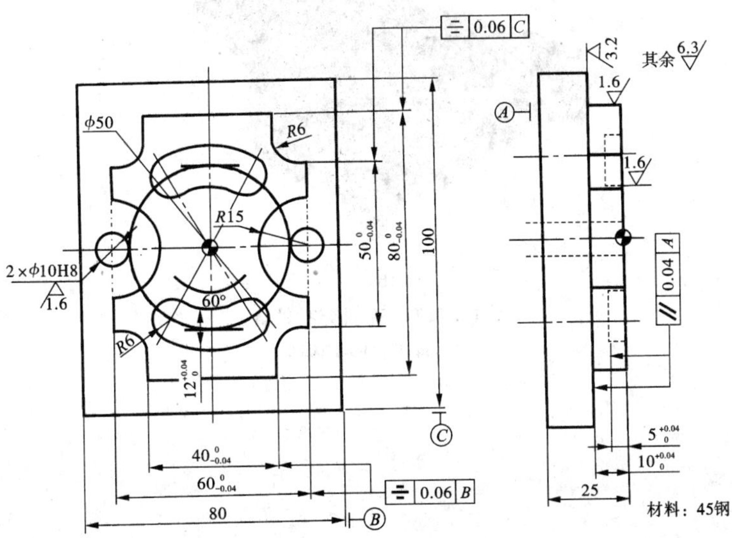

图 12.126　铣削类零件 2

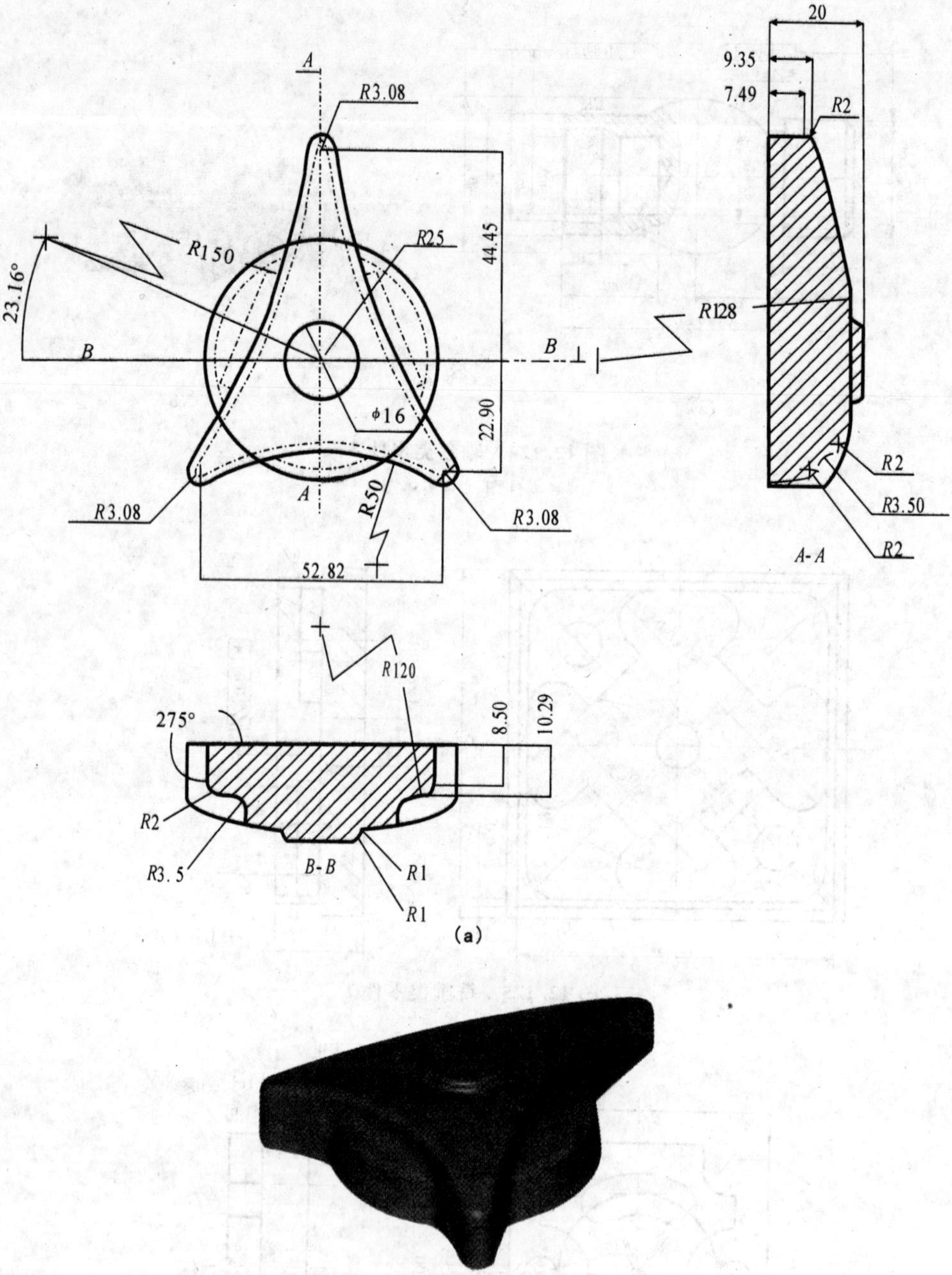

图 12.127　铣削类零件 3

(a)零件图；(b)实体图

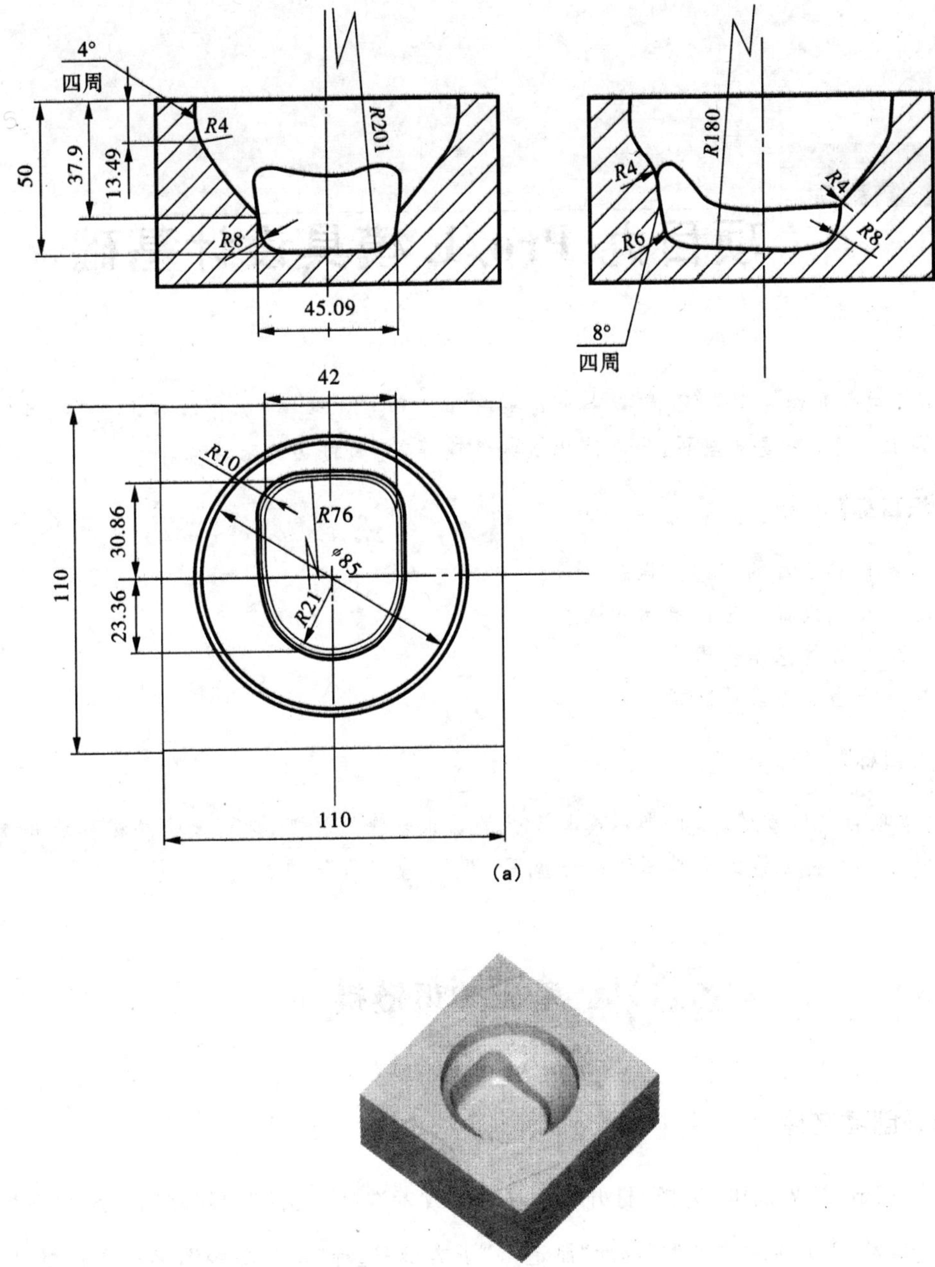

图 12.128　铣削类零件 4

(a)零件图;(b)实体图

第13章 项目九 Pro/E 模具设计基础

本项目主要介绍了Pro/E模具设计的基础知识和基本步骤，如创建模具文件、参照与布置、设置收缩、创建分型面、分割体积块和开模等，并通过实例来诠释。

【知识目标】

(1)塑料模具设计的基础知识。
(2)塑料模具设计开模的基本步骤。
(3)滑块设计的基本步骤。
(4)构建分型面方法的选择。

【技能目标】

通过本项目实例演练，掌握塑料模具设计的基本步骤与技巧，完成像齿轮模具的开模过程；反复练习后将能设计简单塑件的分型面、型芯、型腔及滑块。

13.1 基础知识链接

13.1.1 创建文件

在打开的Pro/E界面中，选择“打开”按钮，或者选择“文件”/“新建”命令，打开“新建”对话框，如图13.1所示，“类型”选择“制造”，“子类型”选择“模具型腔”，名称采用默认的名称(如mfg0001)或自己输入一个零件名称(如Cover1_mold)，在“使用缺省模板”前面选择“取消缺省模板”，然后选择“确定”按钮，在弹出的“新文件选项”对话框中选择公制模板mmns_mfg_mold(见图13.2)，选择“确定”按钮，进入Pro/E模具设计主界面。

提示：零件名称可以采用参照模型名称后跟mold，以便辨别和区分。

13.1.2 设计与参照模型

设计零件几何是模具参照零件几何的一个来源，设计零件与参照零件之间的关系取决于创建参照零件时使用的方法。

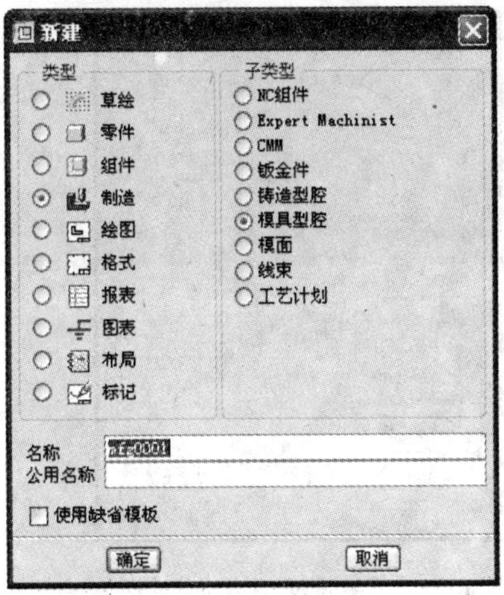

图 13.1 “新建”对话框

图 13.2 “新文件选项”对话框

在装配参照零件时，可将设计零件几何复制(通过参照合并)到参照零件中。在这种情况下，可将收缩应用到参照零件，并可创建拔模、倒圆角及其他特征；这些改变不会影响设计模型。但是，在设计模型中进行的任何改变都自动在参照零件中反映出来。也可选择将设计零件指定为模具参照零件，此时，它们将成为相同模型。

对于这两种情况，当在 Pro/MOLDESIGN 中操作时，可利用参照模型几何设置设计模型和模具元件之间的参数关系。由于这种关系，当改变设计模型时，所有相关联的模具元件都进行更新，以反映所做的改变。

在创建多腔模具时，既可利用参照零件布局功能阵列参照模型，也可装配几个全部从同一个原始设计模型创建的参照模型。如果使用第二种方法，则必须要注意，如果将某个特征添加到多个参照模型之一，它将只出现在该参照模型中。但是，如果对原始设计模型进行更改，则那些改变将出现在所有参照模型中。创建参照模型布置的步骤如下：

(1)单击“模具型腔布置”按钮，弹出“布局”对话框，如图 13.3 所示。

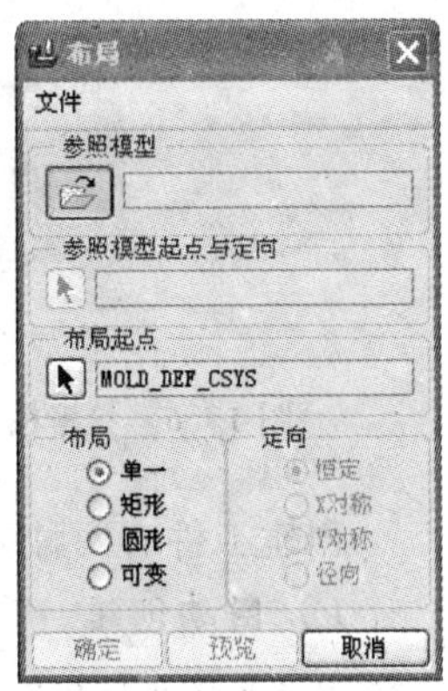

图 13.3 “布局”对话框

(2)单击“打开”按钮，弹出“打开”对话框中选取要设计的零件，“创建参照模型”对话框(见图 13.4)，选中“按参照合并”或“同一模型”选项，使设计零件作为参照零件，单击“确定”按钮。

(3)单击“参照模型的起点及定向”按钮，指明参照模型的原点及定向，出现参照模型的窗口。

(4)选择“动态”或“标准”命令，如果选择“动态”命令，则打开“参照模型方向”对话框，如图 13.5 所示，可定向参照零件，如果单击“标准”按钮，则可在第二个 Pro/ENGINEER 窗口中选取坐标系，完成后单击“确定”按钮。

(5)单击“布局起点”下的按钮，选择 MOLD_DEF_CYCS 坐标系。

(6)如果适用的话，可选取“布局”下的(单个、矩形、圆形或可变)及方向。

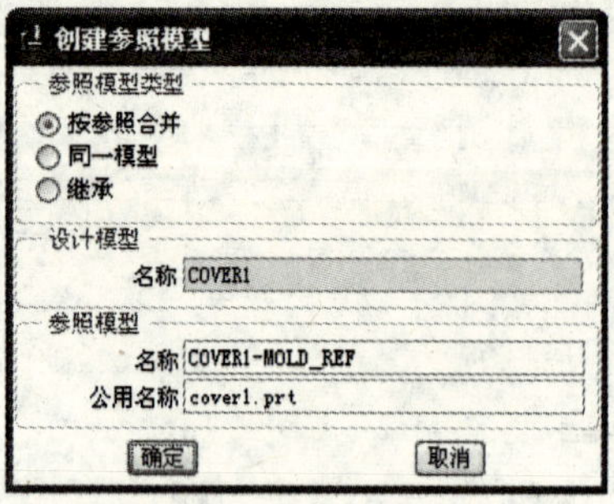

图 13.4 “创建参照模型”对话框

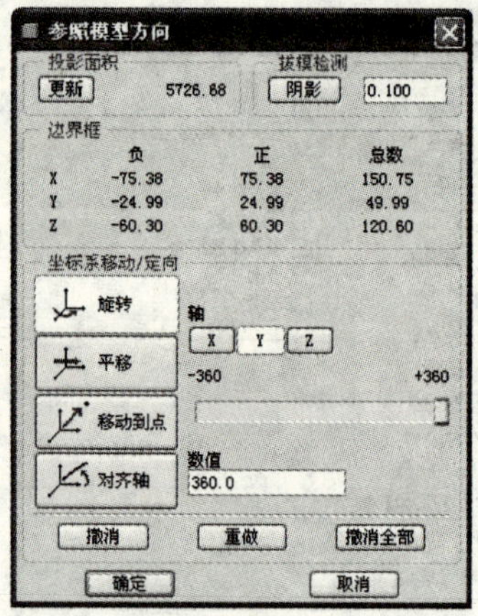

图 13.5 “参照模型方向”对话框

(7)根据布局配置，可制定配置参数(如型腔数以及矩形配置在 X、Y 方向的增量等)。

提示：参照模型的分型面应与开模方向(PULL DIRECTION)垂直(见图 13.6)。若不一致，应选中左边“模型树”窗口中的参照模型名称，长击鼠标右键，选择“编辑定义”命令调整到一致。

13.1.3 创建工件

工件表示直接参与熔料(例如，顶部及底部嵌入物)成型的模具元件的总体积。工件可以是平板 A、B 连同多个嵌入物的组件，也可以只是一个被分成多个元件的嵌入物。工件可以具有标准总体尺寸以适合标准基体，也可进行定制来适应设计模型的几何形状(见图 13.7)。

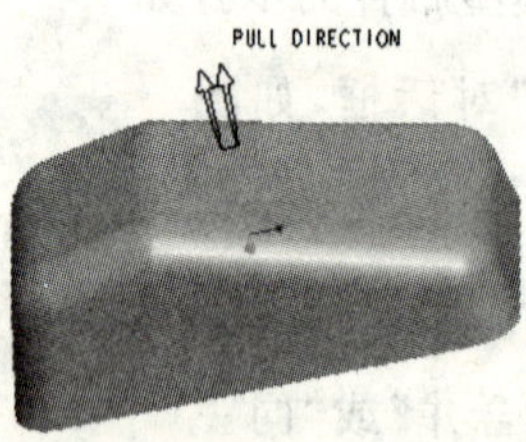

图 13.6 参考模型的分型面与开模方向垂直

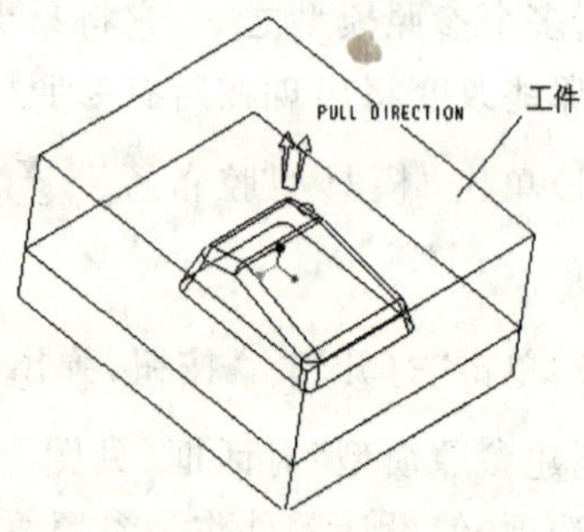

图 13.7 工件

创建工件有两种方法：

1) 自动创建

单击“自动工件” 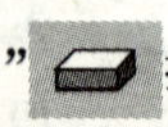 按钮，或选择“模具模型”/“创建”/“工件”/“自动”命令，出现“自动工件”对话框(见图 13.8)可完成下列操作：

(1)相对于模具基础分型平面和拉伸方向来定向工件。

(2)创建一个定制尺寸的工件或从标准尺寸中选取工件。

(3)将在自动创建工件期间使用的偏距保存到文件中以备将来使用。

2）手动创建

(1)选择“模具模型”/“创建”/“工件”/“手动”命令，出现“元件创建”对话框(见图 13.9)。

(2)在“类型”栏中选择“零件”选项，在“子类型”栏中选择“实体”选项，在“名称”中输入 WP，单击“确定”按钮，出现“创建选项”对话框中(见图 13.10)，选择“创建特征”命令，单击“确定”按钮。

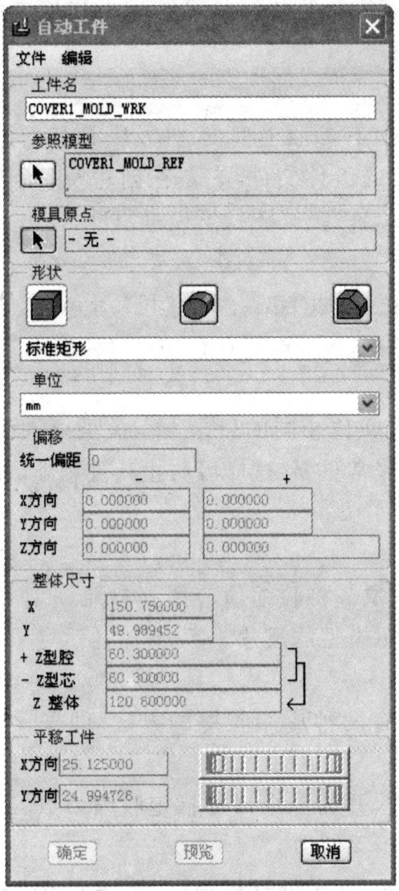

图 13.8 “自动工件”对话框

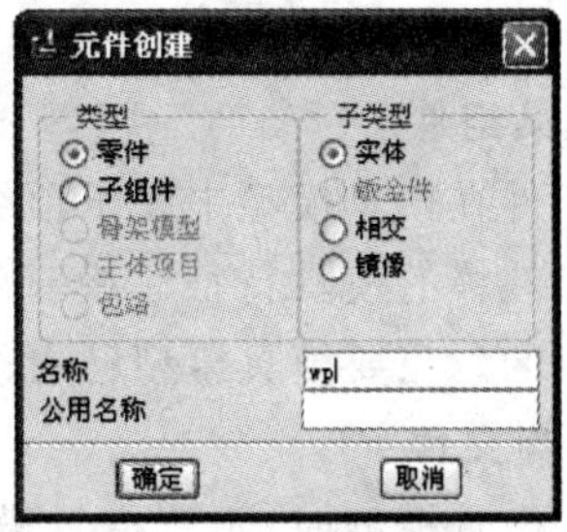

图 13.9 “元件创建”对话框

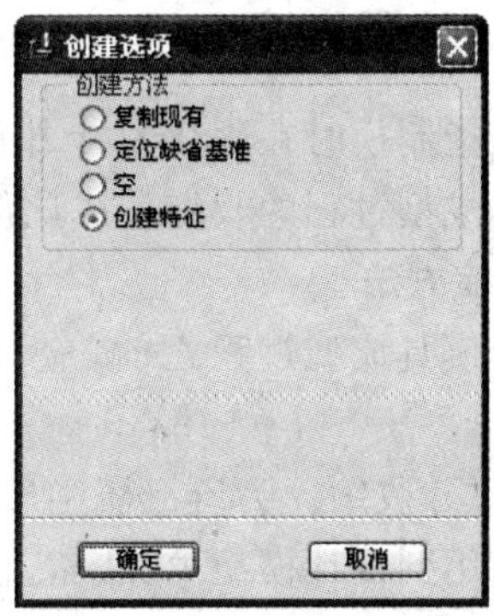

图 13.10 “创建选项”对话框

(3)弹出菜单，选择“实体”/“伸出项”/“实体”/“完成”命令，出现草图界面，选择草图绘制面，绘制工件截面。

提示：创建的工件要完全包含参照零件。

13.1.4 文件

1）文件类型

在 Pro/MOLDESIGN 中工作时，可创建几种不同类型的文件，下面列出了这些文件：

(1)模具模型——MOLDNAME. MFG。

(2)模具组件——MOLDNAME. ASM。

(3)工件——FILENAME. PRT。

(4)参照零件——MOLDNAME_REF. PRT 缺省名称。

(5)设计模型——FILENAME. PRT。

2）模具模型

模具模型属于顶级制造模型，此模型被检索到“模具”模式，并包含再生整个模具所必需的全部信息。模具模型包含所有参照零件的组件、工件以及模具处理信息。

提示：无论何时，只要将新模型装配到模具中都需要将其按照参照模型、工件模具、基础元件或一般组件来分类。如果使用的是一般组件，则需要将所有零件分为其他三类中的一类。

3）模具组件

模具组件在模具模型中属于顶级组件。它包括所有参照模型、工件及模具基础元件，还包括所有组件级的模具特征。模具组件是一个真实的组件文件，它是在创建模具制造模型时自动创建的。只要模具模型已在进程中，就可在“组件”模式下检索模具组件。

4）保存文件

在保存模具模型时，不管模具模型是否发生改变，新版本的“. mfg”和“. asm”文件，都被写入磁盘。所有其他元件只有在发生改变时才被保存。

5）文件管理

同组件一样，将模具中的所有文件保存在与模具文件相同的目录下至关重要。而且，把所有通用文件保存在某个库中(通常是写保护的)也非常重要，这样可防止其被意外更改。

13.1.5 设置收缩率

收缩是指制模时在固化及冷却后出现的缩小现象。将收缩值应用到参照模型中，就可按照与模具成型过程的收缩量成比例的值来增加参照模型的尺寸。

1）收缩方法

在开始模具成型过程之前，应对收缩进行设置有两种应用收缩的方法，即按尺寸和按比例。

(1)按尺寸收缩。为所有模型尺寸设置一个系数，并为单个尺寸指定收缩系数。系统将把此收缩应用到设计模型中，从而，也就应用到了参照零件中。

具体操作如下：单击“按尺寸收缩”  按钮，或选择“模具模型”/“收缩”/“按尺寸”命令，出现“按尺寸收缩”对话框(见图 13.11)，在“比率”中输入收缩率如 0.005，单击“完成”  按钮，按“确定/返回”命令，图形重新生成。

(2)按比例收缩。相对于一个坐标系来按比例收缩零件几何，可为每个坐标指定不同的收缩因数。此收缩只有在“模具“或“铸造“模式中进行了设置，它才能影响参照模型。

具体操作步骤如下：单击“按比例收缩”  按钮，或选择“模具模型”/“收缩”/“按比例”命令，出现“按比例收缩”对话框见(图 13.12)，点击“坐标系”下的“选择”  按钮，选取一个坐标系，在“收缩率”中数值，点击“完成”  按钮，按“确定/返回”命令，图形重新生成。

提示：按比例收缩主要用于各项异性的收缩，当不选中“各向同行的”选项时，在 X、Y、Z 方向可输入不同的收缩率。

有两个公式可用来计算收缩系统将提示 S 值：

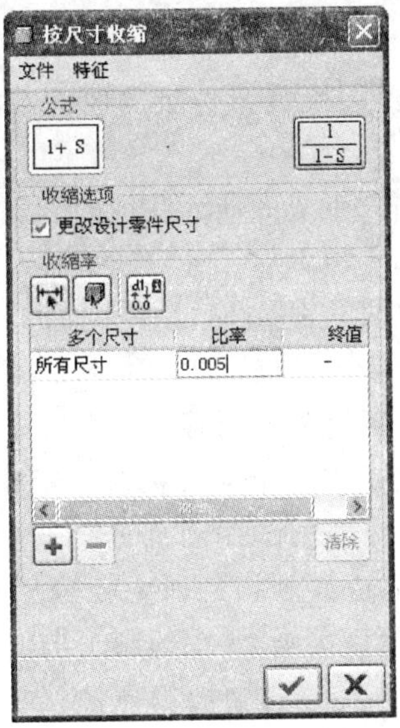

图 13.11 “按尺寸收缩”对话框

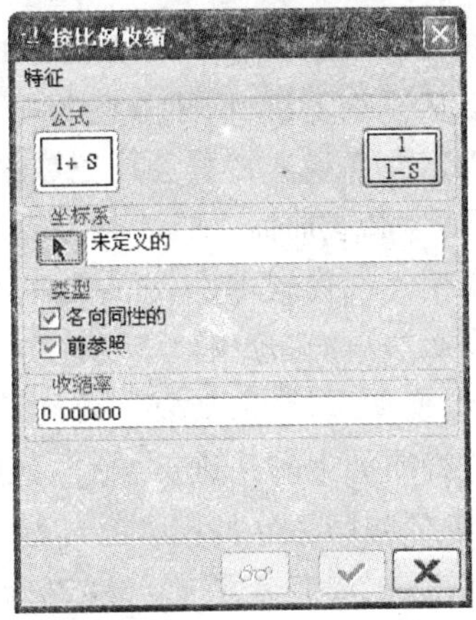

图 13.12 “按比例收缩”对话框

①1+S——收缩因数是根据模型的原始几何得出的它是缺省选项。

②1/(1−S)——收缩因数是根据模型的结果几何得出的。

2）收缩信息

在“收缩”菜单中单击“收缩信息”命令时，将出现一个信息窗口其中包含下列信息。

(1)设计模型的名称。

(2)设计模型的状态即它是否收缩。

(3)按比例收缩的坐标系的名称。

(4)为模型设置的所有收缩值。

13.1.6 创建分型面

1）分型面设计的一般原则

在注塑模具中，打开模具取出塑料制品的界面称为分型面，它是动、定模在合模状态下的接触面或瓣合式模具的瓣合面。分型面形状和位置的选择关系到模具结构的复杂程度和制造难度以及塑件的质量和生产效率。在设计时应遵循以下原则：

(1)选在塑件截面尺寸最大处，使模具结构尽量简单。

(2)尽量将塑件留在动模，有利于塑件的顺利脱模。

(3)保证塑件的尺寸精度，不影响塑件的外观质量。

在Pro/E模具设计中，分型面用于对动、定模或侧抽芯滑块的分割，也可对模板中的组合件、镶块进行分割。为使分型面设计成功和所设计的分型面能对工件进行分割，在设计分型面时应注意：

(1)分型面必须与欲分割的工件或模具零件完全相交以期形成分割。

(2)分型面不能自身相交，否则分型面将无法生成。

2）Pro/E 分型面的构建方法

Pro/E 中分割工件的曲面有两类：

(1)使用“分型曲面”专用模块生成的分型面，所得的模具组件级的曲面特征，易于操作和管理，最常用。

(2)在参考模型或零件模型上使用“特征”中的“面”“生成的曲面特征。

因此，从原理上讲，构建分型面的方法也可分为两大类：

(1)采用曲面构造工具设计分型面，如复制参考零件上的曲面、草绘剖面进行拉伸、旋转以及采用其他高级曲面工具等构造分型面。

(2)采用光投影技术生成分型面，如阴影分型面和裙边分型面等。

①“阴影法”构造分型面。阴影分型面的构造原理是当一个光源(方向与开模方向相反)照射在参考模型上时，系统复制参考模型上受到光源照射到的曲面部分会产生一个阴影曲面主体，并将曲面上的孔进行填补，然后自动将其外部边界延拓到所要分割工件的表面，生成一个覆盖型的阴影分型面。具体操作步骤见 13.2 项目实例 15 中的第 5 步。

②“裙边法”构造分型面。裙边分型面是沿着参考模型的侧面影像曲线所创建的分型面，是一种填破孔曲面，它不包含参考模型的曲面。在建立裙边分型面时，必须先构造侧面影像曲线，所谓侧面影像曲线，就是在指定视觉方向上参考模型的轮廓曲线，是模具分型时的分模线。它一般包括数个封闭的内环和外环。内环用于封闭分型面上的孔，外环用于延拓曲面边界到要分割工件的边界。具体操作步骤见 13.3 项目 16 中的第 6 步。

若参考模型上有与投影方向平行的曲面，在构造侧面影像曲线时，系统允许使用“环选择项”中的“链选项”确定使用上端环或是下端环。

③透过复制构造分型面。以参考模型为基础，直接复制参考模型上的曲面生成分型面，适合结构复杂的塑件。具体操作步骤见 13.4 项目 17 中的第 5 步。

13.1.7 分割模具

工件或现有模具体积块可用分型曲面断开。当指定一分型曲面用于分割时，系统会计算材料的总体积，并用所有用于创建浇口、流道、注入口的模具组件特征来从材料上裁剪所有参照零件几何。然后系统对分型曲面的一侧材料计算出工件的体积，再将其转化为模具体积。系统对分型曲面另一侧上的剩余体积重复此过程，结果，在此分割操作结束时，生成了两个新的模具体积块。每个模具体积块在完成创建后，都会立即命名。

模具体积块是三维的、无质量的封闭曲面面组。它们是闭合的曲面面组，又因其所有的边都是双侧边，因此，以洋红色显示。创建分割特征时可使用三个选项：

(1)所有工件——模具中的所有工件都要被分割。

(2)所选工件——可选择将被分割的工件。

(3)模具体积块——可将现有模具体积块分割成较小体积块。

还可以选择创建一个体积块或两个体积块：

1）一个体积块分割

只需创建一个模具体积块时，可以使用“一个体积块分割”(见图 13.13)，由于分割操作实际上生成至少两个不同的体积块。因此系统会询问是包括还是忽略生成的体积块。

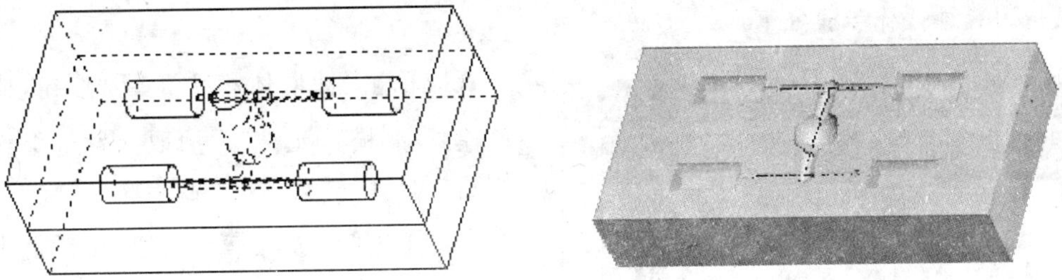

图 13.13　一个体积块分割

2）两个体积块分割

两个体积块分割用于创建两个分离的模具体积块(见图 13.14)。

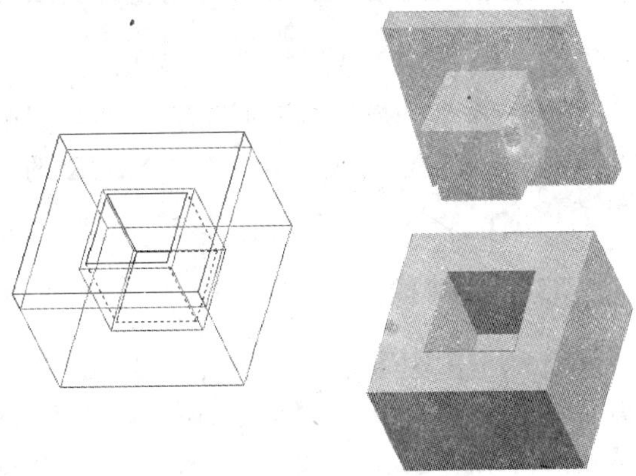

图 13.14　两个体积块分割

3）分割分类

当分型曲面将一模具分割成两个以上的体积块时,每一个体积块都被分类为芯或型腔。可用于选取和取消选取体积块岛。当在岛选项上拖动光标时,模具上相应的体积块被加亮显示。选取的岛包含在第一个体积块内,取消选取的岛在第二个体积块内。具体操作步骤如下:

(1)单击“体积块分割” 按钮,跳出“分割体积块”菜单,选择“两个体积块/所有工件”/“完成”,出现“分割”对话框(见图 13.15)。

(2)单击“分割”对话框中的“分割曲面”选项,点击“定义”按钮,在主窗口区选择分型面,单击“确定”按钮,出现如图 13.16 所示的体积块“属性”对话框。

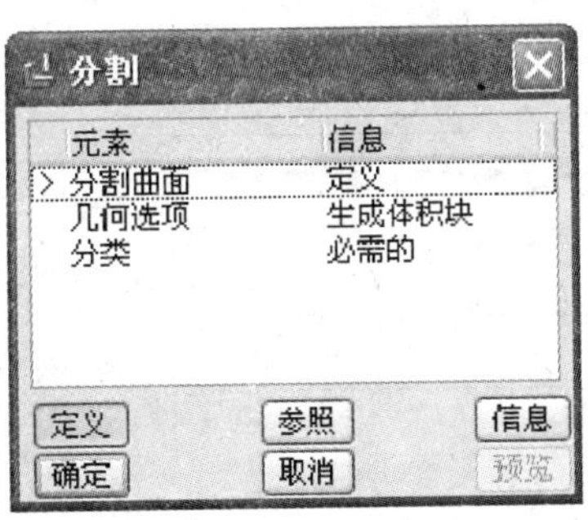

图 13.15　“分割”对话框

图 13.16　体积块的“属性”对话框

(3)在“名称”栏输入体积块的名称或默认缺省名称,同时被选中的体积变成蓝色,点击“确认”按钮,若还有体积块存在,会继续弹出体积块的“属性”对话框,直至定义完。

13.1.8　抽取模具体积块

定义完所有模具体积块后,就可从工件抽取它们以产生模具元件。通过用实体材料填充先前定义的模具体积块来产生模具元件。填充模具体积块这一过程是通过执行抽取操作来完成的。具体操作步骤如下：

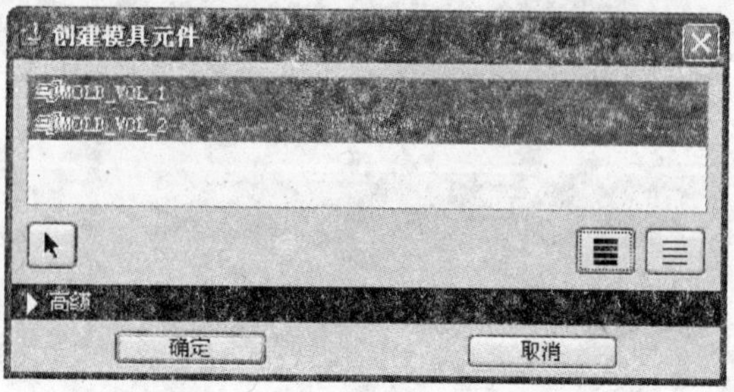

图 13.17 "创建模具元件"对话框

(1)单击"抽取体积块"按钮，或选择"模具"/"模具元件"/"抽取"命令，会出现"创建模具元件"对话框(见图 13.17)。

(2)单击"全选"按钮，对话框中的模具元件全被选中，单击"确定"按钮，产生完体积块的抽取。

完成模具体积块的抽取后，该模具元件就成为功能完备的 Pro/ENGINEER 零件。

提示：抽取的模具体积块只存储在"进程中"，内存里直到模具文件被保存到磁盘。记住这点很重要，这样在从 Pro/ENGINEER 的一个进程中退出时就不会丢失所做的工作成果了。

13.1.9 铸模

Pro/MOLDESIGN 可通过注入口、流道和浇口来模拟填充模具型腔，从而创建铸模。只有在创建了抽取元件后才能创建铸模(见图 13.18)。通过确定减去抽取部分后的工件剩余体积来创建铸模元件。此过程创建了 Pro/ENGINEER 零件可为其计算质量属性、检测合适的拔模、为流动分析生成网格，等等。

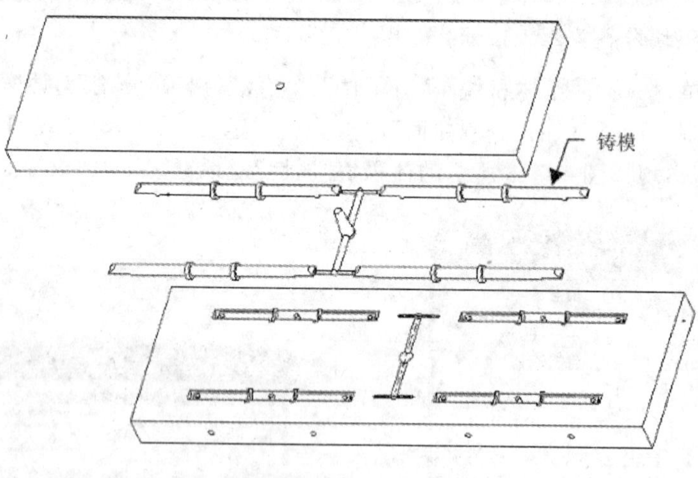

图 13.18 铸　　模

具体操作步骤如下：

(1)选择"模具"/"铸件"/"创建"命令，弹出"输入零件名称"对话框(见图 13.19)，输入名称如 Cover1-SJ，单击"完成"按钮。

(2)会继续出现如图 13.20 所示的对话框，再次输入同样的名称，单击"完成"按钮，就产生了模具元件模拟注塑件。

图 13.19 “输入零件名称”对话框

图 13.20 “输入模具零件公用名称”对话框

13.1.10 打开模具

模拟模具打开过程可使您检查设计的适用性，可指定组件的任何成员（参照模型工件或模块除外）进行移动，实际上在打开模型或模具之前，可很方便地遮蔽参照模型和工件。

模具打开过程涉及一系列步骤，每一步都含有一个或多个移动。移动是移动一个或多个成员的指令，可在指定方向上将这些成员偏移指定的距离（见图 13.21）。具体操作步骤如下：

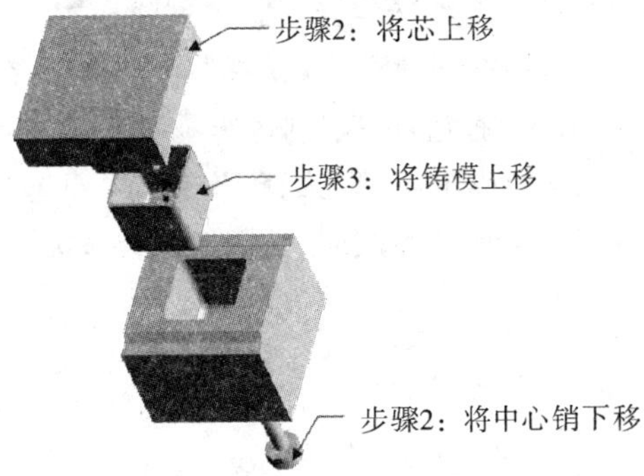

图 13.21 打开模具

(1)单击“模具进料孔”按钮，或选择“模具”/“模具进料孔”/“定义间距”/“定义移动”命令，选取要移动的元件，单击“确认”按钮。

(2)提示栏出现“通过选取边、轴或表面来定义分解的方向”，选取一个边或轴来定义移动的方向，输入沿制定方向的距离，单击“完成”按钮。

(3)选择右边工具栏中的“确定”按钮，完成“分解”。选择“完成/返回”按钮，分解消失，其实是存在。

13.2 项目实例 15(上盖注射模设计)操作分析

13.2.1 零件图分析

图 13.22 上盖实体图

图 13.22 为一上盖的零件图，要求完成型芯、型腔的设计及开模过程。

该零件是一个简单的盖板，由 2 部分组成，整体部分和拉伸筋。根据用量模具设计为一模一腔，关键点在于分型面的选择，这里选择在下边沿的到圆角处。分型面的构建较为简单，采用“阴影法”来构建分型面。

13.2.2 操作步骤

1）创建新文件

选择“文件”/“新建”命令，在“类型”中选“制造”（见图 13.1），在“子类型”中选“模具型腔”,“名称”中输入文件名 up_cover_mold,取消使用缺省模块,单击“确认”按钮,出现模板对话框,选 mmns_mfg_mold(制造型腔用公制单位),单击“确认”按钮。

2）建立参考模型

(1)加载参考元件。单击“模具型腔布置”按钮,或选择“模具模型”/“装配”/“参考模型”,在弹出的“打开”对话框中双击“up_cover”文件。

(2)定义模型方向。在“元件放置”对话框中选择“缺省”选项,点击“完成”按钮,出现“创建参考模型”对话框,选中“按参照合并”命令(见图 13.4),单击“确定”按钮。出现如图 13.23 所示,参考模型的分型面与开模方向垂直。

3）创建坯料

(1)选择“模具模型”/“创建”/“工件”/“手动”命令,出现“元件创建”对话框(见图 13.9)。

(2)在“类型”栏中选择“零件”选项,在“子类型”栏中选择“实体”选项,在“名称”中输入 WP,单击“确定”按钮,出现“创建选项”对话框中(见图 13.10),选择“创建特征”命令,单击“确定”按钮。

(3)弹出菜单,选择“实体”/“伸出项”/“实体”/“完成”命令,出现草图界面,选择草图绘制面,绘制工件截面(见图 13.24),选 FRONT 为草图绘制面,选择对中分布深度为 80。

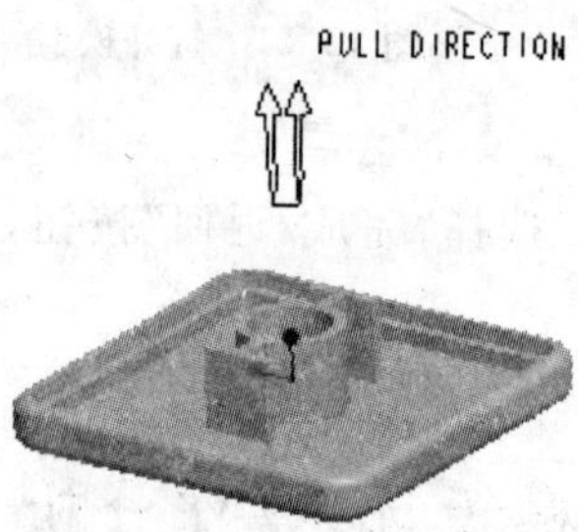

图 13.23　上盖加载图

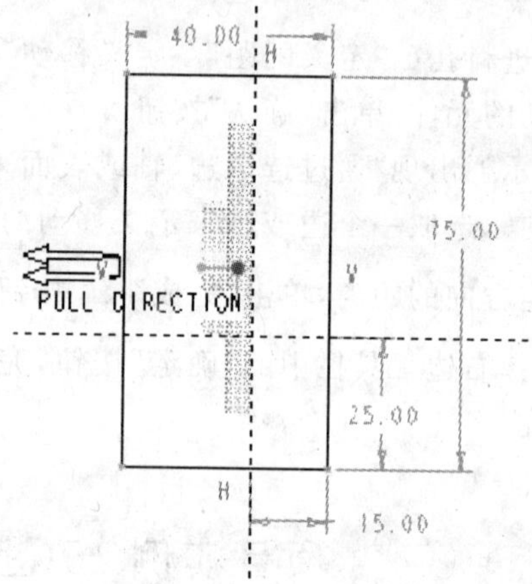

图 13.24　上盖坯料截面

4）设置塑件收缩率

单击点“按尺寸收缩”按钮,或选择“模具模型”/“收缩”/“按尺寸”命令,出现“按尺寸收缩”对话框(见图 13.11),在“比率”中输入收缩率如 0.005,单击“完成”按钮,按“确定/返回”命令,图形重新生成。

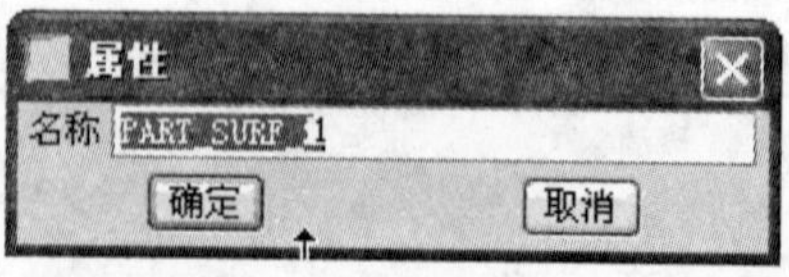

图 13.25　分模面的“属性”对话框

5）用阴影法创建分型面

(1)单击“分型曲面”按钮,或选择下拉菜单中的“插入”/“几何模型”/“分型曲面”。

(2)将鼠标移动到主窗口的空白区,长击鼠标右边,出现“属性”按钮选中,或选择下拉菜单中“编辑”/“属性”命令,出现分模面的“属性“对话框(见图 13.25),输入名称:PART_SURF_1,单击“确定”按钮。

(3)选择下拉菜单中“编辑”/“阴影曲面”,出现“阴影曲面”对话框(见图 13.26)。

(4)定义光线投影的方向。双击“阴影曲面”对话框中“方向”命令,系统弹出“选取方向”菜单,选择“选取方向”/“平面”命令,在系统“选取将垂直于此方向的平面”的提示下,选取如图 13.27 所示的坯料表面,将投影方向切换至图 13.28 中箭头所示的方向,然后选择“正项”命令。

(5)在阴影曲面上创建“修剪平面”特征。在“阴影曲面”对话框中双击“修剪平面”命令,系统弹出“加入删除参照”菜单,选择“添加”命令,在系统“选取一修剪平面”的提示下,采用列表选取法选取如图 13.27 所示的模型内表面为修剪平面,单击“预览”按钮和“确定”按钮,最后单击“完成”✔按钮,分型面完成,如图 13.29 所示。

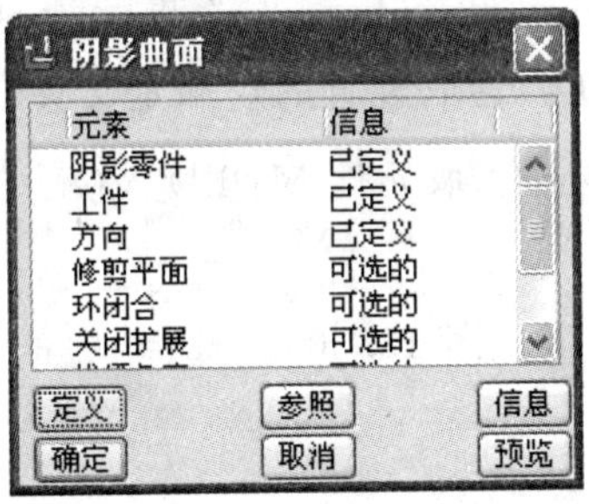

图 13.26 “阴影曲面”对话框

图 13.27 选取的表面

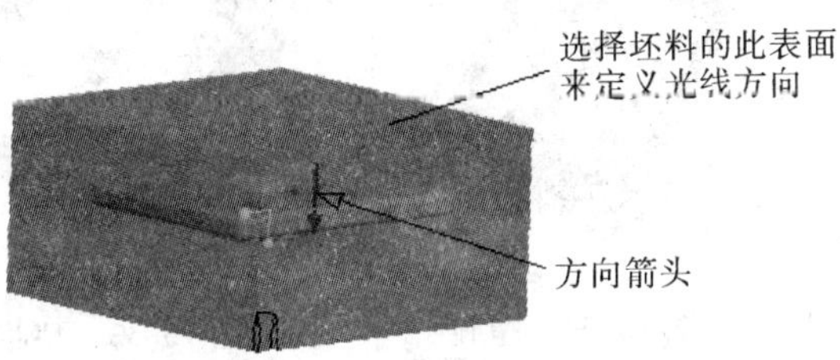

图 13.28 投影方向

图 13.29 分型面

6)分割体积块

(1)单击“体积块分割”按钮,跳出“分割体积块”菜单,选择“两个体积块/所有工件”/“完成”,出现“分割”对话框(见图 13.15)。

(2)单击“分割”对话框中的“分割曲面”选项,单击“定义”按钮,在主窗口区选择上步构建的分型面,单击“确定”按钮,出现如图 13.16 所示的体积块“属性”对话框。

(3)默认“名称”栏中体积块的名称 MOLD_VOL_1 和 MOLD_VOL_2,同时被选中的体积变成蓝色,单击“确认”按钮。

7)抽取体积块

(1)单击“抽取体积块”按钮,或选择“模具”/“模具元件”/“抽取”命令,会出现“创建模具元件”对话框(见图 13.17)。

(2)单击“全选” 按钮,对话框中的模具元件全被选中,单击“确定”按钮,产生完体积块的抽取。

8) 生成铸件

(1)选择“模具”/“铸件”/“创建”命令,弹出“输入零件名称”对话框,输入名称如 UP_COVER_MOLD,单击“完成”按钮。

(2)会继续出现如图 13.20 所示的对话框,再次输入同样的名称,单击“完成”按钮,就产生了模具元件模拟注塑件。

9) 开模

(1)单击“模具进料孔” 按钮,或选择“模具”/“模具进料孔”/“定义间距”/“定义移动”命令,选取元件 MOLD_VOL_1. PRT,单击“确认”按钮。选取竖直的边来定义移动的方向,输入沿制定方向的距离为 50,单击“完成” 按钮。同样选取元件 MOLD_VOL_2. PRT 先下移动 50。

(2)选择右边工具栏中的“确定”按钮,完成“分解”(见图 13.30)。选择“完成/返回”按钮,分解消失,其实是存在。

分模后,型腔如图 13.31 所示,型芯模板如图 13.32 所示。

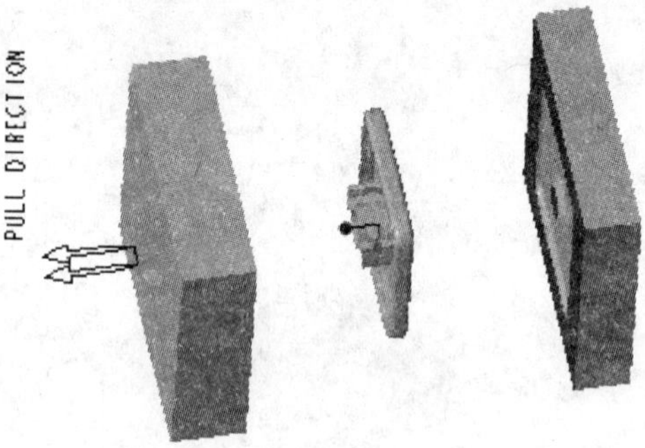

图 13.30 上盖模具分解图

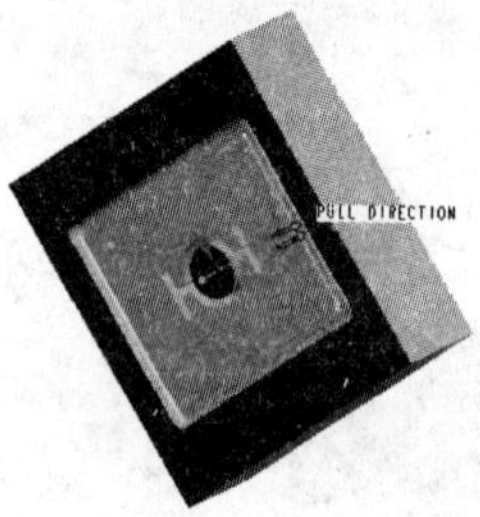

图 13.31 型腔

图 13.32 型芯

提示:

①当塑件轮廓曲线在投影方向上存在交叉或曲面间有部分遮挡时,所生成的阴影曲面往往是错误的。

②由于外部轮廓曲线在延拓时不能修改延拓方向,因此对复杂的外部边界,操作往往失败。

③参考模型表面在投影方向必须具有脱模斜度,即不能有与投影方向平行的表面,否则难以保证分型面正确,因为阴影分型面不允许选择曲面上方或下方的曲线链来进行封闭。

13.3 项目实例16(外壳注射模设计)操作分析

13.3.1 零件图分析

图 13.33 为一外壳的零件图,要求完成型芯、型腔的设计及开模过程。

该零件是一个壁厚均匀的外壳根据用量模具设计为一模一腔,为了方便脱模和加工,分型面选在截面尺寸最大处。这里采用"裙边法"来构建分型面。

13.3.2 操作步骤

1) 创建新文件

文件名为 cover1_mold,模板选公制单位 mmns_mfg_mold。

2) 建立参考模型

参考元件为 cover1,参考模型方向(见图 13.6)。

3) 创建坯料

用手动法创建工件,工件的草图截面(见图 13.34),选 FRONT 为草图绘制面,选择对中分布深度为 250。

图 13.33 外壳零件图

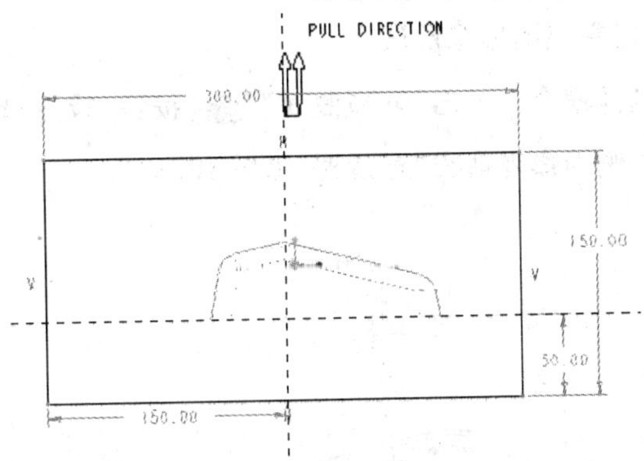

图 13.34 上盖坯料截面

4) 设置塑件收缩率

选择"按尺寸"收缩,收缩率为 0.005。

5) 设计流道

(1)选择"特征"/"型腔组件"/"实体"/"切减材料"/"旋转"/"实体"/"完成"命令,出现草图绘制面。

(2)选 mold Front 基面为绘图面,选择"确认"命令,单击"完成"按钮,选择右边草绘工具栏中的"中心线"图标,绘制流道浇口中心线作为旋转轴,然后单击"直线"图标,绘制如图 13.35 所示的截面图(锥度为 5°),单击"完成"按钮,选择切削箭头方向向内(见图 13.36)。

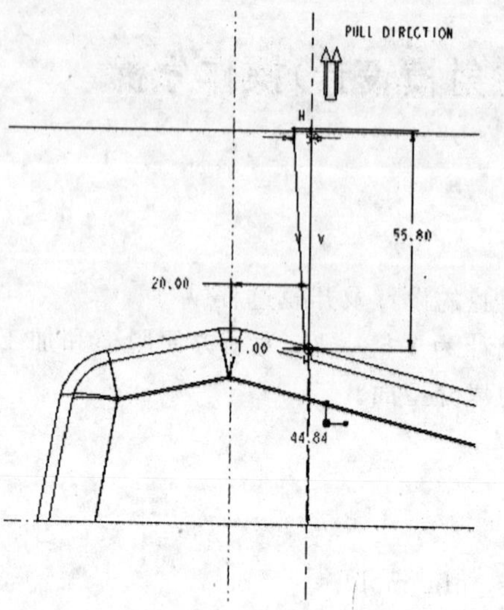

图 13.35 浇口截面图

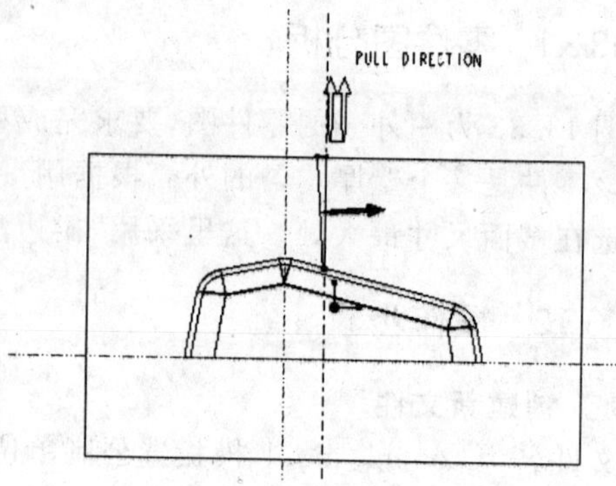

图 13.36 切削方向示意

(3)单击“完成” 按钮,旋转角度为 360°,单击“完成” 按钮,完成模具浇注系统的设计如图 13.37 所示。

6）用“裙边法”分构建模面

(1)建立侧面影像曲线。

①选择命令。单击“分型曲面” 按钮,或选选择“特征”/“型腔组件”/“侧面影像”命令,出现“侧面影像曲线”对话框(见图 13.38)。

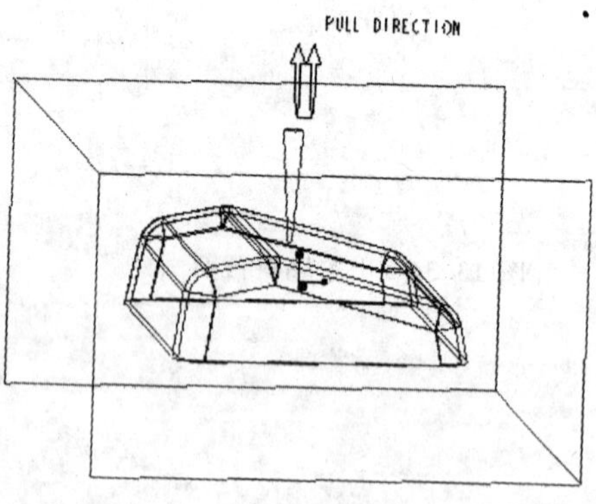

图 13.37 注塑模浇注系统

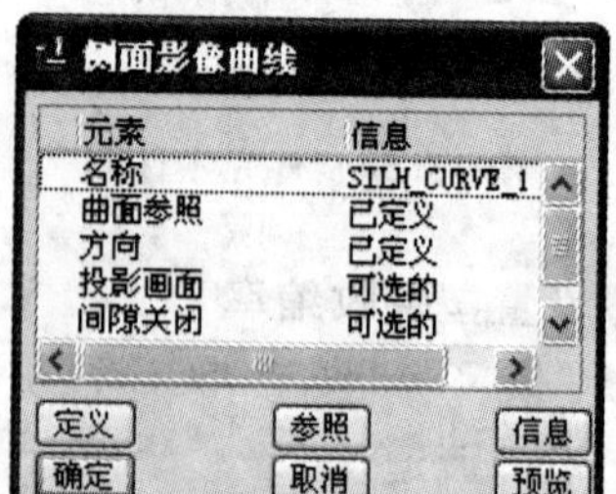

图 13.38 “侧面影像曲线”对话框

②定义投影方向。接受系统默认投影方向(朝下)(见图 13.39)。

③定义投影曲线。选择“侧面影像曲线”对话框中“环路选择”命令,系统弹出“环选取”对话框,选择“投影曲线”命令,接受“环选取”对话框中的默认设置,单击“确定”按钮,在选择“确定”命令,得到壳盖的侧面影像曲线,如图 13.40 所示,即沿分型面上的投影分型线。

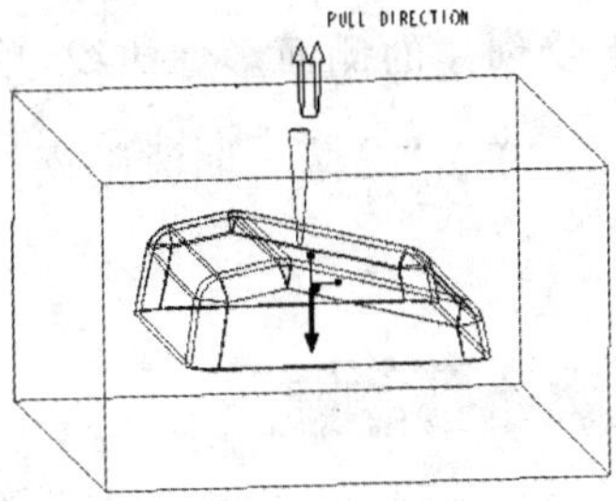

图 13.39 指示投影方向

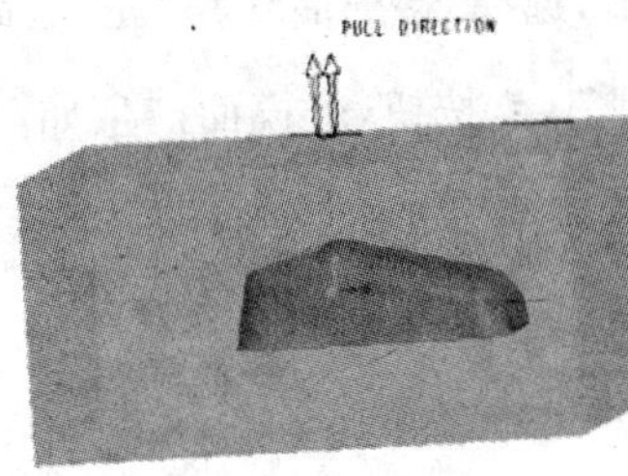

图 13.40 侧面影像曲线

单击“遮蔽—取消遮蔽”按钮，出现“遮蔽—取消遮蔽”对话框，如图 13.41 所示，单击“全选”按钮，选参考零件 COVER1－MOLD－REF 和工件 WP，单击“遮蔽”按钮，再单击“关闭”按钮。图中已隐藏工件和参考零件，仅显示侧面影像曲线，如图 13.42 所示。

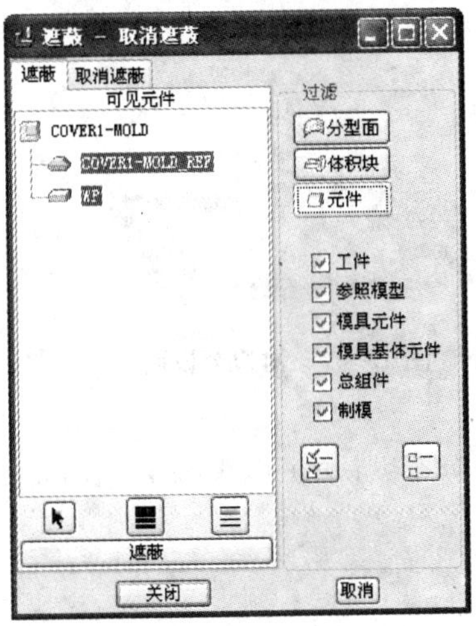

图 13.41 “遮蔽—取消遮蔽”对话框 1

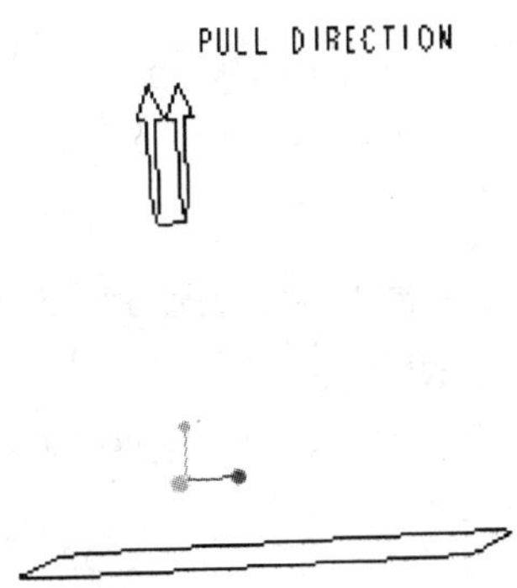

图 13.42 侧面影像曲线

再单击“遮蔽—取消遮蔽”按钮，出现“遮蔽—取消遮蔽”对话框，如图 13.43 所示，选择“取消遮蔽”命令，单击“全选”按钮，选中参考零件 COVER1－MOLD－REF 和工件 WP，单击“去除遮蔽”按钮。图中又会显示参考零件、工件和侧面影像曲线。

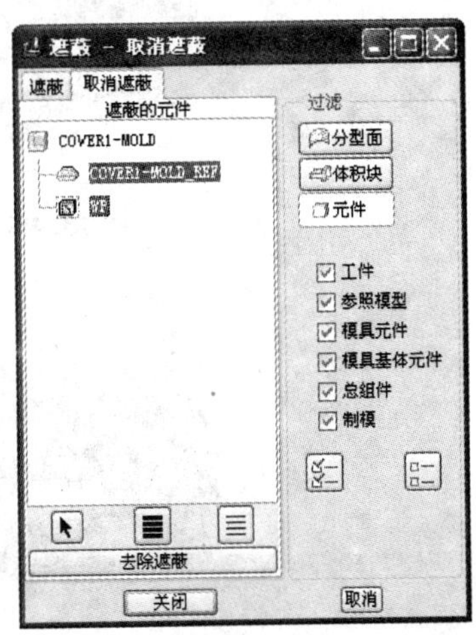

图 13.43 “遮蔽—取消遮蔽”对话框 2

(2)建立分模面。

①创建分模面名称。单击“分型曲面”按钮，或选择下拉菜单中“插入”/“几何模型”/“分型曲面”命令，选择下拉菜单中“编辑”/“属性”命令，出现分模面的“属性“对话框如图 13.44 所示，输入名称 PART_SURF_1，单击“确定”按钮。

②创建分模面。选择下拉菜单中“编辑”/“裙边曲面”命令，弹出“裙边曲面”对话框，如图 13.45 所示，选择“特征曲线”/“完成”命令，选择上步创建的侧面影像曲线，单击“确定”按钮，单击“完成”按钮，分模面产生如图 13.46 所示。单击“遮蔽—取消遮蔽”按钮，隐藏工件和参考零件后的裙边分模面如图 13.47 所示。

图 13.44　输入分模面名称

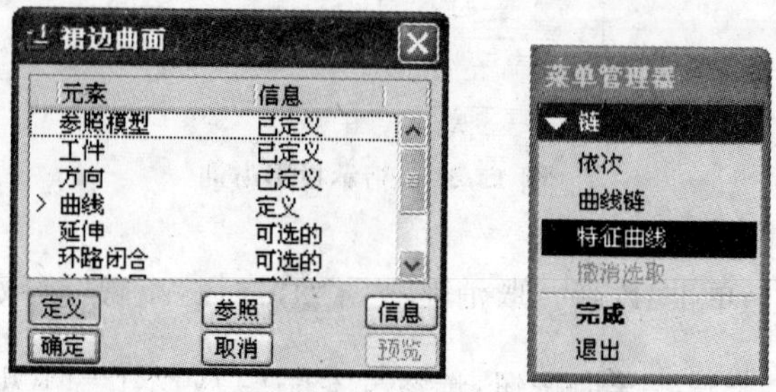

图 13.45　“裙边曲面”对话框

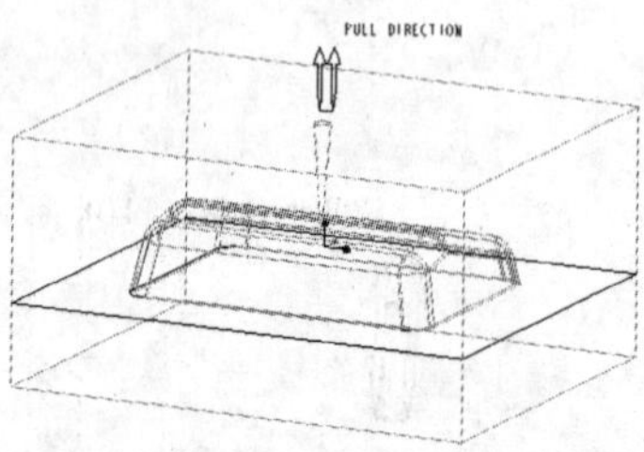

图 13.46　创建分模面

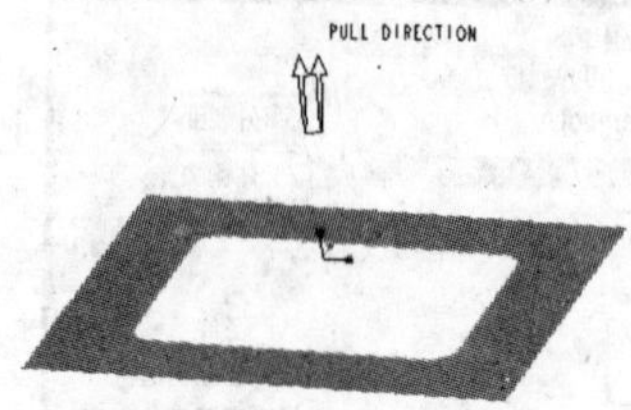

图 13.47　裙边分模面

7）分割体积块

用上步创建的分型面将工件分割为两个体积块，名称接受默认的(见图 13.48、图 13.49)。

图 13.48　“体积块名称”对话框中输入下模名称

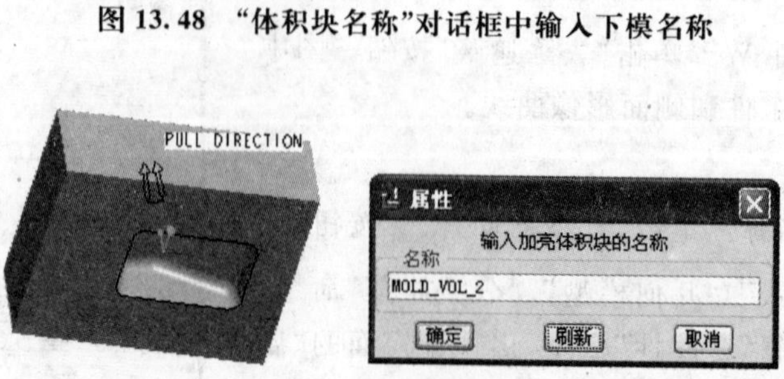

图 13.49　“体积块名称”对话框中输入上模名称

8）抽取体积块

将 MOLD_VOL_1 和 MOLD_VOL_2 两个体积块变成模具元件。

9）生成铸件

铸件名称为 cover1_sj。

10）开模

将上模向上移动 200，下模向下移动 200，开模（见图 13.50）。

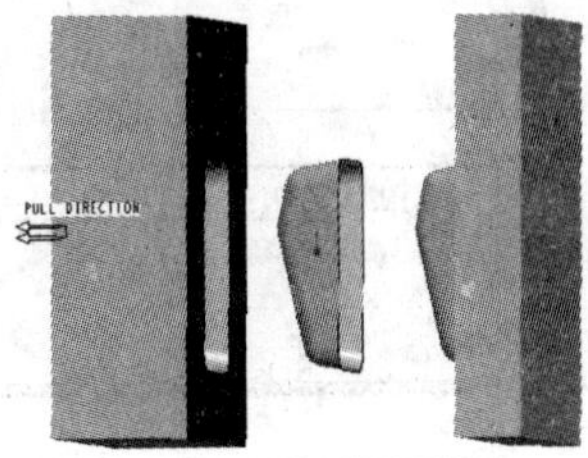

图 13.50 外壳模具开模图

13.4 项目实例 17（支架注射模设计）操作分析

13.4.1 零件图分析

图 13.51 为一支架的零件图，要求完成型芯、型腔的设计及开模过程。

该零件是一个壁厚均匀的外壳支架，根据用量模具设计为一模一腔，为了方便脱模和加工，分型面选在内表面，由于曲面比较复杂，中间还有个孔，这里通过复制来构建面。

13.4.2 操作步骤

1）创建新文件

文件名为 bracket_mold，模板选公制单位 mmns_mfg_mold。

2）建立参考模型

参考元件为 bracket，参考模型方向（见图 13.52）。

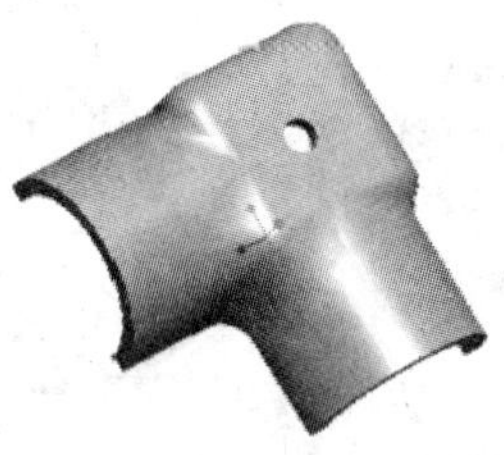

图 13.51 支架注射模

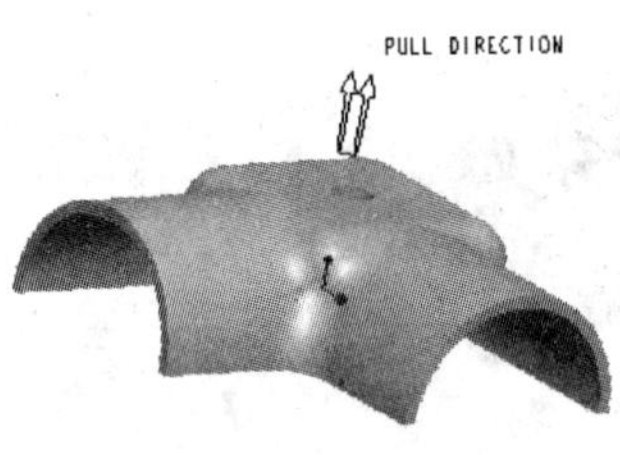

图 13.52 支架放置方向

3）创建坯料

用手动法创建工件，坯料名称为 bracket_mold_wp，选择 mold_front 为草图尺寸如图 13.53 所示。在图 13.54 中点击“选项”命令，第 1 侧深度中设置为 80，第 2 侧深度设置为 40。

4）设置塑件收缩率

选择“按尺寸”收缩，收缩率为 0.005。

5）用复制方法创建分型面

（1）单击“分型曲面”按钮，或选择下拉菜单中“插入”/“几何模型”/“分型曲面”命令。

（2）选择下拉菜单中“编辑”/“属性”命令，出现“分模面名称”对话框，输入名称 br_surf，单击“确定”按钮。

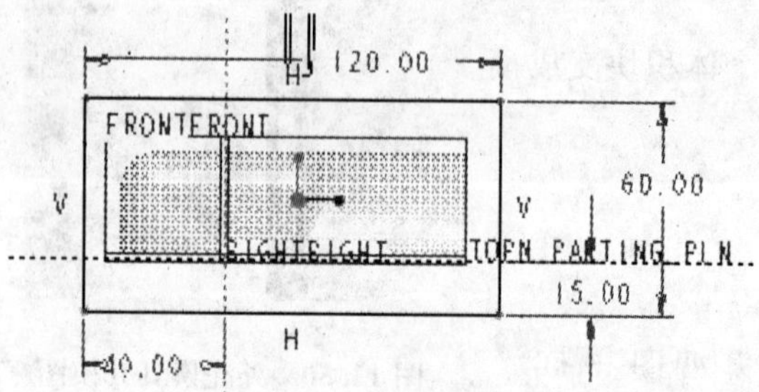

图 13.53　支架坯料截面

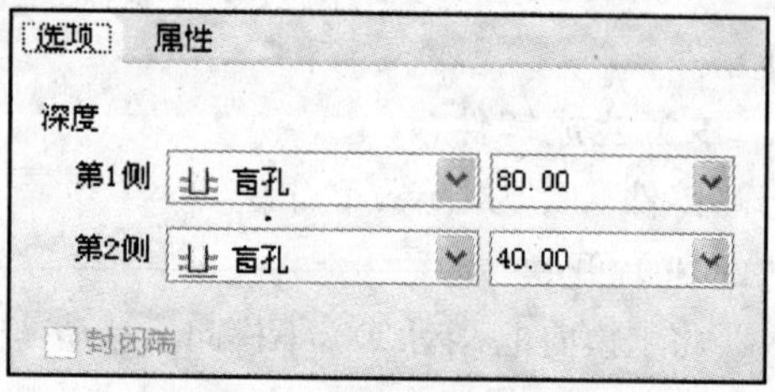

图 13.54　“拉伸深度”对话框

(3)为了方便选取图元，将坯料遮蔽。

(4)复制曲面。采用“种子面与边界面”的方法选取所需要的曲面。用户分别选取种子面和边界面后，系统则会自动选取从种子曲面开始向四周延伸直到边界面得所有曲面(其中包括种子曲面，但不包括边界曲面)。在屏幕右下方的“智能选取栏”中选取“几何”选项。

选择种子面：将鼠标移至模型目标位置图 13.55 中，右击然后在弹出的快捷菜单中选取“从列表中拾取”对话框中选择图 13.55 所示的面。选中的表面加亮。

定义边界面：按住 Shift 键选择图 13.56 中的三个边界面及孔的内圆面，使零件的整个内表面变亮。

选择菜单栏中“复制”按钮，点击“粘贴”按钮，在操控板中单击“选项”按钮，选择“排除曲面并填充孔”命令，选择破孔表面(见图 13.57)，选择“完成”命令，单击“完成”按钮，塑件内表面复制完成。

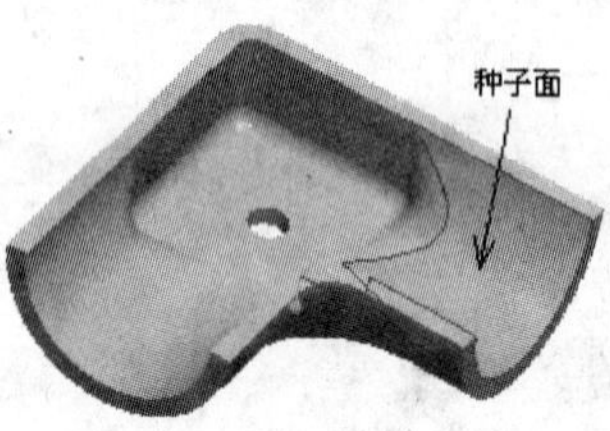

图 13.55　种子面

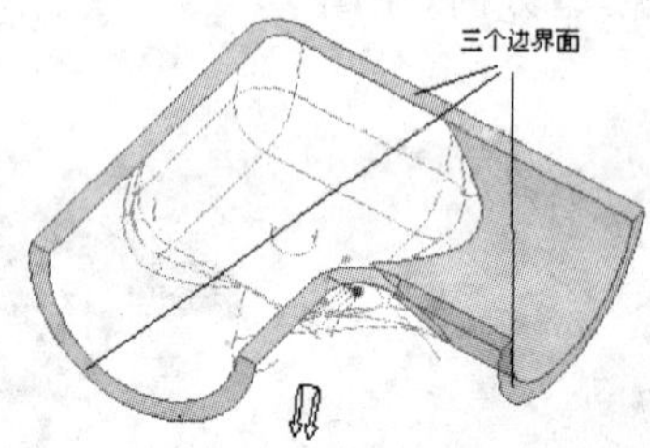

图 13.56　边界面

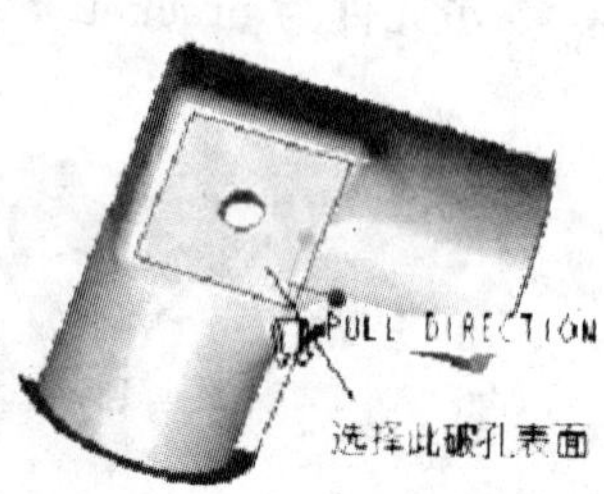

图 13.57　破孔表面

(5)创建延伸曲面 1。遮蔽参照件，转换“模型显示”按“隐藏线”按钮，可方便的选择。选取图 13.58 中的边，然后选择下拉菜单中的“编辑”/“延伸”命令，单击“延伸到面”按钮，选择曲线对应的坯料面，效果如图 13.59 所示。

(6)创建延伸曲面 2。选中图 13.60 中的边，然后选择下拉菜单中的“编辑”/“延伸”命令，单击“延伸到面”按钮，选择曲线对应的坯料面，效果如图 13.61 所示。

(7)创建拉伸曲面 1。单击“拉伸特征”按钮，弹出“拉伸”操控面板，将鼠标置于绘图区，右击，选择弹出菜单中的“定义内部草图”，选取坯料中的前表面为草绘平面，接受系统的默认设置，单击“草绘”按钮，进入草绘环境，绘制如图 13.62 所示拉伸面 1。

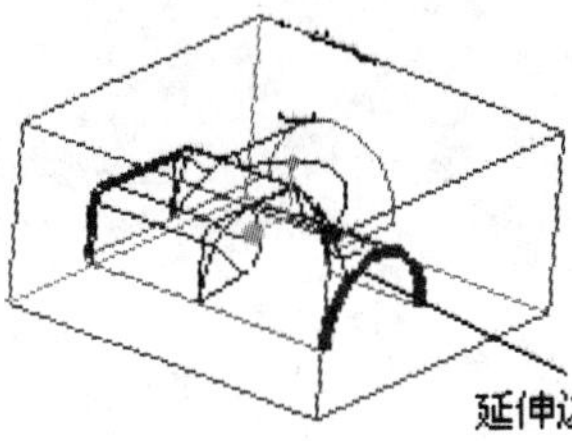

图 13.58 延伸边 1

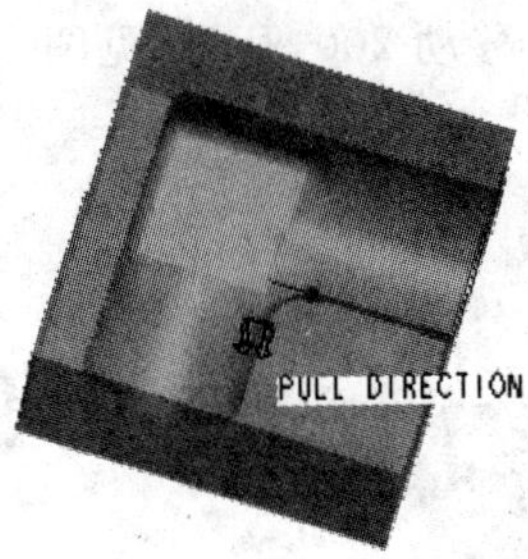

图 13.59 延伸曲面 1

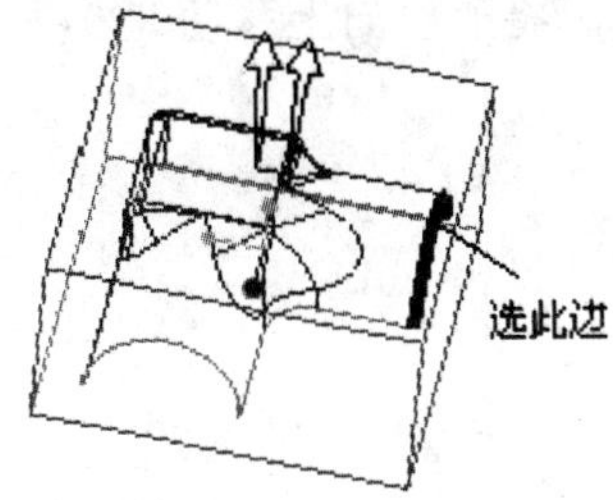

图 13.60 延伸边 2

(8)复制面组与第(7)步中创建的拉伸平面合并。隐蔽坯料，把面显示出来，选中图 13.63 中的两个面，选择下拉菜单中“编辑”/“合并”命令，合并方向如图 13.64 所示，合并后如图 13.65 所示。单击分型面菜单栏中的“完成”✔按钮，完成分型面的创建。

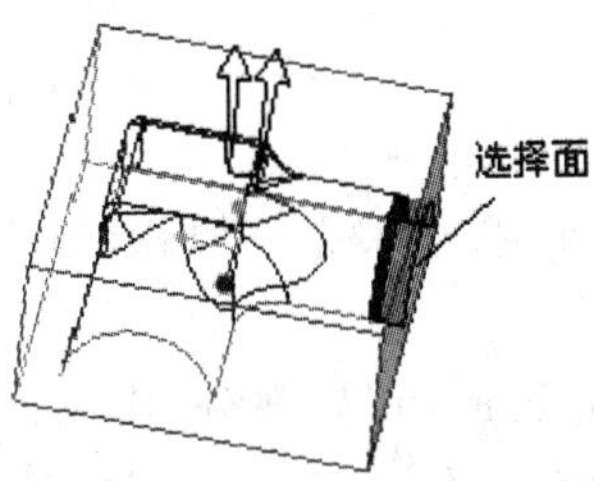

图 13.61 延伸曲面 2

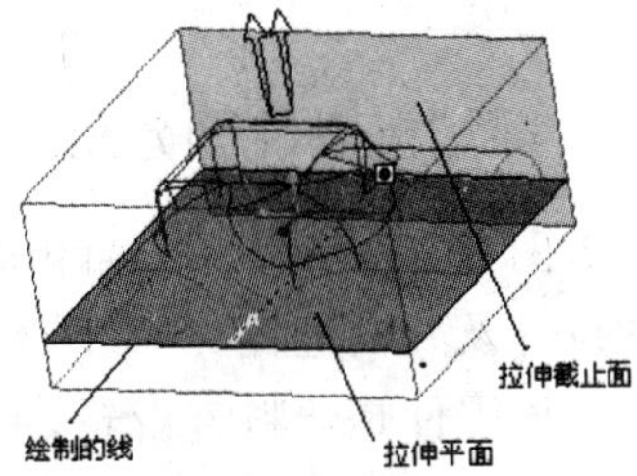

图 13.62 拉伸曲面 1

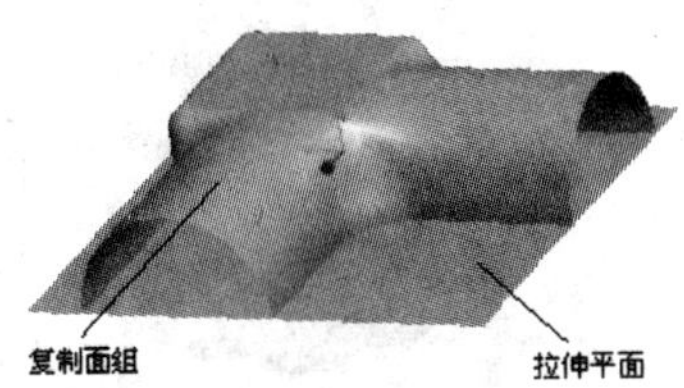

图 13.63 需合并的面

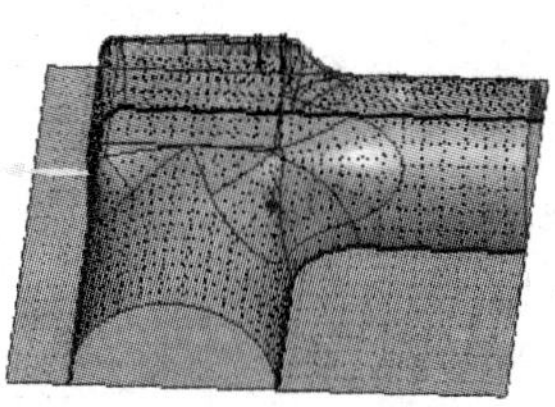

图 13.64 曲面预留方向

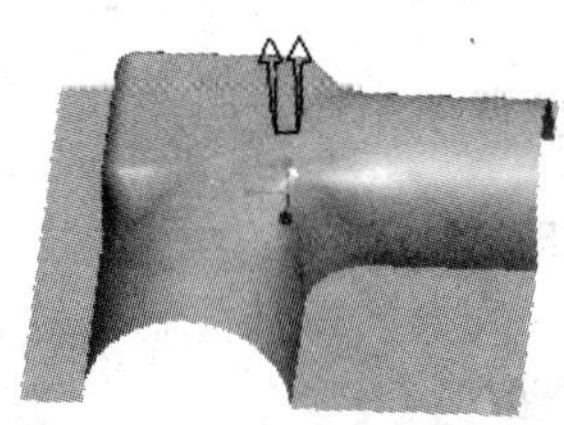

图 13.65 合成曲面(分型面)

采用复制方法构造的分型面是一个内分型面(型腔或型芯表面)，还没有与要分割工件完全相交，需要对其修改。常用的方法有两种：一是采用曲面延拓工具延伸其外边界线到工件边界；二是再构造一个外分型面与之融合，使其满足要求。复制型分型面的另一个问题是填补破孔，一般可以采用填充环选项填补破孔。

6）分割体积块

用上步创建的分型面将工件分割为两个体积块，名称接受默认的名称。

7）抽取体积块

将上步的两个体积块变成模具元件。

8）生成铸件

铸件名称为 backet_molding。

9）开模

将上模向上移动200，下模向下移动200，开模（见图13.66）。

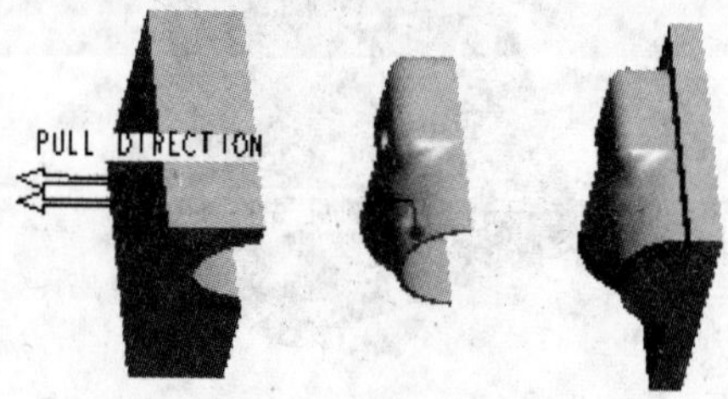

图13.66 支架模具开模图

13.5 项目实例18（齿轮注射模设计）操作分析

图13.67 齿轮注射模实体图形

13.5.1 零件图分析

图13.67为一塑料直齿轮的零件图，要求完成型芯、型腔的设计及开模过程。

该零件是塑料直齿轮，由3部分组成：直齿部分、中间的孔、下端的圆柱。根据用量模具设计为一模四腔，为了方便脱模和加工，分型面选在上缎面带倒角处，这里采用“阴影法”来构建分型面。

13.5.2 操作步骤

1）创建新文件

文件名为gear_mold，模板选公制单位mmns_mfg_mold。

2）建立参考模型

引入第一个参照模型。点击“模具型腔布局”按钮，或选择右边工具栏中的“模具模型”/“装配”/“参考模型”命令，在弹出的“打开”对话框中双击gear。下面定义约束参照模型的放置位置。

①指定第一个约选取参照件的束。在操控板中单击“放置”按钮，在“放置”界面的“约束类型”的下拉列表中选择“匹配”命令，选取齿轮的端面为元件参照，选取装配体的MAIN_PARTIG_PLN基准平面为组件参照。

②指定第二个约束。单击“新建约束”命令，在“约束类型”的下拉列表中选择“对齐”命令，选取齿轮轴向基准面为元件参照，选取装配体的MOLD_FRONT基准平面为组件参照。

③指定第三个约束。单击“新建约束”字符，在“约束类型”的下拉列表中选择“相切”命令，选取齿轮的内圆柱面为元件参照，选取装配体的MOLD_RIGHT基准平面为组件参照。

约束定义完成，在操控板中单击“完成”按钮，完成参照模型的放置（见图13.68）。

3）阵列参照模型

(1)在模型树总选取上一步装配的参照模型特征，右击，从快捷菜单中选择“阵列”命令。

(2)选取阵列类型。此时出现“阵列”操控板，选取以“方向”方式控制阵列。

(3)定义阵列方向和个数。选取 MOLD_RIGHT 基准平面为第一个方向参照，在阵列个数文本框中输入 2，在“增量”文本框输入增量值 70，选取 MOLD_FRONT 基准平面为第二个方向参照，在阵列个数文本框中输入 2，在“增量”文本框输入增量值 70。

(4)在操控板中单击“完成”✔按钮，结果如图 13.69 所示。

图 13.68　参考模型

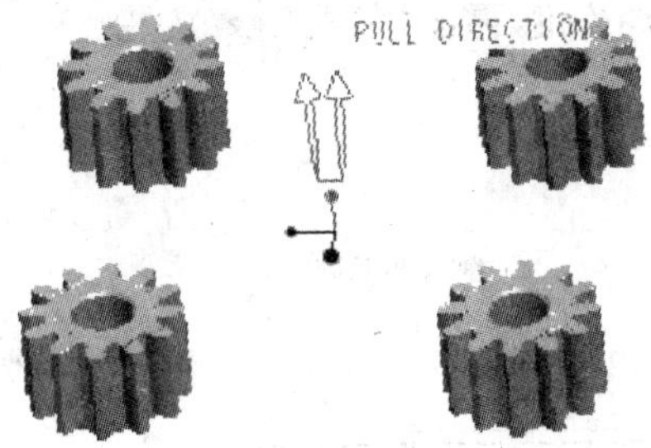

图 13.69　参考模型阵列图

4）隐藏参照模型的参考面

(1)选择导航命令卡中的“显示”下的“层树(L)”命令。

(2)在导航命令卡中单击“GEAR_MOLD. ASM”后面的“向下”✔按钮，选择“GEAR_MOLD_REF. PRT”参照模型。

(3)在层树中，选择参照模型的基准面层 01 ___PRT_ALL_DTM_PLN ，右击，在弹出的快捷中选择“隐藏”命令，单击“屏幕刷新”按钮，这样模型的基准曲线将不显示。

(4)操作完后，选择导航选项卡中的“显示”下的“模型树(M)”命令，切换到模型树状态。

5）创建图 13.60 中的基准平面 ADMT1、ADTM2、ADTM3

这里要创建的 ADTM3 将作为后面坯料特征的草绘平面。

(1)单击右边工具栏中的“创建基准平面”按钮，系统弹出“基准平面”对话框，选取 MAIN_FRONT 基准平面为参照平面，偏移值为 35.0，在“基准平面”对话框中单击“确认”按钮，生成 ADMT1。

(2)同样的方法，选取参照件上 MAIN_RIGHT 偏移 30.0，生成 ADMT2。

(3)同样的方法，选取 MAIN_PARTIG_PLN 基准平面为参照平面，偏移值为－15.0，生成 ADMT3。

ADMT1 与 ADMT2 为创建浇注系统的绘图基准，ADMT3 为绘制坯料的草图面。

6）创建坯料

用手动法创建工件，坯料名称为 gear_mold_wp，绘制如图 13.70 的截面，选 ADTM3 为草图绘制面，

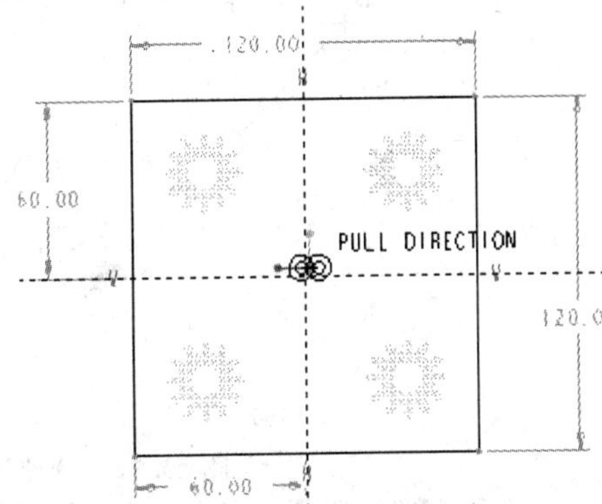

图 13.70　毛坯草绘截面

深度为50。

7）设置塑件收缩率

收缩率为0.005，这里选择第一个参照模型即可，其他三个参照元件一起放收缩率。

8）创建浇道系统

(1)创建主流道的末端。选择“模具”/“特征”/“型腔组件”命令，在“特征操作”菜单中 选择“实体”/“减切材料”命令，在弹出的“实体选项”菜单中选择“旋转”/“实体”/“完成”命令，进入草绘平面，选取ADMT1为草图绘制面，ADMT2为右面，绘制如图13.71所示的截面，单击“完成”✔按钮，再击“完成”✔按钮。

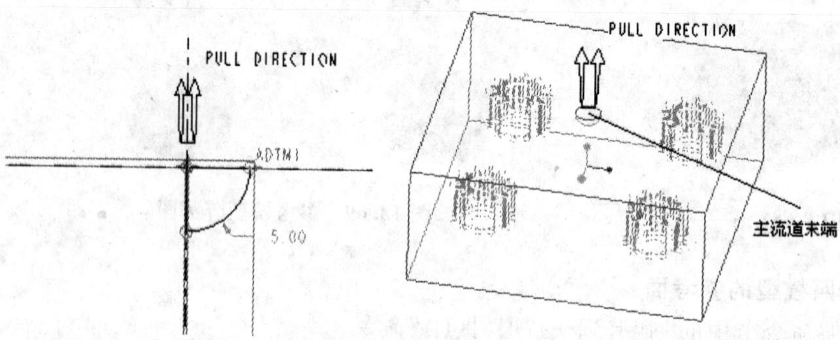

图13.71　主流道末端草绘尺寸及效果图

(2)绘制分流道。

①绘制第一部分特征。选择“模具”/“特征”/“型腔组件”命令，在“特征操作”菜单中选择“实体”/“减切材料”命令，在弹出的“实体选项”菜单中选择“旋转”/“实体”/“完成”命令，进入草绘平面，选择ADTM3为草绘平面，绘制如图13.72(a)所示截面，旋转角度类型为⊥⊥，旋转角度为－180°，单击“完成”✔按钮，再击“完成”✔按钮，效果如图13.72(b)所示。

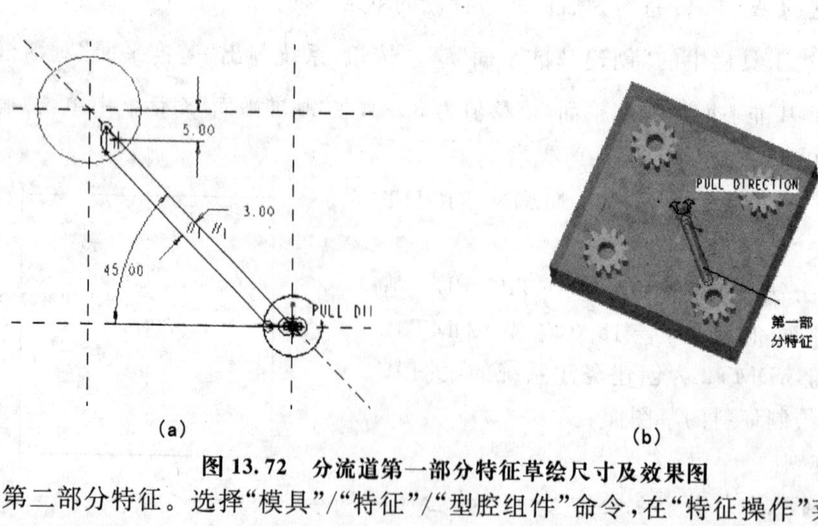

图13.72　分流道第一部分特征草绘尺寸及效果图

②第二部分特征。选择“模具”/“特征”/“型腔组件”命令，在“特征操作”菜单中选择“实体”/“减切材料”命令，在弹出的“实体选项”菜单中选择“旋转”/“实体”/“完成”命令，进入草

绘平面，选择 ADTM4 为草绘平面，绘制如图 13.73(a)截面，旋转角度为单击 360°，“完成”按钮，再击“完成”按钮，效果如图 13.73(b)所示。

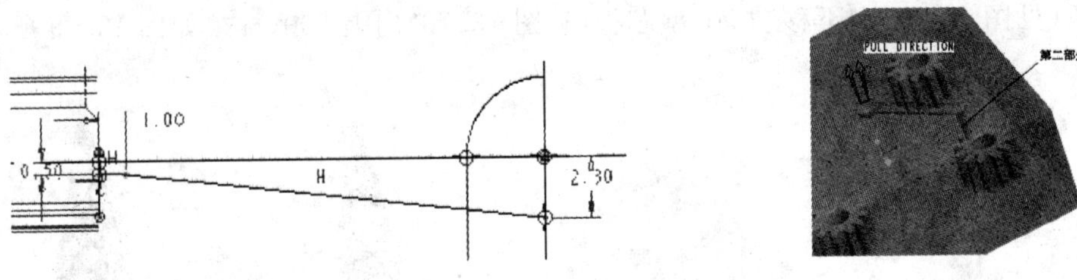

(a)　　　　(b)

图 13.73　分流道第二部分特征草绘尺寸及效果图

③将前面两个特征阵列。在模型树总选取上两步装配的参照模型特征，长击鼠标右键，出现“组”命令，选中它生成组，再选择刚生成的组，长击鼠标右键，，从快捷菜单中选择“阵列”命令，此时出现“阵列”操控板，选择以“轴”方式控制阵列，选择主流道的轴线为旋转中心，“阵列数”为 4，“角度”为 90°，单击“确认”按钮。流道系统生成，效果如图 13.74 所示。

9）用阴影法创建模具分型面

(1)单击“分型曲面”按钮，或选择下拉菜单中“插入”/“几何模型”/“分型曲面”命令。

(2)选择下拉菜单中“编辑”/“属性”命令，出现“分模面名称”对话框，输入名称：PS，单击“确认”按钮。

(3)选择下拉菜单中“编辑”/“阴影曲面”，出现“阴影曲面”对话框。提示栏中显示“指定做阴影的零件”，按住 Ctrl 键选择四个参考零件，选择“完成参考”命令，出现“添加”菜单栏，这时提示栏中显示“选取一切断平面”，选如图 13.75 图零件的上表面，点击“完成/返回”按钮。

(4)定义光线投影的方向。双击“阴影曲面”对话框中“方向”按钮，系统弹出“选取方向”菜单，在“选取方向”菜单中选取“平面”命令，在系统“选取将垂直于此方向的平面”的提示下，选取坯料上表面，投影方向向下，然后选择“正向”命令。点击“预览”按钮和“确定”按钮，再单击“完成”按钮，分型面完成(见图 13.76)。

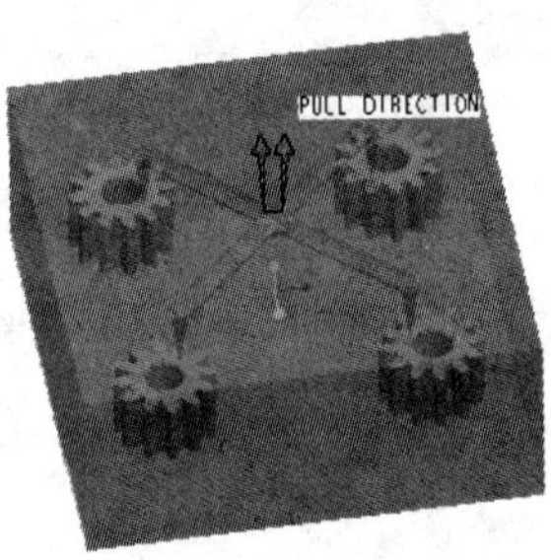

图 13.74　分流道效果图

图 13.75　修剪平面

图 13.76　分型面

10）构件模具元件的体积块

用上步构建的分型面将工件分割为两个体积块。

11）抽出体积块

将两个体积块变为两个模具元件。

12）注塑成型

生成铸件 gear_molding，模拟注塑成型。

13）开模

型腔板（见图 13.77）向下移动 50，型芯板（见图 13.78）向上 200，开模如图 13.79 所示。

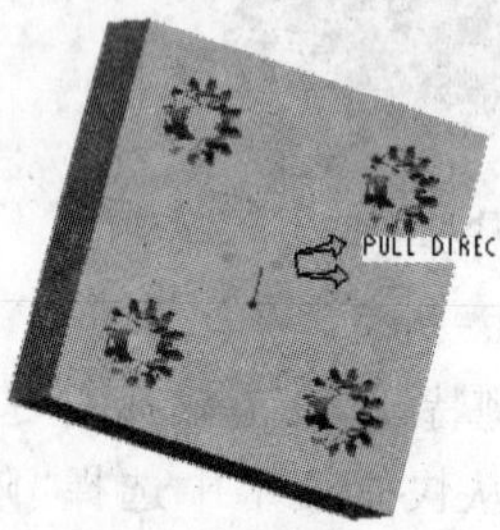

图 13.77　型腔板

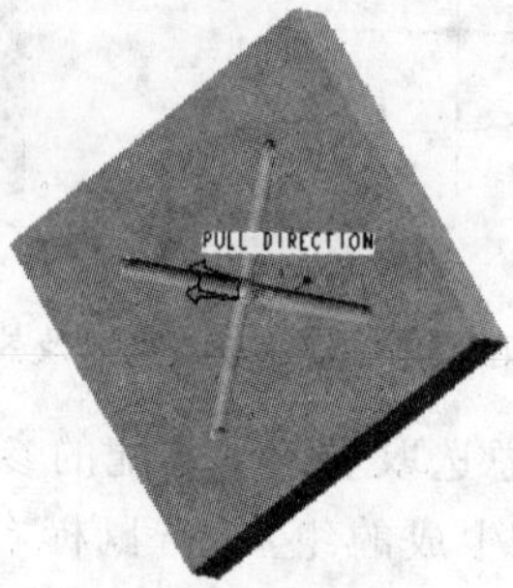

图 13.78　型芯板

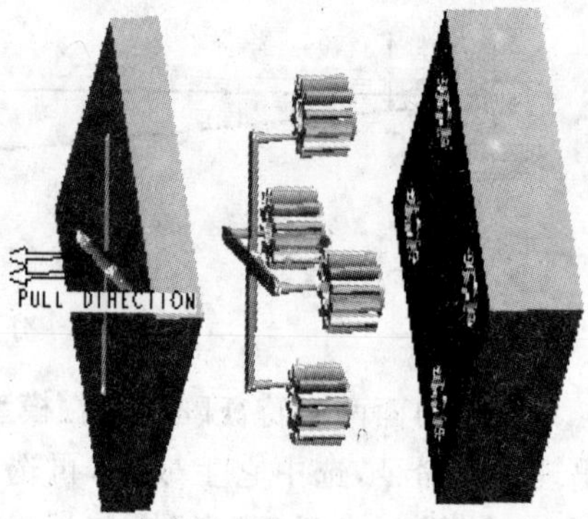

图 13.79　开模

13.6　项目总结

通过以上四个项目的学习，可以非常熟练地掌握以下重要内容：

(1)能根据塑件的特点选择合适的分型面构造方法。

(2)能理解设计中各步骤的操作方法。

(3)能熟练应用命令进行单型腔模具设计。

(4)能熟练应用命令进行多型腔模具设计。

13.7　项目拓展（带滑块的模具设计）

13.7.1　实例特征分析

对图 13.80 所示的塑件为壁厚均匀的壳体进行模具设计。该壳体侧壁上有一孔，正常的上下开模塑件无法从模具中取出，需要设立滑块，开模时需要先把滑块抽出，再将塑件从型芯中脱出。

13.7.2　重要步骤

(1)新建注塑模文件与名称，文件名为 basket_mold，用米制。

(2)引入参照模型，注意其放置情况，开模方向与 PULL DIRECTION 一致，效果如图 13.81 所示。

(3)创建坯料，以 MOLD_FRONT 为草绘面，草绘尺寸如图 13.82 所示，深度对中分布为 50。

图 13.80 壳体塑件

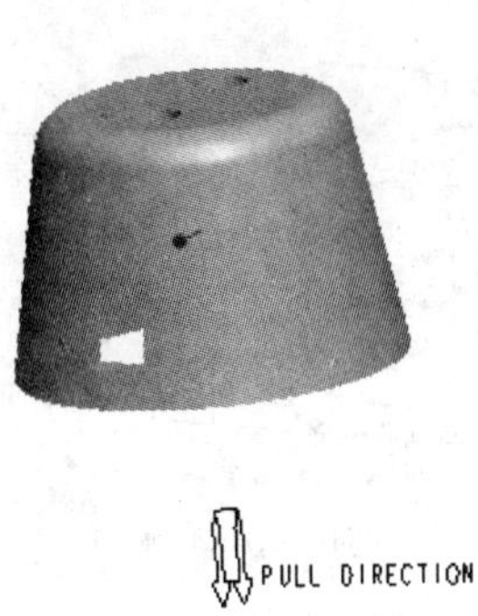

图 13.81 开模方向

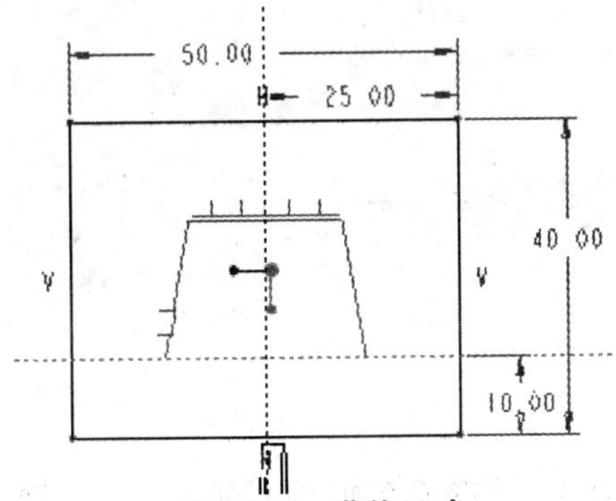

图 13.82 草绘尺寸

(4)设定收缩率为 0.006。

(5)定义主分型面。

①复制塑件内表面。名称为 main_ps 选择塑件的内表面,复制粘贴,在操控板中单击“选项”按钮,选中“排除曲面并填充孔“选项,选择破孔表面(见图 13.83),单击“完成”按钮,塑件内表面复制完成。

②拉伸平面。单击“拉伸特征”按钮,选取坯料的前表面为草绘平面绘制图 13.84 所示拉伸面。

③合并两面。效果如图 13.85 所示。

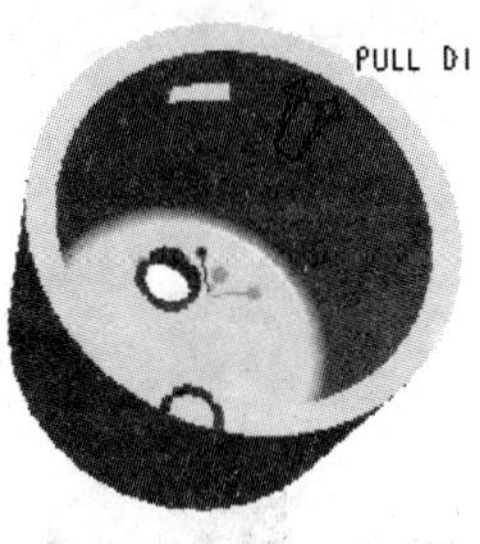

图 13.83 主分型面

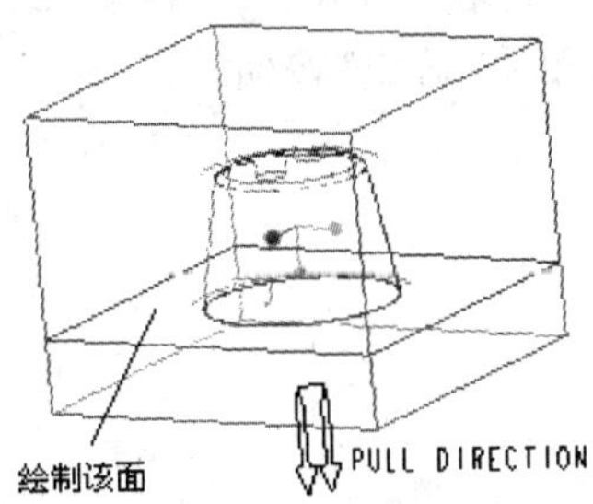

图 13.84 绘制该表面

图 13.85 主分型面

(6)创建滑块分型面。滑块名称为 slide_sp,单击“拉伸特征”按钮,选择参照件中有侧空所对应的坯料表面为绘图面,绘制如图 13.86 所示草绘截面(即侧孔边缘的投影线),在拉伸操控板中选“选项”按钮,设置深度为 13,选中“封闭端”选项,单击“完成”按钮,滑块分型面产生(见图 13.87)。

(7)用滑块分型面创建滑块体积块。选择下拉菜单中的“编辑”/“分割”/“两个体积块”/“所有工件”/“完成”,出现“分割”对话框,选择“分割曲面”命令,选取滑块分型面 slide_sp,单击“确定”按钮,出现“体积块”对话框,同时下模板变成蓝色,在“体积块名称”对话框中“名称”中输入 BODY_VOL,单击“确定”按钮。再出现“体积块名称”对话框,同时上模板变成蓝色,使用 SLIDE_VOL 名称,单击“确定”按钮,滑块产生(见图 13.88)。

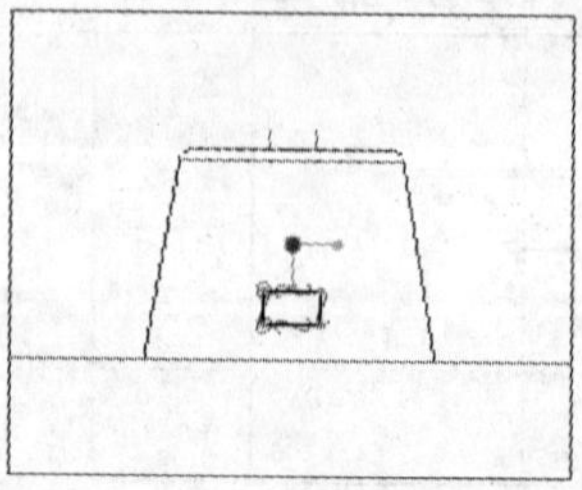

图 13.86　滑块分型面草绘截面

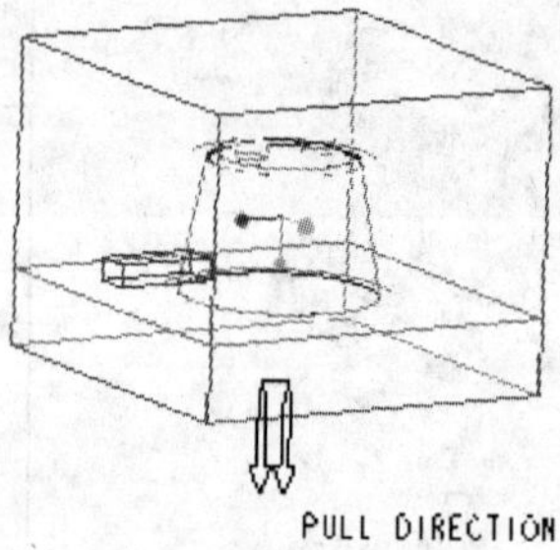

图 13.87　滑块分型面

图 13.88　滑块体积块

(8)用主分型面创建型腔型芯体积块。

①选择下拉菜单中的“编辑”/“分割”/“两个体积块/模具体积块”/“完成”命令，弹出“体积块分割”对话框，选对话框中的“分割体积块”/“定义“命令，弹出“搜索工具”对话框，选中“BODY_VOL”零件，单击 > > 按钮，单击“关闭”按钮和“确定”按钮。

②选取对话框中的“分割曲面”/“定义”命令，鼠标移到图形附近，长击鼠标右键，出现“从列表中选取”命令，单击“从列表中选取”命令，“选择”对话框出现，选择面组 F8(即主分型面)，单击“确定”按钮，再单击“确定”按钮，出现“岛列表”菜单。

③选中“岛列表”菜单中的“岛 2”/“完成选取”/“确定”命令，出现“属性”对话框，默认给出的名称 MOLD_VOL_2(型腔体积块)，单击“着色”按钮；窗口出现如图 13.89 所示的型腔板。再次出现“属性”对话框，默认给出的名称 MOLD_VOL_3(型芯体积块)单击“着色”按钮，窗口出现型芯板如图 13.90 所示，单击“确定”按钮。

(9)抽去模具元件。

(10)生成铸件。

(11)开模，如图 13.91 所示。

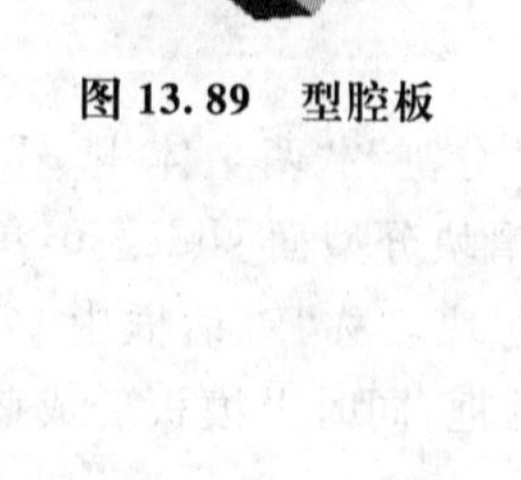

图 13.89　型腔板

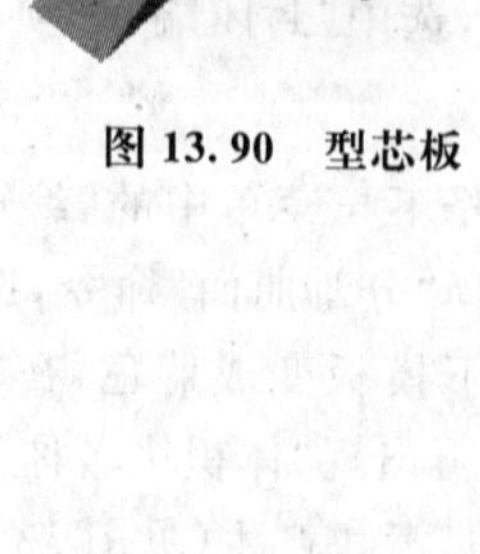

图 13.90　型芯板

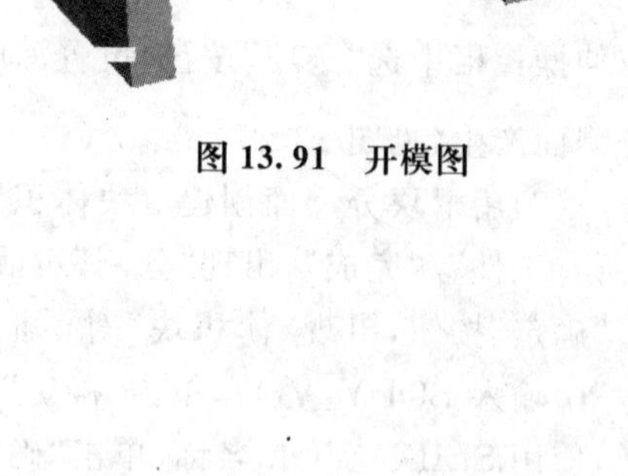

图 13.91　开模图

思考与练习

(1)请选择合适的分型面构造方法对图 13.92 所示的零件进行模具设计(产生型腔、型芯,并进行开模)。

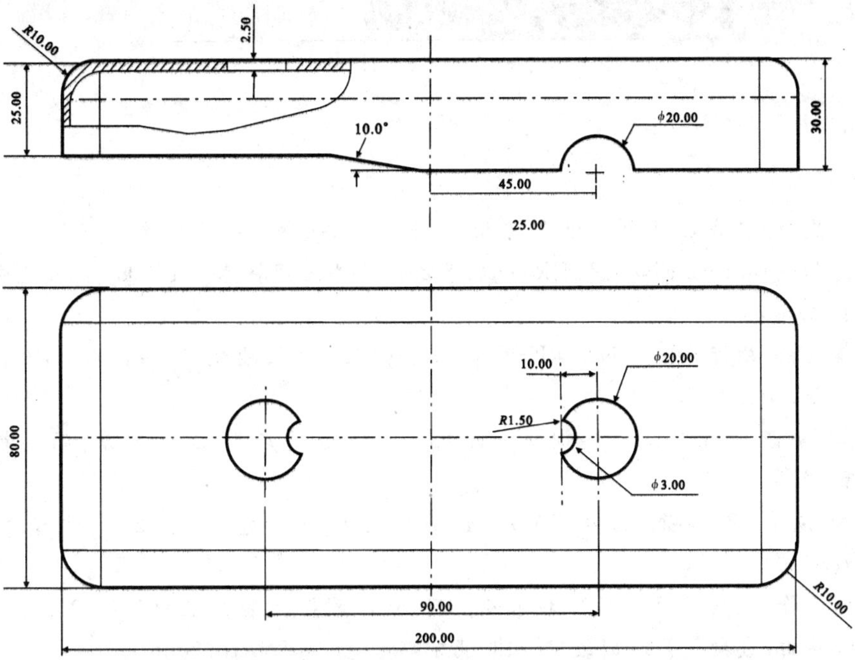

图 13.92 零件 1

(2)请选择合适的分型面构造方法对图 13.93 所示的零件进行模具设计(产生型腔、型芯,并进行开模)。

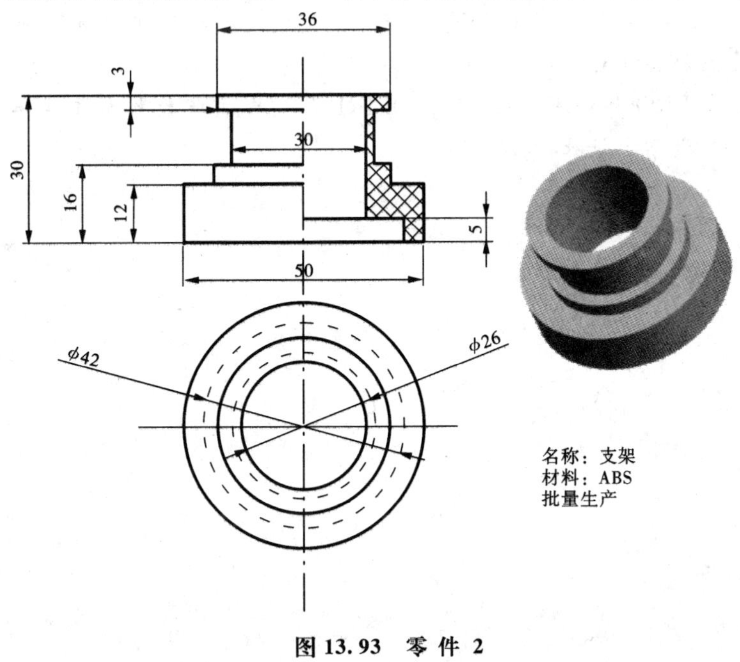

图 13.93 零件 2

参考文献

[1] 单忠臣.机械 CAD/CAM[M].北京:中央广播电视大学出版社,2007.

[2] 欧阳波仪.Pro/ENGINEER 中文野火版软件应用技术[M].北京:人民邮电出版社,2006.

[3] 谭雪松,胡谨.Pro/ENGINEER 中文野火版 4.0 基础教程[M].北京:人民邮电出版社,2009.

[4] 赵国增.CAD/CAM 实训——MasterCAM 软件应用[M].北京:高等教育出版社,2003.

[5] 刘锡锋,董黎敏.机械 CAD－Pro/E 应用及开发[M].北京:机械工业出版社,2004.

[6] 刘锡锋.机械 CAD/CAM 技术及应用[M].北京:机械工业出版社,2006.

[7] 杨伟群.数控工艺培训教程[M].北京:清华大学出版社,2006.

[8] 方建军.数控加工自动编程技术——Pro/ENGINEER Wildfire 在机械制造中的应用[M].北京:化学工业出版社,2005.

[9] 王卫兵,王金生.Pro/ENGINEER 野火中文版数控编程实用教程[M].北京:清华大学出版社,2006.

[10] 戴永清.PRO/ENGINEER WILDFIRE 3.0 中文版数控加工实例教程[M].北京:清华大学出版社,2007.